Heinz Rapp

**Mathematik für
Fachschulen Technik**

Heinz Rapp

Mathematik
für
Fachschulen Technik

2., berichtigte Auflage

Unter Mitarbeit von Dieter Jonda

Herausgegeben von Kurt Mayer

Friedr. Vieweg & Sohn   Braunschweig/Wiesbaden

1. Auflage 1983
2., berichtigte Auflage 1987

Umschlaggestaltung: Hanswerner Klein, Leverkusen
Satz: Vieweg, Wiesbaden
Druck: C. W. Niemeyer, Hameln
Buchbinderische Verarbeitung: W. Langelüddecke, Braunschweig
Printed in Germany

ISBN   3-528-14214-6

Vorwort

Mit diesem neuen Werk wird ein Lehrbuch der Mathematik vorgestellt, das ganz auf die Belange der Praxis abgestimmt ist.

Inhaltlich umfaßt es den gesamten Lehrstoff der Mathematik der Fachschulen für Technik, ist aber in seinen wesentlichen Zügen so gehalten, daß einer Verwendung in anderen Schularten, die zu einem mittleren Bildungsabschluß (Fachschulreife) führen, nichts im Wege steht.

Der didaktische Leitgedanke war, grundlegende Kenntnisse anwendungsorientiert zu vermitteln, ohne dabei die angemessene begriffliche und mathematische Sorgfalt außer acht zu lassen.

Dabei wurde eine geeignete Auswahl mathematisch-technischer Aufgaben getroffen, die speziell für Fachschulen von Bedeutung sind. Bewußt wurde auf Aufgaben aus Physik und angewandten Gebieten verzichtet, die durch ausführliche Sachklärungen den mathematischen Sachverhalt überwuchern würden.

Die knappe Darstellung und die konsequente Zweispaltigkeit der Buchseiten, bei denen der erklärende Text der praktischen Ausführung mathematischer Berechnungen gegenübergestellt ist, erleichtert das schnelle und gründliche Einarbeiten in das Stoffgebiet.

Viele Aufgabenbeispiele mit Lösungsgang erlauben es dem Benutzer, sein Können und Wissen selbst zu überprüfen und geben damit einen Anreiz, auch die schwierigeren Anwendungsaufgaben anzugehen. In besonderer Weise eignet sich deshalb das Buch auch zum Selbststudium.

Heinz Rapp

Bad Cannstatt, im Juni 1983

Inhaltsverzeichnis

Teil II: Geometrie

In vielen Fällen wird noch mit den früheren Bezeichnungen $\mathbb{N}$ und $\mathbb{N}_0$ gearbeitet. Das Buch ist deshalb auf diese Bezeichnungen abgestellt.

Sollten die neuen Bezeichnungen eingeführt sein, so sind folgende Festlegungen für die Standardmengen zu berücksichtigen:

Standardmengen nach DIN 5473

$\mathbb{N} = \{0, 1, 2, \ldots\}$ (bisher $\mathbb{N}_0$)	$\mathbb{N}^* = \mathbb{N} \setminus \{0\} = \{1, 2, 3, \ldots\}$ (bisher $\mathbb{N}$)
$\mathbb{Z}$ = Menge der ganzen Zahlen	$\mathbb{Z}^* = \mathbb{Z} \setminus \{0\}; \mathbb{Z}_+^* = \{x \mid x \in \mathbb{Z}^* \wedge x > 0\}$
$\mathbb{Q}$ = Menge der rationalen Zahlen	$\mathbb{Q}^* = \mathbb{Q} \setminus \{0\}; \mathbb{Q}_+^* = \{x \mid x \in \mathbb{Q}^* \wedge x > 0\}$
$\mathbb{R}$ = Menge der reellen Zahlen	$\mathbb{R}^* = \mathbb{R} \setminus \{0\}; \mathbb{R}_+^* = \{x \mid x \in \mathbb{R}^* \wedge x > 0\}$
$\mathbb{C}$ = Menge der komplexen Zahlen	$\mathbb{C} = \{z \mid z = a+bi \wedge a, b \in \mathbb{R} \wedge i = \sqrt{-1}\}$

Teil I: Algebra

1 Mathematische Begriffe und Schreibweisen

In der Mathematik ist es üblich, logische Beziehungen zwischen Zahlen, Punkten, geometrischen Figuren und dergleichen aufzuzeigen und mit Hilfe bestimmter Gesetzmäßigkeiten bzw. durch Anwendungen bestimmter geeigneter Operationen zu neuen Aussagen zu kommen.

Hierzu ist es erforderlich, geeignete Begriffe, die definiert werden müssen, mit klarer kurzer Schreibweise einzuführen. Im folgenden sollen einige dieser Begriffe und Schreibweisen, wie sie in den nachfolgenden Abschnitten häufig verwendet werden, dargestellt werden.

1.1 Zahlen

dargestellt in Mengenschreibweise

Natürliche Zahlen $\qquad\qquad\qquad\qquad$ $\mathbb{N}$ = { 1, 2, 3, 4, ...}

Natürliche Zahlen einschließlich Null $\qquad$ $\mathbb{N}_0$ = { 0, 1, 2, 3, ...}

Ganze Zahlen $\qquad\qquad\qquad\qquad\quad$ $\mathbb{Z}$ = { ... −2, −1, 0, 1, 2, ...}

Rationale Zahlen[1] $\qquad\qquad\qquad\quad$ $\mathbb{Q}$ = $\{ x \mid x = \dfrac{p}{q}$ mit $p \in \mathbb{Z} \wedge q \in \mathbb{N} \}$

Reelle Zahlen[1] $\qquad\qquad\qquad\qquad$ $\mathbb{R}$

1.2 Mengen[2]

Bei der Darstellung der am häufigsten verwendeten Zahlenarten wurde bereits von dem Begriff der „Menge" und von der Mengenschreibweise Gebrauch gemacht.

Die Mengen werden durch Großbuchstaben $A, B, C, ...$ angegeben. Spezielle Zahlenmengen werden durch besondere Symbole ($\mathbb{N}, \mathbb{Z}, \mathbb{Q}, \mathbb{R}, ...$) gekennzeichnet.

Die Elemente einer Menge werden mit Kleinbuchstaben $a, b, c, ...$ in einer geschweiften (Mengen-) Klammer zusammengefaßt. Dabei bedeutet das Symbol

$\qquad\qquad$ $\in$: $a \in M$: $\quad$ a ist Element von M

$\qquad\qquad$ $\notin$: $a \notin M$: $\quad$ a ist nicht Element von M

Für eine Menge sind drei Darstellungsformen möglich:

1.2.1 Aufzählende Mengenschreibweise

Die Elemente werden in beliebiger Reihenfolge aufgezählt und mit Hilfe einer Mengenklammer angegeben:

$$\boxed{M = \{ a, b, c, d \}}$$

z.B. $\qquad\qquad\qquad\qquad\qquad$ $M = \{ 3, 4, 5, 6 \}$

Bei sehr vielen Elementen ist eine Aufzählung nicht mehr sinnvoll. In diesem Fall wird die beschreibende Mengenschreibweise vorgezogen.

---

[1] Was unter $\mathbb{Q}$ und $\mathbb{R}$ zu verstehen ist, wird im Abschnitt 1.6 präzisiert.

[2] Der Mengenbegriff stammt von *Georg Cantor* (1845−1918): „Eine Menge ist eine Zusammenfassung bestimmter wohlunterscheidbarer Objekte... zu einem Ganzen. Diese Objekte werden Elemente der Menge genannt."

1.2.2 Beschreibende Mengenschreibweise

Die Elemente werden durch eine definierende Aussageform $A(x)$ beschrieben.

$$M = \{x \,|\, \ldots \,\} = \text{Mengenoperator}$$

$$\boxed{M = \{x \,|\, A(x)\}}$$

gelesen: „M ist die Menge aller x, für die die Aussage $A(x)$ gilt" z.B.

$$M = \{x \,|\, x \in \mathbb{N} \wedge x < 100\} = \{1, 2, 3, \ldots, 99\}$$

$$A(x) \text{ besagt: } x \text{ ist eine natürliche Zahl unter 100}$$

Eine unerfüllbare Aussage führt zu der *leeren Menge*

$$M = \{ \,\}$$

1.2.3 Mengendiagramme (auch *Euler-Diagramme* oder *Venn-Diagramme* genannt)

Man versteht darunter eine bildhafte Darstellung von Mengen durch Einkreisung der Elemente durch eine geschlossene Kurve.

Insbesondere lassen sich hiermit Beziehungen zwischen mehreren Mengen darstellen.

$A = \{a, b, d, e\}$

$B = \{b, c, d, g\}$

$C = \{d, e, f, g\}$

dargestellt im Venn-Diagramm:

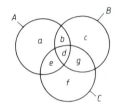

Die geschlossenen Kurven, mit denen die Elemente eingegrenzt werden, brauchen nicht unbedingt Kreise zu sein. Jede beliebige geschlossene Begrenzungslinie ist möglich:

z.B. $A = \{1, 5, 8\}$

dargestellt im Venn-Diagramm:

1.2.4 Beziehungen zwischen Mengen (Mengenrelationen)

a) Gleichheit von Mengen

Zwei Mengen A und B sind gleich, wenn sie genau die gleichen Elemente enthalten.

$$\boxed{A = B}$$

Die beiden Mengen sind gleich, da beide Mengen die Elemente 2, 3 und 5 enthalten. Die Elemente brauchen nur einmal geschrieben zu werden (in unserem Beispiel die Zahl 2). Die Aufzählung kann in beliebiger Reihenfolge erfolgen. Die Mengen sind auch dann gleich, wenn die Elemente in anderer Schreibweise angegeben werden.

$$\{2, 3, 2, 5\} = \{2, 3, 5\}$$

$$\left\{5 - 3, \;\frac{10}{2}, \;(2 \cdot 1{,}5)\right\} = \{2, 5, 3\}$$

$$\begin{array}{ccc} | & | & | \\ 2, & 5, & 3 \end{array}$$

b) Teilmengen

Ist eine Menge $A = \{2, 3, 4\}$ und eine Menge $B = \{1, 2, 3, 4, 5\}$ gegeben, so zeigt sich, daß die Elemente von A alle in der Menge B enthalten sind.

Wir haben es hier mit einer besonderen Beziehung zu tun:

> A ist *Teilmenge* von B,
> wenn alle Elemente von A
> auch Elemente von B sind.

A ist Teilmenge von B,
A ist enthalten in B

Betrachtet man die Mengen $A = \{1,2,3,4,5\}$ und $B = \{3,4,5,6\}$, so ist ersichtlich, daß zwar die Elemente 3, 4 und 5 der Menge A in der Menge B enthalten sind, aber nicht alle Elemente von A. A ist deshalb keine Teilmenge von B.

> A ist nicht Teilmenge von B, wenn nicht alle Elemente von A auch Elemente von B sind.

A ist nicht Teilmenge von B.

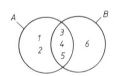

Die Mengen $A = \{1, 2, 3\}$ und $B = \{4, 5, 6\}$ enthalten keinerlei gemeinsames Element.

Man nennt sie deshalb *elementfremd* oder disjunkt zueinander.

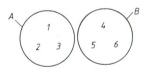

c) Grundmenge

Als *Grundmenge G* bezeichnen wir diejenige Menge, aus der wir die zu untersuchenden Elemente entnehmen.

So verwenden wir in der Algebra als Grundmenge sehr häufig die Zahlenmengen

$\mathbb{N}$ = Menge der natürlichen Zahlen
$\mathbb{Z}$ = Menge der ganzen Zahlen
$\mathbb{Q}$ = Menge der rationalen Zahlen (ganze Zahlen und Brüche)
$\mathbb{R}$ = Menge der reellen Zahlen.

In einschränkenden Fällen werden als Grundmengen auch die speziellen Zahlenmengen $\mathbb{N}_0, \mathbb{Z}^+, \mathbb{Z}^-, \mathbb{Q}^+, \mathbb{R}^+$ usw. verwendet.

d) Potenzmenge

Bildet man die Teilmengen einer Grundmenge G, so lassen sich diese Teilmengen zu einer neuen Menge zusammenfassen, die wir als *Potenzmenge* $\mathbb{P}$ bezeichnen.

Die Menge aller Teilmengen von G bildet die Potenzmenge $\mathbb{P}(G)$.

$G = \{1, 2, 3\}$

Teilmengen:

$A_1 = \{1\}$, $A_2 = \{2\}$, $A_3 = \{3\}$,

$A_4 = \{1, 3\}$, $A_5 = \{1, 2\}$, $A_6 = \{2, 3\}$,

$A_7 = \{1, 2, 3\}$, $A_8 = \{\ \}$

$\mathbb{P}(G) = \{\{1\}, \{2\}, \{3\}, \{1, 3\}, \{2, 3\},$
$\quad\quad\quad \{1, 2, 3\}, \{\ \}\}$

(Potenzmenge)

e) Ergänzungsmenge (oder Komplementmenge)

Ist A eine Teilmenge der Grundmenge G, so bilden diejenigen Elemente der Grundmenge G, die nicht zu A gehören die *Ergänzungsmenge* (Komplementmenge) $\bar{A}$, da sie die Menge A zur Grundmenge G ergänzt.

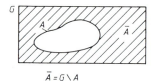

$\bar{A} = G \setminus A$

1.2.5 Mengenverknüpfungen (Mengenoperationen)

Im folgenden wollen wir einige Verknüpfungen von Mengen, d.h. die Bildung neuer Mengen aus gegebenen Mengen entsprechend bestimmter Anweisungen definieren und mit Hilfe des Mengendiagramms veranschaulichen. Wir gehen dabei wieder aus von den Mengen

$$A = \{a, b, d, e\} \quad B = \{b, c, d, g\} \quad C = \{d, e, f, g\}$$

a) Schnittmenge (oder Durchschnitt)

von A und B

$A \cap B = \{b, d\}$

A geschnitten mit B

$A \cap B = \{x \mid x \in A \text{ und } x \in B\}$
$\quad\quad = $ Menge aller Elemente, die sowohl zu A als auch zu B gehören.

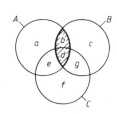

von B und C

$B \cap C = \{d, g\}$

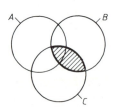

von A und C

$A \cap C = \{d, e\}$

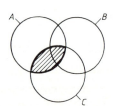

von A, B und C $A \cap B \cap C = \{d\}$

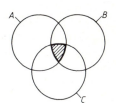

(Die Mengendiagramme sind hier der Übersichtlichkeit halber zum Teil ohne die Elemente dargestellt.)

b) Vereinigungsmenge

von A und B $A \cup B = \{a, b, c, d, e, g\}$

A vereinigt mit B

$A \cup B = \{x \mid x \in A \;\text{oder}\; x \in B\}$
       $= $ Menge aller Elemente,
          die zur Menge A oder
          zur Menge B gehören

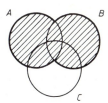

von A, B und C $A \cup B \cup C = \{a, b, c, d, e, f, g\}$

$A \cup B \cup C = \{x \in A \;\text{oder}\; x \in B$
                    $\text{oder}\; x \in C\}$

„oder" jeweils im *einschließenden* Sinn, d.h. zu A oder zu B oder zu beiden Mengen gehörend

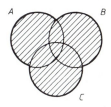

Entsprechend lassen sich die übrigen Vereinigungsmengen von B und C und von A und C ermitteln.

c) Differenzmenge (oder Restmenge)

von A und B $A \setminus B = \{a, e\}$

A ohne B

$A \setminus B = \{x \mid x \in A \;\text{und}\; x \notin B\}$
       $=$ Menge aller Elemente,
          die zur Menge A gehören,
          ohne die Elemente, die
          gleichzeitig zu B gehören

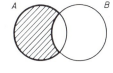

von A, B und C
(1. Klammerungsweise)

$(A \setminus B) \setminus C = \{a\}$

$(A \setminus B) \setminus C = \{x \mid x \in A \;\text{und}$
                 $x \notin B \;\text{und}\; x \notin C\}$

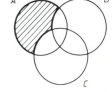

von A, B und C
(2. Klammerungsweise)

$A \setminus (B \setminus C) = \{a, e, d\}$

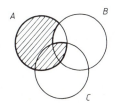

Die letzten beiden Ergebnisse zeigen, daß

$$(A \setminus B) \setminus C \neq A \setminus (B \setminus C).$$

Eine Verknüpfung $A \setminus B \setminus C$ ist somit nicht zulässig, da sie nicht eindeutig ist, sondern mehrdeutig.

1.2.6 Gesetze der Mengenverknüpfung

Wie wir bei den bisherigen Mengenverknüpfungen mit Hilfe des Mengendiagramms veranschaulichen konnten, kommt es beim Vereinigen ($\cup$) und bei der Durchschnittsbildung ($\cap$) zweier oder dreier Mengen nicht auf die Reihenfolge der Operation an. Lediglich bei der Differenzbildung (\\) ist die Reihenfolge einzuhalten.

Damit ergeben sich für die Verknüpfung der Mengen A, B und C folgende Gesetze:

a) Kommutativgesetz (Vertauschungsgesetz)

bezüglich der Schnittmengenbildung und
Vereinigung

$$A \cap B = B \cap A \quad \text{Schnittmengenbildung}$$
$$A \cup B = B \cup A \quad \text{Vereinigung}$$

b) Assoziativgesetz (Zusammenfassungsgesetz)

bezüglich der Schnittmengenbildung und
Vereinigung

$$A \cap (B \cap C) = (A \cap B) \cap C \quad \text{Schnitt-}$$
$$= A \cap B \cap C \quad \text{mengenbildung}$$
$$A \cup (B \cup C) = (A \cup B) \cup C \quad \text{Vereini-}$$
$$A \cup B \cup C \quad \text{gung}$$

Da es in beiden Fällen nicht auf die Reihenfolge
der Mengenoperation ankommt (vgl. Mengendiagramm!), kann die Klammer entfallen.

c) Distributivgesetz (Verteilungsgesetz)

Während wir bisher die Mengenverknüpfung nur mit einem einzigen Verknüpfungszeichen durchgeführt haben, wollen wir an Hand des Mengendiagramms veranschaulichen, welche Gesetzmäßigkeiten bei Anwendung verschiedener Verknüpfungszeichen zu beachten sind.

1.

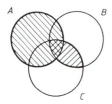

$$A \cup (B \cap C)$$
$$= \{a, b, d, e\} \cup \{d, g\}$$
$$= \underline{\underline{\{a, b, d, e, g\}}}$$

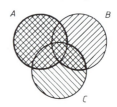

$$(A \cup B) \cap (A \cup C)$$
$$= \{a, b, c, d, e, g\} \cap \{a, b, d, e, f, g\}$$
$$= \underline{\underline{\{a, b, d, e, g\}}}$$

2.

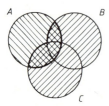

$$A \cap (B \cup C)$$
$$= \{a, b, d, e\} \cap \{b, c, d, e, f, g\}$$
$$= \underline{\underline{\{b, d, e\}}}$$

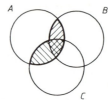

$$(A \cap B) \cup (A \cap C)$$
$$= \{b, d\} \cup \{d, e\}$$
$$= \underline{\underline{\{b, d, e\}}}$$

Da jeweils die beiden Mengen gleich sind, folgt:

Distributivgesetz (Verteilungsgesetz)

bezüglich der Schnittmengenbildung
und Vereinigung

$A \cup (B \cap C) = (A \cup B) \cap (A \cup C)$	Schnitt-mengen-bildung
$A \cap (B \cup C) = (A \cap B) \cup (A \cap C)$	Vereini-gung

Wir wollen nun untersuchen, ob sich das Distributivgesetz auch auf die Verknüpfung

$$A \setminus (B \cap C)$$

anwenden läßt:

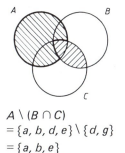

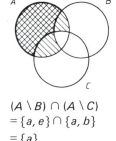

$A \setminus (B \cap C)$
$= \{a, b, d, e\} \setminus \{d, g\}$
$= \underline{\{a, b, e\}}$

$(A \setminus B) \cap (A \setminus C)$
$= \{a, e\} \cap \{a, b\}$
$= \underline{\{a\}}$

Das Mengendiagramm zeigt, daß

$$A \setminus (B \cap C) \neq (A \setminus B) \cap (A \setminus C)$$

ist, da die beiden Mengen nicht die gleichen Elemente besitzen. Das Distributivgesetz ist somit nicht gültig.

Wir haben hierzu in der Zahlenalgebra eine Analogie. Auch hier kann das Distributivgesetz nicht uneingeschränkt angewandt werden:

$$a - (b + c) \neq (a - b) + (a - c).$$

Immer, wenn bei Mengen verschiedene Mengenoperationen (Mengenverknüpfungen) durchgeführt werden, ist deshalb die Gültigkeit des Distributivgesetzes zu überprüfen.

Zusammenfassung

Mengenbeziehungen und -verknüpfungen

$A = B$	A gleich B	$\{a, b, c\} = \{b, c, a\}$
$A \neq B$	A ungleich B	$\{a, b, c\} \neq \{b, c, d\}$
$A \sim B$	A ist gleichmächtig B A ist äquivalent B	$\{a, b, c\} \sim \{x, y, z\}$
$A \subset B$	A ist *Teilmenge* von B	$\{a, b, c\} \subset \{a, b, c, d, e\}$
$A \not\subset B$	A ist nicht Teilmenge von B	$\{a, b, c\} \subset \{b, c, d, e\}$
$A \cap B$	A geschnitten mit B *Schnittmenge* von A und B	$\{a, b, c\} \cap \{b, c, d\} = \{b, c\}$
$A \cup B$	A vereinigt mit B *Vereinigungsmenge* von A und B	$\{a, b, c\} \cup \{b, c, d\} = \{a, b, c, d\}$
$A \setminus B$	A ohne die Elemente, die zu B gehören *Differenzmenge*	$\{a, b, c\} \setminus \{c, d, e\} = \{a, b\}$
$A \times B$	Kartesisches (oder Kreuz-) Produkt von A und B, Paarbildungen aus den Elementen der Ausgangsmengen (= *Paarmenge*)	aus $A = \{a, b\}$ und $B = \{c, d\}$ folgt $A \times B = \{(a|c); (a|d); (b|c); (b|d)\}$ aus $A = \{1, 2, 3\}$ und $B = \{a, b\}$ folgt $A \times B = \{(1|a); (1|b); (2|a); (2|b); (3|a); (3|b)\}$ $B \times A = \{(a|1); (a|2); (a|3); (b|1); (b|2); (b|3)\}$
	$A \times B \times C = \{x \mid x = (a|b|c) \wedge a \in A \wedge b \in B \wedge c \in C\}$	

Verknüpfungsgesetze

Schnittmenge (Durchschnitt)	$A \cap B = B \cap A$	kommutativ
	$(A \cap B) \cap C = A \cap (B \cap C)$ $= A \cap B \cap C$	assoziativ
	$A \cap (B \cup C) = (A \cap B) \cup (A \cap C)$	distributiv bezüglich der Vereinigung
Vereinigung	$A \cup B = B \cup A$	kommutativ
	$(A \cup B) \cup C = A \cup (B \cup C)$ $= A \cup B \cup C$	assoziativ
	$A \cup (B \cap C) = (A \cup B) \cap (A \cup C)$	distributiv bezüglich der Durchschnittbildung
Differenzmenge (Rest)	$A \setminus B \neq B \setminus A$	nicht kommutativ
	$(A \setminus B) \setminus C \neq A \setminus (B \setminus C)$	nicht assoziativ

○ **Beispiel**

Stellen Sie von den beiden Mengen $A = \{-2, 1, 2, 3\}$ und $B = \{-1, 0, 1, 2\}$ folgende Mengenverknüpfungen dar.
a) Durchschnittsmenge $A \cap B$
b) Vereinigungsmenge $A \cup B$
c) Restmenge $\quad\quad A \setminus B$

Lösung

Zur Veranschaulichung wählen wir das Mengendiagramm, aus dem wir die verschiedenen Mengen ablesen können.

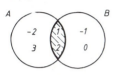 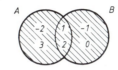

a) Durchschnittsmenge
$A \cap B = \{1, 2\}$

b) Vereinigungsmenge
$A \cup B = \{-2, -1, 0, 1, 2, 3\}$

c) Restmenge
$A \setminus B = \{-2, 3\}$

○ **Anwendungsbeispiel**

Bei einer Qualitätskontrolle an 100 Fertigungsteilen wurden folgende Fehler festgestellt: Bei 11 Teilen wurde die Durchmessertoleranz nicht eingehalten, bei 9 Teilen war die Längentoleranz unterschritten, bei 3 Teilen stimmte sowohl die Durchmesser- wie auch die Längentoleranz nicht, 8 Teile hatten noch Lagetoleranzfehler, davon hatten 4 Teile gleichzeitig noch Durchmessertoleranzfehler, und bei 2 Teilen stimmte keine der drei Toleranzen.
3 Teile mit Lagetoleranzfehlern hatten gleichzeitig noch Längentoleranzfehler.
Wieviel % der Teile waren einwandfrei?
Wie viele Teile hatten nur Längenfehler, wie viele Durchmesserfehler?

Lösung

Bezeichnet man die Durchmessertoleranzfehler mit A, die Längentoleranzfehler mit B, die Lagetoleranzfehler mit C, so können wir die jeweilige Anzahl der Teile in ein Venn-Diagramm eintragen, beginnend mit den beiden Teilen, die alle 3 Fehler hatten. Mengentheoretisch entspricht dies der Menge $A \cap B \cap C = \{2\}$.

Die Anzahl der fehlerhaften Teile der Mengen A, B und C beträgt 18. Damit fehlen noch 82 zur Grundmenge 100.
Hinweis: Im Venn-Diagramm sind hier nicht die Elemente, sondern ihre Anzahl eingetragen.

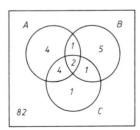

Aus dem Mengen-Diagramm läßt sich weiter ablesen:

82 % der Teile sind somit einwandfrei.
Die Fehlerquote beträgt 18 %.
5 Teile haben nur Längentoleranzfehler
4 Teile haben nur Durchmessertoleranzfehler
1 Teil hat nur einen Lagetoleranzfehler.

○

Aufgaben

zu 1.2 Mengen

1. Stellen Sie die Menge $(A \setminus B) \cup (C \setminus B)$, bestehend aus den Mengen $A = \{1, 7, 3\}$, $B = \{1, 7, 2\}$, $C = \{1, 4, 5\}$ der Grundmenge G, im Venn-Diagramm und durch Angabe der Elemente dar.

2. Die Menge aller Punkte einer Geraden werde mit f bezeichnet. Die Menge aller Punkte einer zweiten in derselben Ebene liegenden Geraden sei g.
Welche Lage haben diese Geraden zueinander, wenn a) $f \cap g = \{Q\}$, b) $f \cap g = \{ \ \}$?

3. Bilden Sie den Durchschnitt der Mengen $A = \{x \mid x > -2\}$ und $B = \{x \mid x < 4\}$ aus der Grundmenge $G = \mathbb{N}$.

1.3 Terme

Mathematische Ausdrücke aus Zahlen und Variablen, die durch die Grundrechenarten miteinander verknüpft sind, nennt man *Terme*.[3]
Beispiele für Terme sind:

$$(a + 2b), \quad 3a, \quad \frac{2x}{a}, \quad \frac{a + 3b}{(2x + 3)^2}, \quad \sqrt{2x - 4}$$

Terme, die keine Variablen enthalten, sind grundsätzlich Zahlen. Teilweise hat sich auch hierfür der Begriff *Zahlenterm* eingebürgert.

1.4 Symbole für Relationen und Intervalle

Relations-Symbole

$=$	Gleichheit	a gleich b	$a = b$
$\approx$		a ungefähr gleich b	$a \approx b$
$>$	Ungleichheit	a größer b	$a > b$
		a kleiner b	$a < b$
		a kleiner oder gleich b	$a \leqslant b$
		a größer oder gleich b	$a \geqslant b$
$\triangleq$	Entsprechung	a entspricht b	$a \triangleq b$

Intervalle

			bei Mengen
$[a; b]$	abgeschlossenes Intervall	bedeutet: $a \leqslant x \leqslant b$	$\{x \mid a \leqslant x \leqslant b\}$ $x \in [a; b]$
$]a, b[$	offenes Intervall	bedeutet: $a < x < b$	$\{x \mid a < x < b\}$ $x \in \,]a; b[$
$]a; b]$	halboffenes Intervall	bedeutet: $a < x \leqslant b$	$\{x \mid a < x \leqslant b\}$ $x \in \,]a; b]$

---

[3] von *terminare* (lat.) = bestimmen

1.5 Symbole der Logik

$a \wedge b$	a und b (Konjunktion) sowohl... als auch	$2 \in \mathbb{N} \wedge 2 \in \mathbb{Z}$
$a \vee b$	a oder b (Disjunktion) entweder... oder... (lat. vel) ... oder beide	
$\neg$	nicht (Negation)	
$\Rightarrow$	... folglich ist... (Implikation aus... folgt... (nicht umkehrbar) wenn..., dann...	$a \Rightarrow b$ aus a folgt b
$\Leftrightarrow$	... ist gleichwertig mit... ... ist äquivalent mit... (logische Äquivalenz) ... gilt genau dann, wenn... (umkehrbar)	$a \Leftrightarrow b$ a und b sind gleichwertig

1.6 Zahlendarstellung auf der Zahlengeraden

(1) Natürliche Zahlen $\mathbb{N}$

Die natürlichen Zahlen des Zählens lassen sich anschaulich auf einer Zahlen-Halbgeraden oder einem Zahlenstrahl abbilden.

In vielen Fällen ist es zweckmäßig, die Zahl Null noch zu den natürlichen Zahlen hinzuzunehmen. Als Symbol wird dabei $\mathbb{N}_0$ verwendet.

Zahlenhalbgerade

(2) Ganze Zahlen $\mathbb{Z}$

Außer den natürlichen Zahlen sind uns auch negative Zahlen bekannt. Wir sprechen von Minuszahlen in der Bilanz und meinen damit Schulden, oder wir sprechen von Minustemperaturen und meinen damit Kältegrade.

Positive und negative Zahlen zusammen werden kurz als ganze Zahlen $\mathbb{Z}$ bezeichnet. Eine Unterscheidung $\mathbb{Z}^+$ und $\mathbb{Z}^-$ ist in einzelnen Fällen noch erforderlich. Die Darstellung zeigt, daß es zu jeder Zahl eine *Gegenzahl* gibt, die sich durch eine Umkehrung des Vorzeichens ergibt. Die Gegenzahl zu $(+2)$ ist (-2), die Gegenzahl zu (-2) ist $(+2)$.

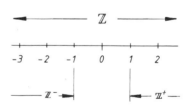

Zahlengerade für $\mathbb{Z}$

(3) Rationale Zahlen $\mathbb{Q}$

Während bisher nur von ganzen (positiven oder negativen) Zahlen die Rede war, können wir den Bereich zwischen zwei ganzen Zahlen beliebig unterteilen und wir erhalten Bruchteile oder Brüche als neue Zahlenart.

Zahlengerade für $\mathbb{Q}$

Brüche, die sich als Quotient ganzer Zahlen darstellen lassen, werden rationale
Zahlen genannt. Die Menge der rationalen Zahlen bezeichnen wir mit $\mathbb{Q}$.

Ganze Zahlen (z.B. $\frac{6}{3}$ = 2, $\frac{24}{8}$ = 3) sind
somit auch rationale Zahlen.

(4) Reelle Zahlen $\mathbb{R}$

Während man mit den Grundrechenarten
nicht über den Bereich der rationalen
Zahlen hinauskommt, d.h. während bei
Anwendung der Grundrechenarten höchstens wieder rationale Zahlen entstehen,
ist dies bei Rechenoperationen höherer
Ordnung (wie z.B. beim Wurzelziehen)
nicht der Fall.

Die Zahl $\sqrt{2}$ ist zwar noch auf der Zahlengeraden geometrisch darstellbar, sie ist
aber keine rationale Zahl mehr, da sie
sich nicht mehr als Quotient zweier
ganzer Zahlen darstellen läßt.[4]

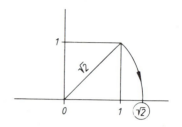

Solche Zahlen, die unendliche nicht-
periodische Dezimalzahlen sind, werden
irrationale Zahlen genannt.

Weitere Beispiele für irrationale Zahlen
sind:

$\log_e 17 = \ln 17 = 2,833...$ (= Logarithmen)
$e = 2,718\ 281\ 828\ 459...$ (= Euler-Zahl)
$\pi = 3,141\ 592\ 653\ 589\ 79...$ (= Kreiszahl)

Rationale und irrationale Zahlen bilden
die Menge der reellen Zahlen $\mathbb{R}$.

Die Menge $\mathbb{R}$ der reellen Zahlen umfaßt
somit alle bisher genannten Zahlenmengen. Jeder Punkt auf der Zahlengeraden
entspricht einer reellen Zahl und umgekehrt.

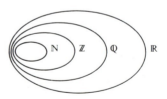

$\mathbb{N} \subset \mathbb{N}_0 \subset \mathbb{Z} \subset \mathbb{Q} \subset \mathbb{R}$

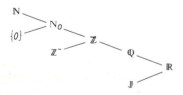

---

[4] Beweis in Abschn. 10.1.1

(5) Komplexe Zahlen ℂ

Der Ausdruck $\sqrt{-1}$ stellt keine reelle Zahl mehr dar, da das Quadrat einer reellen Zahl immer positiv ist.

Damit mit solchen „gekünstelten Größen" noch gerechnet werden kann, hat Euler[5] die Definition

$$\boxed{i^2 = -1}$$

und damit die Schreibweise $i = \sqrt{-1}$ eingeführt.[6] Mit Hilfe der *imaginären Einheit* i lassen sich damit auch Gleichungen lösen, die keine reellen Lösungswerte ergeben.

Beispiel

Löst man die quadratische Gleichung (s. Kap. 11!) mit Hilfe der Lösungsformel, so ergeben sich die nicht reellen Lösungen x_1 und x_2.

$$x^2 - 4x + 8 = 0$$
$$x_{1/2} = 2 \pm \sqrt{-4}$$
$$x_1 = 2 + \sqrt{-4}$$
$$x_2 = 2 - \sqrt{-4}$$

Durch entsprechende Umformung und Einführung der Definition $i^2 = -1$ erhält man *komplexe Zahlen*, die aus einem reellen Teil (*Realteil*) und einem imaginären Teil (*Imaginärteil*) bestehen.

Mit $\sqrt{-4} = \sqrt{4 \cdot (-1)} = \sqrt{4 \cdot i^2} = 2i$ erhält man

$$x_1 = \boxed{2} + \boxed{2i}$$
$$x_2 = \boxed{2} - \boxed{2i}$$

reeller Teil   imaginärer Teil
(Realteil)   (Imaginärteil)

Komplexe Zahlen sind nicht mehr auf einer Zahlengeraden, sondern nur noch in einer *Zahlenebene* (*Gaußsche Zahlenebene*) darstellbar.

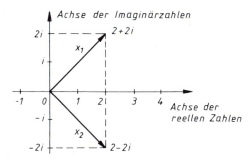

Unterscheiden sich die komplexen Zahlen nur im Vorzeichen des Imaginärteiles wie in unserem Beispiel, so nennt man diese komplexen Zahlen *konjugiert komplex*.

Wird bei einer komplexen Zahl der Imaginärteil Null, so erhält man eine reelle Zahl.

Die Addition und Subtraktion komplexer Zahlen wird durchgeführt, indem man die reellen und imaginären Teile getrennt addiert bzw. subtrahiert.

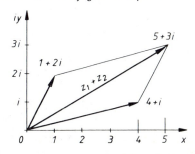

---

[5] *Leonhard Euler* (1707–1783). Die Bezeichnung „imaginäre Zahl" geht auf *René Descartes* (1596–1650) zurück („numeri imaginarii" = eingebildete Zahlen).

[6] In der Elektrotechnik wird statt i oft j geschrieben, da i für die Stromstärke verwendet wird.

Unter dem *Betrag der komplexen Zahl* $z = x + iy$ versteht man die nichtnegative Zahl

$$\boxed{|z| = \sqrt{x^2 + y^2}}\quad,$$

die der Länge des Zeigers in der Gaußschen Zahlenebene entspricht.

$$z_1 = 1 + 2i$$
$$z_2 = 4 + i$$
$$\underline{z_1 + z_2 = 5 + 3i}$$

$$|z_1| = \sqrt{1^2 + 2^2}$$
$$= \sqrt{5}$$
$$|z_1 + z_2| = \sqrt{5^2 + 3^2}$$
$$= \sqrt{34}$$

Komplexe Zahlen sind ein wertvolles Hilfsmittel zur Untersuchung von Schwingungsvorgängen, wie sie in der Physik und insbesondere in der Elektrotechnik vorkommen.

2 Rechnen mit Termen

Rechengesetze

Die Einführung von Buchstaben als Variable[1] und deren Verknüpfung durch Rechenzeichen führt zu dem Begriff des Terms. Um mathematische Terme richtig umformen zu können, ist es wichtig, die mathematischen Gesetzmäßigkeiten zu kennen und insbesondere die Grundrechenarten richtig anwenden zu können.

Viele Gesetze gelten nicht für alle Zahlenarten. Beim Umgang mit Termen ist es deshalb wichtig, die Zahlenart zu berücksichtigen, aus der die Variablen genommen werden sollen.

Da bei der Anwendung der Grundrechenarten auf natürliche Zahlen auch negative Zahlen und beliebige Zwischenwerte oder Brüche entstehen können, sollen die Rechengesetze für den gesamten Bereich der rationalen Zahlen $\mathbb{Q}$ untersucht werden.

2.1 Addition[2]

2.1.1 Addition positiver Zahlen

Addiert man zwei rationale Zahlen, so kann man dies in beliebiger Reihenfolge tun und bei mehreren Gliedern noch beliebige Teilsummen bilden. Dies sind bereits zwei Rechengesetze, die wir noch einmal besonders hervorheben wollen.

---

[1] Die folgerichtige Einführung der Buchstaben als „Platzhalter" geht auf den Franzosen *Francois Viète* (Vieta) (1540–1603) zurück. Der Engländer *Harriot* (1560–1621) führte die Verwendung von Kleinbuchstaben ein.
Auf *René Descartes* (1596–1650) geht die Gewohnheit zurück, für gesuchte Variable die letzten Buchstaben, für gegebene Größen (Formvariable) die Anfangsbuchstaben des Alphabets zu wählen.

[2] Die Zeichen + und − wurden zum erstenmal von *Joh. Widmann Eger* (1489) verwendet.

Vertauschungsgesetz (Kommutativgesetz)

Die Reihenfolge der Summenterme kann beliebig vertauscht werden.

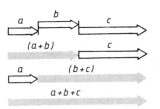

$$a + b = b + a$$

$$a, b \in \mathbb{Q}$$

Zusammenfassungsgesetz (Assoziativgesetz)

Summenterme können zu beliebigen Teilsummen zusammengefaßt werden.

Zusammengefaßte Terme werden in Klammern[3] geschrieben. Die Rechenoperation innerhalb der Klammer ist zuerst durchzuführen.

$$a + b + c = (a + b) + c = a + (b + c)$$

$$a, b, c \in \mathbb{Q}$$

Die Null ist das *neutrale Element* der Addition, d.h. durch Addieren der Null ändert sich der Wert nicht.

$$a + 0 = 0 + a = a$$

Da beim Addieren zweier rationaler Zahlen stets wieder eine rationale Zahl entsteht, die Addition also nicht über diese Zahlenmenge hinausführt, sagt man:

Die Zahlenmenge $\mathbb{Q}$ ist bezüglich der Addition abgeschlossen.

Beispiele

Durch Anwendung des Kommutativ- und Assoziativgesetzes lassen sich Rechenvorteile ausnutzen.

1. $17 + 3 + 11 + 4 + 19 + 6$
   $= (17 + 3) + (11 + 19) + (6 + 4)$
   $= \quad 20 \quad + \quad 30 \quad + \quad 10$
   $= \quad \underline{\underline{60}}$

2. $2{,}75 + 3\frac{1}{3} + 0{,}25 + \frac{2}{3}$
   $= (2{,}75 + 0{,}25) + (3\frac{1}{3} + \frac{2}{3})$
   $= 3 + 4 \underline{\underline{= 7}}$

Gleichartige Terme werden geordnet und zu Teilsummen zusammengefaßt. Eine weitere Zusammenfassung ist nicht mehr möglich, da sich nur *gleichartige Terme* zusammenfassen lassen.

3. $2a + c + 3b + 3a + 5c$
   $= (2a + 3a) + (5c + c) + 3b$
   $= \underline{\underline{5a + 6c + 3b}}$

4. $1\frac{1}{2}x + 2y + 1\frac{3}{4}x + \frac{1}{4}y$
   $= (1\frac{1}{2}x + 1\frac{3}{4}x) + (2y + \frac{1}{4}y)$
   $= \underline{\underline{3\frac{1}{4}x + 2\frac{1}{4}y}}$

---

[3] Nach *Michael Stifel*, s. auch Fußnote 4), Seite 19

2.1.2 Addition negativer Zahlen

Sinngemäß läßt sich auch die Addition negativer Zahlen durchführen.

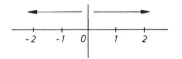

Negative Zahlen sind die inversen Zahlen oder *Gegenzahlen* zu den positiven Zahlen.

Umgekehrt sind damit die positiven Zahlen die Gegenzahlen der negativen.

Gegenzahlen

Die Gegenzahl von (-2) ist $(+2)$,
die Gegenzahl von $(+2)$ ist (-2),

daraus folgt wiederum:

die Gegenzahl von $-(+2)$ ist $(+2)$,
die Gegenzahl von $-(-2)$ ist (-2).

Damit ist aber auch:

allgemein:

$$-(+2) = (-2)$$
und $$-(-2) = (+2)$$

$$
\boxed{
\begin{aligned}
-(+a) &= (-a) = -a \\
-(-a) &= (+a) = a
\end{aligned}
}
$$

Die Addition negativer Zahlen soll wiederum an der Zahlengeraden veranschaulicht werden.
(Pfeilrichtung nach links)

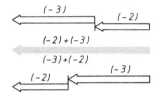

$$
\begin{aligned}
(-2) + (-3) &= (-3) + (-2) \\
&= -(3 + 2) \\
&= \underline{\underline{-5}}
\end{aligned}
$$

$$
\boxed{
\begin{aligned}
(-a) + (-b) &= (-b) + (-a) \\
&= -(a + b)
\end{aligned}
}
$$

> **Zwei negative Zahlen werden addiert, indem man die Beträge addiert und der Summe ein negatives Vorzeichen gibt.**

2.1.3 Addition positiver und negativer Zahlen

$$
\begin{aligned}
(+3) + (-2) &= +(3 - 2) \\
&= \underline{\underline{1}}
\end{aligned}
$$

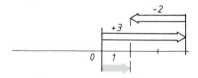

$$
\begin{aligned}
(+3) + (-5) &= -(5 - 3) \\
&= \underline{\underline{-2}}
\end{aligned}
$$

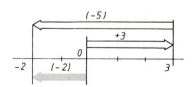

Vergleicht man diese Beispiele mit Guthaben und Schulden, so bleiben bei der Aufrechnung von 3 DM Guthaben mit 2 DM Schulden 1 DM Guthaben übrig.

Im zweiten Fall werden 3 DM Guthaben mit 5 DM Schulden verrechnet. Es bleiben 2 DM Schulden.

Die Ergebnisse lassen sich jeweils durch Differenzbildung erhalten.

Das Vorzeichen ergibt sich aus dem jeweils höheren Betrag.

Daraus ergibt sich die Regel:

> Zwei Summanden mit verschiedenen Vorzeichen werden addiert, indem man die Differenz der Beträge bildet und der Differenz das Vorzeichen des größeren Summanden gibt.

$$a + (-b) = (a - b)$$
$$|a| > |b|$$

2.2 Subtraktion

Die Subtraktion kann an der Zahlengeraden veranschaulicht werden. Dabei ist zu beachten, daß beim Subtrahieren die Spitzen der Pfeile an dieselbe Bezugslinie gesetzt werden.

Zum gleichen Ergebnis kommt man, wenn man die *Subtraktion als Addition der Gegenzahl* ausführt.

Wir wollen dies an folgenden Beispielen darlegen:

1. $(+5) - (+3) = 5 - 3$
   $= \underline{2}$

2. $(+3) - (+5) = 3 - 5$
   $= \underline{-2}$

3. $(-5) - (-3) = -5 + 3$
   $= 3 - 5$
   $= \underline{-2}$

4. $(-3) - (-5) = -3 + 5$
   $= 5 - 3$
   $= \underline{2}$

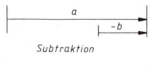

Subtraktion

Addition der Gegenzahl

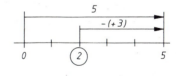

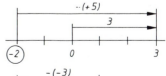

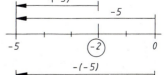

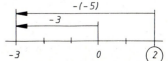

5. $(+5) - (-3) = 5 + 3$

$= \underline{\underline{8}}$

6. $(-5) - (+3) = -5 - 3$

$= \underline{\underline{-8}}$

7. $(+3) - (-5) = 3 + 5$

$= \underline{\underline{8}}$

8. $(-3) - (+5) = -3 - 5$

$= \underline{\underline{-8}}$

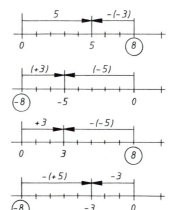

Aus all diesen Beispielen ist zu erkennen:

Eine Zahl wird subtrahiert, indem man ihre Gegenzahl addiert.

$$\boxed{(a) - (b) = (a) + (-b)}$$

$$a, b \in \mathbb{Q}$$

Aus den Rechenregeln der Addition wissen wir, daß sich das Vorzeichen und das Rechenzeichen zu einem Zeichen, das wir Rechenzeichen nennen wollen, zusammenfassen lassen.

Das Doppelzeichen $+ (-\ldots)$ läßt sich ersetzen durch $-$.
Das Doppelzeichen $- (+\ldots)$ läßt sich ersetzen durch $-$.
Das Doppelzeichen $- (-\ldots)$ läßt sich ersetzen durch $+$.

$$\boxed{\begin{aligned} +\ (-\ \ldots) &= -\ \ldots \\ -\ (+\ \ldots) &= -\ \ldots \\ -\ (-\ \ldots) &= +\ \ldots \end{aligned}}$$

Wie aus den Beispielen 3 und 4 zu ersehen ist, dürfen bei der Subtraktion die Glieder nicht beliebig vertauscht und nicht beliebig zusammengefaßt werden. Die Subtraktion ist

a)   nicht kommutativ:

und

b)   nicht assoziativ:

z.B.
$$\begin{aligned} (-5) - (-3) &\neq (-3) - (-5) \\ -5 + 3 &\neq -3 + 5 \\ -2 &\neq 2 \end{aligned}$$

$$\begin{aligned} 5 - (3 - 2) &\neq (5 - 3) - 2 \\ 5 - 1 &\neq 2 - 2 \\ 4 &\neq 0 \end{aligned}$$

Jedes Subtrahieren kann jedoch in ein Addieren der Gegenzahl umgewandelt werden, für das dann die genannten Gesetzmäßigkeiten gelten.
Terme, die aus Summen und Differenzen bestehen, wollen wir im folgenden kurz als *algebraische Summen* bezeichnen.
Aus der Verbindung von Addition und Subtraktion entstehen Klammerausdrücke, die im folgenden behandelt werden sollen.

2.3 Rechnen mit Klammerausdrücken[4]

In algebraischen Summen mit Klammerausdrücken werden die Zeichen + und − in der Bedeutung als *Vorzeichen* und als *Rechenzeichen* benutzt.

Wie jedoch an dem nebenstehenden Zahlenbeispiel ersichtlich ist, lassen sich Rechenzeichen und Vorzeichen vertauschen. Beim Auflösen der Klammer bleibt nur noch ein Zeichen übrig, das wir als Rechenzeichen bezeichnen wollen.

$$5 - (+2) = 5 + (-2)$$
$$= 5 - 2$$
$$= \underline{3}$$

Verallgemeinert bedeutet dies: Jede Subtraktion kann als Addition der Gegenzahl aufgefaßt werden.

Im ersten Fall haben wir es mit einer Minusklammer − (. . .) zu tun, im zweiten Fall mit einer Plusklammer + (. . .).

$$a - (+b) = a + (-b)$$
$$= \underline{\underline{a - b}}$$

Für das Setzen oder Auflösen von Klammern ergeben sich damit folgende Regeln:

- Beim Auflösen einer *Minusklammer* ändern sich bei allen Gliedern innerhalb der Klammern die Plus- und Minuszeichen. Aus + wird − und umgekehrt.
- Beim Auflösen einer *Plusklammer* bleiben die Zeichen unverändert.
- Beim Setzen von Klammern gilt sinngemäß die Umkehrung.

$a - (+b) = a - b$
$a - (b - c) = a - b + c$

$a + (-b) = a - b$
$a + (b - c) = a + b - c$

Beispiele

1. *Reine Zahlenausdrücke*
   Durch Anwendung der Klammerregeln erhält man:

$$7 + (-3) - (-2) + (+4) - (-11 - 3) + (-3 + 7)$$
$$= 7 - 3 + 2 + 4 + 11 + 3 - 3 + 7$$
$$= \underline{28}$$

2. *Terme*
   Zusammenfassen der gleichartigen Terme nach Auflösen der Plusklammern

   Die erste Klammer ist eine Plusklammer. Das Pluszeichen braucht hier nicht geschrieben zu werden. Klammerterme, die vor der Klammer kein Vorzeichen haben, sind immer Plusklammer-Terme.

$$4a + (5b - 6a) + (-2b + 3a)$$
$$= 4a + 5b - 6a - 2b + 3a$$
$$= \underline{a + 3b}$$
$$(3a - 2c) - (7a - 6c + 4b)$$
$$= 3a - 2c - 7a + 6c - 4b$$
$$= \underline{\underline{-4a + 4c - 4b}}$$

---

[4] Die Klammer wurde von *Michael Stifel* (1544) eingeführt, um zum Ausdruck zu bringen, daß in Abweichung von der Rechen-Reihenfolge die Klammerausdrücke immer zuerst berechnet werden sollen: z.B. $5 - (3 - 1) = 5 - 2$ und nicht $(5 - 3) - 1 = 2 - 1$.

Klammern innerhalb von Klammern

1. *Reine Zahlenausdrücke*
   Bei der Bildung von Teilsummen und
   Teildifferenzen entfallen die inneren
   Klammern zuerst

$$564 - [[(43 - 31) - (-17 + 8)] - 72]$$
$$= 564 - [[\;\;12\;\;\;\; - (-9)\;\;\;\;] - 72]$$
$$= 564 - [\;\;\;\;\;\;\;21\;\;\;\;\;\;\;\;\;\; - 72]$$
$$= 564 - [51]$$
$$= \underline{\underline{615}}$$

Ohne Zusammenfassung ergibt sich
mit Hilfe der Klammerregeln

$$564 - ((43 - 31 + 17 - 8) - 72)$$
$$= 564 - (43 - 31 + 17 - 8 - 72)$$
$$= 564 - 43 + 31 - 17 + 8 + 72$$
$$= \underline{\underline{615}}$$

2. *Terme*
   Bei Termen ist eine Teilsummenbil-
   dung meist nicht mehr möglich. In
   diesem Falle gilt die Regel:

> Bei mehreren Klammern ist die in-
> nere Klammer immer zuerst aufzu-
> lösen, daraufhin die nächst äußeren.

$$a + (-(b - (c + d)))$$
$$= a + (-(b - c - d))$$
$$= a + (-b + c + d)$$
$$= a - b + c + d$$

○ **Anwendungsbeispiel**

Der Bohrungsabstand x des Langloches ist
zu berechnen.

a) allgemein mit Variablen
b) für $d_1 = 20\ \text{mm}$
         $d_2 = 12\ \text{mm}$
         $a = 26\ \text{mm}$

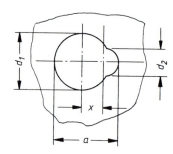

Lösung

a) Das Maß x ergibt sich aus der Über-
   schneidung zweier Kreise.

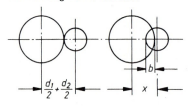

$$x = \frac{d_1}{2} + \frac{d_2}{2} - b$$

Durch Einsetzen der Überdeckung b
erhält man

Überdeckung
$$b = d_1 + d_2 - a$$

$$x = \frac{d_1}{2} + \frac{d_2}{2} - (d_1 + d_2 - a)$$

Nach Auflösen der Klammer ergibt sich

$$x = \frac{d_1}{2} + \frac{d_2}{2} - d_1 - d_2 + a$$

$$x = a - \frac{d_1}{2} - \frac{d_2}{2}$$

Das Ergebnis läßt sich umformen
durch Setzen einer Minusklammer

$$x = a - \left(\frac{d_1}{2} + \frac{d_2}{2}\right)$$

b) Mit den Zahlenwerten erhält man

$$x = \left(26 - \left(\frac{20}{2} + \frac{12}{2}\right)\right) mm$$

$$x = (26 - (10 + 6)) \; mm$$

$$\underline{x = 10 \; mm}$$ ○

Zusammenfassung

1. Aus der Anwendung der Klammerregeln erhält man beim Auflösen von Klammern folgende Rechenzeichen:

Gleiche Vor- und Rechenzeichen ergeben ⊕ .

Ungleiche Vor- und Rechenzeichen ergeben ⊖ .

$$(+a) \; \oplus \; (\oplus b) = a \; \oplus \; b$$
$$(+a) \; \ominus \; (\oplus b) = a \; \ominus \; b$$
$$(+a) \; \oplus \; (\ominus b) = a \; \ominus \; b$$
$$(+a) \; \ominus \; (\ominus b) = a \; \oplus \; b$$

2. Für die Addition und Subtraktion ergeben sich die Rechenregeln:

Addition

$a, b \in \mathbb{Q}^+$

$$\begin{aligned}
(+a) + (+b) &= a + b &&= + (a + b) \\
(-a) + (-b) &= -a - b &&= - (a + b) \\
(-a) + (+b) &= -a + b &&= - (a - b), \text{ wenn } |a| > |b| \\
&&&= + (b - a), \text{ wenn } |b| > |a| \\
(+a) + (-b) &= a - b &&= + (a - b), \text{ wenn } |a| > |b| \\
&&&= - (b - a), \text{ wenn } |b| > |a|
\end{aligned}$$

Subtraktion

$a, b \in \mathbb{Q}^+$

$$\begin{aligned}
(+a) - (+b) &= a - b \\
(-a) - (-b) &= -a + b \\
(-a) - (+b) &= -a - b \qquad \text{s. oben} \\
(+a) - (-b) &= a + b
\end{aligned}$$

3. Bei Klammern innerhalb von Klammern werden die innersten Klammern zuerst aufgelöst unter Beachtung der Klammerregeln.

$$\begin{aligned}
&(a - (- (b - c) - (- d)) + e) \\
= \; &(a - (- b + c + d) + e) \\
= \; &(a + b - c - d + e) \\
= \; &a + b - c - d + e
\end{aligned}$$

Aufgaben

zu 2.3 Rechnen mit Klammerausdrücken

a) Reine Zahlenausdrücke

1. $216 + (-45 + 17)$
2. $216 - (-45 + 17)$
3. $216 + (45 - 17)$
4. $216 - (-45 - 17)$
5. $216 - (-(45 + (3 - 16)))$
6. $216 + (-(-45 - (-3 + 16)))$
7. $(-234) - (-235)$
8. $(-256) - (225 - 13)$

9. $(17 - 8 - (34 - 6) - (- 16)) - 4$

10. $554 - (63 - (31 - 6) + (13 - 5))$

11. $8 - (- 1) + (- 5) - (4 - 7) - (11 - 6)$

12. $7 - (- 11) - (- 3 - 9) + (- 2 + 5) - (- 12 - 5)$

13. $678 - (47 - (41 - (31 - 27) - 13) - 91)$

14. $678 - (43 - 41 - (- 27 + 31) - 13 - 91)$

15. $678 - (((43 - 41) - (- 27 + 31) - 13) - 91)$

16. $678 - (((- 43 + 31) + (- 51 + 27)) + (- 17 + (- 82)))$

17. $555 - ((47 - 31 - 41) - (53 + 56) - (17 - 72))$

18. $555 + (47 - 31 - (41 + 53 + 56 - (17 - 72)))$

19. $555 + ((57 - 78) - (- 78 - 57) + (- 56 - 17) - (- (- 13) - 11))$

20. $555 - (- (57 - 78) - (78 - 57) + (- 56 + 17) - (- (- 13 - 11)))$

b) Gemischte Ausdrücke

Fassen Sie die Terme durch Auflösen der Klammern zusammen und setzen Sie in die Ergebnisse die angegebenen Werte ein.

21. $17x - (- 21y - 4{,}3x) - (- 5{,}7x - 2{,}7y) - (- 2{,}5y - 2{,}1x)$
Setzen Sie für $x = 1$ und $y = - 2$ ein.

22. $5a - 7b + 15b - 121 - (81 - 16b) - (7b - 5a)$
Setzen Sie für $a = 12$ und $b = - 11$ ein.

23. $7xy - (20x + 12y) - (3xy + x) + 5xy - (3{,}5xy - 5{,}8xy)$
Setzen Sie für $x = 1$ und $y = - 1$ ein.

24. $23m + (5\frac{1}{2}n - 17\frac{3}{4}m) - (4\frac{1}{4}m + 3\frac{1}{3}n) - (1\frac{1}{4}m - 7\frac{2}{3}n)$
Setzen Sie für $m = 0{,}5$ und $y = - \frac{7}{2}$ ein.

25. $1{,}5a - [- 11\frac{1}{6}b - \frac{x}{2} - (5\frac{1}{2}a + 1{,}6x - 13\frac{1}{6}b) + 6{,}1x]$
Setzen Sie für $a = 2{,}5$, $b = 13\frac{1}{2}$ und $x = - 2$ ein.

26. $3a - ((- 16x - 17\frac{1}{2}a) - 6\frac{1}{3}a - 13x - (4a + \frac{1}{3}x))$

27. $1{,}7x - (0{,}76x + 0{,}6y - (- 4{,}6x + 13y) - (- 43{,}2x))$

28. $14ab - (- 12ax + (- 14{,}3a - 14{,}3ab) - (9ax - (- 0{,}3a) - 3ax))$

29. $19r - ((20\frac{1}{3}s - 16\frac{1}{7}r) - (11\frac{1}{2}s - 13r)) - 11s$

30. $8x - [[5y - (7\frac{1}{7}y - 11\frac{1}{3}x)] - (16y - \frac{y}{2}) + (- 3\frac{2}{7}x)] - 3\frac{2}{7}x$

c) Anwendungsaufgaben

31. Geben Sie eine Formel an zur Berechnung des Bohrungsabstandes x. Berechnen Sie x für die Maße

$l = 109{,}5$ mm
$b = 2 \cdot 15$ mm $= 30$ mm
$a = 54{,}8$ mm.

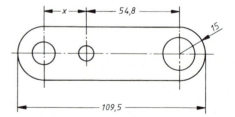

32. Ein Flachstahl von 220 mm Länge soll n Löcher erhalten. Der Lochabstand von den beiden Enden soll a bzw. b sein.
a) Geben Sie eine Formel an zur Berechnung des Lochabstandes c.
b) Bestimmen Sie die Lochabstände c bei 15 Löchern, wenn der Randabstand von den beiden Enden jeweils 40 mm beträgt.

33. Berechnen Sie für den Kreisexzenter das Maß x.
  a) allgemein
  b) für d_1 = 35 mm,
     d_2 = 20 mm
     und e = 5 mm.

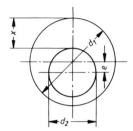

34. Von einem 5 m langen Rundmaterial sollen n Stücke von 180 mm Länge abgesägt werden.
  a) Berechnen Sie die Anzahl n allgemein in Abhängigkeit von der Länge l und der Schnittbreite s.
  b) Wie groß ist die Länge des Reststückes bei einer Schnittbreite von s = 2,5 mm?
  c) Geben Sie den Schnittverlust (Reststück + Schnittabfall) in Prozent der Fertigungslänge an.

2.4 Multiplikation

2.4.1 Grundgesetze der Multiplikation (Kommutativ- und Assoziativgesetz)

Die Multiplikation ist die Kurzschreibweise der Addition gleicher Summanden.

$$\underbrace{3 + 3 + 3 + 3 + 3}_{5 \text{ Summanden}} = \underset{\text{Faktoren}}{5 \cdot 3}$$

Summe   Produkt $\cdot$

Die beiden Faktoren werden Multiplikand ($\hat{=}$ Summand) und Multiplikator ($\hat{=}$ Anzahl der Summanden) genannt.

$$\underbrace{b + b + \ldots + b}_{a - \text{mal}} = a \cdot b$$

Vertauscht man bei dem Produkt
$$5 \cdot 3 = 15$$
die Faktoren, so sieht man aus der Summenschreibweise
$$3 \cdot 5 = 5 + 5 + 5 = 15$$
daß dies zum gleichen Ergebnis führt.

Vertauschungsgesetz (Kommutativgesetz)

In einem Produkt dürfen die Faktoren vertauscht werden.

$$a \cdot b = b \cdot a$$
$$a, b \in \mathbb{Q}$$

Zusammenfassungsgesetz (Assoziativgesetz)

In einem Produkt dürfen die Faktoren beliebig zu Teilprodukten zusammengefaßt werden.

$$a \cdot (b \cdot c) = (a \cdot b) \cdot c$$
$$a, b, c \in \mathbb{Q}$$

Die Eins ist das *neutrale Element* der Multiplikation, d.h. durch die Multiplikation mit dem Faktor 1 ändert sich der Wert nicht.

$$a \cdot 1 = 1 \cdot a = a$$

Aus der Umkehrung folgt, daß jede Zahl *a* in ein Produkt aus zwei Faktoren umgewandelt werden kann.

$$a = a \cdot 1$$

Da beim Multiplizieren zweier rationaler Zahlen wieder eine rationale Zahl entsteht, sagt man:

Die Zahlenmenge $\mathbb{Q}$ ist bezüglich der Multiplikation abgeschlossen.

Beispiele

Durch Anwendung des Kommutativ- und Assoziativgesetzes lassen sich Rechenvorteile ausnutzen.

1. $12{,}5 \cdot 7{,}5 \cdot 8 = (12{,}5 \cdot 8) \cdot 7{,}5$
    $\phantom{12{,}5 \cdot 7{,}5 \cdot 8} = 100 \cdot 7{,}5$
    $\phantom{12{,}5 \cdot 7{,}5 \cdot 8} = \underline{750}$

2. $2{,}5 \cdot 1250 \cdot 4 \cdot 0.00317 \cdot 8$
    $= (2{,}5 \cdot 4) \cdot (1250 \cdot 8) \cdot 0{,}00317$
    $= 10 \cdot 10\,000 \cdot 0{,}00317$
    $= \underline{317}$

3. $\frac{1}{4}a \cdot 7 \cdot b \cdot 12 = (\frac{1}{4} \cdot 12) \cdot 7 \cdot a \cdot b$
    $\phantom{\frac{1}{4}a \cdot 7 \cdot b \cdot 12} = 3 \cdot 7 \cdot a \cdot b$
    $\phantom{\frac{1}{4}a \cdot 7 \cdot b \cdot 12} = 21 \cdot a \cdot b$
    $\phantom{\frac{1}{4}a \cdot 7 \cdot b \cdot 12} = \underline{21ab}$ [5])

Treten Produktterme in Summen auf, so lassen sich nur gleichartige Terme zusammenfassen.

4. $3 \cdot 2 \cdot a + 4 \cdot 1{,}5 \cdot b + a + 4b \cdot 1{,}25$
    $= 6a + 6b + a + 5b$
    $= \underline{7a + 11b}$

Um bei der Kombination von Addition und Multiplikation Klammern zu sparen, hat man die Regel aufgestellt, daß die Produkte zuerst ausgerechnet werden müssen.

5. $(5 \cdot 4) + (6 \cdot 7) = 5 \cdot 4 + 6 \cdot 7$
    $ = 20 + 42$
    $ = \underline{62}$

> Punktrechnung geht vor
> Strichrechnung

2.4.2 Produkte mit negativen Zahlen

Die Multiplikation mit einer negativen Zahl schreiben wir zunächst als Addition.

Dabei zeigt sich:

Die Multiplikation mit einer negativen Zahl führt zu einem negativen Produkt.

1. $3 \cdot (-2) = (-2) + (-2) + (-2) + (-2)$
    $ = (-2 - 2 - 2 - 2)$
    $ = -(2 + 2 + 2 + 2)$
    $ = \underline{-(3 \cdot 2)}$

---

[5]) Bei Produkttermen mit Variablen braucht das Malzeichen nicht geschrieben zu werden: $a \cdot b \cdot c = abc$, $3 \cdot a \cdot b = 3ab$.
Ebenso kann das Multiplikationszeichen vor einer Klammer entfallen: $4 \cdot (a+b) = 4 (a+b)$.
Bei reinen Zahlen muß das Multiplikationszeichen zur Vermeidung von Verwechslungen jedoch stets geschrieben werden: $3 \cdot 2 \cdot a \cdot b = 3 \cdot 2ab$.

Da das Vertauschungsgesetz auch für negative Faktoren gelten soll (Permanenzprinzip), erhält man als Ergebnis:

> Das Produkt zweier Zahlen mit verschiedenen Vorzeichen ist negativ.

2. $(-2) \cdot 3 = 3 \cdot (-2) = -(3 \cdot 2)$

$$a \cdot (-b) = -(a \cdot b)$$
$$(-b) \cdot a = -(a \cdot b)$$

für $a, b \in \mathbb{Q}$

Lassen wir nun den Faktor a auch negativ werden, so erhalten wir als Produkt nach Auflösen der Klammer einen positiven Wert.

$$
\begin{aligned}
(-a) \cdot (-b) &= -[(-a) \cdot b] \\
&= -[-(a \cdot b)] \\
&= + (a \cdot b)
\end{aligned}
$$

> Das Produkt zweier negativer Zahlen ist positiv.

$$(-a) \cdot (-b) = +(a \cdot b)$$

Zusammenfassung

> Das Produkt zweier Faktoren mit gleichen Vorzeichen ist positiv.
> Das Produkt zweier Faktoren mit verschiedenen Vorzeichen ist negativ.

$$
\begin{aligned}
(+a) \cdot (+b) &= +(ab) \\
(-a) \cdot (-b) &= +(ab) \\
(-a) \cdot (+b) &= -(ab) \\
(+a) \cdot (-b) &= -(ab)
\end{aligned}
$$

Oder:

plus	mal	plus	=	plus
minus	mal	minus	=	plus
minus	mal	plus	=	minus
plus	mal	minus	=	minus

$$
\begin{aligned}
+ \;\cdot\; + &= + \\
- \;\cdot\; - &= + \\
- \;\cdot\; + &= - \\
+ \;\cdot\; - &= -
\end{aligned}
$$

Beispiele

1. $(-4) \cdot (-2) = +(4 \cdot 2) = \underline{8}$

2. $(-2ab) \cdot (3x) = -(2 \cdot 3 \cdot a \cdot b \cdot x)$
   $$= \underline{-6abx}$$

Bei mehreren Faktoren ergibt sich das Vorzeichen des Produktes aus der schrittweisen Teilproduktbildung aus jeweils zwei Faktoren.

3. $(-3a) \cdot (-2x) \cdot (-2b) \cdot (-3) = \underline{\underline{36abx}}$

4. $(-2) \cdot (-c) \cdot (a) + (2a) \cdot 4 \cdot (-c)$
   $$= 2ac + (-8ac)$$
   $$= \underline{\underline{-6ac}}$$

2.4.3 Multiplikation mit Null (Nullprodukt)

Die Multiplikation mit Null ergibt in additiver Schreibweise:

$$0 + 0 + 0 + 0 + 0 = 5 \cdot 0$$
$$= \underline{\underline{0}}$$

Daraus ergibt sich:

Enthält ein Produkt den Faktor Null, so ist das Produkt Null.

$$\boxed{a \cdot 0 = 0 \cdot a = 0}$$

Da auch das Produkt $0 \cdot 0 = 0$ ist, folgt daraus, daß ein Produkt aus mehreren Faktoren dann Null ist, wenn mindestens ein Faktor oder mehrere Faktoren Null sind.

$$\boxed{0 \cdot 0 = 0}$$

(Nullprodukt)

Beispiel

Da bei einem Nullprodukt beide Faktoren Null sein können, setzen wir nacheinander den 1. und den 2. Klammerterm Null.

Daraus erhält man durch Probieren die x-Werte, die Lösung der obigen Gleichung sind, wie wir später noch sehen werden.

$$(x - 1) \cdot (x + 1) = 0$$
$$1. \quad (x - 1) = 0$$
$$2. \quad (x + 1) = 0$$
$$\underline{\underline{x_1 = 1}}$$
$$\underline{\underline{x_2 = -1}}$$

2.4.4 Multiplikation mit Summentermen (Distributivgesetz)

Das Produkt $4 \cdot (a + b)$ führt in additiver Schreibweise zu dem Ergebnis $4a + 4b$.

$$4 \cdot (a + b) = (a + b) + (a + b) + (a + b) + (a + b)$$
$$= (a + a + a + a) + (b + b + b + b)$$
$$= \underline{\underline{4a + 4b}}$$

Daraus erhält man das

Verteilungsgesetz (Distributivgesetz)

Ein Faktor wird mit einer Summe multipliziert, indem man den Faktor mit jedem Summanden multipliziert und die Produkte addiert.

$$\boxed{a \cdot (b + c) = ab + ac}$$

$$a, b, c \in \mathbb{Q}$$

Beispiele

Das Distributivgesetz läßt sich auch auf eine Differenz anwenden, da $(a - b)$ als Summe $(a + (-b))$ geschrieben werden kann.

$$1. \quad 3 \cdot (4a + 2b) = \underline{\underline{12a + 6b}}$$
$$2. \quad -3(a - b) = (-3) \cdot a + (-3) \cdot (-b)$$
$$= \underline{\underline{-3a + 3b}}$$
$$3. \quad -3(a + b - c) = -3(a + (b - c))$$
$$= (-3) \cdot a + (-3) \cdot (b - c)$$
$$= \underline{\underline{-3a - 3b + 3c}}$$
$$4. \quad 4(2a - 3b) - 6(-3a + b)$$
$$= 8a - 12b - (-18a + 6b)$$
$$= 8a - 12b + 18a - 6b$$
$$= \underline{\underline{26a - 18b}}$$

Produkte aus zwei Summentermen

Das Produkt $(a + b) \cdot 7$ kann als Produkt aus zwei Summentermen geschrieben werden, wenn wir für $7 = (3 + 4)$ schreiben.

$$(a + b) \cdot 7 = 7 \cdot (a + b)$$
$$= \underline{7a + 7b}$$
$$(a + b)(3 + 4) = (3 + 4)a + (3 + 4)b$$
$$= \underline{3a + 4a + 3b + 4b}$$

Verallgemeinert ergibt dies:

> Algebraische Summen werden multipliziert, indem man jedes Glied der einen Summe mit jedem Glied der andern Summe multipliziert und die Produkte addiert.

$$(a + b)(c + d) = ac + ad + bc + bd$$

$$a, b, c, d \in \mathbb{Q}$$

Geometrisch läßt sich das Produkt aus den algebraischen Summen $(a + b)(c + d)$ an einem Rechteck veranschaulichen:

$$(a + b)(c + d) = ac + ad + bc + bd$$

Sinngemäß kann dieses Ergebnis auch auf das Produkt $(a - b)(c - d)$ übertragen werden, da sich jede Differenz als Summe schreiben läßt:

$$(a - b)(c - d) = (a + (-b))(c + (-d))$$

Unter Beachtung der Vorzeichenregeln erhält man:

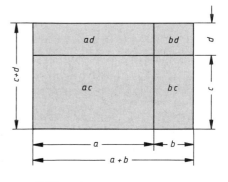

$$(a - b)(c - d) = ac - ad - bc + bd$$

Beispiel

1. $(3x - a)(a + 2b) = \underline{3ax + 6bx - a^2 - 2ab}$

2. $(x + 5)(x - a + 3)$
   $= x^2 - ax + 3x + 5x - 5a + 15$
   $= \underline{x^2 - ax + 8x - 5a + 15}$

3. $(x + 2)(x - 5) - (x - 3)(x - 7)$
   $= x^2 - 5x + 2x - 10 - (x^2 - 7x - 3x + 21)$
   $= x^2 - 3x - 10 - x^2 + 10x - 21$
   $= \underline{7x - 31}$

Bei mehr als zwei Faktoren werden zunächst nur zwei Faktoren miteinander multipliziert. Das Ergebnis läßt sich nicht weiter zusammenfassen.

4. $(x - 1)(a + 3)(2 - c)$
   $= (x - 1)(2a - ac + 6 - 3c)$
   $= \underline{2ax - acx + 6x - 3cx - 2a + ac - 6 + 3c}$

Dieses Beispiel ist bereits ein Sonderfall, da es sich hier um zwei gleiche Summenterme handelt, die als *Binome* bezeichnet werden.

5. $(x + 1)(x + 1)$
   $= x^2 + x + x + 1$
   $= \underline{x^2 + 2x + 1}$

2.4.5 Multiplikation mit gleichen Summentermen (Binomische Formeln)[6]

○ Berechnen Sie durch Ausmultiplizieren die Produkte

a) $(a + b)(a + b)$ b) $(a - b)(a - b)$ c) $(a + b)(a - b)$.

Lösung

a) $(a + b)(a + b) = a^2 + ab + ab + b^2$
$ = a^2 + 2ab + b^2$

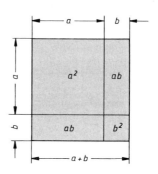

b) $(a - b)(a - b) = a^2 - ab - ab + b^2$
$ = a^2 - 2ab + b^2$

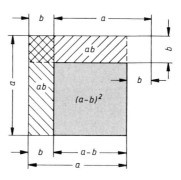

c) $(a + b)(a - b) = a^2 + ab - ab - b^2$
$ = a^2 - b^2$

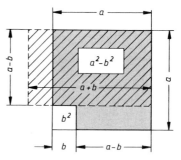

Algebraische Summen aus zwei Summanden werden *Binome* genannt.

Produkte zweier gleicher Binome können in Potenzschreibweise geschrieben werden.

Damit ergeben sich folgende binomische Formeln

Binomische Formeln

$$(a + b)^2 = a^2 + 2ab + b^2$$
$$(a - b)^2 = a^2 - 2ab + b^2$$
$$(a + b)(a - b) = a^2 - b^2$$

$$a, b \in \mathbb{Q}$$

---

[6] Binom = zweigliedriger Term

○

Aufgaben

zu 2.4 Multiplikation

1.	$3a \cdot 5c \cdot 2b$	**5.**	$3 \cdot 2{,}5a + a \cdot 7{,}5$	**9.**	$(-3x)(-a)(-2)$
2.	$3ab \cdot 11 \cdot 7c$	**6.**	$2{,}4a \cdot 0{,}4x - 1{,}5x \cdot 2a$	**10.**	$(-3{,}2a)(-1{,}7b)$
3.	$4ab \cdot 5mn$	**7.**	$4{,}5ax \cdot 2{,}3 + 3a \cdot 3{,}5 \cdot 2x$	**11.**	$14a(-71b)(-c)$
4.	$7{,}5a \cdot b \cdot 2 \cdot \frac{1}{3}c$	**8.**	$3 \cdot 2{,}7a \cdot bx - 1{,}5x \cdot 9a \cdot b$	**12.**	$2x \cdot 5y(-7az)(-2)$

13. $(-a)(-0{,}7b)(-1{,}4) - (-3{,}2a)(-0{,}8) \cdot 1{,}6b$

14. $(-1{,}9p)(-1{,}8q) \cdot 2 - (2{,}7pq)(-3) + 0{,}4(-p)(-q)$

15. $0{,}5(-0{,}7x)\,4 - (0{,}6x)(-1{,}2) + 3x(-1{,}4)$

16. $5(-1{,}3m)(2{,}3n)x + (-1{,}9mx)(3{,}2n)(-4{,}3)$

17. $0{,}5a \cdot 2{,}5b(-c) + 7{,}5c \cdot 2b(-5)(-3a) - 2a \cdot 3bc$

18. $1\frac{2}{3}x\left(-4\frac{1}{2}y\right)(-1{,}5)\left(-\frac{1}{3}\right) + 7{,}4xy\left(-3\frac{3}{7}\right)\left(4\frac{2}{7}\right)(-1)$

19. $-\left(-2\frac{1}{3}\right)\frac{c}{2}(a)\left(3\frac{1}{4}\right) - 1{,}3c\left(-4{,}2a\right)\left(-\frac{1}{2}\right)(1{,}2)$

20. $13{,}5xy + (-6{,}5x)(-2y) + (-13y)\,1{,}2x \cdot \frac{1}{2}$

21. $1\frac{1}{2}a \cdot 2b - \left(-\frac{2}{3}a\right)\left(-1\frac{1}{7}b\right) + 7{,}3\left(-7{,}1b\right)(2a)$

22. $(-2p)\left(1\frac{1}{2}x\right)(-1{,}3) - \left(1\frac{1}{5}x\right)\left(-2\frac{1}{9}\right)(-1{,}7p)(-3{,}7)$

zu 2.4.4 Multiplikation mit Summentermen (Distributivgesetz)

23.	$(a - b)\,5$	**28.**	$(-a - b)\,3$	**33.**	$4\frac{1}{3}(-a + 2b)$
24.	$(x - 2)\,7$	**29.**	$(5a - 2b - c)\,4$	**34.**	$(-2ab)(-5x + 7y)$
25.	$(2x - 3y)\,5$	**30.**	$n(3{,}5a - 2{,}5b)\,x$	**35.**	$(7a)(-5x + 7y - 3z)\left(-\frac{1}{2}\right)$
26.	$y(2{,}5x - 0{,}5a)$	**31.**	$3a(x - y + z)(-1)$	**36.**	$(-x)(-4y - 3 + a)(-1)$
27.	$3x(2{,}5 - 5a)$	**32.**	$6a(-3b - 5 + 7c)$		

37. $3{,}7a(5{,}2b - 3{,}5 + 1{,}8c - 5{,}2x)$

38. $(-a + b - c)(-2{,}5) + (-1{,}7)(2a - 4b + c)$

39. $(x - y + 1)(-3{,}2z) - (-1{,}8z)(-2x + y - 3)$

40. $(-1{,}2)(7{,}3c - 9{,}4a + 11b) - (-2{,}5a + b - c)(-1{,}3)$

41.	$(a + b)(c - 2)$	**44.**	$(2a - 2b)(9 - 3x)$	**47.**	$(m + n)(a - b + 2c)$
42.	$(x - 4)(y - 2)$	**45.**	$(3a - b)(2x - y)$	**48.**	$(m - c + n)(2 - x)(-2)$
43.	$(a - 2b)(2 - 2c)$	**46.**	$(a - b)(2x - 3y)$	**49.**	$(a - b + c)(x + y - 1)$
				50.	$3ax(1 - c)(4 - 3d)$

zu 2.4.5 Multiplikation mit gleichen Summentermen (Binomische Formeln)

51.	$(x + y)^2$	**62.**	$((a + b) + c)^2$	**73**	$(a - b)(2a + 2b) \cdot 2$
52.	$(x - 1)^2$	**63.**	$(a - b - c)^2$	**74.**	$(x - 2)(2 + x)$
53.	$(a + 4)^2$	**64.**	$(a - b - 1)^2$	**75.**	$(5x - 2y)(5x + 2y)$
54.	$(r + 1)^2$	**65.**	$(p + 2 - q)^2$	**76.**	$(1{,}3 - x)(x + 1{,}3)$
55.	$(a - c)^2$	**66.**	$(2{,}5x - 0{,}7y)^2$	**77.**	$(-2 - x)(x + 2)(-1)$
56.	$(1 - 4x)^2$	**67.**	$(1{,}3a + 2{,}6b)^2$	**78.**	$(a - 2b)(2b + a)$
57.	$(4s - 3r)^2$	**68.**	$(0{,}2a - 0{,}1b)^2$	**79.**	$(3x - 2y)(-2y + 3x)$
58.	$(5x - 1)^2$	**69.**	$(a - 3)(a + 3)$	**80.**	$(1 - a + b)(1 + a + b)$
59.	$(3x + 0{,}5y)^2$	**70.**	$(1 + y)(y - 1)$	**81.**	$(a - b)^2 - (a + 2b)^2$
60.	$(\frac{1}{4}u - 2v)^2$	**71.**	$(3x + 2y)(3x - 2y)$	**82.**	$(x - 1)(x + 1) - (x + 1)^2$
61.	$(a - b + c)^2$	**72.**	$(4m - 5)(5 + 4m)$		

83. $(ax - 2)(2 + ax) + (2 - ax)^2 + (2 + ax)^2$

84. $(a + b + c)^2 - (a - b)^2 + c^2 + (b - c)^2$

85. $(1,25x - 2,5)^2 - (1,25x - 3,5)^2$

86. $(0,1x - 0,001)^2 + (0,002 - 0,1x)(0,002 + 0,1x)$

87. $6,25(x - 4) + (-2,5x + 2)^2 - (2,5x - 5)(2,5x + 5)$

88. $(1,5 - a)(1,5 + a) - 0,25(1 - a)^2 + (2a - 1)^2$

89. $(0,9x - 0,3)(0,3 - 0,9x) + 9(0,3x + 0,1)^2$

90. $(x - 1)(y + 1) - xy + 2x - 5(y - 1)$

91. $(3 + m)^2 + (4 - m)^2 + 2(m - 3,5)(m + 3,5)$

92. $(x + 4)^2 - (x - 2)^2 - (x - 1)^2 + x^2$

93. $(x - 1)(x + 1)^2 - (1 - x)(x - 1)^2 - x^2$

94. $(a^2 - 1)(a^2 - 0,001) + (a - 1)(a + 0,001)$

95. $(p - 5q)^2 - 10pq + (p + 5q)^2$

96. $(10 + \frac{1}{1000}y)^2 - 0,01(0,01y - 100x)^2$

2.5 Division

2.5.1 Rationale Zahlen

Die Division ist die Umkehrung der Multiplikation.

Ist a nicht ein Vielfaches von b, so entsteht aus dem Quotient eine neue Zahl, die man *Bruchzahl* oder *Bruch* nennt.

Zahlen, die durch zwei ganze Zahlen a und b als Brüche dargestellt werden können, nennt man *rationale Zahlen*. Man versteht unter der Menge der rationalen Zahlen $\mathbb{Q}$ die ganzen Zahlen mit beliebigen Zwischenwerten, die als Bruchteil von ganzen Zahlen dargestellt werden können.

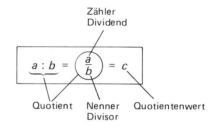

$\mathbb{Q}$ = Menge der rationalen Zahlen

Umwandlung von Brüchen

Bruchzahlen können mit Hilfe eines Bruchstriches geschrieben werden oder in eine Dezimalzahl umgewandelt werden.

1. *Umwandlung von Stammbrüchen[7] in Dezimalzahlen*

$$\frac{1}{2} = 1 : 2 = 0,5$$

$$\frac{1}{3} = 1 : 3 = 0,33333\ldots = 0,\overline{3} \quad \text{(gelesen ,,0 Komma Periode 3'')}$$

$$\frac{1}{6} = 1 : 6 = 0,16666\ldots = 0,1\overline{6} \quad \text{(gelesen ,, Null Komma 1 Periode 6'')}$$

---

[7]) Stammbrüche sind Brüche mit dem Zähler 1.

Die übrigen Brüche lassen sich als Vielfaches von Stammbrüchen darstellen, z.B. $\frac{2}{7} = 2 \cdot \frac{1}{7}$.

$$\frac{1}{7} = 1 : 7 = 0{,}142857142857\ldots = 0{,}\overline{142857}$$

$$2 \cdot \frac{1}{7} = \frac{2}{7} = 2 : 7 = 0{,}285714285714\ldots = 0{,}\overline{285714}$$

$$3 \cdot \frac{1}{7} = \frac{3}{7} = 3 : 7 = 0{,}428571428571\ldots = 0{,}\overline{428571}$$

$$4 \cdot \frac{1}{7} = \frac{4}{7} = 4 : 7 = 0{,}571428571428\ldots = 0{,}\overline{571428}$$

$$\frac{1}{9} = 1 : 9 = 0{,}111\ldots = 0{,}\overline{1}$$

$$\frac{1}{11} = 1 : 11 = 0{,}0909\ldots = 0{,}\overline{09}$$

$$\frac{1}{12} = 1 : 12 = 0{,}08333\ldots = 0{,}08\overline{3}$$

Diese Perioden entstehen durch *zyklische Vertauschung*

$$3 \cdot 142857 = 428571$$
$$4 \cdot 142857 = 571428$$
$$5 \cdot 142857 = 714285$$
$$6 \cdot 142857 = 857142$$

2. *Umwandlung von Dezimalzahlen in Brüche*

Die Umwandlung nichtperiodischer Dezimalzahlen benutzt im Nenner so viele Dekaden, wie die Stellenzahl ausmacht.

$$0{,}125 = \frac{125}{1000} = \frac{1}{8}$$

Bei periodischen Dezimalzahlen ist die Umrechnung nicht mehr in gleicher Weise möglich, denn 0 111... ist nicht dasselbe wie $0{,}1 = \frac{1}{10}$. Wie erhalten wir diesen Wert?

Wir wandeln den unendlichen Dezimalbruch in eine Summe von Dezimalbrüchen um.

Durch die Summenbildung einer unendlichen geometrischen Reihe oder durch die nebenstehende Differenzbildung erhalten wir das Ergebnis, daß wir bei der Bruchumwandlung eines periodischen Dezimalbruches *soviele 9-er Ziffern in den Nenner* schreiben müssen, wie *Periodenziffern* vorhanden sind.

1. $x = 0{,}\overline{1} = 0{,}1111\ldots = 0{,}1 + 0{,}01 + 0{,}001 + \ldots$

$$= \frac{1}{10} + \frac{1}{100} + \frac{1}{1000} + \ldots$$

$$10x = 1{,}111\ldots = 1 + \frac{1}{10} + \frac{1}{100} + \ldots$$

$$- \quad x = 0{,}111\ldots = \quad\quad \frac{1}{10} + \frac{1}{100} + \ldots$$

$$9x = 1{,}000\ldots = 1$$

$$\boxed{x = \frac{1}{9}}$$

2. $x = 0{,}\overline{001} = 0{,}001001\ldots$

$$1000x = 1{,}001001001\ldots$$

$$- x = 0{,}001001001\ldots$$

$$999x = 1$$

$$\boxed{x = \frac{1}{999}}$$

Bei periodischen Dezimalzahlen, bei denen die Periode nicht unmittelbar hinter dem Komma anfängt, ist immer zunächst eine Kommaverschiebung erforderlich, damit die Periode unmittelbar hinter dem Komma anfängt.

3. $x = 0,08\overline{3} = 0,08333...$

$$= \frac{8,333...}{100} = \frac{8 + 3 \cdot 0,111...}{100}$$

$$= \frac{8 + 3 \cdot \frac{1}{9}}{100} = \frac{8\frac{1}{3}}{100}$$

$$= \frac{25}{3 \cdot 100} = \boxed{\frac{1}{12}}$$

2.5.2 Erweitern von Bruchtermen

Die Brüche $\frac{1}{2}$, $\frac{2}{4}$, $\frac{4}{8}$, ... haben alle denselben Wert. Sie gehören deshalb zu derselben *Bruchklasse*. Sie sind durch *Erweitern* entstanden.

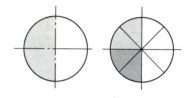

Erweitern

Unter Erweitern versteht man die Formänderung eines Bruchterms durch Multiplizieren von Zähler und Nenner mit dem gleichen Term.

$$\boxed{\frac{T_1}{T_2} = \frac{T_1 \cdot \boxed{T_3}}{T_2 \cdot \boxed{T_3}}}$$

Beispiele

Ein Bruch soll in einen Dezimalbruch umgewandelt werden, um ihn mit einem andern zu vergleichen $\frac{3}{5} < \frac{17}{25}$ [8]).

1. $\dfrac{3}{5} = \dfrac{3 \cdot 2}{5 \cdot 2} = \dfrac{6}{10} = \underline{0,6}$

2. $\dfrac{17}{25} = \dfrac{17 \cdot 4}{25 \cdot 4} = \dfrac{68}{100} = \underline{0,68}$

Ein Bruch wird mit (-1) erweitert, um im Nenner keinen negativen Term zu haben.

3. $\dfrac{3a}{-2} = \dfrac{3a(-1)}{(-2)(-1)} = \dfrac{-3a}{2} = -\dfrac{3a}{2}$

Dieses Beispiel zeigt weiter:

$$\boxed{-\frac{a}{b} = \frac{a}{-b} = \frac{-a}{b}}$$

> Das Minuszeichen vor einem Bruch kann entweder in den Nenner *oder* in den Zähler genommen werden, aber nicht beides gleichzeitig.

> Die Vorzeichen von Zähler und Nenner lassen sich vertauschen.

Der Nenner soll $x^2 - y^2$ heißen. Damit ist eine Erweiterung mit $(x + y)$ erforderlich.

4. $\dfrac{2a - d}{x - y} = \dfrac{(2a - d) \cdot ?}{x^2 - y^2}$

$$= \frac{(2a - d)(x + y)}{(x - y)(x + y)}$$

$$= \frac{2ax + 2ay - dx - dy}{x^2 - y^2}$$

---

[8]) Es ist leicht einzusehen, daß $\frac{3}{7}$ weniger sind als $\frac{5}{7}$. Es ist aber schwieriger zu entscheiden, ob $\frac{3}{5}$ mehr oder weniger sind als $\frac{17}{25}$.

Der Zähler soll auf die Form $(a - b)$ gebracht werden.

5. $\dfrac{-a + b}{y - x} = \dfrac{(-a + b)\,(-1)}{(y - x)\,(-1)}$

2.5.3 Addieren und Subtrahieren von Bruchtermen

Die Rechenregeln des Bruchrechnens gelten auch für Bruchterme.

> Bruchterme mit gleichen Nennern (*gleichnamige* Bruchterme) werden addiert bzw. subtrahiert, indem man die Zähler addiert bzw. subtrahiert und den Nenner beibehält.

1. $\dfrac{a + c}{a} + \dfrac{b - c}{a} = \dfrac{a + c + b - c}{a}$

$\qquad\qquad\qquad = \underline{\underline{\dfrac{a + b}{a}}}$

> *Ungleichnamige* Bruchterme müssen durch Erweitern auf den Hauptnenner zuerst gleichnamig gemacht werden.

2. $\dfrac{2x - y}{2x} - \dfrac{3y}{2x} + \dfrac{3x}{2x}$

$= \dfrac{2x - y - 3y + 3x}{2x} = \underline{\underline{\dfrac{5x - 4y}{2x}}}$

Für den Hauptnenner ist das kleinste gemeinsame Vielfache $2 \cdot 3 \cdot x \cdot y = 6xy$ zu nehmen.

3. $\dfrac{a - b}{2x} - \dfrac{a}{x} + \dfrac{b}{3y}$

$= \dfrac{(a - b) \cdot 3y}{2x \cdot 3y} - \dfrac{a \cdot 2 \cdot 3y}{x \cdot 2 \cdot 3y} + \dfrac{b \cdot 2x}{3y \cdot 2x}$

$= \dfrac{3ay - 3by - 6ay + 2bx}{6xy}$

$= \underline{\underline{\dfrac{2bx - 3by - 3ay}{6xy}}}$

Die Nenner bestehen aus algebraischen Summen, die sich mit Hilfe der Binomischen Formeln umschreiben lassen, so daß das kleinste gemeinsame Vielfache $2(x - 3)(x + 3) = 2(x^2 - 9)$ ist.

4. $\dfrac{x + 2}{x - 3} - \dfrac{x + 1}{2x + 6} - \dfrac{x}{x^2 - 9}$

$= \dfrac{(x + 2)(x + 3) \cdot 2}{(x - 3)(x + 3) \cdot 2} - \dfrac{(x + 1)(x - 3)}{(2x + 6)(x - 3)} -$

$\quad - \dfrac{2x}{x^2 - 9}$

$= \dfrac{(x^2 + 5x + 6) \cdot 2 - (x^2 - 2x - 3) - 2x}{2(x^2 - 9)}$

$= \dfrac{2x^2 + 10x + 12 - x^2 + 2x + 3 - 2x}{2(x^2 - 9)}$

$= \underline{\underline{\dfrac{x^2 + 10x + 15}{2(x^2 - 9)}}}$

2.5.4 Kürzen von Bruchtermen

Beim Multiplizieren und Dividieren von Bruchtermen entstehen neue Bruchterme, die sich durch Kürzen vereinfachen lassen. Das Kürzen ist das Gegenteil vom Erweitern.

Unter Kürzen versteht man das Dividieren von Zähler und Nenner durch den gleichen Term.

$$\frac{T_1 \cdot T_3}{T_2 \cdot T_3} = \frac{T_1}{T_2}$$

Es dürfen grundsätzlich nur Faktoren gekürzt werden d.h. Zähler und Nenner müssen in Faktoren zerlegt werden. Dieses *Faktorisieren* erfolgt auf verschiedene Weise.

a) Faktorisieren von Produkten

Die Potenzen und Zahlen sind in Faktoren zu zerlegen.

1. $\dfrac{12a^2 xy}{3axz} = \dfrac{3 \cdot 4 \cdot a \cdot a \cdot x \cdot y}{3 \cdot a \cdot x \cdot z} = \underline{\dfrac{4ay}{z}}$

In manchen Fällen ist der neutrale Faktor 1 hinzuzufügen.

2. $\dfrac{6}{18ab} = \dfrac{6 \cdot 1}{6 \cdot 3 \cdot ab} = \underline{\dfrac{1}{3ab}}$

3. $\dfrac{(a-b)}{(a-b)x} = \dfrac{(a-b) \cdot 1}{(a-b) \cdot x} = \underline{\dfrac{1}{x}}$

Ein Bruch mit gleichem Zähler und Nenner hat immer den Wert 1.

4. $\dfrac{3(x-y)}{3(x-y)} = \dfrac{3 \cdot (x-y) \cdot 1}{3 \cdot (x-y) \cdot 1} = \dfrac{1}{1} = \underline{\underline{1}}$

b) Faktorisieren durch Ausklammern

Durch Umkehrung des Distributivgesetzes erhält man aus einer Summe ein Produkt.

$$ab + ac = a(b+c)$$

1. $am + bm - cm = \underline{m(a+b-c)}$

2. $\dfrac{\pi sD}{2} - \dfrac{\pi sd}{2} = \dfrac{\pi s}{2}(D-d)$

Der Term $bx - b$ wird umgeformt in $b \cdot x - b \cdot 1$. Damit läßt sich b als Faktor ausklammern.

3. $bx - b = bx - b \cdot \boxed{1} = \underline{b(x-1)}$

4. $b - ab = \boxed{1} \cdot b - ab = \underline{b(1-a)}$

In diesem Beispiel läßt sich zunächst kein gemeinsamer Faktor ausklammern, deshalb wird nur teilweise faktorisiert. Dadurch entsteht ein gemeinsamer Faktor $(x+1)$, der ausgeklammert werden kann.

5. $ax + a + bx + b = a(x+1) + b(x+1)$
   $= \underline{(x+1)(a+b)}$

6. $x + y + ax + ay = \boxed{1} \cdot (x+y) + a(x+y)$
   $= \underline{(x+y)(1+a)}$

7. $3a(x-2) - x + 2 = 3a(x-2) - \boxed{1} \cdot (x-2)$
   $= \underline{(x-2)(3a-1)}$

8. $xz - x - yz + y - z + 1$
   $= x(z-1) - y(z-1) - (z-1) \cdot \boxed{1}$
   $= \underline{(z-1)(x-y-1)}$

c) Faktorisieren mit Hilfe der Binomischen Formeln

Durch die Umkehrung der Binomischen Formeln lassen sich algebraische Summen in Produkte verwandeln.

$$\begin{aligned} a^2 - b^2 &= (a-b)(a+b) \\ a^2 + 2ab + b^2 &= (a+b)^2 \\ a^2 - 2ab + b^2 &= (a-b)^2 \end{aligned}$$

1. $\begin{aligned} 25x^2 - 9y^2 &= (5x)^2 - (3y)^2 \\ &= \underline{(5x - 3y)(5x + 3y)} \end{aligned}$

2. $\begin{aligned} 0{,}49x^2 - 1 &= (0{,}7x)^2 - (1)^2 \\ &= \underline{(0{,}7x - 1)(0{,}7x + 1)} \end{aligned}$

3. $\begin{aligned} x^2 + 10x + 25 &= x^2 + 2 \cdot 5x + 5^2 \\ &= \underline{(x+5)^2} \end{aligned}$

4. $\begin{aligned} \sin^2\alpha + 4\sin\alpha + 4 &= (\sin\alpha)^2 + 2 \cdot 2\sin\alpha + 2^2 \\ &= \underline{(\sin\alpha + 2)^2} \end{aligned}$

5. $\begin{aligned} 36\tan^2\alpha - 12\tan\alpha \cdot \tan\beta + \tan^2\beta \\ = (6\tan\alpha)^2 - 2 \cdot 6 \cdot \tan\alpha \cdot \tan\beta + (\tan\beta)^2 \\ = \underline{(6\tan\alpha - \tan\beta)^2} \end{aligned}$

6. $\begin{aligned} \frac{\sin^2\alpha - 1}{\sin\alpha - 1} &= \frac{(\sin\alpha - 1)(\sin\alpha + 1)}{(\sin\alpha - 1)} \\ &= \underline{\sin\alpha + 1} \end{aligned}$

Die Variable a kommt in der Summe nicht als gemeinsamer Faktor vor, damit ist keine weitere Kürzung möglich.
Nur, wenn a ausgeklammert wird, ist eine Umformung möglich:

7. $\dfrac{a^2 - b^2}{a(a-b)} = \dfrac{(a+b)(a-b)}{a(a-b)} = \underline{\dfrac{a+b}{a}}$

$$\frac{a \cdot (1 + \frac{b}{a})}{a} = \underline{1 + \frac{b}{a}}$$

2.5.5 Multiplizieren und Dividieren von Bruchtermen

2.5.5.1 Vorzeichenregeln bei negativen Brüchen

Negative Brüche entstehen, wenn negative Zahlen oder Terme durch positive geteilt werden:

Division einer negativen Zahl durch eine positive Zahl.

① $\dfrac{(-4)}{5} = -\dfrac{4}{5}$

$\dfrac{(-a)}{b} = \underline{-\dfrac{a}{b}}$

Division einer positiven Zahl durch eine negative Zahl
→ durch Erweitern Fall ①

② $\dfrac{a}{(-b)} = \dfrac{a \cdot (-1)}{(-b)(-1)} = \dfrac{-a}{b} = \underline{-\dfrac{a}{b}}$

Division einer negativen Zahl
durch eine negative Zahl
→ durch Erweitern Division zweier positiver Zahlen.

③ $\dfrac{(-a)}{(-b)} = \dfrac{(-a)(-1)}{(-b)(-1)} = +\underline{\underline{\dfrac{a}{b}}}$

Zusammenfassung

1. Haben Zähler und Nenner eines Bruches verschiedene Vorzeichen, ist der Bruch negativ, sind die Vorzeichen gleich, ist der Bruch positiv.

2. Ein Minuszeichen vor dem Bruchstrich (negativer Bruch) kann entweder in den Zähler oder in den Nenner genommen werden (niemals beides)

$$\text{z.B. } -\frac{2}{3} = \frac{-2}{3} = \frac{2}{-3}$$

3. Faßt man einen Bruch als Divisions-
   aufgabe $\frac{a}{b} = a : b$ auf, so ergeben sich
   die Vorzeichenregeln:

   $+ : + = +$
   $- : - = +$
   $- : + = -$
   $+ : - = -$

Beim Multiplizieren und Dividieren (= Multiplizieren mit der Kehrzahl) von Bruchtermen gelten dieselben Rechenregeln wie bei ganzen Zahlen.

2.5.5.2 Die Null in Divisionsaufgaben

Für die Null gelten nicht alle Rechenregeln des Bruchrechnens.

Ein Bruch mit dem Zähler Null hat den
Wert Null, denn $a \cdot 0 = 0$.

$\boxed{\dfrac{0}{a} = 0}$ $a \in \mathbb{Q} \setminus \{0\}$

Dies gilt jedoch nur mit der Einschrän-
kung, daß a nicht auch Null wird.

$\boxed{\dfrac{0}{0} = \text{undefiniert}}$

Beweis

1. Die Null ist das neutrale Element der
   Addition: $0 = 0 + 0$
   Damit ergibt sich:

$$\frac{0}{0} = \frac{0+0}{0} = \frac{\cancel{0}^{\,1}}{\cancel{0}} + \frac{\cancel{0}^{\,1}}{\cancel{0}} = \underline{\underline{2}}$$

2. Andererseits ist $a : a = 1$, d.h.

$$\frac{\cancel{0}^{\,1}}{\cancel{0}} = \underline{\underline{1}}$$

3. Die Division ist die Umkehrung der
   Multiplikation, d.h. die Multiplikation
   mit Null hebt die Division durch Null
   auf:

$$\frac{0}{\cancel{0}} \cdot \cancel{0} = \underline{\underline{0}}$$

Wir erhalten somit drei verschiedene Ergebnisse für $\frac{0}{0}$.

Auch der Wert $\frac{a}{0}$ ist ein undefinierter Term, der zu Widersprüchen führt.

$$\boxed{\frac{a}{0} = \text{undefiniert}}$$

Beweis

1. Die Division ist die Umkehrung der Multiplikation:

$$\frac{a}{\cancel{0}} \cdot \cancel{0} = \underline{\underline{a}}$$

2. Jedes Produkt mit einem Faktor Null ist Null (Nullprodukt)

$$\left(\frac{a}{0}\right) \cdot 0 = \underline{\underline{0}}$$

Faßt man die letzten beiden Ergebnisse zusammen, so zeigt sich, daß jedesmal durch Null dividiert wurde und jedesmal undefinierte Werte entstanden. Darum gilt:

$$\boxed{\text{Durch Null darf man nicht dividieren}}$$

2.5.5.3 Multiplizieren von Bruchtermen

Brüche werden multipliziert, indem man Zähler mit Zähler und Nenner mit Nenner multipliziert.

Bei der Multiplikation brauchen die Brüche nicht vorher gleichnamig gemacht zu werden.

$$\boxed{\frac{a}{b} \cdot \frac{c}{d} = \frac{a \cdot c}{b \cdot d}}$$

$$a, b, c, d \in \mathbb{Q} \wedge b \neq 0, d \neq 0$$

Beispiele

1. $\dfrac{2x}{3} \cdot \dfrac{3}{a} = \dfrac{2 \cdot x \cdot 3}{3 \cdot a} = \underline{\underline{\dfrac{2x}{a}}}$

Die Vorzeichenregel ist zu beachten.

2. $\left(-\dfrac{12}{ax}\right) \cdot \left(\dfrac{a^2}{6}\right) = -\dfrac{2 \cdot 6 \cdot a \cdot a}{a \cdot x \cdot 6} = -\underline{\underline{\dfrac{2a}{x}}}$

Summen sind in Klammern zu schreiben.

3. $\dfrac{x+y}{x} \cdot \dfrac{-2x}{4} = -\dfrac{(x+y) \cdot 2 \cdot x}{x \cdot 2 \cdot 2} = -\underline{\underline{\dfrac{x+y}{2}}}$

Bei mehrgliedrigen Summen kann die Multiplikation mit Hilfe des Distributivgesetzes durchgeführt werden.

Man könnte aber auch die Summenterme mit Hilfe des Hauptnenners zu einem Bruchterm zusammenfassen und anschließend die Multiplikation durchführen.

4. $\left(-\dfrac{2a}{x}\right)\left(\dfrac{x}{a} - 5x + \dfrac{2}{x}\right)$

$= -\dfrac{2a \cdot x}{x \cdot a} + \dfrac{2a \cdot 5x}{x} - \dfrac{2a \cdot 2}{x \cdot x}$

$= \underline{\underline{-2 + 10a - \dfrac{4a}{x^2}}}$

5. $\left(\dfrac{a}{2x} - \dfrac{2a}{5x}\right) \cdot \left(\dfrac{10x}{a} - \dfrac{5x}{4a}\right)$

$= \left(\dfrac{5a - 4a}{10x}\right) \cdot \left(\dfrac{40x - 5x}{4a}\right)$

$= \dfrac{a \cdot 35x}{10x \cdot 4a} = \underline{\underline{\dfrac{7}{8}}}$

Auch in diesem Fall gibt es mehrere Berechnungsmöglichkeiten.
Wir wollen hier einmal die Klammern ausmultiplizieren.
In diesem Beispiel kann die Binomische Formel angewandt werden.

6. $\left(\dfrac{1}{a} - \dfrac{1}{b}\right)(a+b) = \dfrac{a}{a} - \dfrac{a}{b} + \dfrac{b}{a} - \dfrac{b}{b} = \underline{\dfrac{b}{a} - \dfrac{a}{b}}$

7. $\left(\dfrac{1}{x} + \dfrac{1}{y}\right)^2 = \underline{\dfrac{1}{x^2} + \dfrac{2}{xy} + \dfrac{1}{y^2}}$

2.5.5.4 Dividieren von Bruchtermen

Die Division ist die Multiplikation mit der Kehrzahl. Daraus folgt:

Ein Bruchterm wird durch einen zweiten dividiert, indem man mit dem Kehrwert multipliziert.

$$\dfrac{\dfrac{a}{b}}{\dfrac{c}{d}} = \dfrac{a \cdot d}{b \cdot c} \qquad a, b, c, d \in \mathbb{Q}$$

Beispiele

1. $\dfrac{16a}{25y} : \dfrac{4}{5y} = \dfrac{16a \cdot 5y}{25y \cdot 4} = \underline{\dfrac{4}{5}a}$

Bei Doppelbrüchen ist der Hauptbruchstrich zu kennzeichnen.

2. $\dfrac{\dfrac{1}{x}}{x} = \dfrac{\dfrac{1}{x}}{\dfrac{x}{1}} = \dfrac{1 \cdot 1}{x \cdot x} = \underline{\dfrac{1}{x^2}}$

3. $\dfrac{-a}{-\dfrac{a}{b}} = + \dfrac{a \cdot b}{1 \cdot a} = \underline{\underline{b}}$

Die Summe $(x+y)^2$ ist in ein Produkt zu zerlegen.

4. $\dfrac{\dfrac{x+y}{a}}{\dfrac{(x+y)^2}{a}} = \dfrac{(x+y) \cdot a}{a \cdot (x+y)(x+y)} = \underline{\dfrac{1}{x+y}}$

Die Terme $a^2 - b^2$ und $c^2 - d^2$ müssen faktorisiert werden.

5. $\dfrac{\dfrac{a-b}{c+d}}{\dfrac{a^2-b^2}{c^2-d^2}} = \dfrac{(a-b) \cdot (c-d)(c+d)}{(c+d) \cdot (a-b)(a+b)}$

$= \underline{\dfrac{c-d}{a+b}}$

Eine mehrgliedrige Summe wird zunächst zu einem Bruchterm zusammengefaßt.
Der Zähler kann in ein Binom umgeformt werden.
Aus $\dfrac{m+n}{mn}$ erhält man auch

6. $\dfrac{\dfrac{m}{n} + 2 + \dfrac{n}{m}}{m+n} = \dfrac{\dfrac{m^2 + 2mn + n^2}{mn}}{m+n}$

$= \dfrac{(m^2 + 2mn + n^2)}{mn(m+n)} = \dfrac{(m+n)^2}{mn(m+n)}$

$= \underline{\dfrac{m+n}{mn}}$

$\dfrac{1}{\dfrac{\not{m}}{\not{m}n}} + \dfrac{1}{\dfrac{\not{n}}{m\not{n}}} = \underline{\underline{\dfrac{1}{n} + \dfrac{1}{m}}}$

Aufgaben

zu 2.5.1 Rationale Zahlen

Verwandeln Sie folgende aus unendlichen periodischen Dezimalzahlen bestehende Quotienten und Produkte in Brüche mit ganzzahligen Zählern und Nennern.

1. $\dfrac{0,\overline{3}}{0,\overline{09}}$

2. $\dfrac{0,08\overline{3}}{0,25}$

3. $\dfrac{0,0\overline{9}}{0,08\overline{3} \cdot 0,\overline{1}}$

4. $\dfrac{0,\overline{428571}}{0,\overline{142857}} \cdot 0,\overline{1}$

5. $\dfrac{0,\overline{09} \cdot 0,\overline{027}}{0,\overline{001}}$

6. $\dfrac{3,8\overline{54} \cdot 130,75}{28,5\overline{27} \cdot 0,\overline{3}}$

7. $\dfrac{0,25 \cdot 0,25\overline{5}}{0,125 \cdot 0,2\overline{2}}$

8. $\dfrac{2,08\overline{3}}{4,08\overline{3}} \cdot 0,1$

zu 2.5.2 Erweitern von Bruchtermen

Erweitern Sie folgende Bruchterme auf den neuen Nenner.

9. $\dfrac{5a}{-3} = \dfrac{-5a}{3}$

10. $\dfrac{x-3}{x-5} = \dfrac{3-x}{5-x}$

11. $\dfrac{x}{x-2} = \dfrac{}{10-5x}$

12. $\dfrac{7x}{13-a} = \dfrac{}{a^2-169}$

13. $\dfrac{x+1}{2x-1} = \dfrac{}{1-4x+4x^2}$

14. $\dfrac{2x+3}{x-2} = \dfrac{}{2x^2-8x+8}$

15. $\dfrac{2x}{1-a} = \dfrac{}{x-ax-1+a}$

16. $\dfrac{1-x}{2+x} = \dfrac{}{2+x+2a+ax}$

17. $\dfrac{x-1}{4a-x} = \dfrac{}{4ax-x^2-4a+x}$

zu 2.5.3 Addieren und Subtrahieren von Bruchtermen

18. $\dfrac{x-1}{a} + \dfrac{x+1}{a}$

19. $\dfrac{3x-2}{2x} - \dfrac{4x+2}{2x}$

20. $\dfrac{3a}{a+1} - \dfrac{2a-3}{a+1}$

21. $\dfrac{ax-3a}{x-4a} + \dfrac{5a-ax}{x-4a}$

22. $\dfrac{2a}{x-1} - \dfrac{-a}{1-x} + \dfrac{1}{1-x}$

23. $\dfrac{4}{2x+3} + \dfrac{2}{2x+2} - \dfrac{4}{x+1,5}$

24. $\dfrac{3a}{a^2-x^2} - \dfrac{a}{x^2-a^2}$

25. $\dfrac{8x}{x-y} - \dfrac{y}{x-y} - \dfrac{2x}{2y-2x}$

26. $\dfrac{3x}{x^2-1} - \dfrac{2x}{1-x^2} - \dfrac{5x}{x-1}$

27. $\dfrac{4x}{2a} - \dfrac{3a}{x-1}$

28. $\dfrac{2}{x^2-1} - \dfrac{1}{x-1} + \dfrac{2}{x+1}$

29. $\dfrac{5}{a+b} + \dfrac{5}{a-b} - \dfrac{10b}{a^2-b^2}$

30. $\dfrac{2x}{x-2} - \dfrac{3x}{x^2-4x+4}$

31. $\dfrac{x}{x+1} - \dfrac{x}{1-x^2} - \dfrac{3x}{2x-2}$

32. $\dfrac{a}{x+3} + \dfrac{3a}{x-5} + \dfrac{8a}{x^2-2x-15}$

33. $\dfrac{x}{a+1} - \dfrac{x}{a-1} + 2$

34. $\dfrac{2x}{5a - 3} - \dfrac{2}{5a + 3} + \dfrac{10a - 6}{25a^2 - 9}$

35. $\dfrac{2}{a - 1} + \dfrac{4}{a - 2} - \dfrac{4a}{2a^2 - 6a + 4}$

zu 2.5.4 Kürzen von Bruchtermen

Vereinfachen Sie folgende Bruchterme durch Kürzen.

36. $\dfrac{14\,ax}{7\,ay}$

37. $\dfrac{48\,ax}{-12\,x}$

38. $\dfrac{39\,x}{13\,ax}$

39. $\dfrac{-6}{12\,ax}$

40. $\dfrac{3a + 3b}{6}$

41. $\dfrac{4x - 4y}{4}$

42. $\dfrac{2a + 6b}{3a + 9b}$

43. $\dfrac{(ab - ax)\,x \cdot (a - b)}{ax\,(2b - 2a)}$

44. $\dfrac{-3 + x}{2\,(x - 3)}$

45. $-\dfrac{a - 1}{1 - a}$

46. $\dfrac{(-n - 1)}{(-n + 2)(n + 1)}$

47. $\dfrac{-2a + 12b - 8}{-2}$

48. $\dfrac{(3x - 1)(2a + 1)}{a\,(1 + 2a)(-1 + 3x)}$

49. $\dfrac{(x^2 - 1)(a - 1)^2}{(x - 1)(a^2 - 2a + 1)}$

50. $-\dfrac{n + \frac{m}{2}}{(-2n - m) \cdot 4}$

51. $\dfrac{(5x - 7y)\,(x - 1)}{(25x^2 - 49y^2)\,(-1 + x)}$

52. $\dfrac{4a^2 + b^2 - 4ab}{-(2a - b)(a - 2b)}$

53. $\dfrac{a^2 - 1 + a + 1}{a\,(a + 1)}$

54. $\dfrac{1 - \sin^2\alpha}{\sin\alpha + 1}$

55. $\dfrac{\sin^2\alpha + \cos^2\alpha - \tan^2\alpha}{-1 + \tan^2\alpha}$

56. $\dfrac{2\sin^2\alpha - 2}{\sin\alpha + 1}$

zu 2.5.5 Multiplizieren und Dividieren von Bruchtermen

57. $\dfrac{2\,ax}{4n} \cdot \dfrac{12mn}{3a} \cdot \dfrac{2}{(-x)}$

58. $\dfrac{a - 1}{2} \cdot \dfrac{3}{a - 1}$

59. $\dfrac{ax^2 - a}{2a} \cdot \dfrac{12}{x - 1}$

60. $\dfrac{a - 1}{x - n} \cdot \dfrac{n - x}{2a - 2} \cdot \left(\dfrac{-1}{2}\right)$

61. $\dfrac{m + n}{2a} \cdot \dfrac{1\,ax}{n - m} \cdot \dfrac{2}{n^2 - m^2}$

62. $\dfrac{x + 1}{ab} \cdot \dfrac{x - 1}{x} \cdot \dfrac{abx}{(x - 1)^2}$

63. $\dfrac{x^2 - y^2}{x + y} \cdot \dfrac{2a}{x - y}$

64. $\dfrac{xy}{x + y} \cdot \left(\dfrac{1}{x} - \dfrac{1}{y}\right)$

65. $\left(\left(\dfrac{1}{x}\right)^2 - \left(\dfrac{1}{y}\right)^2\right) \cdot \dfrac{1}{\frac{1}{x} + \frac{1}{y}}$

66. $\left(\dfrac{1}{x} + \dfrac{1}{y}\right)^2 \cdot \dfrac{xy}{x + y}$

67. $\dfrac{\dfrac{1}{\sin x}}{\dfrac{2}{3\sin x}} \cdot \dfrac{\tan x}{3}$

73. $\dfrac{\dfrac{2a}{n} \cdot \left(\dfrac{x}{2m} + \dfrac{4x}{3m}\right)}{\dfrac{3x}{m} \cdot \left(\dfrac{2a}{n} - \dfrac{a}{6n}\right)}$

68. $\dfrac{1 - \sin^2 x}{\cos^2 x} \cdot \dfrac{\sin x}{2}$

74. $\dfrac{\left(y - \dfrac{1}{x}\right)}{\left(y + \dfrac{1}{x}\right)} \cdot \dfrac{\dfrac{xy + 1}{x}}{\dfrac{1}{2x}}$

69. $\dfrac{\dfrac{1}{a} - \dfrac{1}{b}}{\dfrac{1}{a} + \dfrac{1}{b}}$

75. $\dfrac{\left(-\dfrac{1}{x}\right) - \left(-\dfrac{1}{y}\right)}{\left(-\dfrac{1}{y}\right) - \dfrac{1}{x}}$

70. $\dfrac{2 + \dfrac{x}{y} + \dfrac{y}{x}}{y + x}$

76. $\dfrac{2 + a}{-x - 1} : \dfrac{(x + 1)(4 + a^2 + 4a)}{(2 + a)(-x - 1)}$

71. $\dfrac{\dfrac{x^2 - 1}{a^2}}{\dfrac{-x + 1}{a}}$

77. $\dfrac{\dfrac{a}{2x} - 1}{\dfrac{a}{2y} + 1} : \dfrac{\dfrac{1}{2x}}{\dfrac{1}{2y}}$

72. $\dfrac{\dfrac{\sin \alpha - \cos \alpha}{1 - \sin \alpha}}{\dfrac{\sin^2 \alpha - \cos^2 \alpha}{1 - \sin^2 \alpha}}$

3 Lineare Gleichungen und Ungleichungen

3.1 Äquivalenz von Aussageformen

Wir haben bisher das Gleichheitszeichen benutzt, um die Identität von Zahlen bzw. Termen zum Ausdruck zu bringen. So haben wir z.B. geschrieben:

$$0{,}125 = \frac{125}{1000} = \frac{1}{8} \quad \text{oder} \quad 25x^2 - 9y^2 = (5x - 3y)(5x + 3y).$$

Die eine Seite ist jeweils nur eine andere Schreibweise der anderen Seite, es sind „identische Gleichungen".

Wir wollen nun eine andere Art von Gleichungen kennenlernen, die sogenannten *Bestimmungsgleichungen*, die wir im folgenden kurz als *Gleichungen* bezeichnen wollen.

In der Praxis kommt es oft vor, daß eine bestimmte Größe aus geometrischen oder physikalischen Gegebenheiten bestimmt werden muß. So kann z.B. bei einem Rechteck, bei dem der Umfang mit 10 cm und die eine Seitenlänge mit 2 cm vorgegeben ist, die noch fehlende Seitenlänge x mit Hilfe folgender Bestimmungsgleichung ermittelt werden:

Eine Bestimmungsgleichung (oder kurz Gleichung) besteht somit aus einem linken Term T_1 und einem rechten Term T_2, die durch ein Gleichheitszeichen verbunden werden.

$$2x + 4 = 10$$

$$\boxed{T_1 = T_2}$$

Gleichung

Enthält einer der beiden Terme eine oder mehrere Variable, so nennt man die Gleichung eine *Aussageform*.

> Variablengleichungen sind *Aussageformen*.

Setzt man für x eine Zahl ein, so erhält man eine *Aussage*, die wahr oder falsch sein kann.

> „Zahlengleichungen" sind *Aussagen*

x-Werte, die zu wahren Aussagen führen (in unserem Beispiel $x = 3$), sind *Lösungen* der Gleichung, sie bilden die *Lösungsmenge*.

Werden zwei Terme T_1 und T_2 durch ein Ungleichheitszeichen[1]) ($<$ oder $>$) verbunden, so erhält man *Ungleichungen*.

> $$T_1 < T_2$$
> $$T_1 > T_2$$

Ungleichungen

Ungleichungen mit Variablen sind Aussageformen, die mit bestimmten Zahlen zu falschen oder wahren Aussagen werden. Nur Zahlen, die zu wahren Aussagen führen, gehören zur Lösungsmenge.

Bei einfachen Gleichungen und Ungleichungen kann die Lösung durch Probieren sehr schnell gefunden werden. Bei schwierigeren Gleichungen (Ungleichungen) wäre das Probieren sehr umständlich, wenn nicht gar unmöglich. In diesem Falle müssen wir die Aussageformen in einfachere umwandeln, aus denen die Lösungsmenge unmittelbar zu erkennen ist. Die einfachste Form einer Gleichung ($x = \ldots$) oder Ungleichung ($x < \ldots$ bzw. $x > \ldots$) erhält man durch *äquivalente*[2]) *Umformung* beider Terme.

> Gleichungen (Ungleichungen) sind äquivalent ($\Longleftrightarrow$), wenn sie dieselbe Lösungsmenge wie die Ausgangsform besitzen.

Äquivalenz bedeutet:

Aus der Aussageform A_1 folgt A_2 und umgekehrt.

$A_1 \Longleftrightarrow A_2$ (Äquivalenz)

z.B. $x + 5 = 7 \Leftrightarrow x + 5 \boxed{-5} = 7 \boxed{-5}$

$\Leftrightarrow x = 2$

$$L = \{2\}$$

Da wir bei linearen Gleichungen (Ungleichungen) nur Termadditionen und Termmultiplikationen durchführen, bei denen sich die Lösungsmenge nicht ändert, kann auf die Kennzeichnung der *Äquivalenzumformung* durch einen Doppelpfeil verzichtet werden.

3.2 Lösungsverfahren für lineare Gleichungen

Gleichungen, in denen die Lösungsvariable nur in der ersten Potenz vorkommt, nennen wir *lineare Gleichungen* oder Gleichungen 1. Grades.

Um Gleichungen dieser Art zu lösen, d.h. in die einfachste Form zu bringen, sind Äquivalenzumformungen erforderlich, bis schließlich die Variable auf der linken Seite der Gleichung isoliert steht.

---

[1]) Das Gleichheitszeichen wurde von dem Engländer *Recorde* (1557), das Ungleichheitszeichen von *Harriot* (1681) eingeführt.

[2]) „äquivalent" bedeutet gleichwertig.

○ **Beispiel**

Bestimmen Sie die Lösungsmenge der Gleichung $x - 5 = 2$ mit der Grundmenge $G = \mathbb{Q}$.

Lösung

1. Termaddition

Durch Addition von $(+5)$ werden beide Terme um den gleichen Wert vergrößert. Die Gleichheit bleibt erhalten. Die beiden Gleichungen sind äquivalent.	$x - 5 = 2$
	$x - 5 \;\boxed{+5}\; = 2 \;\boxed{+5}$
	$\underline{x = 7}$

Umkehrung des Umformungsvorganges:

2. Termsubtraktion

Durch Addition der Gegenzahl (-5), was der *Subtraktion* von 5 entspricht, ergibt sich die ursprüngliche Gleichung.	$x = 7$
	$x \;\boxed{+ (-5)}\; = 7 \;\boxed{+ (-5)}$
	$x \;\boxed{-5}\; = 7 \;\boxed{-5}$
	$\underline{x - 5 = 2}$

○

○ **Beispiel**

Bestimmen Sie die Lösungsmenge von $\dfrac{x}{3} = 2$ mit $G = \mathbb{Q}$.

Lösung

3. Termmultiplikation

Hier muß die Termmultiplikation angewandt werden, um eine einfachere Aussageform zu erhalten. Der dreifache Wert des linken Terms ist gleich dem dreifachen Wert des rechten Terms. Die Gleichungen sind äquivalent.	$\dfrac{x}{3} = 2$
	$\dfrac{x}{3} \cdot \circled{3} = 2 \cdot \circled{3}$
	$\underline{x = 6}$

Umkehrung des Umformungsvorganges:

4. Termdivision

Durch Umkehrung des Umformungsvorganges, d.h. durch Multiplikation mit $(\frac{1}{3})$, was der Division durch 3 entspricht, ergibt sich die äquivalente ursprüngliche Gleichung.	$x = 6$
	$x \cdot \left(\dfrac{1}{3}\right) = 6 \cdot \left(\dfrac{1}{3}\right)$
	$\dfrac{x}{3} = \dfrac{6}{3}$
	$\underline{\underline{\dfrac{x}{3} = 2}}$

○

Aus all diesen Beispielen ergeben sich für die Umformung von Gleichungen folgende Äquivalenzsätze:

> ● Addiert oder subtrahiert man auf beiden Seiten einer Gleichung die gleiche Zahl, so erhält man eine äquivalente Gleichung.
>
> ● Multipliziert man beide Seiten einer Gleichung mit derselben (positiven oder negativen) Zahl oder dividiert man beide Seiten durch dieselbe Zahl, so erhält man eine äquivalente Gleichung.

3.2.1 Einfache lineare Gleichungen

○ **Beispiel**

Bestimmen Sie die Lösungsmenge der Aussageform $2(x-7) = 5x + 4$ mit der Grundmenge $G = \mathbb{Q}$.

Lösung

$$2(x-7) = 5x + 4$$

Klammer ausmultiplizieren

$$2x - 14 = 5x + 4$$

x-Glieder auf die linke Seite bringen
(Termsubtraktion)

$$2x \boxed{-5x} - 14 = 5x \boxed{-5x} + 4$$

Terme zusammenfassen (Termersetzung)

$$-3x - 14 = 4$$

Zahlenterme auf die rechte Seite bringen
(Termaddition)

$$-3x - 14 \boxed{+14} = 4 \boxed{+14}$$

Terme zusammenfassen (Termersetzung)

$$-3x = 18$$

Termdivision durch (-3) ergibt
Vorzeichenwechsel

$$\frac{-3x}{\boxed{-3}} = \frac{18}{\boxed{-3}}$$

Terme zusammenfassen (Termersetzung)

$$x = -6$$

$$L = \{-6\} \qquad ○$$

Wir wollen nun die Äquivalenzumformung in etwas kürzerer Schreibweise durchführen:

○ **Beispiel**

Lösen Sie die Gleichung $4x - [2 - (3x - 2)] = 2(x + 3)$ mit $G = \mathbb{N}$.

Lösung

Klammern ausmultiplizieren und Terme
zusammenfassen.

Äquivalenzumformungen durchführen.

$$4x - [2 - (3x - 2)] = 2(x + 3)$$
$$4x - [2 - 3x + 2] = 2x + 6$$
$$4x - 2 + 3x - 2 = 2x + 6$$
$$7x - 4 = 2x + 6 \;|-2x\,^{3)}$$
$$5x - 4 = 6 \qquad |+4$$
$$5x = 10 \qquad |:5$$
$$x = 2$$

$$L = \{2\} \qquad ○$$

---

[3]) Diese Rechenoperationen zur Termumformung müssen auf beiden Seiten der Gleichung durchgeführt werden.

Für die Äquivalenzumformung von Gleichungen lassen sich damit aus den Äquivalenzsätzen auch folgende Umformungsregeln formulieren:

● Ein Summand wird mit umgekehrtem Vorzeichen (als Minuend) auf die andere Seite
  einer Gleichung gebracht und umgekehrt.
● Ein von Null verschiedener Faktor (Divisor) wird als Divisor (Faktor) auf die andere
  Seite einer Gleichung gebracht.
● Man darf die Seiten einer Gleichung vertauschen.

Aus $-$ wird $+$: $\qquad x - \boxed{a} = b \Longleftrightarrow x = b + \boxed{a}$

Aus $+$ wird $-$: $\qquad x + \boxed{a} = b \Longleftrightarrow x = b - \boxed{a}$

Aus $\cdot$ wird $:$: $\qquad \boxed{a}\, x = b \Longleftrightarrow x = \dfrac{b}{\boxed{a}}$

Aus $:$ wird $\cdot$: $\qquad \dfrac{x}{\boxed{a}} = b \Longleftrightarrow x = \boxed{a}\, b$

Aufgaben

zu 3.2.1 Einfache lineare Gleichungen

Bestimmen Sie die Lösungsmengen folgender Gleichungen in $\mathbb{Q}$.

1. $6 - 3x = 2x - 4$
2. $2 - 7x = 5 - 4x$
3. $x - 21 + 2x = 5x - 13$
4. $4 + (3 - x) = 5x - 27$
5. $7 - (x - 5) = -2(x - 1)$
6. $(3 - x) + 2x = -3x + 11$
7. $5x - [6 - (2x + 3)] = 5 - 2x$
8. $5x - (2x - 3) = 17 - 4x$

9. $4x - 3 + 2x - 7 = 4(x - 6) + 3x$
10. $4 - x - (2x + 5) = x - 7(x - 2)$
11. $24x - 3(2 - 4x) - 5x = 32 - (9x - 12)$
12. $2(3x + 6) - [2(5 - 3x)] = 7 - 2(x + 3)$
13. $2[5x - 6(7x + 3) - 18] = 3[1 - (x - 3)] + 58$
14. $9x + 13 - (2[5 - 3x + (x - 1)]) = 6x - 1$
15. $5,3x - 3(x - 3) = 2,1(8 - x) + 18,6$

16. $7 - x(2 - 3x) + (2x - 3) = 3(x - 1)x$
17. $(3x + 2)(x - 2) = (x + 6)(3x - 8)$
18. $(3x^2 - 4) - 5x = 5(x^2 - 2) - 2x^2$
19. $2(x - 3)^2 + 9 = x(2x - 4) + x$

Anmerkung: Beim Ausmultiplizieren können zunächst Terme mit x^2 entstehen. Sie müssen sich jedoch bei weiterer Umformung aufheben, da sonst quadratische Gleichungen entstehen würden.

20. $5(4 - 3(4x - 7) - x) - 8(3x - 15) + 37 - 4x = 4[2(6x - 11) - 2(-3x - 5)]$
21. $(2x - 2)^2 - (x - 3)^2 = 3(x + 2)(x - 4) + 5x$
22. $(x + 3)^2 - (x - 5)^2 = (x - 2)^2 + (x - 5)(7 - x)$
23. $19,3x - 5,4 - [15,5 - (5,2x + 20,1)] = 7,3x + (17x - 1,6)$
24. $15,2 - [8,6 - (25x - 4,4) + 9,6] = 12x - [3,65 - (7,5 - 32x)]$
25. $5,3x - (15,8x + 2,6) + 6,4 = 19,3x - [15,6 - (5,2x + 20,1)]$

26. $\dfrac{3x}{5} - \dfrac{4}{3} = \dfrac{2x}{3}$

27. $2\tfrac{1}{3}x - 3(\tfrac{1}{2} - \tfrac{1}{3}x) = 3\tfrac{1}{4} + 1\tfrac{3}{4}x$

28. $\dfrac{3x - 5}{5} = \dfrac{2 - 3x}{4}$

29. $\dfrac{2x - 1}{7} - \dfrac{2x - 5}{14} = \dfrac{3x + 5}{14} - \dfrac{4 - 3x}{21}$

30. $\dfrac{x + 1}{10} - \dfrac{3 - x}{15} + \dfrac{2x - 3}{5} = \dfrac{6 - 2x}{20}$

31. $2x(10 + a) - 0,1x - 0,86 = 2,2a - (x + 2,6)(2a - 3,9) - 23$

32. $\dfrac{2ax - 4a^2}{c} - 3x + 12a = 9c$

Bestimmen Sie die Lösungsmenge folgender Gleichungen:

33. $L = \{x \mid 3(x - 4) = (2x - 5)\}_{\mathbb{N}}$

34. $L = \{x \mid 15x - [9x - (2x + 17)] = 1\}_{\mathbb{Z}}$

35. $L = \{x \mid 2x + 8 - (8x + 3) - [x - (2 - 2x)] = 0\}_{\mathbb{Q}}$

36. $L = \{x \mid (x + \frac{1}{2})^2 - 6 - (x - \frac{3}{2})^2 = 2x - 7\}_{\mathbb{Q}}$

3.3 Bruchgleichungen

Gleichungen mit Bruchtermen, bei denen die *Variable im Nenner* auftritt, werden als *Bruchgleichungen* bezeichnet.

Beispiel $\dfrac{3x - 1}{x + 1} = \dfrac{4 - 3x}{1 - x}$ mit $G = \mathbb{Q}$

Da bei Bruchgleichungen bei bestimmten Elementen der Grundmenge, die wir für die Variable x einsetzen, der Nenner Null werden kann und somit ein undefinierter Ausdruck entstehen kann, ist zunächst aus der Grundmenge die *Definitionsmenge D (x)* der Gleichung zu bestimmen.

Bei der Bestimmung der Definitionsmenge sind alle Zahlen, die den Nenner eines Bruchterms zu Null werden lassen, auszuschließen. Sie gehören nicht zur Definitionsmenge und damit auch nicht zur Lösungsmenge.

○ **Beispiel**

Bestimmen Sie für die Bruchgleichung $\dfrac{3x - 1}{x + 1} = \dfrac{4 - 3x}{1 - x}$ mit $G = \mathbb{Q}$ die Definitionsmenge.

Lösung

Setzt man im linken Term für die Variable x die Zahl −1 ein, so wird der Nenner Null. Die Zahl −1 gehört somit nicht zur Definitionsmenge.

Setzt man im rechten Term für die Variable x die Zahl 1 ein, so wird der Nenner wiederum Null. Die Zahl +1 gehört ebenfalls nicht zur Definitionsmenge.

Die Definitionsmenge der Gleichung ist somit

$$\frac{3x - 1}{x + 1} = \frac{4 - 3x}{1 - x}$$

Hinweis: Diese Zahlen erhält man durch Probieren oder durch Nullsetzen des Nenners und Lösen der Bestimmungsgleichung.

$$\underline{\underline{D = \mathbb{Q} \setminus \{-1,1\}}}$$ ○

○ **Beispiel**

Bestimmen Sie die Lösungsmenge der Gleichung $\dfrac{x + 3}{x - 3} = \dfrac{x - 1}{x - 4}$ $(G = \mathbb{Q})$.

Lösung

1. Bestimmung der Definitionsmenge $\dfrac{x + 3}{x - 3} = \dfrac{x - 1}{x - 4}$

$$D = \mathbb{Q} \setminus \{3;4\}$$

2. Bestimmung des Hauptnenners

$$HN: (x-3)(x-4)$$

3. Termmultiplikation mit dem HN (Bruchfreimachen der Gleichung)

$$\frac{(x+3)(x-3)(x-4)}{x-3} = \frac{(x-1)(x-3)(x-4)}{x-4}$$

4. Termersetzung

$$(x+3)(x-4) = (x-1)(x-3)$$

5. Termumformungen

$$x^2 - x - 12 = x^2 - 4x + 3 \quad |-x^2$$
$$-x - 12 = -4x + 3$$
$$3x = 15 \quad |:3$$

Da $x = 5$ zur Definitionsmenge gehört, ist $x = 5$ auch Lösung der Bruchgleichung.

$$x = 5$$
$$\underline{\underline{L = \{5\}}} \qquad \bigcirc$$

○ **Beispiel**

Bestimmen Sie die Lösungsmenge der Gleichung $\dfrac{x-3}{x-4} = 4 - \dfrac{x-5}{x-4}$ $(G = \mathbb{Q})$

Lösung

1. Bestimmung der Definitionsmenge

$$D = \mathbb{Q}\backslash\{4\}$$

2. Termaddition des Bruchterms $\dfrac{x-5}{x-4}$

(die gleichnamigen Bruchterme lassen sich zusammenfassen)

$$\frac{x-3}{x-4} = 4 - \frac{x-5}{x-4} \quad \bigg|$$

$$\frac{x-3}{x-4} + \frac{x-5}{x-4} = 4$$

3. Termersetzungen

$$\frac{2x-8}{x-4} = 4$$

4. Termumformungen

$$\frac{2(x-4)}{(x-4)} = 4 \quad \big|:2\,|\cdot(x-4)$$

$$x - 4 = 2x - 8$$

Da die Lösung $x = 4$ nicht zur Definitionsmenge gehört, hat die Gleichung keine Lösung.

$$x = 4$$
$$\underline{\underline{L = \{\ \}}}$$

Wie kommt dieses Ergebnis zustande? Bei der Termmultiplikation mit $(x - 4)$ haben wir in Wirklichkeit mit Null multipliziert und somit keine Äquivalenzumformung durchgeführt.

$\bigcirc$

○ **Beispiel**

Bestimmen Sie die Lösungsmenge der Gleichung $\dfrac{12}{3x+4} - \dfrac{12}{6x+8} = \dfrac{30}{12x-5}$ $(G = \mathbb{Q})$.

Lösung

$$\frac{12}{3x+4} - \frac{12}{6x+8} = \frac{30}{12x-5}$$

$$\left(-\frac{4}{3}\right) \qquad \left(-\frac{4}{3}\right) \qquad \left(\frac{5}{12}\right)$$

Definitionsmenge

$$D = \mathbb{Q}\backslash\ \{-\frac{4}{3}, \frac{5}{12}\}$$

Hauptnenner

$$HN: 2(3x+4)(12x-5)$$

Termmultiplikation mit dem HN

$$\frac{12}{3x+4} - \frac{12}{6x+8} = \frac{30}{12x-5} \quad \Big| \cdot HN$$

Termumformungen

$$2 \cdot 12(12x-5) - 12(12x-5) = 2 \cdot 30(3x+4) \quad |:12$$
$$24x - 10 - 12x + 5 = 15x + 20$$
$$-3x = 25$$
$$x = -\frac{25}{3}$$
$$L = \left\{ -\frac{25}{3} \right\} \quad \bigcirc$$

○ **Beispiel**

Bestimmen Sie die Lösungsmenge der Gleichung $\dfrac{3}{x-7} - \dfrac{5}{x-3} = \dfrac{3}{x-2} - \dfrac{5}{x}$ $(G = \mathbb{Q})$.

Lösung

$$\frac{3}{x-7} - \frac{5}{x-3} = \frac{3}{x-2} - \frac{5}{x}$$
$$\qquad\; \textcircled{7} \qquad\; \textcircled{3} \qquad\;\; \textcircled{2} \qquad\;\; \textcircled{0}$$

Definitionsmenge

$$D = \mathbb{Q} \setminus \{0, 2, 3, 7\}$$

In diesem Fall wollen wir die Gleichung so umstellen, daß auf jeder Seite Bruchterme mit gleichen Zählern stehen

$$\frac{3}{x-7} - \frac{3}{x-2} = \frac{5}{x-3} - \frac{5}{x}$$

Das Multiplizieren mit dem HN würde in diesem Fall zu großen Rechenaufwand erfordern. Wir wollen deshalb jede Gleichungsseite für sich zusammenfassen:

$$\frac{3(x-2) - 3(x-7)}{(x-7)(x-2)} = \frac{5x - 5(x-3)}{x(x-3)}$$

Termumformungen

$$\frac{3x - 6 - 3x + 21}{x^2 - 9x + 14} = \frac{5x - 5x + 15}{x^2 - 3x}$$

$$\frac{15}{x^2 - 9x + 14} = \frac{15}{x^2 - 3x} \quad \Big|: 15$$

$$\frac{1}{x^2 - 9x + 14} = \frac{1}{x^2 - 3x}$$

$$x^2 - 9x + 14 = x^2 - 3x$$

$$6x = 14$$

$$x = \frac{7}{3}$$

$$L = \left\{ \frac{7}{3} \right\} \qquad \bigcirc$$

Zusammenfassung

Bruchgleichungen werden in der Regel in folgender Reihenfolge gelöst:

1. Bestimmung der Definitionsmenge der Gleichung (eventuell durch Nullsetzen der Nenner).
2. Bestimmung des Hauptnenners.
3. Bruchfreimachen der Gleichung durch Termmultiplikation mit dem Hauptnenner.
4. Bei drei und mehr Bruchtermen jeweils zwei Bruchterme auf einer Gleichungsseite zusammenfassen.
5. Gleichung auf die einfachste äquivalente Form bringen.

Aufgaben

zu 3.3 Bruchgleichungen

Bestimmen Sie die Lösungsmenge folgender Bruchgleichungen (Grundmenge $G = \mathbb{Q}$).

1. $\dfrac{6}{x} - \dfrac{3}{2x} + \dfrac{4}{3x} = 17{,}5$

2. $\dfrac{7{,}5}{9x} - \dfrac{3}{2x} - \dfrac{1}{6} = \dfrac{5}{6x} - \dfrac{11}{12x}$

3. $a - \dfrac{c}{x} = \dfrac{2a}{x} + c$

4. $\dfrac{5x}{x-3} = 2$

5. $\dfrac{2}{x-2} = \dfrac{3}{x-1}$

6. $\dfrac{2}{x-1} + \dfrac{3}{x+1} = \dfrac{9}{x^2-1}$

7. $\dfrac{2}{x+1} + \dfrac{1}{1-x} = \dfrac{1}{x}$

8. $\dfrac{3-x}{x+1} + \dfrac{x+2}{x-1} = \dfrac{6}{x^2-1}$

9. $\dfrac{5}{x-\frac{7}{4}} = \dfrac{2}{x-1} + \dfrac{3}{x-2}$

10. $\dfrac{4}{2+x} = \dfrac{3}{x}$

11. $\dfrac{4}{x} + \dfrac{2}{5} = \dfrac{5}{x} + \dfrac{3}{4}$

12. $\dfrac{4}{x-3} = \dfrac{5}{2x-4}$

13. $\dfrac{3}{5-3x} - \dfrac{4}{4-5x} = 0$

14. $\dfrac{x+2}{x-2} = \dfrac{x-4}{x+1}$

15. $\dfrac{2x-1}{x-3} - 3 = \dfrac{2x-3}{x-3}$

16. $\dfrac{3}{x-1} - \dfrac{2}{x-3} + \dfrac{2x+1}{x^2-4x+3} = 0$

17. $2 = \dfrac{35 - \frac{8}{x}}{15 + \frac{16}{x}}$

18. $\dfrac{5-3x}{3x+5} = \dfrac{12-5x}{5x+1}$

19. $\dfrac{1{,}5}{x-2} - \dfrac{2}{x+2} = \dfrac{4{,}5}{(x-2)(x+2)}$

20. $\dfrac{6}{x+2} + \dfrac{1}{2x-6} = \dfrac{5}{6x-18} + \dfrac{4}{x+2}$

21. $\dfrac{9}{x-11} - \dfrac{4}{x-13} + \dfrac{4}{x-4} = \dfrac{9}{x-7}$

22. $\dfrac{1}{(x-1)(x-2)} - \dfrac{2}{(x-2)(x-4)} = \dfrac{3}{(1-x)(x-4)}$

23. $\dfrac{2}{(3-x)(x-1)} - \dfrac{1}{(2-x)(x-1)} = \dfrac{1}{(3-x)(2-x)}$

24. $\dfrac{1}{x-1} + \dfrac{1}{2(x-1)} + \dfrac{1}{3(x-1)} = \dfrac{11}{6}$

25. $\dfrac{3x-2}{6x-6} - \dfrac{5x-1}{3x+3} = \dfrac{7(25-10x+x^2)}{6-6x^2}$

26. $\dfrac{2x-1}{x+3} + \dfrac{x+3}{x+2} = \dfrac{3x^2-2}{x^2+5x+6}$

27. $\dfrac{5x^2-x}{3x^2-11x+6} = \dfrac{2x-1}{x-3} - \dfrac{x-4}{3x-2}$

28. $\dfrac{6}{x+1} + \dfrac{5(2x+3)}{2x-3} - 5 = \dfrac{3x-1}{2x^2-x-3}$

29. $\dfrac{3x+4}{3x-4} + \dfrac{4(3x^2-8)}{9x^2-16} = \dfrac{3x}{3x-4} + \dfrac{4x}{3x+4}$

30. $\dfrac{\frac{3(3x-1)}{11}}{\frac{6x+1}{5}} = \dfrac{3}{5}$

31. $3 + \dfrac{2}{\frac{1}{x}+\frac{1}{4}} = 6\frac{3}{7}$

3.4 Gleichungen mit Formvariablen (Formeln)

In der Technik treffen wir sehr häufig auf *Formeln*, die die Zusammenhänge irgend-
welcher physikalischer oder technischer Größen beschreiben. Es sind Gleichungen oder
Aussageformen mit verschiedenen Variablen. Die Variable, die in Abhängigkeit der übrigen
Variablen berechnet werden soll, nennt man die *Lösungsvariable*, die übrigen Variablen
sind *Formvariablen*. Jede Variable kann dabei Lösungsvariable werden.

○ **Anwendungsbeispiel**

Für die Parallelschaltung zweier Widerstände gilt die Formel $\frac{1}{R} = \frac{1}{R_1} + \frac{1}{R_2}$ $(R, R_1, R_2 \neq 0)$.
Berechnen Sie den Widerstand R_2.

Lösung

Nach der Aufgabe ist R_2 Lösungsvariable,
die Widerstände R und R_1 sind damit
Formvariable.

$$\frac{1}{R} = \frac{1}{R_1} + \frac{1}{\boxed{R_2}}$$

Die Umformung erfolgt in folenden
Schritten:

1. Bestimmung des Hauptnenners

HN: $R \cdot R_1 \cdot R_2$

2. Termmultiplikation mit dem HN
   (Bruchfreimachen der Gleichung)

$$R_1 \cdot \textcircled{R_2} = R \cdot \textcircled{R_2} + RR_1$$

3. Glieder mit R_2 nach links bringen

$$R_1 \cdot \textcircled{R_2} - R \cdot \textcircled{R_2} = RR_1$$

4. R_2 ausklammern

$$\textcircled{R_2} \cdot (R_1 - R) = RR_1$$

5. Termdivision durch $(R_1 - R)$
   (Bedingung $(R_1 - R) \neq 0$)

$$\textcircled{R_2} = \frac{RR_1}{R_1 - R}$$

○

○ **Beispiel**

Stellen Sie die Formel $A = \frac{a(b-s) + sh}{2}$ nach s um $(G = \mathbb{Q})$.

Lösung

Termmultiplikation

$$A = \frac{a(b - \textcircled{s}) + \textcircled{s}h}{2} \quad \bigg| \cdot 2$$

Termersetzung

$$2A = a(b - \textcircled{s}) + \textcircled{s}h$$

Klammer ausmultiplizieren

$$2A = ab - a\textcircled{s} + \textcircled{s}h$$

Termaddition und Termsubtraktion

$$a\textcircled{s} - \textcircled{s}h = ab - 2A$$

s ausklammern

$$\textcircled{s}(a - h) = ab - 2A \quad \big| : (a - h)$$

Termdivision durch $(a - h)$

$$\textcircled{s} = \frac{ab - 2A}{a - h}$$

Definitionsmenge angeben

$$D = \mathbb{Q} \setminus \{a = h\}$$

○

○ **Beispiel**

Bestimmen Sie d_1 aus $\sin\dfrac{\alpha}{2} = \dfrac{d_2 - d_1}{2(a_1 - a_2) - (d_2 - d_1)}$ $(G = \mathbb{Q})$.

Lösung

Termmultiplikation mit dem Nenner (Gleichung bruchfrei machen)	$\sin\dfrac{\alpha}{2} = \dfrac{d_2 - \boxed{d_1}}{2(a_1 - a_2) - (d_2 - \boxed{d_1})}$ $\Big\| \cdot N$
Klammern ausmultiplizieren	$[2(a_1 - a_2) - (d_2 - \boxed{d_1})]\sin\dfrac{\alpha}{2} = d_2 - \boxed{d_1}$
	$(2a_1 - 2a_2 - d_2)\sin\dfrac{\alpha}{2} + \boxed{d_1}\,\sin\dfrac{\alpha}{2} = d_2 - \boxed{d_1}$
Terme mit d_1 nach links bringen, Restterme nach rechts bringen (Termaddition und -subtraktion)	$\boxed{d_1}\,\sin\dfrac{\alpha}{2} + \boxed{d_1} = d_2 - (2a_1 - 2a_2 - d_2)\sin\dfrac{\alpha}{2}$
d_1 ausklammern	$\boxed{d_1}\,\left(\sin\dfrac{\alpha}{2} + 1\right) = d_2 - (2a_1 - 2a_2 - d_2)\sin\dfrac{\alpha}{2}$
Termdivision durch $\left(\sin\dfrac{\alpha}{2} + 1\right)$	$d_1 = \dfrac{d_2 - (2a_1 - 2a_2 - d_2)\sin\dfrac{\alpha}{2}}{\sin\dfrac{\alpha}{2} + 1}$
Termersetzung	$d_1 = \dfrac{d_2 + (d_2 - 2a_1 + 2a_2)\sin\dfrac{\alpha}{2}}{\sin\dfrac{\alpha}{2} + 1}$
Definitionsmenge angeben	$D = \mathbb{Q} \setminus \{\sin\dfrac{\alpha}{2} = -1\}$ ○

○ **Anwendungsbeispiel**

Beim Auflichtlängenmeßsystem der inkrementalen Längenmessung wird der Modulationsgrad M durch die Formel $M = \dfrac{\phi_2 - \phi_1}{\phi_2 + \phi_1}$ bestimmt.

a) Berechnen Sie den maximalen Lichtstrom ϕ_2 in Abhängigkeit der übrigen Größen.

b) Um welchen Faktor ist der maximale Lichtstrom ϕ_2 größer als der minimale Lichtstrom ϕ_1 bei einem Modulationsgrad von 14,3 % ?

Lösung

Nach der Aufgabe ist ϕ_2 Lösungsvariable, nach der die Formel aufgelöst wird.	a) $M = \dfrac{\boxed{\phi_2} - \phi_1}{\boxed{\phi_2} + \phi_1}$ $\Big\| \cdot (\phi_2 + \phi_1)$
1. Termmultiplikation mit dem HN (Bruchfreimachen der Gleichung) ng)	$M(\boxed{\phi_2} + \phi_1) = \boxed{\phi_2} - \phi_1$
2. Glieder mit ϕ_2 nach links bringen	$M \cdot \boxed{\phi_2} - \boxed{\phi_2} = -M\phi_1 - \phi_1$ $\| \cdot (-1)$
3. Termmultiplikation mit (-1) und Ausklammern	$\boxed{\phi_2} \cdot (1 - M) = \phi_1(M + 1)$

4. Lösung angeben

$$\boxed{\phi_2 = \frac{1 + M}{1 - M} \cdot \phi_1}$$

5. Bestimmung der Definitionsmenge

$$D = \mathbb{Q} \setminus \{M = 1\}$$

b) Mit $M = 14,3\% = 0,143$ wird

$$\phi_2 = \frac{1 + 0,143}{1 - 0,143} \cdot \phi_1$$

$$\phi_2 = \frac{1,143}{0,867} \phi_1$$

$$\phi_2 = 1,3337\, \phi_1$$

$$\underline{\underline{\phi_2 \approx \frac{4}{3} \phi_1}}$$ ○

○ **Beispiel**

Bestimmen Sie die Lösungsmenge folgender Gleichung mit der Formvariablen r:

$$\frac{x - r}{x + r} + \frac{4x - r}{2r - 2x} = \frac{3x\,(x - 1)}{r^2 - x^2} \quad (G\,(x) = \mathbb{Q}).$$

Lösung

Definitionsmenge:

$$D\,(x) = \mathbb{Q} \setminus \{r, -r\}$$

Hauptnenner:

HN: $2\,(r + x)\,(r - x)$

Termmultiplikation mit dem HN:

$(x - r) \cdot 2\,(r - x) + (4x - r)(r + x) =$
$= 3x\,(x - 1) \cdot 2$

Termersetzungen und -umformungen:

$2x^2 - 4rx + 2r^2 + 3rx + 4x^2 - r^2 - rx =$
$= 6x^2 - 6x$
$rx + 3x = -2r^2$
$x\,(r + 3) = -2r^2$

$$x = \frac{-2r^2}{r + 3}$$

$$\underline{\underline{L = \left\{ \frac{-2r^2}{r + 3} \right\}}}$$ ○

Aufgaben

zu 3.4 Gleichungen mit Formvariablen (Formeln)

Stellen Sie folgende Gleichungen mit Formvariablen nach allen Variablen um und bestimmen Sie die Definitionsmenge mit Grundmenge G (Variable) $= \mathbb{Q}$.

1. $ax = bx - a$

2. $a + b = \dfrac{x}{c}$

3. $\dfrac{a + x}{a - x} = a$

4. $ab - 2x = cx$

5. $\dfrac{x}{b} - a = 0$

6. $n_1 d_1 = n_2 d_2$

7. $Q = cm\,(\vartheta_2 - \vartheta_1)$

8. $l = l_0\,(1 + \alpha \Delta \vartheta)$

9. $C = \dfrac{D - d}{l}$

10. $t_h = \dfrac{L \cdot i}{ns}$

11. $\dfrac{1}{R} = \dfrac{1}{R_1} + \dfrac{1}{R_2}$

Stellen Sie folgende Formeln nach den angegebenen Variablen um (G (Variable) = $\mathbb{R}$).

12. $d_k = d + 2m$ nach d, m

13. $a = \dfrac{l_1 + l_2}{2} \cdot h$ nach l_2, h

14. $A = \dfrac{\pi}{4}(D^2 - d^2)$ nach D, d

15. $v_R = \dfrac{D - d}{2} \cdot \dfrac{L}{l}$ nach D, d

16. $x = \dfrac{D^2 - d^2 + a^2}{4(D - d)}$ nach a

Nach Behandlung quadratischer Gleichungen auch nach D, d

17. $y = (D - m)\sin\beta - m$ nach m

18. $y = (d + m)\sin\beta + m$ nach m

19. $l = \dfrac{L - 2a}{n - 1}$ nach a, n, L

20. $t = \dfrac{2t_1 t_2}{t_1 + t_2}$ nach t_1, t_2

21. $P = a + \dfrac{d}{2}\left(1 + \dfrac{1}{\sin\frac{\alpha}{2}}\right)$ nach $\sin\frac{\alpha}{2}$

(Nach Behandlung der Winkelfunktionen nach $\frac{\alpha}{2}$)

22. $D = \dfrac{2y \cdot \sin\frac{\alpha}{2}}{1 + \sin\frac{\alpha}{2}}$ nach $\sin\frac{\alpha}{2}$

23. $P_w = T(n_1 - n_s)$ nach n_1, n_s

24. $1 + \dfrac{b}{a} + \dfrac{c}{a} = 0$ nach a

25. $i = \dfrac{n_1 - n_s}{n_4 - n_s}$ nach n_s

26. $n_A \cdot i_{AB} n_B - (1 - i_{AB}) n_C = 0$ nach i_{AB}

27. $v = lbh_1 - l\dfrac{gh_2}{2}$ nach l, h_2

28. $s = \dfrac{a}{2}t^2$ nach a, t

29. $\sin\gamma\left(\dfrac{1}{a} + a\right) = 2$ nach $\sin\gamma$

(nach Behandlung quadratischer Gleichungen)   nach a

30. $M_A = 0{,}6\,s_n \cdot \dfrac{D}{2}\,k_s\,(6D\tan\alpha + b - a)$ nach a

31. $M_{A_1} = 0{,}6 \cdot s_n \cdot \dfrac{D}{2}\,k_s\,(b - a)$ nach a, D

32. $\dfrac{M_A}{M_{A_1}} = \dfrac{6D \cdot \tan\alpha}{2x_R - \dfrac{D}{2}}$ nach D, x_R

33. $\eta_u = \dfrac{1 + \eta_0 \cdot \dfrac{n_{1s}}{n_s}}{1 + \dfrac{n_{1s}}{n_s}}$ nach n_s, η_0

34. $i_n = \dfrac{1}{1 - i_0}$ nach i_0

35. $\dfrac{1}{f} = \dfrac{1}{b} + \dfrac{1}{g}$ nach f, b, g

36. $\eta_u = \dfrac{1}{i_u - \eta_0 (i_u - 1)}$ nach i_u, η_0

37. $\tan\alpha = \dfrac{mv^2}{rmg}$ nach v

38. $n = \dfrac{1}{2\pi}\sqrt{\dfrac{g}{r}}$ nach r

(Nach Behandlung der Wurzeln)

39. $\sin^2\alpha - \cos 2\alpha = \dfrac{1}{2}$ nach α

(Nach Behandlung der Winkelfunktionen)

40. $s = R \cdot \sin(\alpha + \beta)$ nach α

(Nach Behandlung der Winkelfunktionen)

41. $2\mu_0 \sin\alpha + \mu_0^2 \cos\alpha = \cos\alpha$ nach α

(Nach Behandlung der Winkelfunktionen)

42. $y_M = \dfrac{T}{4}\left[\dfrac{1}{\tan\kappa} - \tan\kappa\right] + \dfrac{u}{8}\left[\tan\kappa + \dfrac{1}{\tan\kappa}\right]$ nach $\tan\kappa$

(Nach Behandlung quadratischer Gleichungen)

43. $L_w = 2e + 1{,}57\,(d_{wg} + d_{wv}) + \dfrac{(d_{wg} - d_{wk})^2}{4e}$ nach d_{wk}, d_{wg}

(Nach Behandlung quadratischer Gleichungen)

44. $\dfrac{1}{C} = \dfrac{1}{C_1} + \dfrac{1}{C_2} + \dfrac{1}{C_3}$ nach C, C_1, C_2 und C_3

45. $U_1 = \dfrac{U \cdot R_1}{R_1 + R_2} - \dfrac{I}{R_1 + R_2} \cdot R_1 \cdot R_2$ nach R_1, R_2 und U

46. $1 : 2x = \dfrac{D - d}{2l}$ nach d

47. $a = \dfrac{z_1 + z_2}{2} \cdot m$ nach z_2

48. $A = \dfrac{l_B \cdot r - l(r - b)}{2}$ nach r

49. $F = G \cdot \dfrac{R - r}{2R}$ nach r und R

50. $s = h \cdot \dfrac{2R}{R - r}$ nach r und R

51. $t_m = \dfrac{m_1 \cdot t_1 + m_2 \cdot t_2}{m_1 + m_2}$ nach t_1, m_1 und m_2

52. $\epsilon = \dfrac{V_h + V_c}{V_c}$ nach V_c und V_h

53. $i = \dfrac{1}{1 + \dfrac{z_1}{z_3}}$ nach z_1 und z_3

54. $F_B = \dfrac{G \cdot l_1 - F_m \cdot l_3}{l_1 + l_2}$ nach F_m und l_1

55. $\tan\beta = \dfrac{A \cdot \tan\alpha}{A + b \tan\alpha}$ nach A und $\tan\alpha$

56. $n = \dfrac{\dfrac{1}{f}}{\dfrac{1}{r_1} + \dfrac{1}{r_2}}$ nach r_1

57. $i = \dfrac{U}{R + \dfrac{R}{n}}$ nach R und n

58. $A = \dfrac{r}{2}(b - s) + \dfrac{s}{2} \cdot h$ nach s

59. $\dfrac{x + 6}{r + 1} - \dfrac{x - 2}{r - 1} = \dfrac{6r - 2}{r^2 - 1}$ nach x

60. $u^2 + v^2 - \dfrac{vx}{u - v} = \dfrac{ux}{u + v}$ nach x

61. $\dfrac{\dfrac{a}{x} + a}{\dfrac{b}{x}} = \dfrac{1}{a}$ nach x

62. $\dfrac{w}{u} - \dfrac{u}{w} = \dfrac{wx}{ux - 1} - \dfrac{ux}{wx - 1}$ nach x

3.5 Lineare Ungleichungen

3.5.1 Begriffsklärung

Bei Gleichungen haben wir bisher zwei gleiche Terme durch ein Gleichheitszeichen miteinander verbunden. In entsprechender Weise lassen sich auch ungleiche Terme, von denen der eine größer ($>$) oder kleiner ($<$) als der andere ist, durch ein Ungleichheitszeichen miteinander in Verbindung bringen.

Man nennt die Aussageform

$$x - a > b \quad \text{Ungleichung}$$
$$x - a = b \quad \text{Gleichung}$$
$$x - a < b \quad \text{Ungleichung}$$

Ungleichungen, bei denen die Variable x nur in der ersten Potenz vorkommt, bezeichnet man als *lineare Ungleichungen*.

Ungleichungen können beispielsweise bei Kostenabschätzungen, bei Fehlerrechnungen oder bei Intervallschachtelungen vorkommen.

3.5.2 Äquivalenzumformungen bei Ungleichungen

Um Ungleichungen auf die einfachste Form ($x > \ldots$) oder ($x < \ldots$) zu bringen, werden die Terme auf beiden Seiten der Ungleichung durch *äquivalente Umformung* so lange verändert, bis die einfachste Form entsteht. Da wir bei diesen Umformungen nur Termadditionen und Termmultiplikationen durchführen, bei denen sich die Lösungsmenge nicht ändert, handelt es sich hier grundsätzlich nur um Äquivalenzumformungen, bei denen wir auf das Schreiben des Äquivalenzzeichens ($\Longleftrightarrow$) verzichten können.

Im folgenden wollen wir dies an einfachen Zahlenungleichungen untersuchen.

○ **Beispiel**

Bestimmen Sie die Lösungsmenge von $x - 3 < 1$ ($G = \mathbb{Q}$).

Lösung

1. Termaddition

Durch Addition von ($+3$) werden beide Terme um den gleichen Wert vergrößert. Damit ist der linke Term aber immer noch kleiner als der rechte. Die Ungleichheit bleibt also erhalten. Die beiden Ungleichungen sind äquivalent.

$$x - 3 \qquad\; < 1$$
$$x - 3 \;\boxed{+3}\; < 1 \;\boxed{+3}$$
$$\underline{x < 4}$$

Umkehrung des Umformungsvorganges:

2. Termsubtraktion

Durch Addition der Gegenzahl (-3), was der *Subtraktion* entspricht, ergibt sich die äquivalente ursprüngliche Ungleichung.

$$x \qquad\qquad < 4$$
$$x \;\boxed{+(-3)}\; < 4 \;\boxed{+(-3)}$$
$$x \;\boxed{-3}\; < 4 \;\boxed{-3}$$
$$\underline{x - 3 < 1} \qquad\qquad ○$$

○ **Beispiel**

Bestimmen Sie die Lösungsmenge von $\frac{1}{2}x > 3$ $(G = \mathbb{Q})$.

Lösung

3. Termmultiplikation

Im vorliegenden Beispiel führt die Term-addition nicht zur Vereinfachung. Hier muß die Termmultiplikation angewandt werden. Der doppelte Wert des kleineren Terms ist dabei immer noch kleiner als der doppelte Wert des größeren. Die Un-gleichung ist damit der ursprünglichen äquivalent.

Umkehrung des Umformungsvorganges:

$$\frac{1}{2}x > 3$$

$$\frac{1}{2}x \cdot \circled{2} > 3 \cdot \circled{2}$$

$$\underline{x > 6}$$

4. Termdivision

Durch Umkehrung des Umformungsvor-ganges, d.h. durch Multiplikation mit $(+\frac{1}{2})$, was der Division durch $(+2)$ ent-spricht, ergibt sich die äquivalente ur-sprüngliche Ungleichung.

$$x > 6$$

$$x \cdot \circled{\frac{1}{2}} > 6 \cdot \circled{\frac{1}{2}}$$

$$\frac{x}{2} > \frac{6}{2}$$

$$\underline{\underline{\frac{1}{2}x > 3}}$$

○

○ **Beispiel**

Bestimmen Sie die Lösungsmenge von $x - 2 > 3x - 6$ $(G = \mathbb{Q})$.

Lösung

Durch die Termaddition $(+6)$, sowie durch die Termsubtraktion $(-x)$ ergibt sich die Ungleichung $4 > 2x$.

$$x - 2 > 3x - 6$$
$$x - 2 \boxed{+6} > 3x - 6 \boxed{+6}$$
$$x + 4 > 3x$$
$$x \boxed{-x} + 4 > 3x \boxed{-x}$$
$$4 > 2x$$

Führt man noch die Termmultiplikation mit $(+\frac{1}{2})$ durch, so ergibt sich die Un-gleichung $2 > x$.

Diese Ungleichung kann sowohl von links nach rechts wie auch von rechts nach links gelesen werden. Wird sie von rechts nach links gelesen, so erhält man $x < 2$.

$$4 \cdot \circled{\frac{1}{2}} > 2x \cdot \circled{\frac{1}{2}}$$
$$2 > x$$
$$\underline{\underline{x < 2}}$$

Die Termaddition kann auch in anderer Weise durchgeführt werden:

Um die Ungleichung $-2x > -4$ zu verein-fachen, ist hier sinnvoller Weise eine Term-multiplikation mit der *negativen* Zahl $(-\frac{1}{2})$ durchzuführen, damit x allein auf

$$x - 2 > 3x - 6$$
$$x - 2 \boxed{+2} > 3x - 6 \boxed{+2}$$
$$x > 3x - 4$$
$$x \boxed{-3x} > 3x \boxed{-3x} - 4$$
$$-2x > -4$$

der linken Seite steht. Ohne das Ungleichheitszeichen umzukehren würde aber das Ergebnis $x > 2$ herauskommen. Dies wäre jedoch keine zur ursprünglichen Aussageform äquivalente Ungleichungsform.

Damit eine äquivalente Aussageform entsteht, ist bei der Multiplikation mit einer negativen Zahl das Ungleichheitszeichen gleichzeitig umzukehren:

Wir wollen dies an einer einfachen Zahlenungleichung plausibel machen:

$1 < 2$ 1 ist kleiner als 2

$1 \cdot (-1) > 2 \cdot (-1)$ Umkehrung der Ungleichheit

$-1 > -2$ denn -1 ist größer als -2

Umkehrung des Ungleichheitszeichens bei Multiplikation mit negativen Zahlen (*Inversionsregel*)

$$-2x \cdot \left(-\frac{1}{2}\right) < -4 \cdot \left(-\frac{1}{2}\right)$$

$$\underline{x < 2}$$

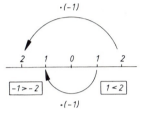

Darstellung der Inversionsregel

Aus all diesen Beispielen ergeben sich für Ungleichungen folgende Äquivalenzsätze:

- Addiert oder subtrahiert man auf beiden Seiten einer Ungleichung die gleiche Zahl, so erhält man eine äquivalente Ungleichung.
- Bei Termmultiplikation oder -division mit einer *positiven Zahl*, erhält man eine äquivalente Ungleichung.
- Bei Termmultiplikation oder -division mit einer *negativen Zahl* entsteht nur dann eine äquivalente Ungleichung, wenn gleichzeitig das Ungleichheitszeichen umgekehrt wird (*Inversionsregel*).

3.5.3 Einfache Ungleichungsformen

Beispiel

Bestimmen Sie aus der Grundmenge $G = \mathbb{Q}$ die Lösungsmenge der Aussageform

$$3(x - 1) > 7x + 5.$$

Lösung

Klammer ausmultiplizieren

$$3(x-1) > 7x + 5$$
$$3x - 3 > 7x + 5$$

x-Glieder auf die linke Seite bringen (Termaddition)

$$3x \;\boxed{-7x}\; -3 > 7x \;\boxed{-7x}\; +5 \quad |-7x^{4)}$$

Zahlenterme auf die rechte Seite bringen (Termaddition)

$$-4x - 3 \;\boxed{+3}\; > 5 \;\boxed{+3}\; |+3$$

---

[4] Diese Rechenoperationen zur Termumformung sollen auf beiden Seiten der Ungleichung durchgeführt werden.

Termdivision unter Beachtung der Inversionsregel	$-4x > 8 \qquad \mid : (-4)$ $x < -2$
Alle rationalen Zahlen, die kleiner sind als (-2) gehören zur Lösungsmenge	$\underline{\underline{L = \{x \mid x < -2\}_{\mathbb{Q}}}} \qquad \bigcirc$

In einem weiteren Beispiel wollen wir die Äquivalenzumformungen in etwas kürzerer Schreibweise durchführen.

$\bigcirc$ **Beispiel**

Bestimmen Sie aus der Grundmenge $G = \mathbb{N}$ die Lösungsmenge von $2(x+5)+3 > 7(x+1)-3x$.

Lösung

Klammern ausmultiplizieren und Terme zusammenfassen. Äquivalenzumformungen durchführen.	$2(x+5)+3 > 7(x+1)-3x$ $2x+10+3 > 7x+7-3x$ $\quad 2x+13 > 4x+7 \qquad \mid -4x^{4)}$ $\quad -2x+13 > +7 \qquad \mid -13$ $\quad -2x > -6 \qquad \mid : (-2)$ $\quad \underline{\underline{x < +3}}$
Da nur natürliche Zahlen kleiner als 3 zur Lösungsmenge gehören, kommen nur die Zahlen 1 und 2 in Frage.	$\underline{\underline{L = \{1,2\}}} \qquad \bigcirc$

Für die äquivalente Umformung von Ungleichungen lassen sich damit aus den Äquivalenzsätzen folgende Umformungsregeln formulieren:

- Ein Summand wird mit umgekehrtem Vorzeichen (als Minuend) auf die andere Seite einer Ungleichung gebracht und umgekehrt.
- Ein *positiver* Faktor wird als Divisor auf die andere Seite einer Ungleichung gebracht und umgekehrt.
- Ein *negativer* Faktor wird als Divisor auf die andere Seite der Ungleichung gebracht und umgekehrt, wobei gleichzeitig das Ungleichheitszeichen umgekehrt wird (Inversionsregel).

3.5.4 Bruchungleichungen

Ungleichungen mit Bruchtermen, bei denen die Lösungsvariable im Nenner vorkommt, bezeichnet man als Bruchungleichungen. Da Bruchterme, bei denen der Nenner Null ist, nicht definiert sind, müssen solche Lösungswerte ausscheiden. Dies bedeutet, daß wir wie bei Bruchgleichungen mit Hilfe der Definitionsmenge die Lösungsmenge ermitteln müssen.

$\bigcirc$ **Beispiel**

Bestimmen Sie für die Ungleichung $\dfrac{5}{x+1} < 1$ die Definitionsmenge D und die Lösungsmenge L über der Grundmenge $G = \mathbb{Q}$.

Lösung

1. Methode

Um die Ungleichung bruchfrei zu machen, werden beide Seiten der Ungleichung mit dem Hauptnenner (hier mit dem Faktor $(x+1)$) multipliziert.

Dabei sind zwei Fälle zu unterscheiden:

1. Fall:
Multiplikator > 0 (positiv) — kein Zeichenwechsel

2. Fall.
Multiplikator < 0 (negativ) — Zeichenumkehrung (*Inversionsregel*)

Lösungsgang

a) Bestimmung der Definitionsmenge D

Da für $x = -1$ der Nenner Null werden würde, ist die Ungleichung für diesen Wert nicht definiert.

$$D = \mathbb{Q} \setminus \{-1\}$$

b) 1. Fall: Multiplizieren mit dem positiven Faktor $(x + 1)$

Da beide Ungleichungen gleichzeitig erfüllt sein müssen, wollen wir beide Ungleichungen gleichzeitig umformen und durch das Zeichen $\wedge$ (und) verknüpfen.

$$\frac{5}{x + 1} < 1$$

$$x + 1 > 0 \quad \text{und} \quad \frac{5 \cdot \boxed{(x + 1)}}{x + 1} < 1 \cdot \boxed{(x + 1)}$$

$$x > -1 \quad \wedge \quad 5 < x + 1$$
$$\underline{x > -1} \quad \wedge \quad \underline{x > 4}$$

da beides gleichzeitig erfüllt sein muß, folgt daraus

$$\boxed{x > 4}$$

2. Fall: Multiplizieren mit dem negativen Faktor $(x + 1)$

Bei der Multiplikation mit einem negativen Faktor ist das Ungleichheitszeichen umzukehren.

Multiplikator　　Multiplikation mit dem Hauptnenner

$$x + 1 < 0 \quad \wedge \quad 5 > x + 1$$
$$\text{(Inversion)}$$

$$\underline{x < -1} \quad \wedge \quad \underline{x < 4}$$

da beides gleichzeitig erfüllt sein muß, folgt daraus

$$\boxed{x < -1}$$

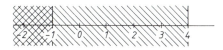

c) Bestimmung der Lösungsmenge L

Alle rationalen Zahlen, die größer als $(+4)$ oder kleiner als (-1) sind, erfüllen die Ungleichung und gehören damit zur Lösungsmenge.

$$L = \{x \mid x > 4 \ \vee \ x < -1\}_{\mathbb{Q}}$$

oder

2. Methode

Man formt die Ungleichung durch Äquivalenzumformung so um, daß rechts Null steht.

Durch entsprechendes Erweitern und Zusammenfassen wird die linke Seite so umgewandelt, daß nur noch ein einziger Bruchterm entsteht.

Nun werden Zähler und Nenner getrennt betrachtet. Ein Bruch ist z.B. kleiner Null (< 0), wenn der Zähler < 0 *und* der Nenner > 0 ist. Entsprechendes gilt für den umgekehrten Fall.

Lösungsgang

a) Bestimmung der Definitionsmenge D $D = \mathbb{Q} \setminus \{-1\}$

b) Umformung der Ungleichung $\dfrac{5}{x+1} < 1$

Alle Terme durch Äquivalenzumformung auf die linke Seite der Ungleichung bringen.

$$\dfrac{5}{x+1} - 1 < 0$$

Mit dem Hauptnenner erweitern

$$\dfrac{5}{x+1} - \dfrac{1(x+1)}{x+1} < 0$$

und Bruchterme zusammenfassen.

$$\dfrac{5-(x+1)}{x+1} < 0$$

$$\boxed{\dfrac{4-x}{x+1} < 0}$$

c) Fallunterscheidungen

1. Ein Bruchterm ist negativ, wenn der Zähler negativ und der Nenner positiv ist.

Zähler   Nenner

$4 - x < 0 \quad \wedge \quad x + 1 > 0$

$x > 4 \quad \wedge \quad x > -1$

$$\boxed{x > 4}$$

2. Ein Bruchterm ist negativ, wenn der Zähler positiv und der Nenner negativ ist.

Zähler   Nenner

$4 - x > 0 \quad \wedge \quad x + 1 < 0$

$x < 4 \quad \wedge \quad x < -1$

$$\boxed{x < -1}$$

d) Bestimmung der Lösungsmenge L $L = \{x \mid x > 4 \ \vee \ x < -1\}_{\mathbb{Q}}$

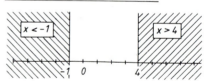

Graphische Darstellung der Lösungsmenge

○ **Beispiel**   ○

Bestimmen Sie Definitions- und Lösungsmenge von $\dfrac{x+3}{x} > \dfrac{x}{x-3}$ mit $G = \mathbb{Q}$.

Lösung

Lösung nach der 2. Methode

a) Definitionsmenge $D = \mathbb{Q} \setminus \{0, 3\}$

b) Umformung der Ungleichung $\dfrac{x+3}{x} - \dfrac{x}{x-3} > 0$

$$\dfrac{(x+3)(x-3) - x \cdot x}{x(x-3)} > 0$$

$$\boxed{\dfrac{-9}{x(x-3)} > 0}$$

c) Fallunterscheidungen

In diesem Fall ist der Zähler negativ.
Da er keine Variable enthält, kann er
sich nicht mehr verändern. Dies bedeutet, daß der Nenner negativ werden
muß, damit der Bruchterm positiv
bleibt.

Nenner negativ

(wenn die beiden Faktoren x und $(x-3)$
ungleiche Vorzeichen haben)

$$x \cdot (x - 3) < 0$$

1. $x < 0 \quad \wedge \quad (x - 3) > 0$
   $x < 0 \quad \wedge \quad x > 3$
   kein Lösungselement

Es gibt keine rationale Zahl, die negativ und gleichzeitig größer als 3 ist.

2. $x > 0 \quad \wedge \quad (x - 3) < 0$
   $x > 0 \quad \wedge \quad x < 3$

$$\boxed{0 < x < 3}$$

d) Lösungsmenge

Alle rationalen Zahlen im Intervall
]0; 3[gehören zur Lösungsmenge.

$$L = \{x \mid 0 < x < 3\}_{\mathbb{Q}}$$

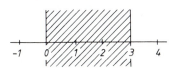

Graphische Darstellung
der Lösungsmenge   ○

○ **Beispiel**

Bestimmen Sie die Definitions- und Lösungsmenge von $\dfrac{3}{x+2} > \dfrac{4}{x+1}$ mit $G = \mathbb{Q}$.

Lösung

Lösung nach der 2. Methode

a) Definitionsmenge

$$D = \mathbb{Q} \setminus \{-1; -2\}$$

b) Umformung der Ungleichung

$$\frac{3}{x+2} > \frac{4}{x+1}$$

$$\frac{3}{x+2} - \frac{4}{x+1} > 0$$

$$\frac{3(x+1) - 4(x+2)}{(x+2)(x+1)} > 0$$

$$\frac{-x-5}{(x+2)(x+1)} > 0$$

$$\boxed{\frac{x+5}{(x+2)(x+1)} < 0}$$

(Inversionsregel)

c) Fallunterscheidungen

Da bei dem vorliegenden Beispiel nicht nur zwei Fälle zu unterscheiden sind, wollen
wir hierzu ein Lösungsschema anwenden.

Lösungsschema

Zähler	positiv $x + 5 > 0$ $\boxed{x > -5}$	negativ $x + 5 < 0$ $\boxed{x < -5}$
Nenner	negativ $(x + 2)(x + 1) < 0$ 1. $x + 2 < 0 \;\wedge\; x + 1 > 0$ $x < -2 \;\wedge\; x > -1$ *keine Lösungselemente* 2. $x + 2 > 0 \;\wedge\; x + 1 < 0$ $x > -2 \;\wedge\; x < -1$ $\boxed{-2 < x < -1}$	positiv $(x + 2)(x + 1) > 0$ 1. $x + 2 > 0 \;\wedge\; x + 1 > 0$ $x > -2 \;\wedge\; x > -1$ $x > -1$ 2. $x + 2 < 0 \;\wedge\; x + 1 < 0$ $x < -2 \;\wedge\; x < -1$ $\boxed{x < -2}$
Ergebnis	$\boxed{-2 < x - 1}$	$\boxed{x < -5}$

d) Lösungsmenge

$$L = \{x \mid -2 < x < -1 \;\vee\; x < -5\}_{\mathbb{Q}}$$

Aufgaben

zu 3.5 Lineare Ungleichungen

Bestimmen Sie die Lösungsmenge folgender Ungleichungen mit $G = \mathbb{Q}$.

1. $4(x - 3) < 5x + 7$
2. $2x - 4 - 5x > 13$
3. $x - 1 > 3(x - 4)$
4. $x - \frac{1}{2} < x\left(\frac{3}{2} + 4\right)$

5. $3(x - 5) + 2 > 75 - 5(x - 5) - 13$
6. $(2x - 3)(2x + 3) < (2x - 3)^2$
7. $(x - 4)(x + 2) - x^2 > 2x - 3$
8. $0 < 4x - 3(x + 2) + 8$

Bestimmen Sie die Lösungsmengen folgender Ungleichungen

9. $L = \{x \mid x + 6 > 4x - 12\}_{\mathbb{N}}$
10. $L = \{x \mid -1 < 2x \;\wedge\; \frac{3}{2}x \leqslant 6 + \frac{x}{2}\}_{\mathbb{Z}}$

11. $5\frac{1}{3}x - 4\left(\frac{6}{5}x + 2\right) < 2x$ mit $G = \mathbb{Q}$
12. $\frac{1}{2}x - \frac{3}{4} > \frac{2}{5}x - \frac{3}{7}x - \frac{2}{5}$ mit $G = \mathbb{Q}$

Bestimmen Sie die Lösungsmengen folgender Ungleichungen mit $G = \mathbb{Q}$.

13. $\dfrac{3 - x}{5} > \dfrac{2x - 3}{2}$

14. $\dfrac{x - 3}{2} < \dfrac{x - 2}{-5}$

15. $\dfrac{7 - 2x}{2} + x > \dfrac{2 - x}{-2}$

16. $\dfrac{7x - 2}{7} - \dfrac{1}{7} < -\dfrac{4}{7} + \dfrac{3}{7}x$

zu 3.5.4 Bruchungleichungen

Bestimmen Sie für folgende Bruchungleichungen die Definitions- und Lösungsmengen mit $G = \mathbb{Q}$.

17. $\dfrac{1}{x+1} > 0$

23. $\dfrac{7-x}{7+x} > 0$

18. $\dfrac{1}{x-2} > 2$

24. $\dfrac{x+5}{x} > \dfrac{x}{x-5}$

19. $\dfrac{2}{x+4} > 0$

25. $\dfrac{5x^2}{(x-2)(x+5)} > 5$

20. $\dfrac{2x}{x-1} < 1$

26. $\dfrac{2x-3}{x-1} < \dfrac{1}{2}$

21. $\dfrac{x+3}{x-3} < 5$

27. $\dfrac{3}{x+1} - \dfrac{5}{x} > 0$

22. $\dfrac{1}{x-1} \geqslant 1$

28. $\dfrac{1}{x-2} < \dfrac{3}{x+3}$

3.6 Textliche Gleichungen

Aufgaben mit textlich formulierten Zusammenhängen lassen sich häufig mit Hilfe von Gleichungen lösen.

Einen allgemein gültigen Lösungsweg in Form einer Regel für diese Art von Aufgaben gibt es nicht.

Vom vorgegebenen Sachverhalt her lassen sich jedoch bestimmte Gruppen von Aufgaben (Mischungsaufgaben, Bewegungsaufgaben, Behälteraufgaben, Arbeitsaufgaben usw.) zusammenstellen, für die gemeinsame Gesichtspunkte für das Aufstellen von Bestimmungsgleichungen gelten.

Damit wird sich die Lösung solcher Aufgaben in der Regel in folgenden Schritten vollziehen:

1. Feststellung, nach welcher Größe in der Aufgabe gefragt ist.

2. Einführung einer Variablen x für die gesuchte Größe.

3. Aufstellen einer Bestimmungsgleichung entsprechend dem vorgegebenen Sachverhalt. Dabei darf nur Gleiches gleichgesetzt werden.

4. Beim Aufstellen der Gleichung kann zwar die Einheit einer Größe noch mitgeschrieben werden, beim Lösen der Gleichung ist es jedoch zweckmäßiger, nur mit den Zahlenwerten (ohne Einheiten) zu arbeiten.

3.6.1 Allgemeine textliche Gleichungen

○ **Beispiel**

Das Vierfache einer Zahl, vermindert um 3, ergibt genau soviel, wie wenn das Dreifache dieser Zahl um 8 vermehrt wird. Wie lautet die Zahl?

Lösung

Aus der Frage entnehmen wir, daß eine Zahl gesucht ist.   Wir nennen die gesuchte Zahl x.

Das Vierfache dieser Zahl $4x$

ist dann um 3 vermindert $4x - 3$

Damit haben wir den 1. Teil der Gleichung in eine mathematische Formulierung gebracht.

Das Dreifache der Zahl	$3x$
um 8 vermehrt	$3x + 8$
soll genau so groß, d.h. 'gleich sein wie	
$4x - 3$	$4x - 3 = 3x + 8$

Damit haben wir die Gleichung mathematisch formuliert.

Durch Termumformungen erhalten wir die Lösung

$$4x - 3 = 3x + 8$$
$$x = 11$$
$$\underline{\underline{L = \{11\}}}$$

Für die Grundmenge $G = D = \mathbb{Q}$ ergibt 11 eine wahre Aussage.

$$4 \cdot 11 - 3 = 3 \cdot 11 + 8$$
$$41 = 41$$

Andererseits muß die Lösung anhand der Aufgabenstellung überprüft werden, da beim Aufstellen der Bedingungsgleichung ein Fehler unterlaufen sein könnte.

Probe

Das Vierfache von 11 ist 44. Diese Zahl wird um 3 vermindert, was 41 ergibt. Andererseits ist das Dreifache von 11   33, das um 8 vermehrt ebenfalls 41 ergibt. Somit erfüllt die Zahl 11 die in der Aufgabe gestellten Forderungen.   ○

Anmerkung

Bei den weiteren Textaufgaben wird der Einfachheit halber auf die Angabe der Lösungsmenge verzichtet.

○ **Anwendungsbeispiel**

Ein Brückenpfeiler mit 24 m Länge wird in einem Flußbett einbetoniert. Das Teilstück des Pfeilers, das im Erdboden versenkt ist, ist zweieinhalb mal so lang, und das Teilstück über dem Wasser ist viereinhalb mal so lang wie das Teilstück, das sich im Wasser befindet. Wie tief ist der Fluß?

Lösung

Aus der Frage ergibt sich der Ansatz für die gesuchte Größe.

Wir bezeichnen die gesuchte Flußtiefe mit x

Es ist zweckmäßig, die einzelnen Längen in einer Skizze zu veranschaulichen und daraus die Bestimmungsgleichung abzuleiten.

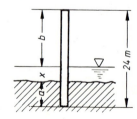

Die Länge a ist nach Aufgabe zweieinhalb mal so groß wie x.

$$a = 2,5x$$

Das Teilstück über dem Wasser ist viereinhalb mal so lang wie das Teilstück, das sich im Wasser befindet.

$$b = 4,5x$$

Damit finden wir für die Gesamtlänge die Gleichung	$a + x + b = 24$
Durch Einsetzen der Werte für a und b ergibt sich	$\boxed{2,5x + x + 4,5x = 24}$
Die x-Werte fassen wir zusammen	$8x = 24 \quad \vert : 8$
Die Termumformung liefert uns das Ergebnis	$\underline{\underline{x = 3}}$

Ergebnis

Die Wassertiefe beträgt 3 m.

Probe

Das Teilstück a ist zweieinhalb mal so lang wie das im Wasser befindliche Teilstück x, also $2,5 \cdot 3\,\text{m} = 7,5\,\text{m}$ lang. Das Stück b ist viereinhalb mal so lang wie x, dies ergibt eine Länge von $4,5 \cdot 3\,\text{m} = 13,5\,\text{m}$. Die Gesamtlänge, einschließlich der Länge x, finden wir mit 24 m.   ○

○ **Anwendungsbeispiel**

Im 2. Vierteljahr stellte eine Maschinenfabrik monatlich durchschnittlich 7 Maschinen mehr her als im Monatsdurchschnitt des 1. Vierteljahres. Wieviel Maschinen wurden durchschnittlich im Monant des 1. Vierteljahres produziert, wenn im 1. Halbjahr 357 Maschinen gebaut wurden?

Lösung

Ansatz aus der Fragestellung:	Im 1. Vierteljahr wurden monatlich durchschnittlich x Maschinen produziert
In drei Monaten ist die Produktion dreimal so groß.	$3 \cdot x$ Maschinen
Im 2. Vierteljahr werden *pro Monat* 7 Maschinen mehr hergestellt	$(x + 7)$ Maschinen
In 3 Monaten	$3 \cdot (x + 7)$ Maschinen
Im 1. Halbjahr (6 Monate) beträgt die Produktion 357 Maschinen.	
Damit finden wir die Bestimmungsgleichung	
(Zweckmäßigerweise lassen wir die Bezeichnung Maschinen weg)	

$$\boxed{3x + 3\,(x + 7) = 357}$$

$$
\begin{aligned}
3x + 3x + 21 &= 357 \\
6x + 21 &= 357 \quad \vert - 21 \\
6x &= 336 \quad \vert : 6 \\
\underline{x} &= \underline{56}
\end{aligned}
$$

Ergebnis

Im 1. Vierteljahr wurden monatlich 56 Maschinen hergestellt.

Probe

Im 2. Vierteljahr werden (56 + 7) Maschinen pro Monat hergestellt, das ergibt insgesamt $63 \cdot 3$ Maschinen = 189 Maschinen. Im 1. Vierteljahr werden $56 \cdot 3$ Maschinen = 168 Maschinen produziert, das sind im 1. Halbjahr 357 Maschinen.   ○

○ **Beispiel**

Zwei Brüder sind 21 Jahre und 29 Jahre alt. Vor wieviel Jahren war der ältere Bruder dreimal so alt wie der jüngere?

Lösung

Aus der Fragestellung folgt der Ansatz.   Der Zeitpunkt sei vor x Jahren gewesen

Vor x Jahren betrug

das Alter des älteren Bruders $(29 - x)$ Jahre
das Alter des jüngeren Bruders $(21 - x)$ Jahre

Gleichheit des Alters des älteren Bruders
und des 3fachen Alters des jüngeren

$$3 \cdot (21 - x) = 29 - x$$

Bruders

Wir lösen die Klammer auf und ordnen $63 - 3x = 29 - x \quad | + x - 63$

Durch Termumformungen gelangen wir
zur Lösung $-2x = -34 \qquad | : (-2)$

$$\underline{\underline{x = 17}}$$

Ergebnis

Vor 17 Jahren war der ältere Bruder 3 mal so alt wie der jüngere.

Probe

Vor 17 Jahren war der jüngere Bruder 4 Jahre alt und der ältere 12 Jahre, also 3 mal älter.   ○

3.6.2 Mischungsaufgaben

○ **Anwendungsbeispiel**

Wieviel cm³ 68 %iger Alkohol sind 630 cm³ Alkohol von 21 % zuzumischen, damit
40 %iger Alkohol entsteht?

Lösung

Die gesuchte Menge Alkohol wird mit
x cm³ angenommen.

Wir gehen bei dieser Rechnung davon aus,
daß das Volumen der Bestandteile vor
dem Mischen gleich dem Volumen nach
dem Mischen ist.[1]

Damit gilt auch:

Volumen des reinen   Volumen des
Alkohols vor dem   =   reinen Alkohols
Mischen   nach dem Mischen

Zur Vereinfachung der Rechnung wird
die Gleichung

$$\frac{68}{100} \cdot x \text{ cm}^3 + \frac{21}{100} \cdot 630 \text{ cm}^3 =$$

$$= \frac{40}{100} \cdot (x + 630) \text{ cm}^3$$

$$\boxed{\frac{68}{100} \cdot x + \frac{21}{100} \cdot 630 = \frac{40}{100} \cdot (x + 630)}$$

nur mit den Zahlenwerten angesetzt.

Durch Termumformungen erhalten wir $68x + 21 \cdot 630 = 40 (x + 630)$
die Lösung $28x = 11\,970$

$$\underline{\underline{x = 427{,}5}}$$

Ergebnis

Es müssen 427,5 cm³ 68 %iger Alkohol hinzugemischt werden.   ○

---

[1] Die bei der Mischung von Flüssigkeiten sich ergebende Volumenkontraktion soll hier unberücksichtigt bleiben. Sie kann jedoch rechnerisch ebenfalls erfaßt werden.

○ **Anwendungsbeispiel**

Eine Kupfer-Zink-Legierung mit der Dichte $\rho = 8{,}2\,\dfrac{kg}{dm^3}$ soll aus 142 kg Kupfer

$\left(\rho = 8{,}9\,\dfrac{kg}{dm^3}\right)$ und Zink $\left(\rho = 7\,\dfrac{kg}{dm^3}\right)$ hergestellt werden. Wiviel kg Zink werden benötigt?

Lösung

Annahme: Es werden x kg Zink benötigt

$$\rho = 8{,}9\,\frac{kg}{dm^3} \qquad \rho = 7\,\frac{kg}{dm^3} \qquad \rho = 8{,}2\,\frac{kg}{dm^3}$$

Zur Vereinfachung wird wiederum von Mischungsverlusten, die sich in Wirklichkeit ergeben, abgesehen. Damit gilt

$$\boxed{142\,kg} \quad + \quad \boxed{x\,kg} \quad = \quad \boxed{(142+x)\,kg}$$

$$\frac{\text{Summe der Einzelvolu-}}{\text{mina vor dem Mischen}} = \frac{\text{Volumen nach}}{\text{dem Mischen}}$$

$$V_{Cu} \quad + \quad V_{Zn} \quad = \quad V_{CuZn}$$

Zwischen Masse und Volumen gilt die Beziehung $V = \dfrac{m}{\rho}$

Damit erhält man die Gleichung

$$\frac{142\,kg}{8{,}9\,\frac{kg}{dm^3}} + \frac{x\,kg}{7\,\frac{kg}{dm^3}} = \frac{(142+x)\,kg}{8{,}2\,\frac{kg}{dm^3}}$$

Diese Größengleichung wird zur Vereinfachung wieder in die Zahlenwertgleichung umgewandelt

$$\boxed{\frac{142}{8{,}9} + \frac{x}{7} = \frac{(142+x)}{8{,}2}}$$

Die Termmultiplikation mit dem Hauptnenner $(8{,}9 \cdot 7 \cdot 8{,}2)$ ergibt

$$8150{,}8 + 72{,}98\,x = 62{,}3\,x + 8846{,}6$$

Daraus erhält man durch weitere Termumformungen die Lösung

$$\underline{x = 65{,}15}$$

Ergebnis

Es müssen 65,15 kg Zink mit 142 kg Kupfer legiert werden.   ○

○ **Anwendungsbeispiel**

Welche Säurekonzentration entsteht, wenn 40 l 80 %ige Schwefelsäure mit 50 l 40 %iger Schwefelsäure verdünnt werden?

Lösung

Die Säurekonzentration sei x %.

Aus den Volumen-Prozenten lassen sich die Volumen-Anteile der reinen Schwefelsäure vor dem Mischen berechnen.

Diese entsprechen dem Volumenanteil der reinen Schwefelsäure nach dem Mischen

Volumenanteile der reinen Schwefelsäure vor dem Mischen:

$$\frac{80}{100} \cdot 40\,l + \frac{40}{100} \cdot 50\,l$$

Volumenanteil der reinen Schwefelsäure nach dem Mischen:

$$\frac{x}{100}\,(40 + 50)\,l$$

Damit ergibt sich folgende Zahlenwertgleichung

$$\frac{80}{100} \cdot 40 + \frac{40}{100} \cdot 50 = \frac{x}{100} (40 + 50)$$

$$80 \cdot 40 + 40 \cdot 50 = x (40 + 50)$$
$$90x = 5200$$
$$\underline{x = 57,78}$$

Ergebnis

Die Konzentration der verdünnten Schwefelsäure ist 57,78 %.

○ **Anwendungsbeispiel**

Wieviel kg Wasser sind aus 1000 kg Salzwasser mit 5 % Salzgehalt zu verdampfen, damit eine Salzsole mit 20 % Salzgehalt entsteht?
Wieviel kg Salz müßte man in das Salzwasser geben, um denselben Salzgehalt zu erzielen?

Lösung

Es seien x kg Wasser zu verdampfen.

Aus den Gewichtsprozenten läßt sich die reine Salzmenge, die vor dem Verdampfen und nach dem Verdampfen als gleichblei- bend angenommen wird, berechnen.

Salzmenge vor dem Verdampfen:
$$\frac{5}{100} \cdot 1000 \text{ kg}$$

Salzmenge nach dem Verdampfen:
$$\frac{20}{100} \cdot (1000 - x) \text{ kg}$$

Damit ergibt sich folgende Zahlenwertgleichung

$$\frac{5}{100} \cdot 1000 = \frac{20}{100} (1000 - x)$$

$$5000 = 20\,000 - 20x$$
$$20x = 15\,000$$
$$\underline{x = 750}$$

Ergebnis

Es sind 750 kg Wasser zu verdampfen.

Die beizumischende Salzmenge sei y kg.
Dann ist wiederum die Salzmenge vor dem Mischen gleich der Salzmenge nach dem Mischen.

Salzmenge vor dem Mischen:
$$\frac{5}{100} \cdot 1000 \text{ kg} + y \text{ kg}$$

Salzmenge nach dem Mischen:
$$\frac{20}{100} (1000 + y) \text{ kg}$$

Damit ergibt sich folgende Zahlenwertgleichung

$$\frac{5}{100} \cdot 1000 + y = \frac{20}{100} (1000 + y)$$

$$5000 + 100y = 20\,000 + 20y$$
$$80y = 15\,000$$
$$\underline{y = 187,5}$$

Ergebnis

Um eine 20%ige Salzsole zu erhalten, müßten 187,5 kg Salz beigemischt werden.   ○

○ **Anwendungsbeispiel**

100 g Gold vom Feingehalt 980 sollen durch Zusatz von Kupfer zu Gold mit einem Feingehalt von 750 umgeschmolzen werden.
Wieviel g Kupfer sind dafür erforderlich und wieviel karätig ist die Legierung?

Lösung

Es sollen x g Kupfer zugemischt werden.

Die Menge des reinen Goldes vor dem Mischen berechnet sich aus dem Feingehalt ($\hat{=}$ ‰). Sie ist gleich der Menge des reinen Goldes nach dem Mischen.

Goldmenge vor dem Mischen:
$$\frac{980}{1000} \cdot 100 \text{ g}$$

Goldmenge nach dem Mischen:
$$\frac{750}{1000} \cdot (100 + x) \text{ g}$$

Damit ergibt sich folgende Zahlenwertgleichung

$$\boxed{\frac{980}{1000} \cdot 100 = \frac{750}{1000} (100 + x)}$$

$$98\,000 = 75\,000 + 750x$$
$$750x = 23\,000$$
$$\underline{\underline{x = 30{,}67}}$$

Ergebnis
Es müssen 30,67 g Kupfer zulegiert werden.

Der Feingehalt kann auch in Karat angegeben werden.

Dabei entspricht $\frac{1}{24}$ des Gesamtgewichts gleich 1 Karat. (24 Karat $\hat{=}$ Feingehalt 1000)

Die Gold-Legierung vom Feingehalt 750 ist 18 karätig.

Goldgehalt in Karat:
$$\frac{750}{1000} \cdot 24 = \underline{\underline{18}}$$

○

3.6.3 Bewegungsaufgaben

Zwischen Geschwindigkeit v, Weg s und Zeit t besteht bekanntlich die Beziehung

Geschwindigkeit $= \dfrac{\text{Weg}}{\text{Zeit}}$

$$\boxed{v = \frac{s}{t}}$$

oder

Weg = Geschwindigkeit $\cdot$ Zeit

$$\boxed{s = v \cdot t}$$

Diese Beziehungen liegen allen Bewegungsaufgaben zugrunde.

Bezüglich der Gleichzeitigkeit und Nichtgleichzeitigkeit von Bewegungsvorgängen lassen sich mehrere Aufgabentypen unterscheiden. Es ist deshalb sinnvoll, die Bewegungsvorgänge an Hand einer Bewegungsskizze darzustellen.

1. Zwei Fahrzeuge fahren von verschiedenen Ausgangspunkten A und B einander
entgegen. Die Abfahrt kann gleichzeitig
oder nacheinander mit verschiedener oder
gleicher Geschwindigkeit erfolgen. Dabei
gilt stets

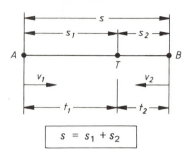

$$s = s_1 + s_2$$

2. Zwei Fahrzeuge fahren von verschiedenen Ausgangspunkten A und B in gleicher Richtung mit verschiedener Geschwindigkeit. Dabei können bei gleich-
zeitiger oder nichtgleichzeitiger Abfahrt
die entsprechenden Wege bis zum Treffpunkt gleichgesetzt werden.

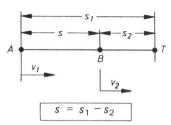

$$s = s_1 - s_2$$

3. Zwei Fahrzeuge fahren vom gleichen
Ausgangspunkt in gleicher Richtung mit
verschiedener Geschwindigkeit und unglei-
cher Abfahrtszeit. Dabei sind stets die
Wege bis zum Treffpunkt dieselben.

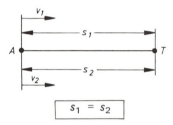

$$s_1 = s_2$$

○ **Anwendungsbeispiel**

Zwei Fahrzeuge starten gleichzeitig an den Ausgangspunkten A und B, die 180 km voneinander entfernt liegen, um einander entgegenzufahren.

a) Nach welcher Zeit treffen sich die beiden Fahrzeuge? ($v_1 = 70 \frac{km}{h}$, $v_2 = 80 \frac{km}{h}$)

b) Wie weit ist der Treffpunkt vom Standort A entfernt?

Lösung

a) Die Fahrzeuge treffen sich nach x h[2])

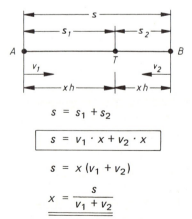

Aus dem physikalischen Zusammenhang $s = v \cdot t$ lassen sich die Teilstrecken s_1 und s_2 berechnen.

Die Summe der Teilstrecken ist gleich
der Gesamtstrecke.

Die Teilstrecken sind

$$s_1 = v_1 \cdot x = 70 \frac{km}{h} \cdot x \text{ h}$$

$$s_2 = v_2 \cdot x = 90 \frac{km}{h} \cdot x \text{ h}$$

$$s = s_1 + s_2$$

$$s = v_1 \cdot x + v_2 \cdot x$$

$$s = x (v_1 + v_2)$$

Damit erhält man

$$x = \frac{s}{v_1 + v_2}$$

[2]) Statt mit x kann auch mit der Variablen t gerechnet werden.

Mit den Zahlenwerten

$s = 180\,\text{km}$

$v_1 = 70\,\frac{\text{km}}{\text{h}}$ und

$v_2 = 80\,\frac{\text{km}}{\text{h}}$

erhält man
$$x = \frac{180\,\text{km}}{70\,\frac{\text{km}}{\text{h}} + 80\,\frac{\text{km}}{\text{h}}}$$

$$\underline{\underline{x = 1{,}2\,\text{h}}}$$

b) Die Entfernung vom Standort A bis zum Treffpunkt T ist

$s_1 = x \cdot v_1$

Mit den vorliegenden Zahlenwerten ergibt sich

$s_1 = 1{,}2\,\text{h} \cdot 70\,\frac{\text{km}}{\text{h}}$

$\underline{\underline{s_1 = 84\,\text{km}}}$

Ergebnis

Die Fahrzeuge treffen sich nach 1,2 h. Der Treffpunkt ist 84 km vom Standort A entfernt. ○

○ **Anwendungsbeispiel**

Um 9.30 Uhr fährt ein Lieferwagen von Stuttgart nach München mit einer Durchschnittsgeschwindigkeit von $60\,\frac{\text{km}}{\text{h}}$.

Wann und wo kann ein um 10.15 Uhr startender PKW diesen Lieferwagen frühestens einholen, um ein wichtiges Gerät zuzuladen, wenn er durchschnittlich mit einer Geschwindigkeit von $100\,\frac{\text{km}}{\text{h}}$ fährt?

Lösung

Fahrzeit des LKWs ... x h

Fahrzeit des PKWs ... $(x - 0{,}75)\,\text{h}$.

(Der PKW fährt 0,75 h später ab)

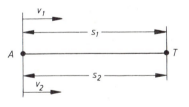

Die Wege bis zum Treffpunkt sind für beide Fahrzeuge gleich

$s_1 = s_2$

Dabei ist $s_1 = v_1 \cdot x$ und $s_2 = v_2 \cdot (x - 0{,}75)$

$$\boxed{v_1 \cdot x = v_2 \cdot (x - 0{,}75)}$$

$$v_1 x = v_2 x - 0{,}75\,v_2$$

$$x(v_2 - v_1) = 0{,}75\,v_2$$

Daraus ergibt sich
$$\underline{\underline{x = \frac{0{,}75\,v_2}{v_2 - v_1}}}$$

Mit $v_1 = 60\,\frac{\text{km}}{\text{h}}$ und $v_2 = 100\,\frac{\text{km}}{\text{h}}$ erhält man

$$x = \frac{0{,}75\,\text{h} \cdot 100\,\frac{\text{km}}{\text{h}}}{100\,\frac{\text{km}}{\text{h}} - 60\,\frac{\text{km}}{\text{h}}}$$

Fahrzeit des LKWs:	$x = 1{,}875\ \text{h}$
Die Entfernung vom Ausgangspunkt A ist	$s_1 = v_1 \cdot x$
Mit den vorliegenden Zahlenwerten ergibt sich	$s_1 = 60\ \frac{\text{km}}{\text{h}} \cdot 1{,}875\ \text{h}$
	$s_1 = 112{,}5\ \text{km}$

Ergebnis

Der PKW holt den Lieferwagen frühestens nach 112,5 km um 11.23 Uhr ein.   ○

○ **Anwendungsbeispiel**

Zwei Greifer bewegen sich in einer Halle auf einer geschlossenen Führungsbahn mit den Geschwindigkeiten $v_1 = 0{,}75\ \frac{\text{m}}{\text{s}}$ bzw. $v_2 = 0{,}5\ \frac{\text{m}}{\text{s}}$ jeweils in entgegengesetzter Richtung. Dabei soll die Bewegung so gesteuert werden, daß Greifer G_1 sich 40 s später in Bewegung setzt und beide in einem Abstand von 2 m zum Stehen kommen und beladen werden können.

Nach welcher Zeit muß die Anlage abgeschaltet werden und an welcher Stelle kommen die Greifer zum Stehen, wenn die gesamte Führungsbahnlänge 80 m beträgt?

Lösung

Greifer G_1 sei nach x s nach Einschalten der Anlage noch 2 m von Greifer G_2 entfernt.

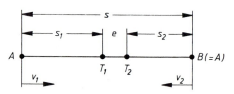

Dabei haben die Greifer folgende Wege zurückgelegt:

$$s_1 = v_1 \cdot x = 0{,}75\, x\ \text{m}$$
$$s_2 = v_2 \cdot (x + 40) = 0{,}5\,(x + 40)\ \text{m}$$

Einzelwege:

$$s_1 = v_1 \cdot x \qquad\qquad (1)$$
$$s_2 = v_2 \cdot (x + 40) \qquad (2)$$

Gesamtweg:

$$s = s_1 + e + s_2 \qquad\qquad (3)$$

Setzt man Gl. (1) und Gl. (2) in Gl. (3) ein, so erhält man

$$s = v_1 x + e + v_2 (x + 40)$$
$$s = v_1 x + e + v_2 x + 40\, v_2$$
$$x = \frac{s - e - 40\, v_2}{v_1 + v_2}$$

Mit $v_1 = 0{,}75\ \frac{\text{m}}{\text{s}}$ und $v_2 = 0{,}5\ \frac{\text{m}}{\text{s}}$ erhält man

$$x = \frac{80\ \text{m} - 2\ \text{m} - 40\ \text{m} \cdot 0{,}5\ \frac{\text{m}}{\text{s}}}{(0{,}75 + 0{,}5)\ \frac{\text{m}}{\text{s}}}$$

$$x = 46{,}4\ \text{s}$$

$$s_1 = 0{,}75\ \frac{\text{m}}{\text{s}} \cdot 46{,}4\ \text{s}$$

$$s_1 = 34{,}8\ \text{m}$$

Ergebnis

Die Anlage ist nach 46,4 s abzuschalten. Greifer G_1 befindet sich dabei 34,8 m vom Ausgangspunkt A entfernt.   ○

3.6.4 Behälteraufgaben

○ **Anwendungsbeispiel**

Ein Behälter wird durch zwei Zuflußrohre gefüllt. Ist Rohr A geschlossen, so ist der Behälter in 20 min voll. Ist Rohr B geschlossen, so ist der Behälter in 25 min gefüllt.
In welcher Zeit ist der Behälter gefüllt, wenn beide Zuflußrohre gleichzeitig geöffnet sind?

Lösung

Da das Behältervolumen nicht bekannt ist, gehen wir von V m³ aus. Sind beide Zuflußrohre gleichzeitig geöffnet, so ist der Behälter in x min gefüllt.

V = Behältervolumen in m³

x = Füllzeit in min

Füllvolumen:

Füllvermögen des Rohres B:

Füllvermögen des Rohres B:

In 20 min ... V m³

In 1 min ... $\dfrac{V}{20}$ m³

$$\frac{V}{20} \cdot x$$

In x min ... $\dfrac{V}{20} \cdot x$ m³

Füllvermögen des Rohres A:

Füllvermögen des Rohres A:

In 25 min ... V m³

In 1 min ... $\dfrac{V}{25}$ m³

$$\frac{V}{25} \cdot x$$

In x min ... $\dfrac{V}{25} \cdot x$ m³

Das Gesamtvolumen (= Behältervolumen) setzt sich aus dem Füllvolumen der beiden Rohre zusammen.

$$\frac{V}{20} \cdot x + \frac{V}{25} \cdot x = V \quad \Big| : V$$

Damit erhält man die Zahlenwertgleichung

$$\boxed{\frac{x}{20} + \frac{x}{25} = 1}$$

$$\frac{9}{100} x = 1$$

$$x = \frac{100}{9}$$

$$x = 11\frac{1}{9}$$

Ergebnis
Der Behälter ist in $11\frac{1}{9}$ min gefüllt. ○

○ **Anwendungsbeispiel**

Ein Wasser-Rückhaltebecken erhält durch ein Hochwasser einen solchen Wasserzufluß, daß es in 3 h überlaufen würde. Aus diesem Grunde werden sofort die drei Grundablässe geöffnet, durch die das Rückhaltebecken in 4,5 h vollkommen entleert werden kann.
Wie lange kann das Rückhaltebecken das Hochwasser aufnehmen, ohne daß es überläuft, wenn es zu Beginn bereits zu $\frac{1}{3}$ gefüllt war?

Lösung

Das Rückhaltebecken sei in x h gefüllt. x = Füllzeit in Stunden

Füllvermögen   Füllvermögen des Zuflusses:

In 3 h ... $V\,m^3$

In 1 h ... $\dfrac{V}{3}\,m^3$ $\dfrac{V}{3} \cdot x$

In x h ... $\dfrac{V}{3} \cdot x\,m^3$

Entleerungsvermögen: Entleerungsvermögen des Abflusses:

In 4,5 h ... $V\,m^3$

In 1 h ... $\dfrac{V}{4,5}\,m^3$ $\dfrac{V}{4,5} \cdot x$

In x h ... $\dfrac{V}{4,5} \cdot x\,m^3$

Ist die Differenz des Zu- und Abflusses gerade $\frac{2}{3}\,V$, so ist das Becken voll.

$$\frac{V}{3} \cdot x - \frac{V}{4,5} \cdot x = \frac{2}{3}\,V \quad \Big|: V$$

Damit erhält man die Zahlenwertgleichung

$$\boxed{\dfrac{x}{3} - \dfrac{x}{4,5} = \dfrac{2}{3}} \quad \Big| \cdot 3 \cdot 4,5$$

$$4,5\,x - 3x = 2 \cdot 4,5$$
$$\underline{x = 6}$$

Ergebnis

Das Rückhaltebecken ist spätestens in 6 h voll.   ◯

◯ **Anwendungsbeispiel**

Infolge eines Rohrbruches strömt in einem Schacht so viel Wasser aus, daß er in 10 h voll ist und überläuft.

Zunächst wird eine Pumpe eingesetzt, die durch ihr Pumpvermögen den Schacht in 6 h leerzupumpen vermag. Da dauernd Wasser zuströmt wird nach $1\frac{1}{4}$ h eine zweite Pumpe mit dem doppelten Pumpvermögen zusätzlich eingesetzt. Nach wieviel Stunden ist der Schacht bei ständigem Zuströmen von Leckwasser leergepumpt?

Lösung

Der Schacht sei in x h leergepumpt.   Pumpzeit = x h

Erste Pumpe: Pumpzeit x h
In 6 h wird das Schachtvolumen V leergepumpt.

In 1 h wird das Volumen $\frac{V}{6}$, d.h. $\frac{1}{6}$ des Schachtvolumens leergepumpt.   Pumpvolumen der ersten Pumpe:

In x h wird das x-fache Volumen, d.h. $\frac{V}{6} \cdot x$ herausgepumpt. $\dfrac{V}{6} \cdot x$

Zweite Pumpe: Pumpzeit $(x - 1\frac{1}{4})$ h
In 3 h wird das Schachtvolumen V leergepumpt.

In 1 h wird das Volumen $\frac{V}{3}$, d.h. $\frac{1}{3}$ des Schachtvolumens leergepumpt.

In $(x - 1\frac{1}{4})$ h ist das $(x - 1\frac{1}{4})$-fache, d.h. $\frac{V}{3}(x - 1\frac{1}{4})$ herausgepumpt.

Pumpvolumen der zweiten Pumpe:

$$\frac{V}{3}(x - 1\frac{1}{4})$$

Zuströmendes Leckwasser:
In 10 h wird das Schachtvolumen V gefüllt.

In 1 h wird $\frac{1}{10}$ des Schachtvolumens V gefüllt.

In x h fließt das Volumen $\frac{V}{10} \cdot x$ zu.

Aus der Bilanz des laufend zufließenden und des herausgepumpten Wassers erhalten wir die Gleichung:

Zuströmendes Leckwasser:

$$\frac{V}{10} \cdot x$$

$$\frac{V}{6} \cdot x + \frac{V}{3}(x - 1\frac{1}{4}) - \frac{V}{10} \cdot x = V$$

$$\boxed{\frac{x}{6} + \frac{1}{3}(x - 1\frac{1}{4}) - \frac{x}{10} = 1}$$

$$10x + 20x - 25 - 6x = 60$$
$$\underline{x = 3,54}$$

Ergebnis
Der Schacht kann in 3,54 h leergepumpt werden. ○

3.6.5 Arbeitsaufgaben

○ **Anwendungsbeispiel**

An einer Baustelle sollen Baggerarbeiten mit zwei verschiedenen Baggern ausgeführt werden. Mit dem kleineren Bagger A kann die Arbeit in zwölf Tagen bewältigt werden. Mit dem leistungsfähigeren größeren Bagger B könnte die Arbeit in neun Tagen erledigt werden.

Wie lange dauert die Baggerarbeit, wenn beide Bagger gleichzeitig eingesetzt werden, Bagger B jedoch für 1,5 Tage an einer anderen Arbeitsstelle zum Einsatz kommt?

Lösung

Ansatz: Bagger A benötige x Tage
Arbeitsvermögen von Bagger A:

In 1 Tag ... $\frac{1}{12}$ der Arbeit

In x Tagen... $\frac{x}{12}$ der Arbeit

Arbeitsvermögen von Bagger B:

In 1 Tag ... $\frac{1}{9}$ der Arbeit

In $(x-1,5)$ Tagen... $\frac{(x-1,5)}{9}$ der Arbeit

x = Arbeitszeit von Bagger A in Tagen
Arbeitsvermögen von Bagger A:

$$\frac{x}{12}$$

Arbeitsvermögen von Bagger B:

$$\frac{(x-1,5)}{9}$$

Bei gemeinsamem Einsatz wird die gesamte Arbeit bewältigt (z.B. das gesamte Volumen V ausgehoben):

Bei gemeinsamem Einsatz:

$$\boxed{\frac{x}{12} + \frac{(x-1,5)}{9} = 1}$$

$$7x = 42$$
$$x = 6$$

Ergebnis
Nach sechs Tagen ist die Baggerarbeit durchgeführt.   ○

Aufgaben

zu 3.6 Textliche Gleichungen

1. Welche Länge haben die Durchmesser zweier Kreise, wenn die Summe der Umfänge 109,96 cm beträgt und die Durchmesser sich um 5 cm unterscheiden?

2. Verlängert man die kleinere Seite eines Rechtecks um 3 cm und verkürzt man die größere um 2 cm, so entsteht ein Quadrat, dessen Flächeninhalt um 22 cm^2 größer ist als der Flächeninhalt des Rechtecks. Wie lang sind die Rechteckseiten?

3. Die zweite Ziffer einer dreiziffrigen Zahl mit der Quersumme 15 ist das arithmetische Mittel aus der ersten und dritten Ziffer. Die Summe der beiden ersten Ziffern ergibt das Vierfache der dritten Ziffer. Wie heißt die Zahl?

4. In einer Sitzung wurde ein Antrag mit $\frac{2}{3}$-Mehrheit angenommen. Die Stimmenmehrheit betrug 15 Stimmen. Wieviel Stimmen wurden jeweils für und gegen den Antrag abgegeben?

5. Teilt man eine zweiziffrige Zahl durch ihre Einerziffer, so erhält man 12 Rest 2. Vertauscht man die Ziffern der Zahl und teilt die so entstandene Zahl durch ihre Einerziffer, so ergibt sich 9 Rest 8. Wie lautet die Zahl?

Anwendungsaufgaben

6. Wieviel kg CuZn 42 und wieviel kg CuZn 30 werden für 750 kg CuZn 37 benötigt?

7. Wieviel l Wasser sind mit 40 l 70 %igem Äthylalkohol zu mischen, damit 20 %iger Äthylalkohol entsteht?

8. Welche Schwefelsäurekonzentration entsteht, wenn zu 40 l 80 %iger Schwefelsäure 10 l 30 %ige Schwefelsäure hinzugemischt werden?

9. In einem Siemens-Martin-Ofen werden 8 t Roheisen mit 3,5 % C-Gehalt mit Stahlschrott mit durchschnittlich 0,5 % C-Gehalt erschmolzen. Wieviel t Stahlschrott sind erforderlich, wenn die Stahlschmelze 0,8 % C-Gehalt haben soll?

10. Magnesium soll durch Zusatz von Magnalium (80 % Al, 20 % Mg) zu Elektron (5 % Al, 95 % Mg) umgeschmolzen werden. Wieviel kg Magnesium und wieviel kg Magnalium sind zu mischen, um 1200 kg Elektron herzustellen?

11. 40 g Gold vom Feingehalt 800 sollen mit Kupfer zu Gold mit einem Feingehalt 750 umgeschmolzen werden. Wieviel g Kupfer sind erforderlich?

12. Wieviel Gramm 12karätiges Gold müssen zu 50 g 20karätigem Gold zugemsicht werden, damit 18karätiges Gold entsteht?

13. Eine Steuerung soll so ausgelegt werden, daß zwei Greifer sich auf zwei parallelen Bahnen in gleicher Richtung von A nach B bewegen. Welche Länge muß die Führungsbahn $\overline{AB}$ haben, wenn Greifer 1 ($v_1 = 0,8 \text{ m} \cdot \text{s}^{-1}$) bei B angekommen 2,5 s stehen bleiben soll und auf dem Rückweg Greifer 2 ($v_2 = 0,3 \text{ m} \cdot \text{s}^{-1}$) in 5 m Entfernung von B treffen soll?

14. Ein 60 m langer Eilzug fährt mit einer Geschwindigkeit von 100 $\frac{km}{h}$ in gleicher Richtung wie ein Personenzug. Welche Geschwindigkeit hat der Personenzug, wenn das Überholen des 80 m langen Personenzuges 14 s dauert?

15. Für eine Weichensteuerung soll berechnet werden, nach welcher Zeit die Bewegung zweier 3,80 m voneinander entfernter Greifgeräte abgeschaltet werden soll, wenn sie sich aufeinander zu bewegend bis auf 1 m genähert haben. An welcher Stelle bleiben die Greifgeräte stehen, wenn sich das eine mit einer Geschwindigkeit von $0,8 \text{ m} \cdot \text{s}^{-1}$, das andere mit $0,6 \text{ m} \cdot \text{s}^{-1}$ bewegt?

16. Die Entfernung von S—F beträgt 360. km. Ein Güterzug, der um 7.20 Uhr in S abfährt, kommt um 16.20 Uhr in F an. Ein Personenzug, der $1\frac{3}{4}$ mal so schnell wie der Güterzug fährt, verläßt in gleicher Richtung um 10.15 Uhr den Bahnhof in S. Wann wird der Güterzug eingeholt? Wie weit von F ist der Treffpunkt entfernt?

17. Drei Pumpen füllen ein Becken in 2,5 h. Die von der ersten und zweiten Pumpe geförderten Wassermengen verhalten sich wie 2,5 : 3. Wenn diese beiden Pumpen ausfallen, benötigt die dritte Pumpe zum Füllen des Beckens 7 h. Wie lange dauert die Füllzeit des Beckens für jede einzelne Pumpe?

18. Zwei Röhren füllen zusammen einen Behälter in 2,5 h. Die erste Röhre würde den Behälter allein erst in 4,5 h gefüllt haben. Wieviel Stunden würde die zweite Röhre allein benötigen?

19. Zwei Pumpen sollen einen Behälter von 600 m³ füllen. Die Fördermenge der ersten beträgt 60 $\frac{m^3}{h}$, der zweiten 48 $\frac{m^3}{h}$.

    a) Wie lange müssen die Pumpen eingeschaltet sein, wenn beide zu gleicher Zeit aus- und eingeschaltet werden?

    b) Wie lange dauert die Füllzeit, wenn die zweite Pumpe erst 1 h später eingeschaltet wird?

20. Eine Arbeit soll von drei Arbeitern gemeinschaftlich ausgeführt werden. A allein würde 10 Tage benötigen, B 12 Tage und C 13 Tage. Wie lange dauert die Ausführung der Arbeit, wenn die gemeinsam begonnene Arbeit von B 2 Tage unterbrochen wird und C für einen Tag an eine andere Arbeitsstelle abgezogen wird?

21. Für einen Straßendamm ist mit drei LKWs Erde anzufahren. Auf Grund der verschiedenen Entfernungen würde der erste LKW allein 8 Tage, der zweite 5 Tage und der dritte 10 Tage benötigen.

    a) Wie lange dauert es, wenn alle drei Fahrzeuge gleichzeitig in Einsatz kommen?

    b) Wie lange wären die Fahrzeuge gemeinschaftlich im Einsatz, wenn das erste Fahrzeug schon zwei Tage vorher im Einsatz gewesen wäre?

    c) Wieviel Zeit wird benötigt, wenn das erste Fahrzeug 1 Tag und das zweite Fahrzeug 3 Tage anderweitig im Einsatz sind?

4 Funktionen 1. Grades

4.1 Der Funktionsbegriff

Aus der Technik sind zahlreiche Zuordnungen bekannt.

○ **Beispiele**

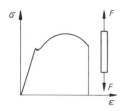

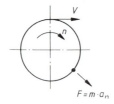

Kraft → Spannung
Spannung → Dehnung

Schnittgeschwindigkeit → Drehzahl
Fliehkraft → Masse

Temperatur → Volumen
Temperatur → Wärmeinhalt
(Enthalpie)

Solche *eindeutigen Zuordnungen* entsprechend einer Zuordnungsvorschrift werden als *Funktion* bezeichnet.

Mathematisch versteht man unter einer Funktion eine eindeutige Zuordnung einer unabhängigen Größe zu einer veränderlichen Größe.

Verzichtet man auf die Forderung der Eindeutigkeit, so handelt es sich um *Relationen*. Funktionen sind also auch Relationen. Der Unterschied soll mit Hilfe des Pfeildiagramms veranschaulicht werden.

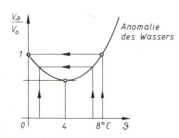

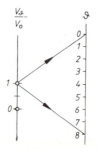

Bei Umkehrung der Zuordnung:

$$\frac{V_\vartheta}{V_0} \mapsto \vartheta$$

mehrdeutige
(zweideutige)
Relation

Volumenänderung bei Wasser

$$\vartheta \mapsto \frac{V_\vartheta}{V_0}$$

Dem Volumenverhältnis $V\vartheta/V_0 = 1$ kann nicht eindeutig eine bestimmte Temperatur zugeordnet werden.

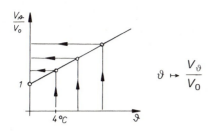

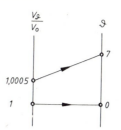

$$\vartheta \mapsto \frac{V_\vartheta}{V_0}$$

Bei Umkehrung der Zuordnung:

$$\frac{V_\vartheta}{V_0} \mapsto \vartheta$$

eindeutige Relation
Funktion

Volumenänderung bei Metallen

Dem Volumenverhältnis kann eine bestimmte Temperatur eindeutig zugeordnet werden.

Definition der Funktion[1])

> Bei einer Funktion wird jedem Element x einer *Definitionsmenge D* eindeutig ein Element y zugeordnet. Die Menge aller sich ergebender Funktionswerte y wird *Wertemenge W* genannt.

Für eine Funktion $f: x \mapsto \sqrt{x-3}$ (gelesen: ,,x auf $\sqrt{x-3}$'' oder ,,x zugeordnet $\sqrt{x-3}$'') erhält man für x-Werte, die kleiner als 3 sind, keine reellen Funktionswerte mehr. Deshalb ist diese Funktion nur für einen Definitionsbereich

$$D = \{x \mid x \geqslant 3\}_{\mathbb{R}}$$

definiert.

Wenn kein Definitionsbereich ausdrücklich angegeben wird, soll von einem maximalen Definitionsbereich $D = \{x \mid x \in \mathbb{R}\}$ ausgegangen werden, bei dem für x alle reellen Zahlen möglich sind, denen Funktionswerte zugeordnet werden können.

4.2 Darstellung von Funktionen

Eine Funktion

$$f: \quad x \mapsto ax + b$$

z.B. $f: \quad x \mapsto \frac{1}{2}x + 2$

kann dargestellt werden

(1)   durch eine Funktionsgleichung
(2)   durch eine Wertetabelle
(3)   durch den Graphen (Schaubild)

(4)   durch geordnete Wertepaare
(5)   durch ein Pfeildiagramm

(1) Funktionsgleichung

$$f(x) = \frac{1}{2}x + 2$$

oder

$$y = \frac{1}{2}x + 2$$

Beide Darstellungsarten sind gleichwertig.

---

[1]) *Euler* (1707- 1783) hat bereits 1749 eine Definition der Funktion gegeben, nach der eine veränderliche Größe von einer anderen veränderlichen Größe abhängt. Diese Definition, die lediglich die Abhängigkeit, aber nicht die Zuordnung zum Ausdruck bringt, gilt für viele Zwecke auch heute noch. In neuerer Zeit wurde jedoch der Funktionsbegriff noch mehr abstrahiert und verallgemeinert und auf eine mengentheoretische Begriffsbildung zurückgeführt.

(2) Wertetabelle

x	−2	−1	0	1	2	x durchläuft die Definitionsmenge D
y	1	1,5	2	2,5	3	dabei durchläuft y die Wertemenge W

(3) Schaubild (Graph) [2]

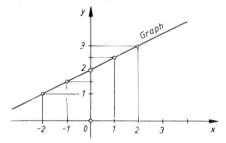

(4) Geordnete Wertepaare

$$f = \left\{ (x \mid y) \ \middle| \ y = \frac{1}{2}x + 2 \right\}_{\mathbb{Q} \times \mathbb{Q}} \quad \text{oder} \quad f = \left\{ \dots \left(-1 \ \middle| \ \frac{3}{2} \right), \ \left(1 \ \middle| \ \frac{5}{2} \right), \dots, (0 \mid 2), \dots \right\}$$

(5) Pfeildiagramm

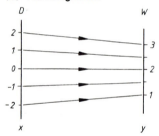

Zur Darstellung von Funktionsleitern

4.3 Funktionsdarstellung im Koordinatensystem

4.3.1 Das rechtwinklige Koordinatensystem

Zur Festlegung eines Punktes in einer Ebene wird das rechtwinklige Koordinatensystem verwendet.

Rechtwinklige Koordinaten werden auch als kartesische Koordinaten[3] bezeichnet.

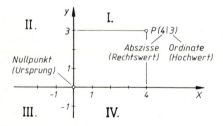

---

[2] vgl. Abschnitt 4.3

[3] Benannt nach dem Franzosen *René Descartes* (Cartesius) (1596–1650). *Hipparch* führte die Koordinaten bereits um 150 v. Chr. zur Festlegung eines Ortes durch geographische Länge und Breite ein.

Das rechtwinklige Achsenkreuz besteht aus einer Rechtsachse, der x-Achse oder Abszissenachse, und einer Hochachse, der y-Achse oder Ordinatenachse. Auf diese Weise entstehen vier Felder, die als Quadranten bezeichnet werden.

Die Numerierung der Quadranten erfolgt im mathematischen Drehsinn (Gegenuhrzeigersinn).

Die Vorzeichen der Koordinaten in den vier Quadranten sind:

Quadrant	I	II	III	IV
x	+	−	−	+
y	+	+	−	−

Die Einheiten auf den beiden Achsen werden meist gleich groß (im allgemeinen 1 cm oder 0,5 cm) gewählt.

4.3.2 Das Polarkoordinatensystem

In manchen Fällen (z.B. Darstellung von Kurven für Nockenscheiben) ist es sinnvoll, einen Punkt im Koordinatensystem mit Hilfe eines vom Ursprung (Pol) ausgehenden Strahls (Radiusvektors) und dem entsprechenden Winkel zur Nullrichtung anzugeben. Man nennt diese Größen Polarkoordinaten.

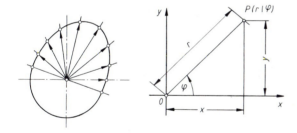

Für die Umrechnung von Polarkoordinaten in kartesische Koordinaten und umgekehrt ergeben sich aus dem rechtwinkligen Dreieck folgende Beziehungen: [3a)]

Umrechnung in *kartesische Koordinaten*

$$x = r \cdot \cos \varphi$$
$$y = r \cdot \sin \varphi$$

Umrechnung in *Polarkoordinaten*

$$r^2 = x^2 + y^2 \tag{1}$$

$$\tan \varphi = \frac{y}{x} \tag{2}$$

aus (1)

aus (2)

$$r = \sqrt{x^2 + y^2}$$

$$\varphi = \arctan \frac{y}{x}$$

3a) s. Kap. 6.1 und Kap. 9.2

○ **Anwendungsbeispiel**

Ein Rundmaterial mit einem Durchmesser von 50 mm soll achteckig angefräst werden.
Geben Sie die Eckpunkte in kartesischen Koordinaten an.

Lösung

Je nach Lage des Sechskants ergeben sich hier verschiedene Lagen und damit verschiedene
Koordinaten der Eckpunkte.

a)
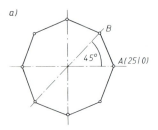

Koordinaten von B:

$x = r \cdot \cos \varphi = 25 \cdot \cos 45°$
$ = \underline{17{,}68}$

$y = r \cdot \sin \varphi = 25 \cdot \sin 45°$
$ = \underline{17{,}68}$

$\underline{\underline{B\ (17{,}68 \,/\, 17{,}68)}}$

b)
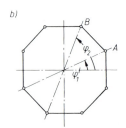

Koordinaten von A:

$x = r \cdot \cos \varphi_1 = 25 \cdot \cos 22{,}5° = \underline{23{,}10}$

$y = r \cdot \sin \varphi_1 = 25 \cdot \sin 22{,}5° = \underline{\ 9{,}57}$

$\underline{\underline{A\ (23{,}10 \,/\, 9{,}57)}}$

Koordinaten von B:

$x = r \cdot \cos \varphi_2 = 25 \cdot \cos 67{,}5° = \underline{\ 9{,}57}$

$y = r \cdot \sin \varphi_2 = 25 \cdot \sin 67{,}5° = \underline{23{,}10}$

$\underline{\underline{B\ (9{,}57 \,/\, 23{,}10)}}$

Entsprechend lassen sich die Koordinaten der übrigen Eckpunkte angeben.   ○

○ **Anwendungsbeispiel**

Geben Sie bei der skizzierten Platte die Mittelpunkte M_1 und M_2 in Polarkoordinaten an.

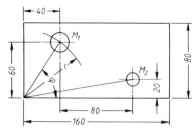

Lösung

Für M_1 gilt:

$\tan \varphi = \dfrac{y}{x}$

$\tan \varphi = \dfrac{60}{40} = 1{,}5; \quad \underline{\varphi = 56{,}31°}$

$r = \sqrt{40^2 + 60^2} = \underline{72{,}11}$

$\underline{\underline{M_1\ (72{,}11 \,|\, 56{,}31°)}}$

Sinngemäß gilt:

$\underline{\underline{M_2\ (121{,}66 \,|\, 9{,}46°)}}$ ○

Den Polarkoordinaten in der Ebene entsprechen *Kugelkoordinaten* im Raum. Sie werden deshalb auch räumliche Polarkoordinaten genannt.

Für Probleme, die sich nicht auf der Oberfläche einer Kugel, sondern auf der Oberfläche eines Zylinders abspielen, ist die Einführung von *Zylinderkoordinaten* zweckmäßig.

4.4 Funktionsdarstellung von Geraden

Zwischen Spannung U, Stromstärke I und Widerstand R gilt für einen Stromkreis das Ohmsche Gesetz

$$U = R \cdot I$$

Der Graph dieser Funktion, dargestellt im rechtwinkligen Koordinatensystem, ist im gesamten Definitionsbereich *geradlinig*.

Der Graph ist eine *Gerade.* [4]

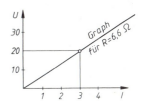

Eine Funktion, deren Schaubild eine Gerade ist, die durch den Ursprung geht, nennt man *lineare Funktion*.

Ein durch eine Zug-Kraft belasteter Baumwollfaden erfährt eine Längung entsprechend der graphischen Darstellung.

Bei der Belastungskraft von 36 N zerreißt der Faden.

Die sich aus Meßwerten ergebende Funktion ist in dem gezeichneten Bereich *linear*.

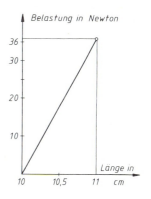

Die Federsteifigkeit von Federn ergibt sich aus den Federkennlinien. Für Tellerfedern, die sich als wertvolle Federungselemente erwiesen haben, sind verschiedene Kraft-Weg-Kennlinien dargestellt.

Dabei zeigt sich, daß sich mit den gleichen Federabmessungen verschiedene Kennlinien ergeben, je nachdem die Tellerfedern als Einzelteller, in Paketen gleichsinnig geschichtet oder als wechselsinnig aneinandergereihte Pakete verwendet werden.

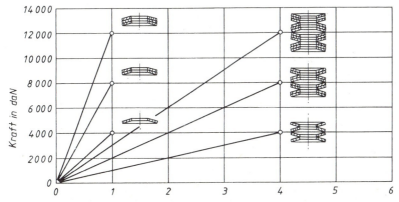

Verschiedene Kraft-Weg-Kennlinien bei gleicher Federabmessung (ohne Berücksichtigung der Reibung)

Alle dargestellten Kennlinien verlaufen *linear*. Daneben gibt es auch Tellerfedern mit gekrümmter Kennlinie.

---

[4] linea recta (lat.) $\hat{=}$ Gerade

4.5 Die lineare Funktion $x \mapsto mx$ [5)]

○ **Beispiel**

Zeichnen Sie den Graphen der Funktion $x \mapsto 2x$ mit der Funktionsgleichung $y = 2x$.

Lösung

Stellt man mit Hilfe der Funktionsgleichung eine Funktions- oder Wertetabelle auf, so erhält man:

Wertetabelle

x	−1	0	1	2
y	−2	0	2	4

Diese Wertepaare werden in ein Koordinatensystem eingetragen. Dabei zeigt sich, daß alle Punkte auf einer Geraden liegen, die durch den Ursprung geht.

Man nennt eine solche Gerade deshalb *Ursprungsgerade.*

Eine Erweiterung der Funktionstabelle führt zu weiteren Punkten, die alle auf derselben Geraden liegen.

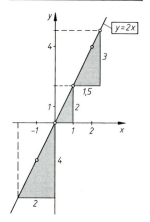

Zeichnet man in die Darstellung verschiedene Steigungsdreiecke ein, so zeigt sich, daß für alle Dreiecke wegen der Ähnlichkeit das Seitenverhältnis

$$m = \frac{\Delta y}{\Delta x} = 2$$

wird.

Man bezeichnet dieses Seitenverhältnis als *Steigung.*

Da die Steigung maßgebend ist für die Richtung der Geraden, wird die Steigung auch als *Richtungsfaktor* bezeichnet.

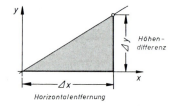

$$m = \frac{\Delta y}{\Delta x}$$

(Steigung)

Die Wertetabelle der Funktion $y = 2x$ zeigt: verdoppelt man x, so verdoppelt sich auch y, d.h. y ist proportional zu x.

Algebraisch gibt der Faktor 2 die proportionale Änderung des y-Wertes in Abhängigkeit vom x-Wert an. Man nennt deshalb den Faktor m auch *Proportionalitätsfaktor.*

Darstellung der Steigung (mit Hilfe des Steigungsdreiecks)

○ **Beispiel**

Stellen Sie die Steigung folgender Funktionen dar.

a) $y = \frac{1}{3}x$ b) $y = \frac{2}{3}x$ c) $y = -\frac{2}{3}x$ d) $y = -2x$

[5)] Eine Funktion f heißt (streng genommen) nur dann *lineare Funktion,* wenn die *Linearitätsbedingung* $f(a + b) = f(a) + f(b) \wedge f(r \cdot a) = r \cdot f(a)$ für alle $a, b \in D_f$ und $r \in \mathbb{R}$ erfüllt ist. Dies ist bei $x \mapsto mx$ der Fall.

Lösung

Bei $m = \frac{1}{3}$ gehen wir um drei Einheiten nach rechts (+) und um eine Einheit nach oben (+).

Da $m = \frac{-1}{-3} = \frac{1}{3}$, käme man zum gleichen Ergebnis, wenn man um drei Einheiten nach links (−) und um eine Einheit nach unten (−) gehen würde.

a)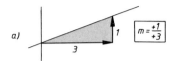

Bei $m = \frac{2}{3}$ gehen wir um drei Einheiten nach rechts (+) und um zwei Einheiten nach oben (+).

b)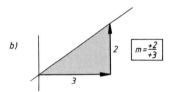

Für $m = -\frac{2}{3}$ können wir auch schreiben $m = \frac{-2}{3}$. Dabei gehen wir um drei Einheiten nach rechts (+) und um zwei Einheiten nach unten (−).

c)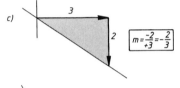

Für $m = -2$ können wir schreiben $m = \frac{-2}{1}$. Dabei gehen wir um eine Einheit nach rechts (+) und um zwei Einheiten nach unten (−).

d)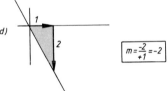

Das Beispiel d) zeigt, daß man grundsätzlich jede Steigung dadurch darstellen kann, daß man von einem gegebenen Punkt aus um eine Einheit nach rechts (+) geht und um den Steigungsbetrag in Richtung der y-Achse.

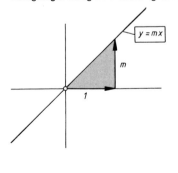

positive Steigung
(m > 0)

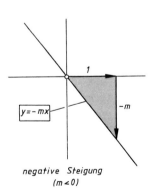

negative Steigung
(m < 0)

Bei nicht ganzzahligen Steigungen ergeben sich nach dem letzten Verfahren Ungenauigkeiten.
In diesen Fällen ist es zweckmäßiger, die Steigungen nach den Beispielen a) bis c) abzutragen.

Für die Darstellung von linearen Funktionen ist eine Funktionstabelle nicht erforderlich. Es genügen die Koordinaten von zwei Punkten oder die Koordinaten eines Punktes z.B. des Ursprungs und die dazugehörige Steigung.

4.6 Die Funktion 1. Grades mit der Funktionsgleichung $y = mx + b$
(Hauptform der Geradengleichung)

○ **Beispiel**

Zeichnen Sie den Graphen von $y = 3x - 2$.

Lösung

Für die Festlegung einer Geraden genügen zwei Punkte:

Funktionstabelle

x	0	1
y	−2	1

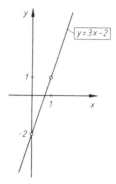

Mit Hilfe dieser Wertepaare wird der Graph gezeichnet. Er schneidet die y-Achse bei $y = -2$, dem sogenannten Achsenabschnitt auf der y-Achse.

○

Ein Vergleich mit der Funktionsgleichung $y = mx + b$ zeigt, daß der y-Achsenabschnitt direkt aus der Funktionsgleichung abgelesen werden kann. Man nennt diese Gleichung die *Hauptform* der Geradengleichung.

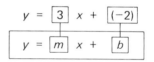

Hauptform

Durch Verschiebung der Ursprungsgeraden $y = mx$ in Richtung der positiven oder negativen y-Achse um den Betrag b lassen sich beliebige Geraden erhalten:

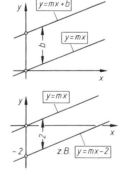

$b > 0 \rightarrow$ Verschiebung nach oben
$b = 0 \rightarrow$ Ursprungsgerade
$b < 0 \rightarrow$ Verschiebung nach unten

○ **Beispiel**

Eine Gerade ist durch die Gleichung $2y - 3x + 4 = 0$ gegeben.

a) Wie lautet die Hauptform der Geradengleichung?
b) Welche Steigung hat die Gerade und welchen Achsenabschnitt b hat die Gerade?
c) Zeichnen Sie den Graphen.

Lösung

Die Gleichung wird so umgestellt, daß eine Gleichung der Form $y = mx + b$ (Hauptform) entsteht. Dies erreicht man, indem man die ursprüngliche Gleichung durch den Faktor 2 dividiert.

a) $2y - 3x + 4 = 0$

$$y = \frac{3}{2}x - 2$$

(Hauptform)

Aus der Hauptform lassen sich m und b sofort ablesen.

b) $m = \frac{3}{2}$

$b = -2$

Mit dem Achsenabschnittspunkt P (0/−2) und der Steigung $m = \frac{3}{2}$ läßt sich die Gerade zeichnen.

c)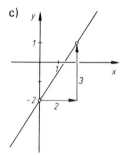

Sonderfälle von Geraden

Ausgehend von der Hauptform der Geradengleichung

$$y = mx + b$$

lassen sich folgende Sonderfälle unterscheiden:

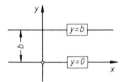

(1) Waagerechte Geraden ($m = 0$)
$y = b$: Parallelen zur x-Achse
$y = 0$: x-Achse (Nullfunktion)

(2) senkrechte Geraden
$x = a$: Parallelen zur y-Achse
$x = 0$: y-Achse

Eine Gerade mit der Gleichung $x = a$ ist Schaubild einer *Relation* aber keiner Funktion.

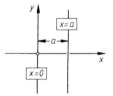

(3) Winkelhalbierende
(Sonderfälle von Ursprungsgeraden)
$y = x$: 1. Winkelhalbierende ($m = 1$)
$y = -x$: 2. Winkelhalbierende ($m = -1$)
Die Winkelhalbierenden halbieren die Quadranten, so daß gleiche Winkel von $45°$ entstehen

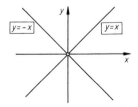

4.7 Andere Formen der Geradengleichung

4.7.1 Punkt-Steigungs-Form

○ **Beispiel**

Eine Gerade mit der Steigung m geht durch den Punkt $P_1(x_1|y_1)$. Bestimmen Sie die Geradengleichung.

Lösung

Auf der Geraden wird ein beliebiger Punkt $P(x|y)$ angenommen.

Damit ergibt sich mit dem gegebenen Punkt $P_1(x_1|y_1)$ ein Steigungsdreieck, aus dem sich die Steigung der Geraden formulieren läßt. Diese wird der gegebenen Steigung m gleichgesetzt.

$$\frac{y-y_1}{x-x_1} = \frac{m}{1} = m$$

$$\boxed{y - y_1 = m\,(x - x_1)}$$

(Punkt-Steigungsform)   ○

○ **Beispiel**

Eine zu der Geraden $y = \frac{1}{2}x + 3$ parallele Gerade soll durch den Punkt $P(3|2)$ gehen. Bestimmen Sie die Geradengleichung.

Lösung

Parallele Geraden haben gleiche Steigungen. Damit hat die gesuchte Gerade die Steigung $m = \frac{1}{2}$.

Die Geradengleichung lautet für diesen Fall in allgemeiner Formulierung:

$$y - y_1 = m\,(x - x_1)$$

Setzt man die Koordinaten von $P(3|2)$ und die Steigung $m = \frac{1}{2}$ ein, so erhält man die gesuchte Geradengleichung.

$$y - 2 = \frac{1}{2}(x - 3)$$

$$\underline{\underline{y = \frac{1}{2}x + \frac{1}{2}}}$$

○

4.7.2 Zwei-Punkte-Form

○ **Beispiel**

Eine Gerade soll durch die Punkte $P_1(x_1|y_1)$ und $P_2(x_2|y_2)$ gehen. Bestimmen Sie die Gleichung der Geraden.

Lösung

Auf der Geraden wird wiederum ein beliebiger Punkt $P(x|y)$ angenommen.

Damit ergeben sich einerseits mit P_1 und P und andererseits mit P_1 und P_2 ähnliche Steigungsdreiecke, aus denen die Steigung formuliert werden kann. Da die Steigungen von $\overline{P_1P}$ und $\overline{P_1P_2}$ gleich sind, läßt sich folgende Beziehung aufstellen:

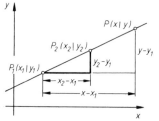

$$\boxed{y - y_1 = \frac{y_2 - y_1}{x_2 - x_1}\,(x - x_1)}$$

(Zwei-Punkte-Form)   ○

○ **Beispiel**

Bestimmen Sie die Gleichung der Geraden g durch die Punkte $P_1(-4|-3)$ und $P_2(-1|2)$.

Lösung

Setzt man in die Zwei-Punkte-Form der Geradengleichung die Koordinaten von P_1 und P_2 ein, so erhält man nach einigen Umformungen die Hauptform der gesuchten Geradengleichung

$$y - y_1 = \frac{y_2 - y_1}{x_2 - x_1}(x - x_1)$$

$$y - (-3) = \frac{2 - (-3)}{-1 - (-4)}(x - (-4))$$

$$y = \frac{5}{3}x + \frac{11}{3}$$

○

4.7.3 Achsenabschnittsform

○ **Beispiel**

Eine Gerade g schneidet die x-Achse in $A(a|0)$ und die y-Achse in $B(0|b)$. Bestimmen Sie die Geradengleichung.

Lösung

Auch in diesem Fall ergeben sich mit dem Punkt P und den Punkten A und B ähnliche Dreiecke, aus denen sich die Beziehung

$$\frac{b}{a} = \frac{y}{a - x}$$

aufstellen läßt, die bereits nach einigen Umformungen die Achsenabschnittsform ergibt.

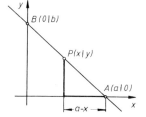

Auf dasselbe Ergebnis kommt man, ausgehend von der Geradengleichung $y = mx + b$, indem man für $A(a|0)$ die Punktprobe macht. Die Punktprobe für $B(0|b)$ ergibt $b = b$, so daß b beibehalten werden kann. Durch Einsetzen von m in die Ausgangsgleichung und Umformen erhält man die Achsenabschnittsform:

$$y = mx + b$$

$$0 = ma + b$$

$$m = -\frac{b}{a}$$

$$y = -\frac{b}{a}x + b$$

$$\boxed{\frac{x}{a} + \frac{y}{b} = 1}$$

(Achsenabschnittsform)   ○

○ **Anwendungsbeispiel**

Für das skizzierte Werkstück ist die Gerade durch A und B zu ermitteln.

Dabei soll das Koordinatensystem

a) in den Ursprung O_1
b) in den Ursprung O_2

gelegt werden.

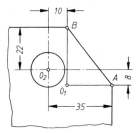

Lösung

Legt man das Koordinatensystem durch O_1, so ist die Gerade durch die Achsenabschnitte

$$a = 25 \text{ mm} \quad \text{und} \quad b = 30 \text{ mm}$$

festgelegt.

Setzt man diese Werte in die Geradengleichung (Achsenabschnittsform) ein, so erhält man die Geradengleichung.

a) Geradengleichung bezogen auf O_1:

$$\boxed{\frac{x}{a} + \frac{y}{b} = 1}$$

(Achsenabschnittsform)

$$\frac{x}{25} + \frac{y}{30} = 1$$

$$y = -\frac{6}{5}x + 30$$

$$\underline{\underline{y = -1{,}2x + 30}}$$

Soll die Geradengleichung auf den Kreismittelpunkt O_2 bezogen werden, so ist eine Koordinatentransformation erforderlich.

Jeder x-Wert wird um 10 vergrößert, jeder y-Wert wird um 8 verkleinert.

Die Punkte A und B haben damit die Koordinaten

$$B(10 \mid 22) \; ; A(35 \mid -8).$$

b) Geradengleichung bezogen auf O_2:

$$\boxed{y - y_1 = \frac{y_2 - y_1}{x_2 - x_1}(x - x_1)}$$

(Zwei-Punkte-Form)

$$y - 22 = \frac{-8 - 22}{35 - 10}(x - 10)$$

$$y - 22 = -\frac{30}{25}(x - 10)$$

$$\underline{\underline{y = -1{,}2x + 34}} \qquad \qquad \circ$$

Die Geradengleichung läßt sich auch auf andere Weise ermitteln, beispielsweise aus $y = -1{,}2x + b$ (Steigung bleibt gleich) durch Punktprobe mit $B(10 \mid 22)$ oder $A(35 \mid -8)$.

4.7.4 Hesse-Form der Geradengleichung

Bei der Programmierung von Werkzeugmaschinen muß bei Schrägen und Kreisbögenübergängen zur Äquidistanten-Programmierung übergegangen werden. Anstelle der Werkstückkontur wird eine theoretische Äquidistantenbahn mit konstantem Abstand, der dem Schneidenradius R_s entspricht, programmiert.

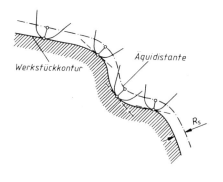

Werkstückkontur — *Äquidistante* — R_s

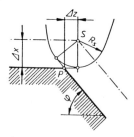

$$\Delta x = R_s$$

$$\Delta z = R_s \tan\frac{\varphi}{2}$$

Bei einem Schneidenradius von 1 mm und $\varphi = 45°$ würde $\Delta z = 0{,}41$ mm betragen.

Treten nur Geraden (Schrägen und Achsparallelen) auf, so kann die Werkstückkontur programmiert werden, wenn die entsprechenden Distanzfehler kompensiert werden, die je nach Schneidenradius und Schrägungswinkel verschieden sind.

In beiden Fällen handelt es sich um Parallelverschiebungen von Geraden in einem vorgegebenen bestimmten Abstand. Für die Formulierung parallel verschobener Geraden eignet sich die *Hesse*-Form[5] der Geradengleichung, aus der die Distanzen direkt zu entnehmen sind.

Hesse-Form

Jede Gerade g, die nicht durch den Ursprung O geht, hat vom Ursprung einen bestimmten Abstand p.

Das Lot von O auf g bildet mit der x-Achse einen Winkel β.

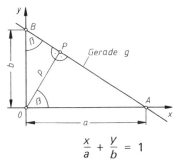

Die Geradengleichung lautet in der Achsenabschnittsform:

$$\frac{x}{a} + \frac{y}{b} = 1$$

(Achsenabschnittsform)

Drückt man die Achsenabschnitte a und b mit Hilfe des Winkels β und der Größe p aus, so ergeben sich aus den ähnlichen rechtwinkligen Dreiecken die Beziehungen

$$a = \frac{p}{\cos \beta} \quad \text{5a)}$$

$$b = \frac{p}{\sin \beta}$$

$$\cos \beta = \frac{p}{a}$$

und

$$\sin \beta = \frac{p}{b},$$

eingesetzt in die Achsenabschnittsform:

$$\frac{x}{\frac{p}{\cos \beta}} + \frac{y}{\frac{p}{\sin \beta}} = 1$$

$$x \cdot \cos \beta + y \cdot \sin \beta = p$$

die nach a bzw. b aufgelöst und in die Achsenabschnittsform eingesetzt mit einigen Umformungen die *Hesse*-Form der Geradengleichung ergeben.

$$x \cdot \cos \beta + y \cdot \sin \beta - \boxed{p} = 0$$

Abstand vom Ursprung

(*Hesse*-Form der Geradengleichung)

○ **Beispiel**

Welchen Abstand hat die Gerade g: $y = -\frac{1}{2}x + 8$ vom Ursprung?

Lösung

1. Geradengleichung in die *Hesse*-Form bringen:
   Alle Glieder auf die linke Seite bringen.

Hesse-Form der Geradengleichung

$$\boxed{\frac{1}{2}} \; x + \boxed{1} \; y - \boxed{8} = 0$$

$$\underbrace{}_{\cos \beta} \qquad \underbrace{}_{\sin \beta} \qquad \underbrace{}_{p}$$

---

[5]) nach dem Mathematiker *Otto Hesse* (1811–1874) benannt.

5a) vgl. Kap. 9 Winkelfunktionen

Ein Koeffizientenvergleich zeigt, daß $\frac{1}{2}$ und 1 nicht $\cos\beta$ bzw. $\sin\beta$ sein können, da stets gilt:

$$\cos^2\beta + \sin^2\beta = 1.$$

Deshalb sind die Koeffizienten mit einem Faktor k zu korrigieren:

$$k = \frac{1}{\sqrt{(\frac{1}{2})^2 + (1)^2}}$$

Die Geradengleichung wird mit dem Korrektur-Faktor k durchmultipliziert. Das Vorzeichen von k muß stets so gewählt werden, daß das Absolutglied der *Hesse*-Form ein negatives Vorzeichen erhält.

2. Abstand vom Ursprung als Betrag angegeben.

Folgerungen

Ist von einer Geraden g: $Ax + By + C = 0$ der Abstand vom Ursprung gefragt, so kann dieser sofort angegeben werden:

Da $\cos^2\beta + \sin^2\beta = 1$ sein muß, Koeffizienten-Korrektur-Faktor einführen:

$$\left(k \cdot \frac{1}{2}\right)^2 + (k \cdot 1)^2 = 1$$

$$k^2 \cdot \left(\frac{1}{4} + 1\right) = 1$$

$$\boxed{k = \frac{1}{\sqrt{\dfrac{5}{4}}} = \frac{2}{\sqrt{5}}}$$

$$\frac{1 \cdot 2}{2 \cdot \sqrt{5}}x + \frac{2}{\sqrt{5}}y - \frac{8 \cdot 2}{\sqrt{5}} = 0$$

Abstand vom Ursprung:

$$p = \left| -\frac{16}{\sqrt{5}} \right| = 7{,}1554 \qquad \bigcirc$$

Abstand der Geraden
g: $Ax + By + C = 0$ vom Ursprung:

Absolutglied

$$\boxed{p = \left| \frac{C}{\sqrt{A^2 + B^2}} \right|}$$

1. Koeffizient   2. Koeffizient

Abstand paralleler Geraden

$\bigcirc$ **Beispiel**

Welchen Abstand haben die beiden parallelen Geraden

$$g_1\colon 0{,}4x + 1{,}2y - 3{,}6 = 0 \quad \text{und} \quad g_2\colon 0{,}4x + 1{,}2y - 1{,}8 = 0?$$

Lösung

Parallele Geraden haben gleiche Steigungen. Dies ist aus der Hauptform der Geradengleichungen ersichtlich:

$$g_1\colon \ y = -\frac{1}{3}x + 3$$

$$g_2\colon \ y = -\frac{1}{3}x + 1{,}5$$

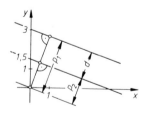

Der Abstand der Geraden g_1 vom Ursprung ist

$$p_1 = \frac{3{,}6}{\sqrt{(0{,}4)^2 + (1{,}2)^2}}$$

$$p_1 = 2{,}846$$

$$\boxed{d = |p_1 - p_2|}$$

Der Abstand der Geraden g_2 vom Ursprung beträgt

$$p_2 = \frac{1,8}{\sqrt{(0,4)^2 + (1,2)^2}}$$

$$p_2 = 1,423$$

$$d = |2,846 - 1,423|$$

$$\underline{\underline{d = 1,423}}$$

○

Abstand eines Punktes von einer Geraden

○ **Beispiel**

Welchen Abstand d hat der Punkt $P(3|5)$ von der Geraden $y = -0,6x + 3$?

Lösung

Die Geradengleichung wird zunächst in die *Hesse*-Form gebracht, indem man mit dem Faktor

$$k = \frac{1}{\sqrt{(0,6)^2 + 1^2}} = \frac{1}{1,17}$$

multipliziert.

Hesse-Form:

$$\frac{0,6}{1,17}x + \frac{1}{1,17}y - \frac{3}{1,17} = 0$$

$$0,51x + 0,85y - 2,56 = 0$$

Die Gerade hat somit den Abstand p_1 vom Ursprung.

$$p_1 = 2,56$$

Eine Parallele zu dieser Geraden durch den Punkt P hat den Abstand $p_2 = p_1 \pm d$ vom Ursprung.

Damit lautet die Gleichung dieser Parallelen

Da $P(3|5)$ auf dieser Geraden liegt, gilt

$$0,51x + 0,85y - 2,56 \pm d = 0$$

$$0,51 \cdot 3 + 0,85 \cdot 5 - 2,56 \pm d = 0$$

$$\underline{\underline{d = |3,22| = 3,22}}$$

○

Verallgemeinerung

Gleichung der Geraden in *Hesse*-Form

Gleichung der Parallelen durch $P(x_1|y_1)$

Da $P(x_1|y_1)$ auf dieser Parallelen liegt, gilt

Daraus folgt

$$g: x \cdot \cos\beta + y \cdot \sin\beta - p_1 = 0$$

$$p: x \cdot \cos\beta + y \cdot \sin\beta - (p_1 \pm d) = 0$$

$$x_1 \cos\beta + y_1 \sin\beta - p_1 \pm d = 0$$

$$\boxed{d = |x_1 \cos\beta + y_1 \sin\beta - p_1|}$$

(Abstand des Punktes $P(x_1|y_1)$ von der Geraden g)

4.8 Winkel zwischen Geraden

4.8.1 Winkel zwischen Gerade und x-Achse (Steigung und Steigungswinkel)

Aus dem Steigungsdreieck haben wir bisher die Steigung ermittelt. Sie beträgt für die gezeichnete Ursprungsgerade

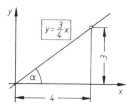

$$m = \frac{3}{4} \qquad (1)$$

Gleichzeitig läßt sich aus dem Steigungsdreieck mit Hilfe von Winkelfunktionen der Steigungswinkel ermitteln:

$$\tan \alpha = \frac{3}{4} \qquad (2)$$

Aus der Identität von (1) und (2) ergibt sich der Zusammenhang $\tan \alpha = m$.

$$\boxed{\tan \alpha = m}$$

○ **Anwendungsbeispiel**

a)   Eine Straße hat eine Steigung von 12 %.
     Welchem Steigungswinkel entspricht diese Steigung?

b)   Ein Geländefahrzeug soll noch eine Steigung von 202 % überwinden können.
     Welchem Steigungswinkel entspricht diese Steigung?

Lösung

a) Eine Steigung von 12 % entspricht
$m = \frac{12}{100} = 0{,}12$

a) $\tan \alpha = m$
     $\tan \alpha = 0{,}12$

     $\underline{\alpha = 6{,}8428°}$

Anmerkung
Eine Steigung von 100 % ergibt $\tan \alpha = 1$ und entspricht somit einem Steigungswinkel von
$\underline{\alpha = 45°}$

b) $\tan \alpha = 2{,}02$

     $\underline{\alpha = 63{,}6623°}$

                                                                                          ○

○ **Beispiel**

Unter welchem Winkel schneidet die Gerade $g: y = -\frac{1}{2}x + 2$ die x-Achse?

Lösung

Die Steigung der Geraden beträgt
$$m = -0{,}5.$$

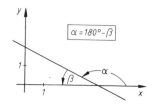

Eine negative Steigung ergibt einen Steigungswinkel
$$\alpha > 90°,$$
da der Steigungswinkel im mathematischen Drehsinn (Gegenuhrzeigersinn) angegeben wird.

Wir berechnen zunächst den Ergänzungswinkel β aus dem Betrag der Steigung und daraus dann den Winkel α.

$\tan \beta = 0{,}5$
$\beta = 26{,}5651°$
$\alpha = 180° - \beta$
$\underline{\alpha = 153{,}4349°}$

                                                                                          ○

○ **Beispiel**

Bestimmen Sie die Gleichung der Geraden g, die durch den Punkt $P(3|-2)$ geht und die x-Achse unter einem Winkel von $70°$ schneidet.

Lösung

Die Gerade hat die Steigung

$$m = \tan \alpha$$
$$m = \tan 70° = 2{,}75$$

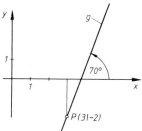

Damit lautet die Geradengleichung in der Hauptform

$$y = 2{,}75\,x + b$$

Den Achsenabschnitt b auf der y-Achse bestimmen wir, indem wir die Koordinaten des Punktes P in die Geradengleichung einsetzen.

$$\begin{aligned} y &= 2{,}75\,x + b \\ -2 &= 7{,}75 \cdot 3 + b \\ b &= -10{,}25 \end{aligned}$$

Geradengleichung: $y = 2{,}75x - 10{,}25$ ○

4.8.2 Schnittwinkel zweier Geraden

○ **Beispiel**

Unter welchem Winkel δ schneiden sich die beiden Geraden

$$g: y = 0{,}9\,x + 0{,}5 \quad \text{und} \quad h: y = -3{,}8\,x + 13{,}3?$$

Lösung

Der Schnittwinkel δ ergibt sich aus der Winkeldifferenz $\alpha_2 - \alpha_1$.

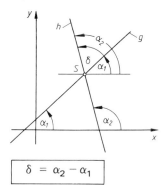

Um einen Zusammenhang zwischen den Steigungswinkeln und den Steigungen herzustellen, bildet man den Tangens der Winkeldifferenz $(\alpha_2 - \alpha_1)$.

$$\boxed{\delta = \alpha_2 - \alpha_1}$$

$$\tan \delta = \tan(\alpha_2 - \alpha_1)$$

Durch Anwendung des Additionstheorems der Tangensfunktion erhält man

$$\tan \delta = \frac{\tan \alpha_2 - \tan \alpha_1}{1 + \tan \alpha_2 \, \tan \alpha_1}$$

Ersetzt man die Tangenswerte durch die Steigungen

$$\begin{aligned} m_1 &= \tan \alpha_1 \\ m_2 &= \tan \alpha_2, \end{aligned}$$

so erhält man

$$\boxed{\tan \delta = \frac{m_2 - m_1}{1 + m_1 \cdot m_2}}$$

Für $m_1 = 0{,}9$ und $m_2 = -3{,}8$ ergibt sich

$$\tan \delta = \frac{-3{,}8 - 0{,}9}{1 + 0{,}9 \cdot (-3{,}8)}$$

$$\tan \delta = 1{,}94$$
$$\underline{\underline{\delta = 62{,}76°}}$$ ○

4.9 Orthogonalität bei Geraden

○ **Beispiel**

Bestimmen Sie die Gleichung der Geraden, die die Gerade $y = \frac{1}{3}x$ im Ursprung rechtwinklig schneidet.

Lösung

Aus der Darstellung im Koordinatensystem ist zu ersehen:
Steigung der 1. Geraden

$$m_1 = \frac{1}{3},$$

Steigung der dazu senkrechten 2. Geraden
$$m_2 = -3.$$

Die Steigung m_2 ist damit Gegenzahl des
Kehrwerts (reziproker Wert) der Steigung
m_1.

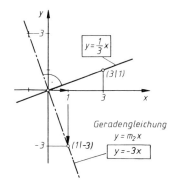

Wir wollen dies nochmals in verallgemeinerter Form nachweisen.
Dreht man die Gerade g_1 um einen Winkel von 90°, so erhält man zwei ortho-
gonale Geraden.
Die Steigung der 1. Geraden $y = m_1 x$ ist

$$m_1 = \frac{y_1}{x_1}$$

Die Steigung der 2. Geraden $y = m_2 x$ ist

$$m_2 = \frac{x_1}{-y_1} = -\frac{x_1}{y_1}$$

Daraus folgt die Bedingung für Orthogonalität

Multipliziert man die Steigungen miteinander, so ergibt sich

$$m_1 \cdot m_2 = -\frac{y_1 \cdot x_1}{x_1 \cdot y_1} = -1$$

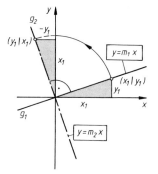

$$\boxed{m_2 = -\frac{1}{m_1}}$$

(Bedingung für Orthogonalität)

$$m_1 \cdot m_2 = -1$$

Stehen zwei Geraden senkrecht auf-
einander, so ist das Produkt ihrer
Steigungen −1.
Die Steigung der einen Geraden ist
gleich dem negativ-reziproken Wert der
Steigung der anderen.

○ **Beispiel**

Bestimmen Sie die Gleichung der Geraden, die durch $P(2|3)$ geht und auf der Geraden mit der Gleichung $y = \frac{2}{3}(x-1) + 2$ senkrecht steht.

Lösung

Aus der Geradengleichung ergibt sich $m_1 = \frac{2}{3}$.

Der negative Kehrwert ist $m_2 = -\frac{3}{2}$.

Die Koordinaten von $P(2|3)$ werden in die Geradengleichung eingesetzt. Daraus ergibt sich b und damit die Geradengleichung.

Steigung der Geraden $m_2 = -\frac{3}{2}$

Gleichung der Geraden $y = -\frac{3}{2}x + b$

$3 = -\frac{3}{2} \cdot 2 + b$

$b = 6$

Gleichung der Geraden $y = -\frac{3}{2}x + 6$ ○

Aufgaben

zu 4 Funktionen 1. Grades

Zeichnen Sie die Graphen der Funktionen mit folgenden Funktionsgleichungen:

1. $y = 3x - 2$
2. $y = -\frac{1}{2}x + 3$
3. $y = -\frac{3}{2}x + 1$

4. $y = -4x - 1$
5. $y = 2 - x$
6. $y = 6x + \frac{5}{2}$

Geben Sie die Steigung der Geraden, sowie die Schnittpunkte mit der x- und y-Achse an.

7. $y = -4x - 3$
8. $y = \frac{1}{2}x - 1$
9. $y = -\frac{3}{2} - 2x$

10. $y = 5(x - \frac{1}{5})$
11. $y = \frac{2x}{3} - \frac{1}{4}$
12. $y = 2 - \frac{x}{2}$

13. $y = -\frac{1}{2}(x + 4)$
14. $y = -\frac{x}{3} + 2$
15. $y = 5(\frac{1}{2} - x)$

Bestimmen Sie die Gleichung der Geraden, die durch die Punkte P_1 und P_2 geht.

16. $P_1(1|3)$, $P_2(-2|1)$
17. $P_1(0|2)$ $P_2(-\frac{1}{2}|4)$

18. $P_1(-4|10,5)$, $P_2(\frac{2}{5}|-4)$
19. $P_1(0|1,5)$, $P_2(-6|7)$

20. $P_1(3,5|2)$, $P_2(-2|-3,5)$
21. $P_1(40|20)$, $P_2(-60|-100)$

Bestimmen Sie die Gleichung der Geraden, von der die Steigung m und der Punkt P bekannt sind.

22. $P(-4|3)$, $m = \frac{1}{2}$
23. $P(\frac{1}{2}|\frac{1}{4})$, $m = -\frac{1}{3}$

24. $P(10|6)$, $m = -\frac{3}{2}$ Druckfehler
25. $P(-4|-3)$, $m = -\frac{1}{4}$

26. $P(6|-8)$, $m = -4$
27. $P(10,5|-3)$, $m = -\frac{2}{7}$

Bestimmen Sie die Steigung der Geraden, die durch P_1 und P_2 gehen und berechnen Sie die Länge der Strecke $\overline{P_1P_2}$.

28. $P_1(-1|2)$, $P_2(4|-2)$
29. $P_1(-3|2)$, $P_2(-2|6)$

30. $P_1(-\frac{1}{2}|3)$, $P_2(-1|-2)$
31. $P_1(-6|1)$, $P_2(1|-6)$

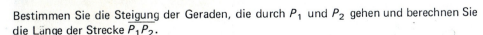

Von einer Geraden sind folgende Achsenabschnittpunkte gegeben. Bestimmen Sie die Funktionsgleichung der Geraden.

32. $S_x(\frac{1}{2}|0)$, $S_y(0|3)$ **33.** $S_x(-4|0)$, $S_y(0|-12)$

34. $S_x(\frac{2}{7}|0)$, $S_y(0|-2)$ **35.** $S_x(\frac{2}{3}|0)$, $S_y(0|-\frac{2}{5})$

Bestimmen Sie den Schnittwinkel folgender Geraden mit der x-Achse.

36. $y=\frac{1}{2}x+2$ **37.** $y=-\frac{3}{2}x-1$ **38.** $y=-\frac{2}{5}x-3$

39. $y=-50x+10$ **40.** $y=-\frac{1}{3}x+2,5$ **41.** $y=4,5x+2$

Unter welchem Winkel und in welchem Punkt schneiden sich die Geraden mit den angegebenen Funktionsgleichungen?

42. $y=\frac{1}{2}x-3$ und $y=-\frac{1}{3}x-2$

43. g_1: $y=2x+3$ **44.** g_1: $y=0,1x+1$ **45.** g_1: $y=-\frac{1}{3}x+2$

   g_2: $y=-\frac{2}{5}x+2$ g_2: $y=-4x+3$ g_2: $y=2x-4$

Bestimmen Sie die Gleichung der Geraden, die durch den Punkt P geht und auf der Geraden mit der angegebenen Funktionsgleichung senkrecht steht.

46. g: $y=-\frac{2}{3}x+2$ **47.** g: $y=\frac{1}{3}x-2$

   $P(4|6)$ $P(2|5)$

Bestimmen Sie den Abstand der Geraden vom Ursprung.

48. g: $y=2x+5$ **49.** g: $y=-\frac{1}{2}+6$ **50.** g: $y=\frac{1}{5}x-4$

Bestimmen Sie den Abstand der Geraden mit den angegebenen Funktionsgleichungen.

51. g_1: $y=\frac{1}{2}x+4$ **52.** g_1: $y=-\frac{1}{3}x-2$ **53.** g_1: $y=-2x+3$

   g_2: $y=\frac{1}{2}x+2$ g_2: $y=-\frac{1}{3}x-5$ g_2: $y=-2x-2$

4.10 Graphische Darstellung linearer Zusammenhänge

○ **Anwendungsbeispiel**

Ein Fahrradfahrer benötigt für eine 65 km lange Strecke 5 h. Ein zweiter Radfahrer, der für dieselbe Strecke nur 3 h benötigt, fährt 1 h später ab, um den ersten Fahrradfahrer einzuholen. Wann und in welcher Entfernung vom Ausgangspunkt entfernt holt der zweite Radfahrer den ersten ein?

Lösung

Zur graphischen Darstellung des Bewegungsvorganges verwenden wir ein *s-t-*Diagramm. Die Geschwindigkeiten der beiden Fahrradfahrer sind

$$v_1 = \frac{65\ \text{km}}{5\ \text{h}} = 13\ \frac{\text{km}}{\text{h}}$$

und

$$v_2 = \frac{65\ \text{km}}{3\ \text{h}} = \frac{65}{3}\ \frac{\text{km}}{\text{h}} = 21,67\ \frac{\text{km}}{\text{h}}.$$

Die zurückgelegten Wege sind von der Zeit t abhängig, sie ergeben sich aus folgenden Funktionsgleichungen:

$$s_1 = v_1 \cdot t = 13 \cdot t \qquad (1)$$

$$s_2 = v_2 (t - 1) = \frac{65}{3} (t - 1) \qquad (2)$$

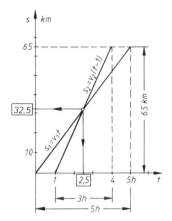

Die zurückgelegten Wege sind direkt abhängig von der Zeit. Der Graph einer gleichförmigen Bewegung stellt somit eine Gerade dar.

Aus dem Schnittpunkt der beiden Geraden lassen sich Zeit und Treffpunkt ablesen:

$t = 2,5 \text{ h}$

$s = 32,5 \text{ km}$

Aus der graphischen Darstellung lassen sich aber auch noch andere Werte ablesen, z.B. daß die beiden Radfahrer nach 2 h nur noch 4,3 km voneinander entfernt sind (graphischer Fahrplan).

Ergebnis

Die beiden Fahrradfahrer treffen sich nach 2,5 h. Der Treffpunkt ist 32,5 km vom Ausgangsort entfernt. ○

○ **Anwendungsbeispiel**

Ein Schienenfahrzeug F_1, das um 9.00 Uhr in A abfährt, kommt um 12.00 Uhr in B an. Die Schienenentfernung von A nach B beträgt 180 km. Um 9.30 Uhr fährt ein Schienenfahrzeug F_2 von B aus in Gegenrichtung nach A mit einer Durchschnittsgeschwindigkeit von $40 \frac{km}{h}$. Um 9.50 Uhr startet in A ein weiterer Zug F_3, der mit einer durchschnittlichen Geschwindigkeit von $90 \frac{km}{h}$ in Richtung B fährt.

Entwerfen Sie einen graphischen Fahrplan und ermitteln Sie daraus folgende Werte:
a) Welche Durchschnittsgeschwindigkeit hat Fahrzeug F_1?
b) Wann und in welcher Entfernung von A entfernt überholt Fahrzeug F_3 Fahrzeug F_1?
c) Wann und in welcher Entfernung von A entfernt begegnet F_2 den Fahrzeugen F_1 und F_3?
d) Wieviel km ist um 10.15 Uhr Fahrzeug F_3 noch von Fahrzeug F_1 entfernt?

Lösung

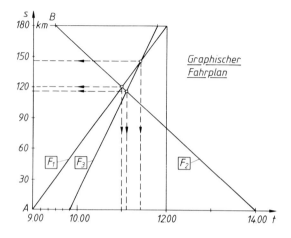

Graphischer Fahrplan

Ergebnis

Aus dem graphischen Fahrplan lassen sich folgende Ergebnisse ablesen:

a) Durchschnittsgeschwindigkeit von F_1: $v_1 = \dfrac{180}{3}\,\dfrac{km}{h} = 60\,\dfrac{km}{h}$
(Steigung der Geraden F_1)

b) Treffpunkt von F_1 und F_3: 11.25 Uhr
                                   145 km von A entfernt

c) Treffpunkt von F_1 und F_2: 11.00 Uhr
                                   120 km von A entfernt

   Treffpunkt von F_3 und F_2: 11.08 Uhr
                                   115 km von A entfernt

d) Um 10.15 Uhr sind F_1 und F_3 noch 37 km voneinander entfernt.

Anmerkung: Im vorliegenden Fahrplan wurde auf die Berücksichtigung von Zwischenaufenthalten verzichtet. Sie würden sich graphisch als waagerechte Treppenstufen ausweisen, wie aus den Kursbuchblättern der Deutschen Bundesbahn zu ersehen ist. ○

○ **Anwendungsbeispiel**

Eine Pumpe P_1 füllt einen Behälter von 540 *l* in 50 min, die Pumpe P_2 benötigt dazu nur 30 min. Welche Zeit wird zum Füllen des Behälters benötigt, wenn beide Pumpen gleichzeitig arbeiten?

Lösung

Das Pumpvolumen V ist jeweils linear abhängig von der Pumpzeit t. Wir wählen deshalb zur Darstellung ein V-t-Diagramm.

Arbeiten beide Pumpen gleichzeitig, so addieren sich die Pumpvermögen der beiden Pumpen P_1 und P_2. Wir erhalten aus der Addition der Funktionsgraphen eine neue Pumpencharakteristik ($P_1 + P_2$), aus der wir zu jedem Zeitpunkt das gesamte Pumpvolumen der beiden Pumpen ablesen können.

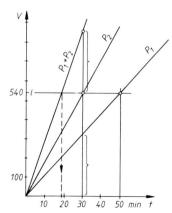

Ergebnis

Der Behälter von 540 *l* ist in 18,5 min gefüllt.

○

○ **Anwendungsbeispiel**

Aus einem Behälter werden kontinuierlich in 7 min 100 l entnommen. Wie lange muß eine Pumpe, die 40 $\frac{l}{\text{min}}$ fördert, eingeschaltet sein, damit bei gleichbleibender kontinuierlicher Entnahme 200 l nachgefüllt sind?

Lösung

Das Volumen ist abhängig von der Zeit. Wir wählen deshalb zur graphischen Darstellung ein *V-t*-Diagramm. Der funktionelle Zusammenhang ergibt sich aus folgenden Funktionsgleichungen:

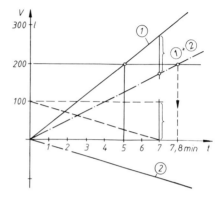

$$V_1 = 40 \cdot t \qquad (1)$$

(Füllen des Behälters)

$$V_2 = -\frac{100}{7} \cdot t \qquad (2)$$

(Entleeren)

Nach 5 min wären 200 l aufgefüllt. Da aber ständig $\frac{100}{7}$ $\frac{l}{\text{min}}$ entnommen werden, dauert der Pumpvorgang entsprechend länger.

Ergebnis

Die Pumpe muß 7,8 min eingeschaltet werden.   ○

5 Lineare Gleichungssysteme mit mehreren Variablen

5.1 Graphisches Lösungsverfahren bei Gleichungen mit zwei Variablen

○ **Beispiel**

Bestimmen Sie den Schnittpunkt der Geraden mit den Funktionsgleichungen

$$y_I = \frac{2}{3}x - 1 \quad \text{und} \quad y_{II} = -\frac{1}{3}x + 2 \,.$$

Lösung

Zeichnet man die Graphen der beiden Funktionen 1. Grades in ein Koordinatensystem, so zeigt sich, daß die beiden Geraden sich in $S(3|1)$ schneiden. Der Schnittpunkt S ist Bildpunkt beider Geraden. Die Koordinaten des Schnittpunktes erfüllen beide Gleichungen. Für das Zahlenpaar des Schnittpunktes gelten folgende Bedingungen:

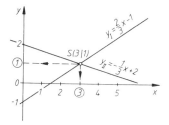

Im Schnittpunkt haben die beiden Funktionen denselben x- und y-Wert.

Das hiermit gefundene Zahlenpaar aus der Grundmenge $\mathbb{Q} \times \mathbb{Q}$ stellt die Lösung zweier linearer Gleichungen mit zwei Variablen dar, das wir als *lineares Gleichungssystem* [1]) bezeichnen.

Aus dem Schaubild erhält man die Schnittpunktskoordinaten

$$\underline{x_s = 3}$$

$$\underline{y_s = 1}$$

$$L = \left\{ (x;y) \,\middle|\, y = \frac{2}{3}x - 1 \ \wedge \ y = -\frac{1}{3}x + 2 \right\}_{\mathbb{Q} \times \mathbb{Q}}$$

$$\underline{\underline{L = \{(3;1)\}}} \, [2])$$ ○

---

[1]) für Gleichungssysteme, d.h. für Aussageformen mit mehreren Variablen gibt es noch weitere verschiedene Schreibweisen:

$$\left\{ \begin{aligned} y &= \tfrac{2}{3}x - 1 \\ y &= -\tfrac{1}{3}x + 2 \end{aligned} \right\} \qquad \begin{aligned} y &= \tfrac{2}{3}x - 1 \\ \wedge \ \ y &= -\tfrac{1}{3}x + 2 \end{aligned} \qquad \left| \begin{aligned} y &= \tfrac{2}{3}x - 1 \\ y &= -\tfrac{1}{3}x + 2 \end{aligned} \right|$$

Wir wollen uns im folgenden für die letztere Schreibweise entscheiden.

[2]) Dem *geordneten Wertepaar* (3;1) läßt sich in der x,y-Ebene der *Punkt S* (3|1) zuordnen. Wenn es sich um Koordinaten von Punkten handelt, wollen wir die Schreibweise mit dem senkrechten Strich beibehalten. Bei (geordneten) Paaren in Paarmengen hat sich an Stelle des senkrechten Striches die Strichpunkt-Schreibweise eingebürgert.

○ **Beispiel**

Bestimmen Sie die Lösungsmenge aus der Grundmenge $\mathbb{Q} \times \mathbb{Q}$ für das Gleichungssystem

$$\begin{vmatrix} 2x - y = -2 \\ 4x - 2y = 6 \end{vmatrix} \quad \begin{matrix} (1) \\ (2) \end{matrix}$$

Lösung

Jede dieser Gleichungen läßt sich als implizite (unentwickelte) Form einer Geradengleichung deuten. Nach Herstellen der expliziten Form (Auflösung nach y) ergeben sich lineare Gleichungen, die als Funktionsgleichungen betrachtet werden können. Aus den Funktionsgleichungen (1') und (2') ist zu erkennen, daß es sich um *parallele Geraden* handelt, da beide dieselbe Steigung haben.

aus Gl. (1): $y = 2x + 2$ (1')

aus Gl. (2): $y = 2x - 3$ (2')

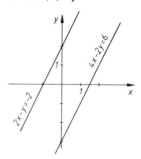

Da sich kein gemeinsamer Schnittpunkt ergibt, ist dieses Gleichungssystem nicht erfüllbar.

$$L = \{ \ \}$$

Betrachtet man das Gleichungssystem genauer, so stellt sich ein Widerspruch heraus:

Gl. (1): $2x - y = -2$

Gl. (2) mit Termdivision durch 2:

     $2x - y = 3.$

Die linken Seiten der Gleichungen stimmen überein, die rechten Seiten sind ungleich.

Gleichungssysteme haben keine Lösung, wenn ihre Gleichungen zueinander im Widerspruch stehen.   ○

○ **Beispiel**

Bestimmen Sie die Lösungsmenge aus der Grundmenge $\mathbb{Q} \times \mathbb{Q}$ für das Gleichungssystem

$$\begin{vmatrix} x + y = 3 \\ 2x + 2y = 6 \end{vmatrix} \quad \begin{matrix} (1) \\ (2) \end{matrix}$$

Lösung

Bildet man die explitite Form, so erhält man identische Gleichungen.

Die beiden Geraden fallen zusammen.

aus Gl. (1): $y = -x + 3$ (1')

aus Gl. (2): $y = -x + 3$ (2')

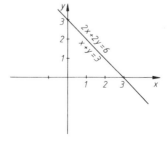

Zwischen den beiden Gleichungen besteht eine *lineare Abhängigkeit*. Die zweite Gleichung entsteht durch eine Äquivalenzumformung (Multiplikation mit 2) aus der ersten.

Man erhält *unendlich viele Lösungen*.

Gleichungssysteme, deren Gleichungen voneinander *linear abhängig* sind, haben unendlich viele Lösungen.   ○

5.2 Rechnerische Lösungsverfahren bei Gleichungen mit zwei Variablen

5.2.1 Das Gleichsetzungsverfahren

○ **Beispiel**

Bestimmen Sie die Lösungsmenge des Gleichungssystems

$$\begin{vmatrix} -x + y = 1 \\ 2x + y = 4 \end{vmatrix} \quad \begin{matrix} (1) \\ (2) \end{matrix} \qquad (G = \mathbb{Q} \times \mathbb{Q})$$

Lösung

Löst man die beiden Gleichungen nach derselben Variablen (in unserem Beispiel nach y) auf, so stimmen die linksseitigen Terme überein.
Damit lassen sich auch die rechtsseitigen Terme *gleichsetzen*.

$$\boxed{y = x + 1} \qquad (1')$$
$$\boxed{y = -2x + 4} \qquad (2')$$

Gleichsetzen der rechtsseitigen Terme:

$$\boxed{x + 1} = \boxed{-2x + 4}$$
$$3x = 3$$
$$x = 1 \qquad (3)$$

Durch Einsetzen von (3) in (1') oder (2') erhält man den y-Wert.

(3) in (1'):
$$y = 1 + 1$$
$$y = 2 \qquad (4)$$

Damit erhält man die Lösungsmenge

$$\underline{L = \{(1;2)\}}$$

Die Probe führt zu wahren Aussagen.

(3) und (4) in (1):
$$-1 + 2 = 1$$
$$1 = 1 \quad \text{(wahre Aussage)}$$

(3) und (4) in (2):
$$2 + 2 = 4$$
$$4 = 4 \quad \text{(wahre Aussage)} \qquad ○$$

5.2.2 Das Einsetzungsverfahren

○ **Beispiel**

Bestimmen Sie die Lösungsmenge des Gleichungssystems

$$\begin{vmatrix} y = x - 1 \\ 3x = 2y + 5 \end{vmatrix} \quad \begin{matrix} (1) \\ (2) \end{matrix} \qquad (G = \mathbb{Q} \times \mathbb{Q})$$

Lösung

Ist eine der beiden Gleichungen nach einer der Variablen aufgelöst, so läßt sich der entsprechende Term in die andere Gleichung *einsetzen*.

$$\underset{}{y} = x - 1 \qquad (1)$$
$$3x = 2 \cdot y + 5 \qquad (2)$$

Einsetzen des rechtsseitigen Terms der Gl. (1) in Gl. (2):
$$3x = 2 \cdot (x - 1) + 5$$
$$3x = 2x - 2 + 5$$
$$\underline{x = 3} \qquad (3)$$

Durch Einsetzen von (3) in (1) erhält man den y-Wert.

(3) in (1):
$$y = 3 - 1$$
$$y = 2 \qquad (4)$$

Damit ergibt sich die Lösungsmenge

$$L = \{(3;2)\}$$

Die Probe führt zu wahren Aussagen

Probe:
(4) und (3) in (1):
$$2 = 3 - 1$$
$$2 = 2 \qquad \text{(wahre Aussage)}$$

(4) und (3) in (2):
$$9 = 4 + 5$$
$$9 = 9 \qquad \text{(wahre Aussage)} \qquad ○$$

5.2.3 Das Additionsverfahren

○ **Beispiel**

Bestimmen Sie die Lösungsmenge des Gleichungssystems

$$\begin{vmatrix} 2x + 3y = 8 \\ -2x + 4y = 20 \end{vmatrix} \qquad (G = \mathbb{Q} \times \mathbb{Q})$$

Lösung

Bei dem vorliegenden Gleichungssystem genügt eine einfache *Addition der beiden Gleichungen*, um eine der beiden Variablen zu eliminieren.

$$\boxed{2x} + 3y = 8 \qquad (1)$$
$$\boxed{-2x} + 4y = 20 \qquad (2)$$

Addition der beiden Gleichungen:
$$0 \cdot x + 7y = 28$$
$$y = 4 \qquad (3)$$

Durch Einsetzen von (3) in (1) oder (2) erhält man den x-Wert.

(3) in (1):
$$2x + 3 \cdot 4 = 8$$
$$x = -2 \qquad (4)$$

Lösungsmenge

$$L = \{(-2;4)\}$$

Wir wollen auch hier durch eine Probe nachweisen, daß dieses Verfahren zu richtigen Ergebnissen führt.

Probe:
(4) und (3) in (1):
$$2 \cdot (-2) + 3 \cdot 4 = 8$$
$$8 = 8 \qquad \text{(w)}$$

(4) und (3) in (2):
$$-2 \cdot (-2) + 4 \cdot 4 = 20$$
$$20 = 20 \qquad \text{(w)} \qquad ○$$

○ **Beispiel**

Bestimmen Sie die Lösungsmenge des Gleichungssystems mit $G = \mathbb{Q} \times \mathbb{Q}$.

$$\begin{vmatrix} 3x - 5 = 2y \\ 5y - 5x + 5 = 0 \end{vmatrix}$$

Lösung

Zunächst wollen wir die Gleichungen so ordnen, daß die Terme mit gleichen Variablen untereinander stehen.

$$\left| \begin{array}{rcr} 3x - 2y & = & 5 \\ -5x + 5y & = & -5 \end{array} \right| \qquad \begin{array}{l} (1) \\ (2) \end{array}$$

Dabei zeigt sich, daß in diesem Fall eine einfache Addition oder Subtraktion nicht mehr genügt, um eine der Variablen zu eliminieren.

$$\begin{array}{l} (1) \\ (2) \end{array} \left| \begin{array}{rcr} 3x - 2y & = & 5 \\ -5x + 5y & = & -5 \end{array} \right| \qquad \begin{array}{l} | \cdot 5 \\ | \cdot 2 \end{array}$$

Wir wollen deshalb die Gleichungen durch geeignete Termmultiplikation äquivalent umformen.

$$\begin{array}{l} (1') \\ (2') \end{array} \left| \begin{array}{rcr} 15x \boxed{- 10y} & = & 25 \\ -10x \boxed{+ 10y} & = & -10 \end{array} \right|$$

Um die Variable y zu eliminieren, sind die Gleichungen zweckmäßigerweise mit 5 bzw. 2 zu multiplizieren.

$(1') + (2')$:

$$5x = 15$$
$$\underline{x = 3} \qquad (3)$$

Durch Einsetzen von (3) in (1) oder (2) erhält man den y-Wert.

(3) in (1):

$$3 \cdot 3 - 2y = 5$$
$$\underline{y = 2} \qquad (4)$$

Die zweite Variable könnte auch durch nochmalige Anwendung des Additionsverfahrens gefunden werden. Dabei würde man zweckmäßigerweise Gl. (1) mit dem Faktor 5 und Gl. (2) mit dem Faktor 3 multiplizieren.

Lösungsmenge

$$\underline{\underline{L = \{ (3;2) \}}} \qquad \bigcirc$$

○ **Beispiel**

Bestimmen Sie die Lösungsmenge des Gleichungssystems mit $G = \mathbb{Q} \times \mathbb{Q}$.

$$\left| \begin{array}{l} ax - by = a^2 - 2ab - b^2 \\ bx + ay = a^2 + 2ab - b^2 \end{array} \right|$$

Lösung

Das Gleichungssystem enthält neben den Lösungsvariablen x und y noch die Formvariablen a und b.

$$\begin{array}{l} (1) \\ (2) \end{array} \left| \begin{array}{l} ax - by = a^2 - 2ab - b^2 \\ bx + ay = a^2 + 2ab - b^2 \end{array} \right| \begin{array}{l} \cdot a \\ \cdot b \end{array}$$

Um mit Hilfe des Additionsverfahrens die Variable y eliminieren zu können, wird Gl. (1) mit a und Gl. (2) mit b multipliziert.

$$\begin{array}{l} (1') \\ (2') \end{array} \left| \begin{array}{l} a^2 x \boxed{- aby} = a^3 - 2a^2 b - ab^2 \\ b^2 x \boxed{+ aby} = a^2 b + 2ab^2 - b^3 \end{array} \right.$$

Durch Addieren der beiden Gleichungen und weiterer Termumformungen (Termdivision, Ausklammern) erhält man unter der Voraussetzung, daß $a \neq b$ ist, das Ergebnis $x = a - b$.

Addition der beiden Gleichungen:

$$a^2 x + b^2 x = a^3 - a^2 b + ab^2 - b^3$$
$$x(a^2 + b^2) = a^3 - a^2 b + ab^2 - b^3 \ | : (a^2 + b^2)$$

$$x = \frac{a^2(a-b) + b^2(a-b)}{a^2 + b^2} \qquad (3)$$

$$x = \frac{(a^2 + b^2)(a - b)}{a^2 + b^2}$$

$$\underline{x = a - b} \qquad (3)$$

Durch Einsetzen von (3) in (1) oder (2) erhält man den y-Wert.

Termdivision nur für $a \neq 0$ möglich

Lösungsmenge

(3) in (2):

$$b(a - b) + ay = a^2 + 2ab - b^2$$
$$ab - b^2 + ay = a^2 + 2ab - b^2$$
$$ay = a^2 + ab \qquad | : a$$
$$\underline{y = a + b} \qquad (4)$$

$$\underline{\underline{L = \{(a - b) \, ; \, (a + b)\}}}$$

Probe:

(3) und (4) in (1):
$$a(a - b) - b(a + b) = a^2 - 2ab - b^2$$
$$a^2 - ab - ab - b^2 = a^2 - 2ab - b^2 \quad \text{(wahr)}$$

(3) und (4) in (2):
$$b(a - b) + a(a + b) = a^2 + 2ab - b^2$$
$$ab - b^2 + a^2 + ab = a^2 + 2ab - b^2 \quad \text{(wahr)} \qquad \bigcirc$$

○ **Anwendungsbeispiel**

Fertige Geräte sollen auf einer Rutsche mit einem Neigungswinkel von $\alpha = 20°$ zu einem Förderband gebracht werden.

Mit welcher Beschleunigung ist auf der Rutsche zu rechnen, wenn die Gleitreibzahl zwischen Gerät und Rutsche $\mu = 0,25$ beträgt?

Lösung

Wir zeichnen in eine Lageskizze des freigemachten Körpers alle angreifenden Kräfte in den vorgegebenen x- und y-Richtungen ein. Dabei ist die Gewichtskraft G in ihre Komponenten $G \cdot \sin \alpha$ und $G \cdot \cos \alpha$ zu zerlegen.

Außer der Reibkraft $\mu \cdot F_N$ ist stets bei Beschleunigung noch mit der entgegen der Bewegungsrichtung wirkenden D'Alembertkraft zu rechnen.

Aus den rechnerischen Gleichgewichtsbedingungen erhalten wir die Gln. (1) und (2), die ein Gleichungssystem bilden.

Die Variable F_N läßt sich hier zweckmäßigerweise mit Hilfe des Einsetzungsverfahrens eliminieren. Das Additionsverfahren ist meist in solchen Fällen wegen der Komplexität der Zusammenhänge nicht geeignet.

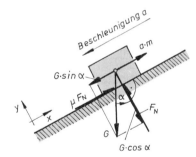

Gewichtskraft $\quad G = m \cdot g$

Trägheitskraft $\quad T = m \cdot a$
(D'Alembert-Kraft)

$\Sigma F_x = 0$:

$$ma + \mu F_N - \underset{mg}{\underbrace{G}} \sin \alpha = 0$$

$$ma + \mu \cdot \boxed{F_N} - mg \cdot \sin \alpha = 0 \qquad (1)$$

$\Sigma F_y = 0$:

$$F_N - \underset{mg}{\underbrace{G}} \cos \alpha = 0$$

$$F_N - mg \cdot \cos \alpha = 0 \qquad (2)$$

Durch Einsetzen von Gl. (2') in Gl. (1) erhält man eine Gleichung für die Beschleunigung a.

$$\boxed{F_N} = mg \cdot \cos \alpha \qquad (2')$$

(2') in (1):

$$ma + \mu mg \cdot \cos \alpha - mg \cdot \sin \alpha = 0 \quad | : m$$

$$a = g \cdot \sin \alpha - \mu \cdot g \cdot \cos \alpha$$

$$\boxed{a = g \cdot (\sin \alpha - \mu \cdot \cos \alpha)} \qquad (3)$$

Mit den gegebenen Zahlenwerten erhält man

$$a = 9,81 \, \frac{m}{s^2} \, (\sin 20° - 0,25 \cdot \cos 20°)$$

$$a = 1,05 \, \frac{m}{s^2} \qquad \bigcirc$$

○ **Anwendungsbeispiel**

Mit welcher Kraft werden die Backen seitlich angepreßt bei $F = 1,2 \, kN$, $\mu_0 = 0,18$ und $\alpha = 30°$?

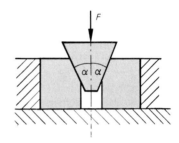

Lösung

Zur Bestimmung der Kräfte zeichnen wir in eine Lageskizze des freigemachten Backens alle angreifenden Kräfte in den vorgegebenen Richtungen ein.

Die auf die Schrägfläche wirkende Normalkraft F_{N_1} ergibt sich aus dem Kräftegleichgewicht zu

$$F_{N_1} = \frac{F}{2 \, (\sin \alpha + \mu_0 \cos \alpha)} \qquad (1)$$

Durch Anwendung der rechnerischen Gleichgewichtsbedingungen auf die Kräfte aus der Lageskizze erhält man:

$$\Sigma F_x = 0: \qquad F_1 + \mu_0 \, \boxed{F_{N_2}} - F_{N_1} \cos \alpha + \mu_0 F_{N_1} \sin \alpha = 0 \qquad (2)$$

$$\Sigma F_y = 0: \qquad \boxed{F_{N_2}} = F_{N_1} (\sin \alpha + \mu_0 \cos \alpha) \qquad (3)$$

Durch Einsetzen von Gl. (3) in Gl. (2) erhält man:

$$F_1 + \mu_0 F_{N_1} (\sin \alpha + \mu_0 \cos \alpha) - F_{N_1} (\cos \alpha - \mu_0 \sin \alpha) = 0$$

Mit Berücksichtigung von Gl. (1) ergibt sich:

$$F_1 = \frac{F\,(\cos\alpha - \mu_0 \sin\alpha)}{2\,(\sin\alpha + \mu_0 \cos\alpha)} - \frac{\mu_0\,F\,(\sin\alpha + \mu_0 \cos\alpha)}{2\,(\sin\alpha + \mu_0 \cos\alpha)}$$

$$\boxed{F_1 = \frac{F}{2}\left(\frac{\cos\alpha - \mu_0 \sin\alpha}{\sin\alpha + \mu_0 \cos\alpha} - \mu_0\right)} \qquad (4)$$

Mit den gegebenen Zahlenwerten erhält man:

$$F_1 = \frac{F}{2} \cdot 1{,}0032 = 0{,}6019\,\text{kN} \approx \underline{\underline{602\,\text{N}}}$$

5.2.4 Gleichungssysteme mit Bruchtermen

○ **Beispiel**

Bestimmen Sie die Definitions- und Lösungsmenge des Gleichungssystems

$$\left|\begin{array}{l} \dfrac{3x-5}{2y-3} = \dfrac{3x-1}{2y-1} \\[2mm] \dfrac{5x-3}{9} = \dfrac{5y-2}{6} \end{array}\right| \qquad (G = \mathbb{Q} \times \mathbb{Q})$$

Lösung

Da die erste Gleichung Variable im Nenner enthält, ist die Definitionsmenge zu bestimmen, für die der Nenner nicht Null wird.

$$D = \mathbb{Q}\setminus\{1{,}5\,;0{,}5\}$$

Multipliziert man die erste Gleichung mit dem HN (Hauptnenner) $(2y-3)(2y-1)$ und die zweite Gleichung mit dem HN 18, so erhält man zwei bruchfreie Gleichungen (1') und (2').

(1) $\quad\left|\dfrac{3x-5}{2y-3} = \dfrac{3x-1}{2y-1}\right| \cdot \text{HN}$

(2) $\quad\left|\dfrac{5x-3}{9} = \dfrac{5y-2}{6}\right| \cdot \text{HN}$

(1') $\quad\left|(3x-5)(2y-1) = (3x-1)(2y-3)\right.$

(2') $\quad\left. 2(5x-3) = 3(5y-2)\right|$

Durch Ausmultiplizieren der Klammern erhält man:

(1') $\quad\left| 6xy - 3x - 10y + 5 = 6xy - 9x - 2y + 3\right.$

(2') $\quad\left. 10x - 6 = 15y - 6\right|$

Durch Zusammenfassen und Ordnen ergibt sich ein Gleichungssystem, das wir mit Hilfe des Additionsverfahrens lösen wollen. Dazu führen wir die Termmultiplikationen mit 2 bzw. (−3) durch.

(1') $\quad\left| 3x - 4y = -1\right| \cdot 2$

(2') $\quad\left| 2x - 3y = 0\right| \cdot (-3)$

$$\boxed{6x} - 8y = -2$$
$$\boxed{-6x} + 9y = 0$$

Addition der beiden Gleichungen:

$$y = -2 \qquad (3)$$

Setzt man (3) in (2) ein, so erhält man:

$$\frac{5x - 3}{9} = \frac{-10 - 2}{6} \quad | \cdot 9$$

$$5x - 3 = -\frac{12 \cdot 9}{6}$$

$$5x = -15$$

$$x = -3$$

Lösungsmenge

$$L = \{(-3; -2)\}$$
○

○ **Beispiel**

Bestimmen Sie die Lösungsmenge des Gleichungssystems

$$\left| \begin{array}{l} \dfrac{x + 2y + 5}{y - 2x + 7} = 5 \\[2mm] \dfrac{y - 3x - 2}{x + 3y + 4} = -1 \end{array} \right|$$ $(G = \mathbb{Q} \times \mathbb{Q})$

Lösung

Die beiden Bruchgleichungen lassen sich sehr einfach durch Termmultiplikation mit dem jeweiligen Nenner bruchfrei machen.

(1) $\left| \begin{array}{l} x + 2y + 5 = 5(y - 2x + 7) \\ y - 3x - 2 = -1(x + 3y + 4) \end{array} \right|$
(2)

Nach dem Zusammenfassen wenden wir das Additionsverfahren in der üblichen Weise an.

(1') $\left| \begin{array}{l} 11x - 3y = 30 \\ -x + 2y = -1 \end{array} \right| \quad \cdot 11$
(2')

$$\left| \begin{array}{r} \boxed{11x} - 3y = 30 \\ \boxed{-11x} + 22y = -11 \end{array} \right| \quad \begin{array}{l} (1'') \\ (2'') \end{array}$$

$$19y = 19$$

$$y = 1 \qquad (3)$$

Durch Einsetzen von (3) in (2') ergibt sich:

$$-x + 2 = -1$$

$$x = 3 \qquad (4)$$

Lösungsmenge

$$L = \{(3; 1)\}$$ ○

○ **Beispiel**

Bestimmen Sie die Lösungsmenge des Gleichungssystems

$$\left| \begin{array}{l} \dfrac{4}{x + 1} + \dfrac{3}{y - 1} = 4 \\[3mm] \dfrac{3}{x + 1} - \dfrac{2}{y - 1} = -\dfrac{5}{4} \end{array} \right|$$ $(G = \mathbb{Q} \times \mathbb{Q})$

Lösung

Da dieselben Nenner jeweils in beiden Gleichungen vorkommen, können die gleichnamigen Bruchterme addiert werden.
Dabei führen wir noch eine Termmultiplikation durch, um die Variable y zu eliminieren.

$$(1) \quad \frac{4}{x+1} + \frac{3}{y-1} = 4 \quad \Big| \cdot 2$$

$$(2) \quad \frac{3}{x+1} - \frac{2}{y-1} = -\frac{5}{4} \quad \Big| \cdot 3$$

Durch Anwendung des Additionsverfahrens erhalten wir

$$\frac{8}{x+1} + \frac{9}{x+1} = 8 - \frac{15}{4}$$

$$\frac{17}{x+1} = \frac{17}{4}$$

$$x + 1 = 4$$

$$x = 3 \qquad (3)$$

Durch Einsetzen von (3) in (1) ergibt sich:

$$\frac{4}{4} + \frac{3}{y-1} = 4$$

$$\frac{3}{y-1} = 3$$

$$y = 2$$

Lösungsmenge

$$\underline{\underline{L = \{(3;2)\}}}$$

Anmerkung: Das Gleichungssystem läßt sich auch durch Einführung von Hilfsvariablen u und v lösen. Dabei würde man durch die Substitutionsgleichungen

$$u = \frac{1}{x+1} \qquad (I)$$

$$v = \frac{1}{y-1} \qquad (II)$$

ein bruchfreies Gleichungssystem

$$\begin{vmatrix} 4u + 3v = 4 \\ 3u - 2v = -\frac{5}{4} \end{vmatrix}$$

erhalten, das in üblicher Weise gelöst wird. Die Ergebnisse $u = \frac{1}{4}$ und $v = 1$ werden in (I) bzw. (II) eingesetzt. Daraus erhält man $x = 3$ und $y = 2$ und damit die Lösungsmenge $L = \{(3;2)\}$. ○

5.3 Lineare Gleichungssysteme mit drei Variablen

Ein Gleichungssystem mit drei Variablen führt auf ein Zahlentripel als Lösung, das der Grundmenge $G = \mathbb{Q} \times \mathbb{Q} \times \mathbb{Q}$ entnommen wird. Für die Lösung solcher Gleichungssysteme können die Lösungsmethoden der Gleichungssysteme mit zwei Variablen angewandt werden.

○ **Beispiel**

Bestimmen Sie für folgendes Gleichungssystem die Lösungsmenge aus $G = \mathbb{Q} \times \mathbb{Q} \times \mathbb{Q}$.

$$\begin{vmatrix} 3x + 2y - z = 1 \\ 2x \quad\quad - 4z = 0 \\ x + 2y + 2z = 2 \end{vmatrix}$$

Lösung

Da die Variable y nicht in allen drei Gleichungen vorkommt, läßt sich diese Variable durch Subtraktion der Gln. (1) und (3) eliminieren.

$$\downarrow$$

$$\begin{vmatrix} 3x + \boxed{2y} - z = 1 \\ 2x \quad\quad - 4z = 0 \\ x + \boxed{2y} + 2z = 2 \end{vmatrix}$$

(1)
(2)
(3)

$(1)-(3):$

Da die Gl. (2) wie die erhaltene Gl. (4) noch die Variablen x und y enthält, läßt sich durch eine weitere Subtraktion die Variable x eliminieren.

$$\begin{vmatrix} \boxed{2x} - 3z = -1 \\ \boxed{2x} - 4z = 0 \end{vmatrix}$$

(4)
(2)

$(4)-(2):$

$$z = -1 \qquad (5)$$

Durch Einsetzen von (5) in (2) erhält man x.

(5) in $(2):$

$$2x + 4 = 0$$
$$\underline{x = -2} \qquad (6)$$

Durch Einsetzen von (5) und (6) in (1) erhält man y.

(5) und (6) in $(1):$

$$-6 + 2y + 1 = 1$$
$$\underline{y = 3} \qquad (7)$$

Lösungsmenge

$$\underline{\underline{L = \{(-2;3;-1)\}}}$$

Probe: (1) $-6 + 6 + 1 = 1$ ⎫
         (2) $-4 \quad\;\; + 4 = 0$ ⎬ wahre Aussagen
         (3) $-2 + 6 - 2 = 2$ ⎭

                                                                                 ○

○ **Beispiel**

Bestimmen Sie die Lösungsmenge aus $G = \mathbb{Q} \times \mathbb{Q} \times \mathbb{Q}$.

$$\begin{vmatrix} x - 2y - 3z = -5 \\ 3x + 3y + z = 6 \\ 2x + y - z = 0 \end{vmatrix}$$

Lösung

Kommen alle drei Variablen in allen drei Gleichungen vor, so wird dieselbe Variable jeweils aus zwei Gleichungen eliminiert.

So kann z.B. z aus (1) und (2), als auch aus (2) und (3) mit Hilfe des Additionsverfahrens eliminiert werden.

Schema

Es ist zu beachten, daß aus (1) und (2) und (2) und (3) jeweils dieselbe Variable (hier z) eliminiert wird.

Es sind auch andere Kombinationen möglich: (1) + (2) und (1) + (3) oder (1) + (3) und (2) + (3)

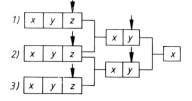

aus (1): $x - 2y \boxed{-3z} = -5$

aus (2): $9x + 9y \boxed{+3z} = 18$ (2')

Addition

(1)+(2'): $10x + 7y = 13$ (4)

aus (2): $3x + 3y \boxed{+z} = 6$

aus (3): $2x + y \boxed{-z} = 0$

Addition

(2)+(3): $5x + 4y = 6 \;|\cdot(-2)$ (5)

Gleichungssystem mit zwei Variablen
(x und y)

(4): $\boxed{10x} + 7y = 13$

$\boxed{-10x} - 8y = -12$

$-y = 1 \;|\cdot(-1)$

$y = -1$ (6)

Lösung durch Einsetzen

(6) in (4): $10x + 7(-1) = 13$

$10x = 20 \;|:10$

$x = 2$ (7)

(6) + (7)

in (3): $2\cdot 2 + (-1) - z = 0$

$3 - z = 0$

$z = 3$ (8)

Lösungsmenge

$\underline{\underline{L = \{(2; -1; 3)\}}}$

○

○ **Anwendungsbeispiel**

Aus den statischen Gleichgewichtsbedingungen der Technischen Mechanik ergab sich folgendes Gleichungssystem

$$\left|\begin{array}{l} F_{N1} - F_{N2} = 0 \\ F - F_1 + \mu F_{N1} + \mu F_{N2} = 0 \\ Fl_1 - F_{N1}\cdot l_2 = 0 \end{array}\right|\quad \begin{array}{l}(1)\\(2)\\(3)\end{array}$$

Bestimmen Sie die Kraft F für $l_1 = 100$ mm, $l_2 = 270$ mm, $\mu = 0{,}15$ und $F_1 = 400$ N.

Lösung

Durch Einsetzen von (1') in (2) erhält man nach dem Zusammenfassen die Gl. (2'), die wir mit Gl. (3) zu einem Gleichungssystem verknüpfen.

aus (1): $F_{N2} = F_{N1}$ (1')

$F - F_1 + \mu F_{N1} + \mu F_{N1} = 0$

$\left|\begin{array}{l} F - F_1 + 2\mu F_{N1} = 0 \\ Fl_1 - l_2 \cdot F_{N1} = 0 \end{array}\right|\quad\begin{array}{l}(2')\\(3)\end{array}$

Durch Einsetzen von Gl. (3') in Gl. (2') erhält man Gl. (4), aus der wir die gesuchte Kraft F berechnen können.

aus (3): $F_{N1} = F \cdot \dfrac{l_1}{l_2}$ (3')

(3') in (2'):

$F - F_1 + 2\mu \cdot \dfrac{l_1}{l_2} \cdot F = 0$ (4)

$F\left(1 - 2\mu \cdot \dfrac{l_1}{l_2}\right) = F_1$

$\underline{\underline{F = \dfrac{F_1}{\left(1 - 2\mu \dfrac{l_1}{l_2}\right)}}}$ (4')

Mit den gegebenen Zahlenwerten erhält man $F = 450$ N.

$$F = \frac{400\ \text{N}}{1 - 2 \cdot 0{,}15 \cdot \frac{100\,\text{mm}}{270\,\text{mm}}}$$

$$\underline{F = 450\ \text{N}}$$

Aus Gl. (3') läßt sich damit auch die Normalkraft F_{N1}, die der Kraft F_{N2} entspricht, berechnen.

$$F_{N1} = 450\ \text{N}\frac{100\,\text{mm}}{270\,\text{mm}}$$

$$\underline{\underline{F_{N1} = F_{N2} = 166{,}67\ \text{N}}}$$ O

5.4 Textaufgaben mit zwei Variablen

5.4.1 Mischungsaufgaben

O **Anwendungsbeispiel**

Mischt man $3\,l$ einer Methylalkoholmischung mit $5\,l$ einer verdünnteren Sorte, so erhält man 50%igen Methylalkohol. Setzt man aber den $3\,l$ der ursprünglichen Sorte $7\,l$ der zweiten Sorte hinzu, so erhält man eine 47%ige Mischung.
Wieviel Prozent Methylalkohol enthielt die ursprüngliche Mischung?

Lösung

Die Konzentration der 1. Sorte sei x %
Die Konzentration der 2. Sorte sei y %

Die reine Methylalkoholmenge vor dem Mischen und nach dem Mischen soll gleich bleiben.
Daraus ergibt sich die Zahlenwertgleichung

1. Mischen

$$3\,l \cdot \frac{x}{100} + 5\,l \cdot \frac{y}{100} = 8\,l \cdot \frac{50}{100}$$

$$\boxed{3x + 5y = 400}$$ (1)

2. Mischen

$$3\,l \cdot \frac{x}{100} + 7\,l \cdot \frac{y}{100} = 10\,l \cdot \frac{47}{100}$$

$$\boxed{3x + 7y = 470}$$ (2)

Durch Anwendung des Einsetzungsverfahrens erhält man die Lösungen

(2) in (1):
$$\begin{aligned}470 - 7y + 5y &= 400\\ 2y &= 70\\ \underline{\underline{y}} &= \underline{\underline{35}}\end{aligned}$$ (3)

(3) in (1): $3x + 5 \cdot 35 = 400$
$$\begin{aligned}3x &= 225\\ \underline{\underline{x}} &= \underline{\underline{75}}\end{aligned}$$

Ergebnis

Es wurden 35%iger und 75%iger Alkohol gemischt.   O

○ **Anwendungsbeispiel**

Um das Gefrieren des Kühlwassers in Kraftfahrzeugen zu verhindern, wird Frostschutz-mittel zugemischt. Wieviel Liter Frostschutzmittel ($\rho = 1{,}135\,\dfrac{kg}{dm^3}$) und wieviel Liter Wasser sind zu mischen, um $7\,l$ Kühlwasser-Gefrierschutz-Mischung zu erhalten, die einen Gefrierschutz bis $-30\,^{\circ}C$ ($\rho = 1{,}06\,\dfrac{kg}{dm^3}$) bietet?

Lösung

Mischt man $x\,l$ Frostschutzmittel mit $y\,l$ Wasser, so gilt die

x = Menge des Frostschutzmittels
y = Wassermenge

Mengenbilanz

$$\boxed{x + y = 7} \tag{1}$$

Dies entspricht der *Massenbilanz*

$$\boxed{1{,}135 \cdot x + 1 \cdot y = 1{,}06 \cdot 7} \tag{2}$$

Zur Lösung des aus Gl. (1) und Gl. (2) bestehenden Gleichungssystems eignen sich in gleicher Weise alle drei Lösungs-verfahren. Wir wollen hier das Einset-zungsverfahren anwenden.

aus (1): $\qquad\qquad y = 7 - x \quad (1')$

(1') in (2): $1{,}135x + 7 - x = 7{,}42$
$\qquad\qquad\quad 0{,}135x = 0{,}42$
$\qquad\qquad\qquad\quad \underline{\underline{x = 3{,}11}} \quad (3)$

(3) in (1'): $\qquad\qquad \underline{\underline{y = 3{,}89}}$

Ergebnis

Es müssen $3{,}11\,l$ Frostschutzmittel mit $3{,}89\,l$ Wasser gemischt werden. ○

5.4.2 Bewegungsaufgaben

○ **Anwendungsbeispiel**

Ein Sportflugzeug benötigt für eine 840 km lange Strecke bei Gegenwind 2 h, beim Rück-flug mit Rückenwind 1 h 45 min.
Wie groß ist die Eigengeschwindigkeit des Flugzeugs und welche Windgeschwindigkeit liegt vor?

Lösung

Die Eigengeschwindigkeit sei v_E, die Wind-geschwindigkeit v_W in $\dfrac{km}{h}$.

Auf dem Hinflug verringert sich die Flug-geschwindigkeit um die Windgeschwindig-keit, auf dem Rückflug vergrößert sie sich.

Hinflug

$$\boxed{v_1 = v_E - v_W} \tag{1}$$

Rückflug

$$\boxed{v_2 = v_E + v_W} \tag{2}$$

Durch Anwendung des Additionsverfah-rens erhält man die Geschwindigkeiten v_E und v_W.

(1) + (2): $\quad v_1 + v_2 = 2v_E$

$$\underline{\underline{v_E = \frac{v_1 + v_2}{2}}} \tag{3}$$

Mit den tatsächlichen Fluggeschwindig-
keiten

$$v_1 = \frac{840 \text{ km}}{2 \text{ h}} = 420 \frac{\text{km}}{\text{h}}$$

$$v_2 = \frac{840 \text{ km}}{1,75 \text{ h}} = 480 \frac{\text{km}}{\text{h}}$$

ergibt sich

(3) in (1):

$$v_1 = \frac{v_1 + v_2}{2} - v_W$$

$$v_W = \frac{v_1 + v_2}{2} - v_1$$

$$v_W = \frac{v_2 - v_1}{2} \qquad (4)$$

$$\underline{\underline{v_E = 450 \frac{\text{km}}{\text{h}}}}$$

und

$$\underline{\underline{v_W = 30 \frac{\text{km}}{\text{h}}}}$$

Ergebnis

Das Flugzeug hat eine Eigengeschwindigkeit von $450 \frac{\text{km}}{\text{h}}$, die Windgeschwindigkeit beträgt $30 \frac{\text{km}}{\text{h}}$ ○

5.4.3 Behälteraufgaben

○ **Anwendungsbeispiel**

Ein Öltank wird von drei Zuleitungen gefüllt. Ist die Pumpe *A* 2 h und die Pumpe *B* 9 h in Betrieb, so ist der Tank zu $\frac{4}{5}$ des Volumens gefüllt. Ist Pumpe *A* 5 h und Pumpe *B* 4 h in Betrieb, so ist der Tank nur zu $\frac{1}{6}$ gefüllt. Wenn *B* 5 h und *C* 8 h arbeiten, so ist der Tank gerade voll. Wie lange würde die Füllzeit dauern, wenn jeweils nur eine Pumpe in Betrieb wäre?

Lösung

Der Öltank werde von Pumpe *A* in *x* h, von Pumpe *B* in *y* h und von Pumpe *C* in *z* h gefüllt.

x = Füllzeit in h von *A*
y = Füllzeit in h von *B*
z = Füllzeit in h von *C*

Füllvolumen von Pumpe *A*
In *x* h ... *V* m³
In 1 h ... $\frac{V}{x}$ m³

Füllvermögen in $\frac{\text{m}^3}{\text{h}}$

von *A*: $\frac{V}{x}$

Entsprechendes gilt für die Pumpe *B*

von *B*: $\frac{V}{y}$

und *C*

von *C*: $\frac{V}{z}$

Aus dem Fördervolumen der Pumpen *A* und *B* ergibt sich:

$$\frac{V}{x} \cdot 2 + \frac{V}{y} \cdot 9 = \frac{4}{5} V \qquad | : V$$

$$\frac{2}{x} + \frac{9}{y} = \frac{4}{5}$$

Entsprechendes gilt für die übrigen Förderdervolumina, so daß wir folgendes Gleichungssystem erhalten:

$$\frac{2}{x}+\frac{9}{y}=\frac{4}{5} \qquad (1)$$

$$\frac{5}{x}+\frac{4}{z}=\frac{5}{6} \qquad (2)$$

$$\frac{5}{y}+\frac{8}{z}=1 \qquad (3)$$

Zur rechnerischen Lösung können wir folgende Substitution durchführen:

$$\frac{1}{x}=u \qquad (I)$$

$$\frac{1}{y}=v \qquad (II)$$

$$\frac{1}{z}=w \qquad (III)$$

Das Gleichungssystem kann jedoch auch durch einfache Addition gelöst werden. Wir wählen den letzteren Weg.

$$(1') \quad \frac{2}{x}+\frac{9}{y}=\frac{4}{5} \qquad |\cdot 5$$

$$(2') \quad \frac{5}{x}+\frac{4}{z}=\frac{5}{6} \qquad |\cdot(-2)$$

$$(3') \quad \frac{5}{y}+\frac{8}{z}=1$$

Aus (1') und (2') erhalten wir

$$\frac{45}{y}-\frac{8}{z}=\frac{7}{3} \qquad (4)$$

$$\frac{5}{y}+\frac{8}{z}=1 \qquad (3)$$

Aus (4) und (3) erhalten wir

$$\frac{50}{y}=\frac{7}{3}$$

$$\underline{\underline{y=15}} \qquad (5)$$

(5) in (1):

$$\frac{2}{x}+\frac{9}{15}=\frac{4}{5}$$

$$\underline{\underline{x=10}} \qquad (6)$$

(6) in (3):

$$\frac{5}{15}+\frac{8}{z}=1$$

$$\underline{\underline{z=12}}$$

Ergebnis

Der Tank wird gefüllt von Pumpe *A* allein in 10 h, Pumpe *B* allein in 15 h, Pumpe *C* allein in 12 h.   ○

5.4.4 Vermischte Aufgaben

○ **Anwendungsbeispiel**

Ein Rundmaterial aus einer Kupfer-Zinn-Legierung zeigt unter Wasser eine Gewichtskraft von 4,41 N und in Luft eine Gewichtskraft von 5 N.
Wieviel Gramm Kupfer ($\rho = 8,9 \frac{9}{cm^3}$) und wieviel Gramm Zinn ($\rho = 7,4 \frac{9}{cm^3}$) sind in dem Rundmaterial enthalten?

Lösung

Das Rundmaterial enthalte x g Kupfer und y g Zinn.

Der Unterschied der Gewichtskraft von 0,59 N ist durch die Auftriebskraft bedingt.

Auftriebskraft

$$F_A = V \cdot \rho \cdot g$$

Damit läßt sich das Volumen berechnen:

$$V = \frac{F_A}{\rho \cdot g}$$

($\rho_{Wasser} = 1 \frac{kg}{dm^3}$)

$$V = \frac{0,59 \text{ N}}{1 \frac{kg}{dm^3} \cdot 9,81 \frac{m}{s^2}}$$

Aus der Beziehung $V = \frac{m}{\rho}$ lassen sich die Volumenanteile der Legierungskomponenten berechnen. Dabei gilt die Zahlenwertgleichung:

$$\boxed{\frac{x}{8,9} + \frac{y}{7,4} = 60} \qquad (1)$$

Die Masse des Rundmaterials berechnet sich aus $m = \frac{G}{g}$.

$$m = \frac{5 \frac{kgm}{s^2}}{9,81 \frac{m}{s^2}} = 0,5097 \text{ kg}$$

$$\underline{\underline{m = 509,7 \text{ g}}}$$

Sie besteht aus x g Cu und y g Sn.

Damit gilt

$$\boxed{x + y = 509,7} \qquad (2)$$

(2) in (1):

$$\frac{x}{8,9} + \frac{509,7 - x}{7,4} = 60 \quad |\cdot 7,4 \cdot 8,9$$

$$7,4x + 4536,3 - 8,9x = 3951,6$$

$$\underline{\underline{x = 389,82}}$$

$$\underline{\underline{y = 119,88}}$$

Ergebnis

Die Legierung enthält 389,82 g Cu und 119,88 g Sn.   ○

○ **Anwendungsbeispiel**

Wird jede Seite eines Rechtecks um 2 m verlängert, so vergrößert sich der Flächeninhalt um 144 m². Der Flächeninhalt verringert sich um 90 m², wenn nur die Längsseite um 3 m verkürzt wird. Wie lang sind die Seiten des Rechtecks?

Lösung

Die gesuchten Seiten seien x m und y m lang.
Mit Hilfe einer Skizze werden die Bedingungen veranschaulicht und in Gleichungen umgesetzt.

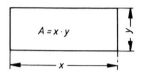

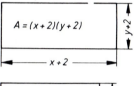

Gl chungssystem

$$\begin{vmatrix} (x+2)(y+2) = x \cdot y + 144 \\ (x-3) \cdot y = x \cdot y - 90 \end{vmatrix} \quad \begin{matrix}(1)\\(2)\end{matrix}$$

aus (1): $2x + 2y = 140$ (1')

aus (2): $\quad\quad y = 30$ (2')

Einsetzung   (2') in (1'): $\quad x = 40$ (3)

Ergebnis

Die Seiten des Rechtecks sind 30 m und 40 m lang.   ○

○ **Beispiel**

In einem rechtwinkligen Dreieck sind die beiden Katheten zusammen 17 cm lang. Verkürzt man die längere Kathete um 7 cm und verlängert man die kürzere um 7 cm, so bleibt die Länge der Hypotenuse unverändert. Wie lang sind die Katheten?

Lösung

Die gesuchten Katheten seien x cm und y cm lang.

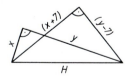

Da die Hypotenusen gleich sind, sind auch die Quadrate der Hypotenusen für das ursprüngliche und das veränderte Dreieck gleich. Sie lassen sich nach Pythagoras berechnen.

$$x^2 + y^2 = (x+7)^2 + (y-7)^2$$
$$x^2 + y^2 = x^2 + 14x + 49 + y^2 - 14y + 49$$

$$\boxed{x - y = -7} \quad (1)$$

Andererseits ist die Summe der Katheten gleich 17 cm.

$$\boxed{x + y = 17} \quad (2)$$

Damit ergibt sich folgendes Gleichungssystem:

$$\left|\begin{array}{l} x - y = -7 \\ x + y = 17 \end{array}\right|$$

(1)
(2)

Die Lösung erhalten wir mit Hilfe des
Additionsverfahrens.

$$2x = 10$$

$$x = 5$$

$$y = 12$$

Ergebnis

Die Länge der Katheten beträgt 5 cm und 12 cm.   ○

○ **Anwendungsbeispiel**

Das Übersetzungsverhältnis eines Zahntriebs beträgt $i = 1:6$ bei einem Achsabstand von
$a = 91$ mm. Wie groß müssen die Teilkreisdurchmesser der Zahnräder werden?

$$\left(a = \frac{d_{01} + d_{02}}{2} ; \quad i = \frac{d_{02}}{d_{01}} \right)$$

Lösung

Ausgangspunkt sind die beiden Formeln,
die zu einem Gleichungssystem mit zwei
Variablen führen.

Achsabstand:

Die Teilkreisdurchmesser betragen x mm
und y mm.

$$\frac{x + y}{2} = 91 \quad | \cdot 2$$

$$\boxed{x + y = 182}$$ (1)

Übersetzungsverhältnis:

$$\frac{y}{x} = \frac{1}{6}$$

$$\boxed{y = \frac{x}{6}}$$ (2)

(2) in (1):

$$x + \frac{x}{6} = 182$$

$$\frac{7}{6}x = 182$$

$$x = 156$$

$$y = 26$$

Ergebnis

Die Teilkreisdurchmesser der Zahnräder betragen 156 mm und 26 mm.   ○

Aufgaben

zu 5 Lineare Gleichungssysteme mit mehreren Variablen

Bestimmen Sie die Lösungsmengen folgender Gleichungssysteme über der Grundmenge $G = \mathbb{Q} \times \mathbb{Q}$.

1. $\left| \begin{array}{l} 3x + 4y = 24 \\ 7x - 2y = 22 \end{array} \right|$

2. $\left| \begin{array}{l} 6x + 2y = 5 \\ 4x - 5y = 2\frac{3}{4} \end{array} \right|$

3. $\left| \begin{array}{l} 5x + 2y = 23 \\ x = 3y - 9 \end{array} \right|$

4. $\left| \begin{array}{l} 3x = 2y + 7 \\ 2x = 18 - 2y \end{array} \right|$

5. $\left| \begin{array}{l} 3,4x - 1,7y = 4,25 \\ 3,2x + 2,3y = 21,55 \end{array} \right|$

6. $\left| \begin{array}{l} 0,4x + 1,8y = 3 \\ 1,4x - 1,2y = 3 \end{array} \right|$

7. $\left| \begin{array}{l} ax + by = 2a \\ a^2x - b^2y = a^2 + b^2 \end{array} \right|$

8. $\left| \begin{array}{l} 9x - 15y = 45 \\ 23,4x + 26y = 39 \end{array} \right|$

9. $\left| \begin{array}{l} ax + by = ab \\ x - y = b \end{array} \right|$

10. $\left| \begin{array}{l} \dfrac{3x}{4} + \dfrac{7}{12} = 2 - \dfrac{2y}{9} \\[2mm] \dfrac{2y}{5} + \dfrac{3}{12} = 1 + \dfrac{9x}{20} \end{array} \right|$

11. $\left| \begin{array}{l} \dfrac{15x - 5}{45 - y} = 8 \\[2mm] \dfrac{25 - 5y}{x - 10} = 25 \end{array} \right|$

12. $\left| \begin{array}{l} \dfrac{4}{x} + \dfrac{5}{y} = \dfrac{8}{15} \\[2mm] \dfrac{5}{x} - \dfrac{3}{y} = \dfrac{1}{20} \end{array} \right|$

13. $\left| \begin{array}{l} \dfrac{a}{x} = \dfrac{b}{y} - 3 \\[2mm] -\dfrac{2a}{x} - \dfrac{b}{y} = 5 \end{array} \right|$

14. $\left| \begin{array}{l} \dfrac{4x - 3y}{2} - \dfrac{3y - 2x}{3} = y + 1 \\[2mm] \dfrac{5x - 3y}{3} - \dfrac{2y - 3x}{5} = x + 1 \end{array} \right|$

15. $\left| \begin{array}{l} y - x = 4 \\[2mm] \dfrac{7 - 2x}{5 - 3y} = \dfrac{3}{2} \end{array} \right|$

16. $\left| \begin{array}{l} \dfrac{1}{2y - 9} = \dfrac{2}{x - y} \\[2mm] \dfrac{3}{3x - 2} = \dfrac{7,5}{4y - 6} \end{array} \right|$

17. $\left| \begin{array}{l} \dfrac{y + 2x + 3}{2y + 3x + 2} = \dfrac{3}{5} \\[2mm] \dfrac{4 - 3y + 3x}{5x - 4y + 1} = \dfrac{1}{2} \end{array} \right|$

18. $\left| \begin{array}{l} \dfrac{2x}{y + 0,5} = 6 \\[2mm] \dfrac{7}{2}y = \dfrac{19}{4} - x \end{array} \right|$

19. $\left| \begin{array}{l} \dfrac{3}{x + 2} + \dfrac{12}{2y + 1} = 1\frac{4}{5} \\[2mm] \dfrac{2}{2y + 1} - \dfrac{5}{x + 2} = 1\frac{2}{5} \end{array} \right|$

20. $\left| \begin{array}{l} \dfrac{5}{2x - 2} + \dfrac{2}{y - 2x} = \dfrac{1}{4} \\[2mm] \dfrac{3}{y - 2x} + \dfrac{7}{2x - 2} = \dfrac{13}{40} \end{array} \right|$

21. $\left| \begin{array}{l} \dfrac{2}{x - 2} + 3 = \dfrac{3}{y - 3} \\[2mm] \dfrac{2}{y - 3} - \dfrac{7}{2 - x} = \dfrac{29}{2} \end{array} \right|$

22.
$$\left|\begin{array}{l} \dfrac{1}{x} + \dfrac{1}{y} = \dfrac{1}{2} \\[2mm] \dfrac{1}{x} - \dfrac{1}{y} = \dfrac{1}{6} \end{array}\right|$$

26.
$$\left|\begin{array}{l} \dfrac{1}{3\,(x-1)} - \dfrac{1}{2\,(y+1)} = \dfrac{7}{6} \\[2mm] \dfrac{1}{3\,(x-1)} - \dfrac{1}{6\,(y+1)} = \dfrac{1}{6} \end{array}\right|$$

23.
$$\left|\begin{array}{l} \dfrac{4}{x} - \dfrac{5}{y} = 3 \\[2mm] \dfrac{7}{x} - \dfrac{1}{y} = 13 \end{array}\right|$$

27.
$$\left|\begin{array}{l} \dfrac{5}{4x-5y} - \dfrac{5x-6y}{3} = \dfrac{3}{2} \\[2mm] \dfrac{4}{4x-5y} + \dfrac{5x-6y}{15} = \dfrac{11}{5} \end{array}\right|$$

24.
$$\left|\begin{array}{l} 4y + \dfrac{8}{x} = 14 \\[2mm] \dfrac{1}{x} - y = -2 \end{array}\right|$$

28.
$$\left|\begin{array}{l} \dfrac{10}{2x+3y-29} + \dfrac{9}{7x-8y+24} = 8 \\[2mm] \dfrac{2x+3y-29}{2} = \dfrac{7x-8y}{3} + 8 \end{array}\right|$$

25.
$$\left|\begin{array}{l} \dfrac{x}{3} + \dfrac{5}{y} = \dfrac{13}{3} \\[2mm] \dfrac{x}{6} + \dfrac{10}{y} = \dfrac{8}{3} \end{array}\right|$$

Bestimmen Sie die Lösungsmengen der folgenden Gleichungssysteme rechnerisch und zeichnerisch ($G = \mathbb{Q} \times \mathbb{Q}$).

29.
$$\left|\begin{array}{l} 3x + 5y = 11 \\ 2x + 3y = 7 \end{array}\right|$$

30.
$$\left|\begin{array}{l} 8x - 5y = 4 \\ 3x + 2y = 17 \end{array}\right|$$

31.
$$\left|\begin{array}{l} 4x + 3y = 8 \\ 6x + 5y = 13 \end{array}\right|$$

32. Ein Heizöltank hat 15 m³ Fassungsvermögen. Von den beiden Zuflußröhren ist die erste 15 min, die zweite 18 min geöffnet, bis der Tank gerade voll ist. Ein anderes Mal war die erste Röhre 18 min und die zweite 15 min geöffnet, dabei fehlten aber noch 300 *l*. Wieviel Liter liefert jede Röhre in der Minute?

Bestimmen Sie die Lösungsmengen folgender Gleichungssysteme über der Grundmenge $G = \mathbb{Q} \times \mathbb{Q} \times \mathbb{Q}$.

33.
$$\left|\begin{array}{l} x + y = 1 \\ x + z = 7 \\ y + z = 2 \end{array}\right|$$

34.
$$\left|\begin{array}{l} x + y + z = 9 \\ x + 2y + 4z = 15 \\ x + 3y + 8z = 23 \end{array}\right|$$

35.
$$\left|\begin{array}{l} 2x - 3y + z = 12 \\ -x + 5y - 2z = -9 \\ 3x - 8y - 5z = 61 \end{array}\right|$$

36.
$$\left|\begin{array}{l} 4x + 5y - 3z = 5 \\ 2x + 3y - z = 7 \\ -4x - y + 2z = 1 \end{array}\right|$$

37.
$$\left|\begin{array}{l} 3x + 5y - z = b \\ -x + 3y + 5z = c \\ 5x - y + 3z = a \end{array}\right|$$

6 Lineare Ungleichungssysteme

Graphische Darstellung von Ungleichungen mit zwei Variablen

○ **Beispiel**

Zeichnen Sie den Graphen der Relation $y \geq \frac{1}{2}x + 1$.

Lösung

Die Gleichung $y = \frac{1}{2}x + 1$ stellt die Gleichung einer Funktion 1.Grades dar, deren Schaubild eine Gerade ist.

Die Ungleichung $y > \frac{1}{2}x + 1$ drückt aus, daß jedem x-Wert ein y-Wert zugeordnet wird, der größer als $\frac{1}{2}x + 1$ ist.

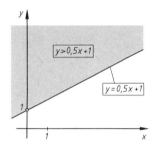

Für jeden x-Wert ergeben sich damit beliebig viele y-Werte. Die Zuordnung ist nicht mehr eindeutig. Es handelt sich um eine Relation.

Die Bildpunkte $(x;y)$ dieser Relation liegen so dicht beieinander, daß sie die Fläche oberhalb der *Grenzgeraden* $y = \frac{1}{2}x + 1$ völlig ausfüllen und damit eine *Halbebene* bilden.

Anmerkung

Bei der Relation $y \geq \frac{1}{2}x + 1$ gehören die Bildpunkte der Grenzgeraden zur Lösungsmenge. Bei der Relation $y > \frac{1}{2}x + 1$ gehören die Bildpunkte der Grenzgeraden nicht mehr zur Lösungsmenge.

○

○ **Beispiel**

Bestimmen Sie graphisch die Lösungsmenge des Ungleichungssystems

$$\{(x;y) \mid x + 2y < 5 \;\wedge\; x - 2y < 1\}_{\mathbb{R} \times \mathbb{R}}$$

Lösung

Das System besteht aus zwei Ungleichungen, die wir durch Äquivalenzumformung so umstellen, daß y auf der linken Seite steht.

1. Relation	2. Relation
$x + 2y < 5$	$x - 2y < 1$
umgestellt:	umgestellt:

$$\boxed{y < -0{,}5x + 2{,}5}$$ $$\boxed{y > 0{,}5x - 0{,}5}$$

Diese beiden Relationen werden durch die Halbebenen dargestellt, die *oberhalb* der Geraden $y = 0,5x - 0,5$ und *unterhalb* der Grenzgeraden $y = -0,5x + 2,5$ liegen.

Zur Festlegung der Halbebenen zeichnen wir deshalb immer die Grenzgeraden, die wir dadurch erhalten, daß wir bei den Ungleichungen das Ungleichheitszeichen durch ein Gleichheitszeichen ersetzen und damit die Funktionsgleichung einer Geraden erhalten.

Lösungsmenge ist immer der Bereich im Koordinatensystem, in dem sich beide Halbebenen überschneiden (= Schnittmenge der beiden Relationen).

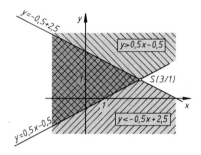

Die Lösungsmenge ist die doppelt schraffierte Punktmenge ohne die Bildpunkte der Grenzgeraden

$$y = \frac{1}{2}x - \frac{1}{2}$$

und

$$y = -\frac{1}{2}x + \frac{5}{2}$$

aus dem Bereich der reellen Zahlenmenge $\mathbb{R}$.

○ **Beispiel**

Bestimmen Sie die Lösungsmenge des Ungleichungssystems aus der Grundmenge ($G = \mathbb{N}$).

$$y < -\frac{1}{3}x + 4 \ \wedge \ y < -1,5x + 7$$

Lösung

Wir zeichnen wiederum die Grenzgeraden $y = -\frac{1}{3}x + 4$ und $y = -1,5x + 7$.

Da als Lösung nur Wertepaare aus dem Bereich der natürlichen Zahlen in Betracht kommen, erhält man als Lösungsmenge

$L = \{ (1\,;1), (1\,;2), (1\,;3), (2\,;1), (2\,;2),$

$\quad\quad (2\,;3), (3\,;1), (3\,;2)\}$

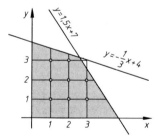

Die Ergebnisse zeigen, daß die Menge der Zahlenpaare ($x\,;y$) einmal begrenzt ist durch die Grenzgeraden $y = -\frac{1}{3}x + 4$ und $y = -1,5x + 7$, wobei Punkte auf diesen Geraden nicht mehr als Lösung in Betracht kommen. Eine weitere Begrenzung stellen die Geraden $x > 0$ und $y > 0$ dar, da nur positive Abszissen- und Ordinatenwerte in Frage kommen.

Da weiterhin nur ganzzahlige Abszissen- und Ordinatenwerte möglich sind, erhält man in diesem Falle nicht mehr beliebig viele Bildpunkte, sondern nur noch die angegebenen sechs Wertepaare.

Aufgaben

zu 6 Lineare Ungleichungssysteme

1. Bestimmen Sie graphisch die Lösungsmenge der Ungleichungssysteme mit der Grundmenge $G = \mathbb{R} \times \mathbb{R}$:
   a) $y \leqslant -x + 8 \;\wedge\; y \leqslant x + 2 \;\wedge\; y \geqslant 0{,}5x + 1{,}2$
   b) $x - 6 \leqslant 0 \;\wedge\; 6y + x \leqslant 30 \;\wedge\; 5y - 4 \geqslant x \;\wedge\; y + 2x - 3 \geqslant 0$
   c) $y + x \leqslant 10 \;\wedge\; x \leqslant 8 \;\wedge\; 2y + x \geqslant 5 \;\wedge\; x \geqslant 2$
   d) $y \geqslant \frac{1}{4}x - 1 \;\wedge\; y \leqslant -2{,}5x + 8 \;\wedge\; x > 0 \;\wedge\; y \leqslant 6$

2. Bestimmen Sie graphisch die Lösungsmenge der Ungleichungssysteme mit $G = \mathbb{N} \times \mathbb{N}$ und geben Sie die Lösungsmengen in aufzählender Schreibweise an:
   a) $y \leqslant -\frac{1}{5}x + 7 \;\wedge\; y \leqslant -x + 8 \;\wedge\; \frac{1}{2}y + x \leqslant 7$
   b) $y \leqslant 2x \;\wedge\; y \geqslant \frac{1}{2}x \;\wedge\; 4y \leqslant -x + 20$
   c) $y < -\frac{1}{3}x + 6 \;\wedge\; 2y \geqslant 3x - 6 \;\wedge\; y > 1{,}5 \;\wedge\; x - 1 > 0$
   d) $3y + 2x \leqslant 21 \;\wedge\; 3x + 2y \geqslant 14 \;\wedge\; y > 1 \;\wedge\; x > 3$

3. Bestimmen Sie graphisch die Lösungsmenge des Ungleichungssystems
   $$\{(x;y) \,|\, 3y \leqslant x + 10{,}5 \;\wedge\; y \geqslant x - 1 \;\wedge\; 2y \geqslant -7x + 7\}_{\mathbb{N} \times \mathbb{N}}$$
   a) Bestimmen Sie die Koordinaten der Eckpunkte.
   b) Für welchen Punkt wird $z = -5x + 10y$ am kleinsten?
   c) Für welchen Punkt wird $z = -5x + 10y$ am größten (Maximum)?

7 Lineares Optimieren

Betriebswissenschaftler und Ingenieure haben bei der Produktionsplanung oftmals Aufgaben zu lösen, die zu einem möglichst günstigen Kosten-Nutzen-Verhältnis führen sollen.

Probleme dieser Art sind:

1. zweckmäßiger Einsatz und Auslastung von Maschinenkapazitäten,
2. zweckmäßige Lagerhaltung bei entsprechenden Einkaufs- und Verkaufspreisen,
3. Einsatz von Transportmitteln zur Senkung der Transportkosten.

Zwischen der Anzahl der Produkte und den Preisen bzw. Kosten besteht meist ein linearer Zusammenhang. Mathematisch formuliert führt dies zu Gleichungen und Ungleichungen, die gleichzeitig erfüllt sein müssen. Die Verbindung dieser Gleichungen oder Ungleichungen erfolgt durch konjunkte Verknüpfung zu Gleichungs- oder Ungleichungs-Systemen.

Da es sich von der Aufgabenstellung her um die Ermittlung optimaler Lösungen handelt, wird dieses Rechenverfahren als *Lineares Optimieren*, als *Lineare Programmierung* (linear programming) oder als *Linearplanung* bezeichnet.

Die optimale Lösung kann der Kleinstwert (z.B, bei Kosten oder Verlusten) oder der Größtwert (z.B. beim Gewinn) sein.

Optimierungsaufgaben mit sehr vielen Variablen (in der Praxis werden bis zu 100 und mehr Variablen eingeführt) erfordern einen großen Rechenaufwand, der nur mit elektronischen Rechenanlagen bewältigt werden kann.

Im folgenden sollen nur Aufgaben mit zwei Variablen behandelt werden. Zur graphischen Lösung eignen sich nur Probleme mit höchstens zwei Variablen. Für die rechnerische Lösung von Optimierungsaufgaben mit mehr als zwei Variablen eignet sich das von dem Amerikaner *G. B. Dantzig* eingeführte *Simplexverfahren*.

○ **Beispiel**

Ein Unternehmen der Elektroindustrie stellt Haushaltsgeräte her. Zur Herstellung der Geräte G1 und G2 kommen die Maschinen M1, M2 und M3 in Einsatz.

Die Fertigungszeiten für Gerät G1 betragen auf Maschine

> M1 ... 30 min
> M2 ... 60 min
> M3 ... 7,5 min.

Die durchschnittliche Bearbeitungszeit für Gerät G2 beträgt auf Maschine

> M1 ... 30 min
> M2 ... 24 min
> M3 ... 30 min.

Die Maschine M1 kann täglich höchstens 5,5 h, die Maschine M2 maximal 8 h und die Maschine M3 maximal 4,5 h eingesetzt werden.

Wie hoch sollte die Tagesproduktion für jedes Gerät sein, wenn für Gerät G1   30 DM Gewinn und für Gerät G2   40 DM Gewinn erzielt werden und ein möglichst hoher (optimaler) Gesamtgewinn erzielt werden soll?

Lösung

a) Wahl der Variablen

Da x und y Stückzahlen sind, können die x- und y-Werte nur positive ganze Zahlen, d.h. nur natürliche Zahlenwerte sein.

x = Anzahl der täglich produzierten Geräte G1

y = Anzahl der täglich produzierten Geräte G2

$$(x, y \in \mathbb{N})$$

b) Darstellung der in der Textaufgabe enthaltenen Bedingungen

Fertigungszeiten auf M1:
für G1 ... 0,5 h
für G2 ... 0,5 h
Maximalzeit 5,5 h

$$0,5 \cdot x + 0,5 \cdot y \leqslant 5,5 \qquad (1)$$
$$\underline{\underline{y \leqslant -x + 11}} \qquad (1')$$

Fertigungszeiten auf M2:
für G1 ... 1 h
für G2 ... 0,4 h
Maximalzeit 8 h

$$1 \cdot x + 0,4 \cdot y \leqslant 8 \qquad (2)$$
$$\underline{\underline{y \leqslant -2,5x + 20}} \qquad (2')$$

Fertigungszeiten auf M3:
für G1 ... $\frac{1}{8}$ h
für G2 ... 0,5 h
Maximalzeit 4,5 h

$$\frac{1}{8}x + 0,5y \leqslant 4,5 \qquad (3)$$
$$\underline{\underline{y \leqslant -0,25x + 9}} \qquad (3')$$

c) Darstellung der Bedingungen als Graph

Durch die graphische Darstellung der Relationen

$y \leqslant -x + 11$ ①

$y \leqslant -2,5x + 20$ ②

$y \leqslant -0,25x + 9$ ③

entsteht ein Planungsvieleck (Planungspolygon).

Alle Zahlenpaare $(x; y)$ aus der Grundmenge $\mathbb{N} \times \mathbb{N}$ innerhalb dieses Planungspolygons gehören zur Lösungsmenge. Dies sind insgesamt 41 Bildpunkte.

Um aus diesen Produktionsmengen die optimale herauszufinden, ist noch die Optimierungsbedingung zu berücksichtigen.

d) Optimierungsbedingungen (Aufstellen der Zielfunktion)

Der Gewinn errechnet sich aus den produzierten Stückzahlen x und y. Lösen wir Gl. (4) nach y auf, so erhalten wir die *Zielfunktion*, die hier eine Gerade darstellt.

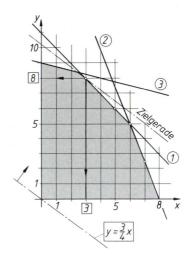

$z = 30x + 40y$ (4)

$y = -\dfrac{3}{4}x + \dfrac{z}{40}$ (5)

(Zielfunktion)

e) Ermittlung des Optimums

Da die Zielfunktion den zunächst noch unbekannten Achsenabschnitt $z/40$ enthält, werden die Zielgeraden als Ursprungsgeraden ins Schaubild eingetragen und anschließend parallel durch den äußersten Punkt des Planungspolygons verschoben. Je größer der Abstand von der Ursprungsgeraden, um so größer ist der Achsenabschnitt und damit der Gewinn.

Durch Einsetzen von $x = 3$ und $y = 8$ in die Zielfunktion kann jetzt der Gewinn berechnet werden.

Weitere Überlegungen können angestellt werden:

Durch Verschiebung der Ursprungsgeraden mit der Gleichung $y = -\dfrac{3}{4} x$ erhält man als äußersten Punkt der Punktmenge des Planungspolygons den Punkt

$\underline{P \ (3 \,|\, 8)}.$

Bei einer Tagesproduktion von drei Geräten G1 und acht Geräten G2 wird ein optimaler Gewinn erzielt.

Gewinn:

$z = 30 \, \text{DM} \cdot 3 + 40 \, \text{DM} \cdot 8$

$\underline{z = 410 \, \text{DM}}$

f) Auslastung der Maschinenkapazitäten

Die Kapazitätsauslastung für die Maschine M1 ergibt sich aus dem Verhältnis der belegten zu der vorhandenen Kapazität. Da beide gleich groß sind, ist die Maschine zu 100 % ausgelastet.

Kapazitätsauslastung:

M1: $0,5 \cdot 3 + 0,5 \cdot 8 \leqslant 5,5$ (1)

$ 5,5 = 5,5$

$ \underline{= 100 \, \%}$

Die Kapazitätsauslastung von M2 ergibt sich aus Gl. (2) zu $\frac{6,2}{8}$ = 0,775 oder 77,5 %.

M2: $1 \cdot 3 + 0,4 \cdot 8 \leqslant 8$ (2)

$6,2 < 8$

$= 77,5\,\%$

Die Auslastung von Maschine M3 ergibt sich nach Gl. (3) zu 97,22 %.

M3: $\frac{1}{8} \cdot 3 + 0,5 \cdot 8 \leqslant 4,5$ (3)

$4,375 < 4,5$

$= 97,22\,\%$ ◯

○ **Beispiel**

Eine Großhandlung will für maximal 20 160 DM ihren Lagerbestand mit zwei Elektrogeräten, G1 und G2, aufstocken.

Gerät G1 kostet im Einkauf 1260 DM, Gerät G2 kostet im Einkauf 420 DM. Aufgrund der Nachfrage sollen von Gerät G1 mindestens 30 % bis maximal 50 % der Geräte G2 auf Lager genommen werden.

Wie viele Geräte von jedem Typ sollen eingekauft werden, wenn ein optimaler Gewinn erzielt werden soll und der Gewinn bei Gerät G1 120 DM und bei Gerät G2 a) 60 DM, b) 40 DM, c) 32 DM beträgt?

Lösung

a) Wahl der Variablen

x = Anzahl der Geräte G1
y = Anzahl der Geräte G2

$(x, y \in \mathbb{N})$

b) Bedingungen in Gleichungen bzw. Ungleichungen ausgedrückt

1. Einkaufspreis beider Geräte

$1260x + 420y \leqslant 20160$ (1)

2. Geräteanzahl von G1 mindestens 30 % von G2

$x \geqslant 0,3y$ (2)

3. Geräteanzahl von G1 höchstens 50 % von G2

$x \leqslant 0,5y$ (3)

4. Optimierungsbedingungen (optimaler Gewinn)

Gleichungen der Zielfunktionen

Zielfunktionen: $(x;y) \to z$

a) $z_1 = 120x + 60y$ (4)

b) $z_2 = 120x + 40y$ (5)

c) $z_3 = 120x + 32y$ (6)

c) Darstellung der Relationen im Schaubild

Zur graphischen Darstellung der Relationen (1) bis (6) werden alle Relationen nach y umgestellt.

$y \leqslant -3x + 48$ (1')

$y \leqslant \frac{10}{3}x$ (2')

$y \geqslant 2x$ (3')

Die graphische Darstellung der Relationen (1') bis (3') führt zu einem Planungsdreieck, in dem die ganzzahligen Paare $(x;y)$ Lösungen sind.

Bestellmöglichkeiten:

Punktmenge im Planungsdreieck

$\{(x;y) \mid y \leqslant -3x + 48 \wedge y \leqslant \frac{10}{3}x$

$\wedge \; y \geqslant 2x\}_{\mathbb{N} \times \mathbb{N}}$

Dies sind zunächst noch sehr viele Möglichkeiten, die erst durch die Zielgeraden eingegrenzt werden.

x	9	9	9	9	8	8	8	8	8	...
y	18	19	20	21	16	17	18	19	20	...

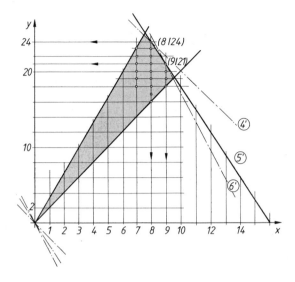

Aus den Gln. (4) bis (6) ergeben sich die Gleichungen der Zielgeraden:

a) $y = -2x + \dfrac{z_1}{60}$ (4')

b) $y = -3x + \dfrac{z_2}{40}$ (5')

c) $y = -3{,}75x + \dfrac{z_3}{32}$ (6')

d) Ermittlung des Optimums

Bei maximalem Gewinn ergeben sich aus dem Planungspolygon folgende Bestellmöglichkeiten:

a) 8 Geräte G1 und 24 Geräte G2   a) (8 | 24)

b) zwei Möglichkeiten:
   8 Geräte G1 und 24 Geräte G2
   9 Geräte G1 und 21 Geräte G2   b) (8 | 24) und (9 | 21)

c) 9 Geräte G1 und 21 Geräte G2   c) (9 | 21)

e) Berechnung des maximalen Gewinns

a) $z_1 = 120\,\text{DM} \cdot 8 + 60\,\text{DM} \cdot 24$ a) $z_1 = \underline{2400\,\text{DM}}$

b) $z_2 = 120\,\text{DM} \cdot 8 + 40\,\text{DM} \cdot 24$ b) $z_2 = \underline{1920\,\text{DM}}$

   $z_2 = 120\,\text{DM} \cdot 9 + 40\,\text{DM} \cdot 21$ $z_2 = \underline{1920\,\text{DM}}$

c) $z_3 = 120\,\text{DM} \cdot 9 + 32\,\text{DM} \cdot 21$ c) $z_3 = \underline{1752\,\text{DM}}$ ○

○ **Beispiel**

Ein Industriebetrieb hat wöchentlich 27 t Frachtgut nach einem Ort A und 16 t nach einem Ort B zu transportieren. Zwei Lieferwagen, W1 und W2, mit 3 t bzw. 2 t Ladekapazität stehen zur Verfügung. Stellen Sie für die beiden Fahrzeuge einen optimalen Einsatz-plan mit möglichst geringen Frachtkosten auf, wenn folgende Bedingungen erfüllt sein müssen:

1. Wagen W1 ist höchstens für 10 Fahrten wöchentlich verfügbar, Wagen W2 für höch-stens 12 Fahrten.

2. Mindestens zweimal wöchentlich soll Wagen W1 nach B und Wagen W2 nach A fahren.

3. In A kann höchstens zwölfmal wöchentlich abgeladen werden.

4. Die Kosten pro Wagen und Strecke sind in folgender Tabelle angegeben:

	Kosten nach A	Kosten nach B
Wagen W1	40 DM	30 DM
Wagen W2	28 DM	18 DM

Lösung

a) Wahl der Variablen

Anzahl der Fahrten

$$W1 \text{ nach } A = x$$
$$W1 \text{ nach } B = y$$
$$W2 \text{ nach } A = u$$
$$W2 \text{ nach } B = v$$

$$(x, y, u, v \in \mathbb{N})$$

b) Bedingungen

1. Beförderte Frachtmengen in Tonnen

nach A: $3x + 2u = 27$ (1)
nach B: $3y + 2v = 16$ (2)

2. Maximal mögliche Anzahl der Fahrten

von W1: $x + y \leqslant 10$ (3)
von W2: $u + v \leqslant 12$ (4)

3. Maximal mögliche Fahrten für W1 und W2 nach A

$$x + u \leqslant 12 \qquad (5)$$

4. Mindestzahl der Fahrten
   für W1 nach B

$$y \geqslant 2 \qquad (6)$$

   für W2 nach A

$$u \geqslant 2 \qquad (7)$$

c) Graphische Darstellung

Da bei der graphischen Darstellung nur noch die beiden Variablen x und y vor-kommen dürfen, wollen wir die Variablen u und v ersetzen aus Gl. (1) und Gl. (2) und die Relationen nach y umstellen.

Substitution der Variablen u und v und Umstellung der Relationen:

Aus (1): $u = -\dfrac{3}{2}x + 13{,}5$ (1')

aus (2): $v = -\dfrac{3}{2}y + 8$ (2')

Aus (3) ergibt sich durch Umstellen

$$y \leqslant -x + 10 \qquad (3')$$

Mit (1') und (2') erhält man aus (4)

$$-\frac{3}{2}x + 13{,}5 - \frac{3}{2}y + 8 \leqslant 12, \quad \text{oder}$$

$$y \geqslant -x + 6{,}33 \qquad (4')$$

Aus (5) ergibt sich mit (1′)

$x - \dfrac{3}{2}x + 13{,}5 \leqslant 12,\ $ oder

$$x \geqslant 3 \qquad (5′)$$
$$y \geqslant 2 \qquad (6)$$

Aus (7) ergibt sich mit (1′)

$-\dfrac{3}{2}x + 13{,}5 \geqslant 2$

$$x \leqslant 7{,}67 \qquad (7′)$$

Die graphische Darstellung der Relationen (3′) bis (7′) ergibt das folgende Bild:

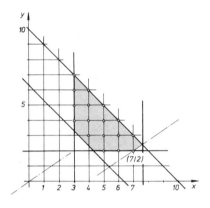

d) Ermittlung des Optimums

Die Transportkosten ergeben sich aus der Kostengleichung

$$z = 40x + 30y + 28u + 18v$$

Mit $u = -\dfrac{3}{2}x + 13{,}5$ und $v = -\dfrac{3}{2}y + 8$ wird

$$z = 40x + 30y + 28\left(-\dfrac{3}{2}x + 13{,}5\right) + 18\left(-\dfrac{3}{2}y + 8\right)$$

Daraus erhält man nach einigen Umformungen die Gleichung der Zielgeraden

$$y = \dfrac{2}{3}x - \dfrac{522}{3} + \dfrac{z}{3}$$

(Gleichung der Zielgeraden)

Als Minimalanzahl der Fahrten erhält man aus dem Schaubild den Bildpunkt

$$(7 \mid 2)$$

Damit ergibt sich folgender Einsatzplan:

Summe aller Fahrten	Anzahl der Fahrten			
	von W1 nach A	von W1 nach B	von W2 nach A	von W2 nach B
17	7	2	3	5

Gesamtkosten: $z = (40 \cdot 7 + 30 \cdot 2 + 28 \cdot 3 + 18 \cdot 5)$ DM $= \underline{\underline{514\ \text{DM}}}$　　　　○

Aufgaben

zu 7 Lineares Optimieren

1. Ein Maschinenteil besteht aus zwei Einzelteilen A und B, die beide in mehreren Arbeitsprozessen an den Maschinen M1, M2 und M3 bearbeitet werden. Auf jeder Maschine kann jeweils nur entweder Teil A oder Teil B bearbeitet werden.
Stückzeit für Teil A auf M1: 45 min,   Stückzeit für Teil A auf M3: 20 min,
Stückzeit für Teil B auf M1: 30 min,   Stückzeit für Teil B auf M3: 40 min.
Stückzeit für Teil B auf M2: 40 min,
Maximale tägliche Betriebsstundenzahl an Maschine M1 7,5 h, an Maschine M2 4,5 h, an Maschine M3 6 h. Die Umrüstzeit von Teil A auf Teil B sei vernachlässigbar klein. Bei welchen Fertigungsziffern ist der Gewinn möglichst groß, wenn an Teil A 20 DM und an Teil B 30 DM Gewinn erzielt werden?

2. Auf einer Maschine sollen zwei Teile A und B gefertigt werden, von denen von Teil B täglich maximal 400 Stück benötigt werden. Von Teil A sollen höchstens 100 Stück mehr als von Teil B hergestellt werden.
Stückzeit für Teil A: 0,8 min,   Stückzeit für Teil B: 0,6 min.
Die tägliche Fertigungszeit beträgt maximal 540 min. Die verhältnismäßig kleine Umrüstzeit von Teil A auf Teil B soll vernachlässigt werden.
   a) Stellen Sie das System der Ungleichungen auf und zeichnen Sie das Planungspolygon.
   b) Welche Stückzahlkombination wird man bei optimaler Ausnutzung der Maschinenkapazität wählen?
   c) Wieviel Stück von jedem Teil wird man täglich fertigen, wenn Teil A 0,80 DM und Teil B 0,40 DM Gewinn bringen und ein optimaler Gewinn erzielt werden soll?

3. Eine Firma stellt Maschinen von Typ A zum Preis von 9000 DM und Maschinen vom Typ B zum Preis von 7500 DM her.
Pro Tag können entweder 16 Maschinen des Typs A oder 40 Maschinen des Typs B fertiggestellt werden.
In 300 Tagen sollen maximal 7200 Maschinen produziert werden.
Wieviel Maschinen von jedem Typ sind herzustellen, wenn eine möglichst hohe Umsatzsumme erreicht werden soll?

4. Zwei Werkstücke A und B, die in mehreren Arbeitsprozessen an den Maschinen M1, M2 und M3 hergestellt werden, sollen mit optimaler Ausnutzung der Maschinenkapazität gefertigt werden.

Betriebsstunden an Maschine	durchschnittliche Arbeitszeit für die Produktion von 1 Stück in h		maximale tägliche Betriebsstundenzahl
	A	B	
M1	0,75	0,5	7,5
M2	–	0,5	3,5
M3	0,25	0,75	6
Gewinn je verkauftes Exemplar	20 DM	30 DM	

a) Bilden Sie den mathematischen Ansatz für das Planungspolygon.

b) Ermitteln Sie aus dem Planungspolygon die Fertigungsziffern von A und B, bei denen der Gewinn möglichst groß wird.

c) Bestimmen Sie die Höhe des Gewinns.

d) Bestimmen Sie für die Fertigungsziffern von A und B, bei denen ein optimaler Gewinn erzielt wird, die prozentuale Auslastung der Maschinenkapazitäten von M1, M2 und M3.

5. Für die Herstellung eines Motorrad-Ersatzteiles stehen drei Automaten zur Verfügung. Während der Automat A1 täglich 600 min zur Verfügung steht, sind die Automaten A2 nur 400 min und A3 nur 270 min verfügbar, da auf ihnen noch andere Teile hergestellt werden müssen.
Wird das Ersatzteil nach dem Verfahren A hergestellt, so sind nur die Automaten A1 und A3 erforderlich, wird das Teil nach dem Verfahren B hergestellt, werden die Automaten A1 und A2 benötigt. Insgesamt sollen täglich 120 Ersatzteile gefertigt werden. Die Fertigungszeiten nach den beiden Verfahren sind folgende:

| | Fertigungszeiten für die Produktion von 1 Stück in min auf | | |
	A1	A2	A3
Verfahren A	4	–	3
Verfahren B	6	5	–

Die Selbstkosten betragen je Stück nach dem Verfahren A 1,70 DM, nach dem Verfahren B 2,20 DM.

a) Wieviel Teile sind nach jedem Verfahren herzustellen, wenn die Selbstkosten einer Tagesproduktion minimal bleiben sollen.

b) Wie groß ist damit die Kapazitätsauslastung der einzelnen Automaten?

6. Ein Elektrogroßhändler beabsichtigt, seinen Lagerbestand um 8400 DM aufzustocken. Vorgesehen ist die Erweiterung des Sortiments durch zwei neue Geräte, von denen Gerät G1 im Einkauf 80 DM, Gerät G2 120 DM kosten.
Auf Grund der Marktsituation werden voraussichtlich mehr Geräte G2 verkauft, deshalb sollen von G2 das 1,5-fache bis das 3-fache der Anzahl der Geräte G1 auf Lager genommen werden.

a) Welche Anzahl von jedem Gerät sind einzukaufen, wenn bei Gerät G1 10 DM und bei Gerät G2 8 DM Gewinn erzielt werden können und der Gesamtgewinn möglichst groß sein soll?

b) Welche Anzahl von jedem Gerät ist auf Lager zu nehmen, wenn bei G1 5,50 DM und bei G2 9 DM Gewinn erzielt werden und der Lagerbestand nach dem optimalen Gewinn ausgerichtet wird?

c) Berechnen Sie jeweils den zu erzielenden Gesamtgewinn.

7. Eine Elektrofirma stellt zwei Geräte A und B her. Die Gehäuse für beide Geräte werden von einer Zulieferfirma produziert, die monatlich höchstens 600 Stück liefern kann.
Die Montageabteilung für Gerät B kann monatlich maximal 400 Geräte bauen, die Montageabteilung für Gerät A kann monatlich höchstens 350 Geräte bauen. Für die elektronische Installation des Gerätes A sind 2 h, für das Gerät B 5 h erforderlich, wobei monatlich nicht mehr als 2250 Arbeitsstunden zur Verfügung stehen.

a) Gerät A bringt 96 DM Gewinn, Gerät B 120 DM. Wieviel Geräte von jeder Sorte sind bei maximalem Gewinn herzustellen?

b) Wieviel % betragen dabei die Kapazitätsauslastungen der Montageabteilungen?

8. Ein Werk hat wöchentlich 24 t Frachtgut in einen Filialbetrieb *A* und 19 t Frachtgut nach einem Ort *B* zu transportieren. Dazu stehen zwei LKWs, W1 und W2, mit jeweils 3 t bzw. 2 t Ladekapazität zur Verfügung.
Stellen Sie für die beiden Fahrzeuge einen Einsatzplan mit möglichst geringen Frachtkosten auf. Dabei sind folgende Bedingungen zu beachten:

1. Sowohl für Wagen W1 wie für Wagen W2 sind wöchentlich jeweils höchstens 12 Fahrten möglich.
2. Mindestens zweimal wöchentlich soll Wagen W2 nach *A* und Wagen W1 nach *B* fahren.
3. Nach *A* sollen wöchentlich nicht mehr als maximal 10 Fahrten vorgesehen werden.
4. Die Fahrtkosten von Wagen W1 betragen nach *A* 30 DM, nach *B* 22 DM.
   Die Fahrtkosten des Zwei-Tonners betragen nach *A* 42 DM, nach *B* 36 DM.

8 Potenzen

8.1 Potenzbegriff

Die Kurzschreibweise für die Summe gleicher Summanden ist das Produkt.

$$3 + 3 + 3 + 3 = 4 \cdot 3$$

vier Summanden   Produkt

Die Kurzschreibweise für das Produkt gleicher Faktoren ist die *Potenz*.

$$3 \cdot 3 \cdot 3 \cdot 3 = 3^4$$

vier Faktoren   Potenz

Die Kurzschreibweise der Potenz besteht aus Grundzahl oder *Basis* und Hochzahl oder *Exponent*.

Exponent (Hochzahl)

$$3^4 = 81$$

Basis (Grundzahl)   Potenzwert
Potenz

Die Hochzahl gibt an, wieviel Faktoren miteinander multipliziert werden sollen.
Damit ergibt sich folgende Definition:

$$a^n = a \cdot a \cdot a \cdot \ldots \cdot a$$

n Faktoren

$$n \in \mathbb{N} \wedge n > 1$$

8.2 Potenzrechnung

8.2.1 Addition und Subtraktion von Potenzen

Wenn es sich um gleiche Potenzterme handelt, können dieselben durch Addition oder Subtraktion zusammengefaßt werden.

1. $3 \cdot 2^2 + 2 \cdot 2^2 - 2^2$
$= (2^2) + (2^2) + (2^2) + (2^2) + (2^2) - (2^2)$
$= 2^2 + 2^2 + 2^2 + 2^2 + 2^2 - 2^2$
$= 4 \cdot (2^2) = \underline{4 \cdot 2^2}$

Die Zusammenfassung kann auch mit Hilfe des Distributivgesetzes (Ausklammern des Potenztermes) ausgeführt werden.

2. $3 \cdot 2^2 + 2 \cdot 2^2 - 2^2$
$= (3 + 2 - 1) \cdot 2^2 = \underline{4 \cdot 2^2}$

3. $5a^n + 7a^n - 2a^n = (5 + 7 - 2)a^n$
$= \underline{10a^n}$

> Gleiche Potenzterme, die in Grundzahl und Hochzahl übereinstimmen, lassen sich durch Addieren und Subtrahieren zusammenfassen.

$$ba^n + ca^n - da^n = a^n(b + c - d)$$

Da nur Potenzen mit gleicher Basis *und* gleichem Exponenten addierbar sind, lassen sich folgende Terme nicht zusammenfassen:

4. $2a^3 + 3x^2 + 4a^3 - 2x^2$
$= \underline{6a^3 + x^2}$

5. $a^2 + 2a^3 + 2b^2 + b^3$
nicht addierbar!

8.2.2 Multiplikation von Potenzen

8.2.2.1 Potenzen mit gleicher Basis

Die Multiplikation wird zunächst durchgeführt, indem man die Potenzen als Produkte schreibt.

1. $2^2 \cdot 2^3 = (2 \cdot 2) \cdot (2 \cdot 2 \cdot 2)$
$= 2 \cdot 2 \cdot 2 \cdot 2 \cdot 2$
$= \underline{2^5}$

Zum gleichen Ergebnis kommt man, indem man die Anzahl der Faktoren aus der Summe der Exponenten ermittelt.

2. $2^{②} \cdot 2^{③} = 2^{2+3} = \underline{2^5}$
drei Faktoren
zwei Faktoren

> Potenzen gleicher Basis werden multipliziert, indem man die Basis mit der Summe der Exponenten potenziert.

$$a^m \cdot a^n = a^{m+n}$$

(1. Potenzregel)

Aus der Anwendung dieser Regel folgt andererseits auch die Umkehrung, daß jede Potenz in ein Produkt von Potenztermen umgewandelt werden kann.

3. $27 \cdot 3^x = 3^3 \cdot 3^x = 3^{3+x}$
$= \underline{\underline{3^{x+3}}}$

4. $4^{n+4} = 4^n \cdot 4^4 = 4^4 \cdot 4^n$
$= \underline{\underline{256 \cdot 4^n}}$

5. $a^{x+y} = \underline{\underline{a^x \cdot a^y}}$

8.2.2.2 Potenzen mit gleichem Exponenten

Wir schreiben die Potenzen in Faktoren-schreibweise und fassen jeweils zwei Faktoren zusammen (Anwendung des Assoziativ- und Kommutativgesetzes).

1. $2^3 \cdot 3^3 = (2 \cdot 2 \cdot 2) \cdot (3 \cdot 3 \cdot 3)$

$= (2 \cdot 3) \cdot (2 \cdot 3) \cdot (2 \cdot 3)$

$= \underline{\underline{(2 \cdot 3)^3}}$

2. $a^3 \cdot b^3 = (ab) \cdot (ab) \cdot (ab)$

$= \underline{\underline{(ab)^3}}$

3. $a^n \cdot b^n = \underbrace{(a \cdot a \cdot a \cdot ... \cdot a)}_{n \text{ Faktoren}} \cdot \underbrace{(b \cdot b \cdot b \cdot ... \cdot b)}_{n \text{ Faktoren}}$

> Potenzen mit gleichem Exponenten werden multipliziert, indem man das Produkt der Grundzahlen mit dem gemeinsamen Exponenten potenziert.

$= \underbrace{(ab)(ab)(ab) \cdot ... \cdot (ab)}_{n \text{ Produkte}}$

$= \underline{\underline{(ab)^n}}$

$$\boxed{a^n \cdot b^n = (a \cdot b)^n}$$

(2. Potenzregel)

Aus der Umkehrung der Potenzregel folgt, daß bei einem Produkt, das potenziert wird, jeder Faktor potenziert werden muß.

4. $(3x)^4 = 3^4 \cdot x^4 = \underline{\underline{81 \cdot x^4}}$

5. $(5abx)^3 = 5^3 \cdot a^3 \cdot b^3 \cdot x^3$

$= \underline{\underline{125a^3b^3x^3}}$

6. $(x^2 - y^2)^2 = ((x-y)(x+y))^2$

$= \underline{\underline{(x-y)^2 \cdot (x+y)^2}}$

8.2.3 Division von Potenzen

8.2.3.1 Potenzen mit gleicher Basis

Wir schreiben die Potenzen wiederum in Faktorenschreibweise.
Da die Faktoren gegeneinander gekürzt werden können, bleibt nur noch die Differenz der Faktoren übrig.

1. $\dfrac{2^5}{2^3} = \dfrac{\cancel{2} \cdot \cancel{2} \cdot \cancel{2} \cdot 2 \cdot 2}{\cancel{2} \cdot \cancel{2} \cdot \cancel{2}} = 2 \cdot 2 = 2^2$

$\dfrac{2^{⑤}}{2^{③}} = 2^{5-3} = \underline{\underline{2^2}}$

5 Faktoren ... 3 Faktoren

2. $\dfrac{a^m}{a^n} = \dfrac{\overbrace{a \cdot a \cdot a \cdot ... \cdot a}^{m \text{ Faktoren}}}{\underbrace{a \cdot a \cdot a \cdot ... \cdot a}_{n \text{ Faktoren}}}$

$= \underbrace{a \cdot a \cdot a \cdot ... \cdot a}_{(m\text{-}n) \text{ Faktoren}}$

$= \underline{\underline{a^{m-n}}}$

Potenzen mit gleicher Basis werden dividiert, indem man die Basis mit der Differenz der Exponenten potenziert.	$$\frac{a^m}{a^n} = a^{m-n}$$

(3. Potenzregel)

Aus der Umkehrung ergeben sich folgende Umformungen

3. $3^{n-2} = \dfrac{3^n}{3^2} = \dfrac{3^n}{9} = \dfrac{1}{9} \cdot 3^n$

4. $2^{3-n} = \dfrac{2^3}{2^n} = \dfrac{8}{2^n} = 8 \cdot \left(\dfrac{1}{2}\right)^n$

8.2.3.2 Potenzen mit gleichem Exponenten

Aus der Faktorenschreibweise der Potenzen ist ersichtlich, daß im Zähler und Nenner die gleiche Anzahl von Faktoren vorkommt.
Damit erhält man ein Produkt aus gleichen Quotienten.

1. $\dfrac{3^3}{2^3} = \dfrac{3 \cdot 3 \cdot 3}{2 \cdot 2 \cdot 2} = \dfrac{3}{2} \cdot \dfrac{3}{2} \cdot \dfrac{3}{2}$

$\qquad = \left(\dfrac{3}{2}\right)^3$

2. $\dfrac{a^n}{b^n} = \dfrac{a \cdot a \cdot a \cdot \ldots \cdot a}{b \cdot b \cdot b \cdot \ldots \cdot b}$

$\qquad = \underbrace{\dfrac{a}{b} \cdot \dfrac{a}{b} \cdot \dfrac{a}{b} \cdot \ldots \cdot \dfrac{a}{b}}_{n \text{ Faktoren}}$

$\qquad = \left(\dfrac{a}{b}\right)^n$

Potenzen mit gleichem Exponenten werden dividiert, indem man den Quotienten der Grundzahlen mit dem gemeinsamen Exponenten potenziert.	$$\frac{a^n}{b^n} = \left(\frac{a}{b}\right)^n$$

(4. Potenzregel)

3. $\left(\dfrac{(a^2 - b^2)^{x-1}}{(a-b)^{x-1}}\right) = \left(\dfrac{a^2 - b^2}{a-b}\right)^{x-1}$

$\qquad = (a+b)^{x-1}$

Aus der Umkehrung ergeben sich praktische Umformungen

4. $\left(\dfrac{a}{2}\right)^3 = \dfrac{a^3}{2^3} = \dfrac{a^3}{8} = \dfrac{1}{8} \cdot a^3$

5. $\left(\dfrac{1}{2}\right)^{n-2} = \dfrac{1^{n-2}}{2^{n-2}} = \dfrac{1}{2^n/2^2} = \dfrac{4}{2^n}$

$\qquad = \dfrac{2^2}{2^n} = 2^{2-n}$

8.2.4 Potenzieren von Potenzen

Zur Erklärung der Potenz einer Potenz gehen wir wieder zur Faktorenschreibweise über.

1. $(2^3)^2 = (2^3) \cdot (2^3)$
$= (2 \cdot 2 \cdot 2) \cdot (2 \cdot 2 \cdot 2)$
$= 2 \cdot 2 \cdot 2 \cdot 2 \cdot 2 \cdot 2 = \underline{\underline{2^6}}$

4. $(a^3)^2 = \underbrace{(a \cdot a \cdot a)}_{3 \text{ Faktoren}} \cdot \underbrace{(a \cdot a \cdot a)}_{3 \text{ Faktoren}} = \underline{\underline{a^6}}$

$2 \cdot 3 = 6 \text{ Faktoren}$

Potenzen werden potenziert, indem man die Exponenten multipliziert und die Basis mit dem Produkt der Exponenten potenziert.

$$\boxed{(a^m)^n = a^{m \cdot n}} \quad {}^{1)}$$

(5. Potenzregel)

Das Vorzeichen des Potenzwertes ist abhängig vom Exponenten.

Bei geraden Exponenten (z.B. $(-2)^4$) ergeben sich positive Potenzwerte.

Bei ungeraden Exponenten (z.B. $(-16)^3$) ergeben sich negative Potenzwerte.

3. $((-a)^4)^3 = (-a)^{12} \quad = \underline{\underline{a^{12}}}$

4. $(-(a^4))^3 = \underline{\underline{-a^{12}}}$

5. $((-2)^4)^3 = (+16)^3 = 4096 = \underline{\underline{+2^{12}}}$

6. $(-(2^4))^3 = (-16)^3 = -4096 = \underline{\underline{-2^{12}}}$

7. $3^6 = 3^{2 \cdot 3} = (3^2)^3 \quad = \underline{\underline{9^3}}$

8.2.5 Erweiterung des Potenzbegriffes auf Potenzen mit negativen ganzen Hochzahlen, auf a^0 und a^1

Nach unserer bisherigen Festlegung der Potenz als Produkt aus n Faktoren ist eine Potenz mit einer Hochzahl unter $n = 2$ nicht mehr definiert, denn ein Produkt muß mindestens aus zwei Faktoren bestehen. Auf Grund des von *Hankel* aufgestellten Permanenzprinzips soll jedoch die Gültigkeit der Rechenregeln beibehalten werden. Dies ist jedoch nur möglich durch drei weitere Potenz-Definitionen.

Wir führen zu diesem Zweck die Division von Potenzen gleicher Grundzahlen sinngemäß weiter, einmal unter Anwendung der Faktorenschreibweise, zum andern durch Anwendung der Potenzgesetze.

Faktorenschreibweise

1. $\dfrac{a^3}{a^2} = \dfrac{\not{a} \cdot \not{a} \cdot a}{\not{a} \cdot \not{a}} = \underline{\underline{a}}$

Anwendung des Potenzgesetzes

$\dfrac{a^3}{a^2} = a^{3-2} = \underline{\underline{a^1}}$

$$\boxed{a^1 = a} \qquad a \in \mathbb{R}$$

${}^{1)}$ Der Ausdruck a^{m^n} ist mehrdeutig. Zur eindeutigen Kennzeichnung einer Potenz sind Klammern zu setzen, z.B. $(a^m)^n$ oder $a^{(m^n)}$.

2. $\dfrac{a^3}{a^3} = \dfrac{\overset{1}{\cancel{a}} \cdot \overset{1}{\cancel{a}} \cdot \overset{1}{\cancel{a}}}{\cancel{a} \cdot \cancel{a} \cdot \cancel{a}} = \underline{\underline{1}}$ $\dfrac{a^3}{a^3} = a^{3-3} = \underline{\underline{a^0}}$

$$\boxed{a^0 = 1}$$ $a \in \mathbb{R} \setminus \{0\}$

3. $\dfrac{a^3}{a^4} = \dfrac{\overset{1}{\cancel{a}} \cdot \overset{1}{\cancel{a}} \cdot \overset{1}{\cancel{a}}}{\cancel{a} \cdot \cancel{a} \cdot \cancel{a} \cdot a} = \underline{\underline{\dfrac{1}{a}}}$ $\dfrac{a^3}{a^4} = a^{3-4} = \underline{\underline{a^{-1}}}$

$$\boxed{a^{-1} = \dfrac{1}{a}}$$ $a \in \mathbb{R} \setminus \{0\}$

4. $\dfrac{a^3}{a^5} = \dfrac{\overset{1}{\cancel{a}} \cdot \overset{1}{\cancel{a}} \cdot \overset{1}{\cancel{a}}}{\cancel{a} \cdot \cancel{a} \cdot \cancel{a} \cdot a \cdot a} = \underline{\underline{\dfrac{1}{a^2}}}$ $\dfrac{a^3}{a^5} = a^{3-5} = \underline{\underline{a^{-2}}}$

$$\boxed{a^{-2} = \dfrac{1}{a^2}}$$

$$\boxed{a^{-n} = \dfrac{1}{a^n}}$$ $a \in \mathbb{R} \setminus \{0\}$

Zusammenfassung:

1. Der Potenzwert einer Potenz mit dem Exponenten 1 ist gleich der Basis. $\boxed{a^1 = a}$

2. Jede Potenz mit dem Exponenten 0 hat den Potenzwert 1. $\boxed{a^0 = 1}$

   Zum Beispiel $4{,}7^0 = 1$, $(-1)^0 = 1$, aber $0^0 \neq 1$ (nicht definiert) $\boxed{0^0 \text{ ist nicht definiert}}$

3. Eine Potenz mit negativem Exponenten ist gleich dem Kehrwert der Potenz mit positivem Exponenten $\boxed{a^{-n} = \dfrac{1}{a^n}}$

Beispiele

Durch Addieren der Exponenten ergeben sich einfachere Schreibweisen.

Mit Hilfe negativer Exponenten lassen sich Brüche ersetzen

1. $x^{n+1-n} \cdot y^{m-(-1+m)} = x^1 y^1 = \underline{\underline{xy}}$

2. $2z^n \cdot z^{-n} = 2z^0 = \underline{\underline{2}}$

3. $\dfrac{1}{x^4} = \underline{\underline{x^{-4}}}$

4. $\dfrac{1}{e^x} = \underline{\underline{e^{-x}}}$

5. $\dfrac{n}{x^{n-1}} = n \cdot x^{-(n-1)} = \underline{\underline{n \cdot x^{1-n}}}$

6. $\quad e^x : e^{-x} = \dfrac{e^x}{e^{-x}} = \dfrac{e^x}{\dfrac{1}{e^x}} = \underline{\underline{e^{2x}}}$

7. $\quad 1 : a^{-2} = \dfrac{1}{a^{-2}} = \underline{\underline{a^2}}$

8. $\quad 0,000\,000\,06 = \underline{\underline{6 \cdot 10^{-8}}}$

Kleine Zahlen werden mit Zehnerpotenzen und negativen Exponenten übersicht-
licher. Im allgemeinen wählt man den
Zahlenfaktor vor der Potenz zwischen 1
und 10.

9. $\quad 0,038 \cdot 10^{-5} = \dfrac{0,038}{10^5} =$

$$= \underline{\underline{3,8 \cdot 10^{-7}}}$$

Zusammenfassung

1. Potenzbegriff
   Potenz = Produkt gleicher Faktoren

   Erweiterter Potenzbegriff:

a^3	$= a \cdot a \cdot a$
a^1	$= a$
a^0	$= 1$

2. Potenzgesetze (1.–5. Potenzregel)

   a) *Multiplikation*
      Potenzen gleicher Grundzahl   **1.** $\boxed{a^m \cdot a^n = a^{m+n}}$

      Potenzen gleicher Hochzahl   **2.** $\boxed{a^n \cdot b^n = (a \cdot b)^n}$

   b) *Division*

      Potenzen gleicher Grundzahl   **3.** $\boxed{\dfrac{1}{a^n} = a^{-n}}$

      $\boxed{\dfrac{a^m}{a^n} = a^{m-n}} \qquad a \neq 0$

      Potenzen gleicher Hochzahl   **4.** $\boxed{\dfrac{a^n}{b^n} = \left(\dfrac{a}{b}\right)^n} \qquad b \neq 0$

   c) *Potenzieren von Potenzen*   **5.** $\boxed{\begin{array}{l} \left(a^m\right)^n = a^{m \cdot n} \\ \left(a^n\right)^m = a^{m \cdot n} \end{array}}$

$$a, b, m, n \in \mathbb{Q}$$

Aufgaben

zu 8.2 Potenzrechnung

Berechnen Sie den Potenzwert folgender Terme.

1. 2^5 **2.** $(-3)^5$ **3.** $(-1)^{2n}$ **4.** $(-\frac{1}{2})^4$

5. $(-0,01)^3$ **6.** $(-\frac{2}{5})^5$ **7.** $(-1)^{2n+1}$ **8.** $-1,01^2$

Formen Sie folgende Terme in einfachere äquivalente Terme um.

9. $(-2)^5 \cdot (-2)^3$ **10.** $10^5 \cdot 10^{-3}$ **11.** $3^0 \cdot 3^3$

12. $0,2^3 \cdot 10^{-1}$ **13.** $2^8 \cdot 2^{-6}$ **14.** $(-2)^{-4} \cdot (-2)^2$

15. $(-4)^{-2} \cdot (25)^{-2}$ **16.** $(\frac{1}{2})^n \cdot (\frac{1}{2})^n$ **17.** $a^{n+2} \cdot a^n$

18. $x^{n-1} \cdot x$ **19.** $(a+x)^0$ **20.** $\frac{1}{x} \cdot x^{n-1}$

21. $x^{2m-1} : x^{-1}$ **22.** $(a+x)(a+x)^2$ **23.** $\frac{(3+x)^0}{2}$

24. $4 \cdot x^4$ **25.** $(3x)^{-3}$ **26.** $(-\frac{1}{x})^{-2}$

27. $(\frac{b}{2a})^2 \cdot 2a^{+2}$ **28.** $a^{-2} \cdot (\frac{1}{a})^{-2}$ **29.** $\frac{3a^2 \cdot b^{-2}}{a^{-1} \cdot b}$

30. $\frac{a^{-4}}{a^{-6}}$ **31.** $\frac{x \cdot x^{-2}}{a^3}$ **32.** $\frac{(-x)^{-2}}{x^{-1}}$

33. $((x^{-3})^{-2})^2$ **34.** $-(x^{-2})^2$ **35.** $\left(\frac{a^2}{a^3 x}\right)^0$

36. $\left(\frac{(a-x)^2}{a^2-x^2}\right)^2$ **37.** $\frac{x^{m-1} \cdot y^{-1}}{y^{n-1} \cdot x^{m+2}}$ **38.** $\frac{x(x^m+y^m) \cdot x^2}{(x^{m+1}+y^m \cdot x)}$

39. $\frac{(x \cdot y^{-2})^3}{(x^{-2} y^{-3})^5}$ **40.** $(a^{-2})^{-2}$ **41.** $\frac{x^{-3} y^2}{a^{-3} b^{-1}} \cdot \frac{a^{-2} \cdot b^{-1}}{x^{-5} \cdot y}$

42. $\frac{x^{-1} \cdot y^4}{x^2} \cdot \frac{x^{n+3}}{y^{n+4}}$

8.3 Besondere Potenzen (Zehnerpotenzen)

Große Zahlen als Zehnerpotenzen

Rauminhalt der Erde:	$1\,083\,000\,000\,000$ km^3	$= 1,083 \cdot 10^{12}$ km^3
Oberfläche der Erde:	$510\,000\,000$ km^2	$= 5,1 \cdot 10^8$ km^2
Entfernung Erde–Sonne: (mittlere Entfernung)	$149\,500\,000$ km	$= 1,495 \cdot 10^8$ km
Entfernung Erde–Mond: (mittlere Entfernung)	$384\,400$ km	$= 3,844 \cdot 10^5$ km
Lichtgeschwindigkeit: (im Vakuum)	$29\,977\,500\,000$ cm·s^{-1}	$= 2,998 \cdot 10^5 \ \frac{km}{s}$

In 22,4 Liter Sauerstoff befinden sich unter Normalbedingungen:

$$602\,400\,000\,000\,000\,000\,000\,000\ \text{Moleküle}$$
$$= 6{,}024 \cdot 10^{23}\ \text{Moleküle}$$

Der Polarstern ist 271 Lichtjahre von der Erde entfernt.

$$1\ \text{Lichtjahr}\quad = 9{,}5 \cdot 10^{12}\,\text{km}$$
$$1\ \text{Lichtsekunde} = 300\,000\ \ \text{km} = 3 \cdot 10^5\ \text{km}$$
$$(= \text{Weg, den ein Lichtstrahl in 1 s zurücklegt})$$

$$271\ \text{Lichtjahre} = 271 \cdot 9{,}5 \cdot 10^{12}\ \text{km}$$
$$= 2\,574\,500\,000\,000\,000\ \text{km}$$

Kleine Zahlen als Zehnerpotenzen

Das Elektron hat eine Ruhemasse von

$$0{,}000\,000\,000\,000\,000\,000\,000\,000\,000\,910\,7\ \text{g}$$
$$= 9{,}107 \cdot 10^{-28}\ \text{g}$$

Masse des Wasserstoffatoms:	$1{,}64 \cdot 10^{-24}$ g
Durchmesser des Wasserstoffatoms:	rund 10^{-8} cm
Durchmesser des Atomkerns:	rund 10^{-12} cm
Wellenlänge der gelben Spektralfarbe (Natriumlicht):	$589 \cdot 10^{-7}$ cm
Durchmesser der roten Blutkörperchen:	$0{,}7 \cdot 10^{-3}$ cm
Länge der kleinsten Bakterien:	rund 10^{-3} mm

Nach DIN 1301 sind für kleine Maßeinheiten folgende Vorsatzsilben üblich:

$$\frac{1}{1\,000\,000\,000}\ \text{mm} = 10^{-12}\ \text{m} = 1\ \text{pm}$$

$$\frac{1}{1\,000\,000}\ \text{mm} = 10^{-9}\ \text{m} = 1\ \text{nm}$$

$$\frac{1}{1\,000}\ \text{mm} = 10^{-6}\ \text{m} = 1\ \mu\text{m}\,[1])$$

$$
\begin{aligned}
\text{Pico-} &= \text{p} = 10^{-12}\\
\text{Nano-} &= \text{n} = 10^{-9}\\
\text{Mikro-} &= \mu = 10^{-6}\\
\text{Milli-} &= \text{m} = 10^{-3}\\
\text{Zenti-} &= \text{c} = 10^{-2}\\
\text{Dezi-} &= \text{d} = 10^{-1}
\end{aligned}
$$

---

[1]) auch „mü-Meter" gelesen

Für große Einheiten wurden folgende Vorsatzsilben eingeführt:

$$\begin{aligned}
\text{Deka-} &= \text{da} &&= 10^1 \\
\text{Hekto-} &= \text{h} &&= 10^2 \\
\text{Kilo-} &= \text{k} &&= 10^3 \\
\text{Mega-} &= \text{M} &&= 10^6 \\
\text{Giga-} &= \text{G} &&= 10^9 \\
\text{Tera-} &= \text{T} &&= 10^{12}
\end{aligned}$$

Beispiele hierfür sind:

$$\begin{aligned}
10 \text{ N} &= 1 \text{ daN} \\
10 \text{ m} &= 1 \text{ dam} \\
100 \, l &= 1 \text{ hl} \\
1000 \text{ g} &= 1 \text{ kg} \\
1000 \text{ kN} &= 1\,000\,000 \text{ N} = 1 \text{ MN} \\
1\,000 \text{ t} &= 1\,000\,000 \text{ kg} = 1\,000\,000\,000 \text{ g} = 1 \text{ Gg}
\end{aligned}$$

Aufgaben

zu 8.3 Besondere Potenzen (Zehnerpotenzen)

Setzen Sie jeweils die richtigen Zehnerpotenzen ein.

1.	$3 \text{ MN} = \ldots \text{ N}$	**4.**	$100 \text{ mV} = \ldots \text{ V}$	**7.**	$1000 \text{ mm}^2 = \ldots \text{ m}^2$
2.	$500 \text{ daN} = \ldots \text{ MN}$	**5.**	$90\,000 \; \Omega = \ldots \text{ M}\Omega$	**8.**	$500 \text{ MW} = \ldots \text{ W}$
3.	$200 \text{ mA} = \ldots \mu\text{A}$	**6.**	$10^5 \text{ kHz} = \ldots \text{ MHz}$	**9.**	$20 \text{ pF} = \ldots \text{ F}$

8.4 Potenzen von Binomen

Der Binomische Lehrsatz

Von den Binomen ist uns die Formel bekannt:

$$(a \pm b)^2 = a^2 \pm 2ab + b^2$$

Daraus ergibt sich:

Eine Summe wird potenziert, indem man die Potenz in ein Produkt von Summentermen verwandelt und dieselben ausmultipliziert.

$$(a + b)^n = \underbrace{(a + b)\,(a + b)\,\ldots\,(a + b)}_{n \text{ Faktoren}}$$

Die Berechnung solcher Produkte ist lang-
wierig. Als Ergebnis erhält man folgende
Gesetzmäßigkeit:

$n = 0$: $(a \pm b)^0 = 1$

$n = 1$: $(a \pm b)^1 = a \pm b$

$n = 2$: $(a \pm b)^2 = a^2 \pm 2ab + b^2$

$n = 3$: $(a \pm b)^3 = a^3 \pm 3a^2 b + 3ab^2 \pm b^3$

$n = 4$: $(a \pm b)^4 = a^4 \pm 4a^3 b + 6a^2 b^2 \pm 4ab^3 + b^4$

.
.
.

1. Die Potenzen von a nehmen ab: $a^4 \quad a^3 \quad a^2 \quad a^1 \quad a^0$

2. Die Potenzen von b nehmen zu: $b^0 \quad b^1 \quad b^2 \quad b^3 \quad b^4$

3. Die Koeffizienten sind dem *Pascal*'schen
   Dreieck zu entnehmen.

Pascalsches Dreieck[3]

$n = 0$

$n = 1$

$n = 2$

$n = 3$

$n = 4$

$n = 5$

$n = 6$

. . .

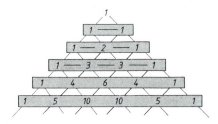

Zusammenfassung

$n = 0$ $(a + b)^0 = 1$

$n = 1$ $(a + b)^1 = a + b$

$n = 2$ $(a + b)^2 = a^2 + 2ab + b^2$

$n = 3$ $(a + b)^3 = a^3 + 3a^2 b + 3ab^2 + b^3$

$n = 4$ $(a + b)^4 = a^4 + 4a^3 b + 6a^2 b^2 + 4ab^3 + b^4$

$n = 5$ $(a + b)^5 = a^5 + 5a^4 b + 10a^3 b^2 + 10a^2 b^3 + 5ab^4 + b^5$

Als allgemeines Ergebnis erhält man:

$$(a \pm b)^n = a^n \pm n \cdot a^{n-1} b + \ldots + (\pm 1)^{n-1} \cdot n \cdot ab^{n-1} + (\pm 1)^n \cdot b^n$$

[3] *Blaise Pascal* (1623–1662)

Aufgaben

zu 8.4 Potenzen von Binomen

Bestimmen Sie die Potenzwerte folgender Binome.

1. $(1 + x)^3$ **4.** $\left(1 - \dfrac{x}{2}\right)^4$ **7.** $(x - 0{,}1)^5$

2. $(2 - x)^4$ **5.** $\left(\dfrac{a}{b} + \dfrac{1}{a}\right)^3$ **8.** $(a + 0{,}01)^3$

3. $(a - 1)^3$ **6.** $(x + y)^4 - (x - y)^4$ **9.** $\left(x + \dfrac{1}{x}\right)^3$

Für höhere Potenzen kann der Ausdruck $(1 + a)^n$ für $|a| \ll 1$ durch den Ausdruck $(1 + na)$ ersetzt werden. Berechnen Sie folgende Potenzen durch die Näherung $(1 + a)^n \approx (1 + n \cdot a)$ und schätzen Sie den relativen Fehler ab.

10. $(1 + 0{,}1)^3$ **14.** $(4{,}95)^3$ **18.** $1{,}05^5$
11. $(1 - 0{,}01)^5$ **15.** $(0{,}98)^5$ **19.** $1{,}03^3$
12. $(0{,}99)^8$ **16.** $1{,}01^{10}$ **20.** $1{,}025^4$
13. $(3{,}003)^5$ **17.** $20{,}02^3$ **21.** $1{,}001^{20}$

9 Potenzfunktionen

Funktionen mit der Funktionsgleichung $y = ax^n$ bezeichnet man als *Potenzfunktionen n-ter Ordnung* (oder *n*-ten Grades). Sie lassen sich aus den Funktionen mit der Gleichung $y = x^n$ durch Dehnung oder Stauchung in *y*-Richtung, bzw. bei negativem *a* noch durch eine Spiegelung an der *x*-Achse erhalten. Potenzfunktionen mit positiven Exponenten bezeichnet man als *Parabeln*. Die Form der Parabeln hängt von dem Exponenten *n* und dem Faktor *a* ab.

| $a > 1$ | *Dehnung* in der *y*-Richtung | *n* gerade | *n* ungerade |

| $1 > a > 0$ | *Stauchung* in der *y*-Richtung |

| $a < 0$ | zusätzliche *Spiegelung* an der *x*-Achse |

Bezüglich ihrer Eigenschaften lassen sich die Parabeln in zwei Gruppen einteilen:

1. Parabeln mit geraden Exponenten (achsensymmetrisch)

Parabeln 2. Ordnung: $y = x^2$ (Quadratische Funktion, Normalparabel)
Parabeln 4. Ordnung: $y = x^4$
Parabeln 6. Ordnung: $y = x^6$

2. Parabeln mit ungeraden Exponenten (punktsymmetrsich)

Parabeln 3. Ordnung: $y = x^3$ (Kubische Funktion, Kubische Parabel, Wendeparabel)
Parabeln 5. Ordnung: $y = x^5$

9.1 Die Funktionen $x \mapsto x^n$ $(n \in \mathbb{N})$

9.1.1 Achsensymmetrische Parabeln $(n$ gerade$)$

○ **Beispiel**

Zeichnen Sie die Graphen der Funktionen

$$x \mapsto x^2$$
$$x \mapsto x^4$$
$$x \mapsto x^6$$

Lösung

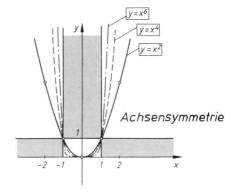

x	0	± 1	± 2	± $\frac{1}{2}$	± 1,5
$y = x^2$	0	1	4	$\frac{1}{4}$	2,25
$y = x^4$	0	1	16	$\frac{1}{16}$	5,06
$y = x^6$	0	1	64	$\frac{1}{64}$	11,39

9.1.2 Punktsymmetrische Parabeln $(n$ ungerade$)$

○ **Beispiel**

Zeichnen Sie die Graphen der Funktionen
$x \mapsto x^3$ und $x \mapsto x^5$.

Lösung

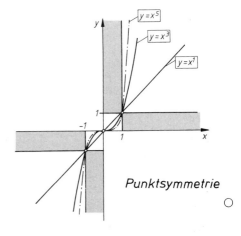

x	0	1	− 1	$\frac{1}{2}$	− $\frac{1}{2}$	+ 1,5	− 1,5
$y = x^3$	0	1	− 1	$\frac{1}{8}$	− $\frac{1}{8}$	3,38	− 3,38
$y = x^5$	0	1	− 1	$\frac{1}{32}$	− $\frac{1}{32}$	7,59	− 7,59

9.2 Die Funktionen $x \rightarrow x^{-n}$ ($n \in \mathbb{N}$)

9.2.1 Punktsymmetrische Hyperbeln (n ungerade)

○ **Beispiel**

Zeichnen Sie die Graphen der Funktionen
$x \mapsto x^{-1}$ und $x \mapsto x^{-3}$.

Lösung

x	1	-1	2	-2	$+3$	-3	$\pm \frac{1}{2}$
$y = \frac{1}{x}$	1	-1	$\frac{1}{2}$	$-\frac{1}{2}$	$\frac{1}{3}$	$-\frac{1}{3}$	± 2
$y = \frac{1}{x^3}$	1	-1	$\frac{1}{8}$	$-\frac{1}{8}$	$\frac{1}{27}$	$-\frac{1}{27}$	± 8

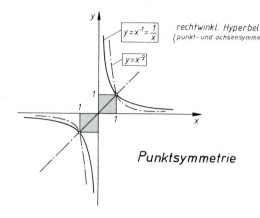

Punktsymmetrie

Funktionen mit der Funktionsgleichung $y = x^{-n}$ ($n \in \mathbb{N}$) heißen *Hyperbeln*. Sie sind für $x = 0$ nicht definiert. Die Hyperbel mit der Gleichung $y = x^{-1} = \frac{1}{x}$ wird als *rechtwinklige Hyperbel* bezeichnet. Sie ist gleichzeitig achsensymmetrisch zu den Winkelhalbierenden.

9.2.2 Achsensymmetrische Hyperbeln (n gerade)

○ **Beispiel**

Zeichnen Sie die Graphen der Funktionen
$x \mapsto x^{-2}$ und $x \mapsto x^{-4}$.

Lösung

x	± 1	± 2	± 3	$\pm \frac{1}{2}$
$y = \frac{1}{x^2}$	1	$\frac{1}{4}$	$\frac{1}{9}$	4
$y = \frac{1}{x^4}$	1	$\frac{1}{16}$	$\frac{1}{81}$	16

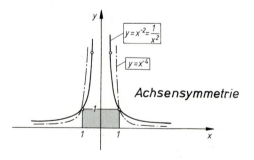

Achsensymmetrie

10 Wurzeln

10.1 Wurzelbegriff

10.1.1 Quadratwurzeln

○ **Beispiel**

Der Flächeninhalt eines Quadrates ist 36 cm². Wie groß ist die Seitenlänge x?

Lösung

Die Fläche eines Quadrates wird berechnet aus dem Quadrat der Seiten:

$$x \cdot x = 36$$

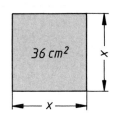

Damit ist nach einer Zahl gesucht, die mit sich selbst multipliziert die Zahl 36 ergibt. Diese Zahl nennt man *Quadratwurzel* (oder kurz Wurzel) aus 36.

$$x^2 = 36$$
$$x = \sqrt{36} = 6 \qquad ○$$

Da hier die Basis einer Potenz zu einem gegebenen Potenzwert gesucht wird, ist das *Wurzelziehen* oder *Radizieren*[1]) die Umkehrung des Potenzierens.

$$6^2 = 36$$
$$\sqrt[2]{36} = 6$$

Die Quadratwurzel aus einer positiven Zahl a ist diejenige positive Zahl x, die quadriert den Radikanden a ergibt.

```
      Wurzelexponent
          \
          2 __
          √a  = x
          \     \
    Radikand   Wurzelwert
```

Der Wurzelexponent 2 bei Quadratwurzeln wird in der Regel nicht geschrieben.

Berechnung des Wurzelwertes

Bei Quadratzahlen und Quotienten aus Quadratzahlen können die Quadratwurzeln sofort angegeben werden, es muß lediglich die Stellenzahl des Radikanden vom Komma ausgehend, in Zweiergruppen eingeteilt werden. Die Anzahl der Zweiergruppen ergibt die Stellenzahl des Wurzelwertes.

$$\sqrt{144} = 12; \quad \sqrt{14400} = 120$$
$$\sqrt{1{,}44} = 1{,}2$$
$$\sqrt{0{,}0144} = 0{,}12$$
$$\sqrt{0{,}00|00|00|01|44} = 0{,}00012$$

---

[1]) von radix (lat.) = Wurzel

10.1.1.1 Der Wurzelwert als positive Zahl

Die Quadratzahl 36 kann aus $(+6) \cdot (+6)$ oder aus $(-6) \cdot (-6)$ entstanden sein. Angewandt auf die Quadratwurzel würde dies bedeuten, daß $\sqrt{36}$ die Wurzelwerte $(+6)$ und (-6) hätte. Die Wurzel aus einer Zahl hätte somit eine Doppelbedeutung, was bei Wurzelgleichungen zu Unklarheiten führen würde. Es gilt deshalb folgende *Definition*:

> Unter dem Wurzelwert versteht man den Betrag, d.h. den positiven Wert der Zahl

$$\sqrt{a^2} = |a|$$

Damit ist

$$\sqrt{36} = 6 \text{ und nicht } (-6)$$
$$\sqrt{x^2} = |x|$$
$$\sqrt{a^2} = |a|$$

Für $a = +6$ gilt:

$$\sqrt{(+6)^2} = |+6| = +(+6) = 6$$

Für $a = -6$ gilt:

$$\sqrt{(-6)^2} = |-6| = -(-6) = 6$$

Für $a = 0$ gilt:

$$\sqrt{0^2} = |0| = 0$$

Verallgemeinert gilt für den Absolutbetrag einer Zahl, damit dieser nicht negativ wird:

$$|a| = +a, \quad \text{wenn } a > 0$$
$$|a| = -a, \quad \text{wenn } a < 0$$
$$|a| = 0, \quad \text{wenn } a = 0$$

10.1.1.2 Wurzeln als irrationale Zahlen

Bei Radikanden, die nicht Quadratzahlen sind, müssen die Werte der Quadratwurzeln mit Hilfe des elektronischen Taschenrechners oder mit Hilfe von Tabellenwerken näherungsweise bestimmt werden.

Für die zahlenmäßige Berechnung gibt es verschiedene Möglichkeiten. Ein einfaches Verfahren soll hier besprochen werden.

Der Wurzelwert von $\sqrt{20}$ liegt zwischen 4 und 5. Da $4^2 = 16$, muß zu der Zahl 4 noch ein Korrekturwert k addiert werden.

$$\sqrt{20} = ?$$
$$\sqrt{20} = 4 + k$$

Durch Quadrieren der Gleichung und Ausmultiplizieren erhält man:

Der sich ergebende Wert k^2 ist verhältnismäßig klein und vernachlässigbar.

$$(\sqrt{20})^2 = (4 + k)^2$$
$$20 = 16 + 8k + \boxed{k^2}$$

vernachlässigbar

Aus der Gleichung $20 = 16 + 8k$ erhält man $k = 0{,}5$. Dies führt zu der 1. Näherung $4 + 0{,}5 = 4{,}5$.

$$k = 0{,}5$$

1. Näherung: $\sqrt{20} \approx 4{,}5$

$$\sqrt{20} = 4{,}5 + k$$
$$20 = 20{,}25 + 9k + \cancel{k^2}$$
$$k = -0{,}02778$$

Durch Wiederholung des Verfahrens erhält man als 2. Näherung bereits den Wert

$$4{,}472 \ldots$$

2. Näherung: $\sqrt{20} \approx 4{,}47222$

Weitere Wiederholungen des Verfahrens führen zu größerer Genauigkeit.

Weitere Näherungen:

$$\sqrt{20} = 4{,}472136\ldots$$

(= unperiodische nicht abbrechende Dezimalzahl)

Die Berechnung zeigt, daß hier eine unperiodische, nicht abbrechende Dezimalzahl entsteht, die man als *irrationale Zahl* bezeichnet.

= *irrationale Zahl*

Indirekter Beweis

Wäre $\sqrt{20}$ eine rationale Zahl, so müßte sie sich als Quotient zweier ganzer Zahlen a und b darstellen lassen, die beide als teilerfremd vorausgesetzt werden.
Daraus würde folgen, daß a^2 das 20-fache von b^2 und damit eine gerade Zahl wäre.
Damit wäre auch a eine gerade Zahl, denn nur gerade Zahlen ergeben quadriert wieder gerade Zahlen.
Eine gerade Zahl enthält stets den Faktor 2, so daß $a = 2p$ gesetzt werden kann. Daraus folgt in entsprechender Weise, daß auch b eine gerade Zahl sein müßte, was im Widerspruch zur Voraussetzung steht, denn a und b hätten mindestens den gemeinsamen Teiler 2.
Es gibt also keine rationale Zahl, deren Quadrat gleich 20 ist.

Annahme: $\sqrt{20}$ sei eine rationale Zahl. dann ist $\sqrt{20}$ durch den Quotienten $\frac{a}{b}$ darstellbar ($a, b \in \mathbb{Z}$ und teilerfremd).

$$\sqrt{20} = \frac{a}{b} \quad \Big|\, \text{Quadrieren}$$
$$20 = \frac{a^2}{b^2}$$
$$a^2 = 20b^2 \qquad (1)$$
$$\Rightarrow a = \textit{gerade Zahl}$$
$$= (2 \cdot p) \qquad (2)$$

(2) in (1): $\quad (2p)^2 = 20b^2$
$$b^2 = 4 \cdot \frac{p^2}{20}$$
$$\Rightarrow b = \textit{gerade Zahl} \quad (3)$$

(2) und (3) sind ein Widerspruch zu der Annahme, daß $\sqrt{20}$ durch einen Quotienten aus teilerfremden Zahlen dargestellt werden kann.
$\sqrt{20}$ ist somit eine *irrationale Zahl.*

Graphisch ist $\sqrt{20}$ unter Anwendung des Satzes von Pythagoras auf der Zahlengeraden darstellbar.

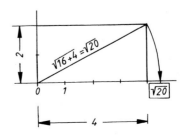

Rationale Zahlen und irrationale Zahlen bilden die

Menge der reellen Zahlen $\mathbb{R}$.

Quadratwurzeln können zu rationalen Zahlen ($\sqrt{16} = 4$, $\sqrt{36} = 6$) führen oder irrationale Zahlen ($\sqrt{2} = 1{,}4142\ ...$, $\sqrt{3} = 1{,}7321\ ...$) sein.

Beim Rechnen mit irrationalen Zahlen können rationale Näherungswerte verwendet werden.

Unter den irrationalen Zahlen gibt es auch Zahlen, die nicht aus Wurzeln entstanden sind.

Beispiele hierfür sind die Kreiszahl π, die Euler-Zahl e oder der natürliche Logarithmus einer beliebigen natürlichen Zahl größer 1. Man nennt sie

transzendent irrationale Zahlen.

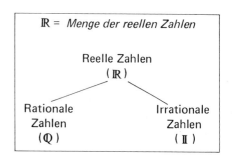

$\mathbb{R}$ = *Menge der reellen Zahlen*

Reelle Zahlen
($\mathbb{R}$)

Rationale Zahlen ($\mathbb{Q}$)   Irrationale Zahlen ($\mathbb{I}$)

π = 3,14159 26535 ...
e = 2,71828 18284 ...
ln 2 = 0,69314 71805 ...

= *transzendent irrationale Zahlen*

10.1.2 Der Allgemeine Wurzelbegriff

Bei der Einführung der Quadratwurzel sind wir von einer Quadratfläche ausgegangen und haben daraus die Seitenlänge ermittelt.

Ebenso könnte man jetzt vom Volumen eines Würfels ausgehen und daraus die Kantenlänge bestimmen.

Das Volumen eines Würfels mit der Kantenlänge 5 cm beträgt

$$5^3 \text{ cm}^3 = 125 \text{ cm}^3.$$

Um hieraus wieder die Kantenlänge zu bestimmen, müssen wir die *3. Wurzel* oder *Kubikwurzel* ziehen.

$$\sqrt[3]{125} = 5$$

Verallgemeinern wir den Wurzelbegriff, so können wir *definieren:*

> Die *n*-te Wurzel aus einer positiven reellen Zahl ist diejenige positive Zahl, deren *n*-te Potenz gleich *a* ist.

Wurzelexponent

$$\sqrt[n]{a} = x$$

Radikand   Wurzelwert

Aus dieser Definition der Wurzel folgt, daß sich Radizieren und nachfolgendes Potenzieren mit dem gleichen Exponenten aufheben.

$$\left(\sqrt[n]{a}\right)^n = a$$

$$a \in \mathbb{R}^+ \wedge n \in \mathbb{N} \setminus \{1\}$$

Umgekehrt müßte aus der Wurzeldefinition auch folgen, daß sich Potenzieren
und nachfolgendes Radizieren aufheben.
Uneingeschränkt gilt dies jedoch nur für
positive Radikanden.

$$\boxed{\sqrt[n]{a^n} = a}$$

$$a \in \mathbb{R}^+ \wedge n \in \mathbb{N} \setminus \{1\}$$

Bei negativen Radikanden würden sich für
gerade n Widersprüche ergeben:

$\sqrt{(-3)^2} = (-3) \ (f)$ (Aufhebung des
Potenzierens
durch Radizieren)

$\sqrt{(-3)^2} = \sqrt{9} = 3$ (auf andere Weise
gerechnet: erst
potenziert, dann
radiziert)

Wir wollen deshalb die *Wurzeldefinition*
in folgender Form festlegen:

$$\boxed{\sqrt[n]{a^n} = \begin{cases} |a| & \text{für gerade } n \\ a & \text{für ungerade } n \end{cases}}$$

$$a \in \mathbb{R} \ \wedge \ n \in \mathbb{N} \setminus \{1\}$$

Zusammenhang zwischen Wurzelrechnung und Potenzrechnung

Durch die Definition der Wurzel läßt sich die Wurzelrechnung mit der Potenzrechnung in
Zusammenhang bringen.

Der Potenzexponent soll die Wirkung des
Wurzelexponenten aufheben.
Dies soll sinngemäß auch für gebrochene
Hochzahlen gelten.
Damit läßt sich auch die Quadratwurzel
als Potenz schreiben:

$$\sqrt{a} = a^{\frac{1}{2}}$$

Beispiele

1. $\sqrt[3]{27} = 3$, denn $3^3 = 27$

2. $\sqrt[5]{243} = 3$, denn $3^5 = 243$

3. $\sqrt[4]{16} = 2$, denn $2^4 = 16$

4. $\sqrt[3]{2} = 2^{\frac{1}{3}}$, denn $(2^{\frac{1}{3}})^3 = 2$

5. $\sqrt[3]{2^2} = 2^{\frac{2}{3}}$, denn $(2^{\frac{2}{3}})^3 = 2^2$

6. $\sqrt{2} = 2^{\frac{1}{2}}$, denn $(2^{\frac{1}{2}})^2 = 2$

Verallgemeinert bedeutet dies:

Jede Wurzel läßt sich als Potenz mit
gebrochener Hochzahl schreiben. Der
Wurzelexponent wird zum Nenner des
Potenzexponenten.

$$\sqrt[n]{a} = a^{\frac{1}{n}}$$

$$\sqrt[n]{a^m} = a^{\frac{m}{n}}$$

$n \in \mathbb{N} \setminus \{1\}, \quad a \in \mathbb{R}_0^+$ für gerade n

$m \in \mathbb{Z}, \quad\quad a \in \mathbb{R}$ für ungerade n

Auch in der Potenzschreibweise sind Quadratwurzeln und Wurzeln höherer Ordnung mit geraden Wurzelexponenten bei
negativen Radikanden im reellen Zahlen-
bereich nicht definiert.

Widersprüche würden sich sonst auch aus
folgender Rechnung ergeben:

Für gerade Wurzelexponenten n sollen
negative Radikanden ausgeschlossen werden.

$$\sqrt{(-3)^2} = (-3)^{\frac{2}{2}} = (-3)^1 = -3$$

$$\sqrt{(-3)^2} = [(-3)^2]^{\frac{1}{2}} = 9^{\frac{1}{2}} = 3.$$

$$(\sqrt{-1})^2 = [(-1)^{\frac{1}{2}}]^2 = (-1)^{\frac{2}{2}} = (-1)^1 = -1$$

$$(\sqrt{-1})^2 = \sqrt{-1} \cdot \sqrt{-1} = (-1)^{\frac{1}{2}} \cdot (-1)^{\frac{1}{2}} =$$

$$= [(-1)\cdot(-1)]^{\frac{1}{2}} = 1^{\frac{1}{2}} = \sqrt{1} = 1$$

Wendet man die Potenzregeln auf Potenzen mit gebrochenen Hochzahlen an, so erhält
man die *Rechenregeln für Wurzeln:*

Potenzregeln

$$a^{\frac{1}{n}} \cdot b^{\frac{1}{n}} = (ab)^{\frac{1}{n}}$$

$$a^{\frac{1}{n}} : b^{\frac{1}{n}} = (a:b)^{\frac{1}{n}}$$

$$a^{\frac{1}{n}} \cdot a^{\frac{1}{m}} = (a)^{\frac{1}{n}+\frac{1}{m}} = a^{\frac{m+n}{mn}}$$

$$\left(a^{\frac{1}{n}}\right)^m = a^{\frac{m}{n}}$$

$$\left(a^{\frac{1}{n}}\right)^{\frac{1}{m}} = a^{\frac{1}{m\cdot n}}$$

Wurzelregeln

$$\sqrt[n]{a} \cdot \sqrt[n]{b} = \sqrt[n]{ab}$$

$$\sqrt[n]{a} : \sqrt[n]{b} = \sqrt[n]{a:b}$$

$$\sqrt[n]{a} \cdot \sqrt[m]{a} = \sqrt[mn]{a^{m+n}}$$

$$(\sqrt[n]{a})^m = \sqrt[n]{a^m}$$

$$\sqrt[m]{\sqrt[n]{a}} = \sqrt[m\cdot n]{a} = \sqrt[n]{\sqrt[m]{a}}$$

Wurzelexponten
vertauscht

Beispiele

Potenzen lassen sich als Wurzeln schreiben

1. $32^{\frac{1}{5}} = \sqrt[5]{32} = \sqrt[5]{2^5} = \underline{\underline{2}}$

2. $\frac{1}{4}^{-\frac{1}{2}} = \frac{1}{\sqrt{\frac{1}{4}}} = \frac{1}{\frac{\sqrt{1}}{\sqrt{4}}} = \underline{\underline{2}}$

3. $9^{-\frac{3}{2}} = \frac{1}{\sqrt{9^3}} = \frac{1}{\sqrt{9\cdot9\cdot9}} =$

$= \frac{1}{\sqrt{9}\sqrt{9}\sqrt{9}} = \underline{\underline{\frac{1}{27}}}$

Wurzeln lassen sich mit Potenzschreibweise leicht umformen

4. $\left(\sqrt[3]{3^2}\right)^6 = \left(3^{\frac{2}{3}}\right)^6 = 3^{\frac{2 \cdot 6}{3}} = 3^4 = \underline{\underline{81}}$

5. $\left(\sqrt[4]{2^{-3}}\right)^{-2} = 2^{-\frac{3}{4}(-2)} = 2^{\frac{3}{2}} = \sqrt{2^3}$

$\phantom{\left(\sqrt[4]{2^{-3}}\right)^{-2}} = \underline{\underline{\sqrt{8}}}$

Potenzen mit Exponenten in Dezimal-
schreibweise lassen sich ebenfalls in Wurzeln umwandeln

7. $16^{0,125} = 16^{\frac{1}{8}} = (2^4)^{\frac{1}{8}} = 2^{\frac{4}{8}}$

$\phantom{16^{0,125}} = 2^{\frac{1}{2}} = \underline{\underline{\sqrt{2}}}$

8. $\left(\frac{1}{4}\right)^{-0,5} = \frac{1}{(\frac{1}{4})^{\frac{1}{2}}} = \frac{1}{\sqrt{\frac{1}{4}}} = \underline{\underline{2}}$

9. $32^{0,6} = 32^{\frac{6}{10}} = 32^{\frac{3}{5}} = (2^5)^{\frac{3}{5}} =$

$\phantom{32^{0,6}} = 2^{\frac{3 \cdot 5}{5}} = 2^3 = \underline{\underline{8}}$

Mehrere Wurzeln lassen sich zusammenfassen

10. $\sqrt{3} \cdot \sqrt{7} = \underline{\underline{\sqrt{21}}}$

11. $\sqrt{\frac{1}{2}} \cdot \sqrt{\frac{4}{3}} = \sqrt{\frac{1 \cdot 4}{2 \cdot 3}} = \underline{\underline{\sqrt{\frac{2}{3}}}}$

12. $\sqrt{2} : \sqrt[4]{2} = 2^{\frac{1}{2}} : 2^{\frac{1}{4}} = 2^{\frac{1}{2} - \frac{1}{4}} = 2^{\frac{1}{4}} =$

$\phantom{\sqrt{2} : \sqrt[4]{2}} = \underline{\underline{\sqrt[4]{2}}}$

Gleichnamige Wurzeln mit gleichem Wurzelexponenten werden multipliziert, indem man die Radikanden multipliziert
und das Produkt radiziert

13. $\sqrt[5]{a^m} \cdot \sqrt[5]{a^{5n-m}} = \sqrt[5]{a^m \cdot a^{5n-m}} =$

$= \sqrt[5]{a^{m+5n-m}} = \sqrt[5]{a^{5n}} = a^{\frac{5n}{5}} = \underline{\underline{a^n}}$

Entsprechendes gilt für die Division

14. $\sqrt{a^2 b} : \sqrt{b} = \sqrt{\frac{a^2 b}{b}} = \underline{\underline{a}}$

15. $\left(\sqrt{30} : \sqrt{6}\right)\sqrt{5} = \sqrt{\frac{30 \cdot 5}{6}} = \underline{\underline{5}}$

Aus den Wurzelregeln folgen weitere
Termumformungen

16. $\left(\sqrt[4]{7}\right)^2 = 7^{\frac{2}{4}} = 7^{\frac{1}{2}} = \underline{\underline{\sqrt{7}}}$

17. $\left(\sqrt[7]{\frac{1}{3^{-2}}}\right)^7 = \frac{1}{3^{-2}} = 3^2 = \underline{\underline{9}}$

18. $\left(\sqrt[3]{x^2}\right)^{12} = \left(x^{\frac{2}{3}}\right)^{12} = x^{\frac{2 \cdot 12}{3}} = \underline{\underline{x^8}}$

19. $\sqrt{\sqrt[5]{x^2}} = (x^{\frac{2}{5}})^{\frac{1}{2}} = x^{\frac{2 \cdot 1}{5 \cdot 2}} = x^{\frac{1}{5}} =$

$\phantom{\sqrt{\sqrt[5]{x^2}}} = \underline{\underline{\sqrt[5]{x}}}$

auf andere Weise gerechnet:
(Vertauschen der Wurzel-
exponenten)

Durch Vertauschen der Wurzelexponenten vereinfacht sich die Rechnung

$$\sqrt{\sqrt[5]{x^2}} = \sqrt[5]{\sqrt{x^2}} = \sqrt[5]{x}$$

Die Wurzeln werden als Potenzen geschrieben

20. $$\sqrt[4]{\left(\sqrt{\sqrt[5]{16}}\right)^{20}} = \left(\left(\left((16)^{\frac{1}{5}}\right)^{\frac{1}{2}}\right)^{20}\right)^{\frac{1}{4}}$$

Die Potenzen werden potenziert, indem man die Exponenten multipliziert

$$= 16^{\frac{1 \cdot 1 \cdot 20 \cdot 1}{5 \cdot 2 \cdot 4}}$$

$$= 16^{\frac{1}{2}} = \sqrt{16} = \underline{\underline{4}}$$

21. $$\frac{x^{\frac{2}{3}}}{\sqrt{x}} = x^{\frac{2}{3} - \frac{1}{2}} = x^{\frac{4}{6} - \frac{3}{6}} = x^{\frac{1}{6}} =$$

$$= \sqrt[6]{x}$$

10.2 Rechnen mit Wurzeltermen

Da Wurzeln in Potenzen umgewandelt werden können, gelten sinngemäß die Gesetzmäßigkeiten der Potenzrechnung auch für den Umgang mit Wurzeltermen.

An einigen *Beispielen* soll dies gezeigt werden.

Beispiele

a) Addieren und Subtrahieren

Nur vollkommen gleiche Wurzeln mit gleichem Wurzelexponenten lassen sich zusammenfassen.[2])

1. $2\sqrt[3]{27} + 5\sqrt[3]{27} - 4\sqrt[3]{27}$

$= (2 + 5 - 4)\sqrt[3]{27} = 3\sqrt[3]{27} = \underline{\underline{9}}$

2. $2\sqrt[3]{2} + 4\sqrt[3]{3} - 3\sqrt[3]{3}$

$= \underline{\underline{2\sqrt[3]{2} + \sqrt[3]{3}}}$

b) Multiplizieren, Dividieren und Potenzieren

Läßt sich ein Radikand in Faktoren zerlegen, deren Wurzeln teilweise rationale Zahlen ergeben, so wird die *Wurzel zerlegt in einen rationalen und irrationalen Faktor (= teilweises Radizieren).*

3. $\sqrt{12} - \sqrt{3} = \sqrt{4 \cdot 3} - \sqrt{3}$

$= \sqrt{4} \cdot \sqrt{3} - \sqrt{3}$

$= 2\sqrt{3} - \sqrt{3} = \underline{\underline{\sqrt{3}}}$

4. $\sqrt{(3x - 3)(3x + 3)} = \sqrt{9x^2 - 9}$

$= \sqrt{9(x^2 - 1)} = \sqrt{9} \cdot \sqrt{x^2 - 1}$

$= \underline{\underline{3\sqrt{x^2 - 1}}}$

---

[2]) $\sqrt{a} + \sqrt{b} \neq \sqrt{a + b}$

z.B. $\sqrt{9} + \sqrt{16} \neq \sqrt{9 + 16}$

$3 + 4 \neq 5$

Die Summe von Wurzeln ist nicht gleich der Wurzel aus der Summe der Radikanden.

Ein Bruch mit einem Wurzelterm im Nenner wird im allgemeinen so umgewandelt, daß durch Erweitern mit dem gleichen oder entsprechenden Wurzelterm der *Nenner wurzelfrei* wird.

5. $\dfrac{a}{\sqrt{2}} = \dfrac{a\sqrt{2}}{\sqrt{2}\,\sqrt{2}} = \dfrac{a\sqrt{2}}{2} = \underline{\underline{\dfrac{a}{2}\sqrt{2}}}$

6. $\sqrt{\dfrac{2}{3}} = \dfrac{\sqrt{2}}{\sqrt{3}} = \dfrac{\sqrt{2}\cdot\sqrt{3}}{\sqrt{3}\cdot\sqrt{3}} = \dfrac{\sqrt{6}}{3} = \underline{\underline{\dfrac{1}{3}\sqrt{6}}}$

7. $\dfrac{2}{a+\sqrt{b}} = \dfrac{2(a-\sqrt{b})}{(a+\sqrt{b})(a-\sqrt{b})}$

$= \underline{\underline{\dfrac{2(a-\sqrt{b})}{a^2 - b}}}$

8. $\dfrac{3}{\sqrt{5}-\sqrt{2}} = \dfrac{3(\sqrt{5}+\sqrt{2})}{(\sqrt{5}-\sqrt{2})(\sqrt{5}+\sqrt{2})}$

$= \dfrac{3}{5-2}(\sqrt{5}+\sqrt{2})$

$= \underline{\underline{\sqrt{5}+\sqrt{2}}}$

Um einen rationalen Nenner zu erhalten, ist in den Beispielen 7 bis 9 für den Nenner die binomische Formel
$(a-b)(a+b) = a^2 - b^2$ zugrunde gelegt.

9. $\dfrac{\sqrt{a}}{\sqrt{a}-\sqrt{b}} = \dfrac{\sqrt{a}(\sqrt{a}+\sqrt{b})}{(\sqrt{a}-\sqrt{b})(\sqrt{a}+\sqrt{b})}$

$= \underline{\underline{\dfrac{a+\sqrt{ab}}{a-b}}}$

Beispiel 10 könnte auch in anderer Weise umgeformt werden, z.B. durch Substitution von $\tan\alpha = \dfrac{\sin\alpha}{\cos\alpha}$ und teilweises Radizieren.

10. $\dfrac{\left(\frac{1}{\cos\alpha}\right)^2}{\sqrt{1+\tan^2\alpha}} = \dfrac{\left(\frac{1}{\cos\alpha}\right)^2\sqrt{1+\tan^2\alpha}}{\sqrt{1+\tan^2\alpha}\,\sqrt{1+\tan^2\alpha}}$

$= \dfrac{\left(\frac{1}{\cos\alpha}\right)^2\sqrt{1+\tan^2\alpha}}{1+\tan^2\alpha}$

$= \dfrac{\sqrt{1+\tan^2\alpha}}{\cos^2\alpha\left(1+\frac{\sin^2\alpha}{\cos^2\alpha}\right)}$

$= \dfrac{\sqrt{1+\tan^2\alpha}}{\underbrace{\cos^2\alpha+\sin^2\alpha}_{1}} = \underline{\underline{\sqrt{1+\tan^2\alpha}}}$

11. $\dfrac{\sqrt[3]{9}+\sqrt[3]{81}}{\sqrt[3]{9}} = \dfrac{(\sqrt[3]{9}+\sqrt[3]{81})\sqrt[3]{3}}{\sqrt[3]{9}\cdot\sqrt[3]{3}}$

$= \dfrac{3+\sqrt[3]{243}}{3} = \dfrac{3+3\sqrt[3]{9}}{3} = \underline{\underline{1+\sqrt[3]{9}}}$

Anmerkung:
Erweitern und Kürzen kann bei Wurzeltermen
zu einer Änderung der Definitionsmenge führen.

Auf andere Weise gerechnet:

$$\frac{\sqrt[3]{9}+\sqrt[3]{81}}{\sqrt[3]{9}} = \frac{\sqrt[3]{9}}{\sqrt[3]{9}}+\frac{\sqrt[3]{81}}{\sqrt[3]{9}} = 1+\sqrt[3]{\frac{81}{9}}$$

$$= 1+\sqrt[3]{9}$$

Zusammenfassung

1. Wurzelbegriff

Quadratwurzel

$$\sqrt{a^2} = |a|$$

Allgemeine Wurzel

$$\sqrt[n]{a^n} = \begin{cases} |a| & \text{für gerade } n \\ a & \text{für ungerade } n \end{cases}$$

$n \in \mathbb{N}\setminus\{1\}$
$a \in \mathbb{R}$

Potenzschreibweise von Wurzeln

$$\sqrt[n]{a} = a^{\frac{1}{n}}$$

$$\sqrt[\boxed{n}]{a^{\boxed{m}}} = a^{\frac{\boxed{m}}{\boxed{n}}}$$

$n \in \mathbb{N}\setminus\{1\}$
$m \in \mathbb{Z}$

$a \in \mathbb{R}_0^+$ für gerade n

$a \in \mathbb{R}$ für ungerade n

2. Wurzelregeln

Die Wurzelregeln ergeben sich aus den Potenzregeln.
Durch Übergang zur Potenzschreibweise können die Potenzregeln angewandt werden.

Aufgaben

zu 10 Wurzeln

Schreiben Sie als äquivalente Wurzelterme und berechnen Sie:

1. $4^{\frac{1}{2}}$ 4. $32^{0,2}$ 7. $\left(\frac{4}{9}\right)^{-\frac{3}{2}}$

2. $0{,}25^{\frac{1}{2}}$ 5. $24\,300\,000^{\frac{1}{5}}$ 8. $\left(\frac{16}{10000}\right)^{-0,5}$

3. $16^{-0,25}$ 6. $\left(\frac{8}{125}\right)^{\frac{1}{3}}$

Vereinfachen Sie folgende Wurzeln unter Verwendung der Potenzschreibweise:

9. $\sqrt[3]{\dfrac{x^{-3}}{x^{-9}}}$ 12. $\sqrt[a]{x^{2a}}$ 15. $\sqrt[a+b]{(x^2)^{3a+3b}}$

10. $\sqrt[3]{\dfrac{2^{-1}}{4^{-2}}}$ 13. $\sqrt[a]{\left(\dfrac{x^3 y}{z^3}\right)^{2a}}$ 16. $\sqrt[ak]{3^{k(a+b)}}$

11. $\left(\sqrt[6]{\dfrac{a^2 b}{b^{-1}}}\right)^3$ 14. $\left(\sqrt[n]{(x^{-2n})^n}\right)^{-\frac{1}{n}}$

Fassen Sie zu einer Wurzel zusammen unter Anwendung der Potenz- oder Wurzelregeln:

17. $\sqrt[3]{2} \cdot \sqrt[3]{4}$

21. $\sqrt{x^3} \cdot \sqrt[4]{x^2}$

25. $\sqrt{\sqrt[3]{x^{2a}}}$

18. $\sqrt[5]{a^2b} \cdot \sqrt[5]{a^3b^4}$

22. $\dfrac{x}{\sqrt[3]{x^2}}$

26. $\sqrt[m+1]{(x)^{2m}} : \sqrt[m+1]{x^m}$

19. $\sqrt[3]{2} \cdot \sqrt[3]{3}$

23. $\sqrt{\dfrac{1}{\dfrac{9}{2}}} : \sqrt{\dfrac{2}{3}}$

27. $\sqrt{\sqrt{\sqrt[4]{\sqrt{65536}}}}$

20. $\sqrt[4]{\dfrac{1}{3}} \cdot \sqrt[4]{6}$

24. $\dfrac{\sqrt{a^2-b^2}}{\sqrt{a+b}}$

28. $\sqrt{2\sqrt{2\sqrt{2}}}$

Fassen Sie soweit wie möglich zusammen:

29. $\sqrt{20} - \sqrt{5} + 3\sqrt{5}$

32. $\sqrt[4]{16x^2} - \sqrt[6]{x^3} + \sqrt{4x}$

30. $\sqrt[3]{a} + 2\sqrt[3]{a} + 3\sqrt[3]{a}$

33. $\sqrt[3]{8} + \sqrt{45} - 4\sqrt[5]{\dfrac{1}{32}}$

31. $\sqrt[n]{a} + \sqrt[2n]{a^2} + 4\sqrt[n]{a}$

34. $a\sqrt{ab^2} + \dfrac{1}{b}\sqrt{a^3b^4}$

35. $\sqrt[an+bn]{(x+y)^{a+b}} + \sqrt[an-bn]{(x+y)^{a-b}}$

36. $\dfrac{3}{\sqrt[3]{a}} + \sqrt[5]{a^{-\frac{5}{3}}}$

Machen Sie durch entsprechende Erweiterung den Nenner rational (wurzelfrei) und vereinfachen Sie soweit wie möglich:

37. $\dfrac{2a}{\sqrt{2a}}$

41. $\dfrac{\sqrt{x}}{x - \sqrt{x}}$

45. $\dfrac{16a^2 - 3b}{4a + \sqrt{3b}}$

38. $\dfrac{a+b}{4\sqrt{a+b}}$

42. $\dfrac{1 + \sqrt{x}}{\sqrt{x} + x}$

46. $\dfrac{2 + \sqrt{2}}{2 - \sqrt{2}}$

39. $\dfrac{2a}{5 \cdot \sqrt{a}}$

43. $\dfrac{(2y + 2x)^2}{(x+y) \cdot \sqrt{x+y}}$

47. $\dfrac{\sqrt[3]{(x-1)^2}}{\sqrt[3]{x-1}}$

40. $\dfrac{2-x}{\sqrt{2-x}}$

44. $\dfrac{\sqrt{2}}{5\sqrt{2} - 4\sqrt{3}}$

48. $\dfrac{2}{\sqrt{a^2+2} - a}$

11 Quadratische Gleichungen

Unter *quadratischen Gleichungen* versteht man Bestimmungsgleichungen, in denen die Lösungsvariable quadratisch, d.h. in der zweiten Potenz vorkommt. Man nennt sie deshalb auch *Gleichungen zweiten Grades.*

Zahlreiche praktische Probleme, insbesondere auch Berechnungen von Längen nach dem Satz des Pythagoras, führen auf quadratische Gleichungen. Folgende Beispiele sollen dies erläutern.

○ Anwendungsbeispiel

Bei einer Paßfederverbindung sollte wegen der zulässigen Flächenpressung die tragende Fläche der Wellennut mindestens 225 mm² betragen. Aus konstruktiven Gründen wird für die tragende Länge der Paßfeder das 9-fache der Wellen-Nuttiefe gewählt.
Welche Wellen-Nuttiefe ist vorzusehen?

Lösung

Die Wellen-Nuttiefe sei x mm, dann ist die tragende Länge der Paßfeder $9x$ mm.
Die tragende Fläche beträgt 225 mm².

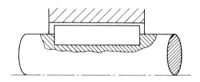

Damit ergibt sich folgende Gleichung:

$$9x \cdot x = 225$$

Aus der quadratischen Gleichung $x^2 = 25$ erhält man durch Wurzelziehen auf beiden Seiten der Gleichung die Nuttiefe $x = 5$ mm.

$$x^2 = 25$$

$$\sqrt{x^2} = \sqrt{25}\,^{1)}$$

Der sich rechnerisch ergebende negative Wert ist hier nicht brauchbar.

$$x_{1/2} = \begin{array}{c} + \\ (-) \end{array} 5$$

$$\underline{\underline{x = 5}}$$ ○

○ Anwendungsbeispiel

Ein rechteckiges Kupferblech mit einer Fläche von 6 cm² soll mit Hilfe eines Schnittwerkzeuges ausgeschnitten werden. Wegen der Begrenzung der Schnittkraft soll die Schnittlänge höchstens 10 cm betragen.
Welche Abmessungen muß der Schnittstempel erhalten?

Lösung

Die Länge des Rechtecks sei x cm, dann ist die Breite $(5 - x)$ cm.
Die Rechteckfläche beträgt 6 cm².

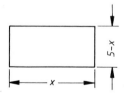

---

[1]) Nach der Definition versteht man unter der Quadratwurzel stets den nichtnegativen Wert der Wurzel, daraus folgt, daß $\sqrt{x^2} = |x|$ und $\sqrt{25} = 5$ ist, was den Ergebnissen $x_1 = 5$, bzw. $x_2 = -5$ entspricht.

Dies führt zu der Gleichung:

$$x \cdot (5-x) = 6$$
$$5x - x^2 = 6$$

Durch Ausmultiplizieren und Ordnen nach fallenden Potenzen erhält man die quadratische Gleichung:

$$x^2 - 5x + 6 = 0$$

Diese quadratische Gleichung läßt sich nicht mehr in dieser Form durch Wurzelziehen lösen.

Durch Probieren finden wir, daß die Werte $x = 2$ und $x = 3$ die Gleichung erfüllen.

$$\underline{\underline{x_1 = 2}}$$

$$\underline{\underline{x_2 = 3}}$$ ○

Die systematische Lösung solcher Gleichungen wollen wir im folgenden besprechen.

Diese Beispiele zeigen, daß wir es mit verschiedenen Formen der quadratischen Gleichungen zu tun haben.

Die *Allgemeinform* der quadratischen Gleichung

$$\boxed{ax^2 + bx + c = 0}$$

$$a, b, c \in \mathbb{R};\ a \neq 0$$

läßt sich durch Dividieren durch den Koeffizient a des quadratischen Terms in die *Normalform* bringen.

$$\boxed{x^2 + px + q = 0}$$

$$p, q \in \mathbb{R}$$

Man nennt:

quadratische Gleichungen der Form

$x^2 + px + q = 0$	gemischtquadratisch
$x^2 + px = 0$	gemischtquadratisch ohne Absolutglied (defektquadratisch)
$x^2 + q = 0$	reinquadratisch

11.1 Rechnerische Lösung quadratischer Gleichungen

11.1.1 Reinquadratische Gleichungen

○ **Beispiel**

Bestimmen Sie die Lösungsmenge der quadratischen Gleichung $x^2 - 16 = 0$ mit $G = \mathbb{R}$.

Lösungen

Reinquadratische Gleichungen lassen sich stets nach der binomischen Formel $a^2 - b^2 = (a - b)(a + b)$ in Linearfaktoren zerlegen.

1. Faktorisieren

$$x^2 - 16 = 0$$
$$(x - 4) \cdot (x + 4) = 0$$

Da ein Produkt Null ist, wenn einer der beiden Faktoren oder beide gleichzeitig Null sind, setzen wir beide Faktoren nacheinander Null und erhalten aus den beiden linearen Gleichungen die Lösungen.

$$(x - 4) = 0$$
$$\underline{x_1 = 4}$$
$$(x + 4) = 0$$
$$\underline{x_2 = -4}$$

$$\underline{\underline{L = \{4; -4\}}}$$

2. Radizieren

Reinquadratische Gleichungen lassen sich auch durch Radizieren (Wurzelziehen) lösen, indem man die Gleichung $x^2 - p = 0$ in die äquivalente Gleichung $x^2 = p$ umformt und auf jeder Seite der Gleichung die Wurzel zieht.

$$x^2 - 16 = 0$$
$$x^2 = 16$$
$$\sqrt{x^2} = \sqrt{16}$$

Dabei ergibt sich für $\sqrt{16} = 4$ und

$$\sqrt{x^2} = |x| = \begin{cases} x, & \text{wenn } x > 0 \\ -(x), & \text{wenn } x < 0 \end{cases}$$

$$|x| = 4$$

Wir erhalten somit zwei Lösungen, x_1 und x_2.

$$x_1 = 4$$
$$x_2 = -4$$
$$\underline{\underline{L = \{4; -4\}}}$$

In *verkürzter Darstellung* können wir somit schreiben:

$$x^2 = 16$$
$$x_{1,2} = \pm \sqrt{16} \,{}^2)$$
$$\underline{\underline{L = \{4; -4\}}}$$

○ **Beispiel**

Bestimmen Sie x aus $7x^2 - 25 = 0$ $(G = \mathbb{R})$.

Lösung

Gleichung auf die Form $x^2 = q$ bringen und radizieren.

$$7x^2 - 25 = 0 \qquad |:7$$
$$x^2 = \frac{25}{7}$$
$$x_{1,2} = \pm \sqrt{\frac{25}{7}}$$
$$\underline{\underline{L = \{2{,}65; -2{,}65\}}} \;\; ○$$

○ **Beispiel**

Bestimmen Sie x aus $(13x + 5)(13x - 5) = 1199$ mit $G = \mathbb{R}$.

Lösung

1. Faktorisieren

Ausmultiplizieren der Klammerterme und zusammenfassen

$$(13x + 5)(13x - 5) = 119$$
$$169x^2 - 25 - 119 = 0$$
$$169x^2 - 144 = 0$$

Zerlegen in Linearfaktoren

$$(13x - 12)(13x + 12) = 0$$

Faktoren Null setzen und Lösungswerte bestimmen

$$x_1 = \frac{12}{13}$$
$$x_2 = -\frac{12}{13}$$
$$\underline{\underline{L = \left\{ \frac{12}{13}; -\frac{12}{13} \right\}}}$$

---

²) Es sei noch einmal bemerkt, daß $\sqrt{16}$ nur einen positiven Wert besitzt. Das Minuszeichen vor der Wurzel ergibt sich aus dem Absolutbetrag von x.

2.   **Radizieren**

Gleichung auf die Form

$$x^2 = q$$

bringen und radizieren.

$$169x^2 - 144 = 0$$

$$x^2 = \frac{144}{169}$$

$$x_{1,2} = \pm \sqrt{\frac{144}{169}}$$

$$L = \left\{\frac{12}{13}; -\frac{12}{13}\right\} \qquad \circ$$

○ **Beispiel**

Bestimmen Sie x aus $\frac{1}{5}x^2 - 0,0073 = \frac{\sqrt{3}}{2}$ ($G = \mathbb{R}$).

Lösung

Gleichung auf die Form

$$x^2 = q$$

bringen und radizieren.

$$\frac{1}{5}x^2 = \frac{\sqrt{3}}{2} + 0,0073 \qquad | \cdot 5$$

$$x^2 = 4,36663$$

$$x_{1/2} = \pm\sqrt{4,36663} = \pm 2,08965\ ..$$

$$L = \{2,09; -2,09\}$$

11.1.2 Gemischtquadratische Gleichungen ohne Absolutglied
(Defektquadratische Gleichungen)

○ **Beispiel**

Bestimmen Sie die Lösungsmenge der quadratischen Gleichung $x^2 + 3x = 0$ mit $G = \mathbb{R}$.

Lösung

Quadratische Gleichungen der Form

$$x^2 + px = 0,$$

bei denen das Absolutglied fehlt, lassen sich durch Ausklammern der Variablen x in Linearfaktoren zerlegen.

Die Lösungen erhalten wir wiederum, indem wir die einzelnen Faktoren Null setzen.

$$x^2 + 3x = 0$$

$$x \cdot (x + 3) = 0$$

$$= 0 \quad = 0$$

$$x_1 = 0$$

$$x_2 = -3$$

$$L = \{0; -3\} \qquad \circ$$

11.1.3 Gemischtquadratische Gleichungen

Bei gemischtquadratischen Gleichungen der Form $x^2 + px + q = 0$ führt das Ausklammern $x \cdot (x + p) = -q$ nicht zum Erfolg.

Man kann diese Gleichungen aber durch entsprechende Termergänzungen zu einem vollständigen Quadrat so umformen, daß sie sich auf reinquadratische Formen zurückführen lassen. Damit sind beide Lösungsverfahren, die wir bei den reinquadratischen Gleichungen kennengelernt haben, möglich. Wir wollen hier das *Radizieren* anwenden.

○ **Beispiel**

Bestimmen Sie die Lösungsmenge der quadratischen Gleichung $x^2 + 6x + 1 = 0$ mit $G = \mathbb{R}$.

Lösung

Die linke Seite der Gleichung stellt kein vollständiges Quadrat dar, deshalb sind verschiedene Umformungen erforderlich.

$$x^2 + 6x + 1 = 0 \qquad |-1$$
$$x^2 + 6x = -1$$

Um die Gleichung radizieren zu können, muß man $x^2 + 6x$ zu einem vollständigen Quadrat ergänzen.

Die *quadratische Ergänzung* $\left(\frac{6}{2}\right)^2 = 3^2$ (= Quadrat der halben Vorzahl des Linearterms) wird auf beiden Seiten addiert.

$$x^2 + 6x \boxed{+\left(\frac{6}{2}\right)^2} = -1 \boxed{+\left(\frac{6}{2}\right)}$$

Durch Anwendung der binomischen Formel und Zusammenfassen der rechten Seite ergibt sich eine radizierbare Gleichung.

$$(x+3)^2 = 8$$

Durch Wurzelziehen erhält man

$$\sqrt{(x+3)^2} = \sqrt{8}$$

Der Term $x + 3$ kann positiv oder negativ werden, je nachdem, welche Werte x annimmt.

$$|x+3| = \sqrt{8}$$
$$+ (x+3) \qquad -(x+3)$$

$$x + 3 = \pm\sqrt{8}$$
$$x_{1,2} = -3 \pm \sqrt{8}$$

Daraus erhält man:

$$L = \{-0{,}17 \,;\, -5{,}83\}$$

Lösungsformel

Allgemeine Lösung für quadratische Gleichungen

Mit der quadratischen Ergänzung haben wir eine Möglichkeit, quadratische Gleichungen in allgemeiner Form zu lösen und damit zu einer *Lösungsformel* zu kommen.

○ **Beispiel**

Bestimmen Sie x aus der allgemeinen quadratischen Gleichung $ax^2 + bx + c = 0$ und der Normalform $x^2 + px + q = 0$.

Lösung

$$ax^2 + bx + c = 0 \qquad |:a \qquad\qquad x^2 + px + q = 0$$

$$x^2 + \frac{b}{a}x = -\frac{c}{a} \qquad\qquad\qquad x^2 + px = -q$$

$$x^2 + \frac{b}{a}x + \left(\frac{b}{2a}\right)^2 = -\frac{c}{a} + \left(\frac{b}{2a}\right)^2 \qquad\qquad x^2 + px + \left(\frac{p}{2}\right)^2 = -q + \left(\frac{p}{2}\right)^2$$

$$\left(x + \frac{b}{2a}\right)^2 = \frac{b^2}{4a^2} - \frac{c}{a} \qquad\qquad\qquad \left(x + \frac{p}{2}\right)^2 = \left(\frac{p}{2}\right)^2 - q$$

$$x_1 = \frac{-b + \sqrt{b^2 - 4ac}}{2a}$$

$$x_2 = \frac{-b - \sqrt{b^2 - 4ac}}{2a}$$

$$x_1 = -\frac{p}{2} + \sqrt{\left(\frac{p}{2}\right)^2 - q}$$

$$x_2 = -\frac{p}{2} - \sqrt{\left(\frac{p}{2}\right)^2 - q}$$

Durch die allgemeine Lösung für quadratische Gleichungen haben wir Lösungsformeln erhalten, mit denen wir im folgenden quadratische Gleichungen lösen wollen.

Beispiel

Bestimmen Sie x aus $0{,}8x^2 - 4{,}5x + 2 = 0$ $(G = \mathbb{R})$.

Lösung

Durch Koeffizientenvergleich mit der allgemeinen quadratischen Gleichung erhält man

$$\boxed{0{,}8}\, x^2 \boxed{-4{,}5}\, x \boxed{+2} = 0$$

$$\boxed{a}\, x^2 \boxed{+b}\, x \boxed{+c} = 0$$

$a = 0{,}8$
$b = -4{,}5$
$c = 2$

Durch Einsetzen dieser Koeffizienten in die Lösungsformel

$$x_{1,2} = \frac{-b \pm \sqrt{b^2 - 4ac}}{2a}$$

erhält man unmittelbar die Lösungen x_1 und x_2.

$$x_1 = \frac{4{,}5 + \sqrt{4{,}5^2 - 4 \cdot 0{,}8 \cdot 2}}{2 \cdot 0{,}8} = 5{,}1385\ldots$$

$$x_2 = \frac{4{,}5 - \sqrt{4{,}5^2 - 4 \cdot 0{,}8 \cdot 2}}{2 \cdot 0{,}8} = 0{,}4865\ldots$$

$$\underline{L = \{5{,}14\,;\ 0{,}\dot{4}9\}}$$

Beispiel

Bestimmen Sie x aus $x^2 + 2x - 5 = 0$ $(G = \mathbb{R})$.

Lösung

Durch Anwendung der Lösungsformel für die Normalform

$$x^2 + px + q = 0$$

erhält man mit Hilfe der Koeffizienten $p = 2$ und $q = -5$ die Lösungen aus

$$x_{1,2} = -\frac{p}{2} \pm \sqrt{\left(\frac{p}{2}\right)^2 - q}$$

$$x^2 + \boxed{2}\, x \boxed{-5} = 0$$

$$x^2 + \boxed{p}\, x + \boxed{q} = 0$$

$$x_1 = -1 + \sqrt{1 + 5} = -1 + \sqrt{6}$$
$$x_2 = -1 - \sqrt{1 + 5} = -1 - \sqrt{6}$$

$$\underline{L = \{1{,}45\,;\ -3{,}45\}}$$

Lösbarkeit quadratischer Gleichungen, Diskriminante

Beispiel

Aus einer technischen Berechnung erhielt man die Gleichung $x^2 - 2sx + a^2 = 0$.

a) Unter welchen Bedingungen ergeben sich für die Gleichung reelle Lösungen?

b) In welchem Fall ergibt sich eine einzige Lösung?

Lösung

a) Die quadratische Gleichung mit Formvariablen ergibt mit der Lösungsformel
die Lösungen:

$$x^2 - 2sx + a^2 = 0$$

$$x_{1,2} = s \pm \sqrt{s^2 - a^2}$$

Reelle Lösungen ergeben sich, wenn
der Radikand $s^2 - a^2$ nicht negativ wird.

Reelle Lösungen, wenn $s \geqslant a$

b) Die Gleichung hat nur eine Lösung,
wenn Radikand und Wurzel Null werden. Dies ist der Fall, wenn $s^2 - a^2 = 0$
wird.

Für $s = a$ ergibt sich eine einzige Lösung.

Daraus ist zu ersehen: Entscheidend für die Lösbarkeit von quadratischen Gleichungen ist
der unter den Wurzeln der Lösungsformeln vorkommende Radikand. Man nennt diesen
Term deshalb *Diskriminante D* (lat. discriminare = unterscheiden).

Aus den Diskriminanten

$$D = b^2 - 4ac \qquad \text{bzw.} \qquad D = \left(\frac{p}{2}\right)^2 - q$$

der allgemeinen Form   der Normalform

ergeben sich drei Lösbarkeitsfälle:

$D > 0$	Wurzel reell	zwei reelle verschiedene Lösungen x_1, x_2
$D = 0$	Wurzel Null	zwei reelle zusammenfallende Lösungen $x_1 = x_2$
$D < 0$	Wurzel imaginär	keine reellen Lösungen x_1 und x_2 sind konjugiert komplex

11.1.4 Koeffizientenregel von Vieta[3]

Wie aus den Lösungsformeln zu ersehen ist, unterscheiden sich die Lösungen der quadratischen Gleichungen formal nur durch ein + bzw. − Zeichen. Es liegt deshalb nahe, den
Zusammenhang zwischen den Lösungen und den Koeffizienten der quadratischen Gleichungen zu untersuchen.

Zusammenhang zwischen Koeffizienten und Lösungen

Die Lösungen der quadratischen Gleichung

$$x^2 + px + q = 0$$

sind

$$x_1 = -\frac{p}{2} + \sqrt{D}$$
$$x_2 = -\frac{p}{2} - \sqrt{D}$$

mit $D = \left(\frac{p}{2}\right)^2 - q$

[3] *Francois Viète* (lat. Vieta), 1540−1603, französischer Mathematiker und Jurist.

Durch *Addition* der Lösungsterme folgt:

$$x_1 + x_2 = -\frac{p}{2} + \sqrt{D} - \frac{p}{2} - \sqrt{D}$$

$$\underline{\underline{x_1 + x_2 = -p}}$$

Durch *Multiplikation* ergibt sich:

$$x_1 \cdot x_2 = \left(-\frac{p}{2} + \sqrt{D}\right)\left(-\frac{p}{2} - \sqrt{D}\right)$$

$$= \left(\frac{p}{2}\right)^2 - D$$

$$= \left(\frac{p}{2}\right)^2 - \left(\left(\frac{p}{2}\right)^2 - q\right)$$

$$= \underline{\underline{q}}$$

Daraus erhält man die *Koeffizientenregel:*

Sind x_1 und x_2 die Lösungen der quadratischen Gleichung $$x^2 + px + q = 0,$$ so gilt $x_1 + x_2 = -p$ und $$x_1 \cdot x_2 = q.$$

$$x_1 + x_2 = -p$$
$$x_1 \cdot x_2 = q$$
$$(x - x_1)(x - x_2) = 0$$

Satz von Viëta

Setzt man $p = -(x_1 + x_2)$ und $q = x_1 \cdot x_2$ in die Gleichung $x^2 + px + q = 0$ ein, so erhält man

$$x^2 - (x_1 + x_2)x + x_1 x_2 = x(x - x_1)$$
$$\underline{\underline{- x_2(x - x_1) = (x - x_1)(x - x_2)}}$$

Mit der zweiten Formulierung des Satzes von Viëta ist es möglich, die Normalform der quadratischen Gleichung in Linearfaktoren aufzuspalten und damit zu lösen:

$$x^2 + px + q = (x - x_1)(x - x_2)$$
$$= x^2 - (x_1 + x_2) \cdot x + x_1 x_2$$

○ **Beispiel**

Bestimmen Sie x aus $1,5x^2 + 6x - 18 = 0$ $(G = \mathbb{R})$ mit Hilfe der Koeffizientenregel nach Viëta.

Lösung

Wir bringen die Gleichung zunächst auf die Normalform. Diese muß der Gleichung

$$x^2 - (x_1 + x_2)x + x_1 x_2 = 0$$

entsprechen. Der *Koeffizientenvergleich* ergibt:

$$1,5x^2 + 6x - 18 = 0 \quad | : 1,5$$
$$x^2 \boxed{+4}\, x \boxed{-12} = 0$$
$$x^2 \boxed{-(x_1 + x_2)}\, x \boxed{+ x_1 x_2} = 0$$

$$x_1 \cdot x_2 = -12 \text{ und}$$
$$x_1 + x_2 = -4$$

Zerlegt man -12 in Faktoren, so ergeben sich folgende Möglichkeiten:

$$3 \cdot (-4) \rightarrow x_1 + x_2 = - \ 1$$
$$(-3) \cdot \ 4 \qquad x_1 + x_2 = + \ 1$$

$$\boxed{(-6) \cdot \ 2 \qquad x_1 + x_2 = - \ 4}$$

$$(-2) \cdot \ 6 \qquad x_1 + x_2 = + \ 4$$
$$(-1) \cdot 12 \qquad x_1 + x_2 = + 11$$
$$(-12) \cdot \ 1 \qquad x_1 + x_2 = - 11$$

$$x_1 \ = \ -6$$
$$x_2 \ = \quad 2$$

Da nur das Wertepaar $x_1 = -6$ und $x_2 = 2$
die Bedingung $x_1 + x_2 = - 4$ erfüllt, sind
dies die gesuchten Lösungen.

$$\underline{\underline{L \ = \ \{-6; \ 2\}}}$$

○ **Beispiel**

Bestimmen Sie x aus $(x + 7)(2x - 3) = (5x - 2)(x + 7)$ $(G = \mathbb{R})$.

Lösung

Die Gleichung enthält auf beiden Seiten
den Faktor $(x + 7)$. Das Dividieren durch
$(x + 7)$, das nur für $x \neq -7$ erlaubt ist,
führt zu der linearen Gleichung mit der
Lösung:

$$(x + 7)(2x - 3) \ = \ (5x - 2)(x + 7)$$
$$2x - 3 \ = \ 5x - 2$$
$$\underline{\underline{x_1 \ = \ -\frac{1}{3}}}$$

Da es sich um eine quadratische Gleichung
handelt, ist eine Lösung verloren gegangen.
Wie erhält man die zweite Lösung x_2?

Wir schreiben dazu alle Terme zunächst
auf die linke Seite.

Durch Ausklammern des gemeinsamen
Faktors läßt sich die Gleichung in zwei
Linearfaktoren zerlegen.

Durch Nullsetzen der beiden Faktoren ergeben sich die Lösungen x_1 und x_2.

$$(x + 7)(2x - 3) - (5x - 2)(x + 7) \ = \ 0$$
$$(x + 7)(2x - 3 - (5x - 2)) \ = \ 0$$
$$(x + 7)(-3x - 1) \ = \ 0$$
$$\underline{\underline{x_1 \ = -\frac{1}{3}}}$$
$$\underline{\underline{x_2 \ = -7}}$$

$$\underline{\underline{L \ = \ \left\{-\frac{1}{3}; \ -7\right\}}}$$

Eine zweite Möglichkeit, zu der Lösung
x_2 zu kommen, wenn x_1 bekannt ist, ergibt sich nach Viëta.

Dazu wird die Gleichung durch Ausmultiplizieren und Umformung in die Normalform gebracht.

$$(x + 7)(2x - 3) - (5x - 2)(x + 7) \ = \ 0$$
$$x^2 + \frac{22}{3} x + \frac{7}{3} \ = \ 0$$

Die Normalform enthält die Koeffizienten

$$x_1 + x_2 = -\frac{22}{3} \quad \text{und} \quad x_1 x_2 = \frac{7}{3},$$

Koeffizientenvergleich:

aus denen bei bekannter Lösung $x_1 = -\frac{1}{3}$
die Lösung x_2 nach Viëta erhalten werden
kann.

$$x_1 \cdot x_2 = \frac{7}{3}$$

$$\left(-\frac{1}{3}\right) \cdot x_2 = \frac{7}{3}$$

$$x_2 = -7$$

$$L = \left\{-\frac{1}{3}; -7\right\} \qquad \bigcirc$$

○ **Beispiel**

Eine quadratische Gleichung soll die Lösungsmenge $L = \{2; -6\}$ haben. Wie lautet diese
Gleichung in der Normalform?

Lösung

Nach Viëta lauten die Koeffizienten
$p = -(x_1 + x_2)$ und $q = x_1 x_2$.

$$p = -(x_1 + x_2)$$
$$p = -(2 - 6) = \underline{4}$$
$$q = x_1 \cdot x_2$$
$$q = 2 \cdot (-6) = \underline{-12}$$

Setzt man dieselben in die Normalform
$x^2 + px + q = 0$ ein, so erhält man die
quadratische Gleichung

$$x^2 + 4x - 12 = 0 \qquad \bigcirc$$

○ **Beispiel**

Zerlegen Sie die algebraische Summe $-\sqrt{2} + \sqrt{x + x^2} = 0$ in Linearfaktoren.

Lösung

Um die Wurzeln zu beseitigen, isolieren
wir dieselben und quadrieren die Gleichung (vgl. auch Kap. 12, Wurzelgleichungen).

$$\sqrt{x + x^2} = \sqrt{2}$$
$$(\sqrt{x + x^2})^2 = (\sqrt{2})^2$$

Die sich ergebende quadratische Gleichung hat die Lösungen $x_1 = 1$ und $x_2 = -2$,
die auch Lösungen der Wurzelgleichung
sind.

$$x^2 + x - 2 = 0$$

Die Aufspaltung in Linearfaktoren erfolgt
nach der Gleichung
$$(x - x_1)(x - x_2) = 0.$$

$$(x - 1)(x + 2) = 0 \qquad \bigcirc$$

Zusammenfassung

1. Für die Lösungen x_1 und x_2 der quadratischen Gleichung $x^2 + px + q = 0$ gilt der Zusammenhang:

$$x_1 + x_2 = -p \quad \text{und} \quad x_1 \cdot x_2 = q \quad (\textit{Satz von Viëta})$$

2. Die quadratische Gleichung mit den Lösungen x_1 und x_2 läßt sich in Linearfaktoren aufspalten:

$$(x - x_1)(x - x_2) = 0.$$

Mit Hilfe des Satzes von Viëta lassen sich quadratische Gleichungen lösen.

Aus den Lösungen lassen sich quadratische Gleichungen unmittelbar in der Normalform angeben.

Mit Hilfe des Satzes von Viëta ist eine leichte Überprüfung der Lösungsergebnisse möglich.

11.1.5 Biquadratische Gleichungen

Ein Sonderfall der Gleichungen 4. Grades ist die *biquadratische Gleichung* $x^4 + px^2 + q = 0$, die als quadratische Gleichung in x^2 aufgefaßt werden kann.

○ **Beispiel**

Bestimmen Sie x aus $2x^4 - 10x^2 + 7 = 0$ $(G = \mathbb{R})$.

Lösung

Da bei biquadratischen Gleichungen nur gerade Potenzexponenten vorkommen, lassen sie sich durch Substitution (Einführung einer Hilfsvariablen) auf quadratische Gleichungen zurückführen.

$$2x^4 - 10x^2 + 7 = 0 \qquad |:2$$
$$x^4 - 5x^2 + 3{,}5 = 0$$

Substitution: $u = x^2$

$$u^2 - 5u + 3{,}5 = 0$$

Durch Anwendung der Lösungsformel auf die Gleichung $u^2 + pu + q = 0$ ergeben sich zunächst die Lösungen u_1 und u_2.

$$u_{1,2} = 2{,}5 \pm \sqrt{2{,}5^2 - 3{,}5}$$

Durch die nachfolgenden Lösungen von $u = x^2$ erhält man die vier Lösungen der biquadratischen Gleichung.

$$x_1 = +\sqrt{u_1} = \sqrt{2{,}5 + \sqrt{2{,}75}} = 2{,}04$$
$$x_2 = -\sqrt{u_1} = -\sqrt{2{,}5 + \sqrt{2{,}75}} = -2{,}04$$
$$x_3 = +\sqrt{u_2} = \sqrt{2{,}5 - \sqrt{2{,}75}} = 0{,}92$$
$$x_4 = -\sqrt{u_2} = -\sqrt{2{,}5 - \sqrt{2{,}75}} = -0{,}92$$

$$\underline{\underline{L = \{2{,}04;\ -2{,}04;\ 0{,}92;\ -0{,}92\}}} \qquad ○$$

11.2   Quadratische Gleichungssysteme mit mehreren Gleichungsvariablen

○ **Anwendungsbeispiel**

An ein Rundmaterial von 30 mm Durchmesser soll ein rechteckiger Vierkantzapfen von 375 mm² Querschnitt angefräst werden.

Welche Abmessungen erhält der Zapfen?

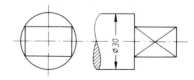

Lösung

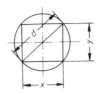

Bezeichnet man die Seitenlängen des Rechtecks mit x und y, so ist nach Pythagoras der Zusammenhang mit dem Durchmesser d gegeben durch

$$x^2 + y^2 = d^2$$

$$x^2 + y^2 = 30^2 \qquad (1)$$

Andererseits beträgt die Querschnittsfläche $x \cdot y$ des Rechtecks 375 mm².

$$x \cdot y = 375 \qquad (2)$$

Da beide Gleichungen gleichzeitig erfüllt sein müssen, werden sie konjunkt verknüpft und bilden ein *Gleichungssystem*.

$$\left|\begin{array}{l} x^2 + y^2 = 30^2 \\ x \cdot y = 375 \end{array}\right| \qquad \begin{array}{l}(1)\\(2)\end{array}$$

Gleichungssysteme mit quadratischen Gliedern nennt man *quadratische Gleichungssysteme*, die in der Regel zu zwei Lösungspaaren

Aus (2) wird

$$y = \frac{375}{x} \qquad (2')$$

$$L = \{(x_1; y_1) ; (x_2; y_2)\} \, \mathbb{R} \times \mathbb{R}$$

führen.

(2') in (1) eingesetzt ergibt

Mit Hilfe einer geeigneten Methode (hier: Einsetzungsverfahren) werden die beiden Gleichungen zu einer einzigen vereinigt.

$$x^2 + \left(\frac{375}{x}\right)^2 = 30^2 \qquad | \cdot x^2$$

Die sich ergebende biquadratische Gleichung wird in gewohnter Weise durch Einführung einer Hilfsvariablen gelöst.

$$x^4 + (375)^2 = 900 x^2$$

$$x^4 - 900 x^2 + 375^2 = 0$$

Die Substitution $u = x^2$ und $u^2 = x^4$ führt zu der quadratischen Gleichung in u, deren Lösungen wir mit der Lösungsformel angeben können.

Substitution: $u = x^2$

$$u^2 - 900 u + 375^2 = 0$$

$$u_1 = 450 + \sqrt{450^2 - 375^2}$$

$$\underline{u_1 = 698{,}75}$$

$$u_2 = 450 - \sqrt{450^2 - 375^2}$$

$$\underline{u_2 = 201{,}25}$$

Ersetzt man die Hilfsvariable u wiederum durch x^2, so erhält man die Lösungen der biquadratischen Gleichung.

$$x_1 = +\sqrt{u_1} = 26{,}43$$

$$x_2 = -\sqrt{u_1} = -26{,}43 \text{ (unbrauchbar)}$$

$$x_3 = +\sqrt{u_2} = 14{,}19$$

$$x_4 = -\sqrt{u_2} = -14{,}19 \text{ (unbrauchbar)}$$

Da die x-Werte Längen bedeuten, sind die negativen Werte für die Lösung des vorliegenden Problems unbrauchbar. Die dazugehörenden y-Werte erhält man aus der Gleichung

$$y = \frac{375}{x}$$

z.B. $\quad y_1 = \dfrac{375}{x_1} = 14{,}19$

Als Lösungsmenge erhält man

$$L = \{(26,43\,;\,14,19)\,;\,(14,19\,;\,26,43)$$

$$(-26,43\,;\,-14,19)\,;\,(-14,19\,;\,-26,43)\}$$

(unbrauchbar)   (unbrauchbar)

Ergebnis

Der Zapfen erhält damit die Abmessungen $x = 26,43$ und $y = 14,19$ (Maße in mm).   ○

○ **Beispiel**

Bestimmen Sie die Lösungsmenge des Gleichungssystems

$$\left|\begin{matrix} 4x^2 - 4y^2 = 15 \\ x + y = 1,5 \end{matrix}\right|\quad \text{mit } G = \mathbb{R} \times \mathbb{R}$$

Lösung

Die Gleichungen werden mit Hilfe einer geeigneten Methode (Einsetzungsverfahren) zu einer Gleichung vereinigt. Dabei wird die umgeformte Gl. (2) in die Gl. (1) eingesetzt.

$$\left|\begin{matrix} 4x^2 - 4y^2 &= 15 \\ x + y &= 1,5 \end{matrix}\right| \qquad (1) \\ (2)$$

$$y = 1,5 - x \qquad (2')$$

$$4x^2 - 4\,(1,5 - x)^2 = 15$$

$$4x^2 - 4\,(2,25 - 3x + x^2) = 15$$

Aus der entstandenen linearen Gleichung erhält man $x_1 = 2$.

$$12x = 24$$

$$\underline{x_1 = 2}$$

Der dazugehörende y-Wert ist nach Gl. (2')
$y_1 = -0,5$.

$$\underline{y_1 = -0,5}$$

Setzt man $x_1 = 2$ in Gl. (1) ein, so erhält man aus $y^2 = \frac{1}{4}$ zwei y-Werte:

$$y_1 = -0,5$$
$$\text{und}\qquad y_2 = +0,5.$$

Der zu $y_2 = 0,5$ gehörende x-Wert ist nach Gl. (2):

$$x_2 = 1.$$

Wir erhalten somit aus dem quadratischen Gleichungssystem zwei Lösungspaare.

$$\underline{\underline{L = \{(2\,;\,-0,5)\,;\,(1\,;\,0,5)\}}} \qquad ○$$

Beispiel

○ Bestimmen Sie die Lösungsmenge

$$L = \{(x\,;\,y)\,|\,y - x^2 = 2 \;\wedge\; y - 3x = 1\}_{\mathbb{R} \times \mathbb{R}}$$

Lösung

Wir setzen die nach y aufgelöste Gl. (2) in die Gl. (1) ein.

$$\left|\begin{matrix} y - x^2 = 2 \\ y - 3x = 1 \end{matrix}\right| \qquad (1) \\ (2)$$

$$(1 + 3x) - x^2 = 2$$

Die dadurch entstandene Gleichung ergibt mit der Lösungsformel die Lösungen

$$x^2 - 3x + 1 = 0$$

$$x_1 = 1{,}5 + \sqrt{(1{,}5)^2 - 1}$$
$$x_1 = 2{,}62$$

$$x_2 = 1{,}5 - \sqrt{(1{,}5)^2 - 1}$$
$$x_2 = 0{,}38$$

Durch Einsetzen dieser Werte in Gl. (2) erhält man die dazugehörigen y-Werte

$$y_1 = 8{,}86$$
$$y_2 = 2{,}14$$

Als Lösungsmenge erhält man damit zwei Wertepaare.

$$L = \{(2{,}62; 8{,}86); (0{,}38; 2{,}14)\} \qquad \bigcirc$$

11.3 Textaussagen, die auf quadratische Gleichungen führen

Die sich aus Textaussagen ergebenden quadratischen Bestimmungsgleichungen führen mathematisch stets zu zwei Lösungen. Nicht immer sind jedoch alle Lösungen brauchbar. Die Brauchbarkeit ergibt sich jeweils aus dem praktischen Sachverhalt. So sind beispielsweise negative Längen unrealistisch und damit unbrauchbar.

$\bigcirc$ **Anwendungsbeispiel**

Die Richtführung einer Werkzeugmaschine wird durch eine Kraft $F = 4\,\text{kN}$ belastet.

Durch Verlagerung und Erhöhung der Belastungskraft um 0,5 kN wurde die Normalkraft F_1 um 300 N kleiner und die Normalkraft F_2 um 800 N vergrößert.

Wie groß waren die Normalkräfte bei der ursprünglichen Belastungsrichtung und Belastungskraft?

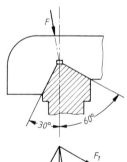

Lösung

Die Normalkräfte ergeben sich aus dem Kräfteparallelogramm. Der Zusammenhang ist gegeben nach Pythagoras:

$$F_1^2 + F_2^2 = F^2.$$

Für die veränderte Belastung gilt damit die Gleichung:

Dabei ist zu berücksichtigen, daß $F_2 = \sqrt{16 - F_1^2}$ ist.

$$(F_1 - 0{,}3)^2 + (F_2 + 0{,}8)^2 = (F + 0{,}5)^2$$

$$(F_1 - 0{,}3)^2 + (\sqrt{16 - F_1^2} + 0{,}8)^2 = (4 + 0{,}5)^2$$

Durch Ausmultiplizieren ergibt sich nach einigen Umformungen eine Wurzelgleichung, aus der wir durch Quadrieren der linken und rechten Seite eine quadratische Gleichung erhalten.

$$\sqrt{16 - F_1^2} = 0{,}375\,F_1 + 2{,}2$$

$$16 - F_1^2 = (0{,}375\,F_1 + 2{,}2)^2$$

$$16 - F_1^2 = 0{,}14\,F_1^2 + 1{,}65\,F_1 + 4{,}84$$

Aus der Normalform $F_1^2 + 1{,}45 \cdot F_1 - 9{,}78 = 0$
ergeben sich mit der Lösungsformel die
Lösungen $F_1 = -0{,}723 + \sqrt{0{,}723^2 + 9{,}78}$

$F_1 = 2{,}4872$

Der negative Wert ist hier nicht brauchbar. $F_2' = -0{,}723 - \sqrt{0{,}723^2 + 9{,}78}$

$F_2' = -3{,}9338 \quad \text{(unbrauchbar)}$

Die 2. Normalkraft F_2 ist damit $F_2 = \sqrt{16 - 2{,}4872^2} = 3{,}133$

Die Normalkräfte betrugen ursprünglich

$F_1 = 2487{,}2 \text{ N}$

$F_2 = 3133 \text{ N}$ ○

Aufgaben

zu 11 Quadratische Gleichungen

Bestimmen Sie die Lösungsmenge folgender Gleichungen ($G = \mathbb{R}$).

1. $9x^2 = 72$

2. $81x^2 = 4$

3. $\dfrac{3x^2}{13} = \dfrac{2}{39}$

4. $\dfrac{5}{3} = \dfrac{3}{5x^2}$

5. $\dfrac{5}{3} = \dfrac{735}{x^2}$

6. $\dfrac{x}{7} = \dfrac{3}{x}$

7. $\dfrac{x^2 - 2}{3} = 27$

8. $\dfrac{2}{11} = \dfrac{66}{2 + x^2}$

9. $\dfrac{1}{9} = \dfrac{8 - x^2}{8}$

10. $\dfrac{10}{7} + 5x^2 = \dfrac{3}{2}x^2 + \dfrac{3}{2}$

11. $x\left(2 - \dfrac{6}{x}\right) = 6\left(\dfrac{x}{3} - x^2\right)$

12. $(x - 12)(x + 2) = 0$

13. $(x - 5)^2 = 0$

14. $(x + 2)^2 = 169$

15. $(3x + 3)^2 = 81$

16. $(x - \sqrt{3})(x + \sqrt{5}) = 0$

17. $(x + 2)(x - \sqrt{2}) = 0$

18. $x^2 + 2x - 3 = 0$

19. $5x^2 + 10x = 0$

20. $5x^2 + 10x = 40$

21. $3x^2 + 9x - 12 = 0$

22. $\dfrac{2 + x}{2 - x} = \dfrac{4 - x}{2x - 4}$

23. $(x - 7)^2 = 4x - 7$

24. $x^2 - 4{,}26x + 0{,}5369 = 0$

25. $3{,}5x^2 = 8{,}91x^2 - 5{,}41x - 10{,}82$

26. $x\left(6{,}93x - \dfrac{16{,}17}{x}\right) = 2{,}31x^2\left(\dfrac{3}{x} + 2\right) + 6{,}93$

27. $\dfrac{7x}{13x - 280} = \dfrac{35}{x - 13}$

28. $\dfrac{x(x - 50)}{7(x + a)} + \dfrac{a(48 - a)}{7x + 7a} = \dfrac{-7}{a + x}$

29. $\dfrac{x + 16a}{x + 2a} - \dfrac{2x + 5a}{3x + 5a} = 2$

30. $\dfrac{x^2}{a} - \dfrac{2b}{a}x - 2x + 4b = 0$

31. $x^4 - 8x^2 + 7 = 0$

32. $5x^4 - 30x^2 + 25 = 0$

33. $x^2 + \dfrac{15}{x^2} - 16 = 0$

34. $5{,}3x^2 + \dfrac{63{,}6}{x^2} = 42{,}4$

Textaufgaben

zu 11.3 Textaussagen, die auf quadratische Gleichungen führen

1. Wie groß ist bei der Härteprüfung nach *Brinell* die Eindruckstiefe h, wenn als Prüfkörper eine Stahlkugel von 10 mm Durchmesser verwendet wird und der Durchmesser d des Prüfeindrucks 7 mm beträgt?

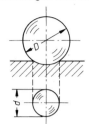

2. Die Richtführung einer Werkzeugmaschine wird im Normalfall mit einer vertikalen Kraft $F = 4\,kN$ belastet. Durch Verlagerung und Veränderung der Belastungskraft wurde die Normalkraft F_1 um 800 N größer und die Normalkraft F_2 um 300 N verringert. Wie groß ist damit die neue Belastungskraft F? ($\alpha = 35°$, $\beta = 55°$)

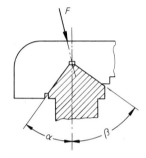

3. Ein hohlzylindrisches Werkstück soll durch Ziehen so umgeformt werden, daß bei einem Innendurchmesser $d_i = 25\,mm$ ein Hohlzylinderquerschnitt von 160 mm² entsteht. Welche Wandstärke erhält das Werkstück?

4. Ein Kulissenstein wird auf einer Kreisbahn geführt. Es ist eine allgemeine Gleichung aufzustellen, wie sich der Abstand a in Abhängigkeit vom Abstand b verändert.

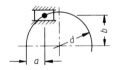

5. Wie groß wird der Winkel α bei den vorgegebenen Abständen a bzw. $2a$?

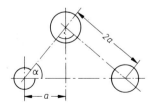

6. Die Riemenlänge eines Keilriemens beträgt 65 cm.

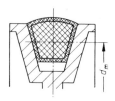

Welcher Achsabstand a ist möglich bei mittleren Keilriemendurchmessern $D_m = 150$ mm und $d_m = 80$ mm?

Anleitung: Die Riemenlänge berechnet sich aus

$$L_m = \left(\frac{D_m + d_m}{2}\right)\pi + 2a - \frac{(D_m - d_m)^2}{4a}$$

7. Der Gesamtwiderstand zweier parallel geschalteter Widerstände beträgt 10 Ω. Bei der Messung der Einzelwiderstände ergibt sich, daß der eine Widerstand 2,7 Ω größer ist als der andere. Wie groß sind die Einzelwiderstände?

8. In einer Zweipolschaltung wird plötzlich der Widerstand x um 4 Ω kleiner. Die Stromstärke steigt um 8 A an.

Wie groß war damit der Widerstand x?

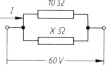
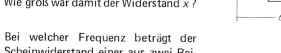

9. Bei welcher Frequenz beträgt der Scheinwiderstand einer aus zwei Reihenschaltungen

$(R_1 = 20\ \Omega,\ L_1 = 0,065\ H,$

$R_2 = 5\ \Omega,\ L_2 = 0,015\ H)$

bestehenden Parallelschaltung von Induktivitäten $|Z| = 20\ \Omega$?

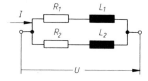

12 Quadratische Funktionen

○ Anwendungsbeispiel

Eine Rakete wird durch den ersten Treibsatz mit einer konstanten Beschleunigung

$$a = 3g \; (g = 9,81 \; \frac{m}{s^2})$$

auf ihre Bahn gebracht.

Stellen Sie den zurückgelegten Weg in Abhängigkeit von der Zeit dar.

Lösung

Die Beschleunigung beträgt

$$a = 3 \cdot 9,81 \; \frac{m}{s^2}$$

Der in der Zeit t zurückgelegte Weg berechnet sich nach der Gleichung

$$\boxed{s = \frac{1}{2} a \cdot t^2}$$

Mit der vorgegebenen Beschleunigung ergibt sich damit die Funktion mit der
Funktionsgleichung

$$\underline{\underline{s = 14,715 \cdot t^2}},$$

die wir mit Hilfe einer Wertetabelle
graphisch darstellen.

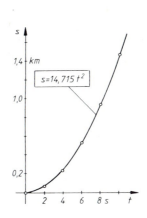

s	2	4	6	8	10	s
t	58,88	235,52	529,92	941,76	1471,5 m	

○ **Anwendungsbeispiel**

In einem Stromkreis beträgt der Widerstand 10 Ω. Stellen Sie die elektrische Leistung in
Abhängigkeit von der angelegten Spannung graphisch dar.

Lösung

Aus dem funktionellen Zusammenhang

$$P = \frac{U^2}{R}$$

erhält man mit $R = 10 \; \Omega$ die Funktion mit
der Funktionsgleichung

$$\underline{\underline{P = 0,1 \cdot U^2}}$$

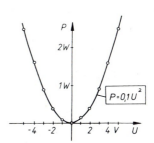

12.1 Die allgemeine quadratische Funktion $x \mapsto ax^2 + bx + c$ und ihre graphische Darstellung

Definition

> Eine Funktion mit der Funktionsgleichung
>
> $$y = ax^2 + bx + c$$
>
> heißt *quadratische Funktion*.
> Ihr Schaubild ist eine *Parabel*.

$$\boxed{x \mapsto ax^2 + bx + c}$$

○ **Beispiel**

Zeichnen Sie den Graphen der Funktion $x \mapsto x^2$.

Lösung

Die quadratische Funktion mit der Funktionsgleichung

$$y = x^2$$

ist die einfachste quadratische Funktion.
Ihr Schaubild ist die

  Normalparabel.

Daraus ergibt sich:

1. Parabeln sind *achsensymmetrisch*
2. Parabeln lassen sich mit Hilfe des *Scheitels* (oder Scheitelpunktes) *und zwei weiteren Punktepaaren* zeichnen.

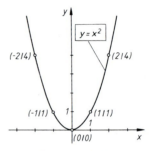

Normalparabel

○ **Beispiel**

Zeichnen Sie die Graphen der Funktion $x \mapsto ax^2$ für

  a) $a = 2,\ 4$ b) $a = \frac{1}{2},\ \frac{1}{4}$ c) $a = -\frac{1}{2},\ -\frac{1}{4}$.

Lösung

a) die Graphen der Funktionen

$$x \mapsto 2x^2 \quad \text{und}$$
$$x \mapsto 4x^2$$

sind gedehnte Normalparabeln.

Dehnung
$a > 1$

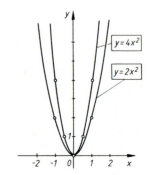

b) die Graphen der Funktionen

$$x \mapsto \frac{1}{2}x^2 \quad \text{und}$$

$$x \mapsto \frac{1}{4}x^2$$

sind gestauchte Normalparabeln

> Stauchung
> $0 < a < 1$

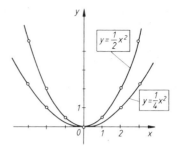

c) ist a negativ, so kommt zur Formänderung noch eine Spiegelung an der x-Achse hinzu

> Spiegelung und Stauchung
> $-1 < a < 0$
> Spiegelung und Dehnung
> $a < -1$

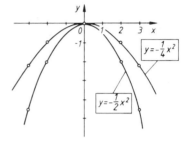

Alle bisher dargestellten Parabeln hatten ihren Scheitel im Ursprung (0|0) des Koordinatensystems.

In vielen Fällen ist jedoch der Scheitel in Richtung der x-Achse, oder in Richtung der y-Achse, oder in beiden Richtungen gleichzeitig verschoben. Wir wollen deshalb im folgenden den Einfluß einer solchen Verschiebung auf die Funktionsgleichung untersuchen.

○ **Beispiel**

Ein Stein wird von einem 40 m hohen Turm, ein zweiter 3 s später von einer 5 m höheren Plattform frei fallen gelassen.

Stellen Sie die Weg–Zeitfunktion des freien Falls für beide Fälle in einem Diagramm dar.

Lösung

Für den freien Fall gilt die Gesetzmäßigkeit

$$y = h - \frac{1}{2}g \cdot x^2,$$

dabei bedeutet y die Höhe in m nach der Zeit x in s.

Mit der Fallbeschleunigung $g \approx 10 \frac{m}{s^2}$ erhält man für den ersten Stein die Funktionsgleichung

$$y = 40 - 5 \cdot x^2 \qquad (1)$$

Für den zweiten Stein ergibt sich die Funktionsgleichung

$$y = 45 - 5(x-3)^2 \qquad (2)$$

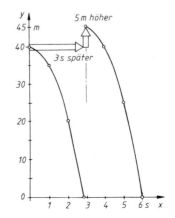

Dabei bedeuten:

5 m höher $\dashrightarrow$ Verschiebung in y-Richtung
3 s später $\dashrightarrow$ Verschiebung in x-Richtung.

Durch entsprechende Umformung der Funktionsgleichungen lassen sich daraus die Scheitelkoordinaten ablesen:

$$y - \boxed{40} = -5x^2 \qquad (1')$$

$$S(0|40)$$

$$y - \boxed{45} = -5(x - \boxed{3})^2 \qquad (2')$$

$$S(3|45)$$ ○

○ **Beispiel**

Zeichnen Sie die Graphen der Funktion mit der Gleichung $y = (x + a)^2 + b$, ausgehend vom Graph der Normalparabel.

a) $a = -2,5 \,; b = 0$ \qquad b) $a = -2,5 \,; b = -1$

Lösung

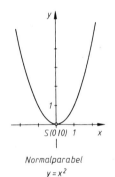

Normalparabel
$y = x^2$

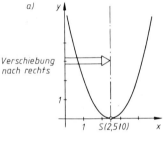

$y = (x - 2,5)^2$

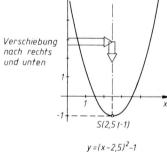

$y = (x - 2,5)^2 - 1$

○

Aufgaben

zu 12.1 Die allgemeine quadratische Funktion und ihre graphische Darstellung

1. Zeichnen Sie die Graphen der Funktionen
a) $x \mapsto x^2 + 2$ \qquad b) $x \mapsto -x^2 + 3$ \qquad c) $x \mapsto -\frac{2}{5}x^2 + 1,5$
mit $D = \{x \,|\, -2 \leqslant x \leqslant 2\}$ \quad mit $D = \{x \,|\, -3 \leqslant x \leqslant 3\}$ \quad mit $D = \{x \,|\, -4 \leqslant x \leqslant 4\}$

2. Zeichnen Sie die Graphen der Funktionen mit folgenden Funktionsgleichungen in der Grundmenge $\mathbb{R} \times \mathbb{R}$.
a) $y = (x - 3)^2$ \qquad b) $y = -(x - 2,5)^2$ \qquad c) $y = (x + 1,5)^2$
d) $y = 0,5(x - 2)^2$ \qquad e) $y = -2(x + 2)^2$ \qquad f) $y = -0,4(x - 1,5)^2$

3. Zeichnen Sie die Graphen der Funktionen mit den Funktionsgleichungen in der Grundmenge $\mathbb{R} \times \mathbb{R}$.
a) $y = (x + 2)^2 + 1$ \qquad b) $y = (x - 1)^2 + 3$ \qquad c) $y = -(x - 1,5)^2 - 1$
d) $y = -0,5(x - 3)^2 + 1$ \qquad e) $y = -3(x - 4)^2 + \frac{1}{2}$ \qquad f) $y = \frac{1}{5}(x + 3)^2 + \frac{3}{2}$

4. Die Oberfläche einer rotierenden Flüssigkeit nimmt in einer Zentrifuge die Oberfläche eines Rotationsparaboloids an.
Ein ebener Schnitt durch die Zylinderachse ergibt als Schnittfigur eine Parabel mit der Gleichung

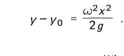

$$y - y_0 = \frac{\omega^2 x^2}{2g} .$$

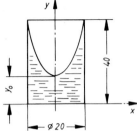

Wie groß ist y_0, d.h. wie weit senkt sich die Flüssigkeit in der Zylinderachse nach unten ab, wenn bei einer Drehzahl von $n = 750 \ \text{min}^{-1}$ die Flüssigkeit gerade den oberen Gefäßrand erreicht?
(g = Fallbeschleunigung)

5. Durch den Heizleiter eines elektrischen Wasserkochers fließen bei verschiedenen Schaltstufen verschiedene Stromstärken.
Stellen Sie die erzeugbare Wärmemenge in J in Abhängigkeit von der Stromstärke graphisch dar. (Widerstand des Heizdrahtes $R = 26{,}9 \ \Omega$ in diesem Bereich als konstant angenommen.)

12.2 Die Scheitelform der quadratischen Funktionsgleichung

○ **Anwendungsbeispiel**

Das Rohr eines Rasensprengers, das periodisch um die Längsachse zwischen zwei Grenzlagen schwenkt, ist unter dem Winkel $\alpha = 40°$ zur Waagerechten geneigt.
a) Welche Höhe erreicht der Wasserstrahl, wenn er mit einer Geschwindigkeit von $v_0 = 12 \ \frac{m}{s}$ austritt?
b) Welche Weite kann mit diesem Winkel erreicht werden?
c) Könnte durch eine andere Winkeleinstellung eine noch größere Fläche besprengt werden?

Lösung

Für die Wurfparabel beim schiefen Wurf gilt die Gleichung

$$y = \frac{v_{y0}}{v_{x0}} \cdot x - \frac{g}{2 v_{x0}^2} \cdot x^2 ,$$

wobei $v_{x0} = v_0 \cos \alpha$ und $v_{y0} = v_0 \sin \alpha$ die Geschwindigkeitskomponenten in waagerechter und senkrechter Richtung darstellen.

Damit läßt sich die Funktionsgleichung auch schreiben:

$$y = (\tan \alpha) \cdot x - \frac{g}{2 v_0^2 \cdot \cos^2 \alpha} \cdot x^2$$

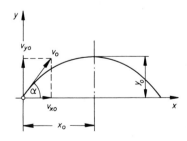

a) Maximale Höhe

= Ordinate y_0 des Scheitels

Mit den gegebenen Größen erhält man

$$y = 0,84 \cdot x - 0,058 \cdot x^2$$

Zur Bestimmung der Scheitelkoordinaten wird die Funktionsgleichung durch quadratische Ergänzung in die Scheitelform gebracht, aus der die Koordinaten unmittelbar zu bestimmen sind.

$$y = -0,058x^2 + 0,84x$$
$$y = -0,058 \, (x^2 - 14,47x + \ldots)$$
$$y = -0,058 \, (x^2 - 14,47x + 7,23^2)$$
$$+ 3,03$$

$$\boxed{y - 3,03 = -0,058 \, (x - 7,23)^2}$$

(Scheitelform)

Scheitelkoordinaten $S \, (7,23 | 3,03)$

Maximale Höhe $y_0 = 3,03 \text{ m}$

Die maximale Weite läßt sich hier sehr einfach aus den Scheitelkoordinaten ermitteln.

b) Maximale Weite
    = doppelte Abszisse des Scheitels
    $2 \cdot x_0 = 2 \cdot 7,23 \text{ m} = 14,46 \text{ m}$

Sie läßt sich aber auch physikalisch aus der Wurfzeit $T = 2 v_0 \sin\alpha / g$ und der Horizontalgeschwindigkeit $v_x = v_0 \cos\alpha$ aus

$$x = v_x \cdot T$$

berechnen. Mit $2 \cdot \sin\alpha \cdot \cos\alpha = \sin 2\alpha$ ergibt sich die Weite

c) Maximale Weite in Abhängigkeit vom Wurfwinkel:

$$x = \frac{2 v_0^2 \cdot \sin\alpha \cdot \cos\alpha}{g}$$

$$x = \frac{v_0^2 \cdot \sin 2\alpha}{g}$$

Da $\sin 2\alpha$ nicht größer als 1 werden kann, wird der Maximalwert erreicht bei $\alpha = 45°$.
Er beträgt $x = 14,68 \text{ m}$.

$$\alpha = 45°$$

Verallgemeinerung

Durch Umformung der ursprünglichen Funktionsgleichung

$$y = -\frac{g}{2 v_0^2 \cdot \cos^2\alpha} \cdot x^2 + x \cdot \tan\alpha$$

erhält man mit $a = -\dfrac{g}{2 v_0^2 \cos^2\alpha}$ und $b = \tan\alpha$

Mit Hilfe der quadratischen Ergänzung erhält man die Scheitelform und daraus die Scheitelkoordinaten.

Die Koordinaten haben die physikalische Bedeutung der Wurfhöhe und halben Wurfweite:

$$y = a \cdot x^2 + b \cdot x$$
$$y = a \left(x^2 + \frac{b}{a} \cdot x + \ldots \right)$$
$$y = a \left(x^2 + \frac{b}{a} \cdot x + \left(\frac{b}{2a}\right)^2 \right) - a \cdot \left(\frac{b}{2a}\right)^2$$
$$y + \frac{b^2}{4a} = a \cdot \left(x + \frac{b}{2a} \right)^2$$

(Scheitelform)

Halbe Wurfweite: $x_0 = \dfrac{v_0^2 \cdot \sin 2\alpha}{2g}$ $S\left(-\dfrac{b}{2a} \;\middle|\; -\dfrac{b^2}{4a}\right)$

Wurfhöhe: $y_0 = \dfrac{v_0^2 \cdot \sin\alpha}{2g}$ $S\left(\dfrac{v_0^2 \cdot \sin 2\alpha}{2g} \;\middle|\; \dfrac{v_0^2 \cdot \sin\alpha}{2g}\right)$ ◯

○ **Beispiel**

Untersuchen Sie die quadratische Funktion mit der Funktionsgleichung

$$y = -\frac{1}{2}x^2 - 3x - 0{,}5$$

durch   ·

a) Bestimmung des Scheitels, b) Bestimmung der Nullstellen, c) Aufzeichnen des Graphen.

Lösung

a) Aus der gegebenen Funktionsgleichung ist der Scheitel nicht zu ersehen. Wir bilden deshalb erst die Scheitelform der Funktionsgleichung, indem die rechte Seite der Gleichung durch quadratische Ergänzung zu einem vollständigen Quadrat umgeformt wird.

$$y = -\frac{1}{2}x^2 - 3x - 0{,}5$$

$$y = -\frac{1}{2}(x^2 + 6x \ldots) - 0{,}5$$

$$y = -\frac{1}{2}(x^2 + 6x + \boxed{9}) - 0{,}5 + \boxed{\frac{9}{2}}$$

$$y = -\frac{1}{2}(x + 3)^2 + 4$$

Die sich aus der Scheitelform ergebenden Scheitelkoordinaten sind: $x_0 = -3$ und $y_0 = +4$.

$$y - \boxed{4} = -\frac{1}{2}(x + \boxed{3})^2 \quad \text{(Scheitelform)}$$

$$\underline{\underline{S(-3\,|\,4)}}$$

Entgegengesetzte Vorzeichen beachten!

b) Die Nullstellen sind die *Schnittpunkte des Graphen mit der x-Achse*.
Da in diesen Punkten der Funktionswert Null ist, ergibt sich aus der Funktionsgleichung eine quadratische Bestimmungsgleichung für *x*.

Nullstellen: $y = 0$

$$0 = -\frac{1}{2}x^2 - 3x - 0{,}5 \qquad |\cdot(-2)$$

$$0 = x^2 + 6x + 1$$

Die Nullstellen sind $N_1\,(-0{,}17\,|\,0)$

und $N_2\,(-5{,}83\,|\,0)$

$$x_1 = -3 + \sqrt{8} = \underline{\underline{-0{,}17}}$$

$$x_2 = -3 - \sqrt{8} = \underline{\underline{-5{,}83}}$$

c) *Graph der Funktion*
Der Graph der Funktion ist eine nach unten geöffnete Parabel.

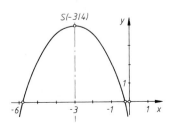

◯

○ **Beispiel**

Eine Parabel mit dem Scheitel $S(-1|2)$ geht durch den Punkt $P(0,5|3)$.
Bestimmen Sie die Funktionsgleichung dieser Parabel.

Lösung

Die Scheitelform der Funktionsgleichung
lautet in allgemeiner Schreibweise

$$y - \boxed{y_0} = a \cdot (x - \boxed{x_0})^2$$

Scheitelkoordinaten

Setzt man die Scheitelkoordinaten $x_0 = -1$
und $y_0 = 2$ in diese Gleichung ein, so erhält man

$$y - 2 = a(x + 1)^2$$

Durch Einsetzen der Koordinaten des
Punktes P, der auf dieser Kurve liegen
muß, erhält man die Konstante a

$$3 - 2 = a(0,5 + 1)^2$$

$$a = \frac{4}{9}$$

Damit kann die Funktionsgleichung ver-
vollständigt werden

$$y - 2 = \frac{4}{9}(x + 1)^2$$

Sie lautet, auf die Normalform gebracht

$$y = \frac{4}{9}x^2 + \frac{8}{9}x + 2\frac{4}{9} \qquad ○$$

○ **Beispiel**

Eine über eine Gebirgsschlucht führende Eisenbahnbrücke hat einen parabelförmigen
Brückenbogen von 25 m Spannweite.
Die Scheitelhöhe beträgt 10 m.

Zur Berechnung der Länge verschiedener Stützen ist die Funktionsgleichung der Parabel für das ange-
gebene Koordinatensystem erforderlich.

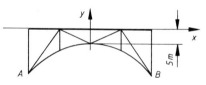

Lösung

Setzt man die Koordinaten des Scheitels
$S(0|-5)$ (Maßeinheiten in m) in die
Scheitelform der Funktionsgleichung ein,
so erhält man mit Hilfe der Koordinaten
des Punktes $A(-12,5|-15)$ die Kon-
stante a und damit die Funktionsgleichung.

$$y - y_0 = a(x - x_0)^2$$
$$y + 5 = a \cdot x^2$$

$$-15 + 5 = a(-12,5)^2$$

$$a = -0,064$$

$$y = -0,064x^2 - 5 \qquad ○$$

Aufgaben

zu 12.2 Die Scheitelform der quadratischen Funktionsgleichung

1. Bilden Sie von folgenden Funktionsgleichungen die Scheitelform, geben Sie den Scheitel an, bestimmen Sie die Nullstellen und zeichnen Sie die Graphen. Grundmenge: $\mathbb{R} \times \mathbb{R}$.

   a) $y = x^2 + 4x + 5$ b) $y = -x^2 + 3x - 4$ c) $y = 2x^2 - \frac{1}{2}x + 1$

   d) $y = -\frac{1}{7}x^2 + 5x - 1{,}5$ e) $y = -3x^2 - 27x - 33$ f) $y = \frac{1}{6}x^2 - 2x - 5$

   g) $y = 4x^2 - 5x + 1$ h) $y = -\frac{1}{3}(x^2 + 2x) + \frac{2}{3}$ i) $y = -\frac{x^2}{2} + 2x$

2. Eine Parabel mit dem Scheitel $S\,(-3\,|\,2{,}5)$ schneidet die x-Achse in $P\,(1\,|\,0)$.
   Bestimmen Sie die Funktionsgleichung.

3. Eine im Verhältnis $a = 1:5$ gestauchte Normalparabel hat ihren Scheitel im Punkt $S\,(2\,|\,-3)$.
   Bestimmen Sie die Funktionsgleichung und die Nullstellen.

4. In der Funktionsgleichung $y = ax^2 + bx + c$ sind die Konstanten a, b, c so zu bestimmen, daß die Parabel den Scheitel $S\,(3{,}5\,|\,-8)$ hat und durch den Punkt $P\,(2\,|\,-6)$ geht.

5. Eine Parabel mit dem Scheitel $S\,(-1{,}5\,|\,4)$ ist nach unten geöffnet und schneidet die y-Achse im Punkt $P\,(0\,|\,3{,}5)$.
   Bestimmen Sie die Funktionsgleichung.

6. Ein Speerwerfer wirft einen Speer unter einem Winkel von $35°$ zur Waagerechten ab.
   a) Geben Sie die Gleichung der Wurfparabel an.
   b) Bestimmen Sie den Kulminationspunkt (= Scheitel) aus der Scheitelgleichung.
   c) Welche Wurfweite kann bei einer Abwurfgeschwindigkeit von $v_0 = 30\,\frac{m}{s}$ erreicht werden?

7. Bei einem 1 m hohen Wasserbehälter tritt in 40 cm Höhe ein Leck auf.
   Wo liegt die Auftreffstelle des waagerecht ausfließenden Wasserstrahls, wenn für die Bahnkurve die Funktionsgleichung $y = -\dfrac{g}{2v_0^2}\,x^2$ zugrunde gelegt wird und die Anfangsgeschwindigkeit v_0 aus dem hydrostatischen Wasserdruck berechnet wird?

12.3 Graphische Lösung quadratischer Gleichungen

Mit Hilfe einer Normalparabel-Schablone ist es möglich, quadratische Gleichungen auch graphisch zu lösen. Dazu gibt es zwei Lösungsverfahren.

○ **Beispiel**

Bestimmen Sie graphisch die Lösungsmenge der Gleichung

$$4x^2 - 12x - 7 = 0.$$

Lösung

Erstes Verfahren

*Nullstellen-Bestimmung einer verschobe-
nen Normalparabel*

a) Die quadratische Gleichung wird auf
die Normalform gebracht

$$x^2 - 3x - \frac{7}{4} = 0$$

b) Diese Gleichung wird als Ergebnis einer
konjunkten Verknüpfung der Gleichungen

$$y = x^2 - 3x - \frac{7}{4} \text{ und } y = 0$$

aufgefaßt. Geometrisch bedeutet dies, den
Schnittpunkt der Graphen von
$y = x^2 - 3x - \frac{7}{4}$ (Parabel) und $y = 0$ (x-
Achse) zu bestimmen. Dies sind die Null-
stellen der Parabel. Die graphisch be-
stimmten Nullstellen führen zu den beiden
Lösungen $x_1 = 3{,}5$ und $x_2 = -0{,}5$.

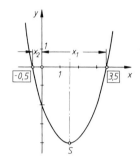

Zweites Verfahren

*Schnittpunkt-Bestimmung von Normal-
parabel und Gerade*

a) Die auf die Normalform gebrachte
quadratische Gleichung wird so umgeformt, daß x^2 isoliert steht.

$$\boxed{x^2} = \boxed{3x - \frac{7}{4}}$$
$$\quad\underset{y}{\big|} \qquad\quad \underset{y}{\big|}$$

b) Diese Gleichung kann als Verknüpfung
der Gleichungen

$$y = x^2 \ \wedge \ y = 3x - \frac{7}{4}$$

aufgefaßt werden. Betrachtet man diese
Gleichungen als Funktionsgleichungen, so
ergeben die Schnittpunkte von $y = x^2$
(= Normalparabel) und $y = 3x - \frac{7}{4}$ (= Gerade) die Lösungen.
Die Schnittpunktsabszissen $x_1 = 3{,}5$ und
$x_2 = -0{,}5$ sind die Lösungen der quadratischen Gleichung.

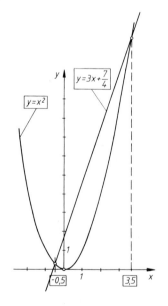

13 Wurzelfunktionen

13.1 Quadratwurzelfunktionen

○ **Anwendungsbeispiel**

Die Schwingungsdauer eines mathematischen Pendels, das durch eine Metallkugel an einem gewichtslosen Faden realisiert werden kann, ist durch die Gleichung

$$T = 2\pi\sqrt{\frac{l}{g}}$$

gegeben.

a) Stellen Sie die Schwingungsdauer als Funktion der Pendellänge graphisch dar.

b) Bei welcher Pendellänge beträgt die Schwingungsdauer 1 s?

Lösung

a) Mit $g = 9,81\,\frac{m}{s^2}$ läßt sich die Funktionsgleichung auch in der Form

$$T = 2,0061 \cdot \sqrt{l}$$

schreiben, wobei l in m eingesetzt, die Schwingungsdauer T in s ergibt.

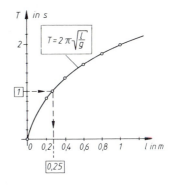

Wertetabelle:

l in m	0	0,2	0,4	0,6	0,8	1,0
T in s	0	0,9	1,27	1,55	1,79	2,01

b) Aus dem Funktionsgraphen läßt sich für die Schwingungsdauer von 1 s eine Pendellänge von ≈ 25 cm ablesen.

Aus dem physikalischen Sachverhalt, daß eine Länge nicht negativ werden kann und aus der Definition der Quadratwurzel ergibt sich, daß die Funktion nur für positive l-Werte definiert ist und sich damit nur positive Funktionswerte ergeben.

Daraus erhält man für den Definitions- und Wertebereich nur positive reelle Werte einschließlich der Null.

b) Pendellänge bei einer Schwingungsdauer von 1 s:

zeichnerisch: $l \approx 0,25$ m

rechnerisch: $l = 0,2485$ m

Definitionsbereich: $D = \mathbb{R}_0^+$

Wertebereich: $W = \mathbb{R}_0^+$ ○

Die dargestellte Funktion ist eine *Quadratwurzelfunktion* der Form

$$x \mapsto a\sqrt{x}.$$

Der konstante Faktor a bewirkt eine Dehnung bzw. Stauchung der Funktion $x \mapsto \sqrt{x}$ in Richtung der y-Achse.

Definition

Funktionen, die Quadratwurzelterme von Funktionsvariablen enthalten, nennt man *Quadratwurzelfunktionen*.

Die einfachste Quadratwurzelfunktion hat die Funktionsgleichung

$$y = \sqrt{x}\ , \ x \in \mathbb{R}_0^+$$

$$y = x^{\frac{1}{2}} \ \text{(Potenzschreib-}$$
weise)

$$\boxed{x \mapsto \sqrt{x}}$$

$$x \in \mathbb{R}_0^+$$

Quadratwurzelfunktion

○ **Beispiel**

Zeichnen Sie das Schaubild der Funktion

$$x \mapsto \sqrt{x+3} - 2$$

und geben Sie den Definitions- und Wertebereich der Funktion an.

Lösung

Bei der Ermittlung des Definitionsbereiches ist darauf zu achten, daß der Radikand des Wurzelterms nicht negativ wird. Dies ist der Fall, wenn $x \geqslant -3$ wird.

Definitionsbereich

Aus $x + 3 \geqslant 0$ oder $x \geqslant -3$ ergibt sich

$$D = \{x \mid -3 \leqslant x < \infty\}_{\mathbb{R}}$$

Wertebereich

$$W = \{x \mid -2 \leqslant x < \infty\}_{\mathbb{R}}$$

Wertetabelle

x	-3	-2	-1	0	1	3
y	-2	-1	$-0{,}59$	$-0{,}27$	0	$0{,}45$

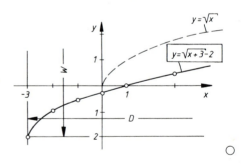

Dieses Beispiel zeigt, daß x auch negativ werden kann. Bei Wurzelfunktionen kommt es also nicht darauf an, daß x positiv bleibt, sondern daß der Radikand nicht negativ wird.

Aus Wertetabelle und Schaubild zeigt sich, daß bei $x = 1$ der y-Wert Null wird. Man nennt diesen Punkt, bei dem der Funktionsgraph die x-Achse schneidet, eine *Nullstelle*.

Schnittpunkt des Funktionsgraphen mit der x-Achse

= *Nullstelle* $(1 \mid 0)$

Die rechnerische Ermittlung der Nullstellen erfolgt dadurch, daß man in der
Funktionsgleichung den y-Wert Null setzt.
Dadurch ergibt sich eine Bestimmungsgleichung (hier: Wurzelgleichung) für x,
aus der sich die Lösung $x = 1$ ergibt.

$$y = \sqrt{x + 3} - 2$$
$$\|$$
$$0 = \sqrt{x + 3} - 2$$
(Wurzelgleichung)

○ **Beispiel**

Zeichnen Sie das Schaubild der Funktion

$$x \mapsto \sqrt{1 - x} - \sqrt{x + 4}$$

und geben Sie den Definitions- und Wertebereich der Wurzelfunktion an.

Lösung

Während wir es bisher nur mit einseitig
begrenzten Quadratwurzelfunktionen zu
tun hatten, handelt es sich hier um eine
zweiseitig begrenzte Funktion.

Die Funktion kann als Differenz der Funktionen mit den
Funktionsgleichungen

$$y_1 = \sqrt{1 - x} \quad \text{und}$$
$$y_2 = \sqrt{x + 4}$$

betrachtet werden.

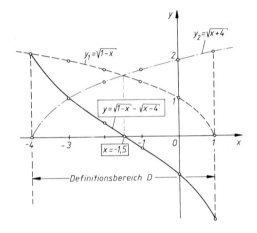

Definitionsbereich

Für die Wurzelfunktion mit der Gleichung $y_1 = \sqrt{1 - x}$ ergibt sich der Definitionsbereich $D_1 = \{x \mid 1 \geqslant x > -\infty\}_{\mathbb{R}}$.
Für die Wurzelfunktion mit der Funktionsgleichung $y_2 = \sqrt{x + 4}$ ergibt sich der Definitionsbereich $D_2 = \{x \mid -4 \leqslant x < \infty\}_{\mathbb{R}}$

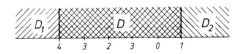

Da beide Wurzelwerte der Funktion reell bleiben müssen, ergibt sich daraus der
Definitionsbereich der Funktion: $D = \{x \mid -4 \leqslant x \leqslant 1\}_{\mathbb{R}}$

Wertebereich

Wertebereich der Funktion: $W = \{y \mid -\sqrt{5} \leqslant y \leqslant \sqrt{5}\}_{\mathbb{R}}$

Wertetabelle

x	1	0	−1	−2	−3	−4
y_1	0	1	$\sqrt{2}$	$\sqrt{3}$	2	$\sqrt{5}$
y_2	$\sqrt{5}$	2	$\sqrt{3}$	$\sqrt{2}$	1	0
y	$-\sqrt{5}$	−1	−0,32	0,32	1	$\sqrt{5} = 2{,}24$

○ **Anwendungsbeispiel**

Die biegekritische Drehzahl umlaufender Wellen berechnet sich nach der Gleichung

$$n_k = \frac{1}{2\pi} \sqrt{\frac{g}{f}}.$$

Stellen Sie die kritische Drehzahl in Abhängigkeit von der maximalen Durchbiegung f graphisch dar.

Lösung

Mit der Fallbeschleunigung $g = 9{,}81 \frac{m}{s^2} = 9810 \frac{mm}{s^2}$ und der maximalen Durchbiegung f

in mm erhält man für die auf min bezogene Drehzahl die Zahlenwertgleichung

$$n_k = 945{,}81 \sqrt{\frac{1}{f}} \text{ in min}^{-1}$$

Auch diese Funktion ist eine Quadratwurzelfunktion.
Sie ist von der Form

$$y = \frac{a}{\sqrt{x}}$$

d.h. der Wurzelterm ist im Nenner.
Sie hat die Gestalt einer Abklingfunktion.
Der Funktionswert für $f = 0$ ist nicht definiert.

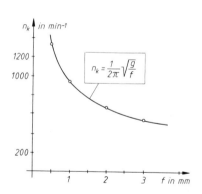

Aufgaben

zu 13.1 Quadratwurzelfunktionen

Zeichnen Sie die Graphen folgender Funktionen und geben Sie den jeweiligen Definitionsbereich in $G = \mathbb{R}$ an.

1. $x \mapsto \sqrt{x-1}$ **4.** $x \mapsto -\sqrt{x}$ **7.** $x \mapsto -\dfrac{1}{\sqrt{x}} + 1$

2. $x \mapsto \sqrt{2x+1}$ **5.** $x \mapsto -\sqrt{x+2}$ **8.** $x \mapsto \sqrt{2-x}$

3. $x \mapsto \sqrt{x^2-2}$ **6.** $x \mapsto \dfrac{1}{\sqrt{x}}$ **9.** $x \mapsto \sqrt{x} + \sqrt{x-2}$

10. Geben Sie den Definitions- und Wertebereich folgender Funktion an:

$$f: \quad x \mapsto \sqrt{x^2 - 1} - \sqrt{4 - x} \quad (G = \mathbb{R})$$

11. Stellen Sie die Ausströmgeschwindigkeit einer Flüssigkeit $v = \sqrt{2gh}$ in Abhängigkeit von der Höhe des Flüssigkeitsspiegels h graphisch dar.

13.2 Wurzelfunktionen höherer Ordnung

○ **Beispiel**

Hochbelastete Achsen werden vielfach als Biegeträger gleicher Biegebeanspruchung gestaltet. Der Anformungsdurchmesser ergibt sich aus der Gleichung

$$d_x = d \sqrt[3]{\frac{x}{l}}.$$

a) Stellen Sie für einen Achsschenkel, der an der Einspannstelle einen Durchmesser von 60 mm hat, die theoretische Anformungskurve dar.
Der Lagerabstand beträgt 110 mm.

b) Tragen Sie die Durchmesser d_x symmetrisch auf einer Achse auf und führen Sie durch kegelige oder zylindrische Abstufung einen konstruktiven Gestaltungsvorschlag durch.

c) Welchen Durchmesser d_A und welche Länge l_A erhält der Lagerzapfen, wenn $l_A \approx 1,2 \cdot d_A$ sein soll?

Lösung

a) Mit $d = 60$ mm und $l = 110$ mm wollen wir die Achsdurchmesser d_x an verschiedenen Stellen berechnen:

x in mm	0	10	20	40	60	80	100
d_x in mm	0	26,98	33,99	42,83	49,02	53,96	58,12

Die Anformungskurve stellt eine Wurzelfunktion 3. Ordnung dar. Sie ist auch für negative x-Werte definiert. Der Definitionsbereich umfaßt damit die Menge aller reellen Zahlen: $D = \mathbb{R}$.

Von der anwendungsbezogenen Seite her betrachtet sind jedoch negative Funktionswerte als Durchmesser nicht brauchbar.

zu a)

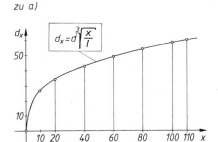

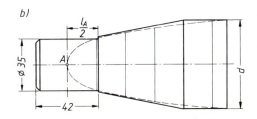

c) Da üblicherweise die Lagerkraft in der Mitte des Lagerzapfens angreift, wollen wir den

theoretischen Lagerzapfendurchmesser bei $x = \dfrac{l_A}{2}$ berechnen.

Mit $l_A = 1,2 \cdot d_A$ ergibt sich

$$d_A = d \cdot \sqrt[3]{\dfrac{\dfrac{1,2 \cdot d_A}{2}}{l}}$$

$$d_A^3 = d^3 \cdot \dfrac{0,6 \cdot d_A}{l}$$

$$d_A = \sqrt{\dfrac{d^3 \cdot 0,6}{l}} = \sqrt{\dfrac{(60\,\text{mm})^3 \cdot 0,6}{110\,\text{mm}}} = \underline{34,32\,\text{mm}}$$

gewählt: $\underline{\underline{d_A = 35\,\text{mm}}}$

$l_A = 1,2 \cdot 35\,\text{mm} = \underline{\underline{42\,\text{mm}}}$ ○

○ **Beispiel**

Zeichnen Sie die Graphen der Funktion

$$x \mapsto \sqrt[n]{x}$$

für a) $n = 2, 4$;   b) $n = 3, 5$

und geben Sie den Definitionsbereich an.

Lösung

Wertetabelle

a)

x	0	$\frac{1}{2}$	1	2	4	6	8
$y = \sqrt{x}$	0	0,71	1	1,41	2	2,45	2,83
$y = \sqrt[4]{x}$	0	0,84	1	1,19	1,41	1,57	1,68

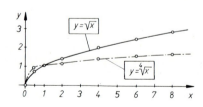

$D = \mathbb{R}_0^+$

b)

x	−6	−4	−2	−1	0	1	2	4	6
$y = \sqrt[3]{x}$	−1,82	−1,59	−1,26	−1	0	1	1,26	1,59	1,82
$y = \sqrt[5]{x}$	−1,43	−1,32	−1,15	−1	0	1	1,15	1,32	1,43

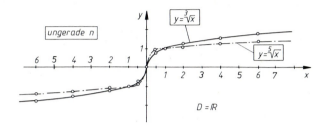

14 Wurzelgleichungen

14.1 Wurzelgleichungen mit einer Variablen (Quadratwurzelgleichungen)

Gleichungen mit Wurzeln, bei denen die Variable im Radikanden vorkommt, werden als *Wurzelgleichungen* bezeichnet.

Beispiele: $\sqrt{x-2} - x = 0$; $2\sqrt{x} = \sqrt{2x-1}$

Quadratwurzelgleichungen lassen sich lösen durch Beseitigen der Wurzel mit Hilfe des Quadrierens. Dabei ist zu beachten, daß das Quadrieren keine Äquivalenzumformung darstellt. Zur Ermittlung der Lösungsmenge ist deshalb bei allen Lösungsverfahren, bei denen nicht äquivalente Umformungen vorkommen, stets eine Probe durchzuführen.

○ **Beispiel**

Bestimmen Sie die Lösungsmenge von $\sqrt{x} - x + 2 = 0$ ($G = \mathbb{R}$).

Lösung

Zunächst wird die Wurzel isoliert und jede Seite der Gleichung quadriert.

$$\sqrt{x} = x - 2$$
$$(\sqrt{x})^2 = (x-2)^2$$
$$x = x^2 - 4x + 4$$

Dabei erhalten wir eine quadratische Gleichung, die auf die Lösungen x_1 und x_2 führt.

$$x^2 - 5x + 4 = 0$$
$$x_1 = 4$$
$$x_2 = 1$$

Mit Hilfe einer Probe wird die Lösungsmenge ermittelt.

Probe

$x_1 = 4$: $\sqrt{4} - 4 + 2 = 0$ wahr

$x_2 = 1$: $\sqrt{1} - 1 + 2 = 0$ falsch

$$\underline{\underline{L = \{4\}}}$$

○

Dieses Ergebnis wollen wir durch eine graphische Lösung veranschaulichen:

An Stelle der Bestimmungsgleichung $\sqrt{x} = x - 2$ betrachten wir die Funktionsgleichungen $y = \sqrt{x}$ und $y = x - 2$, die die Funktionen $x \mapsto x - 2$ und $x \mapsto \sqrt{x}$ darstellen.

Der Schnitt der beiden Graphen ergibt die Lösung $x_1 = 4$.

Der gestrichelt gezeichnete Ast unterhalb der x-Achse gehört nicht zum Definitionsbereich der Wurzelfunktion $x \mapsto \sqrt{x}$. Der Schnittpunkt bei $x_2 = 1$ stellt somit keine Lösung dar.

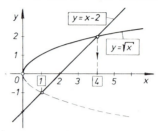

Beim Quadrieren von Wurzelgleichungen ist zu beachten, daß Lösungselemente hinzukommen können, die nicht Lösungen der Ausgangsgleichung sind.

Ein einfaches Zahlenbeispiel soll dies verdeutlichen:

Die Gleichung $x = 3$ hat die Lösungsmenge $\qquad L_1 = \{3\}$

Nach dem Quadrieren erhalten wir eine $\qquad x^2 = 3^2$
quadratische Gleichung $\qquad\qquad\qquad x^2 = 9$
mit den Lösungen $\qquad\qquad\qquad\quad x_1 = 3; \ x_2 = -3$

und der Lösungsmenge $\qquad\qquad\quad L_2 = \{3; -3\}$

Gegenüber der Lösungsmenge L_1 ist bei L_2 das Element -3 dazu gekommen.
Beim Lösen von Wurzelgleichungen ist es deshalb unerläßlich, über eine *Probe* oder mit Hilfe der Definitionsmenge die Lösungsmenge zu bestimmen.

○ **Beispiel**

Bestimmen Sie die Lösungsmenge von $\sqrt{2x + 12} + x + 2 = 0$ $\quad (G = \mathbb{R})$

Lösung

Isolieren $\qquad\qquad\qquad\qquad\qquad\qquad \sqrt{2x + 12} = -(x + 2)$

Quadrieren $\qquad\qquad\qquad\qquad\quad (\sqrt{2x + 12})^2 = [-(x + 2)]^2$
$\qquad\qquad\qquad\qquad\qquad\qquad\quad 2x + 12 = x^2 + 4x + 4$
$\qquad\qquad\qquad\qquad\qquad\qquad x^2 + 2x - 8 = 0$

Probe $\qquad\qquad\qquad\qquad\qquad\qquad\qquad x_1 = 2; \ x_2 = -4$

mit x_1: $\qquad \sqrt{4 + 12} + 4 = 0$ falsch

mit x_2: $\sqrt{-8 + 12} - 4 + 2 = 0$ wahr

Lösungsmenge $\qquad\qquad\qquad\qquad\qquad \underline{\underline{L = \{-4\}}}$ $\qquad\qquad$ ○

○ **Beispiel**

Bestimmen Sie die Lösungsmenge von $\sqrt{x + 2} - \sqrt{2x - 5} = 0$ $\quad (G = \mathbb{R})$.

Lösung

Hier treten zwei Wurzelterme auf, die auf beide Seiten verteilt werden. $\qquad\qquad \sqrt{x + 2} = \sqrt{2x - 5}$
$\qquad\qquad\qquad\qquad\qquad\qquad (\sqrt{x + 2})^2 = (\sqrt{2x - 5})^2$
$\qquad\qquad\qquad\qquad\qquad\qquad\qquad x + 2 = 2x - 5$

Probe $\qquad\qquad\qquad\qquad\qquad\qquad\qquad\qquad x = 7$

$\sqrt{9} - \sqrt{9} = 0$ (wahr) $\qquad\qquad\qquad\qquad \underline{\underline{L = \{7\}}}$

○ **Beispiel**

Bestimmen Sie die Lösungsmenge von $2\sqrt{x+16} - \sqrt{x-5} = 0$ ($G = \mathbb{R}$).

Lösung

Hier ist zu beachten, daß auch die Zahl 2 zu quadrieren ist.

$$2\sqrt{x+16} = \sqrt{x-5} \qquad (1)$$
$$(2\sqrt{x+16})^2 = (\sqrt{x-5})^2$$
$$4(x+16) = x-5 \qquad (2)$$

$x = -23$ erfüllt zwar die quadrierte Gleichung (2), aber nicht die Wurzelgleichung (1), da der Radikand $R < 0$ wird.

$$x = -23$$

Probe

$2\sqrt{-23+16} - \sqrt{-23-5}$ (falsch)

$$L = \{\ \}$$

Es ist deshalb vorteilhaft, vor der Berechnung der Lösungsmenge den Definitionsbereich D zu bestimmen.   ○

○ **Beispiel**[1])

Bestimmen Sie die Definitionsmenge folgender Wurzelgleichungen   ($G = \mathbb{R}$).

a) $\sqrt{x+3} + \sqrt{2-x} = 0$

b) $\sqrt{2x-8} + \sqrt{2x+1} + 1 = 0$

Lösung

a) Für $G = \mathbb{R}$ sind Wurzeln mit negativen Radikanden nicht definiert. Damit muß gelten

Aus dem ersten Radikanden erhält man die Definitionsmenge

$D_1 = \{x \mid x \geq -3\}_{\mathbb{R}}$

Aus dem zweiten Radikanden folgt

$D_2 = \{x \mid x \leq 2\}_{\mathbb{R}}$

Da für bestimmte x-Werte beide Wurzeln definiert sein müssen, ist die Definitionsmenge der Wurzelgleichung die Schnittmenge der beiden Definitionsmengen:

$$D = D_1 \cap D_2$$

$$x+3 \geq 0$$
$$x \geq -3$$
$$2-x \geq 0$$
$$x \leq 2$$

Beide Ungleichungen müssen gleichzeitig erfüllt sein:

$$D = \{x \mid x \geq -3 \wedge x \leq 2\}_{\mathbb{R}}$$

$$D = \{x \mid -3 \leq x \leq 2\}_{\mathbb{R}}$$

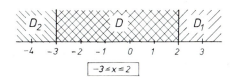

b) Auch in diesem Fall dürfen die Radikanden der beiden Wurzeln nicht negativ werden.

$$2x-8 \geq 0 \wedge 2x+1 \geq 0$$

$$x \geq 4 \wedge x \geq -\frac{1}{2}$$

---

[1]) vgl. auch Abschnitt 3.5 Lineare Ungleichungen

Aus den Schnittmengen der Definitionsmengen

$D_1 = \{x \mid x \geq 4\}$ und

$D_2 = \{x \mid x \geq -\frac{1}{2}\}$ ergibt sich die Definitionsmenge der Wurzelgleichung

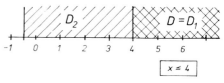

$$D = \{x \mid x \geq 4\}_{\mathbb{R}}$$

○ **Beispiel**

Bestimmen Sie die Definitionsmenge und Lösungsmenge von

$$\sqrt{3x-3} + \sqrt{4+3x} - \sqrt{6x+25} = 0 \quad (G = \mathbb{R})$$

Lösung

Wir betrachten bei der Bestimmung der
Definitionsmenge nur die erste Wurzel.

Die sich aus den Radikanden R_2 und R_3 R_1: $3x - 3 \geq 0$

ergebenden Ungleichungen $x \geq -\frac{4}{3}$ und $x \geq 1$

$x \geq -\frac{25}{6}$ sind durch $x \geq 1$ ebenfalls er-

faßt. $D = \{x \mid x \geq 1\}$

Hier treten drei Wurzeln auf, die nicht
durch einmaliges Quadrieren beseitigt $\sqrt{3x-3} + \sqrt{4+3x} = \sqrt{6x+25}$
werden können.

Beim Quadrieren ist zu beachten, daß je- $(\sqrt{3x-3} + \sqrt{4+3x})^2 = (\sqrt{6x+25})^2$
weils die gesamte linke bzw. rechte Seite $(\sqrt{3x-3})^2 + 2\sqrt{3x-3} \cdot \sqrt{4+3x} +$
zu quadrieren ist.
Wir erinnern uns an die Binome: $+ (\sqrt{4+3x})^2 = 6x + 25$

$(a+b)^2 = a^2 + 2ab + b^2$ $3x - 3 + 2\sqrt{(3x-3)(4+3x)} +$
$(a-b)^2 = a^2 - 2ab + b^2$ $+ 4 + 3x = 6x + 25$

und an die Regeln der Wurzelberechnun- $2\sqrt{(3x-3)(4+3x)} = 24 \qquad |:2$
gen:
                                               $\left(\sqrt{(3x-3)(4+3x)}\right)^2 = (12)^2$
$\sqrt{a} \cdot \sqrt{a} = (\sqrt{a})^2 = a$
$\sqrt{a} \cdot \sqrt{b} = \sqrt{a \cdot b}$ $(3x-3)(4+3x) = 144$

                                               $12x + 9x^2 - 12 - 9x = 144$
Damit wird:
$(\sqrt{a} + \sqrt{b})^2 = a + 2\sqrt{a} \cdot \sqrt{b} + b$ $3x^2 + x - 52 = 0$

Durch wiederholtes Quadrieren wird auch $x_1 = 4; \qquad x_2 = -\frac{13}{3}$
die verbliebene Wurzel aufgelöst.

Auch ohne Probe kann hier die Lösungsmenge festgestellt werden, da x_2 nicht
zur Definitionsmenge gehört. $L = \{4\}$

Probe

$x_1 = 4$: $\sqrt{12-3} + \sqrt{4+12} - \sqrt{24+25} = 0$

$\sqrt{9} + \sqrt{16} - \sqrt{49} = 0$

$3 + 4 - 7 = 0$ (wahr)

$x_2 = -\frac{13}{3}$: $\sqrt{-13-3} - \sqrt{-26+25} = 0$ (falsch)   ○

○ **Beispiel**

$$\sqrt{x-5} + \sqrt{x+7} - \sqrt{x-8} - \sqrt{x+16} = 0 \quad (G = \mathbb{R})$$

Lösung

Treten vier Wurzeln auf, so werden zweckmäßigerweise je zwei Wurzelterme auf eine Seite gebracht und anschließend quadriert. Die noch verbliebenen Wurzeln werden nach dem Ordnen und Isolieren erneut quadriert, bis eine wurzelfreie Gleichung entsteht.

Zur Bestimmung der Definitionsmenge wird der Wurzelterm $\sqrt{x-8}$ verwendet

$$x - 8 \geqslant 0$$
$$x \geqslant 8$$
$$D = \{x \mid x \geqslant 8\}$$

Isolieren
$$\sqrt{x-5} + \sqrt{x+7} = \sqrt{x-8} + \sqrt{x+16}$$

1. Quadrieren
$$(\sqrt{x-5} + \sqrt{x-7})^2 = (\sqrt{x-8} + \sqrt{x+16})^2$$
$$(x-5) + 2\sqrt{x-5} \cdot \sqrt{x+7} + (x+7) = (x-8) + 2\sqrt{x-8} \cdot$$
$$\cdot \sqrt{x+16} + (x+16)$$
$$2x + 2 + 2\sqrt{x-5} \cdot \sqrt{x+7} = 2x + 8 + 2\sqrt{x-8} \cdot \sqrt{x+16}$$

Ordnen
$$2\sqrt{x-5} \cdot \sqrt{x+7} = 6 + 2\sqrt{x-8} \cdot \sqrt{x+16} \mid : 2$$

2. Quadrieren
$$\left(\sqrt{(x-5)(x+7)}\right)^2 = \left(3 + \sqrt{(x-8)(x+10)}\right)^2$$
$$x^2 + 7x - 5x - 35 = 9 + x^2 + 16x - 8x - 128 +$$
$$+ 6\sqrt{(x-8)(x+16)}$$

Ordnen
$$84 - 6x = 6\sqrt{(x-8)(x+16)} \mid : 6$$

3. Quadrieren
$$(14 - x)^2 = \left(\sqrt{(x-8)(x+16)}\right)^2$$
$$196 - 28x + x^2 = x^2 + 16x - 8x - 128$$
$$x = 9$$
$$\underline{\underline{L = \{9\}}}$$

Probe
$$\sqrt{9-5} + \sqrt{9+7} - \sqrt{9-8} - \sqrt{9+16} = 0$$
$$2 + 4 - 1 - 5 = 0 \quad \text{(wahr)} \qquad ○$$

Zusammenfassung

1. Die Lösungsmenge L einer Quadratwurzelgleichung erhält man durch geeignetes Umformen und Potenzieren der Gleichung: Isolieren, Quadrieren und Ordnen.

2. Da das Quadrieren keine Äquivalenzumformung ist, ist stets eine Probe zu machen.

3. Den Definitionsbereich D einer Quadratwurzelgleichung für $G = \mathbb{R}$ erhält man, wenn man die Radikanden der Wurzelterme größer/gleich Null setzt und die Schnittmenge der einzelnen Definitionsmengen bildet.

4. Für die Umformungen sind folgende Regeln wichtig:
$$(\sqrt{a})^2 = \sqrt{a} \cdot \sqrt{a} = \sqrt{a^2} = a$$
$$\sqrt{a} \cdot \sqrt{b} = \sqrt{a \cdot b}$$
$$(\sqrt{a} - \sqrt{b})^2 = a - 2\sqrt{a} \cdot \sqrt{b} + b$$

14.2 Wurzelgleichungen mit zwei Variablen

○ **Beispiel**

$$\left| \begin{array}{l} 2\sqrt{x} + 3\sqrt{y} = 14 \\ 7\sqrt{x} - 2\sqrt{y} = 24 \end{array} \right.$$ (1)
(2)

Lösung

Um einfacher rechnen zu können, ersetzen wir $\sqrt{x}$ und $\sqrt{y}$ durch die Variablen u und v.

$$\sqrt{x} = u \quad \text{(I)}$$
$$\sqrt{y} = v \quad \text{(II)}$$

Damit erhalten wir ein Gleichungssystem in u und v, das z.B. mit Hilfe des Additionsverfahrens gelöst wird.

$$\left| \begin{array}{l} 2u + 3v = 14 \\ 7u - 2v = 24 \end{array} \right.$$ (1') $\cdot 2$
(2') $\cdot 3$

aus (1'): $4u + 6v = 28$ (1'')
aus (2'): $21u - 6v = 72$ (2'')

(1'') + (2''): $25u = 100$
$u = 4$ (3)

(3) in (1'): $8 + 3v = 14$
$v = 2$ (4)

Wir quadrieren die Substitutionsgleichungen I und II und setzen u und v ein.

$u = \sqrt{x}$; $u^2 = x$
$x = 16$
$v = \sqrt{y}$; $v^2 = y$

$$L = \{(16; 4)\}$$

Probe

$2\sqrt{16} + 3\sqrt{4} = 14$ (wahr)
$7\sqrt{16} - 2\sqrt{4} = 24$ (wahr)

○ **Beispiel**

$$\left| \begin{array}{l} \sqrt{x+5} + \sqrt{y-1} = 5 \\ x = y - 1 \end{array} \right.$$ (1)
(2)

Lösung

Gl. (2) wird in Gl. (1) eingesetzt. Damit enthält die Wurzelgleichung nur noch die Variable y.

(2) in (1):

$$\sqrt{y-1+5} + \sqrt{y-1} = 5$$
$$\sqrt{y+4} + \sqrt{y-1} = 5$$
$$(\sqrt{y+4})^2 = (5 - \sqrt{y-1})^2$$

$$y + 4 = 25 - 10\sqrt{y-1} + y - 1$$

$$10\sqrt{y-1} = 20 \qquad |:10$$
$$(\sqrt{y-1})^2 = (2)^2$$
$$y - 1 = 4$$
$$y = 5 \qquad (3)$$

(3) in (2): $x = 4$ (4)

$$L = \{(4; 5)\}$$

Probe

$\sqrt{9} + \sqrt{4} = 5$ (wahr)

Aufgaben

zu 14 Wurzelgleichungen

Bestimmen Sie die Definitionsmenge und Lösungsmenge folgender Wurzelgleichungen ($G = \mathbb{R}$):

1. $\sqrt{x + 5} = 5$ 4. $\sqrt{3x - 2} = x - 2$

2. $2\sqrt{x - 6} = 4$ 5. $\sqrt{9 + 8\sqrt{2x - 2}} = 5$

3. $4\sqrt{3x - 2} = -3$ 6. $\sqrt{4x - 2} = \sqrt{3x + 1}$

Bestimmen Sie die Lösungsmenge folgender Wurzelgleichungen ($G = \mathbb{R}$)

7. $\sqrt{x + b} = \sqrt{3b - x}$ ($b \in \mathbb{R}$)   10. $2 + \sqrt{2x - 3} = \sqrt{3x + 7}$

8. $\sqrt{x^2 - x - 6} = \sqrt{x - 3}$ 11. $\sqrt{x - 12} = 8 - \sqrt{x + 4}$

9. $\sqrt{x - 10} = \sqrt{x - 3} - 1$ 12. $2\sqrt{x} - \sqrt{x - 5} = \sqrt{2x - 2}$

Ermitteln Sie die Lösungsmenge folgender Wurzelgleichungen ($G = \mathbb{R}$):

13. $2\sqrt{x + 8} = \sqrt{x - 4} + 2\sqrt{2x - 7}$ 17. $\sqrt{5x + 6} + \sqrt{2x + 4} = \sqrt{13x + 22}$

14. $\sqrt{4x - 3} = \sqrt{25x - 11} - \sqrt{9x - 2}$ 18. $3\sqrt{9x - 2} - \sqrt{8x - 7} = \sqrt{35x + 11}$

15. $\sqrt{x + 9} + \sqrt{x - 3} = \sqrt{5x + 1}$ 19. $2\sqrt{13x - 3} - \sqrt{12x + 1} = \sqrt{16x - 15}$

16. $\sqrt{x - 3} - \sqrt{2x - 8} = \sqrt{x - 5}$ 20. $\sqrt{2x - 5} + \sqrt{5x + 1} = \sqrt{8x + 25}$

21. $\sqrt{x + 4} - \sqrt{2x - 6} = \sqrt{2x - 1} - \sqrt{x - 1}$

22. $\sqrt{2x + 4} + \sqrt{x + 3} = \sqrt{x + 10} + \sqrt{2x - 3}$

23. $\sqrt{x - 3} + \sqrt{3x + 4} = \sqrt{3x - 8} + \sqrt{x + 5}$

24. $\sqrt{3x + 7} + \sqrt{5x + 1} = \sqrt{3x - 5} + \sqrt{5x + 21}$

Bestimmen Sie die Lösungsmenge folgender Gleichungssysteme ($G = \mathbb{R}$):

25. $\left| \begin{array}{l} 2\sqrt{3y + 3} + 3\sqrt{4x - 3} = 9 \\ 5\sqrt{3y + 3} - 4\sqrt{4x - 3} = 11 \end{array} \right|$ 26. $\left| \begin{array}{l} 2\sqrt{2x - 3} - \sqrt{4y + 1} = 3 \\ y - x + 4 = 0 \end{array} \right|$

27. $\left| \begin{array}{l} 4\sqrt{x} - 12 = 3\sqrt{y} - 7 \\ 3\sqrt{x} + 4\sqrt{y} = 2\sqrt{x} - 5\sqrt{y} + 11 \end{array} \right|$ 28. $\left| \begin{array}{l} \dfrac{8}{\sqrt{x + 1}} - \dfrac{6}{\sqrt{y + 4}} = 2 \\[2mm] \dfrac{4}{\sqrt{x + 1}} + \dfrac{9}{\sqrt{y + 4}} = 5 \end{array} \right|$

15 Exponentialfunktionen

15.1 Die allgemeine Exponentialfunktion

○ **Anwendungsbeispiel**

Auf welchen Betrag wächst ein Kapital von 1000 DM in sechs Jahren bei einer Verzinsung von 7 % an?

Lösung

Die Verzinsung führt im ersten Jahr zu einem Kapitalzuwachs von $0,07 \cdot 1000\,DM = 70\,DM$, im zweiten Jahr zu einem Zuwachs von $0,07 \cdot 1070\,DM = 74,90\,DM$.

Daraus läßt sich die bekannte Zinseszins-formel ableiten

a = Anfangskapital
p = Zinssatz

Kapital nach einem Jahr:
Durch Einführen des Zinsfaktors

$$K_1 = a + \frac{p}{100} \cdot a = a \left(1 + \frac{p}{100}\right)$$

$$q = \left(1 + \frac{p}{100}\right)$$

$$K_1 = a \cdot q$$

Kapital nach zwei Jahren

$$K_2 = K_1 \cdot q = a \cdot q^2$$

Kapital nach drei Jahren

$$K_3 = K_2 \cdot q = a \cdot q^3$$

Kapital nach x Jahren

$$\boxed{K_x = a \cdot q^x}$$

(Zinseszinsformel)

Mit dem vorliegenden Zinssatz wird der Zinsfaktor $q = \left(1 + \frac{7}{100}\right) = 1,07$.

Für das Anfangskapital

$$a = 1000\ DM$$

erhält man als Zinseszinsformel eine *Funktion*, die wir graphisch darstellen wollen.

$$\underline{K_x = 1000 \cdot (1,07)^x}$$

Wertetabelle

x	K_x
1	1070,00
2	1144,90
3	1225,04
4	1310,80
5	1402,55
6	1500,73

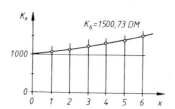

Ergebnis

Das Kapital wächst in sechs Jahren auf einen Betrag von $K_6 = 1500,73$ DM an.   ○

○ **Anwendungsbeispiel**

Welchen „Buchwert" hat eine Werkzeugmaschine mit einem Anschaffungspreis von 50 000 DM nach fünf Jahren bei einem jährlichen degressiven Abschreibungssatz von 20%?

Lösung

Nach jedem Jahr werden 20 % des jeweiligen Buchwertes abgeschrieben.

a = Anschaffungswert
p = Abschreibungssatz

Der Buchwert errechnet sich damit nach dem ersten Jahr zu

$$K_1 = a - \frac{p}{100} \cdot a = a \left(1 - \frac{p}{100}\right)$$

Bezeichnet man den Abschreibungsfaktor mit $q = (1 - \frac{p}{100})$ so wird

$$K_1 = a \cdot q$$

Nach x Jahren beträgt der Buchwert

$$\boxed{K_x = a \cdot q^x}$$

Mit dem vorgegebenen Abschreibungssatz von 20 % wird $q = 0,8$.
Die Abschreibungsfunktion lautet damit

$$K_x = 50\,000 \cdot (0,8)^x$$

Wir wollen diese Funktion wieder graphisch auftragen.

Wertetabelle

x	K_x
1	40 000
2	32 000
3	25 600
4	20 480
5	16 384
6	13 107,20

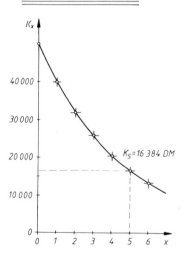

Ergebnis

Der Buchwert beträgt nach fünf Jahren $K = 16\,384$ DM.   ○

In beiden Fällen handelt es sich um Exponentialfunktionen.

Definition

> Eine Funktion mit der Funktionsgleichung
> $$y = a^x, \quad a \in \mathbb{R}^+$$
> heißt (allgemeine) Exponentialfunktion.

$$\boxed{x \mapsto a^x}$$

$a \in \mathbb{R}^+$, $x \in \mathbb{R}$

Exponentialfunktion

Wir wollen nun die Eigenschaften dieser Exponentialfunktionen näher untersuchen.

○ **Beispiel**

Zeichnen Sie die Graphen der Funktion $x \mapsto a^x$ für

a) $a = 1, 2, 4$ b) $a = \frac{1}{2}, \frac{1}{4}$

Lösung

a) **Wertetabelle**

x	-2	-1	0	1	2	3
$y = 2^x$	$\frac{1}{4}$	$\frac{1}{2}$	1	2	4	8
$y = 4^x$	$\frac{1}{16}$	$\frac{1}{4}$	1	4	16	64

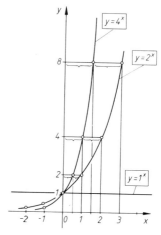

1. Für alle Exponentialfunktionen mit $a > 1$ erhält man *monoton steigende* Funktionsgraphen.

2. Für $a = 1$ entartet die Exponentialfunktion zur konstanten Funktion mit der Gleichung $y = 1$.

3. Wegen $a^0 = 1$ gehen alle Funktionen durch den Punkt $(0\,|\,1)$.

4. Da nur positive Funktionswerte vorkommen, verlaufen alle Kurven oberhalb der x-Achse.

5. Die Funktion mit der Gleichung $y = 4^x$ läßt sich durch affine Abbildung in x-Richtung im Verhältnis $1:2$ aus der Funktion $y = 2^x$ erzeugen.

$$y = 2^{2x} = (2^2)^x = 4^x$$

b) Graphen der Funktionen $x \mapsto (\frac{1}{2})^x$ und $x \mapsto (\frac{1}{4})^x$

Wertetabelle

x	-3	-2	-1	0	1
$y = (\frac{1}{2})^x$	8	4	2	1	$\frac{1}{2}$
$y = (\frac{1}{4})^x$	64	16	4	1	$\frac{1}{4}$

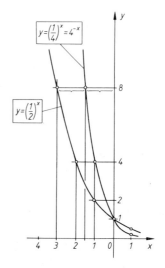

1. Die Exponentialkurve $y = (\frac{1}{a})^x = a^{-x}$ verläuft *spiegelbildlich* zur Kurve $y = a^x$ in bezug auf die y-Achse.

2. Für alle Exponentialfunktionen mit $0 < a < 1$ ergeben sich *monoton fallende* Funktionsgraphen.

3. Wegen $(\frac{1}{a})^0 = 1$ gehen alle Exponentialkurven durch den Punkt $(0\,|\,1)$.

4. Da keine negativen Funktionswerte vorkommen, verlaufen alle Exponentialkurven oberhalb der x-Achse.

Zusammenfassung

Für den Verlauf der Exponentialfunktionen $f: x \mapsto a^x$ ist die Größe der Basis a von ausschlaggebender Bedeutung.

$a > 1$: streng monoton wachsend: *Wachstumsvorgänge*
       (z.B. Baumwachstum: $a = 1{,}03$
       Kapitalwachstum: $a = 1.07$)

$0 < a < 1$: streng monoton fallend: *Abklingvorgänge*
       (z.B. radioaktiver Zerfall, Entladung von Kondensatoren)

Von besonderer Bedeutung sind Exponentialfunktionen mit der Basis $a = e = 2{,}718281\ldots$, mit denen sich zahlreiche Vorgänge in Physik und Technik beschreiben lassen.

○ **Anwendungsbeispiel**

Das im natürlichen Uran vorkommende Uranisotop $^{238}_{92}U$ ist radioaktiv und zerfällt mit einer Halbwertszeit von $T = 4{,}5 \cdot 10^9$ Jahren.
Stellen Sie die exponentielle Abnahme der Strahlungsintensität graphisch dar.

Lösung

Die Abnahme der Strahlungsintensıtat ist bedingt durch den Zerfall von Atomkernen.

Von der ursprünglichen Anzahl N_0 der Uran-Atome ist nach der Halbwertszeit $t_1 = T$ nur noch die Hälfte vorhanden, der Rest ist zerfallen.

N_0 = Anfangsbestand von Atomkernen

$$N(T) = \frac{N_0}{2}$$

Nach der doppelten Halbwertszeit $t_2 = 2T$ ist wiederum nur noch die Hälfte von $N(T)$ vorhanden.

$$N(2T) = \frac{1}{2} \cdot \frac{N_0}{2} = \frac{N_0}{2^2}$$

Nach der Zeit $t = nT$ ist die Anzahl der Uran-Atome auf $N(nT)$ gesunken.

$$N(nT) = \frac{N_0}{2^n}$$

Mit $n = \frac{t}{T}$ erhält man damit das Zerfallsgesetz, das die Gleichung einer Exponentialfunktion darstellt.

$$\boxed{N(t) = N_0 \cdot 2^{-\frac{t}{T}}}$$

Durch Einführung der Zerfallskonstanten

$$k = \frac{\ln 2}{T}$$

erhält man als Zerfallsgesetz

$$\boxed{N(t) = N_0 \cdot e^{-kt}}$$

Dies ist die Gleichung einer e-Funktion.

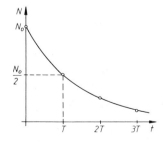

15.2 Die e-Funktion

Die Exponentialfunktion zur Basis e = 2,71... (= Euler-Zahl[1]) ist ein Sonderfall der Exponentialfunktionen.

Definition

Eine Funktion mit der Funktionsgleichung $$y = e^x$$ heißt e-*Funktion*. (Statt e^x schreibt man oft auch exp x)	$\boxed{x \mapsto e^x}$ $x \in \mathbb{R}$ e-Funktion

○ **Beispiel**

Zeichnen Sie den Graphen der Funktion $x \mapsto e^x$.

Lösung

Wertetabelle

x	0	0,5	1	2	3	−0,5	−1	−2	−3
y	1	1,65	2,72	7,39	20,09	0,61	0,37	0,14	0,05

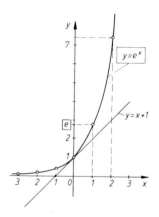

Die Funktion mit der Gleichung

$$y = \frac{1}{e^x} = e^{-x}$$

(Abklingfunktion)

verläuft spiegelbildlich zu $y = e^x$ in bezug auf die y-Achse.

○ **Anwendungsbeispiel**

Die γ-Strahlung eines Radiumpräparates soll mit Hilfe von Bleiplatten abgeschirmt werden.

a) Stellen Sie die Strahlungsintensität der radioaktiven Strahlung in Abhängigkeit von der Bleiplatten-Dicke graphisch dar.
   ($\mu = 0,56 \, \text{cm}^{-1}$ = Absorptionskoeffizient von Pb für die vorliegende γ-Strahlung)

b) Bei welcher Plattendicke ist die Strahlungsintensität noch halb so stark (Halbwertsdicke)?

---

[1] Benannt nach *Leonhard Euler* (1707−1783)

e = 2,718 281 ... = Grenzwert für $\left(1 + \frac{1}{n}\right)^n$, wenn n über alle Grenzen wächst.

Lösung

a) Blei hat ein starkes Absorptionsvermögen für radioaktive Strahlung.

$$I = I_0 \cdot e^{-\mu d}$$

Die Strahlungsintensität nimmt exponentiell ab.

I_0 = Strahlungsintensität ohne Abschirmung

d = Dicke der absorbierenden Schicht (= Plattendicke)

Mit dem Absorptionskoeffizient $\mu = 0,56\,\text{cm}^{-1}$ ergibt sich die Funktionsgleichung

$$I = I_0 \cdot e^{-0,56 \cdot d}$$

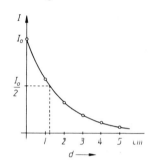

b) Bei einer Bleiplattendicke von $d = 1,2$ cm ist die Strahlungsintensität nur noch halb so stark.

Man nennt diese Materialdicke auch *Halbwertsdicke* $d_{\frac{1}{2}}$.

○ **Beispiel**

Ein Kondensator mit der Kapazität $C = 1,5\ \mu$F wird über einen Ohmschen Widerstand $R = 8\,\text{k}\Omega$ mit Hilfe einer Gleichspannung $U_0 = 100$ V aufgeladen.

a) Stellen Sie den Ladestrom $i(t)$ graphisch dar.

b) Wie groß ist der Anfangsstrom i_0 ?

c) Stellen Sie die zeitliche Änderung der Spannung $u_c(t)$ am Kondensator graphisch dar.

Lösung

a) Während des Aufladevorganges fließt ein von der Zeitkonstanten τ abhängiger Strom, der kontinuierlich abnimmt.

Ladestrom $i(t) = \dfrac{U_0}{R} e^{-\frac{t}{\tau}}$

Mit $C = 1,5 \cdot 10^{-6}$ F und $R = 8 \cdot 10^3\ \Omega$ erhält man die Zeitkonstante τ.

Zeitkonstante: $\tau = C \cdot R$

$$\tau = 0,012\ \text{s}$$

Je kleiner die Zeitkonstante ist, um so schneller nähert sich der Ladestrom asymptotisch seinem Endwert $i = 0$.

$$i(t) = 0,0125 \cdot e^{-\frac{t}{0,012}}$$

Man erhält eine Funktion vom Typ

$$y = k \cdot e^{-bx}$$

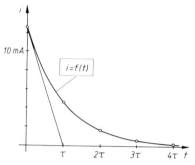

b) Der Anfangsstrom ergibt sich für $t = 0$
zu $i_0 = 12,5$ mA.

Um den zeitlichen Verlauf der Aufladung
zu bestimmen, benötigt man für
$Q(t) = C : u_c(t)$ den zeitlichen Verlauf der
Spannung $u_c(t)$.

Stromverlauf
beim Aufladen eines Kondensators

c) Während des Aufladens ändert sich die
Spannung am Kondensator nach $u_c(t)$.

$$u_c(t) = U_0 \left(1 - e^{-\frac{t}{\tau}}\right)$$

In Abhängigkeit von der Zeitkonstante τ
nähert sich die Spannung asymptotisch
dem Endwert

$$U_0 = 100 \text{ V}.$$

Man erhält eine Funktion vom Typ

$$y = k \cdot (1 - e^{-bx})$$

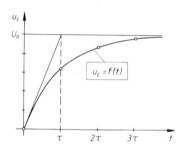

Spannungsverlauf
beim Aufladen eines Kondensators

Zahlenwerte für die e-Funktionen

$\dfrac{t}{\tau}$	$e^{-\frac{t}{\tau}}$	$\left(1 - e^{-\frac{t}{\tau}}\right)$
0	1	0
1	0,3679	0,6331
2	0,1353	0,8647
3	0,0498	0,9502
4	0,0183	0,9817
5	0,0067	0,9933

Aufgaben

zu 15 Exponentialfunktionen

1. Zeichnen Sie die Graphen und bestimmen Sie für $D = \mathbb{R}$ die Wertebereiche von

a) $y = 3^x$ b) $y = (\frac{1}{3})^x$ c) $y = (\sqrt{2})^x$

2. Zeichnen Sie den Graphen von $y = 0,4^x$.
Wie läßt sich aus diesem Graphen der Graph mit der Funktionsgleichung

$$y = \left(\frac{2}{\sqrt{10}}\right)^x$$

herstellen?

3. Zeichnen Sie die Graphen für $D = \mathbb{R}$ von

a) $y = 2 \cdot e^{-x}$ b) $y = -2 \cdot e^{-x}$ c) $y = 2 - 3 \cdot e^x$

4. Zeichnen Sie das Schaubild für $D = \mathbb{R}_0^+$ von

a) $y = x \cdot e^x$ b) $y = e^{x^2}$ c) $y = \sqrt{e^x}$ d) $y = e^{\sqrt{x}}$

5. Ein Kapital von $K_0 = 10\,000$ DM wird zu 5 % verzinst.

a) Stellen Sie eine Funktion für die Kapitalzunahme $K_n = f(n)$ auf.
(K_n = Kapital nach n Jahren).

b) Stellen Sie die Kapitalzunahme graphisch dar.

c) Nach wieviel Jahren hat sich das Kapital um 50 % erhöht?

6. Eine Maschinenanlage im Werte von 180 000 DM soll mit dem maximalen degressiven Abschreibungssatz von 20 % abgeschrieben werden. Die betriebsübliche Nutzungsdauer beträgt 12 Jahre.

a) Stellen Sie Buchwerte der Anlage graphisch dar.

b) Wie hoch ist der Buchwert nach sechs Jahren bei degressiver Abschreibung?

c) In welchem Jahr wird man bei Ausnutzung der höchsten Abschreibungsbeträge von der degressiven zur linearen Abschreibung übergehen?

7. Bei einem Waldbestand von 50 000 Festmetern wird mit einer jährlichen Wachstumsrate von 2,8 % gerechnet.

a) Stellen Sie die nach einer e-Funktion verlaufende Wachstumsfunktion in Abhängigkeit von der Zeit auf und stellen Sie dieselbe graphisch dar.

b) Wieviel Festmeter Holz sind nach 40 Jahren vorhanden?

c) Nach wieviel Jahren hat sich der Waldbestand verdoppelt?

8. Bei der bakteriellen Untersuchung von verseuchtem Abwasser wurden Wasserproben auf eine Nährsubstanz gebracht. Die dabei einsetzende Bakterienvermehrung einer bestimmten Bakterienart wurde durch Auszählen in bestimmten Zeitintervallen ermittelt.

a) Wieviel Ausgangsbakterien enthielt die Probe, wenn nach 1 h 1800 Bakterien und nach einer weiteren Stunde 2 700 Bakterien gezählt wurden?

b) Stellen Sie eine Funktionsgleichung der Form $y = a \cdot e^{kt}$ auf und zeichnen Sie den Funktionsgraphen.

c) Ermitteln Sie aus dem Funktionsgraphen, nach welcher Zeit sich die Bakterien verdoppelt haben.

9. Ein Kondensator der Kapazität $C = 8\,\mu F$ wird mit Hilfe einer Batterie der Gleichspannung $U_0 = 12$ V über einen Widerstand $R = 1\,k\Omega$ aufgeladen.

a) Stellen Sie die Ladung

$$Q(t) = U_0 C \left(1 - e^{-\frac{t}{RC}}\right) \quad \text{sowie den Ladestrom}$$

$$I(t) = \frac{U_0}{R} \cdot e^{-\frac{t}{RC}} \quad \text{in Abhängigkeit von der Zeit graphisch dar.}$$

b) Nach welcher Zeit ist der Kondensator zu 80 % aufgeladen?

c) Wie groß ist der Anfangsstrom und auf wieviel Prozent des Anfangswertes ist der Strom nach $t = 2\tau$ s abgesunken ($\tau = C \cdot R$ = Zeitkonstante)?

10. Die β-Strahlung von Strontium 90 soll durch ein Aluminiumblech abgeschirmt werden. Die Absorptionskonstante von Aluminium beträgt $\mu = 1{,}25\,\text{mm}^{-1}$.

a) Stellen Sie die Strahlungs-Impulsrate $N = N_0 \cdot e^{-\mu d}$ in Abhängigkeit von d graphisch dar.

b) Wie dick muß eine Aluminium-Folie mindestens sein, damit sie die β-Strahlung zur Hälfte abschirmt?

16 Logarithmen

16.1 Logarithmenbegriff

○ **Beispiel**

Zeichnen Sie den Graphen der Funktion $x \mapsto 2^x - 8$ und bestimmen Sie die Nullstelle.

Lösung

Wertetabelle

x	−2	−1	0	1	2	3	4
y	−7,75	−7,5	−7	−6	−4	0	8

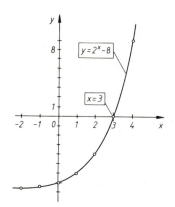

Bestimmung der Nullstelle:

$y = 0 \dots 2^x - 8 = 0$

$\qquad\quad 2^x = 8$

Aus Wertetabelle und Graph findet man als Lösung dieser Exponentialgleichung

$$x = 3$$

Da wir die Exponentialgleichung noch nicht nach x auflösen können, wollen wir x mit Worten umschreiben:

„x ist der Exponent zur Basis 2, der zum Potenzwert 8 führt."

(Kurz: $x = \exp_2 8 = \log_2 8$)

Da jedoch die Bezeichnung „exp" für die e-Funktion verwendet wird, wird für den Exponenten das griechische Wort „Logarithmus" („log")[1] benutzt.

Definition

> Der Logarithmus ist der Exponent, mit dem man die Basis a potenzieren muß, um die Zahl (Numerus) b zu erhalten.

Den Logarithmus berechnen heißt, den Exponenten einer bestimmten Potenz zu bestimmen.

Beispiele

$$\log_5 25 = 2, \quad \text{denn} \quad 5^2 = 25$$
$$\log_3 9 = 2, \quad \text{denn} \quad 3^2 = 9$$
$$\log_4 4 = 1, \quad \text{denn} \quad 4^1 = 4$$
$$\log_a a = 1, \quad \text{denn} \quad a^1 = a$$
$$\log_{10} 10 = 1, \quad \text{denn} \quad 10^1 = 10$$
$$\log_e e = 1, \quad \text{denn} \quad e^1 = e$$
$$\log_5 \frac{1}{25} = -2, \quad \text{denn} \quad 5^{-2} = \frac{1}{25}$$
$$\log_3 \frac{1}{27} = -3, \quad \text{denn} \quad 3^{-3} = \frac{1}{27}$$
$$\log_5 1 = 0, \quad \text{denn} \quad 5^0 = 1$$
$$\log_7 \sqrt{7} = \frac{1}{2}, \quad \text{denn} \quad 7^{\frac{1}{2}} = \sqrt{7}$$
$$\log_{10} 1000 = 3, \quad \text{denn} \quad 10^3 = 1000$$
$$\log_{10} 10^{-2} = -2, \quad \text{denn} \quad 10^{-2} = 10^{-2}$$
$$\log_{10} 0,001 = -3, \quad \text{denn} \quad 10^{-3} = 0,001$$
$$\log_3 \frac{1}{\sqrt[4]{27}} = -\frac{3}{4}, \quad \text{denn} \quad 3^{-\frac{3}{4}} = \frac{1}{\sqrt[4]{27}}$$

$$x = \log_2 8 = 3$$

$$x = \log_a b$$

Numerus[2]

gelesen: „x gleich Logarithmus b zur Basis a"

Der *Logarithmus* ist eine *Hochzahl*.

---

[1] lógos = Verhältnis, arithmós = Zahl

[2] numerus (lat.) = Zahl

Die Beispiele zeigen, daß Logarithmen sowohl positive als auch negative rationale Zahlen sein können. In den meisten Fällen sind die Logarithmen jedoch irrationale Zahlen, die z.B. durch Intervallschachtelung — ein Verfahren, das hier nicht weiter besprochen werden soll — ermittelt werden können:

$$\lg_{10} 15 = 1{,}1760913\ldots$$

Die praktische Berechnung der Logarithmen kann heute mit Hilfe der elektronischen Taschenrechner erfolgen.

16.2 Logarithmensysteme

Logarithmen mit gleicher Basis bilden ein Logarithmensystem. Um bei Logarithmen des gleichen Systems die Basis nicht immer mitschreiben zu müssen, werden folgende Kurzschreibweisen benutzt:

Basis 2: $\log_2$ = ld = lb   Zweierlogarithmus[3]

Basis e: $\log_e$ = ln   Natürlicher Logarithmus[4]

Basis 10: $\log_{10}$ = lg   Zehnerlogarithmus[5]

16.2.1 Zehnerlogarithmen

Beim Zehnerlogarithmus wird die Zahl 10 als Basis gewählt, d.h. jede Zahl wird als Potenz von 10 dargestellt:

1000	10^3	lg 1000 = 3
100	10^2	lg 100 = 2
10	10^1	lg 10 = 1
1	10^0	lg 1 = 0
0,1	10^{-1}	lg 0,1 = −1
0,01	10^{-2}	lg 0,01 = −2
0,001	10^{-3}	lg 0,001 = −3
0,0001	10^{-4}	lg 0,0001 = −4

Bei den vorliegenden Beispielen sind wir jeweils von Zehnerpotenz zu Zehnerpotenz fortgeschritten und haben dabei stets ganzzahlige Exponenten und damit ganzzahlige Logarithmen erhalten.

Für die innerhalb einer Dekade — z.B. zwischen 1 und 10 — liegenden Zahlen ergeben sich meist irrationale Zwischenwerte.

Aus der Logarithmentafel oder vom elektronischen Rechner erhalten wir z.B.

$$3 = 10^{0{,}4771213\ldots}, \quad \lg 3 = 0{,}4771$$

(bei Beschränkung auf die Vierstelligkeit des Logarithmus)

---

[3] „Logarithmus dualis", „binärer Logarithmus"

[4] „Logarithmus naturalis"

[5] „dekadischer Logarithmus", „Briggsscher Logarithmus", nach dem englischen Mathematiker *Henry Briggs* (1561—1630), der diese Logarithmen zuerst berechnete.

Durch Umrechnungen nach folgendem Schema:

$$30 = 3 \cdot 10 = 10^{0,4771} \cdot 10^1 = 10^{0,4771+1}$$

lassen sich z.B. weitere Logarithmen ermitteln:

$$\lg 30 = 0,4771 + 1 = 1,4771$$
$$\lg 300 = 0,4771 + 2 = 2,4771$$
$$\lg 3000 = 0,4771 + 3 = 3,4771$$
$$\lg 0,3 = 0,4771 - 1$$
$$\lg 0,03 = 0,4771 - 2$$
$$\lg 0,003 = 0,4771 - 3$$

Mantisse   Kennziffer

Diese Beispiele zeigen, daß sich bei *gleichbleibender Ziffernfolge* die *gleiche Mantisse* ergibt. Der Stellenwert einer Zahl wird durch die Kennziffer festgelegt.

Der Logarithmus besteht somit aus zwei Teilen:

1 aus einer *Kennziffer* oder *Kennzahl*, die vor dem Komma steht, und

2. aus der *Mantisse*, die hinter dem Komma steht.

Numerus   Logarithmus

$$\lg \, 2,7 \;=\; 0, 4314$$

Kennziffer   Mantisse

Werden Logarithmuswerte mit elektronischen Rechnern ermittelt, ist die Mantisse in manchen Fällen nicht sofort zu erkennen:

Die Logarithmentafeln enthalten nur Mantissen.

$$\text{Z.B. } \lg 0,003 = -2,5229$$

Um auf das obige Ergebnis zu kommen, führen wir folgende Umrechnung durch:

$$\boxed{3} - 2,5229 \,\boxed{-3} = 0,4771 - 3.$$

Bei negativen Logarithmuswerten ist also eine Umrechnung erforderlich. Die Kennziffer wird in diesem Fall hinter die Mantisse geschrieben:

$$0, \ldots -3.$$

16.2.2 Natürliche Logarithmen

Die Logarithmen zu den Basen 10, e und 2 sind meist in Tabellenwerken zusammengestellt. Am häufigsten findet man die Zehnerlogarithmen. Da man in der höheren Mathematik häufig die natürlichen Logarithmen benötigt, ist in manchen Fällen eine Umrechnung erforderlich.

Zusammenhang zwischen den natürlichen und den Zehnerlogarithmen

Wir bilden von einem beliebigen Numerus N den natürlichen Logarithmus und nennen diesen x.

N = beliebiger Numerus

$$\ln N = x \qquad\qquad (1)$$

Aus der Definition des natürlichen Logarithmus folgt $\log_e N = x$ oder die Umkehrung $e^x = N$.

$$e^x = N$$

Durch Logarithmieren zur Basis 10 ergibt sich

$$\lg e^x = \lg N$$

Mit Hilfe der Logarithmenregel wird daraus

$$x \cdot \lg e = \lg N \qquad\qquad (2)$$

Durch Einsetzen von Gl. (1) in Gl. (2) erhält man

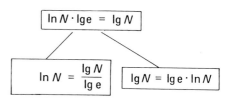

$$\ln N \cdot \lg e = \lg N$$

$$\ln N = \frac{\lg N}{\lg e} \qquad \lg N = \lg e \cdot \ln N$$

Mit dieser Gleichung lassen sich Zehnerlogarithmen in natürliche Logarithmen umrechnen und umgekehrt.

Mit $\lg e = 0{,}43429$ und $\dfrac{1}{\lg e} = 2{,}30259$ ergibt sich

$$\ln N \approx 2{,}3 \cdot \lg N \qquad \lg N \approx 0{,}43 \cdot \ln N$$

Umrechnung beliebiger Logarithmen verschiedener Basen a und b

Zwischen Logarithmen der Basis a und der Basis b gilt die Beziehung

$$\log_a N = \frac{\log_b N}{\log_b a}$$

○ **Beispiel**

Bestimmen Sie $\log_7 6314$.

Lösung

Gewählte Basis $b = 10$ [6].

$$\log_7 6314 = \frac{\lg 6314}{\lg 7}$$

$$\log_7 6314 = \underline{\underline{4{,}49688}} \qquad\qquad ○$$

---

[6] Für den elektronischen Taschenrechner könnte auch die Basis e gewählt werden. Andere Basen zu wählen ist nicht sinnvoll, da die Logarithmen in der Regel nicht vorliegen und diese wiederum erst berechnet werden müßten.

16.3 Das Rechnen mit Logarithmen

16.3.1 Logarithmengesetze

Vergleicht man die Summe zweier Logarithmen mit dem Logarithmus des Produktes aus den gleichen Zahlen, aus denen die beiden Einzellogarithmen gebildet wurden, so stellt man das gleiche Ergebnis fest. Durch Gleichsetzen von (1) und (2) erhält man

$$\log_2 4 = 2$$
$$\log_2 8 = 3$$
$$\log_2 4 + \log_2 8 = 5 \qquad (1)$$
$$\log_2 (4 \cdot 8) = \log_2 32 = 5 \qquad (2)$$
$$(2) = (1)$$
$$\log_2 (4 \cdot 8) = \log_2 4 + \log_2 8$$

Diese Gesetzmäßigkeit ergibt sich aus den Potenzgesetzen, denn beim Produkt von Potenzen gleicher Basis werden die Exponenten addiert.

Wir wollen dies in allgemeiner Form nochmals nachweisen.

Ausgehend von den Potenzen
erhält man die Logarithmen

$$a = c^x \quad \text{und} \quad b = c^y$$
$$x = \log_c a \quad \text{und} \quad y = \log_c b$$

Aus dem Produkt der Potenzen
erhält man durch Logarithmieren

$$a \cdot b = c^x \cdot c^y = c^{x+y}$$
$$\log_c (a \cdot b) = \log_c c^{x+y}$$

Mit $x = \log_c a$ und $y = \log_c b$
erhält man:

$$\log_c (a \cdot b) = x + y$$

> Der Logarithmus eines Produktes ist gleich der Summe der Logarithmen der einzelnen Faktoren.

$$\boxed{\log_c (a \cdot b) = \log_c a + \log_c b}$$
$$a, b \in \mathbb{R}^+, \ c \in \mathbb{R}^+ \setminus \{1\}$$

Beispiele

Durch Logarithmieren wird das Multiplizieren zum Addieren.

$$\lg 70 = \lg (10 \cdot 7) = \lg 10 + \lg 7$$
$$= \underline{1 + \lg 7}$$

$$\lg (3{,}2 \cdot 6{,}973) = \lg 3{,}2 + \lg 6{,}973$$
$$= 0{,}50515 + 0{,}84342$$
$$= \underline{1{,}34857}$$

Entsprechend kann der Logarithmus eines Quotienten ermittelt werden.

$$a = c^x \quad \text{und} \quad b = c^y$$
$$\frac{a}{b} = \frac{c^x}{c^y} = c^{x-y}$$

Durch Logarithmieren des Quotienten erhält man mit $x = \log_c a$ und $y = \log_c b$:

$$\log_c \left(\frac{a}{b}\right) = \log_c c^{x-y} = x - y$$

Der Logarithmus eines Quotienten ist gleich der Differenz der Logarithmen von Zähler und Nenner.

$$\boxed{\log_c \left(\frac{a}{b}\right) = \log_c a - \log_c b}$$

$$a, b \in \mathbb{R}^+, \; c \in \mathbb{R}^+ \setminus \{1\}$$

Beispiele

Durch Logarithmieren wird das Dividieren zum Subtrahieren.

$$\begin{aligned}
\lg \frac{38}{100} &= \lg 38 - \lg 100 \\
&= 1{,}57978 - 2 \\
&= -0{,}42022
\end{aligned}$$

$$\begin{aligned}
\lg 12 - \lg 4 &= \lg \left(\frac{12}{4}\right) = \lg 3 \\
&= -0{,}42022
\end{aligned}$$

$$\begin{aligned}
\lg \frac{1}{7} &= \lg 1 - \lg 7 = 0 - \lg 7 \\
&= -\lg 7 = -0{,}84510
\end{aligned}$$

Den Logarithmus einer Potenz erhält man,
indem man die Potenz in ein Produkt zerlegt.

$$\begin{aligned}
\log_c a^n &= \log_c(\underbrace{a \cdot a \cdot a \cdot \; \ldots \; \cdot a})_{n \text{ Faktoren}} \\
&= \underbrace{\log_c a + \log_c a + \ldots + \log_c a}_{n \text{ Summanden}}
\end{aligned}$$

Der Logarithmus einer Potenz ist gleich dem Produkt aus dem Exponenten und dem Logarithmus der Potenzbasis.

$$\boxed{\log_c (a^n) = n \cdot \log_c a}$$

Beispiele

Durch Logarithmieren wird das Potenzieren zum Multiplizieren.

$$\begin{aligned}
\lg 3^{13} &= 13 \cdot \lg 3 \\
&= 13 \cdot 0{,}47712 \\
&= 6{,}202558
\end{aligned}$$

$$\begin{aligned}
\lg 45^{80} &= 80 \cdot \lg 45 \\
&= 80 \cdot 1{,}65321 \\
&= 132{,}25700
\end{aligned}$$

$$\begin{aligned}
\lg \sqrt[4]{4{,}1^7} &= \frac{7}{4} \cdot \lg 4{,}1 \\
&= 1{,}07237
\end{aligned}$$

$$\begin{aligned}
\frac{1}{3} \cdot \lg 27 - \frac{1}{2} \cdot \lg 4^2 &= \lg \frac{\sqrt[3]{27}}{\sqrt{16}} = \lg \frac{3}{4} \\
&= -0{,}12494
\end{aligned}$$

16.3.2 Logarithmische Berechnung von Termen

1. Durch Anwendung der Logarithmengesetze lassen sich Terme umformen.

Beispiele

$$\lg 4 + \lg 8 - \lg 16 = \lg \left(\frac{4 \cdot 8}{16}\right) = \underline{\lg 2}$$

$$\lg 4 + \lg 8 - \lg 16 = \lg 4 + \lg 8 - 2 \lg 4 = \lg 8 - \lg 4 = \lg (8 : 4) = \underline{\underline{\lg 2}}$$

$$\lg \left(m^{\frac{1}{a}} \cdot \sqrt[x]{n}\right) = \frac{1}{a} \lg m + \frac{1}{x} \cdot \lg n = \underline{\underline{\frac{\lg m}{a} - \frac{\lg n}{x}}}$$

$$\lg \frac{\sqrt{(x-y)^3}}{\sqrt{\frac{(x^2 - y^2)}{x+y}}} = \frac{3}{2} \lg (x-y) - \frac{1}{2} \lg (x-y) = \underline{\underline{\lg (x-y)}}$$

$$\frac{1}{3}(\lg a + 2 \lg b) + \lg \sqrt[3]{c} = \frac{1}{3} \lg a + \frac{1}{3} \lg b^2 + \frac{1}{3} \lg c = \frac{1}{3}(\lg a + \lg b^2 + \lg c = \underline{\underline{\lg \sqrt[3]{ab^2 c}}}$$

$$\frac{\lg x}{\ln x} = \frac{\lg e \cdot \ln x}{\ln x} = \underline{\underline{\lg e}}$$

$$\ln (e^x)^2 + \ln e^{-x} + 1 = 2x \ln e - x \ln e + 1 = x \cdot \underbrace{\ln e}_{1} + 1 = \underline{\underline{x + 1}}$$

2. Komplizierte Zahlenterme wie z.B. $\dfrac{0{,}67^3 + 5{,}237^2}{\sqrt[4]{15{,}3}}$ lassen sich logarithmisch berechnen.

Mit Hilfe des elektronischen Taschenrechners sind diese Terme jedoch auch auf andere Weise berechenbar.

3. Sehr große Zahlenterme ($> 10^{99}$), die zu einer Kapazitätsüberschreitung des üblichen Taschenrechners führen, können nur noch logarithmisch berechnet werden.

Beispiele

Der Logarithmus wird hier, wie beim Rechnen mit Logarithmentafeln, in Kennziffer und Mantisse aufgespalten und der Numerus aus beiden ermittelt.

$$x = 36^{81}$$
$$\lg x = 81 \cdot \lg 36$$
$$\lg x = 81 \cdot 1{,}556\,303$$
$$\lg x = 126{,}060\,503$$
$$\lg x = 0{,}060\,503 + 126$$
$$\underline{\underline{x = 1{,}149\,483 \cdot 10^{126}}}$$

$$x = \left(\frac{430}{\sqrt{0{,}0000002}}\right)^{18}$$

$$\lg x = 18 \left(\lg 430 - \frac{1}{2} \cdot \lg 0{,}0000002\right)$$

$$\lg x = 107{,}69310$$
$$\underline{\underline{x = 4{,}93287 \cdot 10^{107}}}$$

Aufgaben

zu 16 Logarithmen

Geben Sie die Logarithmen an und überprüfen Sie die Ergebnisse durch Potenzieren.

1. a) $\log_2 1$ c) $\log_3 \dfrac{1}{81}$ e) $\lg 0,0001$

   b) $\log_2 0,25$ d) $\log_5 5$ f) $\log_3 \dfrac{1}{243}$

2. a) $\log_{\frac{1}{2}} \dfrac{1}{4}$ c) $\log_{\frac{1}{10}} 100$ e) $\log_5 \dfrac{1}{\sqrt[3]{25}}$

   b) $\log_{\frac{1}{2}} 32$ d) $\log_4 \dfrac{1}{\sqrt[4]{64}}$ f) $\log_{\frac{1}{10}} \sqrt{\dfrac{1}{1000}}$

3. Bestimmen Sie

   a) lb 512   c) lg 351,7   e) $\log_7 43\overset{\text{·}}{1}5,2$

   b) ln 371   d) $\log_5 21,3$ f) $\log_4 \pi$

4. Berechnen Sie

   a) ln 100   c) $\ln \sqrt[3]{4,81 \cdot 10^2}$

   b) $\ln (2,3 \cdot 10^{-6})$ d) $\ln \left(\dfrac{6}{7}\right)^{\frac{4}{5}}$

5. Zerlegen Sie die Logarithmusterme und vereinfachen Sie:

   a) $\ln e^2$ d) $e^{\ln a}$ g) $\log_3 \sqrt[3]{\dfrac{1}{243}}$

   b) $\ln \dfrac{1}{e}$ e) $e^{\ln 4}$ h) $\log_2 (64 \cdot 1024 \cdot 2^5)$

   c) $\ln \sqrt[3]{e}$ f) $\ln \dfrac{1}{\sqrt{e^3}}$ i) $\dfrac{\ln e^2}{\lg 120}$

17 Logarithmusfunktionen

17.1 Die allgemeine Logarithmusfunktion

○ **Beispiel**

Gegeben ist die Exponentialfunktion $f: x \mapsto 2^x$.

Bilden Sie die Umkehrfunktion $\bar{f}$ und zeichnen Sie die Graphen von Funktion und Umkehrfunktion.

Lösung

Die Funktion f ist streng monoton steigend und damit umkehrbar. Die Umkehrrelation ist damit eine Funktion.

Die Funktionswerte für die Funktion f und die Umkehrfunktion $\bar{f}$[1]) erhalten wir aus der Wertetabelle:

Wertetabelle

Funktion $f: x \mapsto 2^x$

	x	-2 -1 0 1 2 3	y	
$f \downarrow$	$y = 2^x$	$\frac{1}{4}$ $\frac{1}{2}$ 1 2 4 8	x	$\uparrow \bar{f}$

Umkehrfunktion $\bar{f}: x \leftarrow 2^x$

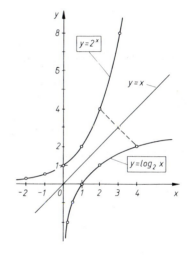

Durch Vertauschung der x- und y-Werte erhält man aus der gleichen Wertetabelle die Funktionswerte für f und $\bar{f}$.

Definitions- und Wertebereich sind vertauscht, denn es ist üblich, den Definitionsbereich auf die x-Achse und den Wertebereich auf die y-Achse zu legen.

Geometrisch bedeutet die Umkehrung einer Relation oder Funktion eine Spiegelung an der 1. Winkelhalbierenden $y = x$. Damit ist praktisch jede Umkehrrelation und -funktion *graphisch* darstellbar, auch dann, wenn die Gleichung nicht nach y auflösbar ist.[2])

Gleichung der *Umkehrfunktion:*

$f: \quad y = 2^x \qquad$ (Funktion)

$\qquad x = 2^y \qquad$ (Vertauschen der Variablen)

$\bar{f}: \quad \underline{\underline{y = \log_2 x}} \qquad$ (Umkehrfunktion)

○

---

[1]) Die Umkehrfunktion wird auch mit f^{-1} bezeichnet. Um die Verwechslung mit $1/f$ zu vermeiden, wollen wir die Bezeichnung $\bar{f}$ verwenden.

[2]) Z.B. $f: y = x^3 - 2x$, $x = y^3 - 2y$ (implizite Form der Umkehrfunktion)

Definition

Die Funktion mit der Funktionsglei-chung $$y = \log_a x \quad a \in \mathbb{R}^+, \ x \in \mathbb{R}^+$$ heißt Logarithmusfunktion zur Basis a. Sie ist die Umkehrfunktion der all-gemeinen Exponentialfunktion $$x \mapsto a^x.$$	$$\boxed{x \mapsto \log_a x}$$ $$a \in \mathbb{R}^+ \setminus \{1\}, \quad x \in \mathbb{R}^+$$ Logarithmusfunktion Die Logarithmusfunktion ist für $x \leqslant 0$ nicht definiert, d.h. es gibt *keine Logarith-men von negativen Zahlen.*

○ **Beispiel**

In einem Maschinenraum sind mehrere Maschinen installiert, von denen jede einzelne im Betrieb eine Lautstärke von 80 phon entwickelt.

Stellen Sie die Veränderung der Lautstärke graphisch dar, wenn mehrere Maschinen gleich-zeitig eingeschaltet sind. (Für die in Phon gemessene Lautstärke gilt der funktionelle Zu-sammenhang $\ L = 10 \cdot \lg \dfrac{J}{J_0}\ $, wobei J_0 die Schallstärke des gleich laut empfundenen Bezugstones von 1000 Hz ist, der vom Ohr gerade noch wahrgenommen wird.)[3]

Lösung

Aus dem funktionellen Zusammenhang ergibt sich:

$L = 0$ phon für $\ J = J_0$

$L = 80$ phon für $J_1 = 10^8 \cdot J_0$

$\begin{aligned} L = 90 \text{ phon für } J_2 &= 10 \cdot 10^8 \cdot J_0 \\ &= 10^9 \cdot J_0 \end{aligned}$

Beim Einschalten von zwei Maschinen er-gibt sich damit eine Lautstärke von

$L = 10 \cdot \lg \dfrac{2 J_1}{J_0} = 10 \cdot \lg (2 \cdot 10^8)$

$ = 10 \, (\lg 2 + \lg 10^8)$

$ = \underline{83{,}01 \text{ phon}}$

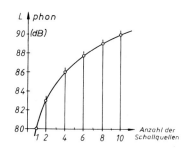

Anzahl der Schallquellen   ○

In der Technik ist es üblich, an Stelle des Lautstärkepegels in phon den bewerteten Schalldruckpegel in dB(A) oder dB(B) anzugeben. Bei 1000 Hz ist der Lautstärkepegel so groß wie der Schalldruck-pegel, d.h. 80 phon $\hat{=}$ 80 dB.

17.2 Die natürliche Logarithmusfunktion

○ **Beispiel**

Bilden Sie zu $f:\ x\ \mapsto\ e^x$ die Umkehrfunktion und zeichnen Sie den Graphen dieser Funktion.

Lösung

Die Funktionswerte der Umkehrfunktion $\bar{f}$ erhalten wir aus der Wertetabelle für f, indem wir x- und y-Werte (Definitions- und Wertemenge) vertauschen.

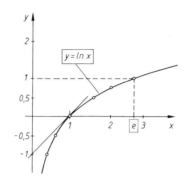

Wertetabelle

Funktion $f:\ x \mapsto e^x$

x	-1	$-0{,}5$	0	$0{,}5$	1	y
$y = e^x$	$0{,}37$	$0{,}61$	1	$1{,}65$	$2{,}72$	x

$\bar{f}$

Umkehrfunktion $\bar{f}:\ x \leftarrow e^x$
oder: $\bar{f}:\ x \mapsto \ln x$

Gleichung der *Umkehrfunktion*:

$y = e^x$ (Funktion)

$x = e^y$ (Vertauschung der Variablen)

$\underline{\underline{y = \log_e x = \ln x}}$ (Umkehrfunktion) ○

Definition

Die Funktion mit der Funktionsgleichung

$$y = \ln x$$

heißt natürliche Logarithmusfunktion. Sie ist die Umkehrfunktion der e-Funktion

$$x \mapsto e^x.$$

$$x \mapsto \ln x$$

$$x \in \mathbb{R}^+$$

Auch die natürliche Logarithmusfunktion ist nicht definiert für $x \leqslant 0$, d.h. es gibt *keine natürliche Logarithmen von negativen Zahlen.*

Aufgaben

zu 17 Logarithmusfunktionen

1. Zeichnen Sie die Schaubilder von

a) $y = \log_e x$ für $D = \{x\,|\,x > 0 \wedge x \leqslant 6\}$

b) $y = \log_3 x$ für $D = \{x\,|\,x > 0 \wedge x < 5\}$

c) $y = \log_2 x + 1$ für $D = \{x\,|\,x > 0 \wedge x \leqslant 5\}$

d) $y = \log_{\frac{1}{2}} x$ für $D = \{x\,|\,x > 0 \wedge x \leqslant 3\}$

18 Exponentialgleichungen

Bestimmungsgleichungen, in welchen die Lösungsvariable im Potenzexponenten steht, nennt man *Exponentialgleichungen.*

○ **Anwendungsbeispiel**

Die Riemenscheibe eines Antriebsmotors hat eine Umfangsgeschwindigkeit von 17,5 $\frac{m}{s}$. Durch Verstellen einer vorhandenen Riemenspannrolle kann die Umfangskraft der Riemenscheibe verändert werden.

Welcher Umschlingungswinkel α ist zur Erzeugung einer Riemenzugkraft von 800 N im auflaufenden Trum erforderlich, wenn die Spannkraft im ablaufenden Riementrum280 N beträgt und die Reibzahl zwischen dem Lederriemen und der GG-Scheibe $\mu = 0,3$ beträgt?

Lösung

Die Umfangskraft F_1 ist abhängig von der Belastung F_2 am anderen Riemenende, von der Reibzahl μ und vom Umschlingungswinkel α.

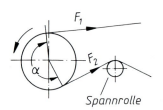

Spannrolle

Wie uns beim Umschlingen eines Seiles bekannt ist, nimmt die Seilzugkraft exponentiell mit dem Umschlingungswinkel zu.

$$F_1 = F_2 \cdot e^{\mu\alpha}$$

Mit den gegebenen Zahlenwerten erhalten wir eine Exponentialgleichung, aus der wir α bestimmen wollen.

$$800 = 280 \cdot e^{0,3\,\alpha}$$

Durch Logarithmieren mit dem Logarithmus zur Basis e erreichen wir, daß α nicht mehr im Exponenten steht.

$$\ln 800 = \ln(280 \cdot e^{0,3\,\alpha})$$
$$\ln 800 = \ln 280 + 0,3\,\alpha\,\underbrace{\ln e}_{1}$$

Diese Gleichung wird nach α aufgelöst.

$$\alpha = \frac{\ln 800 - \ln 280}{0,3} = \frac{\ln\frac{800}{280}}{0,3}$$

Durch Umrechnung des Bogenmaßes ins Gradmaß nach der Gleichung

$$\alpha = 3,4994 \text{ rad}$$

$$\alpha° = \alpha \cdot \frac{360°}{2\pi}$$

ergibt sich

$$\underline{\underline{\alpha = 200,5°}}$$ ○

Exponentialgleichungen lassen sich durch Logarithmieren lösen, wenn auf der linken und rechten Seite der Gleichung logarithmierbare Terme (Produkte, Quotienten, Potenzen) vorliegen.

Ist dies nicht der Fall, so ist eine vorherige Termumformung erforderlich. Wir wollen dies an einigen Beispielen zeigen.

○ **Beispiel**

Bestimmen Sie die Lösungsmenge $L = \{x \mid 2^{x+3} = 0{,}5\}_{\mathbb{R}}$.

Lösung

Durch eine kleine Umformung erhalten wir zwei Potenzen derselben Basis.

$$2^{x+3} = 2^{-1}$$

Durch Logarithmieren erhalten wir unter Anwendung der Logarithmengesetze eine algebraische Gleichung, die wir nach x auflösen.

$$(x + 3)\,\lg 2 = -1 \cdot \lg 2 \qquad |: \lg 2$$
$$x = -4$$
$$L = \{-4\}$$

Diese Gleichung, bei der auf beiden Seiten der Gleichung dieselbe Basis vorkommt, läßt sich auch unmittelbar durch Gleichsetzen der Exponenten lösen, denn nur dann sind die Potenzen gleich.   ○

○ **Beispiel**

Bestimmen Sie die Lösungsmenge der Gleichung $7{,}6^{x-2} = 3 \cdot 2{,}5^{x}$ aus $\mathbb{R}$.

Lösung

Logarithmieren.

$$(x - 2) \cdot \lg 7{,}6 = \lg 3 + x \cdot \lg 2{,}5$$

Ausmultiplizieren der Klammern.

$$x \cdot \lg 7{,}6 - 2\lg 7{,}6 = \lg 3 + x \lg 2{,}5$$

Ordnen.

$$x \cdot \lg 7{,}6 - x \cdot \lg 2{,}5 = \lg 3 + 2 \lg 7{,}6$$

Ausklammern von x.

$$x \cdot (\lg 7{,}6 - \lg 2{,}5) = \lg 3 + 2 \lg 7{,}6$$

Nach x auflösen.

$$x = \frac{\lg 3 + 2 \cdot \lg 7{,}6}{\lg 7{,}6 - \lg 2{,}5}$$

Logarithmen bestimmen.

$$x = \frac{0{,}47712 + 2 \cdot 0{,}88081}{0{,}88081 - 0{,}39794}$$

Variable x berechnen.

$$x = 4{,}6363$$

Lösungsmenge angeben.

$$L = \{4{,}6363\} \qquad ○$$

○ **Beispiel**

Bestimmen Sie die Lösungsmenge aus $\mathbb{R}$ für $5^{x} - 2^{x+1} = 2^{x} + \dfrac{1}{25} \cdot 5^{x-1}$.

Lösung

Gleichung so umformen, daß links und rechts nur Potenzen gleicher Basis vorkommen.

$$5^{x} - 2^{x+1} = 2^{x} + 5^{-2} \cdot 5^{x-1}$$
$$5^{x} - 5^{-2} \cdot 5^{x-1} = 2^{x} + 2^{x+1}$$

Potenzterme mit der Variblen x ausklammern.

$$5^{x} - 5^{-2} \cdot 5^{x} \cdot 5^{-1} = 2^{x} + 2^{x} \cdot 2^{1}$$
$$5^{x}(1 - 5^{-3}) = 2^{x}(1 + 2)$$

Klammerterme zusammenfassen.

$$5^{x} \cdot \frac{124}{125} = 2^{x} \cdot 3$$

Erst jetzt ist die Gleichung logarithmier-
bar. Wir wollen jedoch vorher eine weitere
Umformung durchführen.

$$\frac{5^x}{2^x} = \frac{3 \cdot 125}{124}$$

Logarithmieren.

$$\lg\left(\frac{5}{2}\right)^x = \lg\frac{3 \cdot 125}{124}$$

$$x \cdot \lg 2,5 = \lg 3 + \lg 125 - \lg 124$$

$$x = \frac{\lg 3 + \lg 125 - \lg 124}{\lg 2,5}$$

Logarithmenwerte bestimmen.

$$x = \frac{0,47712 + 2,09691 - 2,09342}{0,39794}$$

Variable x berechnen.

$$x = 1,20774$$

Lösungsmenge angeben.

$$L = \{1,20774\} \qquad\qquad \bigcirc$$

○ **Beispiel**

Bestimmen Sie die Lösungsmenge aus $\mathbb{R}$ für $\sqrt[x+1]{2^{2x+1}} = \dfrac{7}{\sqrt[x+1]{2^{3x-1}}}$.

Lösung

Wurzeln in Potenzen mit gebrochenen
Hochzahlen umwandeln.

$$2^{\frac{2x+1}{x+1}} = 7 \cdot 2^{-\frac{3x-1}{x+1}}$$

Logarithmieren.

$$\frac{2x+1}{x+1} \cdot \lg 2 = \lg 7 - \frac{3x-1}{x+1} \cdot \lg 2$$

Gleichung in gewohnter Weise lösen.

$$\frac{2x+1}{x+1} \cdot \lg 2 + \frac{3x-1}{x+1} \lg 2 = \lg 7 \qquad \Big| : \lg 2$$

$$\frac{2x+1}{x+1} + \frac{3x-1}{x+1} = \frac{\lg 7}{\lg 2}$$

$$\frac{5x}{x+1} = \frac{\lg 7}{\lg 2}$$

$$5x \lg 2 = (x+1)\lg 7$$

$$x(5 \cdot \lg 2 - \lg 7) = \lg 7$$

Logarithmenwerte umrechnen.

$$x = \frac{\lg 7}{5 \cdot \lg 2 - \lg 7}$$

Dabei ist auch folgende Umrechnung möglich:

$$x = \frac{\lg 7}{\lg 2^5 - \lg 7} = \frac{\lg 7}{\lg 32 - \lg 7} = \frac{\lg 7}{\lg\left(\frac{32}{7}\right)}$$

Logarithmenwerte bestimmen.

$$x = \frac{0,84510}{1,50515 - 0,84510}$$

Variable x berechnen.

$$x = 1,28035$$

Lösungsmenge angeben.

$$L = \{1,28035\} \qquad\qquad \bigcirc$$

○ **Beispiel**

Bestimmen Sie die Lösungsmenge aus $\mathbb{R}^+$ für $4 \cdot \lg x^3 - 2 \cdot \lg x^5 = 5$.

Lösung

Diese Gleichung stellt streng genommen
keine Exponentialgleichung, sondern eine
Logarithmusgleichung dar.

$$4 \cdot \lg x^3 - 2 \cdot \lg x^5 = 5$$
$$\lg (x^3)^4 - \lg (x^5)^2 = 5$$
$$\lg x^{12} - \lg x^{10} = 5$$

Wegen der Äquivalenz von Exponentialgleichungen und Logarithmusgleichungen,
lassen sich auch solche Gleichungen unter
Anwendung der Logarithmengesetze lösen.

$$\lg \left(\frac{x^{12}}{x^{10}} \right) = 5$$

$$\lg x^2 = 5$$
$$x^2 = 10^5 = 100\,000$$
$$x = \pm 316{,}23$$
$$\underline{\underline{L = \{\ 316{,}23\ \}}} \qquad ○$$

Exponentialgleichungen, die sich nicht so umformen lassen, daß links und rechts des
Gleichheitszeichens logarithmierbare Terme entstehen, sind nur noch *graphisch lösbar*.

Aufgaben

zu 18 Exponential- und Logarithmusgleichungen

1. Ermitteln Sie die Lösungsmengen folgender Exponentialgleichungen.

   a) $5^x = 10^x$
   b) $3^x - 4 = 0$

   c) $7^x - \dfrac{1}{343} = 0$
   d) $\sqrt[x]{10} = 1000$

   e) $2^{\frac{2}{x}} - 16 = 0$
   f) $\left(\dfrac{5}{4} \right)^x = \left(\dfrac{4}{5} \right)^4$

2. Für welche Werte von a und b ist die Gleichung $a^x - b = 0$ $(x \in \mathbb{R})$ nicht lösbar?

3. In welcher Zeit ist ein Kapital von 30 000 DM bei einem Zinsfuß von 4,5 % auf
   50 000 DM angewachsen?

4. Ein Waldbestand von ursprünglich 60 000 Festmetern (m^3) wurde nach 15 Jahren
   auf 96 000 Festmeter eingeschätzt. Von welcher jährlichen Zuwachsrate in Prozent
   kann damit ausgegangen werden?

5. Nach der Barometrischen Höhenformel ändert sich der Luftdruck bei 0 °C nach folgendem Gesetz

   $$p = p_0 \cdot e^{-kh} \quad (k = 0{,}000125\ m^{-1}, \quad p_0 = \text{Luftdruck am Boden}).$$

   a) In welcher Höhe ist der Luftdruck 0,8 bar, wenn am Boden ein Luftdruck von
      1 bar gemessen wird?
   b) Wie groß ist der Luftdruck in 5000 m Höhe?

6. Eine Last soll mit Hilfe eines Seiles langsam abgelassen werden. Zur Erhöhung der Reibung wird es um einen runden Baumstamm geschlungen.

   a) Wie groß wird das Produkt $\mu \cdot \alpha$, wenn bei einer Last von 2 t die Haltekraft 300 N nicht übersteigen soll?

   b) Wie oft muß das Seil um den Baumstamm geschlungen werden bei einer angenommenen Reibzahl von $\mu = 0{,}35$?

Ermitteln Sie die Lösungsmenge folgender Exponentialgleichungen.

7. a) $3^{x-1} = 4^{2x}$ c) $5^{\frac{1}{x+1}} = 4^{\frac{1}{3x+1}}$

      b) $6^{x+2} = 3^{3x-1}$ d) $4^{\frac{x+3}{x}} = 8$

8. a) $\sqrt[2x]{632{,}5} = 5{,}8$ d) $\sqrt[5-x]{3^{x+5}} = 2^{-2}$

      b) $\sqrt[x+3]{0{,}1^{x}} = 0{,}1^{3}$ e) $\sqrt[x]{a^{x-2}} = \sqrt[4x-3]{a^{4x+4}}$

      c) $\sqrt[4+x]{32^{x-4}} = 2$ f) $\sqrt[x+8]{729^{x+1}} = 0{,}2$

9. $\sqrt[2x]{3^{x+3}} \cdot \sqrt[3x]{3^{x-1}} = 4{,}8^{2}$

10. a) $5^{2x-1} + 2^{3x+1} = (5^{x})^{2} + (2^{x-1})^{3}$ b) $(5^{x-3})^{x+2} = 1$

       c) $4^{x+1} - 2^{2x-1} = 3^{3x+1} - 2^{2x}$

          (Anleitung: Verwandeln Sie erst 4^{x+1} in 2^{2x+2})

       d) $3^{8x} - 28\,700 = 81^{2x-1}$

       e) $3^{x-1} + 3^{2-x} - 10 = 0$

          (Anleitung: Substitution für die Zwischenrechnung $3^{x} = u$)

11. Bestimmen Sie die Lösungsmenge für die Definitionsmenge $D = \mathbb{R}^{+}$ für folgende Logarithmusgleichungen.

       a) $5 \cdot \lg x - 3{,}2 \cdot \lg x = 3{,}817$ b) $3 \cdot \ln (x^{2}) - 4 \cdot \ln x = 3{,}006$

19 Kreisgleichungen

19.1 Mittelpunktsgleichung eines Kreises

○ **Anwendungsbeispiel**

Für die NC-Programmierung ist der Kreisbogen vom Punkt A zum Punkt B mit Hilfe einer Kreisbogengleichung darzustellen.

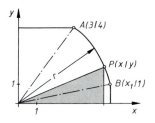

Lösung

Wählen wir auf dem Kreisbogen einen beliebigen Punkt $P(x|y)$, so läßt sich nach Pythagoras ein Zusammenhang zwischen x und y darstellen, der zu der Relation mit der Gleichung

$$x^2 + y^2 = r^2$$

führt. Dies ist bereits die Gleichung eines Kreises mit dem Ursprung als Kreismittelpunkt.

Da $A(3|4)$ auf diesem Kreis liegt, müssen die Koordinaten dieses Punktes die Kreisgleichung erfüllen. Daraus erhalten wir den Radius $r = 5$.

Damit lautet die Kreisgleichung

Aus der Relationsgleichung $y^2 = r^2 - x^2$ ergeben sich zwei explizite Gleichungen:

$$y = +\sqrt{r^2 - x^2} \quad \text{und}$$
$$y = -\sqrt{r^2 - x^2} \ ,$$

die jeweils den Halbkreis oberhalb der x-Achse bzw. unterhalb der x-Achse darstellen.

Nach Pythagoras gilt:

$$\boxed{x^2 + y^2 = r^2}$$

Mittelpunktsgleichung des Kreises

Punktprobe für $A(3|4)$:

$$3^2 + 4^2 = r^2$$
$$r^2 = 25$$
$$r = 5$$
$$\underline{\underline{x^2 + y^2 = 25}}$$

$$\boxed{y^2 = r^2 - x^2}$$

Kreis-Relation

$$\underline{y = \sqrt{r^2 - x^2}} \qquad \underline{y = -\sqrt{r^2 - x^2}}$$

oberer Halbkreis   unterer Halbkreis
(Funktion)   (Funktion)   ○

19.2 Allgemeine Kreisgleichung

○ **Anwendungsbeispiel**

Ermitteln Sie die Gleichung des dargestellten Kreises bezogen auf die Kanten der Platte.

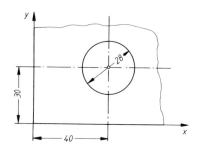

Lösung

Durch Verschieben des Koordinatensystems in den Kreismittelpunkt $M(40|30)$ (*Koordinatentransformation*) läßt sich die Kreisgleichung als Mittelpunktsgleichung mit den neuen Koordinaten x' und y' formulieren.

Mit Hilfe der Verschiebungsgleichungen (Transformationsgleichungen) erhält man die Kreisgleichung mit den ursprünglichen Koordinaten x und y.

Koordinatentransformation

$$x'^2 + y'^2 = 14^2 \qquad (1)$$

Für die neuen Koordinaten gilt:

$$x' = x - 40$$
$$y' = y - 30$$

Durch Einsetzen in Gl. (1) ergibt sich:

$$\underline{\underline{(x - 40)^2 + (y - 30)^2 = 196}}$$

Kreisgleichung um $M(40|30)$ ○

Verallgemeinerung

Sind x_M und y_M die Mittelpunktskoordinaten eines Kreises mit dem Radius r, so lautet die Gleichung des Kreises in verallgemeinerter Form:

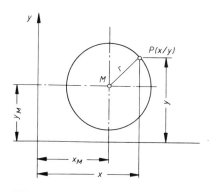

$$\boxed{(x - x_M)^2 + (y - y_M)^2 = r^2}$$

Hauptform der Kreisgleichung

Quadriert man diese Gleichung aus, so erhält man

Dies ist eine Gleichung 2. Grades ohne einen xy-Term, wobei x^2 und y^2 dieselben Koeffizienten erhalten.

Die allgemeine Kreisgleichung kann damit auch in folgender Form geschrieben werden

$$x^2 - 2x_M x + x_M^2 + y^2 - 2y_M y + y_M^2 = r^2$$
$$x^2 + y^2 \underbrace{- 2x_M x}_{B} \underbrace{- 2y_M y}_{C} + \underbrace{x_M^2 + y_M^2 - r^2}_{D} = 0$$

$$\boxed{Ax^2 + Ay^2 + Bx + Cy + D = 0}$$

Allgemeine Form der Kreisgleichung

○ **Anwendungsbeispiel**

Ein Kreis mit dem Mittelpunkt $M(-2|-1)$ soll durch den Punkt $P(4|3)$ gehen. Ermitteln Sie die Gleichung dieses Kreises.

Lösung

Wir setzen zunächst die Mittelpunktskoordinaten in die Hauptform der Kreisgleichung ein. Da P auf diesem Kreis liegen soll, müssen die Koordinaten die Kreisgleichung erfüllen.

Setzt man $r^2 = 52$ in Gl. (1) ein, so erhält man die Kreisgleichung.

$$(x + 2)^2 + (y + 1)^2 = r^2 \qquad (1)$$

Punktprobe für $P(4|3)$:
$$(4 + 2)^2 + (3 + 1)^2 = r^2$$
$$r^2 = 52 \qquad (2)$$

Kreisgleichung:
$$\underline{(x + 2)^2 + (y + 1)^2 = 52} \qquad ○$$

○ **Beispiel**

Zeichnen Sie den Graphen der Relation $2x^2 + 2y^2 - 3x - 8y + 3 = 0$.

Lösung

Aus der Form der Gleichung erkennt man, daß es sich um eine Kreisgleichung handelt.

Um einen Kreis zeichnen zu können, benötigt man die Koordinaten des Kreismittelpunktes und den Radius, die sich beide aus der Hauptform der Kreisgleichung ergeben.

Ermittlung der Hauptform der Kreisgleichung:

$$2x^2 - 3x + 2y^2 - 8y = -3 \qquad |:2$$

$$\left(x^2 - \frac{3}{2}x + \left(\frac{3}{4}\right)^2\right) +$$

$$+ (y^2 - 4y + 2^2) = -\frac{3}{2} + \frac{9}{16} + 4$$

$$\underline{\left(x - \frac{3}{4}\right)^2 + (y - 2)^2 = \frac{49}{16}}$$

(Hauptform der Kreisgleichung)

Die Hauptform erhält man durch qudratische Ergänzung.

Aus der Hauptform der Kreisgleichung erhält man

und

$$\underline{\underline{M(0{,}75 | 2)}}$$

$$\underline{\underline{r = \frac{7}{4} = 1{,}75}}$$

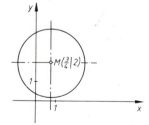

○

○ **Anwendungsbeispiel**

Geben Sie die Gleichung des Kreisbogens an und bestimmen Sie die y-Koordinate

a) allgemein

b) mit den angegebenen Maßen.

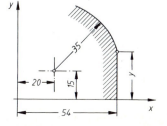

Lösung

Die Hauptform der Kreisgleichung

$$(x - x_M)^2 + (y - y_M)^2 = r^2$$

lautet in der nach y umgestellten Form

Mit den angegebenen Maßen ergibt sich

Kreisgleichung (Hauptform):

a) $(x - x_M)^2 + (y - y_M)^2 = r^2$

$$y = y_M \underset{(-)}{+} \sqrt{r^2 - (x - x_M)^2}$$

b) $(x - 20)^2 + (y - 15)^2 = 35^2$

$y = 15 + \sqrt{35^2 - (54 - 20)^2}$

$\underline{\underline{y = 23{,}31}}$ $\bigcirc$

19.3 Kreis und Gerade

Eine Platte mit einer Bohrung soll schräg abgesägt werden. Welche Lage kann die Schnittkante gegenüber der Bohrung haben?

1. Die Kante schneidet die Bohrung.
   Die Gerade ist *Sekante.*

2. Die Kante berührt die Bohrung.
   Die Gerade ist *Tangente.*

3. Die Kante hat einen bestimmten Abstand von der Bohrung.
   Die Gerade hat keinen gemeinsamen Punkt mit dem Kreis.
   Die Gerade ist *Passante.*

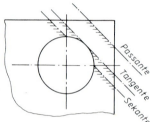

$\bigcirc$ **Beispiel**

In welchen Punkten schneidet die Gerade $y = -\dfrac{1}{2}x + 5$ den Kreis $x^2 + y^2 = 36$?

Lösung

Da die Koordinaten der Schnittpunkte die Geraden- und die Kreisgleichung gleichzeitig erfüllen müssen, erhält man das Gleichungssystem

Setzt man Gl. (2) in Gl. (1) ein, so erhält man

$x^2 + y^2 = 36$ (1)

$y = -\dfrac{1}{2}x + 5$ (2)

(2) in (1):

$$x^2 + \left(-\frac{1}{2}x + 5\right)^2 = 36$$

$$x^2 + \frac{1}{4}x^2 - 5x + 25 = 36$$

$$x^2 - 4x - \frac{44}{5} = 0$$

$$x_{1|2} = 2 \pm \sqrt{4 + \frac{44}{5}}$$

$$\underline{\underline{x_1 = 5{,}58}}$$

$$\underline{\underline{x_2 = -1{,}58}}$$ $\bigcirc$

Setzen wir die beiden Werte in Gl. (2) ein, so erhalten wir

$y_1 = 2,21$ und $y_2 = 5,79$

Die Schnittpunkte sind somit

$\underline{S_1(5,58 \mid 2,21)}$

$\underline{S_2(-1,58 \mid 5,79)}$

○ **Anwendungsbeispiel**

Ein Werkstück, das durch einen entsprechenden Radius ausgerundet wird, soll programmiert werden.

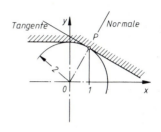

Bestimmen Sie

a) die Koordinaten des Berührpunktes P.

b) Die Gleichung der Tangente in P an den Kreis.

Lösung

Kreisgleichung:

$$x^2 + y^2 = 4 \qquad (1)$$

a) Ordinate des Berührpunktes P

Durch Einsetzen der Abszisse $x = 1$ in die Kreisgleichung (1) erhält man den Ordinatenwert des Berührpunktes.

$1 + y^2 = 4$

$y = \sqrt{3} = \underline{1,73}$

Koordinaten des Berührpunktes:

$\underline{P(1 \mid 1,73)}$

b) Bestimmung der Tangentengleichung

Steigung der Normale:

$$m_1 = \frac{\sqrt{3}}{1}$$

Da die Normale durch den Berührpunkt P senkrecht auf der Tangente steht, ist die Tangentensteigung $m_2 = -\frac{1}{m_1}$.

Steigung der Tangente:

$$m_2 = -\frac{1}{\sqrt{3}}$$

Mit der Punkt-Steigungsform der Geradengleichung

$$y - y_1 = m(x - x_1)$$

erhält man mit $P(1 \mid \sqrt{3})$ die Gleichung der Tangente.

Tangentengleichung:

$$y - \sqrt{3} = -\frac{1}{\sqrt{3}}(x - 1)$$

$$\underline{y = -0,58x + 2,31} \qquad ○$$

Verallgemeinerung

Sind x_1 und y_1 die Koordinaten des Berührpunktes P, so ist die Steigung der Normalen

$$m_1 = \frac{y_1}{x_1}.$$

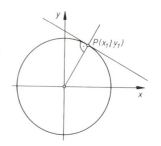

Da die Tangente senkrecht steht auf der Normalen, ist die Tangentensteigung

$$m_2 = -\frac{x_1}{y_1}.$$

Damit ist neben den Koordinaten des Punktes auch die Steigung der Tangente in diesem Punkt bekannt, so daß die Tangentengleichung formuliert werden kann.

Steigung der Tangente:

$$m_2 = -\frac{x_1}{y_1}$$

Gleichung der Tangente (Punkt-Steigungs-form):

$$y - y_1 = -\frac{x_1}{y_1}(x - x_1) \tag{1}$$

$$y y_1 - y_1^2 = -x x_1 + x_1^2$$

$$x x_1 + y y_1 = x_1^2 + y_1^2 \tag{1'}$$

Da $P(x_1|y_1)$ auf dem Kreis liegt, müssen seine Koordinaten die Kreisgleichung erfüllen.

Punktprobe für $P(x_1|y_1)$:

$$x_1^2 + y_1^2 = r^2 \tag{2}$$

(2) in (1') eingesetzt:

$$\boxed{x x_1 + y y_1 = r^2}$$

Gleichung der Tangente bei Mittelpunktslage des Kreises

Liegt der Kreis nicht mehr in Mittelpunktslage, sondern in allgemeiner Lage, so ergibt sich die Tangentengleichung aus der Koordinatentransformation.

$$\boxed{\begin{aligned}(x - x_M)(x_1 - x_M) + \\ (y - y_M)(y_1 - y_M) = r^2\end{aligned}}$$

Gleichung der Tangente bei allgemeiner Lage des Kreises

Aufgaben

zu 19 Kreisgleichungen (Kreise in allgemeiner und Mittelpunktslage)

1. Wie lautet die Gleichung des Kreises mit dem Radius $r = 7$ und dem Mittelpunkt $M(-2|-7,5)$?

2. Bestimmen Sie die Gleichung eines Kreises mit dem Mittelpunkt $M(8|-2)$, der die y-Achse berührt.

3. Bestimmen Sie die Gleichung des Kreises, der durch den Punkt $P(5|8)$ geht und die beiden Koordinatenachsen berührt.

4. Ein Kreis soll durch die Punkte $P_1(-12|-8)$, $P_2(-2|6)$ und $P_3(5|0)$ gehen. Bestimmen Sie die Kreisgleichung.

5. Bestimmen Sie den Mittelpunkt und den Radius aus folgenden Kreisgleichungen:
a) $x^2 + y^2 + 4y = 0$ b) $3x^2 + 3y^2 - 9x + 6y - 8 = 0$

6. Ein Halbkreis ist durch die Funktionsgleichung $y^2 = 25 - (x - 3)^2$ gegeben. Bestimmen Sie die Koordinaten des Mittelpunktes und den Radius.

zu 19.3 Kreis und Gerade

7. In welchen Punkten schneidet die Gerade $-x = -2y + 4$ den Kreis $x^2 + y^2 = 120$?

8. Ein Kreis berührt die Gerade $2x - 4y = 8$. Bestimmen Sie die Gleichung des Kreises, dessen Mittelpunkt $M(-4|3)$ ist.

9. Ein Kreis mit dem Durchmesser 8 berührt die Gerade $y = x + 3$ im Punkt $P(-2,5|0,5)$. Bestimmen Sie die möglichen Mittelpunkte und geben Sie die Kreisgleichungen an.

10. Bestimmen Sie die Gleichung der Tangente an den Kreis mit der Gleichung $x^2 + y^2 = 7$, die parallel zu der Geraden $y = -x + 8$ verläuft.

11. Bestimmen Sie die Tangentengleichung im Punkt $P(7|8)$ des Kreises $(x - 3)^2 + (y - 6)^2 = 20$.

20 Das Dualsystem

Für die Darstellung von Zahlen im *Zehner-* oder *Dezimalsystem* benutzen wir bekanntlich die Ziffern 0, 1, ..., 9.

$$0, 1, 2, 3, 4, 5, 6, 7, 8, 9,$$

= 10 Ziffern
(Zehner- oder Dezimalsystem)

Ein auf dem Dezimalsystem beruhendes Zählwerk dreht bei jeweils dem 10. Zählimpuls das Zählrad für die Zehnerstelle um eine Stelle weiter. Nach 100 Zählimpulsen wird das Zählrad für die Hunderterstelle um eine Stelle weitergedreht usw.

Der *Stellenwert* einer Ziffer unterscheidet sich von der nächsten Ziffer jeweils durch eine *Zehnerpotenz*.

Die Dezimalzahl 5632 hat somit die Bedeutung

Bedingt durch das Stellenwertsystem werden üblicherweise die Zehnerpotenzen nicht mehr mitgeschrieben.

5	6	3	2	
Tausender	Hunderter	Zehner	Einer	
1000				
	100			
		10		
			1	
10^3	10^2	10^1	10^0	10^{-1}

$5 \cdot 10^3 + 6 \cdot 10^2 + 3 \cdot 10^1 + 2 \cdot 10^0$

$= \underline{5632}$

Darstellung des Stellenwertsystems

Entsprechend läßt sich nicht nur auf 10, sondern auf jeder beliebigen Grundzahl ein Zahlensystem aufbauen.

Von Bedeutung ist dabei das Zahlensystem auf der Basis 2, da elektronische Rechner im *Zweiersystem* arbeiten.

Für die Darstellung von Zahlen im *Dualsystem* oder *Binärsystem* [1]) benutzen wir die Ziffern 1 und 0. Sie werden Binärzeichen oder *Bits* [2]) genannt.

> 0, 1
>
> = 2 Ziffern
> (Dual- oder Binärsystem)

Um Verwechslungen mit dem Dezimalsystem auszuschließen, werden an Stelle der Ziffern 0 und 1 vielfach auch die Zahlzeichen 0 und L benutzt. Sie haben in elektronischen Anlagen die Bedeutung:

> 0, L
>
> kein Strom   Stromfluß
> (Schalter offen) (Schalter geschlossen)

Bei der Umwandlung einer Dezimalzahl in eine Dualzahl verwandeln wir sie in eine Summe von Zweierpotenzen:

Beispiel

$$30 = 1 \cdot 16 + 1 \cdot 8 + 1 \cdot 4 + 1 \cdot 2 + 0 \cdot 1$$
$$= 1 \cdot 2^4 + 1 \cdot 2^3 + 1 \cdot 2^2 + 1 \cdot 2^1 + 0 \cdot 2^0$$
$$30 \mathrel{\hat{=}} 1 \qquad 1 \qquad 1 \qquad 1 \qquad 0$$

20.1 Umwandlung von Dezimalzahlen in Dualzahlen

○ **Beispiel**

Verwandeln Sie die Zahl 261 in eine Dualzahl.

Lösung

Durch fortgesetzte Division durch 2 erhalten wir eine systematische schrittweise Zerlegung in aufsteigenden Potenzen von 2.

Die *erste Division* ergibt dabei *das letzte Dualzeichen*:

$$261 : 2 = 130 \cdot 2^1 + 1 \cdot 2^0$$
$$= 65 \cdot 2 \cdot 2 + 1 \cdot 2^0$$
$$= 65 \cdot 2^2 + 0 \cdot 2^1 + 1 \cdot 2^0 \text{ usw.}$$

Damit erhalten wir das Ergebnis:

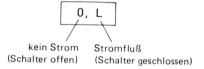

$261 : 2 = 130$ Rest 1 — ①
$130 : 2 = 65$ Rest 0 — 0
$65 : 2 = 32$ Rest 1 — 1
$32 : 2 = 16$ Rest 0 — 0
$16 : 2 = 8$ Rest 0 — 0
$8 : 2 = 4$ Rest 0 — 0
$4 : 2 = 2$ Rest 0 — 0
$2 : 2 = 1$ Rest 0 — 0
$1 : 2 = 0$ Rest 1 — 1

$$261 \mathrel{\hat{=}} 100000 10 \ ①$$

---

[1]) von „duo" (lat.) = zwei, bzw. „bini" (lat.) = je zwei

[2]) von „binary digit" (engl.) = Binärzeichen, Binärziffer

Die Umkehrung führt zu folgendem Rechengang:

$$100000101 = 1 \cdot 2^0 + 1 \cdot 2^2 + 1 \cdot 2^8$$

$$
\begin{array}{rclcrcr}
\boxed{1} & = 1 \cdot 2^0 & = 1 \cdot & 1 & = & 1 \\
0 & = 0 \cdot 2^1 & = 0 \cdot & 2 & = & 0 \\
1 & = 1 \cdot 2^2 & = 1 \cdot & 4 & = & 4 \\
0 & = 0 \cdot 2^3 & = 0 \cdot & 8 & = & 0 \\
0 & = 0 \cdot 2^4 & = 0 \cdot & 16 & = & 0 \\
0 & = 0 \cdot 2^5 & = 0 \cdot & 32 & = & 0 \\
0 & = 0 \cdot 2^6 & = 0 \cdot & 64 & = & 0 \\
0 & = 0 \cdot 2^7 & = 0 \cdot & 128 & = & 0 \\
1 & = 1 \cdot 2^8 & = 0 \cdot & 256 & = & \underline{256} \\
& & & & & \underline{\underline{261}}
\end{array}
$$

○ **Beispiel**

Welchen Wert im Dezimalsystem hat die Dualzahl 1001,011?

Lösung

Wir schreiben uns unter die Binärzeichen jeweils den Stellenwert und addieren diesen:

$$1001,011 = 8 + 0 + 0 + 1 + 0 + \frac{1}{4} + \frac{1}{8}$$

$$= \underline{\underline{9,375}}$$

$$
\begin{array}{ccccccc}
1 & 0 & 0 & 1, & 0 & 1 & 1 \\
2^3 & 2^2 & 2^1 & 2^0 & 2^{-1} & 2^{-2} & 2^{-3} \\
| & | & | & | & | & | & | \\
8 & 4 & 2 & 1 & \frac{1}{2} & \frac{1}{4} & \frac{1}{8}
\end{array}
$$

$$-8 + 0 + 0 + 1 + 0 + 0,25 + 0,125$$

$$= \underline{\underline{9,375}} \quad \text{○}$$

20.2 Rechnen mit Dualzahlen

a) Addition und Subtraktion

Die vier Grundrechenarten werden im Dualsystem völlig analog zum Dezimalsystem durchgeführt. Es gelten dabei folgende *Regeln*:

Addition

$$
\begin{array}{rcl}
0 + 0 & = & 0 \\
1 + 0 & = & 1 \\
0 + 1 & = & 1 \\
1 + 1 & = & 10
\end{array}
$$

Subtraktion

$$
\begin{array}{rcl}
0 - 0 & = & 0 \\
1 - 0 & = & 1 \\
1 - 1 & = & 0 \\
10 - 1 & = & 1
\end{array}
$$

○ **Beispiel**

Berechnen Sie im Dualsystem die Summe 13 + 9.

Lösung

$$
\begin{array}{r}
13 \\
+ \ 09 \\
\boxed{1} \\
\hline
\underline{22}
\end{array}
\qquad
\begin{array}{r}
1101 \\
+ \ 1001 \\
\boxed{1} \\
\hline
\underline{10110}
\end{array}
\ = \ \begin{array}{l}\text{Übertrag auf die}\\\text{nächst höhere Stelle}\end{array}
$$

○

○ **Beispiel**

Berechnen Sie im Dualsystem die Differenz $16 - 9$.

Lösung

$$
\begin{array}{r}
16 \\
- \ 09 \\
\hline
\boxed{1} \\
\hline
07 \\
\hline
\end{array}
$$

$$
\begin{array}{r}
10000 \\
- \quad 1001 \\
\hline
\boxed{1\,1\,1\,1} \\
\hline
111 \\
\hline
\end{array}
\ = \ \begin{array}{l}\text{Übertrag aus der} \\ \text{nächst höheren Stelle}\end{array}
$$

○

b) Multiplikation und Division

Multiplikation und Division im Dualsystem sind besonders einfach, da hier das „Einmaleins" sehr einfach ist. Es gelten die *Rechenvorschriften*:

Multiplikation
$$
\begin{array}{rcl}
0 \cdot 0 &=& 0 \\
0 \cdot 1 &=& 0 \\
1 \cdot 0 &=& 0 \\
1 \cdot 1 &=& 1 \\
10 \cdot 10 &=& 100
\end{array}
$$

Division
$$
\begin{array}{rcl}
1 : 0 & & \text{nicht erlaubt} \\
1 : 1 &=& 1 \\
0 : 1 &=& 0 \\
10 : 1 &=& 10
\end{array}
$$

○ **Beispiel**

Multiplizieren Sie im Dualsystem die Zahlen 3 und 14 miteinander.

Lösung

$$
\begin{array}{r}
3 \cdot 14 = 42 \\
3 \\
12 \\
\hline
42 \\
\hline
\end{array}
$$

$$
\begin{array}{r}
11 \cdot 1110 = 101010 \\
11 \\
11 \\
11 \\
00 \\
\hline
\boxed{1\,1} \\
\hline
101010 \\
\hline
\end{array}
\quad = \text{Übertrag}
$$

○

○ **Beispiel**

Berechnen Sie $25 : 4$ mit Dualzahlen.

Lösung

$$
\begin{array}{r}
25 : 4 = 6{,}25 \\
24 \\
\hline
10 \\
8 \\
\hline
20 \\
20 \\
\hline
00 \\
\end{array}
$$

$$
\begin{array}{r}
11001 : 100 = 110{,}01 \\
100 \\
\hline
0100 \\
100 \\
\hline
0001 \\
000 \\
\hline
10 \\
000 \\
\hline
100 \\
100 \\
\hline
000 \\
\end{array}
$$

○

Zur Berücksichtigung des Vorzeichens von Duazahlen in Rechenanlagen werden die Zahlen in einer besonderen Vorzeichenstelle gekennzeichnet:

Die negative Zahl ergibt sich durch Ergänzung zu 1, dies bedeutet im Dualsystem das Umkehren sämtlicher Bits. Auf diese Weise wird die Subtraktion in eine „Komplementäre Addition" übergeführt, die von elektronsichen Rechnern wegen der Einfachheit bevorzugt wird.

$$+ 110 \,\hat{=}\, 0 \mid 1\ 1\ 0$$

$$- 110 \,\hat{=}\, 1 \mid 0\ 0\ 1$$

Vorzeichenstelle

(1 bedeutet → negative Zahl)

20.3 Das Dezimal-Dual-System (BCD-Code[3]))

Die Binärverschlüsselung von Dezimalzahlen im natürlichen Binärcode benötigt sehr viele Stellen. So haben wir gesehen, daß die dreistellige Dezimalzahl 261 bereits neun Binärstellen benötigte. Um in solchen Fällen, in denen mit vielen Eingabedaten wenig Rechenoperationen durchgeführt werden, die Decodierung zu erleichtern, werden nicht die Zahlen, sondern nur die *Ziffern* (0 bis 9) *binär* verschlüsselt.

Auf diese Weise werden für eine Dezimalstelle nur vier Bits benötigt.

Dieses System, das das Dezimalsystem mit dem Dualsystem verbindet, wird *Dezimal-Dual-System* oder *Dezimal-Binär-System* genannt.

Die binäre Ziffernverschlüsselung der Dezimalzahlen wird in der Fachsprache als *BCD-Codierung* bezeichnet.

Neben dem dargestellten *8-4-2-1-Code* gibt es noch weitere BCD-Codes (Aiken-Code, Exzeß-3-Code, Biquinär-Code, 1-aus-10-Code, 2-aus-5-Code), die sich durch die Anzahl der Binärzeichen und deren Stellenwert unterscheiden und somit für spezielle Anwendungen geeignet sind.

Datenverarbeitungssysteme für kaufmännische Zwecke arbeiten im allgemeinen mit dem Dezimal-Binärsystem.

EDV-Systeme für technisch-wissenschaftliche Zwecke arbeiten in der Regel mit dem reinen Binärsystem.

dezimal	binär			
0	0	0	0	0
1	0	0	0	1
2	0	0	1	0
3	0	0	1	1
4	0	1	0	0
5	0	1	0	1
6	0	1	1	0
7	0	1	1	1
8	1	0	0	0
9	1	0	0	1
Stellenwert	8	4	2	1
	$= 2^3$	2^2	2^1	2^0

Darstellung einer Zahl:

964 $\hat{=}$ 1001 0110 0100

dezimal dezimal-binär im BCD-Code (8-4-2-1-Code)

964 $\hat{=}$ 1111000100

dezimal im reinen Binär-Code

---

[3]) Binary Coded Decimal (engl.) = binär codiertes Zehnersystem.

21 Schaltalgebra

Die auf den englischen Mathematiker *G. Boole*[1]) zurückgehende Algebra für das duale Zahlensystem läßt sich auf elektrische und andere Schaltungen (hydraulische, pneumatische) der Steuerungstechnik anwenden.

Da bei einem Schalter stets nur zwei extreme Schaltzustände (ein, aus) vorkommen können, haben wir es hier mit einem binären Schaltelement zu tun.

Die Rechengesetze für die Verknüpfung von Signalen gelten unabhängig von der technischen Verwirklichung von Schaltungen und deren Elemente (Relais, Transistoren, Ventil).

Alle vorkommenden logischen Probleme lassen sich auf die drei Schaltungsarten oder Grundfunktionen UND, ODER und NICHT zurückführen, für die die folgenden Schaltzeichen eingeführt sind.[2])

21.1 Grundfunktionen

(1) UND-Schaltung (AND)

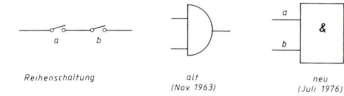

| Reihenschaltung | alt
(Nov. 1963) | neu
(Juli 1976) |

Die UND-Schaltung ist durch die Reihenschaltung realisiert. Nur, wenn beide Schalter *a* und *b* geschlossen sind, kann beispielsweise ein Strom fließen. Die hierfür in der Schaltalgebra übliche Schreibweise ist $s = a \wedge b$.

Führt man in einer Tabelle (Wahrheitstabelle) alle möglichen Schaltzustände auf, wobei *a* und *b* nur die Werte 1 oder 0 annehmen können, so zeigt sich, daß am Ausgang nur dann der Wert 1 vorkommt, wenn alle Eingänge den Wert 1 haben:
$1 \wedge 1 = 1$.

Entsprechendes gilt auch für mehr als zwei Eingänge.

$$s = a \wedge b$$

UND

Wahrheitstabelle

a	b	s
0	0	0
0	1	0
1	0	0
1	1	1

---

[1]) *George Boole*, englischer Mathematiker (1815–1864).

[2]) Seit 1976 gelten die neuen Schaltzeichen DIN 40 700, Teil 14.
Die alten Schaltzeichen werden grundsätzlich nicht mehr angewandt.

(2) ODER-Schaltung (OR)

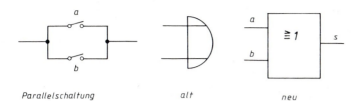

Parallelschaltung   *alt*   *neu*

Die ODER-Funktion läßt sich durch eine Parallelschaltung realisieren. Die in der Schaltalgebra übliche Schreibweise ist: $s = a \vee b$.

$$s = a \vee b$$

ODER

Eine Lampe leuchtet beispielsweise auf, wenn *a oder b* oder *beide* Schalter gleichzeitig eingeschaltet sind.

Damit ergeben sich folgende Schaltzustände, die wir wieder tabellarisch darstellen wollen.

Wahrheitstabelle

a	b	s
0	0	0
0	1	1
1	0	1
1	1	1

Das Funktionskennzeichen „≥ 1'' bedeutet, daß mindestens ein Eingang den Wert 1 haben muß, damit der Ausgang den Wert 1 annimmt. Es können aber auch mehrere Eingänge oder alle Eingänge den Wert 1 haben.

(3) NICHT-Schaltung (NOT)

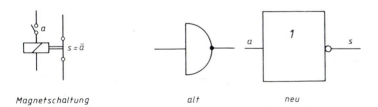

Magnetschaltung   *alt*   *neu*

Die NICHT-Funktion läßt sich durch einen Schalter realisieren, der durch einen Magnetschalter gesteuert wird.

Eine Lampe leuchtet beispielsweise auf, wenn der Magnetschalter *a* den Schalter *s nicht* anzieht.

Die Schaltzustände werden also umgekehrt. Man nennt deshalb diese Funktion auch *Umkehrfunktion* oder *Negation*.

NICHT

Wahrheitstabelle

a	s
0	1
1	0

Das Funktionszeichen „1" bedeutet, daß
der Eingang den Wert 1 haben muß, wenn
der Ausgang den Wert 0 haben soll und
umgekehrt.

Die Negation wird durch einen Querstrich
ausgedrückt.

Durch die Kombination der Negation mit der UND- bzw. ODER-Schaltung erhält man
die NAND- bzw. NOR-Schaltung.[3]

(4) NAND- und NOR-Schaltung

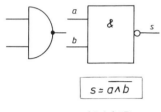

$$s = \overline{a \wedge b}$$

NAND

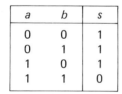

$$s = \overline{a \vee b}$$

NOR

Wahrheitstabelle

a	b	s
0	0	1
0	1	1
1	0	1
1	1	0

Wahrheitstabelle

a	b	s
0	0	1
0	1	0
1	0	0
1	1	0

Wenn alle Eingänge den Wert 1 haben, hat
der Ausgang den Wert 0.

Wenn mindestens ein Eingang den Wert 1
hat, hat der Ausgang den Wert 0.

21.2 Rechengesetze der Schaltalgebra

In der Schaltalgebra kommt man mit drei Rechenarten aus:

— *Konjunktion* (= Verbindung)   z.B. $1 \wedge 1 \mathrel{\hat{=}} 1 \cdot 1 = 1$
(entspricht einer Art Multiplikation)

— *Disjunktion* (= Trennung)   z.B. $1 \vee 1 = 1$
— (entspricht einer Art Addition)

— *Inversion* (= Umkehrung)   z.B. $\overline{1} = 0$
(entspricht der Negation oder Komplementierung)

Da die Eingangssignale die Werte 1 und 0 annehmen können, d.h. veränderlich sind,
wollen wir sie mit *x, y, z* bezeichnen. Entsprechend verändern sich auch die Ausgangs-
signale.

---

[3] aus NOT AND (= NICHT UND) und NOT OR (= NICHT ODER)

Durch Verknüpfung einer variablen Größe mit einer Konstanten 0 oder 1 erhält man stets dieselben Ergebnisse unabhängig davon, ob die Variable 0 oder 1 wird. Damit werden bestimmte Kontakte überflüssig. Die Schaltung läßt sich vereinfachen. Entsprechendes gilt auch für die Verknüpfung von Variablen mit sich selbst. Es ergeben sich somit folgende *Grundrechenregeln*:

Kontaktanordnung	Funktion	Verknüpfung	Rechenregel
	$0 \wedge 0 = 0$		
	$0 \wedge 1 = 0$	Konjunktion	$0 \wedge x = 0$
	$1 \wedge 0 = 0$	$(\wedge)$	$x \wedge x = x$
	$1 \wedge 1 = 1$		$1 \wedge x = x$
	$0 \vee 0 = 0$		
	$0 \vee 1 = 1$	Disjunktion	$0 \vee x = x$
	$1 \vee 1 = 1$	$(\vee)$	$x \vee x = x$
	$1 \vee 0 = 1$		$1 \vee x = 1$
	$0 \wedge \bar{0} = 0$		
	$1 \wedge \bar{1} = 0$	Negation	$x \wedge \bar{x} = 0$
	$0 \vee \bar{0} = 1$	(Umkehrung)	
	$1 \vee \bar{1} = 1$		$x \vee \bar{x} = 1$

Rechenregeln für mehrere Variable

Vertauschungsgesetze

Reihen- und Parallelkontakte dürfen vertauscht werden.

$$x \wedge y = y \wedge x$$
$$x \vee y = y \vee x$$

Zusammenfassungsgesetz

Variable, die durch eine UND-Funktion bzw. eine ODER-Funktion verknüpft sind, können zusammengefaßt werden.

$$x \wedge y \wedge z = x \wedge (y \wedge z)$$
$$= (x \wedge y) \wedge z$$
$$x \vee y \vee z = x \vee (y \vee z)$$
$$= (x \vee y) \vee z$$

Verteilungsgesetz

$$x \wedge (y \vee z) = (x \wedge y) \vee (x \wedge z)$$
$$x \vee (y \wedge z) = (x \vee y) \wedge (x \vee z)$$

Umkehrgesetz

(de Morgansche [4]) Gesetze)

Bei der Umkehrung einer Schaltfunktion werden die einzelnen Variablen negiert und die Rechenzeichen umgekehrt. Doppelte Negierung hebt die Negierung auf.

$$\overline{x \wedge y} = \overline{x} \vee \overline{y}$$
$$\overline{x \vee y} = \overline{x} \wedge \overline{y}$$

$$\overline{\overline{x}} = x$$

Beispiele

Denkt man sich anstelle des $\wedge$-Zeichens einen Multiplikationspunkt, so lassen sich die Klammerregeln der einfachen Algebra anwenden.

$$x(x \vee z) = xx \vee xz$$
$$= x \vee xz$$
$$= x(1 \vee z) \quad (x \text{ ausklammern})$$
$$= x \cdot 1$$

1. $x \wedge (x \vee z)$
    $$= (x \wedge x) \vee (x \wedge z)$$
    $$= x \vee (x \wedge z)$$
    $$= x \wedge (1 \vee z)$$
    $$= x \wedge 1$$
    $$= \underline{\underline{x}}$$

$$x(\overline{x} \vee y)$$
$$= \underline{x\overline{x}} \vee xy \quad (\text{ausmultipliz.})$$
$$= 0 \vee xy$$
$$= xy$$

2. $x \wedge (\overline{x} \vee y)$
    $$= (x \wedge \overline{x}) \vee (x \wedge y)$$
    $$= 0 \vee (x \wedge y)$$
    $$= \underline{\underline{x \wedge y}}$$

$$x \vee (\overline{x}y)$$

Durch Ersetzen von $\overline{x} = z$ ergibt sich $x \vee (zy)$, worauf sich das Verteilungsgesetz anwenden läßt:

$$x \vee zy = (x \vee z)(x \vee y)$$

Setzt man wiederum $z = \overline{x}$, so erhält man

$$(x \vee \overline{x})(x \vee y) = 1(x \vee y)$$
$$= (x \vee y)$$

3. $x \vee (\overline{x} \wedge y)$
    $$= x \vee (z \wedge y)$$
    $$= (x \vee z) \wedge (x \vee y)$$
    $$= (x \vee \overline{x}) \wedge (x \vee y)$$
    $$= 1 \wedge (x \vee y)$$
    $$= \underline{\underline{x \vee y}}$$

---

[4]) *Augustus de Morgan* (1806–1871)

$$xy \vee x\bar{y}$$

$$= x\underbrace{(y \vee \bar{y})}\quad (x \text{ auskl.})$$

$$= x \cdot 1$$

$$= x$$

Durch Anwendung der de Morganschen Gesetze erhält man

$$\overline{\overline{xx}} \vee \overline{\overline{yy}} = xx \vee yy$$

$$\text{(doppelte Negierung)}$$

4. $(x \wedge y) \vee (x \wedge \bar{y})$

$$= x \wedge \underbrace{(y \vee \bar{y})}$$

$$= x \wedge \quad 1$$

$$= \underline{\underline{x}}$$

5. $\overline{\overline{(x \wedge x)} \wedge \overline{(y \wedge y)}}$

$$= \overline{\overline{(x \wedge x)}} \vee \overline{\overline{(y \wedge y)}}$$

$$= (x \wedge x) \vee (y \wedge y)$$

$$= \underbrace{x}\quad \vee \quad \underbrace{y}$$

21.3 Darstellung von Verknüpfungsgliedern im Signalschaltplan

Aus den Umkehrgesetzen von *de Morgan* folgt, daß es für die gleiche Schaltfunktion verschiedene Darstellungen gibt.

$$\boxed{\overline{x \wedge y} \;=\; \bar{x} \vee \bar{y}}$$

Dabei zeigt sich, daß es gleichgültig ist, ob das Negierungszeichen am Ausgang oder am Eingang erscheint, wenn gleichzeitig die UND- und ODER-Funktion vertauscht wird.

$$\boxed{\overline{x \vee y} \;=\; \bar{x} \wedge \bar{y}}$$

Das Signal $\bar{x}$ läßt sich aus dem Gesetz

$$\bar{x} = \overline{x \wedge x}$$

ableiten und mit Hilfe eines NAND-Gliedes verwirklichen.

$$\boxed{\overline{\bar{x}} \;=\; x}$$

Zusammenfassend ergibt sich die *Regel*:

> Die Wirkung einer Verknüpfung bleibt gleich, wenn alle Eingänge oder Ausgänge negiert werden und gleichzeitig die UND- und ODER-Funktion vertauscht wird.

Damit lassen sich auch die Grundfunktionen mit Hilfe von NOR-Gliedern darstellen.

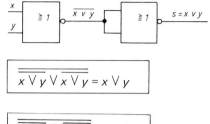

$$\overline{\overline{x \vee y} \vee \overline{x \vee y}} = x \vee y$$

Auch mit Hilfe von NAND-Gliedern lassen
sich Grundfunktionen realisieren, wie es
in der Datenverarbeitung üblich ist. Die
NOR-Glieder sind dabei lediglich durch
die NAND-Glieder zu ersetzen.

$$\overline{\overline{x \wedge y} \wedge \overline{x \wedge y}} = x \wedge y$$

Durch Anwendung der Gesetze der Schaltalgebra ergeben sich wesentliche Schaltverein-
fachungen, wie das folgende Beispiel zeigt:

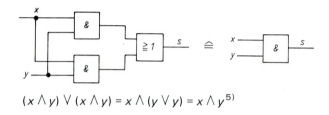

$$(x \wedge y) \vee (x \wedge y) = x \wedge (y \vee y) = x \wedge y^{5)}$$

Auch das folgende Schaltungsbeispiel läßt sich durch ein einziges Schaltzeichen, das
Antivalenz-Schaltzeichen, vereinfachend darstellen.

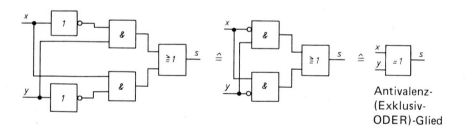

Antivalenz-
(Exklusiv-
ODER)-Glied

Das erhaltene Antivalenz-Glied, auch
Exklusiv-ODER-Glied genannt, besagt,
daß das Ausgangssignal nur dann den
Wert 1 hat, wenn an einem und nur an
einem Eingang die Variable 1 ist.

Für die Kombination von UND- und
ODER-Gliedern kann auch die Darstellung in nur einem Schaltzeichen gewählt
werden.

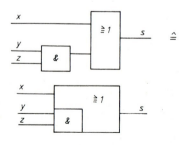

---

5) Algebraische Berechnung: $xy \vee xy = x \underbrace{(y \vee y)}_{y} = xy = x \wedge y$

Schaltzeichen der digitalen Informationsverarbeitung nach DIN 40 700, Teil 14

Benennung	Schaltzeichen ab 1976	Schaltzeichen bis 1976
Eingang mit Negation		
Ausgang mit Negation		
Statischer Eingang		
Dynamischer Eingang von 0 auf 1 wirksam		
Dynamischer Eingang (von 1 auf 0 wirksam)		
Sperr-Eingang		
Sperr-Eingang mit Negation		
Eingang, der kein binäres Signal führt		
Ausgang, der kein binäres Signal führt		
Erweiterungs-Eingang		

Benennung	Schaltzeichen ab 1976	Schaltzeichen bis 1976	Funktion
UND-Glied			Das UND-Glied verknüpft alle Eingangssignale zu einem Ausgangssignal. Die Ausgangsvariable ist nur dann 1, wenn alle Eingangsvariablen den Wert 1 haben.
ODER-Glied			Das ODER-Glied verknüpft mehrere Eingangssignale zu einem Ausgangssignal. Die Ausgangsvariable ist nur dann 1, wenn mindestens eine Eingangsvariable den Wert 1 hat.
NICHT-Glied			Beim NICHT-Glied ist die Ausgangsvariable nur dann 1, wenn die Eingangsvariable gleich 0 ist.
Exklusiv ODER-Glied (Antivalenz)			Die Ausgangsvariable ist nur dann 1, wenn an einem und nur an einem Eingang die Eingangsvariable 1 ist.
Äquivalenz-Glied			Die Ausgangsvariable ist nur dann 1, wenn alle Eingangsvariablen den Wert 1 oder 0 haben, d.h. wenn alle Eingangsvariablen denselben Wert haben.
NAND-Glied			Die Ausgangsvariable ist nur dann 0, wenn alle Eingangsvariablen gleich 1 sind.
NOR-Glied			Die Ausgangsvariable ist nur dann 1, wenn alle Eingangsvariablen gleich 0 sind.
INHIBIT-Glied			Das INHIBIT-Glied ist ein Sperr-Glied mit Negation am Eingang.
(m aus n)-Glied			Die Ausgangsvariable ist nur dann 1, wenn genau m von insgesamt n Eingängen den Wert 1 haben (z.B. $m = 2$....).
Schwellwert-Glied			Die Ausgangsvariable ist nur dann 1, wenn m von insgesamt n Eingängen oder mehr den Wert 1 haben (z.B. $m = 2, 3,...$).

Teil II: Geometrie

1 Mathematische Abkürzungen und Bezeichnungen

Geometrie

∥	parallel zu	~	ähnlich
⊥	rechtwinklig zu senkrecht auf	≅	kongruent (deckungsgleich)
$\overline{AB}$	Strecke AB	⊿	Winkel
$\overrightarrow{(AB)}$	Verlängerung von $\overline{AB}$ über B hinaus	△	Dreieck
		□	Viereck
(AB)	Gerade durch A und B		
		⊙(M, r)	Kreis um M mit Radius r
$\overset{\frown}{AB}$	Kreisbogen von A nach B		
		<	ist kleiner als
—≺	liegt vor (z.B. A≺B)	>	ist größer als

Trigonometrie

sin	Sinus	arcsin	Arkussinus	rad	Radiant, Winkel im Bogenmaß
cos	Kosinus	arccos	Arkuskosinus		
tan	Tangens	arctan	Arkustangens		
cot	Kotangens	arccot	Arkuskotangens		

2 Grundbegriffe der Geometrie

Grundbausteine der Geometrie sind *Punkte* und *Linien*.

Linien lassen sich von Punkten ableiten, wenn Linien als unendlich dicht liegende aneinandergereihte Punktmengen aufgefaßt werden.

Aus Linien wiederum lassen sich *Flächen* erzeugen.

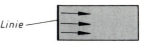

Aus Flächen, die bewegt werden, entstehen *Körper*.

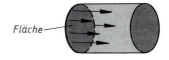

Daraus ergeben sich folgende Definitionen:

Punkt (ohne Dimension)
Schnittstelle von Linien, oder
Begrenzung einer Linie.

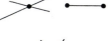

Linie (eindimensional)
Begrenzung einer Fläche

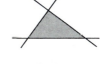

Fläche (zweidimensional)
Begrenzung eines Körpers

Körper (dreidimensional)
Begrenzung eines Raumes

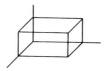

2.1 Linien

Linien kommen in der Geometrie als *gekrümmte Linien* (meist Kreislinien) oder *gerade Linien* vor.

Gerade Linien sind:

1. *Gerade*
   beidseitig unbegrenzte Linie

2. *Strahl*
   einseitig begrenzte Linie

3. *Strecke*
   beidseitig begrenzte Linie
   (Kennzeichnung mit Kleinbuchstaben
   $a, b,...$ oder Großbuchstaben $\overline{AB}, \overline{CD},...$)

4. *Speer*
   gerichtete Gerade

5. *Vektor*
   Strecke mit Richtungssinn
   (Kennzeichnung durch Richtungspfeil,
   bei Kleinbuchstaben $\vec{a}$, $\vec{b}$,..., bei Großbuchstaben $\overrightarrow{AB}$, $\overrightarrow{CD}$,...)

2.2 Geometrische Grundfiguren

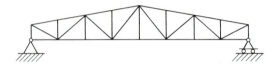

a) Dreiecke

Die zahlreichen technischen Konstruktionen und vielen physikalisch-technischen Berechnungen zugrunde liegende einfachste geometrische Figur ist das *Dreieck.*

Bezeichnungen am Dreieck

Das Dreieck hat

1. drei Seiten (a, b, c)

2. drei Winkel (α, β, γ)

Die Ecken werden mit Großbuchstaben
(A, B, C), die gegenüberliegenden Seiten
mit den gleichen kleinen Buchstaben
(a, b, c) bezeichnet.

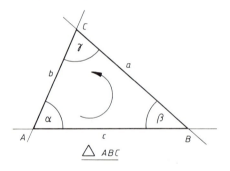

Die Kennzeichnung soll immer im mathematischen Drehsinn (Gegenuhrzeigersinn) erfolgen.

Die Innenwinkel des Dreiecks können entweder mit griechischen Buchstaben oder mit
Hilfe der Eckpunkte des Dreiecks bezeichnet werden:

$$\sphericalangle \, CAB = \alpha$$
$$\sphericalangle \, ABC = \beta$$
$$\sphericalangle \, BCA = \gamma$$

Hilfslinien am Dreieck

D Fußpunkt des Lotes
    (Schnittpunkt der Höhe)

F Schnittpunkt der Winkelhalbierenden

E Seitenmitte
    (Schnittpunkt der Seitenhalbierenden)

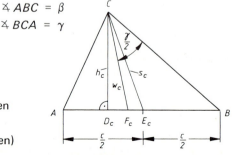

1. *Höhen:* h_a, h_b, h_c

   Lote von einer Ecke auf die gegenüberliegende Dreiecksseite. (Die Indizes beziehen sich auf die jeweiligen Dreiecksseiten.)

2. *Winkelhalbierende:* w_α, w_β, w_γ

   Geraden, die die Innenwinkel eines Dreiecks halbieren. (Die Indizes beziehen sich auf die halbierten Winkel.)

3. *Seitenhalbierende:* s_a, s_b, s_c

   Verbindungslinien der Seitenmitten mit den gegenüberliegenden Ecken. (Die Indizes beziehen sich auf die halbierten Seiten.)

b) Vierecke, Vielecke und Kreise

Alle geschlossenen eben Figuren mit geradlinigen Begrenzungslinien lassen sich aus Dreiecken zusammensetzen oder in Dreiecke zerlegen.

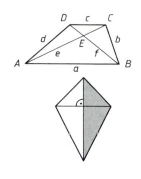

Die Verbindungsstrecken zwischen den Eckpunkten werden *Diagonalen* genannt.

Die Seitenbezeichnung erfolgt im mathematischen Drehsinn.

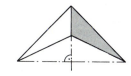

Nicht nur *Vierecke*, sondern auch unregelmäßige und regelmäßige *Vielecke (Polygone)* lassen sich in Dreiecke zerlegen.

Die Anzahl der möglichen Diagonalen eines n-Ecks ergibt sich aus

$$\frac{n(n-3)}{2}$$

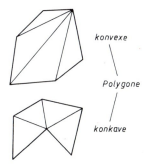

konvexe

Polygone

konkave

Besondere Dreiecke ergeben sich aus *regel-mäßigen Vielecken*.

Die Draufsicht eines Schraubenkopfes hat beispielsweise die geometrische Form eines regelmäßigen Sechsecks.

Die Verbindungslinien der Ecken eines regelmäßigen Sechsecks ergeben *gleich-seitige* Dreiecke.

Bei regelmäßigen Fünf-, Sieben-, Acht-ecken usw. ergeben sich *gleichschenklige* Dreiecke.

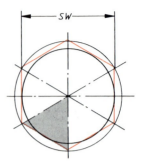

Eine weitere wichtige Grundfigur ist der *Kreis*.

Alle regelmäßigen Vielecke lassen sich durch Umkreise eingrenzen.

In alle regelmäßige Vielecke lassen sich Inkreise einbeschreiben.

Bezeichnungen am Kreis

M Mittelpunkt (Zentrum)
r Halbmesser (Radius)
d Durchmesser
s Sehne
g Sekante (Schneidende)
t Tangente (Berührende)
z Zentrale (Mittengerade)

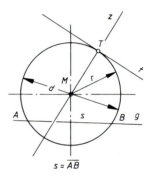

3 Winkel

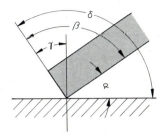

Zwei von einem Punkt, dem Scheitel ausgehende Strahlen bilden einen Winkel.

Winkel werden in der Geometrie im mathematischen Drehsinn (Gegenuhrzeigersinn) gemessen.

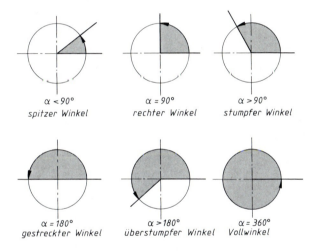

3.1 Winkelmaße

Das übliche Winkelmaß ist

$$1 \text{ Grad} = 1°.$$

Dieses Maß ist der 360ste Teil des Voll-winkels, Es entsteht durch Teilen eines Kreisbogens in 360 Teile. Weitere Unter-teilungen sind die (Winkel)Minuten und (Winkel)Sekunden.

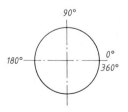

$$1° = 60' \quad (60 \text{ Minuten})$$
$$1' = 60'' \quad (60 \text{ Sekunden})$$

$$1° = 60' = 3600''$$

Durch Aufteilen eines Kreisbogens in 400
Teile entsteht als neue Maßeinheit[1])

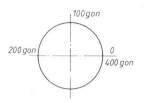

$$1 \text{ Gon} = 1 \text{ gon}.$$

Weitere Winkelunterteilungen führen zu
dem Zentigen bzw. zu dem Milligon.

$$1 \text{ gon} = 100 \text{ cgon} \quad (\text{Zentigon})$$
$$1 \text{ cgon} = 10 \text{ mgon} \quad (\text{Milligon})$$

$$\boxed{1 \text{ gon} = 100 \text{ cgon} = 1000 \text{ mgon}}$$

Umrechnungen	
$90° = 100 \text{ gon}$	$100 \text{ gon} = 90°$
$1° = \dfrac{100}{90} \text{ gon} = 1{,}111\ldots \text{ gon}$	$1 \text{ gon} = \dfrac{90°}{100} = 0{,}9° = 54'$
$1' = \dfrac{1}{60} \cdot \dfrac{100}{90} \text{ gon} = \dfrac{1}{54} \text{ gon}$	$1 \text{ cgon} = \dfrac{1}{100} \text{ gon} = \dfrac{54'}{100} = 32{,}4''$
$1'' = \dfrac{1}{3600} \cdot \dfrac{100}{90} \text{ gon} = \dfrac{1}{3240} \text{ gon}$	$1 \text{ mgon} = \dfrac{1}{1000} \text{ gon} = \dfrac{54'}{1000} = 0{,}324''$

○ **Beispiel**

Wieviel Sekunden entsprechen einem Winkel von $68°23'16''$?

Lösung

$$\begin{aligned}
\text{Es sind } 68° &= 68 \cdot 3600'' = 244\,800'' \\
23' &= 23 \cdot 60'' = 1\,380'' \\
\text{dazu} & = 16'' \\
\hline
\text{Damit } 68°23'16'' & = \underline{\underline{246\,196''}}
\end{aligned}$$

○

○ **Beispiel**

Wieviel Grade, Minuten und Sekunden entsprechen einem Winkel von $229\,367''$?

Lösung

Zur Ermittlung der Grade ist die Sekun-
denzahl durch 3600 zu dividieren.

$$229\,367 : 3600 = 63°$$
Rest: $2567''$

Zur Ermittlung der Minuten sind die restlichen Sekunden von 2567 durch 60 zu
teilen. Die restlichen Sekunden werden
hinzugezählt.

$$2\,567 : 60 = 42'$$
Rest: $47'' = 47''$

$$229\,367'' = \underline{\underline{63°42'47''}}$$

○

---

[1]) Die 1937 eingeführte Neueinteilung des Kreises in 400 Teile mit den entsprechenden Benennungen
„Neugrad", '„Neuminute" und „Neusekunde" (400^g zu 100^c zu 100^{cc}) ist nach DIN 1315
(März 1974) und DIN 1301 (Nov. 1971) geändert worden.

○ **Beispiel**

Der Winkel 162°18'10'' soll durch 7 dividiert werden. Welcher Winkel ergibt sich?

Lösung

Die Division kann in mehreren Stufen durchgeführt werden.

$$162° : 7 = 23°$$

$$\text{Rest:} \quad 1° = 60'$$
$$\underline{+ 18'}$$
$$78' : 7 = 11'$$

$$\text{Rest:} \quad 1' = 60''$$
$$\underline{+ 10''}$$
$$70'' : 7 = 10''$$

Damit

$$162°18'10'' : 7 = \underline{\underline{23°11'10''}}$$

Eine zweite Möglichkeit, zur Lösung zu kommen besteht darin, den Winkel zunächst in Sekunden umzuwandeln und anschließend zu dividieren.

$$162° = 162 \cdot 3600'' = 583\,200''$$
$$18' = 18 \cdot 60'' \quad = \quad 1\,080''$$
$$\underline{10'' = \qquad\qquad\qquad\quad 10''}$$
$$162°18'10'' = 584\,290''$$

$$584\,290'' : 7 = 83\,470'' = \underline{\underline{23{,}1861°}}$$

○

3.2 Winkelarten

Nebenwinkel

ergänzen sich zu 180°

$$\alpha + \alpha' = 180°$$

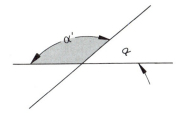

Scheitelwinkel

sind gleich

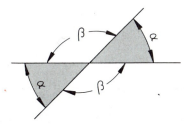

Supplementwinkel: Winkel, die sich zu 180° ergänzen.

Komplementwinkel: Winkel, die sich zu 90° ergänzen.

Winkel an Parallelen

Wechselwinkel

sind gleich

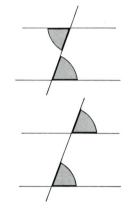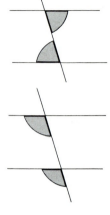

Stufenwinkel

sind gleich

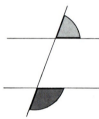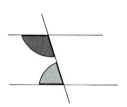

Ergänzungswinkel oder
Entgegengesetzte Winkel

ergänzen sich zu 180°

Aus der Umkehrung dieser Sätze folgt die
Parallelität von Geraden.

3.3 Winkel am Dreieck

1. Innenwinkel

Durch eine Parallele zur Grundseite entsteht ein gestreckter Winkel

$$\delta + \gamma + \epsilon = 180°$$

$\delta = \alpha$ (Wechselwinkel)
$\epsilon = \beta$ (Wechselwinkel)

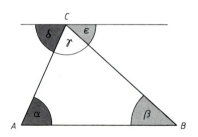

Damit gilt:

> Die Winkelsumme im Dreieck
> beträgt 180°.

$$\alpha + \beta + \gamma = 180°$$

2. Außenwinkel

Da jeder Außenwinkel Nebenwinkel eines Innenwinkels ist, ergänzen sich dieselben zu 180°, z.B.

$$\alpha + \boxed{\alpha'} = 180° \qquad (1)$$

Andererseits ist die Winkelsumme der Innenwinkel auch 180°.

$$\alpha + \boxed{\beta + \gamma} = 180° \qquad (2)$$

Daraus folgt:

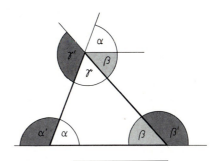

$$\alpha' = \beta + \gamma$$
$$\beta' = \alpha + \gamma$$
$$\gamma' = \alpha + \beta$$

> Die Außenwinkel des Dreiecks sind jeweils gleich der Summe der nicht anliegenden Innenwinkel.

○ **Anwendungsbeispiel**

Der Winkel α_2 zwischen der Gewichtskraft F_G und der Normalkraft F_N ist zu bestimmen.

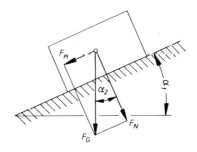

Lösung

Die Gewichtskraft F_G wirkt senkrecht nach unten.

Die Normalkraft F_N wirkt senkrecht auf die schräge Berührungsfläche.

Damit stehen die Schenkel der beiden Winkel paarweise senkrecht aufeinander.

Aus der Winkelsumme im Dreieck ergibt sich

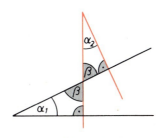

$$\alpha_1 = 180° - 90° - \beta$$
$$\alpha_2 = 180° - 90° - \beta$$

○

Daraus folgt:

> Zwei Winkel sind gleich, wenn ihre Schenkel paarweise senkrecht aufeinander stehen.

$$\boxed{\alpha_1 = \alpha_2}$$

Auch in folgenden Beispielen sind die gekennzeichneten Winkel gleich, da ihre Schenkel paarweise senkrecht aufeinander stehen.

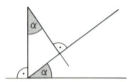
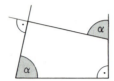

Aufgaben

zu 3 Winkelberechnung

1. Eine Rutsche ist um den angegebenen Winkel $\beta = 128,273°$ geneigt.

   Bestimmen Sie den Winkel zwischen Normalkraft F_N und Gewichtskraft F_G.

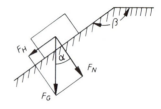

2. Ein Flachkeil hat eine Neigung 1:100. Bestimmen Sie die Winkel α und β.

   (*Anmerkung:* Der Neigung 1:100 entspricht ein Steigungswinkel von 0,5729°)

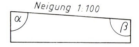

3. Bei dem skizzierten Maschinenteil sind gegeben

   d = 52 mm,
   α = 55°,
   γ = 35°,
   δ = 25°.

   Bestimmen Sie den Winkel β.

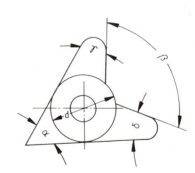

4. Der Winkel $\beta = 68°17'21''$ ist in sieben gleiche Teile zu teilen.

   a) Geben Sie den Teilwinkel in Grad, Minuten und Sekunden an.

   b) Wieviel mgon würde dies entsprechen?

5. Das skizzierte Formteil ist mit einem Radius r = 38 mm auszurunden.

   Wie groß ist α ?

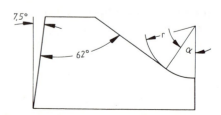

6. Wie groß ist der Umschlingungswinkel
φ für α = 48,15°?

Geben Sie den Winkel im Gradmaß
und im Bogenmaß an.

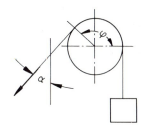

7. Bestimmen Sie die Winkel α und β.

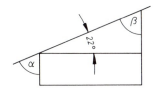

8. Bestimmen Sie die Winkel α, β und γ.

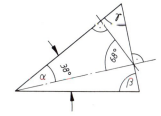

9. Bestimmen Sie die Winkel α und β.

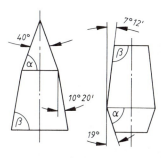

10. Wie groß sind die Winkel α, β und γ?

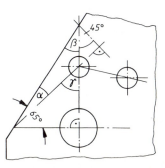

4 Geometrische Konstruktionen

4.1 Geometrische Ortslinien

4.1.1 Definition

○ **Beispiel**

Ein Hubschrauber hat eine Reichweite von 800 km. Auf welcher Linie liegen alle Zielorte, wenn von einem Ort A aus gestartet wird?

Lösung

Alle Zielorte liegen auf einem Kreis um A mit dem Radius 800 km; sie besitzen die gleiche Eigenschaft.

Solche Linien, auf denen alle Punkte liegen, die eine bestimmte Bedingung erfüllen, heißen *Ortslinien* oder *Bestimmungslinien*.

○

4.1.2 Arten von Ortslinien

a) Kreis k

Die Menge aller Punkte, die von einem *festen Punkt M* die Entfernung r haben, liegen auf einem *Kreis* mit Radius r.

Gegeben: Punkt M, Radius r

| Kreis um M mit Radius r |

in Kurzschreibweise: | $\odot (M; r)$ |

b) Parallele p

Die Menge aller Punkte, die von einer *Geraden g* den *Abstand a* haben, liegen auf den beiden Parallelen p_1 und p_2.

Gegeben: Gerade g, Abstand a

| Parallele zu g im Abstand a |

Gegeben: Gerade g, Punkt P

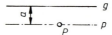

| Parallele zu g durch P |

c) Mittelparallele m_p

Die Menge aller Punkte, die von den *Parallelen* p_1 und p_2 den gleichen Abstand haben, liegen auf der *Mittelparallelen* m_p.

Gegeben: Parallele p_1 und p_2

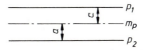

Mittelparallele m_p von p_1 und p_2

d) Winkelhalbierende w

Die Menge aller Punkte, die von den *Geraden* g_1 und g_2 (oder Schenkeln eines Winkels) gleichweit entfernt sind, liegen auf der *Winkelhalbierenden* w.

Gegeben: g_1 und g_2

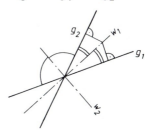

Winkelhalbierende w_1 von g_1 und g_2

e) Mittelsenkrechte m_s

Die Menge aller Punkte, die von *zwei Punkten* A und B gleichweit entfernt sind, liegen auf der *Mittelsenkrechten* m_s.

Gegeben: $\overline{AB}$

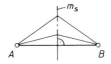

Mittelsenkrechte m_s von $\overline{AB}$

Weitere Ortslinien sind:

f) Verbindungsgerade $\overline{AB}$

g) Verlängerung von $\overline{AB}$

h) Freier Schenkel eines Winkels

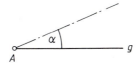

k) Thaleskreis

Die Menge aller Punkte, deren Verbindungslinien zu zwei Punkten A und B
rechtwinklig zueinander stehen, liegen auf
einem Halbkreis über $\overline{AB}$ (Thaleskreis,
Beweis S. 260).

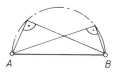

| Thaleskreis über $\overline{AB}$ |

Soll ein *Punkt* in der Ebene festgelegt werden, so sind zwei voneinander unabhängige
geometrische Ortslinien notwendig.

○ **Beispiel**

Gegeben ist eine Gerade g und ein Punkt A, der nicht auf g liegt. Wo liegen alle Punkte,
die von A den Abstand a und von g den Abstand e haben?

Lösung

Nur die vier Punkte P_1, P_2, P_3 und P_4 erfüllen *beide* Bedingungen: Sie liegen auf
dem Kreis k *und* auf den Parallelen p_1
und p_2.

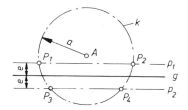

Für P_1 bis P_4 gilt:
1. Geom. Ortslinie: $\odot(A; a)$
2. Geom. Ortslinie: ‖ zu g im Abstand e

○ **Anwendungsbeispiel**

Ein Zahnrad R_2 wird zwecks Umkehrung
der Drehrichtung zwischen das Zahnrad
R_1 und Zahnstange Z geschaltet.

Bekannt sind der Mittelpunkt M_1 mit Abstand a, die Radien r_1 und r_2 und der
Abstand y.

Wo befindet sich der Mittelpunkt M_2?

Lösung

Das Zahnrad R_2 rollt sich bei festem M_1
am Zahnrad R_1 ab. Dabei bleibt der Abstand $\overline{M_1M_2} = (r_1 + r_2)$ konstant: M_2
beschreibt dabei einen Kreis. Gleichzeitig
rollt sich R_2 auf der Zahnstange Z ab: M_2
bewegt sich auf einer Parallelen p_1 zu Z
im Abstand y.

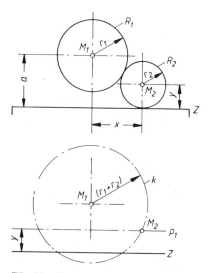

Für M_2 gilt:
1. Geom. Ortslinie: $\odot(M_1; (r_1 + r_2))$
2. Geom. Ortslinie: ‖ zu Z im Abstand y

○

○ **Anwendungsbeispiel**

Parallel zu einer in einem Gelände abgesteckten 40 m langen Strecke $\overline{AB}$ soll in 15 m Abstand eine Stelle gefunden werden, von der aus die Punkte A und B unter einem Winkel von 90° zu sehen sind.

Lösung

Der gesuchte Standort C liegt einmal auf einem Thaleskreis über $\overline{AB}$.
Zum andern liegt er auf einer Parallelen zu $\overline{AB}$ im Abstand von 15 m.
Damit ergeben sich zwei Standorte C_1 und C_2, für die diese Bedingung erfüllt ist.

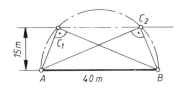

Für C_1 und C_2 gilt:
1. Geom. Ortslinie: Thales⊙ über $\overline{AB}$
2. Geom. Ortslinie: ‖ zu $\overline{AB}$ im Abstand 15 m.

Aufgaben   ○

zu 4.1 Geometrische Ortslinien

1. Der Punkt A hat von einer Geraden g den Abstand $a = 2$ cm. Bestimmen Sie die Punkte, die von g den Abstand $e = 1$ cm und von A den Abstand 4,5 cm haben.

2. Wo liegt ein Punkt C, der von einer Strecke $\overline{AB} = 5$ cm 3 cm entfernt ist und von dem die Punkte A und B unter einem Winkel von 90° gesehen werden?

3. Zwei Geraden g_1 und g_2 schneiden sich im Schnittpunkt S unter dem Winkel $\alpha = 48°$. Bestimmen Sie die Punkte, die von g_2 2,5 cm entfernt und von g_1 und g_2 gleichweit entfernt sind.

4. Auf einer rechteckigen Stahlplatte sind folgende Bohrungen festgelegt (Maße in mm): A (20/30), B (60/40), C (20/20, D (80/20). Welche Punkte sind von A und B gleichweit und von der Verbindung der Punkte C und D 10 mm weit entfernt?

5. Zwei Punkte A und B sind 5 cm voneinander entfernt. Ein Punkt C ist zu bestimmen, der von B 3,5 cm entfernt ist und von A unter dem Winkel 36° gesehen wird (bezogen auf $\overline{AB}$).

6. Wie weit ist M_2 von M_1 entfernt (Maß x), wenn $R = 50$ mm, $a = 110$ mm und $r = 40$ mm ist?

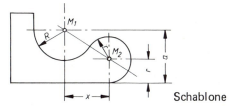

Schablone

7. Eine Ecke eines Blechstückes soll so abgerundet werden, daß ein Radius von 25 mm entsteht. Wo liegt der Mittelpunkt M?

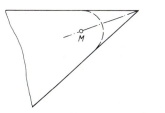

Rundung

4.2 Besondere Dreiecke — Symmetrische Dreiecke

Das gleichschenklige Dreieck

Ein Dreieck mit zwei gleichlangen Seiten
heißt

> gleichschenklig

Die Schenkel a und b und die Basiswinkel
α und β sind gleich groß.

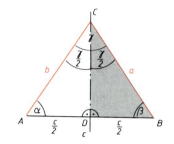

Die Achse (Symmetrielinie) halbiert die
Basis, halbiert den Winkel an der Spitze
und steht senkrecht auf der Basis.

Basis: $\overline{AB}$
Basiswinkel $\alpha = \beta$
Schenkel: $a = b$
Spitzenwinkel: γ
Mittelsenkrechte: $\overline{DC}$

Das gleichseitige Dreieck

Ein Dreieck mit drei gleichlangen Seiten
heißt

> gleichseitig

Es hat drei Symmetrieachsen. Alle drei
Winkel sind gleich und betragen jeweils 60°.

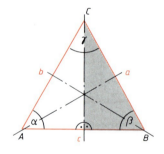

Seiten: $a = b = c$
Winkel: $\alpha = \beta = \gamma = 60°$

○ **Beispiel**

Beweise den Satz des Thales!

Beweis

Ziehen wir den Radius $\overline{MC} = \overline{AM}$, so entsteht ein gleichschenkliges Dreieck AMC.
Der Basiswinkel α ($\sphericalangle\ CAM$) entspricht
dem Winkel α' ($\sphericalangle MCA$).

Gleichzeitig entsteht durch $\overline{MC}$ das gleichschenklige Dreieck MBC mit den Basis-
winkeln $\beta = \beta'$.

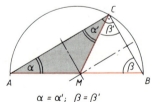

$\alpha = \alpha'$; $\beta = \beta'$

Die Summe der Innenwinkel in einem Dreieck beträgt 180°. Wir addieren alle Winkel und
erhalten:

$$\alpha + \beta + \beta' + \alpha' = 180°.$$

Da $\alpha' = \alpha$ und $\beta' = \beta$:

$$\alpha + \beta + \beta + \alpha = 180°$$
$$2\alpha + 2\beta = 180° \qquad | : 2$$
$$\alpha + \beta = 90°$$

Damit
$$\alpha' + \beta' = 90° \qquad \bigcirc$$

○ **Beispiel**

Im Dreieck ABC ist $\overline{CB'} = CB$.

Beweise, daß

a) $\epsilon = 90° - \dfrac{\gamma}{2}$ und

b) $\delta = \dfrac{1}{2}\beta - \dfrac{1}{2}\alpha$ ist.

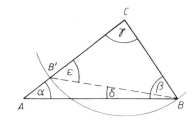

Beweis

a) Das Dreieck BCB' ist gleichschenklig.
Damit ist $\overline{CD}$ Symmetrieachse: $\epsilon = \epsilon'$.

Der Spitzenwinkel γ wird halbiert.

Im rechtwinkligen Dreieck $B'DC$ ergibt
sich für ϵ:

$$\epsilon = 90° - \frac{\gamma}{2}$$

(Winkelsumme im Dreieck)

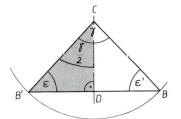

b) Im Dreieck ABB' ist der Winkel τ
Ergänzungswinkel zu ϵ:

$$\tau = 180° - \epsilon$$
$$\tau = 180° - \left(90° - \frac{\gamma}{2}\right)$$
$$\tau = 90° + \frac{\gamma}{2} \qquad (1)$$

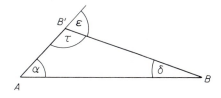

$$\alpha + \delta + \tau = 180° \text{ (Winkelsumme im Dreieck)}$$
$$\delta = 180° - \alpha - \tau \qquad (2)$$

(1) in (2):
$$\delta = 180° - \alpha - 90° - \frac{\gamma}{2} \qquad (2')$$

da $\gamma = 180° - (\alpha + \beta)$ ist, folgt

$$\frac{\gamma}{2} = 90° - \frac{1}{2}(\alpha + \beta) \qquad (3)$$

(3) in (2'):
$$\delta = 180° - \alpha - 90° - \left[90° - \frac{1}{2}(\alpha + \beta)\right]$$
$$\delta = 90° - \alpha - 90° + \frac{1}{2}\alpha + \frac{1}{2}\beta$$
$$\delta = \frac{1}{2}\beta - \frac{1}{2}\alpha \qquad \bigcirc$$

4.3 Kongruenz bei Dreiecken

Lassen sich ebene Figuren, z.B. Dreiecke, durch Umklappen, Drehen oder Parallelverschieben oder einer Verkettung dieser Bewegungen vollständig zur Deckung bringen, so heißen sie deckungsgleich oder kongruent.

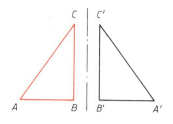

Symbol: $\cong$

$$\triangle ABC \cong \triangle A'B'C'$$

Wann sind nun zwei Dreiecke kongruent? Die Antwort darauf führt zu den sogenannten *Kongruenzsätzen.*

1. Hauptaufgabe – drei Seiten (SSS)

Konstruieren Sie ein Dreieck ABC aus den drei Seiten.

Gegeben: $c = 5$ cm, $b = 3{,}5$ cm, $a = 4$ cm.

Lösung

Mit c liegen A und B fest.

Für C, C' gilt:

1. G.O.: $\odot(A; b = b')$
2. G.O.: $\odot(B; a = a')$

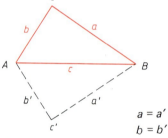

Wir erhalten die beiden Dreiecke ABC und ABC'.

Sie sind symmetrisch und damit kongruent.

$a = a'$
$b = b'$

$$\triangle ABC \cong \triangle ABC'$$

> *1. Kongruenzsatz*
> Zwei Dreiecke sind kongruent, wenn sie in drei Seiten übereinstimmen (SSS).

2. Hauptaufgabe – zwei Seiten, ein Winkel (SWS)

Konstruieren Sie ein Dreieck ABC aus zwei Seiten und dem eingeschlossenen Winkel.

Gegeben: $c = 6$ cm, $b = 4$ cm, $\alpha = 42°$

Lösung

Mit c liegen A und B fest.

Für C, C' gilt:

1. G.O.: $\odot(A; b = b')$
2. G.O.: freier Schenkel des Winkels
   $\alpha = \alpha'$ an $\overline{AB}$ in A

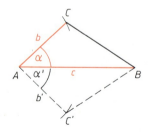

Wir erhalten die beiden Dreiecke ABC bzw. ABC', die durch Klappen zur Deckung gebracht werden können.

$\alpha = \alpha'$
$b = b'$

$$\triangle ABC \cong \triangle ABC'$$

> *2. Kongruenzsatz*
> Zwei Dreiecke sind kongruent, wenn sie in zwei Seiten und dem eingeschlossenen Winkel übereinstimmen (SWS).

3. Hauptaufgabe – zwei Seiten, ein Winkel (SSW)

Konstruieren Sie ein Dreieck ABC aus zwei Seiten und einem Winkel.

Gegeben: $c = 6$ cm, $\beta = 30°$, $b = 3{,}5$ cm

Lösung

Mit c liegen A und B fest.

Für C_1, C_2, C_1' und C_2' gilt:

1. G.O.: freier Schenkel des Winkels $\beta = \beta'$ an $\overline{AB}$ in B
2. G.O.: $\odot(A,\ b = b')$

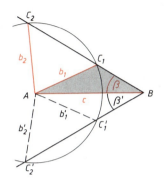

Wir erhalten keine eindeutige Lösung, da Dreieck ABC_1 und Dreieck ABC_2 nicht kongruent sind.

Wir verändern die Aufgabenstellung, um herauszufinden unter welchen Bedingungen sich eindeutige Lösungen ergeben.

Gegeben: $c = 4$ cm, $\beta = 30°$, $b = 6$ cm

Die Seite b ist jetzt größer als die Seite c. Dadurch schneidet der Kreis um A mit Radius b den freien Schenkel des Winkels β nur einmal in C bzw. C'.

Wir erkennen, daß der Winkel β der größeren der gegebenen Seiten gegenüberliegen muß.

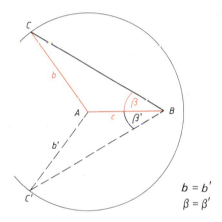

> **3. Kongruenzsatz**
> Zwei Dreiecke sind kongruent, wenn sie in zwei Seiten und dem der längeren Seite gegenüberliegenden Winkel übereinstimmen (S_gSW).

$$b = b'$$
$$\beta = \beta'$$

$$\triangle ABC \cong \triangle ABC'$$

4. Hauptaufgabe – eine Seite, zwei Winkel (WSW bzw. SWW)

Konstruieren Sie ein Dreieck ABC aus einer Seite und zwei Winkeln.

a) Gegeben: $c = 6$ cm, $\alpha = 35°$, $\beta = 60°$

Lösung

Mit c liegen A und B fest.

Für C, C' gilt:

1. G.O.: freier Schenkel des Winkels $\alpha = \alpha'$ an $\overline{AB}$ in A
2. G.O.: freier Schenkel des Winkels $\beta = \beta'$ an $\overline{AB}$ in B

Die Dreiecke ABC bzw. ABC' sind kongruent (Umklappen).

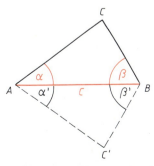

$$\alpha = \alpha'$$
$$\beta = \beta'$$

$$\triangle ABC \cong \triangle ABC'$$

b) Gegeben: $c = 6$ cm, $\alpha = 40°$, $\gamma = 50°$

Lösung

Mit c liegen A und B fest.

Für C, C' gilt:

1. G.O.: freier Schenkel des Winkels α
2. G.O.: Parallele zum freien Schenkel
   des im beliebigen Punkt C_1
   angetragenen Winkels γ.

Wir erhalten wieder zwei deckungsglei-
che Dreiecke

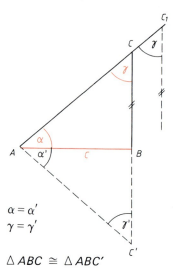

> **4. Kongruenzsatz**
> Zwei Dreiecke sind kongruent, wenn
> sie in einer Seite und zwei Winkeln
> übereinstimmen (WSW oder SWW).

$\alpha = \alpha'$

$\gamma = \gamma'$

$\triangle ABC \cong \triangle ABC'$

Zusammenfassung

Die Kongruenzsätze beschreiben die Bedingungen, unter denen wir jeweils eindeutige
Dreiecke erhalten. Dabei werden die Seiten und Winkel des Dreiecks entsprechend kom-
biniert:

$$SSS - SWS - S_gSW - WSW - SWW$$

Wir können erkennen, daß zur Konstruktion von Dreiecken drei Bestimmungsgrößen
gegeben sein müssen.

4.4 Grundkonstruktionen von Dreiecken

Sind Seiten oder Winkel eines Dreiecks gegeben, so können wir mit Hilfe der Kongruenzsätze Dreieckskonstruktionen — Grundaufgaben — durchführen. Es ist vorteilhaft, dies in
drei Schritten vorzunehmen:

— Planfigur
— Plantext mit Geometrischen Ortslinien
— Konstruktionsfigur

In die *Planfigur* — ein beliebiges Dreieck — werden alle gegebenen Größen rot eingezeichnet. Gleichzeitig sollten gegebenenfalls Teildreiecke durch Schraffur hervorgehoben werden.

Im *Plantext* wird festgehalten, in welcher Reihenfolge die gegebenen Größen verwendet
werden sollen und mit welchen Ortslinien die gesuchten Punkte konstruiert werden sollen.

In der *Konstruktion* wird das gesuchte Dreieck maßstäblich aufgezeichnet. Dabei sollen
die Bestimmungslinien dünn, die fertige Figur etwas kräftiger gezeichnet werden.

Grundkonstruktion SSS

△ *ABC* aus: $a = 5$ cm, $b = 4$ cm, $c = 6$ cm

a) Planfigur
   (Gegebene Größen rot einzeichnen)

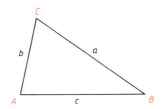

b) Plantext mit Geometrischen Ortslinien
   (G.O.)

Wir beginnen mit der Seite c. Der Punkt C ist von A b entfernt und von B a entfernt.

Die Ortslinien sind Kreise, der Schnittpunkt der Kreise ergibt den Punkt C.

Mit der Seite c liegen die Punkte A und B fest.

Für C gilt:
1. G.O.: $\odot(A; b)$
2. G.O.: $\odot(B; a)$

c) Konstruktionsfigur

Wir finden zwei spiegelbildlich gleiche Lösungen: △ *ABC* ≅ △ *ABC'*.

Wir wählen zukünftig diejenige Figur, bei der die Punkte A, B, C entgegen dem Uhrzeigersinn (mathematisch positiver Umlaufsinn) aufeinanderfolgen.

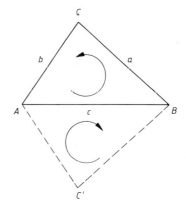

Grundkonstruktion SWS

△ *ABC* aus: $a = 4,5$ cm, $\beta = 33°$, $c = 5,2$ cm

a) Planfigur

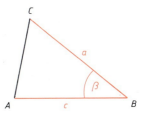

b) Plantext

Mit der Seite c liegen die Punkte A und B fest.

Für C gilt:
1. G.O.: freier Schenkel des Winkels β an
          $\overline{AB}$ in B
2. G.O.: $\odot(B; a)$

c) Konstruktionsfigur

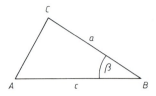

Grundkonstruktion SSW

$\triangle ABC$ aus: $a = 4{,}2$ cm, $\beta = 55°$, $b = 6{,}2$ cm

a) Planfigur

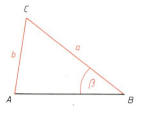

b) Plantext

Wir beginnen mit derjenigen Seite, die einen Schenkel des Winkels enthält.	Mit a liegen B und C fest.

Für A gilt:

1. G.O.: $\odot (C;\ b)$
2. G.O.: freier Schenkel des Winkels β an $\overline{BC}$ in B

c) Konstruktionsfigur

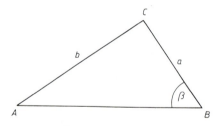

Grundkonstruktion WSW

$\triangle ABC$ aus: $\alpha = 70°$, $b = 4$ cm, $\gamma = 65°$

a) Planfigur

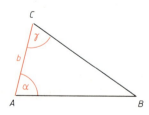

b) Plantext

Mit b liegen A und C fest.

Für B gilt:

1. G.O.: freier Schenkel des Winkels α an $\overline{AC}$ in A
2. G.O.: freier Schenkel des Winkels γ an $\overline{AC}$ in C

Grundkonstruktion SWW

△ ABC aus: $a = 5$ cm, $\alpha = 42°$, $\beta = 30°$

a) Planfigur

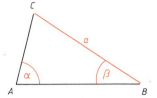

b) Plantext

Hier sind zwei Konstruktionen möglich:

1. Man bestimmt den Winkel γ rechnerisch ($\gamma = 180° - \alpha - \beta$) und verfährt dann wie bei Grundkonstruktion WSW.

2. Wir beginnen mit der Seite a und tragen den Winkel β an $\overline{BC}$ in B an. In einem beliebigen Punkt A' auf dem freien Schenkel von β wird α angetragen. Die Parallele zu dem freien Schenkel des Winkels α durch C schneidet $\overline{A'B}$ in A.

Mit a liegen B und C fest.

Für A gilt:

1. G.O.: freier Schenkel des Winkels β an $\overline{BC}$ in B

2. G.O.: Parallele zum freien Schenkel des beliebig in A' angetragenen Winkels α

c) Konstruktionsfigur

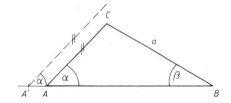

Aufgaben

zu 4.4 Grundkonstruktionen von Dreiecken

Zeichnen Sie ein Dreieck aus

1. $a = 4,3$ cm; $b = 5,2$ cm; $c = 3,8$ cm
2. $a = 6$ cm; $b = 4,1$ cm; $c = 7,2$ cm
3. $a = 5,7$ cm; $c = 6,5$ cm; $\beta = 50°$
4. $a = 4,8$ cm; $b = 4,6$ cm; $\gamma = 95°$
5. $b = 4,2$ cm; $c = 5,6$ cm; $\alpha = 64°$
6. $c = 7,5$ cm; $\alpha = 82°$; $\beta = 26°$
7. $a = 3,1$ cm; $\beta = 62°$; $\gamma = 85°$

8. $b = 5,1$ cm; $\alpha = 56°$; $\gamma = 61°$
9. $a = 6,7$ cm; $\alpha = 71°$; $\gamma = 59°$
10. $b = 3,4$ cm; $\alpha = 102°$; $\beta = 24°$
11. $b = 7$ cm; $c = 6,5$ cm; $\beta = 65°$
12. $a = 6,8$ cm; $b = 5,8$ cm; $\alpha = 80°$
13. $a = 5,5$ cm; $c = 7,2$ cm; $\gamma = 98°$

14. Um die Länge eines Teiches zu bestimmen, werden die Pfähle A, B und C angebracht. Es werden folgende Entfernungen gemessen:
$\overline{AB} = 82$ m, $\overline{AC} = 63$ m;
$\overline{CD} = 9$ m; $\overline{EB} = 11$ m;
∡ $BAC = 95°$
Gesucht: Zeichnung im Maßstab 1:1000.

15. Ein Schiff peilt einen Leuchtturm an der Küste aus einer Entfernung von 15 km an. Der Winkel zwischen Schiff–Leuchtturm und Fahrtrichtung beträgt 71°. Nach 30 min Fahrzeit wird ein entsprechender Winkel von 104° gemessen. Welche Strecke hat das Schiff in dieser Zeit zurückgelegt?

16. Die Entfernung von zwei unzugäng-lichen Punkten A und B soll be-stimmt werden.
$\overline{CD}$ = 43 m
$\angle BCD = 38°$; $\angle ACD = 102°$
$\angle BDC = 100°$; $\angle ADC = 40°$

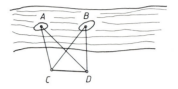

17. Ein Mast von 15 m Höhe wirft einen waagerechten Schatten von 12 m Länge. Bestimmen Sie den Höhenwinkel der Sonne!

18. Ein Hochhaus gibt einen Schatten von 36 m. Wie hoch ist das Gebäude, wenn die Sonne 48° hoch steht?

19. Von einem Turm wird die Breite eines in der Nähe liegenden Sportplatzes unter den Tiefenwinkeln $\alpha_1 = 52°$ und $\alpha_2 = 27°$ gemessen. Wie hoch ist der Turm, wenn der Sportplatz 60 m breit ist?

4.5 Besondere Linien und Punkte im Dreieck

Die Mittelsenkrechten — Umkreismittelpunkt

In einem Dreieck ABC wird derjenige Punkt gesucht, der von den Ecken A, B und C gleichweit entfernt ist.

$\triangle ABC$ aus: c = 4 cm, a = 3,5 cm, b = 4,5 cm

Wir suchen zunächst die Ortslinie, die von A und B gleichweit entfernt ist: Mittel-senkrechte über $\overline{AB}$. Die Ortslinie bezeich-nen wir mit m_c. Ebenso erhalten wir die Mittelsenkrechte m_a über $\overline{BC}$ und m_b über $\overline{AC}$, die sich alle in einem Punkt M schneiden.

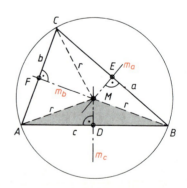

Der Schnittpunkt der Mittelsenkrechten ist der Umkreismittelpunkt M.

Der Umkreisradius wird mit r bezeichnet.

Je nach Form des Dreiecks ist die *Lage* des Mittelpunktes verschieden:

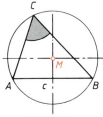 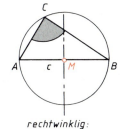 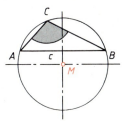

spitzwinklig: *rechtwinklig:*   *stumpfwinklig:*

M liegt: *innerhalb*   *auf c*   *außerhalb*
           des Dreiecks   *des Dreiecks*

Bemerkung

Zeichnet man von M aus den Radius r zu
den Ecken A, B und C, so wird das Dreieck in die Teildreiecke ABM, BMC und
AMC zerlegt, die alle *gleichschenklig* sind.

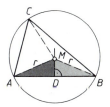

○ **Beispiel**

Zeichnen Sie ein Dreieck ABC aus: $c = 4$ cm, $r = 2,5$ cm, $a = 3$ cm.

Lösung

Wir bestimmen zunächst das Teil $\triangle ABM$:
Mit c liegen die Punkte A und B fest. Mit
Hilfe der *Ortslinien* ergeben sich M und C.
Für M gilt:

1. G.O.: $\odot(A; r)$
2. G.O.: $\odot(B; r)$

Für C gilt:

1. G.O.: $\odot(M; r)$
2. G.O.: $\odot(B; a)$

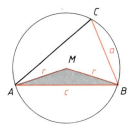

○

○ **Beispiel**

Zeichnen Sie ein Dreieck ABC aus: $a = 5$ cm, $r = 3$ cm, $\beta = 50°$

Lösung

Mit a liegen B und C fest.
Für M gilt:

1. G.O.: $\odot(B; r)$
2. G.O.: $\odot(C; r)$

Für A gilt:

1. G.O.: $\odot(M; r)$
2. G.O.: freier Schenkel des Winkels β an
       $\overline{BC}$ in B

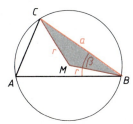

Die Höhen – Höhenschnittpunkt

Eine Höhe steht *senkrecht* auf einer Dreiecksseite und geht durch die gegenüberliegende Ecke; sie wird mit *h* bezeichnet.

> Die drei Höhen h_a, h_b und h_c schnei-
> den sich in einem Punkt, dem Höhen-
> schnittpunkt *H*.

Im spitzwinkligen Dreieck liegt *H* im
Inneren.

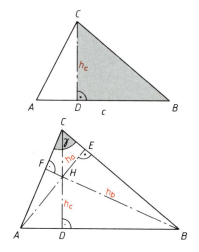

Im rechtwinkligen Dreieck fallen zwei
Höhen mit den Katheten zusammen. Der
Höhenschnittpunkt *H* liegt auf einer Ecke
des Dreiecks.

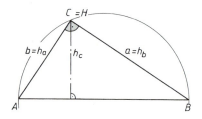

Beim stumpfwinkligen Dreieck, z.B.
$\gamma > 90°$, liegen zwei Höhen und der
Höhenschnittpunkt *H* außerhalb des Dreiecks.

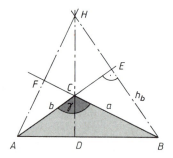

Allgemeiner Hinweis

Durch eine Höhe wird ein Dreieck in zwei
rechtwinklige Teildreiecke zerlegt, die zur
Konstruktion des gesuchten Dreiecks verwendet werden können (Thaleskreis).

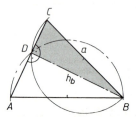

Teildreieck *BCD* oder Teildreieck *ABD*

Satz (Höhen):

> Die *Höhen* eines Dreiecks verhalten sich umgekehrt wie die zugehörigen Seiten.

$h_a : h_b = b : a$ 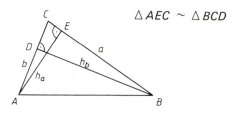 $\triangle AEC \sim \triangle BCD$

Beweis

Die Dreiecke AEC und BCD sind ähnlich, weil sie im Rechten Winkel sowie im Winkel ACE bzw. BCD übereinstimmen.

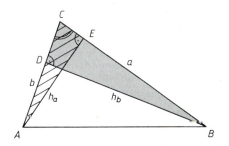

Werden die ähnlichen Dreiecke durch Drehen und Klappen in eine Kongruenzlage gebracht, können nach dem Strahlensatz die Verhältnisse abgelesen werden.

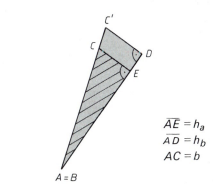

$$\overline{AE} = h_a$$
$$\overline{AD} = h_b$$
$$AC = b$$

$$\overline{AE} : \overline{AD} = \overline{AC} : \overline{AC'}$$

oder

$$h_a : h_b = b : a \qquad \bigcirc$$

○ **Beispiel**

Zeichnen Sie ein Dreieck ABC aus: $a = 5$ cm, $b = 6$ cm, $h_c = 4$ cm

Lösung

Hier führen mehrere Wege zur Lösung. Wir wählen das Teildreieck ADC: Mit b liegen A und C fest.

Für D gilt:

1. G.O.: Thaleskreis über $\overline{AC}$
2. G.O.: $\odot (C, h_c)$

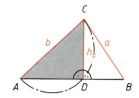

Für B gilt:

1. G.O.: $\odot (C,\ a)$
2. G.O.: Verlängerung $\overline{AD}$ $(\overrightarrow{AD})$

Ohne Thaleskreis kann das Teildreieck
ADC wie folgt bestimmt werden:
Mit h_c liegen C und D fest.

Für A gilt:

1. G.O.: $\odot (C;\ b)$
2. G.O.: Senkrechte auf $\overline{CD}$ in D

○ **Beispiel**

Zeichnen Sie ein Dreieck ABC aus: $h_a = 5$ cm, $h_b = 6$ cm, $c = 7$ cm

Lösung

Wir gehen von dem Teildreieck aus, von
dem drei Stücke bekannt sind:
Teildreieck ABC aus h_b, R und C.
Mit c liegen A und B fest.

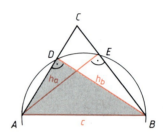

Für D gilt:

1. G.O.: Thaleskreis über $\overline{AB}$
2. G.O.: $\odot (B;\ h_b)$

Punkt C finden wir über Punkt E.

Für E gilt:

1. G.O.: Thaleskreis über $\overline{AB}$
2. G.O.: $\odot (A;\ h_a)$

Für C gilt:

1. G.O.: $\overrightarrow{BE}$
2. G.O.: $\overrightarrow{AD}$

Die Winkelhalbierende – Innenkreismittelpunkt

○ **Beispiel**

Von einem Reststück soll eine möglichst
große kreisförmige Scheibe ausgeschnitten
werden. Wo liegt der Kreismittelpunkt O?

Lösung

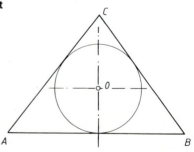

Wir betrachten zunächst die Ecke A mit
den Schenkeln $\overline{AB}$ und $\overline{AC}$. Wo liegen alle
Punkte, die von den Schenkeln gleichweit
entfernt sind?

Wir haben im Abschnitt „Ortslinien"
gelernt, daß dies die Winkelhalbierenden
sein müssen. Wenn wir diese Überlegung
auf die beiden anderen Ecken übertragen,
finden wir zwei weitere Winkelhalbierende.

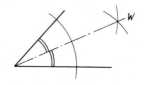

Zur Unterscheidung werden sie wie folgt bezeichnet:

w_α w_β w_γ

beim Winkel α beim Winkel β beim Winkel γ

Zu beachten ist, daß die Winkelhalbierenden Strecken sind:

$$w_\alpha = \overline{AF}$$
$$w_\beta = \overline{BD}$$
$$w_\gamma = \overline{EC}$$

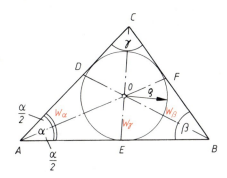

> Die Winkelhalbierenden schneiden sich in einem Punkt, dem Inkreismittelpunkt O.

Der Radius des Inkreises wird mit ρ bezeichnet.

Satz (Winkelhalbierende):

> Die *Winkelhalbierende* teilt die gegenüberliegende Dreieckseite im Verhältnis der anliegenden Dreieckseiten.

$$\overline{CD} : \overline{BD} = \overline{AC} : \overline{AB}$$
$$u : v = b : c$$

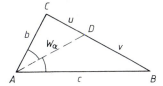

Beweis

Der Kreisbogen um A mit Radius $\overline{AC} = b$ schneidet $\overline{AB}$ in E. Im Dreieck AEC ist dann die Winkelhalbierende w_α die Symmetrielinie. Wir ziehen die Parallele zu $\overline{BC}$ durch E.

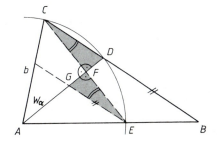

Nach dem 2. Strahlensatz erhalten wir nebenstehende Beziehung.

Wir müssen nun noch beweisen, daß $\overline{EG} = \overline{CD}$ ist.

$$\overline{AE} : \overline{AB} = \overline{EG} : \overline{BD}$$

da $\overline{AE} = \overline{AC}$:

$$\overline{AC} : \overline{AB} = \overline{EG} : \overline{BD}$$

Die Dreiecke *DCF* und *EFG* sind kongruent, da sie in einer Seite und zwei Winkeln
übereinstimmen (WSW).

$\triangle DCF \cong \triangle EFG$, weil
1. $\overline{EF} = \overline{CF}$ (Symmetrie)
2. $\sphericalangle GEF = \sphericalangle DCF$ (Wechselwinkel)
3. Winkel bei *F* ist ein Rechter
Daraus folgt:

$$\overline{EG} = \overline{CD} \quad \text{damit}$$
$$\overline{AC} : \overline{AB} = \overline{CD} : \overline{BD}$$ ○

Allgemeiner Hinweis:

Zeichnen wir den Inkreisradius ρ ein, so
ist zu beachten, daß z.B. die Winkelhalbierende w_β nicht senkrecht auf der Seite
$\overline{AC}$ steht wie der Radius $\overline{OD} = \rho$!

Zur Konstruktion können die Teildreiecke
ABE bzw. *BCE* verwendet werden (halber
Winkel β) oder die rechtwinkligen Teildreiecke *FBO* bzw. *BGO* mit Seitenlänge
ρ und Winkel $\frac{\beta}{2}$.

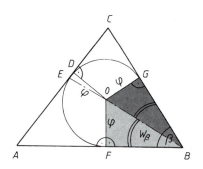

○ **Beispiel**

Zeichnen Sie ein Dreieck *ABC* aus: $\alpha = 70°$, $h_c = 5$ cm, $w_\gamma = 5{,}5$ cm

Lösung

Wir beginnen wieder mit dem Teildreieck,
von dem drei Stücke bekannt sind:
Teildreieck *ADC* aus α, *R* und h_c.

Punkt *B* finden wir über *E*. E liegt auf
der Verlängerung von $\overline{AD}$ und ist von *C*
w_γ entfernt:

Für *E* gilt:
1. G.O.: $\overrightarrow{AD}$
2. G.O.: $\odot (C; w_\gamma)$

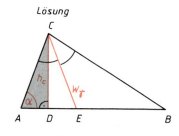

Lösung

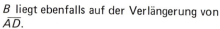

B liegt ebenfalls auf der Verlängerung von
$\overline{AD}$.
Wie erhalten wir die 2. Bedingung?
Wir erinnern uns, daß w_γ den Winkel γ
halbiert. Der Winkel γ ist zwar nicht in
Grad bekannt, dafür aber kennen wir $\frac{\gamma}{2}$
über dem Winkel *ACE*. Wir brauchen also
nur den Winkel *ACE* verdoppeln.
Für *B* gilt:
1. G.O.: $\overrightarrow{AD}$
2. G.O.: freier Schenkel des Winkels *ACE*
        an $\overline{CE}$ in *C*

○ **Beispiel**

Zeichnen Sie ein Dreieck ABC aus: $\rho = 2$ cm, $\beta = 48°$, $a = 6$ cm

Lösung

Mit a liegen B und C fest.

Für O gilt:

1. G.O.: freier Schenkel des Winkels $\frac{\beta}{2}$ an $\overline{BC}$ in B
2. G.O.: Parallele zu $\overline{BC}$ im Abstand ρ

Ziehen wir $\overline{OC}$, so ist der Winkel BCO bekannt ($\frac{\gamma}{2}$).

Für A gilt:

1. G.O.: freier Schenkel des Winkels BCO an $\overline{BC}$ in C
2. G.O.: freier Schenkel des Winkels β an $\overline{BC}$ in B

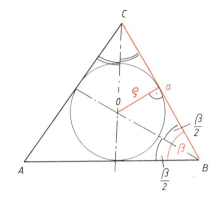

Die Seitenhalbierenden – Schwerpunkt

Die Verbindungslinie von einer Ecke zur Mitte der gegenüberliegenden Seite heißt Seitenhalbierende.

Sie werden wie folgt bezeichnet:

s_a führt zur Mitte von a

s_b führt zur Mitte von b

s_c führt zur Mitte von c

> Die drei Seitenhalbierenden schneiden sich in einem Punkt, dem Schwerpunkt S.

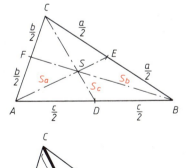

> Der Schwerpunkt S teilt die Seitenhalbierende (Schwerlinie) im Verhältnis $2 : 1$.

z.B. $\overline{DS} = \frac{1}{3} s_c$

$\overline{CS} = \frac{2}{3} s_c$

Satz (Schwerpunkt):

Der *Schwerpunkt* S teilt im Dreieck die Seitenhalbierende im Verhältnis $2 : 1$.

$$\overline{AS} : \overline{SE} = 2 : 1$$

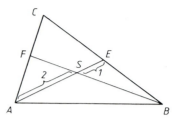

Beweis

Wir ziehen die Verbindungslinie der Seitenmitten G und H. Dann ist $\overline{GH}$ Mittelparallele im Dreieck ABS.
Ebenso ist $\overline{FE}$ Mittelparallele im Dreieck ABC.

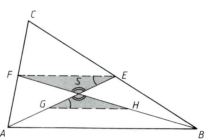

$$\overline{GH} \parallel \overline{AB}$$
$$\overline{FE} \parallel \overline{AB}$$
Somit: $\overline{GH} \parallel \overline{FE}$

Die Mittelparallelen $\overline{FE}$ und $\overline{GH}$ sind gleich groß, da die Dreiecke ABC und ABS die gleiche Basis $\overline{AB}$ haben (2. Strahlensatz).
Die Dreiecke SEF und SGH sind kongruent, da sie in einer Seite und zwei Winkeln übereinstimmen (SWW).

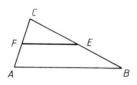

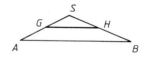

Beweis:

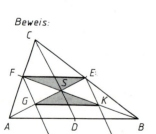

$$\overline{FE} = \overline{GH}$$

$\triangle SEF \cong \triangle SGH$, weil
1. $\overline{FE} = \overline{GH}$
2. $\sphericalangle SGH = \sphericalangle SEF$ *(Wechselwinkel)*
3. $\sphericalangle FSE = \sphericalangle GSH$ *(Scheitelwinkel)*

Daraus folgt:
$$\overline{GS} = \overline{SE}$$

Damit ist
$$\overline{AS} = 2 \cdot SE \qquad\qquad \bigcirc$$

Allgemeiner Hinweis

Für die Konstruktion von Dreiecken, bei denen Seitenhalbierende – Schwerlinien – gegeben sind, ist zu beachten:

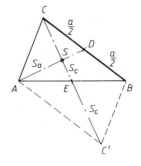

— Eine Seitenhalbierende teilt das Dreieck in zwei Teildreiecke, bei denen zwei Seiten gleich lang sind.
— Durch Verlängerung einer Schwerlinie (Verdoppelung) kann das Dreieck zu einem Parallelogramm erweitert werden, das als Hilfsfigur verwendet werden kann.
— Sind zwei Schwerlinien gegeben, können Teildreiecke aufgrund des Teilungsverhältnisses $2:1$ konstruiert werden.

○ **Beispiel**

Zeichnen Sie ein Dreieck *ABC* aus: $a = 7$ cm, $s_b = 6{,}3$ cm, $s_c = 4{,}5$ cm

Lösung

Das Teildreieck *BCS* ist konstruierbar aus a, $\frac{2}{3} s_c$ und $\frac{2}{3} s_b$ (*S* teilt s_c und s_b im Verhältnis $2:1$).

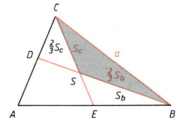

Mit a liegen *B* und *C* fest.

Für *S* gilt:

1. G.O.: $\odot (C; \frac{2}{3} s_c)$
2. G.O.: $\odot (B; \frac{2}{3} s_b)$

A liegt auf der Verdoppelung von $\overline{CD}$.

Für *D* gilt:

1. GO.: $\overrightarrow{BS}$
2. G.O.: $\odot (B; s_b)$

Für *A* gilt:

1. G.O.: $\overrightarrow{CD}$
2. G.O.: $\odot (D; \overrightarrow{DA})$

○ **Beispiel**

Zeichnen Sie ein Dreieck ABC aus: $a = 5{,}2$ cm, $s_a = 4$ cm; $b = 6$ cm

Lösung

Das Teildreieck ADC ist konstruierbar aus s_a, b und $\frac{a}{2}$.

Mit s_a liegen A und D fest.

Für C gilt:

1. G.O.: $\odot (A;\ b)$
2. G.O.: $\odot (D;\ \frac{a}{2})$

Für B gilt:

1. G.O.: $\overrightarrow{CD}$
2. G.O.: $\odot (D;\ \overline{CD})$

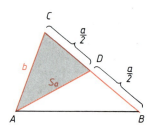

5 Dreieckskonstruktionen

mit Seiten, Winkeln, Höhen, Winkelhalbierenden, Seitenhalbierenden, Inkreisradius und Umkreisradius

○ **Beispiel**

Zeichnen Sie ein Dreieck aus: $a = 6{,}2$ cm, $h_b = 3$ cm, $h_c = 2{,}5$ cm

Lösung

Durch die Höhe h_c wird das Dreieck ABC in zwei Teildreiecke zerlegt. Wir wählen dasjenige Teildreieck, das drei gegebene Stücke enthält: Teildreieck BCE.

Der Punkt A wird über den Punkt D bestimmt. D liegt einerseits auf dem Thaleskreis über $\overline{BC}$, andererseits auf einem Kreis um B mit Radius h_b.

A ergibt sich dann durch Schnitt der Verlängerungen $\overrightarrow{CD}$ bzw. $\overrightarrow{BE}$.

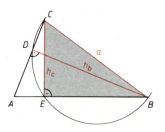

Teildreieck BCE aus: h_c, a und R (SSW)

Für D gilt:

1. G.O.: Thaleskreis über $\overline{BC}$
2. G.O.: $\odot (B;\ h_b)$

Für A gilt:

1. G.O.: $\overrightarrow{CD}$
2. G.O.: $\overrightarrow{BE}$

○ **Beispiel**

Zeichnen Sie ein Dreieck aus: $b = 6$ cm, $h_b = 5$ cm, $s_b = 5,5$ cm

Lösung

Von den drei Teildreiecken ist nur Teildreieck BDE aus gegebenen Stücken konstruierbar. Die Punkte C und A sind konstruierbar aufgrund der Tatsache, daß D die Strecke $\overline{AC} = b$ halbiert.

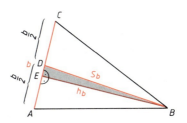

Teildreieck BDE aus: h_b, s_b und R (SSW)

Für C gilt:

1. G.O.: $\overrightarrow{ED}$
2. G.O.: $\odot (D; \frac{b}{2})$

Für A gilt:

1. G.O.: $\overrightarrow{CE}$
2. G.O.: $\odot (C; b)$ ○

○ **Beispiel**

Zeichnen Sie ein Dreieck aus: $s_c = 7$ cm, $s_b - 5$ cm, $h_a = 4,5$ cm

Lösung

Da $\overline{DE}$ Mittelparallele im Dreieck ABC mit der Basis $\overline{BC}$ ist, und die Höhe h_a durch $\overline{DE}$ halbiert, gilt:

$$\overline{EF} = \frac{1}{2}\overline{AG} = \frac{1}{2}h_a .$$

Wir beginnen mit dem Teildreieck CEF.

Die Punkte A und B können über S konstruiert werden.

S liegt auf s_c und ist von C $\frac{2}{3}s_c$ entfernt. (Die Schwerlinien teilen sich im Verhältnis $2 : 1$.)

B liegt auf der Verlängerung von $\overline{CF}$ und dem Kreis um S mit Radius $\frac{2}{3}s_b$. A liegt auf der Verlängerung von $\overline{BE}$ und ist von E $\frac{BE}{2}$ entfernt.

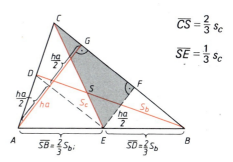

$\overline{CS} = \frac{2}{3}s_c$

$\overline{SE} = \frac{1}{3}s_c$

$\overline{SB} = \frac{2}{3}s_b;$ $\overline{SD} = \frac{2}{3}s_b$

Teildreiecke CEF aus: $\frac{h_a}{2}$, s_c und R (SSW)

Für S gilt:

1. G.O.: $\overline{CE}$
2. G.O.: $\odot (C; \frac{2}{3}s_c)$

für B gilt:

1. G.O.: $\odot (S; \frac{2}{3}s_b)$
2. G.O.: $\overline{CF}$

Für A gilt:

1. G.O.: $\overrightarrow{BE}$
2. G.O.: $\odot (E; \frac{\overline{BE}}{2})$ ○

○ **Beispiel**

Zeichnen Sie ein Dreieck aus: $r = 5{,}4$ cm, $b = 7$ cm, $\gamma = 50°$

Lösung

Wir beginnen mit dem gleichschenkligen Teildreieck *AMC*.

B liegt auf dem Kreis um *M* mit Radius r und dem freien Schenkel des Winkels γ an $\overline{AC}$ in *C*.

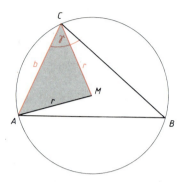

Teildreieck *AMC* aus: b, r, r (SSS)

Für *B* gilt:

1. G.O.: $\odot(M;\ r)$
2. G.O.: freier Schenkel des Winkels γ an $\overline{AC}$ in *C*   ○

○ **Beispiel**

Zeichnen Sie ein Dreieck aus: $\rho = 1{,}5$ cm, $w_\alpha = 4{,}5$ cm, $\alpha = 65°$

Lösung

Da w_α den Winkel α halbiert, kann mit dem Teildreieck *AEO* begonnen werden (drei Stücke sind bekannt).

Punkt *C* wird über Punkt *F* und *G* konstruiert. Da ρ senkrecht auf $\overline{BC} = a$ steht, kann mit Hilfe des Thaleskreises über $\overline{OF}$ und dem Kreis um *O* mit Radius ρ *G* konstruiert werden.

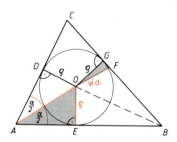

Teildreieck *AEO* aus: $\rho, \frac{\alpha}{2}$ und *R*.

Für *F* gilt:

1. G.O.: $\overrightarrow{AO}$
2. G.O.: $\odot(A;\ w_\alpha)$

Für *G* gilt:

1. G.O.: Thaleskreis über $\overline{OF}$
2. G.O.: $\odot(O;\ \rho)$

Für *C* gilt:

1. G.O.: freier Schenkel des Winkels α an $\overline{AE}$ in *A*
2. G.O.: $\overrightarrow{FG}$

Für *B* gilt:

1. G.O.: $\overrightarrow{CF}$
2. G.O.: $\overrightarrow{AE}$ ○

○ **Beispiel**

Zeichnen Sie ein Dreieck aus: h_a = 4,5 cm, w_α = 4,8 cm, c = 7 cm

Lösung:

Über das Teildreieck ADE finden wir B als Schnitt der Verlängerung ED und Kreis um A mit Radius c.

C ist konstruierbar aufgrund der Tatsache, daß w_α den Winkel CAB halbiert. Der halbe Winkel DAB wird an $\overline{AD}$ in D angetragen.

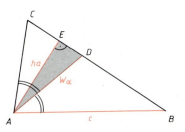

Teildreieck ADE aus: h_a, w_α und R (SSW)

Für B gilt:

1. G.O.: $\overrightarrow{ED}$
2. G.O.: $\odot(A; c)$

Für C gilt:

1. G.O.: $\overrightarrow{BE}$
2. G.O.: freier Schenkel des Winkels DAB an $\overline{AD}$ in A ○

○ **Beispiel**

Zeichnen Sie ein Dreieck aus: a = 7 cm, s_c = 7,5 cm, r = 5 cm

Lösung

Bei dieser Aufgabe ist die Konstruktion des Punktes D etwas schwieriger.

Im Dreieck ABM ist $\overline{MD}$ Mittelsenkrechte über $\overline{AB}$: Das Dreieck DBM ist rechtwinklig. D erhalten wir über Thaleskreis und Kreis um C mit Radius s_c.

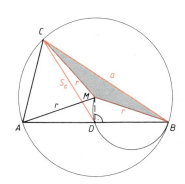

Teildreieck BCM aus: a, r, r (SSS)

Für D gilt:

1. G.O.: $\odot(C; s_c)$
2. G.O.: Thaleskreis über $\overline{MB}$

Für A gilt:

1. G.O.: $\odot(M, r)$
2. G.O.: $\overrightarrow{BD}$ ○

○ **Beispiel**

Summen von Seiten

Zeichnen Sie ein Dreieck aus: $(a + c) = 8$ cm, $b = 4$ cm, $\beta = 42°$

Lösung

Sind Summen von Seiten gegeben, so lassen sich gleichschenklige Dreiecke bilden:

$$\triangle\, BB'C\,.$$

Der Winkel ϵ als Spitzenwinkel ist Nebenwinkel zu β:

$$\epsilon = 180° - \beta\,.$$

Der halbe Spitzenwinkel beträgt:

$$\frac{\epsilon}{2} = 90° - \frac{\beta}{2}\,.$$

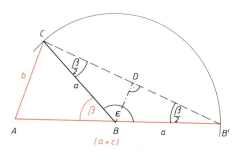

Somit ist der Basiswinkel in B' und C gleich $\frac{\beta}{2}$.

Damit läßt sich das Hilfsdreieck $AB'C$ konstruieren.

Den Punkt B erhalten wir entweder als Mittellot über $\overline{B'C}$ (Symmetrielinie im gleichschenkligen Dreieck) oder als freien Schenkel des Winkels $\frac{\beta}{2}$ an $\overline{CB'}$ in C.

Dreieck $AB'C$ aus: $(a+c), b, \dfrac{\beta}{2}$ (SSW)

Für B gilt:

1. G.O.: $\overline{AB'}$
2. G.O.: Mittellot von $\overline{B'C}$

                                               ○

○ **Beispiel**

Summen von Seiten

Zeichnen Sie ein Dreieck aus: $(a + b) = 7$ cm, $c = 4,5$ cm, $\alpha = 48°$

1. Lösungsversuch

In nebenstehender Planfigur ist die Seite b an die Seite a angetragen. Der Lösungsweg des obigen Beispiels ist aber hier nicht gangbar, da der Winkel α nicht an der Seitensumme von a und b anliegt.

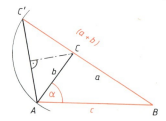

2. Lösungsversuch

Wir tragen die Seite *a* an die Seite *b* an. Das Hilfsdreieck *ABC'* ist wieder konstruierbar aus *c*, dem Winkel α und (*a* + *b*). *C* finden wir über die Mittelsenkrechte über $\overline{BC'}$.

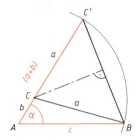

Dreieck *ABC'* aus: α, *c*, (*a* + *b*)   (SWS)

Für *C* gilt:

1. G.O.: $\overline{AC'}$

2. G.O.: Mittelsenkrechte auf $\overline{BC'}$

Wir merken uns:

Bei Aufgaben mit Summenseiten wird die gegebenen Summenseite so eingezeichnet, daß gegebene Winkel daran anliegen.   ○

○ **Beispiel**

Summen von Seiten

Zeichnen Sie ein Dreieck aus: (*a* + *b*) = 7 cm, α = 50°, β = 35°

Lösung

Im Hilfsdreieck *ABC'* fehlt uns noch neben den beiden gegebenen Stücken (*a*+*b*) und α eine weitere Größe. Mit Hilfe von β lassen sich die Basiswinkel ε im gleichschenkligen Dreieck *BC'C* berechnen:

$$\gamma = 180° - (\alpha + \beta)$$

(Winkelsumme im Dreieck)

Der Nebenwinkel δ berechnet sich wie folgt.

$$\delta = 180° - \gamma$$
$$\delta = 180° - [180° - (\alpha + \beta)]$$
$$\delta = \alpha + \beta$$

Dann ist $\frac{\delta}{2} = \frac{1}{2}(\alpha + \beta)$.

Im Rechtwinkligen Dreieck *BDC* ist dann

$$\epsilon = 90° - \frac{\delta}{2}$$

$$\epsilon = 90° - \frac{1}{2}(\alpha + \beta)$$

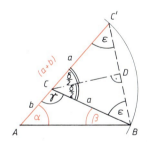

Dreieck *ABC'* aus: (*a* +*b*), α, ε   (WSW),

$\epsilon = 90° - \frac{1}{2}(\alpha + \beta)$

Für *C* gilt:

1. G.O.: $\overline{AC'}$

2. G.O.: Mittelsenkrechte über $\overline{BC'}$

                                                                            ○

○ **Beispiel**

Differenzen von Seiten

Zeichnen Sie ein Dreieck aus: $(a - b) = 2$ cm, $c = 6$ cm, $\beta = 40°$

Lösung

Die Seitendifferenz muß so eingezeichnet werden, daß gegebene Winkel daran anliegen.

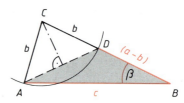

Teildreieck ABD aus: $c, \beta, (a - b)$　(SWS)

Für C gilt:

1. G.O.: $\overrightarrow{BD}$
2. G.O.: Mittelsenkrechte über $\overline{AD}$　　○

○ **Beispiel**

Differenzen von Seiten

Zeichnen Sie ein Dreieck aus: $(a - b) = 2$ cm, $c = 6$ cm, $\gamma = 80°$

Lösung

Wir bestimmen den Winkel δ über γ und ϵ: $\overline{CE}$ ist Symmetrielinie im gleichschenkligen Dreieck ADC. Für ϵ finden wir:

$$\epsilon = 90° - \frac{\gamma}{2}.$$

Da δ Nebenwinkel zu ϵ ist, kann δ berechnet werden:

$$\delta = 180° - \epsilon$$
$$\delta = \ 90° + \frac{\gamma}{2}$$

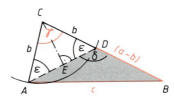

Teildreieck ABD aus: $(a - b), c, \delta$　(SSW)

Für C gilt:

1. G.O.: $\overrightarrow{BD}$
2. G.O.: Mittelsenkrechte über $\overline{AD}$　　○

○ **Beispiel**

Differenzen von Winkeln

Zeichnen Sie ein Dreieck aus: $a = 4{,}5$ cm, $h_c = 3$ cm, $(\gamma - \beta) = 38°$

Lösung

Aus $\gamma - \beta = -(\beta - \gamma) = 38°$ kann γ konstruiert werden, indem zum Winkel $DBC = \beta$ aus dem Teildreieck DBC der Differenzwinkel $(\gamma - \beta)$ addiert wird (in der Ecke B).

Es kann γ ebenso in der Ecke C konstruiert werden: Winkel $DBC = \beta$ an $\overline{BC}$ in C angetragen, und den Winkel $(\beta - \gamma)$ an den freien Schenkel des Winkels β anlegen.

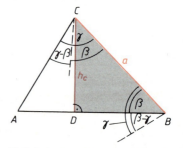

Teildreieck BCD aus: a, h_c, R　(SSW)

$\gamma = 38° + \beta$

Für A gilt:

1. G.O.: $\overrightarrow{BD}$
2. G.O.: freier Schenkel des Winkels γ an $\overline{BC}$ in C　　○

Aufgaben

zu 5 Dreieckskonstruktionen

Zeichnen Sie ein Dreieck ABC aus den gegebenen Stücken. (Planfigur, Plantext mit Geometrischen Ortslinien, Konstruktionsfigur)

Grundkonstruktionen

1.	$a = 4{,}2$ cm;	$b = 3{,}8$ cm;	$c = 6$ cm	**8.**	$\gamma = 95°$;	$b = 3{,}7$ cm;	$c = 6{,}6$ cm
2.	$a = 3{,}2$ cm;	$b = 5$ cm;	$c = 4$ cm	**9.**	$\alpha = 68°$;	$\beta = 65°$;	$a = 4{,}7$ cm
3.	$a = 5$ cm;	$b = 4$ cm;	$\gamma = 73°$	**10.**	$\beta = 72°$;	$\gamma = 81°$;	$b = 6{,}1$ cm
4.	$b = 7{,}2$ cm;	$\alpha = 30°$;	$c = 5{,}6$ cm	**11.**	$\gamma = 69°$;	$\alpha = 67°$;	$c = 5{,}6$ cm
5.	$c = 5{,}6$ cm;	$\beta = 38°$;	$a = 5{,}8$ cm	**12.**	$\alpha = 68°$;	$c = 5{,}5°$;	$\beta = 44°$
6.	$\alpha = 64°$;	$c = 5{,}5$ cm;	$a = 5{,}8$ cm	**13.**	$\beta = 35°$;	$a = 8$ cm;	$\gamma = 72°$
7.	$\beta = 53°$;	$a = 2{,}8$ cm;	$b = 4{,}8$ cm	**14.**	$\alpha = 73°$;	$b = 4{,}9$ cm;	$\gamma = 52°$

Aufgaben mit Umkreisradius r

15.	$r = 2{,}1$ cm;	$a = 2{,}3$ cm;	$\beta = 72°$	**18.**	$r = 2{,}5$ cm;	$h_c = 3{,}5$ cm;	$\alpha = 69°$
16.	$r = 2{,}1$ cm;	$b = 3{,}1$ cm,	$\alpha = 35°$	**19.**	$r = 2{,}5$ cm;	$a = 3{,}9$ cm;	$h_a = 2{,}3$ cm
17.	$r = 2{,}1$ cm;	$a = 3{,}9$ cm;	$c = 4$ cm	**20.**	$r = 2{,}5$ cm;	$c = 4{,}6$ cm;	$h_c = 2{,}2$ cm

($\gamma > 90°$, stumpfwinkliges Dreieck)

Aufgaben mit Seitenhalbierenden (Schwerlinien)

21.	$s_a = 4{,}5$ cm;	$a = 6{,}6$ cm;	$b = 4{,}2$ cm	**26.**	$s_a = 5{,}1$ cm;	$\beta = 41°$;	$a = 7{,}4$ cm
22.	$s_a = 5{,}7$ cm;	$s_b = 4{,}5$ cm,	$c = 6{,}2$ cm	**27.**	$s_b = 4{,}3$ cm;	$\gamma = 61°$;	$b = 6{,}3$ cm
23.	$s_b = 4{,}5$ cm;	$s_c = 5{,}1$ cm;	$a = 5{,}7$ cm	**28.**	$s_c = 5{,}2$ cm;	$h_c = 4{,}8$ cm;	$\alpha = 60°$
24.	$s_b = 5{,}5$ cm;	$a = 6{,}5$ cm;	$h_b = 5{,}2$ cm	**29.**	$s_b = 6{,}9$ cm;	$h_b = 6{,}6$ cm;	$\gamma = 73°$
25.	$s_a = 5{,}2$ cm;	$a = 4{,}8$ cm;	$h_a = 4{,}8$ cm				

Aufgaben mit Winkelhalbierenden

30.	$w_\beta = 6{,}6$ cm;	$h_b = 6{,}4$ cm;	$c = 6{,}8$ cm
31.	$w_\gamma = 4{,}8$ cm;	$h_c = 4{,}6$ cm;	$b = 4{,}8$ cm
32.	$w_\alpha = 3{,}3$ cm;	$\alpha = 76°$;	$c = 6{,}6$ cm
33.	$w_\gamma = 4{,}2$ cm;	$\alpha = 49°$;	$b = 5{,}5$ cm
34.	$w_\alpha = 5{,}5$ cm,	$\beta = 70°$;	$h_a = 5{,}3$ cm

Aufgaben mit Höhen

35.	$h_a = 3{,}6$ cm;	$a = 6{,}6$ cm;	$b = 4{,}1$ cm
36.	$h_b = 4{,}4$ cm;	$a = 4{,}7$ cm;	$c = 6{,}3$ cm
37.	$h_c = 4{,}4$ cm;	$\beta = 46°$;	$b = 4{,}9$ cm
38.	$h_a = 3{,}7$ cm;	$\gamma = 42°$;	$a = 6{,}1$ cm
39.	$h_a = 3{,}9$ cm;	$h_b = 6{,}3$ cm;	$c = 6{,}4$ cm
40.	$h_b = 5{,}2$ cm;	$h_c = 4{,}7$ cm;	$a = 5{,}3$ cm
41.	$h_a = 4{,}8$ cm;	$h_b = 6{,}2$ cm;	$\beta = 47°$
42.	$h_b = 4{,}7$ cm;	$h_c = 4{,}5$ cm;	$\gamma = 69°$
43.	$h_c = 4{,}5$ cm;	$\alpha = 74°$;	$\beta = 43°$

Aufgaben mit Seitensummen

44. $(b + c) = 8$ cm; $a = 4{,}3$ cm; $\alpha = 65°$
45. $(a + c) = 7{,}5$ cm; $\alpha = 19°$; $b = 7$ cm
46. $(a + b + c) = 9{,}1$ cm; $\alpha = 33°$; $\gamma = 78°$
47. $(a + c) = 6{,}9$ cm; $\alpha = 32°$; $\gamma = 72°$
48. $(b + c) = 7{,}9$ cm; $\beta = 26°$; $\gamma = 34°$

Aufgaben mit Seitendifferenzen

49. $(b - c) = 1{,}3$ cm; $a = 4{,}6$ cm; $\gamma = 45°$
50. $(c - a) = 3{,}2$ cm; $\alpha = 31°$; $\beta = 53°$
51. $(a - c) = 2{,}2$ cm; $b = 2{,}7$ cm; $\gamma = 37°$
52. $(c - b) = 2{,}7$ cm; $a = 4{,}8$ cm; $\alpha = 62°$

Aufgaben mit Winkeldifferenzen

53. $(\beta - \gamma) = \ 5°$; $b = 5{,}3$ cm; $h_a = 4$ cm
54. $(\alpha - \beta) = 22°$; $c = 5{,}6$ cm; $h_b = 5$ cm

6 Flächensätze am rechtwinkligen Dreieck

6.1 Satz des Pythagoras

Dieser Satz zählt wegen seiner Bedeutung für zahlreiche Berechnungen zu den berühmtesten Lehrsätzen der Elementargeometrie.

Satz des Pythagoras[1])

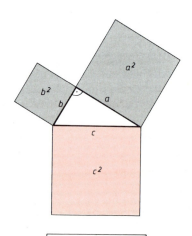

> Im rechtwinkligen Dreieck ist das Quadrat über der Hypotenuse gleich der Summe der Quadrate über den Katheten.

Für diesen Satz sind mehr als 100 Beweise bekannt. Ein einfacher Beweis soll hier angeführt werden.

Die Gesamtfläche des Quadrates ist
$$A = (a + b)^2 = a^2 + 2ab + b^2.$$

$$\boxed{a^2 + b^2 = c^2}$$

---

[1]) Den nach Pythagoras von Samos (um 580 bis 496 v. Chr.) benannten Satz findet man ein Jahrtausend früher auch schon bei den Babyloniern.

Setzt man die Flächen aus den Einzelflächen zusammen, so erhält man

$$A = 4 \cdot \frac{ab}{2} + c^2 .$$

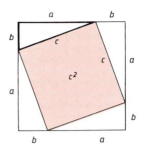

Da beides dieselbe Fläche darstellt, ergibt sich

$$a^2 + 2ab + b^2 = 2ab + c^2$$

oder

$$a^2 + b^2 = c^2 .$$

Quadratfläche:

1. $(a+b)^2 = a^2 + 2ab + b^2$ \hspace{2cm} (1)

2. Summe der Einzelflächen

$$= 4 \cdot \frac{a \cdot b}{2} + c^2 \hspace{2cm} (2)$$

Durch Gleichsetzen von (1) und (2):
$$a^2 + b^2 = c^2 .$$

○ **Beispiel**

In einem rechtwinkligen Dreieck ($\gamma = 90°$) sind folgende Seiten bekannt:

a) $a = 5$ cm, $b = 12$ cm. Berechnen Sie die Länge der Seite c.

b) $a = 10,8$ cm, $c = 15,4$ cm. Berechnen Sie die Länge der Seite b sowie den Flächeninhalt A des Dreiecks.

Lösung

Da es sich um ein rechtwinkliges Dreieck handelt, in dem zwei Dreieckseiten bekannt sind, kann der Satz des Pythagoras angewandt werden:

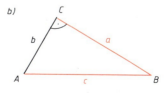

$$c^2 = a^2 + b^2$$
$$c = \sqrt{a^2 + b^2}$$
$$c = \sqrt{5^2 + 12^2} \text{ cm}$$
$$\underline{c = 13 \text{ cm}}$$

Auch in diesem Fall sind im rechtwinkligen Dreieck zwei Dreieckseiten (die Hypotenuse und eine Kathete) bekannt, so daß auch hier der Satz des Pythagoras zur Berechnung der fehlenden Kathetenlänge herangezogen werden kann.

$$a^2 + b^2 = c^2$$
$$b^2 = c^2 - a^2$$
$$b = \sqrt{c^2 - a^2}$$
$$b = \sqrt{15,4^2 - 10,8^2} \text{ cm}$$
$$\underline{b = 10.98 \text{ cm}}$$

Die Fläche eines Dreiecks ergibt sich aus dem halben Produkt aus Grundseite und Höhe. Die Grundseite ist hier die Kathete a, die Höhe entspricht der Kathete b.

$$A = \frac{a \cdot b}{2}$$

$$A = \frac{10,8 \text{ cm} \cdot 10,98 \text{ cm}}{2}$$

$$\underline{\underline{A = 59,29 \text{ cm}^2}} \qquad \bigcirc$$

○ **Anwendungsbeispiel**

Ein gleichseitiges Dreikantprisma hat die Kantenlänge a. Wie groß ist die Höhe h und damit die Querschnittsfläche A?

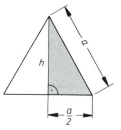

Lösung

Die Höhe im gleichseitigen Dreieck halbiert die Grundseite a. Damit läßt sich die Höhe h nach Pythagoras berechnen.

Nach Pythagoras gilt:

$$h^2 + \left(\frac{a}{2}\right)^2 = a^2$$

$$h^2 = \frac{3a^2}{4}$$

$$\underline{\underline{h = \frac{a}{2}\sqrt{3}}}$$

Die Querschnittsfläche ist

$$A = \frac{1}{2}a \cdot h = \frac{1}{2}a \cdot \frac{a}{2}\sqrt{3} = \frac{a^2}{4}\sqrt{3}$$

$$\underline{\underline{A = \frac{a^2}{4}\sqrt{3}}} \qquad \bigcirc$$

○ **Anwendungsbeispiel**

An ein Rundmaterial vom Durchmesser d ist ein Vierkantprofil anzufräsen.

a) Welche Fräserzustellung a ist erforderlich?

b) Welchen Durchmesser muß das Rundmaterial mindestens haben, wenn ein Vierkant der Schlüsselweite SW 17 hergestellt werden soll?

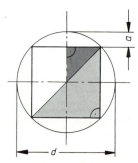

Lösung

Um den Satz des Pythagoras anwenden zu können, suchen wir uns ein geeignetes rechtwinkliges Dreieck heraus, in dem die Längen a und d enthalten sind.

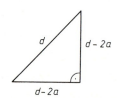

Dazu gibt es verschiedene Möglichkeiten (vgl. die schraffierten Dreiecke!).

Nach Pythagoras gilt:

$$d^2 = 2(d-2a)^2$$
$$d = \sqrt{2}(d-2a)$$
$$\underline{\underline{a = d\left(\frac{1}{2} - \frac{\sqrt{2}}{4}\right)}}$$
$$\underline{\underline{a \approx 0{,}1464 \cdot d}}$$

Mit der Schlüsselweite $s = d - 2a$ erhält man nach Pythagoras

$$d^2 = s^2 + s^2$$
$$\underline{\underline{d = s\sqrt{2}}}$$

Mit $s = 17$ mm ergibt sich

$$\underline{\underline{d = 24{,}04 \text{ mm}}} \qquad \circ$$

○ **Anwendungsbeispiel**

In der dargestellten Figur ist der Bahnradius x zu berechnen.

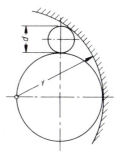

Lösung

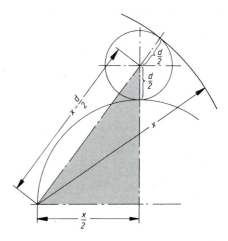

Nach Pythagoras ist:

$$\left(x - \frac{d}{2}\right)^2 = \left(\frac{x}{2}\right)^2 + \left(\frac{x}{2} + \frac{d}{2}\right)^2$$
$$x^2 - dx + \frac{d^2}{4} = \frac{x^2}{4} + \frac{x^2}{4} + \frac{dx}{2} + \frac{d^2}{4}$$

$$\boxed{x = 3d}$$

$\qquad\qquad\qquad\qquad\qquad\qquad\qquad\qquad\qquad\quad \circ$

○ **Anwendungsbeispiel**

Eine Linse hat die in der Figur dargestellten Abmessungen.
Bestimmen Sie den konkaven Krümmungsradius r

a) allgemein,
b) mit den angegebenen Maßen.

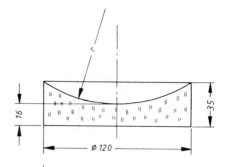

Lösung

Aus den Abmessungen der Linse erhält
man $h = 19\,\text{mm}$ und $a = 60\,\text{mm}$.

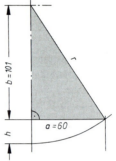

Nach Pythagoras gilt:

$$a^2 + b^2 = r^2$$
$$a^2 + (r - h)^2 = r^2$$
$$a^2 + r^2 - 2rh + h^2 = r^2$$
$$r = \frac{a^2 + h^2}{2h}$$

$$r = 104{,}24 \text{ mm} \qquad ○$$

○ **Anwendungsbeispiel**

Es sollen drei Rohre von 1 m Durchmesser
aufgestapelt werden.
Berechnen Sie die Höhe h.

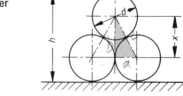

Lösung

Mit $d = 1$ m wird $h = 1{,}87$ m.

Nach Pythagoras gilt:

$$d^2 = \left(\frac{d}{2}\right)^2 + x^2$$

$$x = \frac{d}{2}\sqrt{3}$$

$$h = d + \frac{d}{2}\sqrt{3}$$

$$h = 1{,}87 \text{ m} \qquad ○$$

○ **Anwendungsbeispiel**

Für die Programmierung einer NC-Maschine sind die Koordinatenwerte von Bahnpunkten zu bestimmen.

Für den vorliegenden Fall sind dazu die Strecken Δx und Δz zu berechnen, wenn die Strecken Δi und Δk, der Krümmungsradius R, sowie der Schneidenradius R_s gegeben sind.

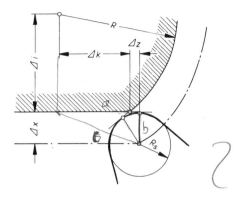

Lösung

Aus der geometrischen Anordnung erkennen wir ein rechtwinkliges Dreieck, auf das wir den Satz des Pythagoras anwenden können.

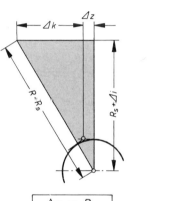

Der Abstand der Äquidistanten Δx ist gleich dem Schneidenradius der Werkzeugschneide.

$$\boxed{\Delta x = R_s}$$

Nach Pythagoras gilt:

$$(\Delta k + \Delta z)^2 + (R_s + \Delta i)^2 = (R + R_s)^2$$

$$(\Delta k + \Delta z)^2 = (R + R_s)^2 - (R_s + \Delta i)^2$$

$$\Delta k + \Delta z = \sqrt{(R + R_s)^2 - (R_s + \Delta i)^2}$$

$$\boxed{\Delta z = \sqrt{(R + R_s)^2 - (R_s + \Delta i)^2} - \Delta k}$$

Durch Ausmultiplizieren und Ausklammern erhält man daraus:

$$\boxed{\Delta z = \sqrt{R(R + 2R_s) - \Delta i(\Delta i + R_s)} - \Delta k}$$

○

○ **Anwendungsbeispiel**

Ein Biegeträger mit Rechteckquerschnitt und der Höhe h wird durch die beiden gleichgroßen Kräfte F belastet.

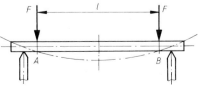

Im Bereich A bis B ist M_b = const.
(Biegelinie = Kreisbogen)

Die Gleichung der Biegelinie ist

$$\frac{1}{\rho} = \frac{M_b}{EI}$$

M_b Biegemoment,
E Elastizitätsmodul,
I Flächenträgheitsmoment

Bestimmen Sie in allgemeiner Form die maximale Durchbiegung f in Abhängigkeit vom Biegeradius ρ und den übrigen Größen.

Lösung

Da M_b, E und I nach Voraussetzung konstant sind, ist die Krümmung ebenfalls konstant und die Biegelinie somit ein Kreisbogen.

Damit läßt sich f mit Hilfe des skizzierten rechtwinkligen Dreiecks berechnen.

Dabei ist f die meßbare Durchbiegung. Die maximale Durchbiegung der neutralen Faser ergibt sich entsprechend aus

$$f^* = \rho - \sqrt{\rho^2 - \frac{l^2}{4}} \; .$$

Mit $\rho = \dfrac{EI}{M_b}$ und $M_b = F \cdot \dfrac{l}{2}$ ergibt sich:

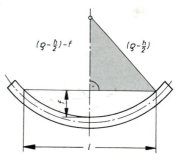

$\left(\varrho - \frac{h}{2}\right) - f$ $\left(\varrho - \frac{h}{2}\right)$

Nach Pythagoras gilt:

$$\left(\rho - \frac{h}{2}\right)^2 = \left(\left(\rho - \frac{h}{2}\right) - f\right)^2 + \left(\frac{l}{2}\right)^2$$

$$\left(\left(\rho - \frac{h}{2}\right) - f\right)^2 = \left(\rho - \frac{h}{2}\right)^2 - \frac{l^2}{4}$$

$$\left(\rho - \frac{h}{2}\right) - f = \sqrt{\left(\rho - \frac{h}{2}\right)^2 - \frac{l^2}{4}}$$

$$\boxed{f = \left(\rho - \frac{h}{2}\right) - \sqrt{\left(\rho - \frac{h}{2}\right)^2 - \frac{l^2}{4}}}$$

$$\boxed{f = \left(\frac{2 \cdot EI}{F \cdot l} - \frac{h}{2}\right) - \sqrt{\left(\frac{2EI}{Fl} - \frac{h}{2}\right)^2 - \frac{l^2}{4}}}$$

$\bigcirc$

Aufgaben

zu 6.1 Satz des Pythagoras

1. Welchen Durchmesser D muß die große Bohrung erhalten, wenn zwischen den Bohrungen sowie zwischen Bohrung und Kante der Abstand x eingehalten werden muß?

a) Berechnen Sie D allgemein.

b) Berechnen Sie D für
$a = 120$ mm, $d = 15$ mm und
$x = 5$ mm.

c) Berechnen Sie x für
$d = 15$ mm, $D = 110$ mm und
$a = 120$ mm.

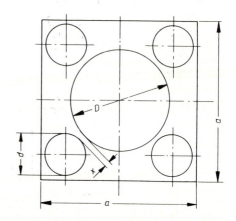

2. Berechnen Sie das Maß x

a) allgemein

b) für $a = 155$ mm, $b = 122$ mm
$c = 5$ mm.

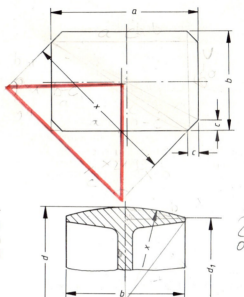

$$x = \frac{b-c+a-c}{\sqrt{2}} = \frac{a+b-2c}{\sqrt{2}}$$

3. Bestimmen Sie für die ballige Lauf-
fläche einer Riemenscheibe den
Radius x in Abhängigkeit von den
beiden Durchmessern d und d_1 und
der Scheibenbreite b.

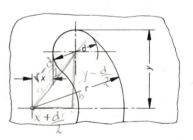

$$x = \sqrt{d^2 - d\left[d_1(d-d_1)\right]}$$

4. Berechnen Sie den Durchmesser d
für das Langloch, wenn die übrigen
Abmessungen gegeben sind.

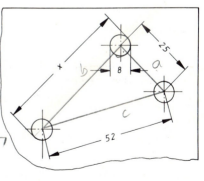

$$\left(r - \frac{d}{2}\right)^2 + \left(x + \frac{d}{2}\right)^2 = \left(y - \frac{d}{2}\right)^2$$

5. Welches Kontrollmaß x muß eingehalten werden, um die rechtwinklige
Anordnung der drei Stife zu gewähr-
leisten?

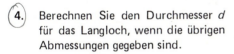

$$x = b + 8 \qquad b^2 = c^2 - a^2$$
$$a = 25 \qquad b^2 + 8 = 52^2 - 25^2$$
$$c = 52 \qquad b^2 = 52^2 - 25^2 - 8$$
$$b = \sqrt{52^2 - 25^2 - 8}$$
$$x = b + 8$$
$$x = 45,5 + 8$$
$$x = 53,5 \text{ mm}$$

6. Wie groß darf der Kabeldurchmesser x höchstens sein, wenn vier gleichgroße Kabelstränge in einem Rohr vom Innendurchmesser D untergebracht werden sollen?

a) Berechnen Sie x in Abhängigkeit von D.

b) Berechnen Sie x in Abhängigkeit von d.

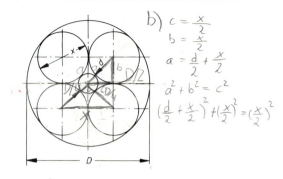

b) $c = \dfrac{x}{2}$

$b = \dfrac{x}{2}$

$a = \dfrac{d}{2} + \dfrac{x}{2}$

$a^2 + b^2 = c^2$

$\left(\dfrac{d}{2} + \dfrac{x}{2}\right)^2 + \left(\dfrac{x}{2}\right)^2 = \left(\dfrac{x}{2}\right)^2$

a) $b = \dfrac{D}{4}$ $c = \dfrac{D}{4}$ $a = x$

$a^2 + b^2 = c^2 \ \wedge \ b^2 - c^2 = a^2$

$\left(\dfrac{D}{4}\right)^2 - \left(\dfrac{D}{4}\right)^2 = (x)^2$

7. Aus Blechabfällen von nebenstehender Form sind Kreisscheiben zu fertigen.

Welcher maximale Durchmesser d ist möglich?

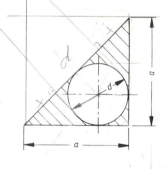

$\sqrt{2} \cdot a = d + 2x$

$0 = \sqrt{2} \cdot a - d$

$d = -\dfrac{2}{\sqrt{2}} + a$

8. Für die NC-Programmierung ist eine Gleichung für das gesuchte Abstandsmaß a zu entwickeln.

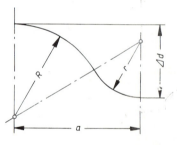

9. Für die dargestellte Rollenführungsbahn ist der Ausrundungsradius r_1 zu berechnen.

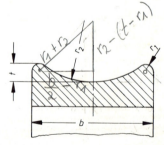

10. An einen Bolzen von 30 mm Durchmesser soll ein Rechteckprofil angefräst werden. Der Vierkant soll eine Höhe von 15 mm erhalten. Welche Breite b hat damit der Vierkant?

11. Für eine Bohrvorrichtung sind die Maße x und y nach nebenstehender Darstellung zu berechnen.

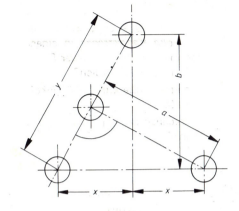

12. Aus einem Rundstahl soll ein Sechskant der Schlüsselweite SW 17 hergestellt werden. Berechnen Sie den Durchmesser des Rundstahles.

13. Ein quaderförmiges Werkstück wird nach nebenstehender Darstellung unter einem Winkel von 45° gefräst. Wie groß wird damit das Maß x ?

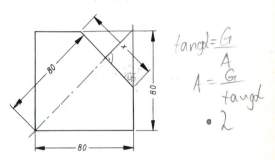

$$\tan\alpha = \frac{G}{A}$$
$$A = \frac{G}{\tan\alpha}$$

14. Berechnen Sie in allgemeiner Form den Anlaufweg l_a eines Walzenfräsers mit dem Durchmesser d für eine Schnittiefe a.

15. Bestimmen Sie für das Langloch das Maß x.

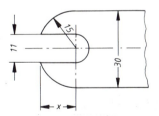

16. Aus einem Rundmaterial vom Durchmesser d soll

  a) ein Vierkant,
  b) ein Sechskant,
  c) ein Achtkant hergestellt werden.

Stellen Sie jeweils den rechnerischen Zusammenhang zwischen Schlüsselweite s und Eckmaß e ($\hat{=}$ Durchmesser d) auf.

17. Aus einem Rechteck-Blech sollen zwei Ronden mit den verschiedenen Durchmessern d_1 und d_2 ausgeschnitten werden.

Berechnen Sie den Durchmesser d_1 allgemein in Abhängigkeit von d_2, a und b.

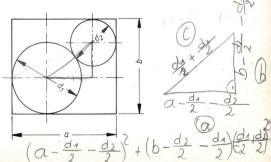

$$\left(a-\frac{d_1}{2}-\frac{d_2}{2}\right)^2 + \left(b-\frac{d_2}{2}-\frac{d_1}{2}\right) \left(\frac{d_1}{2}+\frac{d_2}{2}\right)^2$$

18. Die Rollenabstände x und y sollen so gewählt werden, daß die Führungsbahn vom Krümmungsradius r durchfahren werden kann.

Stellen Sie in allgemeiner Form eine Gleichung auf zur Berechnung der Rollenabstände x und y.

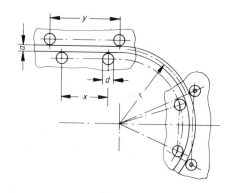

19. Bestimmen Sie den Rundungsradius R der ursprünglich rechtwinkligen Spitze.

$$\sin \alpha = \frac{G}{H}$$
$$G = \sin \alpha \cdot H$$
$$R = \sin 45° \cdot \frac{a}{2}$$

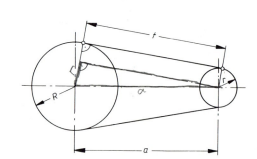

20. Berechnen Sie die Länge der Tangente t in Abhängigkeit vom Achsabstand a und den beiden Radien.

$$a^2 + b^2 = c^2$$
$$b^2 = c^2 - a^2$$
$$t = \sqrt{a^2 - (R-r)^2}$$

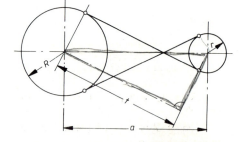

21. Berechnen Sie die Länge der Tangente t in Abhängigkeit vom Achsabstand a und den beiden Radien.

$$a^2 + b^2 = c^2$$
$$b = \sqrt{c^2 - a^2}$$
$$b = \sqrt{a^2 - (R+r)^2}$$

22. Ein Blech mit den dargestellten Abmessungen soll beidseitig verzinkt werden.
Berechnen Sie die Größe der zu verzinkenden Fläche.

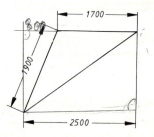

23. Bestimmen Sie die Normalkräfte F_N, mit denen ein Schmalkeilriemen SPC nach DIN 7753 bei gegebener Riemenzugkraft F auf die Flanken der Keilriemenscheibe drückt. (Wirkbreite $b_w = 19$ mm, $h_w = 4,8$ mm)

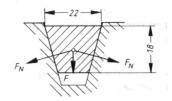

6.2 Kathetensatz (Euklid)

Durch die Orthogonalprojektion der Katheten a und b auf die Hypotenuse c entstehen die Hypotenusenabschnitte p und q.

Kathetensatz

Im rechtwinkligen Dreieck ist das Quadrat über einer Kathete gleich dem Rechteck aus der Hypotenuse und dem anliegenden Hypotenusenabschnitt.

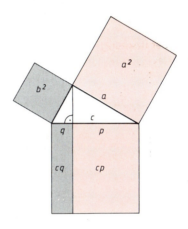

$$a^2 = c \cdot p$$
$$b^2 = c \cdot q$$

Beweis

Das Kathetenquadrat *BDEC* geht durch Scherung[2] in das Parallelogramm *BFGC* über.

Das Parallelogramm *BFGC* mit der Grundseite $\overline{CB} = a$ und der Höhe $\overline{CE} = a$ wird in das flächengleiche Rechteck *BFHJ* umgewandelt.

Alle beiden Abbildungen ändern den Flächeninhalt nicht, damit ist

$$a^2 = c \cdot p.$$

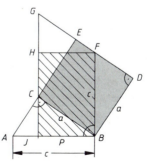

○

---

[2]) Unter Scherung versteht man eine Formänderung einer Fläche, ohne daß sich der Flächeninhalt ändert. Dies kann auch als „Abbildung" dieser Fläche bezeichnet werden.

○ **Beispiel**

Ein Rechteck mit den Seiten *a* und *b* ist in ein flächengleiches Quadrat zu verwandeln. Bestimmen Sie zeichnerisch und rechnerisch die Länge der Quadratseite.

Lösung

Der Kreisbogen um *D* mit Radius $\overline{DA}$ = *b* schneidet die Verlängerung von $\overline{DC}$ in *P*.

Die Verlängerung von $\overline{BC}$ schneidet den Thaleskreis über $\overline{DP}$ in *E*.

$\overline{DE}$ ist damit die gesuchte Quadratseite.

Das Quadrat *DEFG* ist flächengleich dem Rechteck *ABCD*.

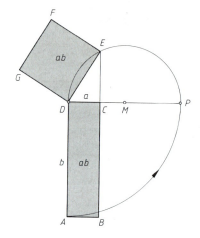

Die Konstruktion kann auch in anderer Weise durchgeführt werden.

Der Kreisbogen um *A* mit Radius $\overline{AD}$ = *a* schneidet $\overline{AB}$ in *P*.

Die Senkrechte auf $\overline{AB}$ in *P* schneidet den Thaleskreis über $\overline{AB}$ in *E*.

$\overline{AE}$ ist damit die gesuchte Quadratseite.

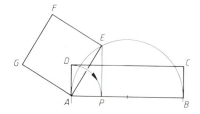

Nach dem Kathetensatz ist die gesuchte Quadratseite zu berechnen aus:

$$x^2 = ab$$

oder

$$\underline{\underline{x = \sqrt{ab}}}$$ ○

○ **Anwendungsbeispiel**

Bestimmen Sie die Bohrungsabstände *a* und *b*.

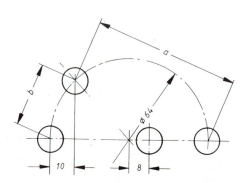

Lösung

Durch Anwendung des Kathetensatzes lassen sich die Katheten des dargestellten rechtwinkligen Dreiecks berechnen.

Die Rechtwinkligkeit des Dreiecks ergibt sich aus dem Satz des Thales.

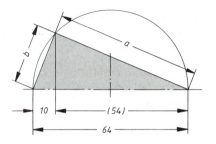

Nach dem Kathetensatz gilt:

a^2 = 64 mm · 54 mm
a^2 = 3456 mm^2
$\underline{\underline{a}$ = 58,79 mm}

b^2 = 64 mm · 10 mm
b^2 = 640 mm^2
$\underline{\underline{b}$ = 25,30 mm}   ○

Aufgaben

zu 6.2 Kathetensatz

1. Von einem rechtwinkligen Dreieck sind die Hypotenusenabschnitte p = 6 cm und q = 2,5 cm gegeben. Berechnen Sie die Katheten a und b und den Flächeninhalt A des Dreiecks.

2. Welche Länge müssen die Dachsparren erhalten? Wie groß wird damit die Fläche der Giebelfront?

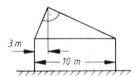

6.3 Höhensatz

Wendet man den Kathetensatz und den Satz des Pythagoras auf das rechtwinklige Dreieck an, so erhält man:

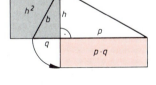

mit dem
Kathetensatz $\qquad b^2 = c \cdot q \qquad$ (1)

mit dem
Pythagoras $\qquad b^2 = h^2 + q^2 \qquad$ (2)

(2) in (1) $\qquad h^2 + q^2 = c \cdot q$
$\qquad\qquad\quad h^2 = (c - q)q$
$\qquad\qquad\quad \underline{\underline{h^2 = p \cdot q}}$

> Im rechtwinkligen Dreieck ist das Quadrat über der Höhe gleich dem Rechteck aus den Hypotenusenabschnitten.

$$\boxed{h^2 = p \cdot q}$$

○ **Anwendungsbeispiel**

Ein Rechteck mit den Seiten *a* und *b* ist in ein flächengleiches Quadrat zu verwandeln. Bestimmen Sie zeichnerisch und rechnerisch die Quadratseite.

Lösung

Wir wollen diese Aufgabe nunmehr mit dem Höhensatz lösen.

Der Kreisbogen um *A* mit Radius $\overline{AD} = b$ schneidet die Verlängerung von $\overline{BA}$ in *P*.

Der Thaleskreis über $\overline{PB}$ schneidet die auf $\overline{PB}$ in *A* errichtete Senkrechte in *E*.

$\overline{AE}$ ist damit die gesuchte Quadratseite.

Das Quadrat *AEFG* ist flächengleich dem Rechteck *ABCD*.

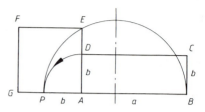

Nach dem Höhensatz erhält man die gesuchte Quadratseite aus:

$$x^2 = ab$$

oder $\underline{\underline{x = \sqrt{ab}}}$ ○

○ **Anwendungsbeispiel**

Von einem Baumstamm wurde die dargestellte Schwarte abgesägt.

Welchen Durchmesser hatte der Baumstamm?

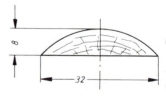

Lösung

Der Zusammenhang zwischen dem Durchmesser *d*, der Sehne *s* und der Höhe *h* eines Kreisabschnittes läßt sich mit Hilfe des Höhensatzes, angewandt auf das in der Skizze hervorgehobene Dreieck, ermitteln.

Dieses Dreieck ist ein rechtwinkliges Dreieck, da es in einen Halbkreis einbeschrieben ist (Satz des Thales).

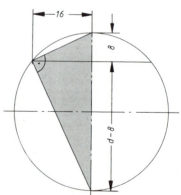

Mit *s* = 32 cm und *h* = 8 cm ergibt sich nach dem Höhensatz ein Durchmesser von 40 cm.

Nach dem Höhensatz gilt:

$$16^2 = 8 \cdot (d - 8)$$
$$d = 32 + 8$$
$$\underline{\underline{d = 40 \text{ cm}}}$$

Mit den allgemeinen Größen *s* und *h* ergibt sich

Allgemein: $\left(\dfrac{s}{2}\right)^2 = h \cdot (d - h)$

$$\underline{\underline{d = \frac{s^2}{4h} + h}}$$ ○

○ **Beispiel**

Mit welchem Durchmesser ist die Wellennut für eine Scheibenfeder nach DIN 6888
mit $h = 9$ mm und $l = 21,63$ mm zu
fräsen?

Lösung

Auch in diesem Fall ergibt sich der Zusammenhang zwischen Fräserdurchmesser
d, der Scheibenlänge l und der Scheiben-
federhöhe h aus dem Höhensatz (vgl. letz-
tes Beispiel!).

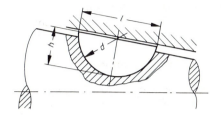

Nach dem Höhensatz gilt:

$$\left(\frac{l}{2}\right)^2 = h \cdot (d - h)$$

$$d = \frac{l^2}{4h} + h$$

$$d = \frac{(21,63 \text{ mm})^2}{4 \cdot 9 \text{ mm}} + 9 \text{ mm} = \underline{\underline{22 \text{ mm}}}$$

○

Aufgaben

zu 6.3 Höhensatz

1. Die Maße c, h_1 und b sind zu berechnen.
   a) allgemein
   b) für die Maße
   $a = 47$ mm
   $d = 40$ mm
   $h_2 = 27$ mm

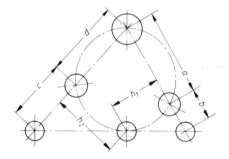

2. Eine Scheibenfeder nach DIN 6888 hat die Abmessungen $h = 7,5$ mm und $d = 19$ mm.
   Wie groß ist damit die Scheibenfederlänge l?

3. Eine Welle mit 60 mm Durchmesser
   wird 10 mm tief abgefräst.
   Wie groß wird damit die Auflagebreite b?

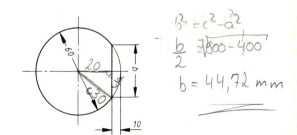

4. Wie groß müßte bei der Welle nach
   Aufgabe 3 die Zustellung des Frä-
   sers (= Höhe h) werden, damit eine
   Auflagebreite von 46 mm entsteht?

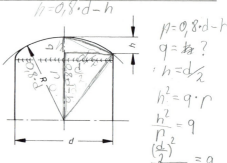

$h = 0,8 \cdot d - h$

5. Wie groß wird die Höhe h des dargestellten Behälterbodens, wenn $R = 0,8 \cdot d$ ist?

   a) Berechnen Sie h allgemein in Abhängigkeit von d.

   b) Welche Höhe ergibt sich für $d = 800$ mm und $d = 1000$ mm?

$p = 0,8 \cdot d - h$

$q = \not{h}$?

$h = d/2$

$h^2 = q \cdot p$

$\dfrac{h^2}{p} = q$

$\dfrac{\left(\dfrac{d}{2}\right)^2}{0,8 \cdot d - q} = q$

6. Von einem rechtwinkligen Dreieck sind die Höhe $h = 6$ cm sowie der Hypotenusenabschnitt $q = 4$ cm gegeben.

   a) Bestimmen Sie die Länge der Seiten a, b und c.

   b) Berechnen Sie die Fläche des Dreiecks.

7. Weisen Sie mit Hilfe des Höhen- und Kathetensatzes nach, daß sich die Höhe im rechtwinkligen Dreieck nach der Formel $h_c = \dfrac{ab}{c}$ berechnen läßt.

8. Bestimmen Sie das Maß x.

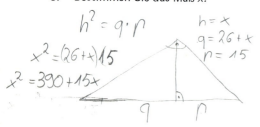

$h^2 = q \cdot p$

$x^2 = (26+x)\,15$

$x^2 = 390 + 15x$

$h = x$

$q = 26 + x$

$p = 15$

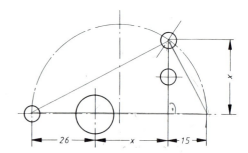

9. In einem schiefwinkligen Dreieck sind gegeben die Seiten b und c sowie die Projektion p der Seite a auf c.

   Bestimmen Sie:

   a) die Seite a in Abhängigkeit von b, c und p,

   b) die Höhe h_c für $b = 4$ cm, $p = 6$ cm und $\gamma = 90°$.

10. Eine Last mit einseitiger Schwerpunktslage hängt an einer Kette.

    a) Welchen Abstand h hat der Haken?

    b) Welche Länge l hat die einen rechten Winkel einschließende Kette?

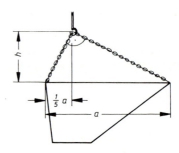

7 Gleichschenklige und gleichseitige Dreiecke

7.1 Berechnung des gleichschenkligen Dreiecks

Alle gleichschenkligen Dreiecke lassen sich aufgrund ihrer achsialsymmetrischen Eigenschaften jeweils in zwei kongruente rechtwinklige Dreiecke zerlegen.

Damit lassen sich die Berechnungsmethoden, die für das rechtwinklige Dreieck abgeleitet wurden, sinngemäß anwenden.

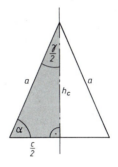

Nach Pythagoras gilt:

$$h_c^2 = a^2 - \left(\frac{c}{2}\right)^2$$

$$h_c = \sqrt{a^2 - \left(\frac{c}{2}\right)^2}$$

Flächeninhalt:

$$A = \frac{1}{2} \cdot c \sqrt{a^2 - \left(\frac{c}{2}\right)^2}$$

Im gleichschenklig-rechtwinkligen Dreieck ist $\gamma = 90°$. Damit ist der Basiswinkel

$$\alpha = 90° - \frac{\gamma}{2} = 45°.$$

Damit vereinfachen sich die oben angegebenen Beziehungen wie folgt noch weiter.

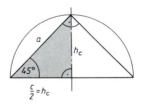

$$h_c^2 + h_c^2 = a^2$$

$$h_c^2 = \frac{a^2}{2}$$

$$h_c = \frac{a}{2}\sqrt{2}$$

Flächeninhalt:

$$A = \frac{a^2}{2}$$

7.2 Berechnung des gleichseitigen Dreiecks

Im gleichseitigen Dreieck sind durch die Gleichheit der Seiten die Innenwinkel alle gleich groß. Sie betragen jeweils 60°.

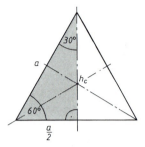

Da sich die drei Symmetrieachsen in einem Punkt schneiden, ist dieses Dreieck auch *zentrisch symmetrisch.*

Jede Symmetrieachse teilt das Dreieck in zwei kongruente rechtwinklige Dreiecke.

Die Höhe des Dreiecks ergibt sich nach dem Pythagoras zu:

$$h_c = \frac{a}{2}\sqrt{3}$$

Flächeninhalt: $A = \dfrac{a^2}{4} \cdot \sqrt{3}$

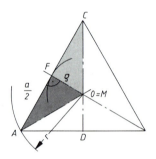

Aus der Ähnlichkeit der Dreiecke *ADC* und *AOF* läßt sich folgende Verhältnisgleichung formulieren:

$$\rho : \frac{a}{2} = \frac{a}{2} : \frac{a}{2}\sqrt{3}$$

Damit ist der Inkreisradius:

$$\rho = \frac{a}{6}\sqrt{3}$$

Der Umkreisradius ist damit:

$$r = h_c - \rho$$

Er ist doppelt so groß wie der Inkreisradius. Der Punkt *M* ist also auch noch Schwerpunkt des Dreiecks.

$$r = \frac{a}{2}\sqrt{3} - \frac{a}{6}\sqrt{3}$$

$$r = \frac{a}{3}\sqrt{3}$$

○ **Anwendungsbeispiel**

Für eine Kegellehre sind die Durchmesser
d und *D* zu berechnen.

a) Allgemein.

b) Für die angegebenen Maße.

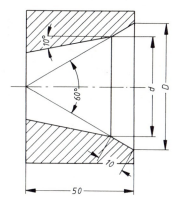

Lösung

Aus der Figur erkennen wir zwei gleich-
seitige Dreiecke mit den Kantenlängen *d*
und *a* und den Höhen h_2 und h_1.

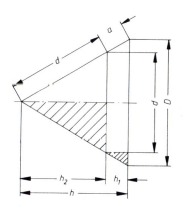

Aus den abgeleiteten Gleichungen zur
Berechnung der Höhe im gleichseitigen
Dreieck erhält man die Gln. (1) und (3).

a) $$h_2 = \frac{d}{2} \sqrt{3} \qquad (1)$$

Aus Gl. (1) ergibt sich die Kantenlänge *d*:

$$d = \frac{2}{\sqrt{3}} h_2 = \frac{2}{3} h_2 \sqrt{3} \qquad (2)$$

$$h_1 = \frac{a}{2} \sqrt{3} \qquad (3)$$

Die Höhe *h* setzt sich aus h_1 und h_2 zusammen. Damit ergibt sich mit Gl. (3):

$$h_2 = h - h_1 = h - \frac{a}{2} \sqrt{3} \qquad (4)$$

Durch Einsetzen von Gl. (4) in Gl. (2) erhält man:

$$d = \frac{2}{3} \sqrt{3} \left(h - \frac{a}{2} \sqrt{3} \right)$$

Entsprechend zu Gl. (1) und Gl. (3) ist:

$$\boxed{d = \frac{2}{3} h \sqrt{3} - a}$$

$$\boxed{D = \frac{2}{3} h \sqrt{3}}$$

Für $h = 50$ mm und $a = 10$ mm:

b) $\underline{d = 47{,}74 \text{ mm}}$

$\underline{D = 57{,}74 \text{ mm}}$

Die Lösung läßt sich auch in folgender Weise durchführen:

$d : a = h_2 : h_1$

Aus der Ähnlichkeit der Dreiecke erhält man die Verhältnisgleichung $d : a = h_2 : h_1$, die wir nach d auflösen.

$$d = a \cdot \frac{h_2}{h_1} \qquad (1)$$

Die Höhen h_1 und h_2 werden mit a und h formuliert.

$$h_1 = \frac{a}{2}\sqrt{3} \qquad (2)$$

$$h_2 = h - h_1 = h - \frac{a}{2}\sqrt{3} \qquad (3)$$

Mit Gln. (3) und (2) ergibt sich aus Gl. (1):

$$d = a \cdot \frac{h - \frac{a}{2}\sqrt{3}}{\frac{a}{2}\sqrt{3}}$$

$$\boxed{d = \frac{2}{3}h\sqrt{3} - a}$$

D läßt sich in entsprechender Weise berechnen.

$\bigcirc$

$\bigcirc$ **Anwendungsbeispiel**

Es ist die Höhe h eines Röhrenstapels mit Röhren der verschiedenen Durchmesser d und D zu berechnen.

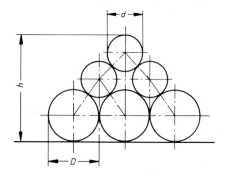

Lösung

Aus der Darstellung ergeben sich zwei gleichschenklige Dreiecke mit den Höhen h_1 und h_2, die wir zunächst berechnen wollen.

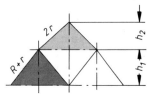

$$h_1 = \sqrt{(R + r)^2 - R^2} \qquad (1)$$

$$h_1 = \sqrt{2Rr + r^2} \qquad (1')$$

$$h_2 = \sqrt{4r^2 - R^2} \qquad (2)$$

Die Gesamthöhe ist
$$h = R + r + h_1 + h_2.$$

$$h = R + r + h_1 + h_2 \qquad (3)$$

Durch Einsetzen von Gl. (1') und Gl. (2) in Gl. (3) erhält man:

$$h = R + r + \sqrt{2Rr + r^2} + \sqrt{4r^2 - R^2}$$

Mit den Durchmessern d und D ergibt sich:

$$h = \frac{D}{2} + \frac{d}{2} + \sqrt{\frac{Dd}{2} + \frac{d^2}{4}} + \sqrt{d^2 - \frac{D^2}{4}} \qquad \bigcirc$$

Aufgaben

zu 7 Gleichschenklige und gleichseitige Dreiecke

1. Von einem gleichschenkligen Dreieck sind die Schenkel mit $a = 6$ cm gegeben.
   a) Wie groß wird die Grundseite c, wenn die Höhe $h_c = 4,5$ cm beträgt?
   b) Berechnen Sie den Flächeninhalt des Dreiecks.

2. Bei einem gleichschenkligen Dreieck mit einem Flächeninhalt von 10 cm^2 sollen sich die beiden Schenkel zur Grundseite im Verhältnis $a : c = 2,5 : 1$ verhalten. Bestimmen Sie die Höhe h_c und die Länge der Seiten a und c.

3. In welchem Verhältnis stehen die Querschnittsflächen zweier gleichseitiger Dreikant-Profile, deren Kantenlängen sich wie $3 : 5$ verhalten?

4. Bestimmen Sie für den Dachbinder die Gurtlängen
   a) allgemein für verschiedene Höhen h_1 und h_2
   b) für $h_1 = h_2 = 3$ m und $b = 14$ m.

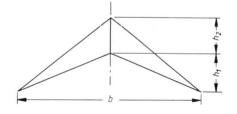

5. Eine Klauenkupplung mit formgleichen Klauen soll im Durchgang mit einem Scheibenfräser gefräst werden.

   a) Bestimmen Sie für einen Innendurchmesser $d = 56$ mm die Fräserbreite b.

   b) Berechnen Sie das Prüfmaß x, das auch dem Lückenmaß entspricht.

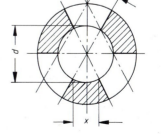

   c) Wie groß muß der Außendurchmesser D werden, wenn kein Werkstoff stehen bleiben soll?

   d) Wie groß muß der Innendurchmesser bei einer Fräserbreite von $b = 25$ mm werden?

6. Mit einem Schneidwerkzeug sollen je Vorschub $n = 4$ Ronden mit dem Durchmesser d ausgeschnitten werden.

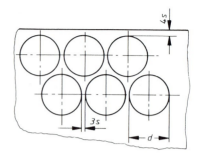

a) Bestimmen Sie die Streifenbreite b in allgemeiner Form. Der Abstand zwischen den Ronden soll der dreifachen Blechstärke entsprechen, der Abstand vom Rand der vierfachen Blechstärke.

b) Wie breit wird die Streifenbreite b für $d = 50$ mm, $s = 0,5$ mm und $n = 8$?

c) Wieviel Ronden mit 70 mm Durchmesser lassen sich pro Hub aus einem Blech mit 400 mm Breite und 0,8 mm Blechstärke ausschneiden?

d) Entwickeln Sie eine Gleichung zur Berechnung der Rondenzahl.

e) Wie groß sollte die Streifenbreite b für die nach c) berechnete Rondenzahl theoretisch sein?

7. Eine Platte soll so abgeschrägt werden, daß bis zur Bohrung noch eine Stegbreite von 20 mm erhalten bleibt.

Welches Maß x muß dabei eingehalten werden?

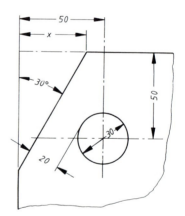

8. Welche Kantenlänge, welche Schnittlänge und welche Dreieckshöhe hat ein prismatischer Stempel vom Querschnitt eines gleichseitigen Dreiecks mit einer Querschnittsfläche von 8,77 cm^2?

9. Für das dargestellte Kontaktblech, das mit einem Schnittwerkzeug herausgeschnitten werden soll, sind die Maße x_1, x_2, y_1 und y_2 zu berechnen.

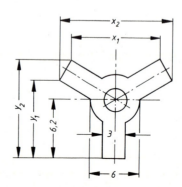

10. Ein Schraubenbolzen mit Metri-
schem ISO-Gewinde hat einen Kern-
durchmesser d_3 = 49,252 mm und
eine Steigung von 5,5 mm.

Berechnen Sie den Nenndurchmes-
ser d, den Flankendurchmesser d_2,
sowie die Gewindetiefe.

$$\left(R = \frac{H}{6}\right)$$

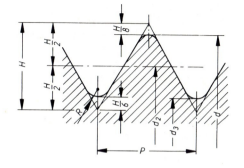

11. Bestimmen Sie für den dargestellten
Bolzen die Maße x und y.

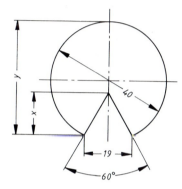

12. Entwickeln Sie eine Formel zur
Berechnung der Länge x in Abhängigkeit von den angegebenen
Größen a, r und Δd für $\alpha = 30°$
und $\alpha = 45°$.

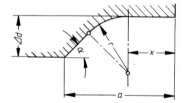

8 Ähnlichkeit und Strahlensätze

Wie uns aus dem Strahlengang der Optik bekannt ist, ist das Verhältnis von Bildgröße zu Gegenstandsgröße gleich dem Verhältnis von Bildweite b zu Gegenstandsweite g.

Die Gesetzmäßigkeiten dieser Längenver-
hältnisse (Proportionen) sind uns als
Strahlensätze bekannt. Sie ergeben sich
aus der Ähnlichkeit der Dreiecke.

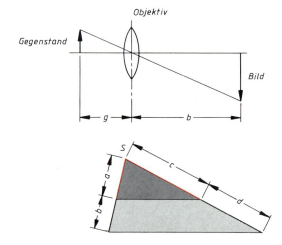

8.1 Strahlensätze

1. Strahlensatz

> Werden die von einem gemeinsamen
> Scheitelpunkt ausgehenden Strahlen
> von Parallelen geschnitten, so verhal-
> ten sich die Strahlabschnitte des
> einen Strahles wie die entsprechenden
> Abschnitte des anderen Strahles.

Der 1. Strahlensatz gilt auch dann, wenn
der Scheitelpunkt zwischen den Parallelen
liegt.

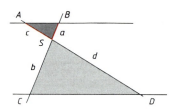

Durch Anwendung des 1. Strahlensatzes
ergibt sich folgende Verhältnisgleichung:

Aus der Umkehrung des Verhältnisses
und durch die Umformung

$$\frac{a}{a} + \frac{b}{a} = \frac{c}{c} + \frac{d}{c}$$

$$1 + \frac{b}{a} = 1 + \frac{d}{c}$$

lassen sich vier verschiedene Proportionen
aufstellen.

1. $\dfrac{a}{a+b} = \dfrac{c}{c+d}$

2. $\dfrac{a+b}{a} = \dfrac{c+d}{c}$

3. $\dfrac{b}{a} = \dfrac{d}{c}$

4. $\boxed{\dfrac{a}{b} = \dfrac{c}{d}}$

d.h. jeder beliebige Abschnitt auf einem
Strahl kann zum entsprechenden auf dem
anderen Strahl ins Verhältnis gesetzt
werden.

○ **Anwendungsbeispiel**

Ein Satteldach hat eine Giebelbreite von 15 m. Die Länge der Dachsparren beträgt 8,50 m. In welcher Entfernung vom First muß die Dachantenne angebracht werden, wenn sie wegen der Kabelzuleitung 3 m von der Giebelmitte entfernt sein soll?

Lösung

In der dargestellten Giebelhälfte sind

a = 7,50 m (= halbe Giebelbreite)

b = 3,00 m

c = 8,50 m

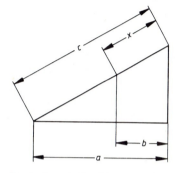

Nach dem 1. Strahlensatz gilt:

$$\frac{x}{c} = \frac{b}{a}$$

$$x = \frac{b \cdot c}{a}$$

$$x = \frac{3 \text{ m} \cdot 8,50 \text{ m}}{7,50 \text{ m}}$$

$$\underline{\underline{x = 3,40 \text{ m}}} \qquad ○$$

○ **Beispiel**

Bestimmen Sie durch Zeichnung und Rechnung die 4. Proportionale zu
$$a = 4 \text{ cm}, \quad b = 3 \text{ cm} \quad \text{und} \quad c = 2,5 \text{ cm}.$$

Lösung

Trägt man auf einen Strahl hintereinander oder übereinander die Strecken a und b, sowie auf einem beliebigen zweiten Strahl die Strecke c ab, so ergeben die parallelen Verbindungslinien die Strecke x.

Mit dem 1. Strahlensatz erhält man rechnerisch die gesuchte 4. Proportioanle.

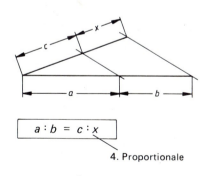

$$\boxed{a : b = c : x}$$

4. Proportionale

$$x = \frac{b \cdot c}{a}$$

$$x = \frac{3 \text{ cm} \cdot 2,5 \text{ cm}}{4 \text{ cm}} = \underline{\underline{1,88 \text{ cm}}} \qquad ○$$

2. Strahlensatz

Werden zwei von einem gemeinsamen
Scheitelpunkt ausgehende Strahlen
von Parallelen geschnitten, so verhalten sich die Abschnitte der Parallelen
wie die Längen der zugehörigen Strahl-
abschnitte.

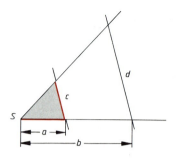

$$\boxed{\dfrac{a}{b} = \dfrac{c}{d}}$$

Der 2. Strahlensatz gilt auch dann, wenn
der Scheitelpunkt zwischen den beiden
Parallelen liegt.

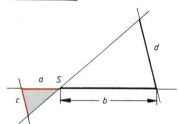

○ **Anwendungsbeispiel**

Für eine Bohrvorrichtung ist das Maß x zu
berechnen

a) allgemein

b) für $a = 48$ mm und $d = 44$ mm.

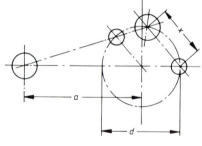

Lösung

Aus der Parallelität der Strecken x und $\dfrac{d}{2}$
ergeben sich ähnliche Dreiecke, auf die
der 2. Strahlensatz angewendet werden
kann.

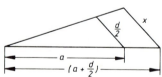

a) Nach dem 2. Strahlensatz gilt:

$$\frac{x}{a + \dfrac{d}{2}} = \frac{\dfrac{d}{2}}{a}$$

Durch Auflösen der Verhältnisgleichung
nach x erhält man:

$$x = \frac{d}{2a}\left(a + \frac{d}{2}\right)$$

$$x = \frac{d}{2} + \left(\frac{d}{2}\right)^2 \cdot \frac{1}{a}$$

Mit $a = 48$ mm und $d = 44$ mm ergibt sich: b) $$x = \left(22 + \frac{22^2}{48}\right) \text{mm}$$

$$\underline{x = 32,08 \text{ mm}}$$ ○

○ **Anwendungsbeispiel**

a) Welche Toleranz muß bei dem Koordinatenmaß a eingehalten werden, damit das Maß c mit einer Toleranz von T_c = ± 50 μm gefertigt werden kann?

b) Mit welcher Toleranz T_b wird dabei das Maß b eingehalten?

(a = 120 mm, b = 50 mm, c = 130 mm.)

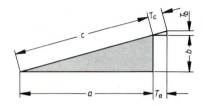

Lösung

Aus der Ähnlichkeit der Dreiecke lassen sich die entsprechenden Verhältnisgleichungen aufstellen.

a) Nach dem 1. Strahlensatz gilt:

$$T_a : a = T_c : c$$

$$T_a = T_c \cdot \frac{a}{c}$$

$$T_a = \pm\,0{,}05 \text{ mm} \cdot \frac{120 \text{ mm}}{130 \text{ mm}}$$

$$T_a = \pm\,0{,}046\,15 \text{ mm}$$

$$\underline{\underline{T_a = \pm\,46{,}15 \text{ μm}}}$$

Wenn das Koordinatenmaß a mit der Toleranz $T_a = \pm\,46{,}15$ μm eingehalten werden kann, wird das Koordinatenmaß b mit einer Toleranz $T_b = 19{,}23$ μm erhalten.

b) Nach dem 2. Strahlensatz gilt:

$$T_b : b = T_c : c$$

$$T_b = T_c \cdot \frac{b}{c}$$

$$T_b = \pm\,0{,}05 \text{ mm} \cdot \frac{50 \text{ mm}}{130 \text{ mm}}$$

$$\underline{\underline{T_b = \pm\,19{,}23 \text{ μm}}}$$ ○

○ **Anwendungsbeispiel**

Die Durchbiegung mehrfach abgesetzter Achsen und Wellen durch eine Einzelkraft F zwischen zwei Lagern A und B läßt sich dadurch berechnen, daß man sich die Achse oder Welle am Angriffspunkt von F eingespannt denkt und die beiden Teile als Freiträger betrachtet, die von den Stützkräften F_A und F_B gebogen werden.

Dadurch lassen sich die Durchbiegungen f_A und f_B berechnen.

Wie groß ist damit die Durchbiegung f durch die Belastungskraft F?

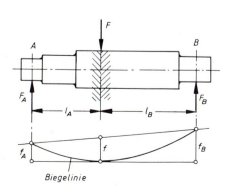

Biegelinie

Lösung

Die Berechnung der Durchbiegung f ist für die Ermittlung biegekritischer Drehzahlen von Bedeutung.

Aus der Ähnlichkeit der Dreiecke läßt sich eine entsprechende Verhältnisgleichung aufstellen, aus der sich die Durchbiegung f berechnen läßt.

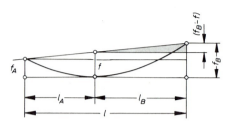

Nach dem 2. Strahlensatz gilt:

$$\frac{f_B - f}{l_B} = \frac{f_B - f_A}{l}$$

$$f_B - f = (f_B - f_A)\,\frac{l_B}{l}$$

$$\boxed{f = f_B - (f_B - f_A)\,\frac{l_B}{l}}$$

Durchbiegung unter der Kraft F

○ **Anwendungsbeispiel**

Für eine NC-Programmierung sind die Koordinaten des Bahnpunktes A zu bestimmen.

Dazu sind die Strecken Δx_1, Δx_2 und Δz in Abhängigkeit von den Krümmungsradien R_1 und R_2, dem Schneidenradius R_s, sowie den Mittelpunktsabständen a und b zu berechnen.

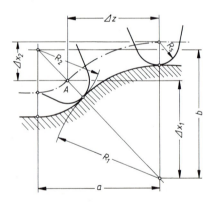

Lösung

Aus obiger Figur erkennt man zwei ähnliche Dreiecke, auf die wir den 1. und 2. Strahlensatz anwenden wollen.

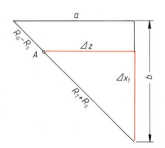

Aus der Berechnung der Teilstrecken Δx_1 und Δz oder $(a - \Delta z)$ lassen sich die Koordinaten A_z und A_x (x- und z-Koordinaten) des Bahnpunktes A bestimmen.

Ist die Strecke Δx_2 noch erforderlich, so kann auch diese aus den Ergebnissen ermittelt werden:

Aus $\quad \Delta x_1 + \Delta x_2 = R_1 + R_s$

folgt $\qquad \Delta x_2 = R_1 + R_s - \Delta x_1$

oder:

Nach dem Strahlensatz gilt:

1. $\dfrac{\Delta x_1}{b} = \dfrac{R_1 + R_s}{R_1 + R_2}$

$$\Delta x_1 = \dfrac{b \cdot (R_1 + R_s)}{R_1 + R_2}$$

2. $\dfrac{\Delta z}{a} = \dfrac{R_1 + R_s}{R_1 + R_2}$

$$\Delta z = \dfrac{a \cdot (R_1 + R_s)}{R_1 + R_2}$$

$$\Delta x_2 = R_1 + R_s - \dfrac{R_1 + R_s}{R_1 + R_2} \cdot b$$

○

Aufgaben

zu 8.1 Strahlensätze

1. Berechnen Sie für den dargestellten Dachbinder die Längen der Obergurtstäbe der Vertikal- und Diagonalstäbe für

   $h = 3$ m und $a = 2,5$ m.

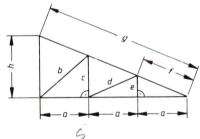

2. Welche Höhe hat ein Leitungsmast, der einen Schatten von 4,5 m wirft, wenn ein unmittelbar daneben stehender 1,8 m hoher Zaunpfahl eine Schattenlänge von 1 m hat?

3. Für den dargestellten Aufsetzmast sind die Längen der Verstrebungen 1, 2 und 3 bis zum Bohrloch der Befestigungsschrauben zu berechnen.

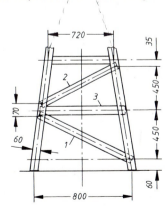

4. Ein Wellenzapfen soll ein Dreikant-
Profil nach nebenstehender Darstellung erhalten.

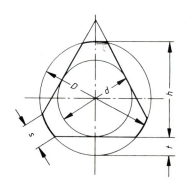

a) Berechnen Sie s in Abhängigkeit
von h und D.

b) Bestimmen Sie s in Abhängigig-
keit von D für das bei stumpfen
Dreikanten übliche Verhältnis
$h : D = 0{,}77$.

c) Wie groß wird die Frästiefe t in
Abhängigkeit von D unter Berücksichtigung des Verhältnisses
$h : D = 0{,}77$.

5. Bestimmen Sie die Fräslänge x.

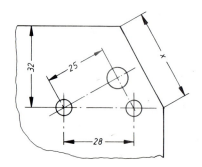

6. Um die Entfernung $\overline{AC}$ über ein un-
zugängliches Gelände zu bestim-
men, wurden die Strecken $\overline{AD} = 9\,\text{m}$
und $\overline{AE} = 12$ m abgesteckt.

Die Entfernung von A nach B wurde zu 180 m gemessen.

Wie groß ist damit die Entfernung
von A nach C?

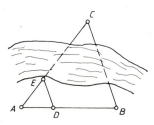

7. Bei einer Geländevermessung wurden die Strecken $\overline{AC} = 12$ m und
$\overline{AB} = 15$ m abgesteckt.

Die Strecke $\overline{AD}$ ist aus einer voraus-
gegangenen Messung ermittelt wor-
den. Sie beträgt 224 m.

Wie groß ist damit die Strecke $\overline{DE}$?

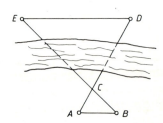

8. Bestimmen Sie die Hangabtriebskraft F_H in Abhängigkeit von der
Gewichtskraft F_G, der Länge l und
der Höhe h.

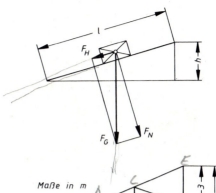

9. Bestimmen Sie die Länge der vertikalen Streben.

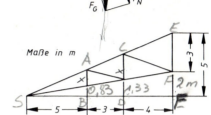

10. Berechnen Sie alle unbekannten
Strecken für

$r = 35$ mm und $a = 50$ mm

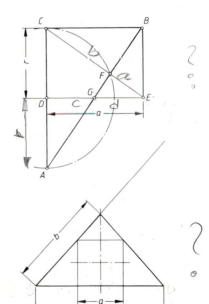

11. Aus Blechabfällen sollen quadratische Bleche mit maximaler Kantenlänge a geschnitten werden.

Berechnen Sie a

a) allgemein

b) für $b = 100$ mm und $c = 140$ mm.

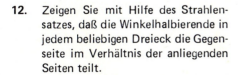

12. Zeigen Sie mit Hilfe des Strahlensatzes, daß die Winkelhalbierende in
jedem beliebigen Dreieck die Gegen-
seite im Verhältnis der anliegenden
Seiten teilt.

$(b : a = x : y)$

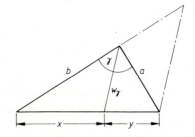

8.2 Streckenteilung und Mittelwerte

Mit Hilfe der Strahlensätze ist es möglich, jede vorgegebene Strecke $\overline{AB}$ im Verhältnis $m : n$ zu teilen.

Man unterscheidet dabei drei Teilungsarten.

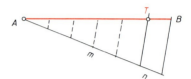

1. Innere Teilung

Liegt der Teilpunkt T innerhalb der Teilungsstrecke $\overline{AB}$, so spricht man von einer inneren Teilung.

Konstruktiv kann diese Teilung durch Abtragen von m bzw. n Einheiten auf einem beliebigen Teilungsstrahl und anschließender Parallelverschiebung durchgeführt werden.

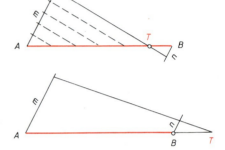

2. Äußere Teilung

Liegt der Teilungspunkt T außerhalb der Strecke $\overline{AB}$, so spricht man von äußerer Teilung.

3. Harmonische Teilung [1])

Wird die Strecke $\overline{AB}$ innen und außen im Verhältnis $m : n$ geteilt, so spricht man von einer harmonischen Teilung.

Nach dem 2. Strahlensatz gilt

$$\frac{a}{b} = \frac{m}{n} \quad \text{und}$$

$$\frac{a-h}{h-b} = \frac{m}{n}$$

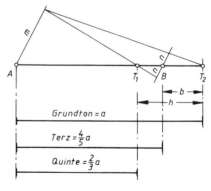

Grundton $= a$

Terz $= \frac{4}{5}a$

Quinte $= \frac{2}{3}a$

Durch Gleichsetzen der beiden Verhältnisgleichungen erhält man

$$\frac{a}{b} = \frac{a-h}{h-b}$$

Durch Auflösen nach h ergibt sich

$$\boxed{h = \frac{2ab}{a+b}}$$

Die Strecke h ist das *harmonische Mittel* der Strecken a und b.

$h =$ harmonisches Mittel

---

[1]) Die Bezeichnung rührt davon her, daß drei gleichartige und gleichstark gespannte Saiten, deren Längen einer harmonischen Teilung entsprechen, einen harmonischen Wohlklang ergeben. Bei der harmonischen Teilung von $5:1$ verhalten sich die Saitenlängen wie $10:12:15$, die Schwingungszahlen wie $\frac{1}{10} : \frac{1}{12} : \frac{1}{15} = 6:5:4$.

Auch das *geometrische Mittel* der Strek-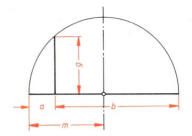
ken *a* und *b* läßt sich geometrisch kon-
struieren. Man erhält es über den Thaleskreis über der Strecke (*a* + *b*), indem man
im Endpunkt von *a* die Senkrechte errichtet.

Nach dem Höhensatz ist

$$g = \sqrt{a \cdot b}$$

g = geometrisches Mittel

Das *arithmetische Mittel* der Strecken *a*
und *b* ist die halbe Summe dieser Strecken.

$$m = \frac{a+b}{2}$$

m = arithmetisches Mittel

○ **Beispiel**

Konstruieren und berechnen Sie für *a* = 1 cm und *b* = 5 cm das arithmetische, das
geometrische und das harmonische Mittel.

Lösung

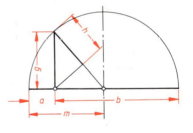

$$m - \frac{a+b}{2} = \frac{1+5}{2}\ \text{cm} - \underline{\underline{3\ \text{cm}}}$$

$$g = \sqrt{ab} = \sqrt{1 \cdot 5}\ \text{cm} = \underline{\underline{2{,}24\ \text{cm}}}$$

$$h = \frac{2ab}{a+b} = \frac{2 \cdot 1 \cdot 5}{1+5}\ \text{cm} = \underline{\underline{1{,}67\ \text{cm}}}$$

○ **Anwendungsbeispiel**

Bestimmen Sie das harmonische Mittel der Gegenstandsweite *g* und der Bildweite *b* für
eine optische Linse.

Lösung

Nach der Linsenformel ist

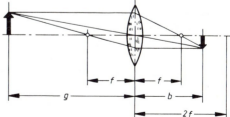

$$\frac{1}{f} = \frac{1}{g} + \frac{1}{b}\ \text{oder}$$

$$f = \frac{gb}{g+b}$$

Das harmonische Mittel ist damit die
doppelte Brennweite.

$$h = \frac{2gb}{g+b}$$

$$2f = \frac{2gb}{g+b}$$

= doppelte Brennweite   ○

○ **Anwendungsbeispiel**

Bei einer Tischhobelmaschine sind Arbeits- und Rücklaufgeschwindigkeit stufenlos einstellbar. Welcher Mittelwert v_m ergibt sich bei der Bearbeitung von GG-20, das mit einer Schnittgeschwindigkeit $v_A = 32 \frac{m}{min}$ bearbeitet wird, wenn die Rücklaufgeschwindigkeit $v_R = 40 \frac{m}{min}$ beträgt?

Lösung

Der Mittelwert v_m der Geschwindigkeit von hin- und hergehenden Bewegungen ist das harmonische Mittel der Einzelgeschwindigkeiten.

$$v_m = \frac{2 v_A v_R}{v_A + v_R}$$

$$v_m = \frac{2 \cdot 32 \frac{m}{min} \cdot 40 \frac{m}{min}}{32 \frac{m}{min} + 40 \frac{m}{min}}$$

Dieser Mittelwert kann auch aus Gesamtweg und Gesamtzeit berechnet werden:

$$v_m = 35,56 \frac{m}{min}$$

Mit
$$v_m = \frac{2s}{t_1 + t_2}$$

$$v_1 = \frac{s}{t_1}$$

und

$$v_2 = \frac{s}{t_2}$$

wird

$$v_m = \frac{2s}{\frac{s}{v_1} + \frac{s}{v_2}} = \frac{2}{\frac{1}{v_1} + \frac{1}{v_2}}$$

$$v_m = \frac{2 v_1 v_2}{v_1 + v_2}$$

○

Aufgaben

zu 8.2 Streckenteilung und Mittelwerte

1. Eine Strecke von 15 cm ist zeichnerisch
   a) innen im Verhältnis 1,8 : 2,5
   b) außen im Verhältnis 3 : 2 zu teilen.
   Wie groß sind die Teilstrecken?

2. Teilen Sie eine Strecke von 9 cm innen im Verhältnis 2 : 3 : 5.

3. Bestimmen sie zeichnerisch mit Hilfe des geometrischen Mittels
   a) $\sqrt{15}$ b) $\frac{3a}{\sqrt{6}}$ für $a = 2$ cm.

4. Bestimmen Sie zeichnerisch und rechnerisch das harmonische, das geometrische und das arithmetische Mittel der Strecken $a = 5$ cm und $b = 3$ cm.

5. Zeigen Sie am Beispiel des Hohlspiegels (Konkavspiegels), daß die doppelte Brennweite das harmonische Mittel von Bildweite und Gegenstandsweite darstellt.

6. Bei einer Waagerecht-Stoßmaschine beträgt die Arbeitsgeschwindigkeit des Stößels $25 \frac{m}{min}$, die Rücklaufgeschwindigkeit $36 \frac{m}{min}$. Berechnen Sie die mittlere Geschwindigkeit des Stößels.

7. Ein Auto fährt nach einem 160 km entfernten Ort bei der Hinfahrt mit durchschnittlich $80 \frac{km}{h}$. Für die Rückfahrt benötigt das Fahrzeug 2,3 h. Wie groß ist die Gesamt-Durchschnittsgeschwindigkeit für die Hin- und Rückfahrt?

8. Ein C-Dur-Dreiklang ($c - e - g$) hat das Schwingungsverhältnis $4:5:6$. Bestimmen Sie die Schwingungszahlen, wenn die Schwingungszahl $c = 264$ beträgt.
Wie ist das Verhältnis der Längen dreier Orgelpfeifen für diese Töne, wenn sich die Längen umgekehrt wie die Schwingungszahlen verhalten?

8.3 Stetige Teilung (Goldener Schnitt)

○ **Beispiel**

Eine technische Zeichnung DIN A3 wurde auf das Format DIN A4 verkleinert. Mit welchem Faktor sind die Einzelteilmaße aus der verkleinerten Zeichnung zu multiplizieren, um die Originalmaße zu erhalten?

Lösung

Alle DIN-Formate sind ähnlich. Sie gehen durch Halbieren bzw. Verdoppeln einer Seitenlänge auseinander hervor.

Für die Seiten gilt das Verhältnis

$$y : x = x \sqrt{2} : x$$

oder

$$y : x = \sqrt{2} : 1$$

Daraus ergibt sich

$$\underline{\underline{y = x \cdot \sqrt{2}}}$$

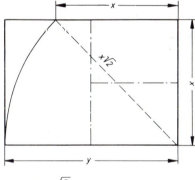

Obwohl die Papierformate fortlaufend geteilt werden, handelt es sich hier nicht um eine „stetige Teilung", die wir im folgenden besprechen wollen.

Die Maße müssen mit dem Faktor $\sqrt{2}$ multipliziert werden.

○

○ **Beispiel**

Eine Strecke soll so geteilt werden, daß sich der kleinere Abschnitt zum größeren wie der größere Abschnitt zur gesamten Strecke verhält.

Lösung

Die Konstruktion ergibt sich aus der Abbildung.

Errichtet man im Endpunkt der Strecke $\overline{AB}$ die Senkrechte mit der Länge a, so läßt sich der Thaleskreis über dieser Strecke zeichnen.

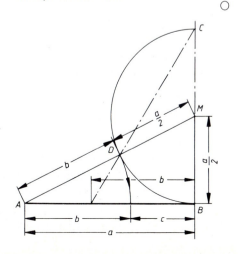

Der Thaleskreis über $\overline{BC}$ schneidet die Verbindungsstrecke $\overline{AM}$ in D.

Die Strecke $\overline{AD}$ stellt die gesuchte Teilstrecke b dar, die von A aus auf $\overline{AB} = a$ abgetragen wird.

Die gesuchte Teilstrecke b kann auch aus der Verlängerung der Strecke $\overline{CD}$ direkt auf $\overline{AB}$ erhalten werden.

Nach dem Satz des Pythagoras gilt:

$$a^2 + \left(\frac{a}{2}\right)^2 = \left(b + \frac{a}{2}\right)^2$$

$$a^2 + \frac{a^2}{4} = b^2 + ab + \frac{a^2}{4}$$

$$a^2 - ab = b^2$$

$$\underbrace{a(a-b)}_{c} = b^2 \qquad \Big| \cdot \frac{1}{bc}$$

$$\frac{a}{b} = \frac{b}{c}$$

$$a : b = b : c$$

Eine Strecke, die so geteilt ist, daß sich der kleinere Abschnitt c zum größeren Abschnitt b wie dieser zur gesamten Strecke a verhält, nennt man *stetig* oder nach dem *Goldenen Schnitt* geteilt.

Teilverhältnis der *stetigen Teilung* oder des *Goldenen Schnitts*[2])

Die größere Teilstrecke b wird auch *mittlere Proportionale* zu a und c genannt. Die Strecke b ist gleichzeitig das *geometrische Mittel* von a und c.   ○

○ **Anwendungsbeispiel**

Welche Breite muß eine 2 m hohe Tür haben, wenn die Maße dem Goldenen Schnitt entsprechen sollen?

Lösung

Nach Pythagoras gilt:

$$\left(b + \frac{a}{2}\right)^2 = a^2 + \left(\frac{a}{2}\right)^2$$

$$b = -\frac{a}{2} \underset{(-)}{+} \sqrt{\frac{a^2}{4} + a^2}$$

$$b = \frac{a}{2}\left(-1 + \sqrt{5}\right)$$

$$\underline{\underline{b = 0{,}61803\,a \approx 0{,}62\,a}}$$

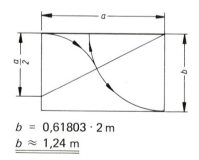

$$b = 0{,}61803 \cdot 2\,\text{m}$$

$$\underline{\underline{b \approx 1{,}24\,\text{m}}}$$ ○

---

2) Der „Goldene Schnitt" spielt in Kunst und Architektur als besonders ästhetisches Maßverhältnis eine bedeutende Rolle. Das UN-Gebäude in New York, die Kirche von Notre Dame und zahlreiche griechische Tempel und Statuen sind nach dem Goldenen Schnitt konstruiert. Auch der menschliche Körper, manche Pflanzen und Tiere sind danach gegliedert.

○ **Anwendungsbeispiel**

Auf einem Teilkreis sollen fünf Bohrungen mit gleichem Abstand hergestellt werden.

Bestimmen Sie die Bohrungsabstände *a* und *e*

a) allgemein

b) für *d* = 120 mm.

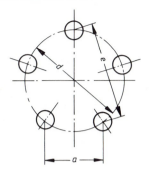

Lösung

Im rechtwinkligen Dreieck *MAB* ist nach Pythagoras

$$\overline{AB} = \frac{d}{4}\sqrt{5}.$$

Damit ist

$$x = \frac{d}{4}\sqrt{5} - \frac{d}{4}$$

oder

$$x = \frac{d}{4}(\sqrt{5} - 1) = 0{,}309\,d$$

Dies ist die Seite eines regelmäßigen Zehnecks, die sich durch stetige Teilung des Radius ergibt.

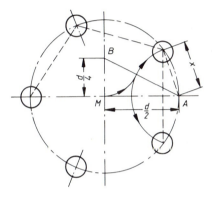

$$x = \frac{r}{2}(\sqrt{5} - 1)$$

$$x \approx 0{,}618\,r$$

Die trigonometrische Überprüfung der Rechnung ergibt für

$$\alpha = \frac{\frac{360°}{5}}{2} = 36°$$

$$\sin\alpha = \frac{\frac{a}{2}}{r}$$

oder

$$a = 2\,r \cdot \sin\alpha$$

$$a = d \cdot \sin 36°$$

$$a \approx 0{,}59 \cdot d$$

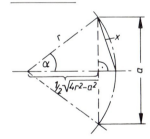

$$x^2 = \frac{a^2}{4} + \left(r - \frac{1}{2}\sqrt{4r^2 - a^2}\right)^2$$

$$x^2 = 2r^2 - r\sqrt{4r^2 - a^2}$$

$$a = r\sqrt{4 - \left(2 - \frac{(\sqrt{5} - 1)^2}{4}\right)^2}$$

$$\boxed{a = d\sqrt{1 - \left(1 - \frac{(\sqrt{5} - 1)^2}{8}\right)^2}}$$

$$\approx \underline{0{,}59\,d}$$

Aus der dargestellten Figur ist die stetige
Teilung der Strecke e ersichtlich.

Damit gilt die Verhältnisgleichung:

$$e : a = a : (e - a)$$

oder

$$\frac{e}{a} = \frac{a}{e - a}$$

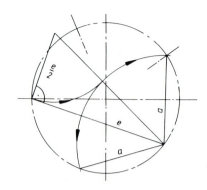

Daraus ergibt sich

$$e = \frac{a}{2} + \frac{a}{2}\sqrt{5}$$

$$\boxed{e = \frac{a}{2}(\sqrt{5} + 1)} \qquad (1)$$

$$e \approx 1{,}62 \cdot a$$

Löst man Gl. (1) nach a auf, so erhält
man

$$a = \frac{2e}{\sqrt{5} + 1} \qquad \text{oder}$$

$$\boxed{a = \frac{e}{2}(\sqrt{5} - 1)} \qquad (2)$$

$$a \approx 0{,}62 \cdot e$$

Mit $d = 120$ mm wird

b) $a = 0{,}58779 \cdot 120$ mm $= \underline{\underline{70{,}53 \text{ mm}}}$

$e = 1{,}618 \cdot 70{,}53$ mm $= \underline{\underline{114{,}12 \text{ mm}}}$

○

Aufgaben

zu 8.3 Stetige Teilung

1. Zeigen Sie, daß die Abstufung der DIN-Formate nicht dem Teilverhältnis der stetigen
   Teilung entspricht.

2. Auf einem Teilkreis von 100 mm Durchmesser sollen zehn Bohrungen gleichmäßig
   angeordnet werden.
   a) Konstruieren Sie die Teilung.
   b) Berechnen Sie den Bohrungsabstand a zweier benachbarter Bohrungen.

3. Wie groß werden die Bohrungsabstände e und a, wenn auf dem Teilkreis nach
   Aufgabe 2 nur fünf Bohrungen angeordnet sind?

4. Weisen Sie mit Hilfe des Teilverhältnisses der stetigen Teilung nach, daß

a) $a = \dfrac{d^2}{b}$,

b) $b = \dfrac{d}{2} (\sqrt{5} + 1)$

c) die Länge der Tangente an den Kreis $d = \sqrt{ab}$ beträgt.

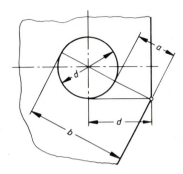

5. Konstruieren Sie einen Pentagonstern (Fünfeckstern) mit einem Umkreisradius von 4 cm durch stetige Teilung des Radius und berechnen Sie den Flächeninhalt.

6. Ein fünfeckiger Drehspiegel soll so hergestellt werden, daß die fünf Einzelspiegel mit 4 cm Breite auf einer Walze montiert im Querschnitt ein regelmäßiges Fünfeck ergeben.
a) Welchen Durchmesser d muß die Walze erhalten, wenn die Spiegel aus dünnem Spiegelblech mit vernachlässigbarer Blechdicke hergestellt werden?
b) Wie groß muß der Walzendurchmesser werden, wenn die Spiegelgläser 4 mm Dicke haben, an den Kanten schräg angeschliffen sind und nahtlos verklebt sind?

7. Eine Betonsäule hat die Querschnittsform eines regelmäßigen Zehnecks. Wie groß wird die Kantenlänge dieses Zehnecks, wenn der Abstand zweier paralleler Kanten 40 cm beträgt?

8. Zeigen Sie, daß sich aus der Länge der Seite s_n eines regelmäßigen n-Ecks die Seitenlänge eines regelmäßigen Vielecks mit doppelter Seitenzahl nach der Beziehung

$$s_{2n} = r \sqrt{2 - \sqrt{4 - \left(\dfrac{s_n}{r}\right)^2}}$$

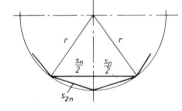

berechnen läßt.

9 Winkelfunktionen am rechtwinkligen Dreieck

9.1 Seitenverhältnisse als Winkelfunktionen

Steigt ein Gelände auf 100 m gleichmäßig um 2 m an, so erhält man als Verhältnis der Höhenzunahme b zur Geländestrecke c den Wert

$$\frac{b}{c} = \frac{2\,\text{m}}{100\,\text{m}} = 0{,}02.$$

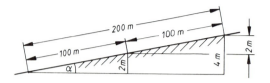

Da sich bei der doppelten Strecke c die doppelte Höhenzunahme b ergibt, führt dies zum gleichen Verhältniswert.

$$\frac{b}{c} = \frac{2\,\text{m}}{100\,\text{m}} = \frac{4\,\text{m}}{200\,\text{m}} = 0{,}02$$

Da wir es im vorliegenden Fall mit ähnlichen rechtwinkligen Dreiecken zu tun haben, kann dieses Seitenverhältnis auch als Maß für den Steigungswinkel α dienen. Aus der Ähnlichkeit der Dreiecke folgt:

> In allen rechtwinkligen Dreiecken, die in den spitzen Winkeln übereinstimmen, hat das Seitenverhältnis zweier entsprechender Seiten den gleichen Wert (Ähnlichkeit der Dreiecke).

Bezogen auf das obige Beispiel lassen sich aus den drei Seiten des rechtwinkligen Dreiecks sechs Seitenverhältnisse formulieren, die alle als Maß für den Steigungswinkel α herangezogen werden können.

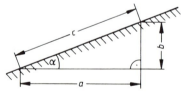

Die sich ergebenden Seitenverhältnisse sind:

Seitenverhältnisse $\dfrac{b}{c}, \dfrac{a}{c}, \dfrac{b}{a}$

und deren Umkehrungen $\dfrac{c}{b}, \dfrac{c}{a}, \dfrac{a}{b}$

Zur Unterscheidung der Seiten und insbesondere der beiden Katheten eines rechtwinkligen Dreiecks, werden sie in Beziehung zu einem Winkel angegeben.

a = Kathete (Ankathete zu α)
b = Kathete (Gegenkathete zu α)
c = Hypotenuse

> Ankathete   = die dem Winkel anliegende Kathete
> Gegenkathete = die dem Winkel gegenüberliegende Kathete
> Hypotenuse   = die dem rechten Winkel gegenüberliegende Seite

Da die Seitenverhältnisse von der Größe des zugehörigen Winkels α abhängen und sich mit diesem vergrößern oder verkleinern, sind sie *Funktionen des Winkels* oder kurz: *Winkelfunktionen* oder *trigonometrische Funktionen*.

9.2 Definition der Winkelfunktionen

Für die Winkelfunktionen, d.h. für den funktionalen Zusammenhang zwischen Seitenverhältnis und Winkel, wurden folgende Bezeichnungen eingeführt:

Sinus:	$\sin \alpha = \dfrac{b}{c} = \dfrac{\text{Gegenkathete}}{\text{Hypotenuse}}$		
Kosinus:	$\cos \alpha = \dfrac{a}{c} = \dfrac{\text{Ankathete}}{\text{Hypotenuse}}$		
Tangens:	$\tan \alpha = \dfrac{b}{a} = \dfrac{\text{Gegenkathete}}{\text{Ankathete}}$		
Kotangens:	$\cot \alpha = \dfrac{a}{b} = \dfrac{\text{Ankathete}}{\text{Gegenkathete}} = \dfrac{1}{\tan \alpha}$		
Sekans:	$\sec \alpha = \dfrac{c}{a} = \dfrac{\text{Hypotenuse}}{\text{Ankathete}} = \dfrac{1}{\cos \alpha}$		
Kosekans:	$\operatorname{cosec} \alpha = \dfrac{c}{b} = \dfrac{\text{Hypotenuse}}{\text{Gegenkathete}} = \dfrac{1}{\sin \alpha}$		

Von diesen sechs Winkelfunktionen werden allerdings die letzten beiden nur selten, z.B. in der Astronomie oder in der Nautik, verwendet. Wir wollen deshalb im folgenden auf diese beiden Winkelfunktionen verzichten, da sie als reziproke Werte der Sinus- und Kosinusfunktion ohnehin entbehrt werden können.

9.3 Längen- und Winkelberechnungen am rechtwinkligen Dreieck

9.3.1 Die Sinusfunktion

$$\sin \alpha = \frac{a}{c} = \frac{\text{Gegenkathete}}{\text{Hypotenuse}}$$

$$\sin \beta = \frac{b}{c} = \frac{\text{Gegenkathete}}{\text{Hypotenuse}}$$

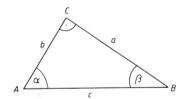

○ **Anwendungsbeispiel**

Für eine Langlochführung sind die Maße x und y zu berechnen.

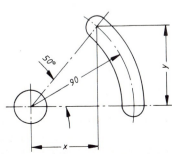

Lösung

Aus dem skizzierten rechtwinkligen Dreieck erhalten wir

$$\sin 50° = \frac{y}{90\,\text{mm}}.$$

Daraus läßt sich y berechnen. Der Wert von $\sin 50°$ wird Tabellen entnommen oder unmittelbar mit Hilfe des elektronischen Taschenrechners bestimmt.

$$\sin 50° = \frac{y}{90\,\text{mm}}$$
$$y = 90\,\text{mm} \cdot \sin 50°$$
$$y = 90\,\text{mm} \cdot 0,7660$$
$$\underline{\underline{y = 68,94\,\text{mm}}}$$

Aus der Winkelsumme im Dreieck ergibt sich der fehlende Winkel zu 40°. Damit ist

$$\sin 40° = \frac{x}{90\,\text{mm}},$$

woraus sich in entsprechender Weise die Länge x berechnen läßt.

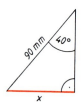

$$\sin 40° = \frac{x}{90\,\text{mm}}$$

$$x = 90\,\text{mm} \cdot \sin 40°$$
$$x = 90\,\text{mm} \cdot 0,6428$$
$$\underline{\underline{x = 57,85\,\text{mm}}}$$ ○

○ **Beispiel**

a) Für eine beliebige Kreisteilung ist eine Gleichung zur Ermittlung der Teilstrecke s zu entwickeln.

b) für ein Fünfeck ist s für einen Teilkreisdurchmesser $d = 70\,\text{mm}$ zu berechnen.

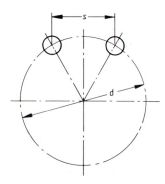

Lösung

Die Teilung eines Kreises in n Teile ergibt einen Teilungswinkel

$$\epsilon = \frac{360°}{n} \; .$$

Aus dem skizzierten Dreieck läßt sich mit Hilfe der Sinusfunktion ein Zusammenhang zwischen der Teilung s, dem Teilkreisdurchmesser d und dem halben Teilungswinkel darstellen.

a)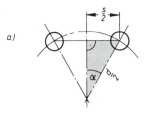

Teilung in n Teile:

$$\alpha = \frac{360°}{2n}$$

$$\sin \alpha = \frac{\frac{s}{2}}{\frac{d}{2}}$$

$$\underline{s = d \cdot \sin \alpha}$$

Für eine beliebige Kreisteilung in n Teile ergibt sich

$$\boxed{s = d \cdot \sin \frac{180°}{n}}$$

Für ein Fünfeck wird

$$s = d \cdot \sin 36° \; .$$

Für einen Durchmesser $d = 70$ mm wird $s = 41{,}145$ mm.

b) $s = 70 \text{ mm} \cdot \sin \dfrac{180°}{5}$

$s = 70 \text{ mm} \cdot \sin 36°$

$s = 70 \text{ mm} \cdot 0{,}5878$

$\underline{s = 41.145 \text{ mm}}$ ○

9.3.2 Die Kosinusfunktion

$$\cos \alpha = \frac{b}{c} = \frac{\text{Ankathete}}{\text{Hypotenuse}}$$

$$\cos \beta = \frac{a}{c} = \frac{\text{Ankathete}}{\text{Hypotenuse}}$$

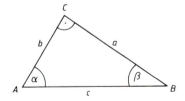

○ **Anwendungsbeispiel**

Eine 6 m lange Leiter wird an eine Hauswand gelehnt.

Damit die Leiter nicht rutscht, soll sie unter einem Winkel von $\alpha = 72°$ angelehnt werden.

Wie weit muß damit das untere Ende von der Hauswand entfernt sein?

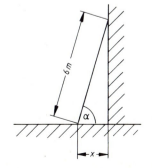

Lösung

Dieses Beispiel ist mit der Sinusfunktion nicht mehr lösbar, da hier das Verhältnis der Ankathete zur Hypotenuse benötigt wird.

Zur Bestimmung der Länge x verwenden wir deshalb die Kosinusfunktion.

$$\cos \alpha = \frac{x}{6\text{ m}}$$

$$x = 6\text{ m} \cdot \cos \alpha$$
$$x = 6\text{ m} \cdot \cos 72°$$
$$x = 6\text{ m} \cdot 0,3090$$
$$\underline{\underline{x = 1,85\text{ m}}}$$

○ **Anwendungsbeispiel**

Zur Ermittlung der Schneidkraft zum Ausschneiden des skizzierten Bleches ist die Schnittlänge x zu berechnen.

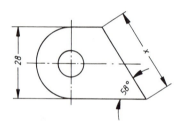

Lösung

Die Schnittlänge x läßt sich mit Hilfe der Kosinusfunktion durch Berechnung des Komplementwinkels $(90° - 58°) = 32°$ aus dem skizzierten rechtwinkligen Dreieck berechnen.

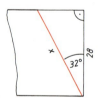

$$\cos 32° = \frac{28\text{ mm}}{x}$$

$$x = \frac{28\text{ mm}}{\cos 32°}$$

$$\underline{\underline{x = 33,02\text{ mm}}}$$

Die Schnittlänge x läßt sich jedoch auch durch Anwendung der Sinusfunktion mit dem direkt angegebenen Winkel von 58° berechnen.

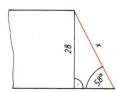

Daraus ergibt sich

$$\sin 58^\circ = \frac{28 \text{ mm}}{x}$$

Der Kosinus des Komplementwinkels $(90^\circ - \alpha)$ ist gleich dem Sinus des Winkels α.

$$x = \frac{28 \text{ mm}}{\sin 58^\circ}$$

$$\underline{x = 33,02 \text{ mm}}$$

$$\boxed{\cos (90^\circ - \alpha) = \sin \alpha}$$

○

○ **Anwendungsbeispiel**

Bei einem Zahnradtrieb beträgt der Winkel $\alpha = 35^\circ$.

a) Wie groß ist der Abstand x und damit der Achsabstand a, wenn die Teilkreisdurchmesser

$d_1 = 60$ mm und $d_2 = 48$ mm

betragen?

b) Wie groß wird der Winkel α bei einem Achsabstand von $a = 80$ mm?

Lösung

Aus dem skizzierten Dreieck läßt sich x mit Hilfe der Kosinusfunktion berechnen.

a)

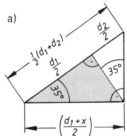

$$\cos 35^\circ = \frac{\dfrac{d_1 + x}{2}}{\dfrac{1}{2}(d_1 + d_2)}$$

$$\cos 35^\circ = \frac{d_1 + x}{d_1 + d_2}$$

$$x = (d_1 + d_2) \cos 35^\circ - d_1$$

$$\underline{x = 28,468 \text{ mm}}$$

Der Achsabstand ist

$$a = \frac{d_1}{2} + x + \frac{d_1}{2} = \underline{d_1 + x}$$

$$\underline{\underline{a = 88,468 \text{ mm}}}$$

Aus dem skizzierten Dreieck ergibt sich   b) $\cos \alpha = \dfrac{\frac{a}{2}}{\frac{1}{2}(d_1 + d_2)}$

mit $\dfrac{d_1 + x}{2} = \dfrac{a}{2}$ und $a = 80$ mm

$\cos \alpha = 0{,}7407$ und daraus $\alpha = 42{,}205°$.

$$\cos \alpha = \dfrac{a}{d_1 + d_2}$$

$$\underline{\underline{\alpha = 42{,}205°}}$$

9.3.3 Die Tangens- und Kotangensfunktion

$\tan \alpha = \dfrac{a}{b} = \dfrac{\text{Gegenkathete}}{\text{Ankathete}}$

$\tan \beta = \dfrac{b}{a} = \dfrac{\text{Gegenkathete}}{\text{Ankathete}}$

$\cot \alpha = \dfrac{b}{a} = \dfrac{\text{Ankathete}}{\text{Gegenkathete}}$

$\cot \beta = \dfrac{a}{b} = \dfrac{\text{Ankathete}}{\text{Gegenkathete}}$

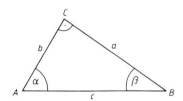

Aus diesen Funktionen erkennt man:

Der Tangens eines Winkels ist der Kehrwert des Kotangens dieses Winkels.

$$\tan \alpha = \dfrac{1}{\cot \alpha}$$

Der Tangens eines Winkels ist gleich dem
Kotangens seines Komplementwinkels.

$$\tan \alpha = \cot \beta$$

Da der Komplementwinkel β zum Winkel
α gleich $(90° - \alpha)$ ist, gilt auch

$$\tan \alpha = \cot (90° - \alpha)$$

Grundsätzlich lassen sich somit alle Berechnungen am rechtwinkligen Dreieck, in die die
beiden Katheten a und b einbezogen sind, mit Hilfe der Tangensfunktion berechnen.

Anwendungsbeispiel

Um die Höhe eines Fernsehturmes zu
bestimmen, wird in einer waagerechten
Entfernung von 150 m vom Fuß des
Turmes mit Hilfe eines Theodoliten[1]
(Höhe des Fernrohres 1,65 m) der Höhen-
winkel $\alpha = 44{,}683°$ gemessen.

Welche Höhe h hat der Turm?

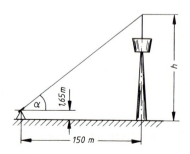

----

[1] Theodolit = Fernrohr mit Fadenkreuz und Winkelgradeinteilung

Lösung

Bei der Berechnung der Höhe des Turmes ist die Höhe des Theodoliten (= Augenhöhe) von 1,65 m zu berücksichtigen.

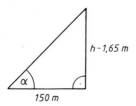

Mit Hilfe der Tangensfunktion läßt sich die Höhe *h* aus dem skizzierten rechtwinkligen Dreieck berechnen.

$$\tan \alpha = \frac{h - 1{,}65 \text{ m}}{150 \text{ m}}$$

$$h = 150 \text{ m} \cdot \tan 44{,}683° + 1{,}65 \text{ m}$$

$$\underline{\underline{h = 150 \text{ m}}} \qquad \bigcirc$$

○ **Anwendungsbeispiel**

Für eine Schwalbenschwanzführung ist das Maß *x* in Abhängigkeit vom Winkel α und dem Meßrollendurchmesser *d* zu berechnen.

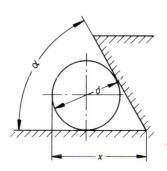

Lösung

Da der Meßzylinder beide Flanken berühren soll, liegt sein Mittelpunkt auf der Winkelhalbierenden.

Damit läßt sich mit Hilfe des skizzierten rechtwinkligen Dreiecks der Abstand *a* mit Hilfe der Kotangensfunktion berechnen.

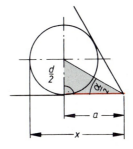

$$\cot \frac{\alpha}{2} = \frac{a}{\frac{d}{2}}$$

$$a = \frac{d}{2} \cdot \cot \frac{\alpha}{2}$$

$$x = \frac{d}{2} + a$$

Aus $x = \frac{d}{2} + a$ erhält man das gesuchte Maß.

$$\underline{\underline{x = \frac{d}{2} \left(1 + \cot \frac{\alpha}{2}\right)}} \qquad \bigcirc$$

9.3.4 Vermischte Aufgaben

○ **Anwendungsbeispiel**

Für die skizzierte Bohrplatte sind die
Maße x und y zu berechnen.

$$d = 80\ \text{mm}$$
$$\alpha = 24°$$
$$\beta = 28°$$

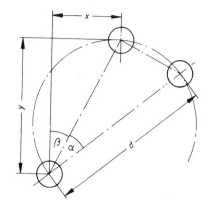

Lösung

Die Maße x und y sind nicht unmittelbar
zu berechnen.

Bei der schrittweisen Berechnung von
Längen werden mehrere Winkelfunktionen angewandt.

Aus dem rechtwinkligen Dreieck ABC
wird die Strecke $\overline{AC}$ bestimmt.

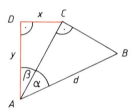

$$\triangle ABC: \cos\alpha = \frac{\overline{AC}}{d}$$
$$\overline{AC} = d \cdot \cos\alpha$$

Da nun $\overline{AC}$ berechnet ist, kann damit das
Maß x bestimmt werden.

$$\triangle ACD: \sin\beta = \frac{x}{\overline{AC}}$$
$$x = \overline{AC} \cdot \sin\beta$$

$$\underline{\underline{x = d \cdot \cos\alpha \cdot \sin\beta}}$$
$$x = 80\ \text{mm} \cdot \cos 24° \cdot \sin 28°$$
$$\underline{\underline{x = 34{,}31\ \text{mm}}}$$

Das Maß y läßt sich ebenfalls aus dem
Dreieck ACD mit Hilfe der Kotangensfunktion bestimmen. Rechnerisch kann
auch von dem Kehrwert $\cot\beta = \dfrac{1}{\tan\beta}$
Gebrauch gemacht werden.

$$\cot\beta = \frac{y}{x}$$
$$\underline{\underline{y = x \cdot \cot\beta}}$$
$$y = 34{,}31\ \text{mm} \cdot \cot 28°$$
$$\underline{\underline{y = 64{,}53\ \text{mm}}}$$

○

○ **Anwendungsbeispiel**

Für eine V-Nut, die mit einem Meßbolzen vom Durchmesser d gemessen werden soll, ist die Meßhöhe zu berechnen.

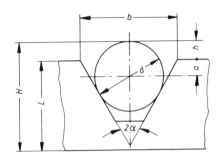

Lösung

Das Maß h ist in diesem Fall nicht unmittelbar zu bestimmen.

Zur schrittweisen Berechnung sind verschiedene Winkelfunktionen anzuwenden.

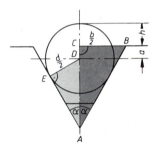

Wir berechnen deshalb zunächst aus dem rechtwinkligen Dreieck ADE die Strecke $\overline{AD}$.

$$\triangle ADE : \sin \alpha = \frac{\frac{d}{2}}{\overline{AD}}$$

$$\overline{AD} = \frac{d}{2 \sin \alpha}$$

Die Strecke $\overline{AC}$ ergibt sich aus dem rechtwinkligen Dreieck ABC.

$$\triangle ABC : \cot \alpha = \frac{\overline{AC}}{\frac{b}{2}}$$

$$\overline{AC} = \frac{b}{2} \cdot \cot \alpha$$

Die Differenz von $\overline{AC}$ und $\overline{AD}$ ergibt das Maß a. Da $a + h = \frac{d}{2}$ ist, läßt sich h bestimmen.

$$h = \frac{d}{2} - a$$

$$h = \frac{d}{2} - \frac{b}{2} \cot \alpha + \frac{d}{2 \sin \alpha}$$

Da $\frac{d}{2} = r$ ist, kann h auch in folgender Form geschrieben werden:

$$h = r + r \, \frac{1}{\sin \alpha} - \frac{b}{2} \cdot \cot \alpha$$

Für $\alpha = 45°$ mit $\cot \alpha = 1$ und $\sin \alpha = 0{,}7071$ ergibt sich

$$h = 2{,}4142 \, r - \frac{b}{2}$$

○

○ **Anwendungsbeispiel**

Eine senkrecht startende Rakete wird in 1500 m Entfernung vom Startplatz unter einem Winkel von $\alpha = 32{,}36°$ beobachtet. Kurze Zeit später wird sie unter dem Winkel $\beta = 52{,}62°$ beobachtet.

In welcher Höhe befindet sie sich in diesem Augenblick? Wieviel Meter ist sie zwischen den beiden Messungen gestiegen?

Lösung

Aus den beiden rechtwinkligen Dreiecken lassen sich die Höhen h und h_1 mit Hilfe der Tangensfunktion berechnen.

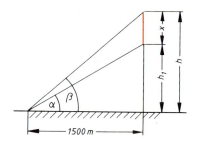

$$\tan \beta = \frac{h}{a}$$

$$h = a \cdot \tan \beta$$
$$h = 1500 \text{ m} \cdot \tan 52{,}62°$$
$$\underline{h = 1963{,}34 \text{ m}}$$

$$\tan \alpha = \frac{h_1}{a}$$

$$h_1 = a \cdot \tan \alpha$$
$$h_1 = 1500 \text{ m} \cdot \tan 32{,}36°$$
$$\underline{h_1 = 950{,}46 \text{ m}}$$

Die Höhendifferenz ergibt sich aus $x = h - h_1$.

$$\underline{\underline{x = 1012{,}88 \text{ m}}}$$ ○

○ **Anwendungsbeispiel**

Bestimmen Sie das Maß x.

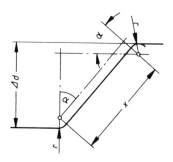

Lösung

Im Dreieck *ABD* gilt:

$$\cos \alpha = \frac{\Delta d - 2r}{\overline{AB}}$$

$$\overline{AB} = \frac{\Delta d - 2r}{\cos \alpha} \qquad (1)$$

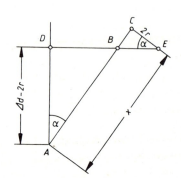

Im Dreieck BEC gilt:

$$\tan \alpha = \frac{\overline{BC}}{2r}$$

$$\overline{BC} = 2r \cdot \tan \alpha \qquad (2)$$

$$x = \overline{AB} + \overline{BC}$$

$$x = \frac{\Delta d - 2r}{\cos \alpha} + 2r \cdot \tan \alpha$$

Mit Gl. (1) und Gl. (2) ergibt sich

$$\boxed{x = \frac{\Delta d + 2r\,(\sin \alpha - 1)}{\cos \alpha}}$$ ○

Aufgaben

zu 9.3 Längen- und Winkelberechnungen am rechtwinkligen Dreieck

1. In einem rechtwinkligen Dreieck ist die Hypotenuse 8 cm lang. Wie lang sind die Katheten, wenn $\sin \alpha = 0{,}65$ ist? Wie groß sind die Winkel α und β?

2. Bei einem Grundstück sind die beiden Vermessungspunkte B und C 45 m voneinander entfernt. Sie erscheinen vom Grenzpunkt A unter einem Winkel $\alpha = 58{,}64°$.
   Welche Größe hat das Grundstück? Wie groß ist die Entfernung $\overline{CD}$?

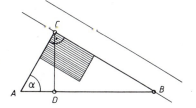

3. Eine Gartentreppe soll einem Böschungswinkel von 26° angeglichen werden. Es stehen Beton-Blockstufen mit 15 cm Höhe und 35 cm Breite zur Verfügung. Mit welcher Auftritt-Breite müssen die Blockstufen verlegt werden, damit sich die Treppe dem Gelände angleicht?

4. Eine Kellergarage liegt 10 m von der Straße entfernt. Um wieviel Meter darf die Garage tiefer liegen, wenn der Steigungswinkel 5° nicht übersteigen soll? Welche Länge erhält damit die mit Knochensteinen auszulegende Zufahrt?

5. Bestimmen Sie den Winkel in Abhängigkeit von den Radien R und r, sowie vom Bohrungsabstand a
   a) allgemein
   b) für $R = 32$ mm, $r = 24$ mm, $a = 80$ mm.

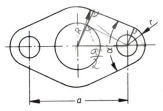

6. Ein kegeliges Werkstück wird nochmals mit einer Spantiefe a abgedreht.
   a) Entwickeln Sie eine Gleichung zur Berechnung des Durchmessers d_2 und des Maßes x.
   b) Berechnen Sie d_2 und x für $d_1 = 30$ mm, $\alpha = 25°$ und $a = 0{,}2$ mm.

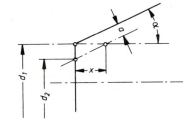

7. Bestimmen Sie das Abstandsmaß x
der fünf Schleifsegmente in Abhängigkeit von a, r und D

a) allgemein

b) für $a = 50$ mm, $r = 40$ mm und
$D = 120$ mm.

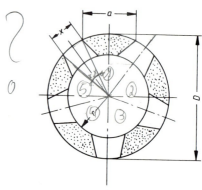

8. Bestimmen Sie bei dem dargestellten Segment die Maße h und H in
Abhängigkeit von r, R und α.

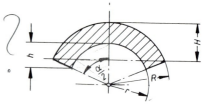

9. Bestimmen Sie die Maße x und y
in Abhängigkeit von d und α.

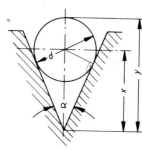

10. Bestimmen Sie x und y in Abhängigkeit von a, R und α.

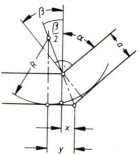

11. Nach dem Brechungsgesetz verhält
sich der Sinus des Einfallswinkels in
Luft zum Sinus des Brechungswin-
kels in Wasser wie $4 : 3$.

Bestimmen Sie für einen Einfalls-
winkel von $48,468°$ den Brechungs-
winkel β.

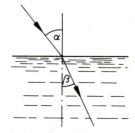

12. Bestimmen Sie das Prüfmaß x.

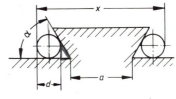

13. Bestimmen Sie das Prüfmaß x.

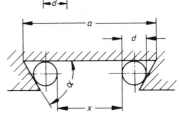

14. Bestimmen Sie die Koordinaten x und y.

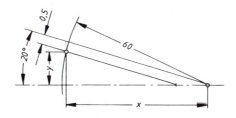

15. Bestimmen Sie für das Koordinatenbohrwerk die Koordinaten der Bohrungen bezogen auf den Teilkreismittelpunkt.

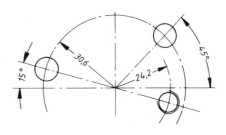

16. Bestimmen Sie für den Steuerhebel das Prüfmaß x.

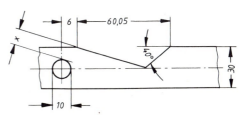

17. Eine Sperrklinke der dargestellten Form hat die Maße

$a = 10$ mm, $r = 35$ mm, $R = 53{,}5$ mm.

Bestimmen Sie das Maß x.

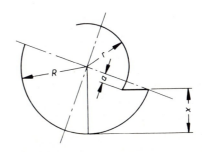

18. Um wieviel wird ein Lichtstrahl beim Durchgang durch eine Glasplatte aus Flintglas mit 20 mm Dicke verschoben, wenn der Lichtstrahl unter einem Winkel von 31,45° einfällt. Der Brechungsquotient für den Übergang von Luft zu Flintglas beträgt $n = 1,7$.

19. Bestimmen Sie den Winkel α.

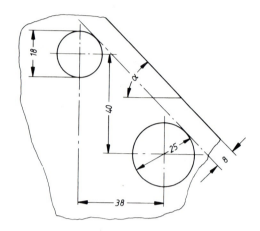

20. a) Entwickeln Sie eine Gleichung zur Berechnung des Winkels α.

b) Entwickeln Sie eine Gleichung zur Berechnung von x.

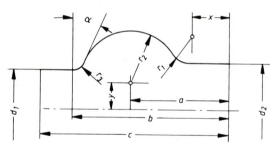

9.4 Zusammenhang zwischen den Winkelfunktionen

Zeichnet man in ein kartesisches Koordinatensystem einen Kreis mit dem Radius $r = 1$ LE. (z.B. 1 dm), so erhält man einen *Einheitskreis.*

Der den Winkel α erzeugende Radiusvektor hat die Länge 1.

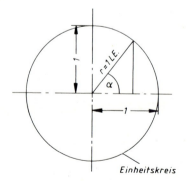

Einheitskreis

Ausgehend von der Definition der Winkelfunktionen

$$\sin \alpha = \frac{\text{Gegenkathete}}{\text{Hypotenuse}}$$

$$\cos \alpha = \frac{\text{Ankathete}}{\text{Hypotenuse}}$$

$$\tan \alpha = \frac{\text{Gegenkathete}}{\text{Ankathete}}$$

$$\cot \alpha = \frac{\text{Ankathete}}{\text{Gegenkathete}}$$

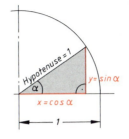

suchen wir solche Dreiecke im Einheitskreis heraus, für die jeweils der Nenner
des Seitenverhältnisses = 1 wird.

Daraus erhält man

1. $\boxed{\tan \alpha = \dfrac{\sin \alpha}{\cos \alpha}}$

$\sin \alpha = \text{Gegenkathete}$

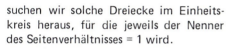

$$\tan \alpha = \frac{\sin \alpha}{\cos \alpha}$$

$\cos \alpha = \text{Ankathete}$

nach Pythagoras:

Durch Anwendung des Satzes von Pythagoras auf dieses rechtwinklige Dreieck
ergibt sich

2. $\boxed{\sin^2 \alpha + \cos^2 \alpha = 1}$ [2]

Während wir bisher ein Dreieck betrachtet haben, bei dem die Hypotenuse = 1
wurde, wollen wir nun zu einem Dreieck
übergehen, in dem die Ankathete = 1 wird.
In diesem neuen Dreieck ist

$$\tan \alpha = \text{Gegenkathete}$$

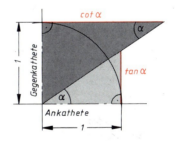

Aus einem weiteren Dreieck, indem die
Gegenkathete = 1 wird, erhalten wir

$$\cot \alpha = \text{Ankathete}$$

Aus der Ähnlichkeit dieser beiden Dreiecke (α als Wechselwinkel) ergibt sich das
Verhältnis $\tan \alpha : 1 = 1 : \cot \alpha$.

$$\frac{\tan \alpha}{1} = \frac{1}{\cot \alpha} \quad \text{(ähnliche Dreiecke)}$$

3. $\boxed{\tan \alpha = \dfrac{1}{\cot \alpha}}$

---

[2] $(\sin \alpha)^2 = \sin^2 \alpha$, nicht $\sin \alpha^2$.

Funktionswerte für

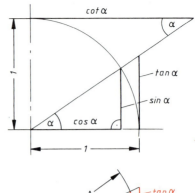

$\alpha = 0°$	$\sin 0° = 0$
	$\cos 0° = 1$
	$\tan 0° = 0$
	$\cot 0°$ nicht definiert

$\alpha = 90°$	$\sin 90° = 1$
	$\cos 90° = 0$
	$\tan 90°$ nicht definiert
	$\cot 90° = 0$

$\alpha < 4°$	(kleine Winkel)

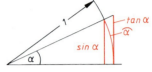

$\alpha = 3°$ ... $\sin \alpha = 0{,}0523$

$\widehat{\alpha} = \alpha° \dfrac{\pi}{180°} = 0{,}0524$

$\tan \alpha = 0{,}0524$

Für kleine Winkel ist der Sinus des Winkels gleich dem Tangens oder gleich dem Bogenmaß [3]) dieses Winkels.

für kleine Winkel gilt:

$$\sin \alpha \approx \tan \alpha \approx \widehat{\alpha}$$

Funktionswerte wichtiger Winkel
(im 1. Quadranten)

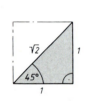

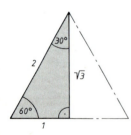

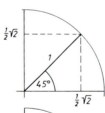

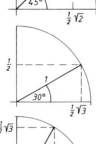

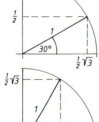

$\sin 45° = \dfrac{1}{\sqrt{2}} = \dfrac{\sqrt{2}}{2}$

$\sin 45° = \dfrac{1}{2}\sqrt{2}$

$\sin 30° = \dfrac{1}{2}$

$\sin 60° = \dfrac{\sqrt{3}}{2}$

---

[3]) Bogenmaß $\alpha = \alpha° \cdot \dfrac{\pi}{180°}$

Zusammenfassung wichtiger Funktionswerte

	$0°$	$30°$	$45°$	$60°$	$90°$
Sinus	0	$\frac{1}{2}$	$\frac{1}{2}\sqrt{2}$	$\frac{1}{2}\sqrt{3}$	1
Kosinus	1	$\frac{1}{2}\sqrt{3}$	$\frac{1}{2}\sqrt{2}$	$\frac{1}{2}$	0
Tangens	0	$\frac{1}{3}\sqrt{3}$	1	$\sqrt{3}$	–
Kotangens	–	$\sqrt{3}$	1	$\frac{1}{3}\sqrt{3}$	0

Diese Werte lassen sich mit einer einfachen „Merkregel" einprägen

$$\sin 0° = \tfrac{1}{2}\sqrt{0}$$
$$\sin 30° = \tfrac{1}{2}\sqrt{1}$$
$$\sin 45° = \tfrac{1}{2}\sqrt{2}$$
$$\sin 60° = \tfrac{1}{2}\sqrt{3}$$
$$\sin 90° = \tfrac{1}{2}\sqrt{4}$$

Funktionswerte der Komplementwinkel

Aus der Winkelsumme im rechtwinkligen Dreieck ($\alpha + \beta = 90°$) ergibt sich

$$\beta = 90° - \alpha$$

Berechnet man den Sinus und den Kosinus der beiden Komplementwinkel α und β (= Winkel, die sich zu $90°$ ergänzen), so zeigt sich, daß sich dasselbe Seitenverhältnis $\frac{a}{c}$ ergibt.

Der Sinus eines Winkels ist somit gleich dem Kosinus des Komplementwinkels.
Da $\alpha = 90° - \beta$ ist, ist
$\cos \alpha = \cos(90° - \beta) = \sin \beta$.

Entsprechendes gilt für den Tangens und für den Kotangens.

> Die Funktion eines Winkels ist gleich der Ko-Funktion seines Komplementwinkels.

$$\sin \alpha = \frac{a}{c} \qquad (1)$$

$$\cos \beta = \frac{a}{c} \qquad (2)$$

$$\boxed{\sin \alpha = \cos \beta}$$

$$\boxed{\sin \alpha = \cos(90° - \alpha)}$$

$$\tan \alpha = \frac{a}{b} \qquad (3)$$

$$\cot \alpha = \frac{a}{b} \qquad (4)$$

$$\boxed{\tan \alpha = \cot \beta}$$

$$\boxed{\tan \alpha = \cot(90° - \alpha)}$$

9.5 Winkelfunktionen beliebiger Winkel

Bisher wurden die trigonometrischen Funktionen nur auf rechtwinklige Dreiecke mit Winkeln zwischen $0°$ und $90°$ angewandt. In Physik und Technik kommen jedoch auch Winkel vor, die über $90°$, manchmal sogar über $360°$ hinausgehen. Wir wollen deshalb im folgenden die Winkelfunktionen für beliebige Winkel erklären.

A. Sinus- und Kosinusfunktionen für $0° \leqslant \alpha \leqslant 360°$

○ **Beispiel**

Bestimmen Sie die Funktionswerte folgender Sinus- und Kosinusfunktionen.

a) $\sin 35°$ und $\cos 35°$ c) $\sin 215°$ und $\cos 215°$

b) $\sin 145°$ und $\cos 145°$ d) $\sin 325°$ und $\cos 325°$

Lösung

Aus der Darstellung der Winkel am Einheitskreis ergeben sich folgende Zusammenhänge:

Sinuswerte   = y-Koordinaten

Kosinuswerte = x-Koordinaten

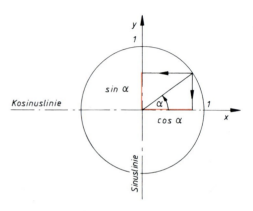

a) $\sin 35° = 0{,}5736$
     $\cos 35° = 0{,}8192$

b) $\sin 145° = 0{,}5736$
   $\cos 145° = -0{,}8192$

Diese, mit dem Taschenrechner direkt erhaltenen Funktionswerte zeigen, daß

$$\sin 145° = \sin 35°$$

und

$$\cos 145° = -\cos 35°$$

ist.

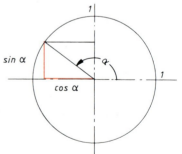

Die Funktionswerte stumpfer Winkel lassen sich somit mit Hilfe eines geeigneten Reduktionswinkels auf Funktionswerte spitzer Winkel zurückführen:

$\sin 145° = \sin(180° - 145°) = \sin 35°$

$\cos 145° = -\cos(180° - 145°) = -\cos 35°.$

$\sin \alpha = \sin(180° - \alpha)$

$\cos \alpha = -\cos(180° - \alpha)$

c) Aus $\sin 215° = -0,5736$
   und $\cos 215° = -0,8192$ folgt:

$$\sin 215° = -\sin (215° - 180°)$$
$$= -\underline{\sin 35°}$$

$$\cos 215° = -\cos (215° - 180°)$$
$$= -\underline{\cos 35°}$$

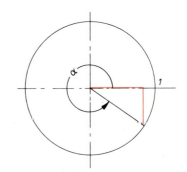

$$\sin \alpha = -\sin (\alpha - 180°)$$
$$\cos \alpha = -\cos (\alpha - 180°)$$

d) Aus $\sin 325° = -0,5736$
   und $\cos 325° = 0,8192$ folgt:

$$\sin 325° = -\sin (360° - 325°)$$
$$= -\underline{\sin 35°}$$

$$\cos 325° = \cos (360° - 325°)$$
$$= \underline{\cos 35°}$$

$$\sin \alpha = -\sin (360° - \alpha)$$
$$\cos \alpha = \cos (360° - \alpha)$$

○ **Beispiel**

Bestimmen Sie zu $\sin \alpha = -0,2$ die zugehörigen Winkel.

Lösung

Da $\sin \alpha$ negativ ist, muß der Winkel α
zwischen $180°$ und $360°$ liegen.

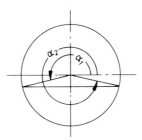

Man bestimmt zunächst aus dem positiven Funktionswert

$$\sin \alpha = 0,2$$

den im 1. Quadranten liegenden Winkel
und berechnet daraus α_1 und α_2.
Der Taschenrechner führt für

$$\sin \alpha = -0,2$$

zum Ergebnis

$$\alpha = -11,537° ,$$

woraus man α_1 und α_2 ebenfalls berechnen kann.

$$\sin \alpha = 0,2$$
$$\alpha = 11,537°$$
$$\alpha_1 = 180° + 11,537°$$
$$\underline{\alpha_1 = 191,537°}$$

$$\alpha_2 = 360° - 11,537°$$
$$\underline{\alpha_2 = 348,463°}$$

○

○ **Beispiel**

Bestimmen Sie zu $\cos \alpha = -0,2$ die zugehörigen Winkel.

Lösung

$\cos \alpha$ ist negativ, d.h. der Winkel α liegt zwischen $90°$ und $180°$ oder zwischen $180°$ und $270°$.

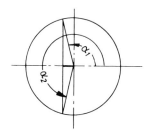

Man bestimmt zunächst aus dem positiven Funktionswert

$$\cos \alpha = 0,2$$

den im 1. Quadranten liegenden Winkel α und berechnet damit den zugehörigen Supplementwinkel

$$\alpha_1 = 180° - \alpha$$

Der zweite Winkel ergibt sich aus

$$\alpha_2 = 180° + \alpha$$

Mit Hilfe des Taschenrechners erhält man den Funktionswert direkt mit dem richtigen Vorzeichen. Lediglich der zweite Winkel muß noch berechnet werden.

$$\cos \alpha = 0,2$$
$$\alpha = 78,463°$$
$$\alpha_1 = 180° - 78,463°$$
$$\underline{\underline{\alpha_1 = 101,537°}}$$

$$\alpha_2 = 180° + 78,463°$$
$$\underline{\underline{\alpha_2 = 258,463°}}$$

$$\cos \alpha = -0,2$$
$$\underline{\underline{\alpha = 101,537°}}$$

○

B. Tangens- und Kotangensfunktionen für $0° \leqslant \alpha \leqslant 360°$

○ **Beispiel**

Bestimmen Sie die Funktionswerte folgender Tangens- und Kotangensfunktionen.

a) tan 35° und cot 35° c) tan 215° und cot 215°
b) tan 145° und cot 145° d) tan 325° und cot 325°

Lösung

Aus der Darstellung der Winkel im Einheitskreis ergeben sich folgende Zusammenhänge:

Die Werte der Tangensfunktion werden auf der Tangente im Punkt (1|0) (*Tangenslinie*) abgelesen.

Die Werte der Kotangensfunktion werden auf der Tangente im Punkt (0|1) (*Kotangenslinie*) abgelesen.

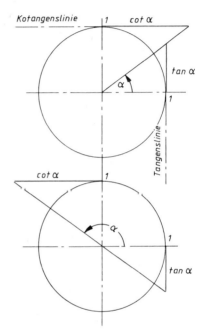

a) Mit dem Taschenrechner erhalten wir
tan 35° = 0,7002

$$\cot 35° = \frac{1}{\tan 35°} = 1,4281$$

b) Aus den mit dem Taschenrechner ermittelten Werten
tan 145° = − 0,7002 und
cot 145° = − 1,4281 folgt:
tan 145° = − tan (180° − 145°)
       = − tan 35°

cot 145° = − cot (180° − 145°)
       = − cot 35°

$$\tan \alpha = -\tan(180° - \alpha)$$
$$\cot \alpha = -\cot(180° - \alpha)$$

c) Aus
tan 215° = 0,7002 und
cot 215° = 1,4282 folgt:
tan 215° = tan (215° − 180°)
       = tan 35°

cot 215° = cot (215° − 180°)
       = cot 35°

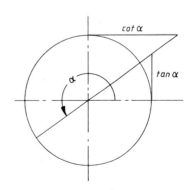

$$\tan \alpha = \tan(\alpha - 180°)$$
$$\cot \alpha = \cot(\alpha - 180°)$$

d) Aus

$\tan 325° = -0,7002$ und
$\cot 325° = -1,4282$ folgt:

$\tan 325° = -\tan (360° - 325°)$
$\qquad = \underline{-\tan 35°}$

$\cot 325° = -\cot (360° - 325°)$
$\qquad = \underline{-\cot 35°}$

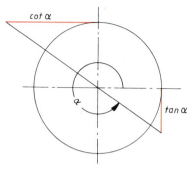

$$\tan \alpha = -\tan (360° - \alpha)$$
$$\cot \alpha = -\cot (360° - \alpha)$$

○ **Beispiel**

Bestimmen Sie zu $\tan \alpha = -43,7585$ die zugehörigen Winkel.

Lösung

Da $\tan \alpha$ negativ ist, müssen die beiden
Winkel zwischen 90° und 180° bzw. zwischen 270° und 360° liegen.

Mit dem Taschenrechner erhalten wir mit

$$\tan \alpha = -43,7585$$

den Winkel

$$\alpha = -88,69°,$$

daraus ergibt sich

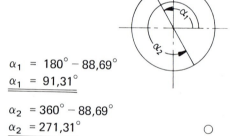

$\alpha_1 = 180° - 88,69°$
$\underline{\underline{\alpha_1 = 91,31°}}$

$\alpha_2 = 360° - 88,69°$
$\underline{\underline{\alpha_2 = 271,31°}}$ ○

C. Winkelfunktionen bei negativen Winkeln

Da Winkel üblicherweise im mathematischen Drehsinn gemessen werden, sind sie positiv.
Man kann einen Winkel im Ausnahmefall jedoch auch im umgekehrten mathematischen
Drehsinn angeben und erhält dadurch einen *negativen Winkel*.

So haben wir bei unseren Beispielen für

$$\sin \alpha = -0,2$$

und

$$\tan \alpha = -43,7585$$

mit Hilfe des Taschenrechners bereits negative Winkel erhalten.

Der Zusammenhang zwischen positiven
und negativen Winkeln ergibt sich aus
dem Einheitskreis.

Die Funktionswerte der Winkelfunktionen negativer Winkel sind mit Hilfe der
folgenden Beziehungen in Winkelfunktionen mit positivem Winkel umzurechnen

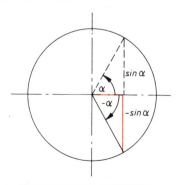

$\sin (-\alpha) = -\sin \alpha$
$\cos (-\alpha) = \cos \alpha$
$\tan (-\alpha) = -\tan \alpha$
$\cot (-\alpha) = -\cot \alpha$

Zusammenfassung

Die Vorzeichen der Winkelfunktionswerte werden durch den Quadranten des Winkels bestimmt.

Quadrantrelationen

$$
\begin{array}{|ll|}
\hline
\sin(180° - \alpha) = \sin\alpha & \\
\cos(180° - \alpha) = -\cos\alpha & \text{für } 90° \leqslant \alpha \leqslant 180° \\
\tan(180° - \alpha) = -\tan\alpha & \text{(II. Quadrant)} \\
\cot(180° - \alpha) = -\cot\alpha & \\
\hline
\sin(\alpha - 180°) = -\sin\alpha & \\
\cos(\alpha - 180°) = -\cos\alpha & \text{für } 180° \leqslant \alpha \leqslant 270° \\
\tan(\alpha - 180°) = +\tan\alpha & \text{(III. Quadrant)} \\
\cot(\alpha - 180°) = \cot\alpha & \\
\hline
\sin(360° - \alpha) = -\sin\alpha & \\
\cos(360° - \alpha) = \cos\alpha & \text{für } 270° \leqslant \alpha \leqslant 360° \\
\tan(360° - \alpha) = -\tan\alpha & \text{(IV. Quadrant)} \\
\cot(360° - \alpha) = -\cot\alpha & \\
\hline
\end{array}
$$

Aufgaben

zu 9.5 Winkelfunktionen beliebiger Winkel

Berechnen Sie folgende Funktionswerte.

1. $\sin 92°10'25''$	**5.** $\sin 365°$	**9.** $\sin(-65°)$
2. $\cos 110{,}987°$	**6.** $\cos(180° - \alpha)$	**10.** $\cos(-360° + 10°)$
3. $\tan 235{,}85°$	**7.** $\tan(360° - \varphi)$	**11.** $\tan(25° + 180°)$
4. $\cot 197°15'$	**8.** $\tan(-231°)$	**12.** $\tan(25° - 180°)$

Bestimmen Sie zu den gegebenen trigonometrischen Werten die zugehörigen Winkel.

13. $\cos\alpha = -0{,}8357$	**18.** $\sin\delta = 0{,}9$
14. $\sin\alpha = -0{,}3596$	**19.** $\cos\varphi = -0{,}5362$
15. $\tan\alpha = -27{,}3$	**20.** $\tan\alpha = 100$
16. $\sin\beta = 0{,}1874$	**21.** $\cot\alpha = -20{,}53$
17. $\tan\beta = 0{,}1874$	**22.** $\tan\alpha = -1\,000\,000$

Welche vereinfachten Winkelfunktionen ergeben sich aus folgenden Winkelfunktionen.

23. $\sin(180° + \alpha)$	für	$180° \leqslant \alpha \leqslant 270°$
24. $\cos(180° - \alpha)$	für	$90° \leqslant \alpha \leqslant 180°$
25. $\tan(360° - \alpha)$	für	$270° \leqslant \alpha \leqslant 360°$
26. $\tan(360° - \alpha)$	für	$-90° \leqslant \alpha \leqslant 0°$

27. $\cos{(\alpha - 180^\circ)}$ für $-180^\circ \leqslant \alpha \leqslant -90^\circ$

28. $\sin{(x - \pi)}$ für $\pi \leqslant x \leqslant \dfrac{3\pi}{2}$

29. $\sin{(\dfrac{\pi}{2} + x)}$ für $\dfrac{\pi}{2} \leqslant x \leqslant \pi$

30. $\cos{(\pi - x)}$ für $\pi \geqslant x \geqslant \dfrac{\pi}{2}$

31. $\cos{(x + \pi)}$ für $2\pi \geqslant x \geqslant 0$

32. $-\tan{(2\pi - x)}$ für $2\pi \geqslant x \geqslant 0$

33. $\tan{(\pi - x)}$ für $2\pi \geqslant x \geqslant 0$

9.6 Die Graphen der Winkelfunktionen

Während wir bisher die Winkelfunktionen zur Längen- und Winkelberechnung im recht-winkligen Dreieck benutzt haben, wollen wir hier zeigen, daß die Winkelfunktionen auch in anderer Weise in der Technik und insbesondere in der Elektrotechnik Eingang gefunden haben.

○ **Anwendungsbeispiel**

Von einer sich im homogenen Magnetfeld drehenden Leiterschleife wird eine Wechsel-spannung erzeugt (Prinzip des Wechselstrom-Generators).
Stellen Sie den Verlauf der Wechselspannung graphisch dar.

Lösung

Die induzierte Spannung ist abhängig vom Drehwinkel der Leiterschleife. Sie erreicht ihren Höchstwert (Scheitelspannung) bei einem Drehwinkel von 90°, um bei 180° wieder auf Null zurückzusinken. Im Bereich von 180° bis 360° erfolgt ein Wechsel der Spannungs-richtung. Die sich ergebenden positiven und negativen Halbwellen stellen eine *Sinuslinie* dar. Da sich nach jeder Umdrehung die Spannung in stets gleicher Weise ändert, spricht man von periodischen Vorgängen und nennt den Bereich von 0° bis 360° eine *Periode.*

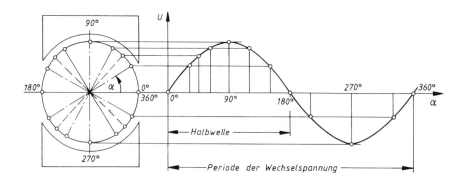

Ordnet man dem Winkel α den Sinuswert $\sin{\alpha}$ zu, so erhält man die *Sinusfunktion*

$$\alpha \longmapsto \sin{\alpha}$$

Bei der graphischen Darstellung der Winkelfunktionen wird üblicherweise nicht das Grad-maß, sondern das Bogenmaß des Winkels verwendet.

Bogenmaß eines Winkels

Das Bogenmaß ist die Bogenlänge des Winkels α (arc α) auf dem Kreis mit dem Radius 1 LE. (Einheitskreis).

Das Bogenmaß eines Winkels wird berechnet aus der Gleichung[4])

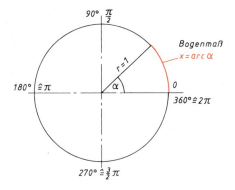

$$x = \frac{\pi}{180^\circ} \cdot \alpha^\circ$$

Für einige charakteristische Winkel wollen wir das Bogenmaß berechnen:

α	0°	30°	45°	60°	90°	180°	270°	360°
x = arc α	0	$\frac{\pi}{6}$	$\frac{\pi}{4}$	$\frac{\pi}{3}$	$\frac{\pi}{2}$	π	$\frac{3\pi}{2}$	2π

9.6.1 Die Schaubilder der Sinus- und Kosinusfunktion

○ **Beispiel**

Zeichnen Sie die Schaubilder von $y = \sin x$ und $y = \cos x$.

Lösung

Wir entnehmen dem Einheitskreis den jeweils zu einem bestimmten Winkel gehörenden Sinus- bzw. Kosinuswert und tragen ihn über dem Winkel auf der x-Achse (im Bogenmaß) als Ordinate ab.

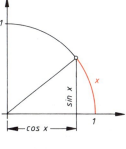

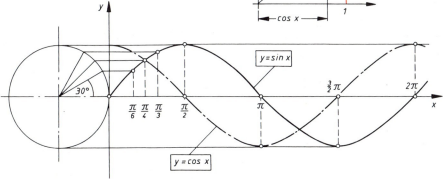

---

[4]) Im Kreis verhalten sich die Winkel wie die Bogenlängen: $\alpha : 360^\circ = x : 2\pi r$.

Im Einheitskreis $(r = 1)$ wird $x = \frac{2\pi\alpha}{360^\circ} = \frac{\pi\alpha^\circ}{180^\circ}$, als Bogenmaß oder arc α bezeichnet.

Aus den Schaubildern ist zu erkennen:

1. Die Sinus- und Kosinusfunktion sind *periodische Funktionen*. Die Periode beträgt 2π (360°). Sie eignen sich deshalb zur Beschreibung von sich stetig wiederholenden Vorgängen.

2. Der Graph der Kosinusfunktion ist gegenüber dem Graphen der Sinusfunktion um $\frac{\pi}{2}$ (90°) verschoben.[5] Damit ist $y = \cos x = \sin (x + \frac{\pi}{2})$.

3. Die Ordinaten schwanken bei beiden Funktionen zwischen +1 und -1.

9.6.2 Die allgemeine Sinusfunktion und ihre graphische Darstellung

In der Physik und Technik spielen die Begriffe *Amplitude, Frequenz, Anfangsphase* eine wichtige Rolle.

In den meisten Fällen, in denen wir es mit Schwingungen oder periodischen Vorgängen zu tun haben, stimmen die Wellenlinien nicht mit den Graphen der einfachen Grundfunktionen überein. Wir haben es mit Dehnungen, Stauchungen, Verschiebungen in Richtung der x-Achse und mit Überlagerungen verschiedener Sinusfunktionen zu tun.

Da auch die Kosinusfunktion $x \mapsto \cos x = \sin (x - \frac{\pi}{2})$ als eine in x-Richtung verschobene (phasenverschobene) Sinusfunktion aufgefaßt werden kann, wollen wir uns hier auf die Betrachtung der verallgemeinerten Sinusfunktion beschränken.

○ **Beispiel**

Zeichnen Sie die Graphen der Funktion

$$x \mapsto A \cdot \sin x$$

für   a) $A = 2$ b) $A = \frac{1}{2}$.

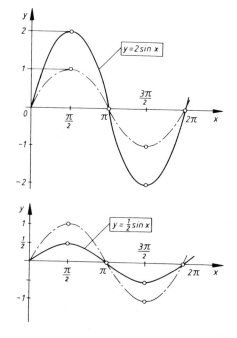

Lösung

a) Der Graph der Funktion

   $x \mapsto 2 \cdot \sin x$

   ist eine gedehnte Sinuskurve.

   | Dehnung |
   | $A > 1$ |

b) Der Graph der Funktion

   $x \mapsto \frac{1}{2} \cdot \sin x$

   ist eine gestauchte Sinuskurve.

   | Stauchung |
   | $0 < A < 1$ |

---

[5] Dies ergibt sich aus dem Zusammenhang, daß der Kosinus eines Winkels gleich dem Sinus des Komplementwinkels ist: $\cos \alpha = \sin (90° - \alpha) = \sin (\alpha + 90°)$.

Der Faktor A führt zu einer Veränderung der Ordinatenwerte und damit auch zu einer Veränderung der maximalen Ordinate, die man *Amplitude* nennt.

Die Funktion $x \mapsto 2 \cdot \sin x$ hat die Amplitude 2.

Die Funktion $x \mapsto \frac{1}{2} \cdot \sin x$ hat die Amplitude $\frac{1}{2}$.

> Die Funktion $x \mapsto A \cdot \sin x$ hat die Amplitude A.

○

○ **Beispiel**

Zeichnen Sie die Graphen der Funktion

$$x \mapsto \sin \omega \cdot x$$

für   a) $\omega = 2$ b) $\omega = \frac{1}{2}$.

Lösung

a) Der Graph der Funktion

$$x \mapsto \sin 2x$$

hat die Periode π.

Dies ist die halbe Periode der einfachen Sinusfunktion.

> Periodenverkürzung
> $\omega > 1$

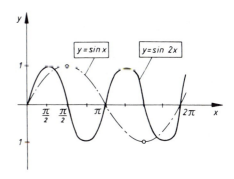

b) Der Graph der Funktion

$$x \mapsto \sin \frac{1}{2} x$$

hat die Periode 4π.

Dies ist die doppelte Periode der einfachen Sinusfunktion.

> Periodenverlängerung
> $\omega < 1$

Der Faktor ω führt zu einer *Änderung der Periode*.

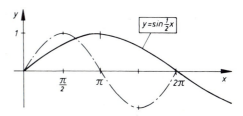

> Die Funktion $x \mapsto \sin \omega \cdot x$ hat die Periode $\frac{2\pi}{\omega}$

Führt man für ω die *Kreisfrequenz* $\omega = 2\pi\nu$ ein, so erhält man für die Periode den Kehrwert der *Frequenz* ν, was bei Schwingungen der *Schwingungsdauer* T entspricht.

Die Frequenz einer Schwingung ist

$$\nu = \frac{1}{T} = \frac{\omega}{2\pi}$$

Damit ist

$$\frac{2\pi}{\omega} = \frac{2\pi}{2\pi\nu} = \frac{1}{\nu} = T$$

○

○ **Beispiel**

Zeichnen Sie den Graphen der Funktion

$$x \mapsto \sin\left(x + \frac{\pi}{4}\right)$$

Lösung

Wie man mit Hilfe einer Wertetabelle leicht feststellen kann, ist bei der Funktion $x \mapsto \sin\left(x + \frac{\pi}{4}\right)$ der Funktionsgraph um $\frac{\pi}{4}$ in negativer x-Richtung verschoben.

Amplitude und Periode sind gleich wie bei der einfachen Sinuskurve. Lediglich die *Anfangsphase* ist um $\frac{\pi}{4}$ nach links verschoben.

Bei der Funktion mit der Funktionsgleichung $y = \sin\left(x - \frac{\pi}{4}\right)$ ist die Anfangsphase um $\frac{\pi}{4}$ nach rechts verschoben.

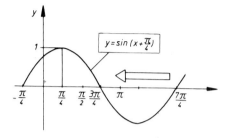

Sinuskurve mit *Phasenverschiebung*

Die Phasenverschiebung der Funktion $x \mapsto \sin(\omega x + \varphi)$ beträgt

$$x_0 = -\frac{\varphi}{\omega}$$

Zusammenfassung

Bei der allgemeinen Sinusfunktion mit der Funktionsgleichung $y = A \sin(\omega x + \varphi)$ bewirken die einzelnen Größen folgende *geometrische* Veränderungen gegenüber der einfachen Grundfunktion mit der Funktionsgleichung $y = \sin x$

$$y = \boxed{A} \cdot \sin\left(\boxed{\omega}\, x + \boxed{\varphi}\right)$$

$$A, \omega, \varphi \in \mathbb{R}^+$$

Vergrößerung oder Verkleinerung der Ordinatenwerte

Verlängerung oder Verkürzung der Perioden

Verschiebung entlang der x-Achse

Physikalisch stellt diese Gleichung die Gleichung einer *harmonischen Schwingung* dar.

Physikalisch beschreiben die einzelnen Größen folgende Veränderungen

$$y = \boxed{A} \cdot \sin\left(\boxed{\omega}\, x + \varphi\right)$$

Amplitudenänderung

Perioden- oder Frequenzänderung

Phasenverschiebung

Durch die Überlagerung verschiedenster Sinusfunktionen mit unterschiedlicher Phase, Frequenz und Amplitude können physikalisch die Amplituden an beliebigen Stellen verstärkt, geschwächt oder ausgelöscht werden. Wir sprechen von *Resonanz-* und *Dämpfungserscheinungen*. Damit läßt sich praktisch jede elektrophysikalische oder mechanische Schwingung mit Hilfe von Sinusfunktionen darstellen. Zeichnerisch erhält man das Schaubild überlagerter Funktionen durch einfache Addition bzw. Subtraktion der Ordinatenwerte.

9.6.3 Die Schaubilder der Tangens- und Kotangensfunktion

○ **Anwendungsbeispiel**

Zeichnen Sie die Schaubilder von

$$y = \tan x \quad \text{und} \quad y = \cot x.$$

Lösung

Wir entnehmen wiederum dem Einheitskreis den jeweils zu einem bestimmten
Winkel gehörenden Tangens- und Kotan-
genswert und tragen ihn über dem Winkel
(im Bogenmaß) auf der x-Achse als
Ordinate ab.

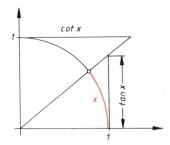

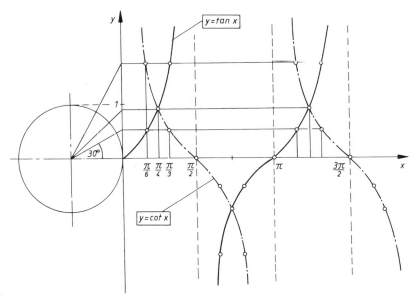

Aus den Schaubildern ist zu erkennen:

1. Die Tangens- und die Kotangensfunktion sind *periodische* Funktionen. Die Perioden-
   länge beträgt π (180°).

2. Die Tangensfunktion ist in den Intervallen $\left]-\dfrac{\pi}{2}, \dfrac{\pi}{2}\right[, \ \left]\dfrac{\pi}{2}, \dfrac{3\pi}{2}\right[, \dots$ *monoton steigend.*
   Die Tangenswerte für $\dfrac{\pi}{2}, \dfrac{3\pi}{2}, \dots$ sind nicht definiert. Dies ergibt sich aus dem Zusam-
   menhang $\tan x = \dfrac{\sin x}{\cos x}$.

3. Die Kotangensfunktion ist in den Intervallen $]0, \pi[, \ ]\pi, 2\pi[, \dots$ *monoton fallend.*
   Die Kotangenswerte sind für $0, \ \pi, \ 2\pi, \dots$ nicht definiert. Dies ergibt sich aus dem
   Zusammenhang $\cot x = \dfrac{\cos x}{\sin x}$.

Aufgaben

zu 9.6 Die Graphen der Winkelfunktionen

1. a) Zeichnen Sie in ein Koordinatensystem die Graphen der Funktionen

$$x \mapsto \sin x$$
$$x \mapsto \cos x$$

im Bereich $0 \leqslant x \leqslant 2\pi$ (Einheit = 2 cm).

b) Zeichnen Sie in ein Koordinatensystem die Graphen der Funktionen

$$x \mapsto \tan x$$
$$x \mapsto \cot x$$

im Bereich $0 \leqslant x \leqslant 2\pi$ (Einheit = 2 cm).

2. Stellen Sie tabellarisch die Vorzeichen der jeweiligen trigonometrischen Funktionen in allen vier Quadranten zusammen.

3. Um welchen Winkel (im Grad- und Bogenmaß) ist der Graph der Sinusfunktion nach rechts zu verschieben, damit die Kurve
a) in sich selbst übergeht,
b) in die Kosinuskurve übergeht,
c) in ihr Spiegelbild übergeht?

4. Zeichnen Sie den Graphen der Funktion $x \mapsto 2\sin 2x$.

5. Zeichnen Sie den Graphen der Funktion $x \mapsto \sin x + \frac{1}{2}\sin x$.

6. Zeichnen Sie den Graphen der Funktion $x \mapsto \frac{1}{2}\sin x + \cos \frac{1}{2}x$.

7. Zeichnen Sie den Graphen der Funktion $x \mapsto \sin 2x + \frac{\pi}{2}$.

8. Wie groß sind bei folgenden Funktionen die Amplituden- und Periodenänderung, sowie die Phasenverschiebung:

a) $x \mapsto \frac{3}{2}\sin(0{,}3x + 2\pi)$ b) $x \mapsto 0{,}2\cos(2x - \frac{\pi}{4})$.

9. Zeichnen Sie den Graphen der Funktion $x \mapsto \frac{\sin x}{x}$.
Welche Besonderheit hat das Schaubild für $x = \mathbb{R} \setminus \{0\}$?

10. Zeichnen Sie den Graphen der Funktion $x \mapsto \sin x^2$.

10 Winkelfunktionen am schiefwinkligen Dreieck

10.1 Sinussatz

Da die bisherigen Anwendungen der Winkelfunktionen zur Berechnung von Winkeln und Längen auf das rechtwinklige Dreieck beschränkt waren, wollen wir nunmehr, nachdem wir den Winkelfunktionsbegriff auf beliebige Winkel ausgedehnt haben, Längen und Winkel auch im schiefwinkligen Dreieck berechnen.

Dazu zerlegen wir das schiefwinklige Dreieck mit Hilfe einer beliebigen Höhe in zwei rechtwinklige Dreiecke, auf die die Winkelfunktionen angewandt werden können.

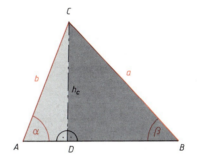

Im $\triangle\ ADC$ gilt:

$$\sin \alpha = \frac{h_c}{b}$$

$$h_c = b \cdot \sin \alpha \tag{1}$$

Da wir mit den Gln. (1) und (2) jeweils die Höhe h_c berechnet haben, läßt sich durch Gleichsetzen der beiden Gleichungen folgendes Ergebnis finden

Im $\triangle\ BCD$ gilt:

$$\sin \beta = \frac{h_c}{a}$$

$$h_c = a \cdot \sin \beta \tag{2}$$

Gleichsetzen von (1) und (2):

$$b \cdot \sin \alpha = a \cdot \sin \beta \quad \text{oder}$$

$$\frac{a}{\sin \alpha} = \frac{b}{\sin \beta} \tag{3}$$

Entsprechend erhält man mit der Höhe h_a die Proportion

$$\frac{b}{\sin \beta} = \frac{c}{\sin \gamma} \tag{4}$$

Mit der Höhe h_b findet man in derselben Weise

$$\frac{a}{\sin \alpha} = \frac{c}{\sin \gamma} \tag{5}$$

Die Gln. (3) bis (5) stellen den Sinussatz dar.

Sinussatz

| In einem beliebigen Dreieck verhalten sich die Seiten wie die Sinuswerte der zugehörigen Gegenwinkel. | $a : b : c = \sin\alpha : \sin\beta : \sin\gamma$

 $\dfrac{a}{b} = \dfrac{\sin\alpha}{\sin\beta}$

 $\dfrac{b}{c} = \dfrac{\sin\beta}{\sin\gamma}$

 $\dfrac{a}{c} = \dfrac{\sin\alpha}{\sin\gamma}$ |

Der Sinussatz gilt auch für stumpfwink- lige Dreiecke.

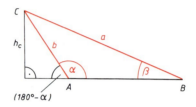

Wir erhalten

Da $\sin(180° - \alpha) = \sin\alpha$ ist, erhält man aus Gl. (2)

$$h_c = a \cdot \sin\beta \qquad (1)$$
$$h_c = b \cdot \sin(180° - \alpha) \qquad (2)$$
$$h_c = b \cdot \sin\alpha \qquad (2')$$

Setzt man die Werte für h_c gleich, so er- gibt sich

$$\frac{a}{b} = \frac{\sin\alpha}{\sin\beta}$$

○ **Beispiel**

Von einem Dreieck sind bekannt, $\alpha = 62{,}50°$, $\beta = 48{,}75°$ und die Seite $a = 25$ cm. Berechnen Sie die fehlenden Seiten und Winkel.

Lösung

Aus der Winkelsumme folgt

$$\alpha + \beta + \gamma = 180°$$
$$\gamma = 180° - (\alpha + \beta)$$
$$\gamma = 180° - (62{,}56° + 48{,}75°)$$
$$\underline{\underline{\gamma = 68{,}69°}}$$

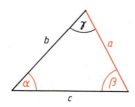

Da *zwei Winkel und eine Seite* gegeben sind, läßt sich der Sinussatz anwenden.

Nach dem Sinussatz gilt:

$$\frac{a}{\sin \alpha} = \frac{b}{\sin \beta}$$

$$b = \frac{a \cdot \sin \beta}{\sin \alpha}$$

$$b = \frac{25\ \text{cm} \cdot \sin 48{,}75°}{\sin 62{,}56°}$$

$$\underline{\underline{b = 21{,}18\ \text{cm}}}$$

Auch die noch fehlende Seite *c* läßt sich mit Hilfe des Sinussatzes berechnen.

Nach dem Sinussatz gilt:

$$\frac{c}{\sin \gamma} = \frac{a}{\sin \alpha}$$

$$c = \frac{a \cdot \sin \gamma}{\sin \alpha}$$

$$c = \frac{25\ \text{cm} \cdot \sin 68{,}69°}{\sin 62{,}56°}$$

$$\underline{\underline{c = 26{,}24\ \text{cm}}} \qquad \bigcirc$$

○ **Anwendungsbeispiel**

a) Um welchen Winkel β ist die Pleuelstange eines Kurbeltriebes ausgelenkt, wenn der Kurbelradius $r = 200$ mm, die Schubstangenlänge $l = 800$ mm und der Winkel $\alpha = 32{,}5°$ beträgt?

b) Welchen Weg x hat damit der Kolben von seinem Totpunkt T aus zurückgelegt?

Lösung

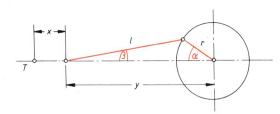

Da in dem dargestellten stumpfwinkligen Dreieck *zwei Seiten und ein zugehöriger Gegenwinkel* gegeben sind, läßt sich der Sinussatz anwenden.

a) Nach dem Sinussatz gilt:

$$\frac{r}{\sin \beta} = \frac{l}{\sin \alpha}$$

$$\sin \beta = \frac{r \cdot \sin \alpha}{l}$$

$$\sin \beta = \frac{200\ \text{mm} \cdot \sin 32{,}5°}{800\ \text{mm}}$$

$$\sin \beta = 0{,}13432$$

$$\underline{\underline{\beta = 7{,}72°}}$$

Weder der Winkel noch die gegenüberliegende Seite y sind gegeben, deshalb berechnen wir mit Hilfe der Winkelsumme γ.

b)

$$\gamma = 180° - (\alpha + \beta) \qquad (1)$$

Liegt die Kurbelstange waagerecht, so gilt

$$x + y = l + r$$

Damit ist der Weg x

$$x = l + r - y \qquad (2)$$

Nach dem Sinussatz gilt:

$$\frac{y}{\sin \gamma} = \frac{l}{\sin \alpha}$$

$$y = \frac{l \cdot \sin \gamma}{\sin \alpha}$$

Mit $\sin \gamma = \sin (180° - (\alpha + \beta))$
$\quad\quad\quad = \sin (\alpha + \beta)$ ergibt sich

$$x = l + r - \frac{l \cdot \sin (\alpha + \beta)}{\sin \alpha}$$

$$x = 800\,\text{mm} + 200\,\text{mm}$$

$$- \frac{800\,\text{mm} \sin (32,5° + 7,72°)}{\sin 32,5°}$$

$$\underline{x = 38,56\,\text{mm}} \qquad\qquad\qquad \circ$$

○ **Anwendungsbeispiel**

Wie groß sind die Stützkräfte F_1 und F_2
in den Führungsbahnen, wenn die Kugel
mit einer Kraft von F = 120 N belastet
wird?

Lösung

In dem sich ergebenden schiefwinkligen
Kräftedreieck sind sin F und die beiden
Winkel α und β bekannt.

Der dritte Winkel, der für die Anwendung
des Sinussatzes erforderlich ist, ergibt
sich aus der Winkelsumme.

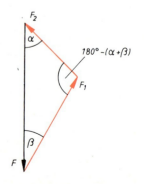

Da $\sin(180° - (\alpha + \beta)) = \sin(\alpha + \beta)$ ist, gilt

Nach dem Sinussatz gilt:

$$\frac{F_1}{\sin \alpha} = \frac{F}{\sin(180° - (\alpha + \beta))}$$

$$F_1 = \frac{F \cdot \sin \alpha}{\sin(\alpha + \beta)}$$

$$F_1 = \frac{120 \text{ N} \sin 45°}{\sin(45° + 30°)}$$

Mit $F = 120$ N, $\alpha = 45°$ und $\beta = 30°$ wird

$$\underline{\underline{F_1 = 87,85 \text{ N}}}$$

Auch die Kraft F_2 läßt sich mit Hilfe des Sinussatzes berechnen.

Nach dem Sinussatz gilt weiter:

$$\frac{F_2}{\sin \beta} = \frac{F}{\sin(\alpha + \beta)}$$

$$F_2 = \frac{F \cdot \sin \beta}{\sin(\alpha + \beta)}$$

$$F_2 = \frac{120 \text{ N} \sin 30°}{\sin(45° + 30°)}$$

$$\underline{\underline{F_2 = 62,12 \text{ N}}}$$ ○

○ **Anwendungsbeispiel**

Für ein Vorrichtungsteil, das auf dem Koordinatenbohrwerk hergestellt werden soll, sind die Koordinatenmaße x und y zu berechnen.

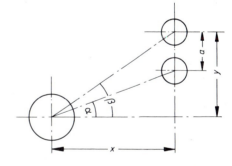

Lösung

Wir wenden auf das schiefwinklige Dreieck ACD den Sinussatz an.

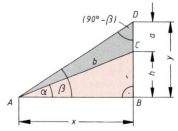

Nach dem Sinussatz gilt:

$$\frac{a}{\sin(\beta - \alpha)} = \frac{b}{\sin(90° - \beta)} \qquad (1)$$

Dabei erhalten wir die bisher noch unbekannte Seite b.

$$b = \frac{a \cdot \sin(90° - \beta)}{\sin(\beta - \alpha)} \qquad (2)$$

Aus dem Dreieck ABC ergibt sich

$$h = b \cdot \sin\alpha \qquad (3)$$

Damit ist y unter Berücksichtigung von Gl. (2) und Gl. (3)

$$y = a + h = a + \frac{a \cdot \sin\alpha \cdot \sin(90° - \beta)}{\sin(\beta - \alpha)}$$

Nach einigen Umformungen erhält man unter Anwendung der Additionstheoreme die Koordinatenmaße x und y.

$$y = a\left(1 - \frac{\sin\alpha \cdot \sin(90° - \beta)}{\sin(\beta - \alpha)}\right)$$

$$y = a\left(\frac{\sin\beta\cos\alpha - \cos\beta\sin\alpha + \sin\alpha\cos\beta}{\sin(\beta - \alpha)}\right)$$

$$\boxed{y = a \cdot \frac{\sin\beta\cos\alpha}{\sin(\beta - \alpha)}} \qquad \text{oder}$$

$$\boxed{y = a \cdot \frac{\tan\beta}{1 - \tan\alpha}}$$

Aus dem Dreieck ABD erhält man

$$\tan\beta = \frac{y}{x}$$

$$\boxed{x = \frac{a}{1 - \tan\alpha}}$$

○

Zusammenfassung

Sinussatz

Anwendung: Wenn gegeben sind
a) zwei Seiten und ein Winkel, der einer dieser Seiten gegenüber liegt
b) eine Seite und zwei Winkel.
   Der dritte Winkel läßt sich, falls erforderlich, aus der Winkelsumme ermitteln.

$$\boxed{a : b : c = \sin\alpha : \sin\beta : \sin\gamma} \qquad \text{oder}$$

$$\boxed{\frac{a}{\sin\alpha} = \frac{b}{\sin\beta} = \frac{c}{\sin\gamma}}$$

Der Zahlenwert dieser Brüche ist gleich dem Durchmesser des Umkreises:

$$\boxed{\frac{c}{\sin\gamma} = d}$$

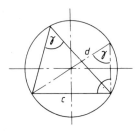

Aufgaben

zu 10.1 Sinussatz

Von einem Dreieck sind folgende Größen gegeben. Berechnen Sie mit Hilfe des Sinus-satzes die fehlenden Seiten und Winkel.

1. $\alpha = 70^\circ$
   $\beta = 40^\circ$
   $c = 6,5$ m

2. $b = 5,4$ cm
   $c = 5,2$ cm
   $\gamma = 62^\circ 10'$

3. $a = 6,3$ m
   $\alpha = 80^\circ 18'$
   $\gamma = 59^\circ 20'$

4. $b = 5,6$ cm
   $c = 7,8$ cm
   $h_a = 5,4$ cm

5. $h_b = 5,6$ m
   $a = 5,9$ m
   $\alpha = 58^\circ 48'$

6. $r = 2,9$ cm
   $h_a = 5,2$ cm
   $\beta = 68^\circ 10'$

7. $w_\beta = 5,5$ m
   $\beta = 47^\circ 6'$
   $\alpha = 57^\circ 12'$

8. $a = 4,4$ cm
   $w_\gamma = 4,3$ cm
   $\beta = 75^\circ$

9. $h_c = 4,0$ m
   $w_\gamma = 4,1$ m
   $\beta = 46^\circ 40'$

10. Von einem Dreieck sind gegeben: $\alpha = 52^\circ$, $\beta = 48^\circ$, $c = 64$ mm.
    Berechnen Sie den Winkel γ, die Seiten a und b, sowie den Umkreisradius.

11. Berechnen Sie den Bohrungsab-stand x, sowie den Teilkreisdurch-messer d.

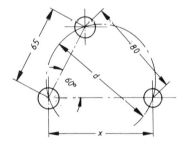

12. Eine Kraft $F = 800$ N ist so in zwei Komponenten zu zerlegen, daß die Wirkungs-linien dieser Komponenten mit der Wirkungslinie der Kraft F die Winkel $\alpha = 10,5^\circ$ und $\beta = 48^\circ 15'$ bilden. Bestimmen Sie die Größe der Komponenten F_1 und F_2.

13. Bestimmen Sie bei dem Wanddreh-kran die Länge der Stäbe 1 und 2.
    Bestimmen Sie die Stabkräfte für $F = 8$ kN.

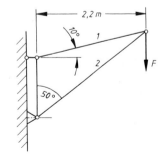

14. Um die Entfernung zwischen den Punkten A und C zu bestimmen, die wegen eines Sees und eines teilweise sumpfigen Geländes nicht direkt gemessen werden kann, wird die Entfernung $\overline{AB}$ zu einem seitlich liegenden Punkt A gemessen und der Winkel α mit einem Meßfernrohr bestimmt.

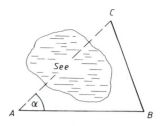

Berechnen Sie $\overline{AC}$ für $\overline{AB}$ = 1230 m, $\overline{BC}$ = 1000 m und α = 43,28°.

15. Bestimmen Sie die Höhe h für folgende Meßergebnisse:

a = 12,26 m, b = 27,35 m
α = 8°20'10'', β = 32°16'8''
γ = 28°15', δ = 47°10'5''

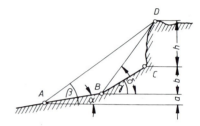

16. Bestimmen Sie für das dargestellte Schaltrad die Frästiefe x

a) allgemein

b) für z = 32 Zähne, r = 15 mm, α = 60°.

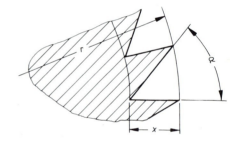

17. Eine Strömungsgeschwindigkeit v_1 = 480 $\frac{m}{min}$ wird durch eine Gegenströmung verringert. Welche Geschwindigkeit v_r ergibt sich, wenn sich der Richtungswinkel von α=28° zu β = 41,51° verändert? Wie groß ist damit die Geschwindigkeit v_2 der Gegenströmung?

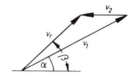

18. Das dargestellte Glasprisma mit der Seitenlänge a und γ = 60° hat eine Brechungszahl $n = \frac{3}{2}$.

Bestimmen Sie den Ablenkungswinkel α sowie den Weg des Lichtstrahls im Prisma in halber Prismenhöhe

a) allgemein,

b) für α = 30° und 45°.

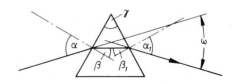

10.2 Kosinussatz

Schiefwinklige Dreiecke, bei denen zwei Seiten und der von ihnen eingeschlossene Winkel oder bei denen nur drei Seiten gegeben sind, lassen sich mit dem Sinussatz nicht mehr berechnen.

Wir müssen deshalb nach anderen Berechnungsmöglichkeiten suchen.

Dazu zerlegen wir wiederum das schiefwinklige Dreieck mit Hilfe einer beliebigen Höhe in zwei rechtwinklige Dreiecke, auf die wir den Satz des Pythagoras anwenden.

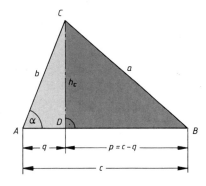

Im $\triangle ADC$ gilt:

$$b^2 = h_c^2 + q^2 \quad \text{oder}$$
$$h_c^2 = b^2 - q^2 \tag{1}$$

Im $\triangle DBC$ gilt:

$$a^2 = h_c^2 + (c - q)^2 \tag{2}$$

Durch Einsetzen von Gl. (1) in Gl. (2) erhält man:

$$a^2 = b^2 - q^2 + (c - q)^2$$
$$a^2 = b^2 + c^2 - 2cq \tag{3}$$

Im $\triangle ADC$ gilt:

Drücken wir q als Funktion von b und α aus, so erhalten wir eine Formel, die nur noch den Winkel α und die Dreieckseiten a, b und c enthält. Dies ist der *Kosinussatz*, der für spitzwinklige und stumpfwinklige Dreiecke gilt.

$$\cos \alpha = \frac{q}{b} \quad \text{oder}$$
$$q = b \cdot \cos \alpha \tag{4}$$

Durch Einsetzen von Gl. (4) in Gl. (3) ergibt sich:

$$\underline{\underline{a^2 = b^2 + c^2 - 2bc \cos \alpha}}$$

Kosinussatz

Das Quadrat über einer Dreieckseite ist gleich der Summe der Quadrate über den beiden anderen Seiten, vermindert um das doppelte Produkt dieser beiden Seiten und dem Kosinus des von ihnen eingeschlossenen Winkels.

$$a^2 = b^2 + c^2 - 2bc \cos \alpha$$
$$b^2 = c^2 + a^2 - 2ac \cos \beta$$
$$c^2 = a^2 + b^2 - 2ab \cos \gamma$$

○ **Anwendungsbeispiel**

Eine Last $F_1 = 1{,}6\,\text{kN}$ wird durch eine Kraft $F_2 = 1{,}6\,\text{kN}$ über eine Seilrolle unter einem Winkel von $\alpha = 42°$ hochgezogen.

a) Wie groß ist der Umschlingungswinkel?

b) Welche resultierende Kraft F_r wirkt auf die Seilrollenachse?

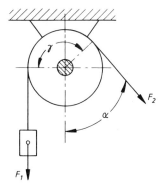

Lösung

Wir zeichnen zu diesem Zweck das Krafteck.

Werden die Kraftpfeile von F_1 und F_2 in maßstäblicher Größe in beliebiger Reihenfolge aber vorgegebener Richtung aneinandergehängt, so ist die Kraft F_r als Verbindungspfeil des Anfangs- und Endpunktes der beiden Pfeile bereits die Resultierende in maßstäblicher Größe und tatsächlicher Richtung.

Wir haben die Aufgabe zeichnerisch gelöst.

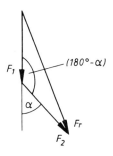

a)   Der Umschlingungswinkel ist

$$\gamma = 180° - \alpha$$

(paarweise aufeinander senkrecht stehende Schenkel)

$$\gamma = 180° - 42°$$
$$\gamma = 138°$$

Bei der rechnerischen Lösung wenden wir den Kosinussatz auf das Krafteck an.

b)   Nach dem Kosinussatz ist

$$F_r^2 = F_1^2 + F_2^2 - 2F_1F_2 \cos(180° - \alpha)$$
$$F_r^2 = F_1^2 + F_2^2 + 2F_1F_2 \cos\alpha$$

Da $\cos(180° - \alpha) = -\cos\alpha$ ist, gilt

$$\boxed{F_r = \sqrt{F_1^2 + F_2^2 + 2F_1F_2 \cos\alpha}}$$

Da $(180° - \alpha) = \gamma$ ist, kann die Resultierende auch mit dem Umschlingungswinkel γ berechnet werden

$$F_r = \sqrt{F_1^2 + F_2^2 - 2F_1F_2 \cos\gamma}$$

Bei Außerachtlassung der Seilreibung, d.h. *im reibungsfreien Fall* ist $F_1 = F_2$.

Damit erhält man als Resultierende

$$F_r = \sqrt{2F_1^2 - 2F_1^2 \cos\gamma}$$
$$F_r = F_1 \sqrt{2(1 - \cos\gamma)}$$

Ersetzt man cos γ durch

$$\cos \gamma = 1 - 2 \sin^2 \frac{\gamma}{2},$$

so erhält man

$$\boxed{F_r = 2F_1 \cdot \sin \frac{\gamma}{2}}$$

Dieses Ergebnis hätte man aus der Aufteilung des gleichschenkligen Dreiecks in zwei rechtwinklige Dreiecke unmittelbar erhalten.

Mit den Zahlenwerten $F_1 = 1{,}6$ kN und $\frac{\gamma}{2} = \frac{138°}{2} = 69°$ ergibt sich

$$F_r = 2 \cdot 1{,}6 \text{ kN} \cdot \sin 69°$$
$$F_r = 2{,}9875 \text{ kN} \qquad \bigcirc$$

○ **Anwendungsbeispiel**

Zwei Zahnräder Z_1 und Z_2 sollen über ein Zwischenrad Z ihre Drehrichtung ändern. Berechnen Sie die Abstandsmaße x und y.

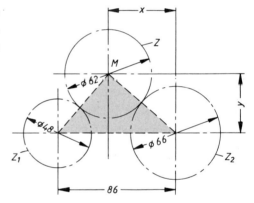

Lösung

Die Zahnräder berühren sich an ihren Teilkreisen. Die Berührpunkte liegen auf den Verbindungsstrecken der Kreismittelpunkte.

Das schiefwinklige Dreieck *ABM* wird zur Berechnung der gesuchten Strecken herangezogen. Die Seiten *a*, *b* und *c* sind die Summen der betreffenden Halbmesser.

Mit Hilfe des Kosinussatzes wird zunächst der Winkel β berechnet.

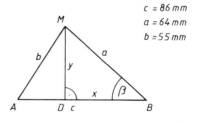

$c = 86 \text{ mm}$
$a = 64 \text{ mm}$
$b = 55 \text{ mm}$

Nach dem Kosinussatz gilt:

$$b^2 = a^2 + c^2 - 2ac \cos \beta$$
$$2ac \cos \beta = a^2 + c^2 - b^2$$
$$\cos \beta = \frac{a^2 + c^2 - b^2}{2ac}$$

$$\cos \beta = \frac{64^2 + 86^2 - 55^2}{2 \cdot 64 \cdot 86} = \frac{8467}{11008}$$

$$\cos \beta = 0{,}7692$$
$$\beta = 39{,}7°$$

Die Abstandsmaße x und y finden wir über die Winkelfunktionen im rechtwinkligen Dreieck DBM.

$\triangle DBM$:

$$\sin \beta = \frac{y}{a}$$

$$y = a \cdot \sin \beta$$

$$y = 64 \text{ mm} \cdot \sin 39{,}7°$$

$$\underline{\underline{y = 40{,}88 \text{ mm}}}$$

$$\cos \beta = \frac{x}{a}$$

$$x = a \cdot \cos \beta$$

$$\underline{\underline{x = 49{,}24 \text{ mm}}}$$

○ **Anwendungsbeispiel**

Berechnen Sie die Abstandsmaße x und y für den Hebel.

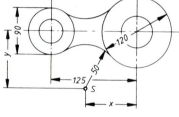

Lösung

Die Berührpunkte B_1 und B_2 liegen auf den Strecken $\overline{SM_1}$ und $\overline{SM_2}$.

Den Winkel α berechnen wir mit Hilfe des Kosinussatzes.

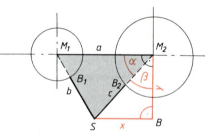

a = 125 mm
b =   45 mm + 50 mm =   95 mm
c =   50 mm + 60 mm = 110 mm

Nach dem Kosinussatz gilt:

$$b^2 = a^2 + c^2 - 2ac \cos \alpha$$
$$2ac \cos \alpha = a^2 + c^2 - b^2$$
$$\cos \alpha = \frac{a^2 + c^2 - b^2}{2ac}$$
$$\cos \alpha = \frac{18\,700}{27\,500} = 0{,}68$$
$$\underline{\underline{\alpha = 47{,}15°}}$$

Der Winkel β ergänzt sich mit α zu 90°.

$$\beta = 90° - \alpha = \underline{42,85°}$$

Die Seiten x und y erhalten wir über die trigonometrischen Funktionen im rechtwinkligen Dreieck SBM_2.

$$\sin\beta = \frac{x}{c'} \qquad x = c \cdot \sin\beta$$
$$\underline{x = 74,8 \text{ mm}}$$

$$\cos\beta = \frac{y}{c'} \qquad y = c \cdot \cos\beta$$
$$\underline{y = 80,6 \text{ mm}}$$

○ **Anwendungsbeispiel**

Von nebenstehender Formschablone ist gegeben:

$$R = 92 \quad \text{cm}$$
$$r = 34,5 \text{ cm}$$
$$H = 102 \quad \text{cm}$$
$$a = 72 \quad \text{cm}$$

Berechnen Sie die Breite x.

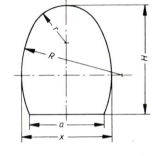

Lösung

Wir ziehen von den Mittelpunkten der Kreise mit den Radien R und r die Verbindungslinien $\overline{BC}$ und $\overline{BE}$.

Es entstehen verschiedene Dreiecke, die wir zur Berechnung der einzelnen Größen heranziehen.

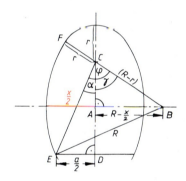

Mit Hilfe des Dreiecks EDC läßt sich die Strecke $\overline{EC} = b$ nach Pythagoras berechnen.

1. $\triangle EDC$

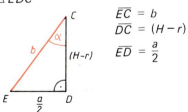

$$\overline{EC} = b$$
$$\overline{DC} = (H - r)$$
$$\overline{ED} = \frac{a}{2}$$

Nach Pythagoras gilt:

$$b^2 = \left(\frac{a}{2}\right)^2 + (H-r)^2$$
$$b^2 = 36^2 + 67,5^2 = 5852,25$$
$$\underline{b = 76,5 \text{ cm}}$$

Mit der berechneten Strecke b läßt sich der Winkel α bestimmen.

$$\sin\alpha = \frac{a}{2 \cdot b} = \frac{72}{2 \cdot 76,5} = 0,4705$$
$$\underline{\alpha = 28°}$$

Über das Dreieck *EBC* finden wir den Winkel φ.

2. $\triangle EBC$

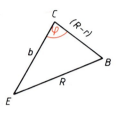

Kosinussatz:

$$R^2 = b^2 + (R-r)^2 - 2b\,(R-r)\cos\varphi$$

$$\cos\varphi = \frac{b^2 + (R-r)^2 - R^2}{2b\,(R-r)}$$

$$\cos\varphi = \frac{76,5 + 57,5^2 - 92^2}{2\cdot 76,5 \cdot 57,5} = 0,0789$$

$$\underline{\varphi = 85,47°}$$

Mit dem Winkel φ läßt sich der Winkel γ des Dreiecks *ABC* als Differenzwinkel bestimmen.

Über das rechtwinklige Dreieck *ABC* erhält man nach einigen Umrechnungen die Länge der Strecke x.

3. $\gamma = \varphi - \alpha = 57,47°$

4. $\triangle ABC$

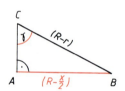

$$\sin\gamma = \frac{R - \frac{x}{2}}{R - r}$$

$$(R-r)\cdot \sin\gamma = R - \frac{x}{2}$$

$$x = 2R - 2\,(R-r)\cdot \sin\gamma$$

$$x = 2\cdot 92 - 2\cdot 57,5 \cdot \sin 57,47°$$

$$\underline{\underline{x = 87,22\ \text{cm}}} \qquad\qquad\qquad ○$$

○ **Anwendungsbeispiel**

Berechnen Sie die Höhe y des Formstückes.

$$R = 90\ \text{mm}$$
$$r = 48\ \text{mm}$$
$$2a = 67\ \text{mm}$$
$$e = 19\ \text{mm}$$

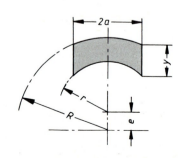

Lösung

Das schiefwinklige Dreieck *MFH* enthält die gesuchte Höhe *y*. Die unbekannten Größen *f*, ϵ und φ müssen über die rechtwinkligen Dreiecke *ABC* (*b*) und *MHD* (β, *f*) berechnet werden.

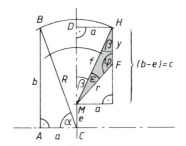

Aus dem Dreieck *ABC* läßt sich mit *R* und α die Strecke *b* berechnen.

1. $\triangle ABC \qquad \overline{AB} = b$

$$\cos\alpha = \frac{a}{R}$$

$$\cos\alpha = \frac{33,5}{90} = 0,3722$$

$$\alpha = 68,1°$$

$$b = R \cdot \sin\alpha$$
$$b = 90 \cdot \sin 68,1°$$
$$b = 83,5\,\text{mm}$$

2. $c = b - e = 64,5\,\text{mm}$

Das Dreieck *MHD* dient zur Berechnung der Strecke *f*.

3. $\triangle MHD$

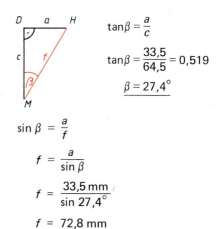

$$\tan\beta = \frac{a}{c}$$

$$\tan\beta = \frac{33,5}{64,5} = 0,519$$

$$\beta = 27,4°$$

$$\sin\beta = \frac{a}{f}$$

$$f = \frac{a}{\sin\beta}$$

$$f = \frac{33,5\,\text{mm}}{\sin 27,4°}$$

$$f = 72,8\,\text{mm}$$

Durch Anwendung des Sinussatzes auf das schiefwinklige Dreieck *MFH* läßt sich *y* bestimmen.

4. $\triangle MFH$

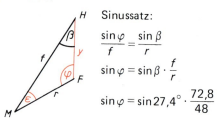

Sinussatz:

$$\frac{\sin \varphi}{f} = \frac{\sin \beta}{r}$$

$$\sin \varphi = \sin \beta \cdot \frac{f}{r}$$

$$\sin \varphi = \sin 27{,}4° \cdot \frac{72{,}8}{48}$$

Aus dem geometrischem Sachverhalt erkennen wir, daß für den vorliegenden Fall nur $\varphi_2 = 135{,}74°$ in Frage kommen kann.

$\varphi_1 = 44{,}26°$ $\qquad$ $\varphi_2 = 135{,}74°$

$\epsilon = 180° - (\beta + \varphi_2)$

$\epsilon = 180° - 163{,}14° = 16{,}86°$

Sinussatz:

$$\frac{y}{\sin \epsilon} = \frac{r}{\sin \beta}$$

$$y = r \cdot \frac{\sin \epsilon}{\sin \beta}$$

$$y = 48 \text{ mm} \cdot \frac{\sin 16{,}86°}{\sin 27{,}4°}$$

$$\underline{\underline{y = 30{,}25 \text{ mm}}} \qquad \bigcirc$$

○ **Anwendungsbeispiel**

Ein Fischkutter mit Kurs S37°O, der mit einer Geschwindigkeit von 9 Knoten (1 Knoten = 1 sm/h) fährt, empfängt Notsignale eines Segelbootes aus S78,5 °W und einer Entfernung von 32 sm. Das Segelboot treibt mit gebrochenem Mast vor dem Wind aus NO mit 4 Knoten. Ein Seerettungskreuzer, der die Signale ebenfalls empfangen hat, trifft auf seinem Weg zum Segelboot den Fischkutter, der seine Fahrt fortgesetzt hat, nach 30 min ($v = 20$ kn).

Welchen Kurs hatte das Rettungsschiff? Wann trifft es nach Passieren des Fischkutters beim Segelboot ein? Wie weit ist die Entfernung zum Segelboot beim Passieren?

Lösung

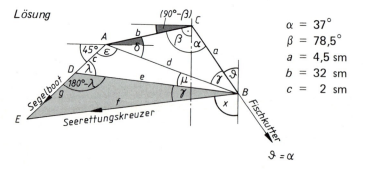

$\alpha = 37°$

$\beta = 78{,}5°$

$a = 4{,}5$ sm

$b = 32$ sm

$c = 2$ sm

$\vartheta = \alpha$

Das Segelboot segelt unter einem Kurswinkel von 45° von A nach E. Seine Geschwindigkeit beträgt 4 kn, d.h. in 30 min ist es 2 sm weiter gefahren (Punkt D).

Der Fischkutter fährt mit einer Geschwindigkeit von 9 kn von C in Richtung B und ist nach 30 min 4,5 sm von C entfernt (Punkt B).

Der Seerettungskreuzer passiert B und nimmt mit 20 kn Kurs auf E.

Zur Bestimmung des Kurses des Rettungsschiffes muß der Winkel x berechnet werden.

Dies geschieht in mehreren Schritten über folgende Dreiecke.

a) △ABC
    daraus ∡ δ und γ sowie d

b) △ABD
    daraus ∡ ε, λ und μ sowie e

Mit Hilfe des Sinussatzes läßt sich der Winkel λ und damit wiederum der Winkel μ bestimmen.

1. △ABC

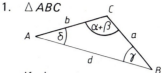

Kosinussatz:

$d^2 = a^2 + b^2 - 2ab \cos (\alpha + \beta)$
$d^2 = 32^2 + 4{,}5^2 - 2 \cdot 32 \cdot 4{,}5 \cdot \cos 115{,}5°$
$d^2 = 1168$

$\underline{d = 34{,}18 \text{ sm}}$

Sinussatz:

$$\frac{\sin \delta}{a} = \frac{\sin (\alpha + \beta)}{d}$$

$$\sin \delta = \frac{\sin (\alpha + \beta) \cdot a}{d}$$

$$\sin \delta = \frac{\sin 115{,}5° \cdot 4{,}5}{34{,}38} = 0{,}1193$$

$\underline{\delta = 6{,}85°}$; $\quad \gamma = 180° - (\alpha + \beta + \delta)$

$\qquad\qquad\qquad\quad \underline{\gamma = 67{,}36°}$

2. △ABD

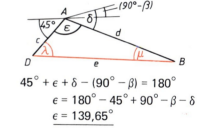

$45° + \epsilon + \delta - (90° - \beta) = 180°$

$\epsilon = 180° - 45° + 90° - \beta - \delta$

$\underline{\epsilon = 139{,}65°}$

Kosinussatz:

$e^2 = d^2 + c^2 - 2cd \cdot \cos \epsilon$
$e^2 = 34{,}18^2 + 2^2 - 2 \cdot 2 \cdot 34{,}18 \cos \epsilon$

$\underline{e = 35{,}72 \text{ sm}}$

Sinussatz:

$$\frac{\sin \lambda}{d} = \frac{\sin \epsilon}{e}$$

$$\sin \lambda = \frac{\sin \epsilon \cdot d}{e}$$

$$\sin \lambda = \frac{\sin 139{,}65° \cdot 34{,}18}{35{,}72}$$

$\underline{\lambda = 38{,}28°}$

$\mu = 180° - (\epsilon + \lambda)$

$\underline{\mu = 2{,}07°}$

c) $\triangle BDE$

   daraus $\sphericalangle\, \nu$.

3. $\triangle BDE$

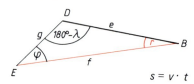

$$s = v \cdot t$$

Hierbei müssen die Strecken $\overline{DE} = g$ und $\overline{DB} = e$ mit der Weggleichung $s = v \cdot t$ angesetzt werden:

$g = 4 \cdot t$ und $f = 20 \cdot t$

$g = v \cdot t$

$g = 4 \cdot t$

$f = 20 \cdot t$

Die unbekannte Zeit t fällt beim Sinussatz wieder heraus.

Sinussatz:

$$\frac{\sin\,(180^\circ - \lambda)}{20 \cdot t} = \frac{\sin \nu}{4 \cdot t}$$

$$\sin \nu = \frac{\sin\,(180^\circ - \lambda) \cdot 1 \cdot 1}{5 \cdot 1}$$

$$\sin \nu = \frac{\sin \lambda}{5}$$

$$\nu = 7{,}1^\circ$$

Der Winkel x ergibt sich als Nebenwinkel zu α, γ, μ und ν.

$x = 180^\circ - (\rho + \gamma + \mu + \nu)$

$x = 180^\circ - (37^\circ + 57{,}35^\circ + 2{,}07^\circ + 7{,}1^\circ)$

$\underline{x = 76{,}48^\circ}$

$\varphi = 180^\circ - (\nu + 180^\circ - \lambda)$

$\varphi = \lambda - \nu$

$\varphi = 31{,}18^\circ$

Sinussatz:

$$\frac{f}{\sin \lambda} = \frac{e}{\sin \varphi}$$

$$f = e \cdot \frac{\sin \lambda}{\sin \varphi}$$

$$f = 35{,}72 \cdot \frac{\sin 38{,}28^\circ}{\sin 31{,}18^\circ}$$

$$\underline{f = 42{,}62\ \text{sm}}$$

$$v = \frac{s}{t}$$

$$t = \frac{s}{v} = \frac{42{,}62\ \text{sm} \cdot \text{h}}{20\ \text{sm}} = \underline{2{,}13\ \text{h}}$$

Ergebnis

Der Seenotkreuzer fährt einen Kurs S 76,48° W, ist 42,62 sm entfernt und braucht 2,13 h.

Zusammenfassung

Kosinussatz

Anwendung: Wenn gegeben sind

a) drei Seiten oder

b) zwei Seiten und der eingeschlossene Winkel.

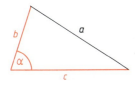

$$a^2 = b^2 + c^2 - 2bc \cos \alpha$$

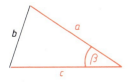

$$b^2 = a^2 + c^2 - 2ac \cos \beta$$

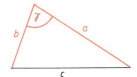

$$c^2 = a^2 + b^2 - 2ab \cos \gamma$$

Aufgaben

zu 10.2 Kosinussatz

Von einem Dreieck sind folgende Größen gegeben. Berechnen Sie mit Hilfe des Kosinussatzes die fehlenden Seiten und Winkel.

1. $a = 6$ cm
   $b = 4{,}7$ cm
   $\gamma = 61°5'$

2. $a = 5{,}3$ m
   $c = 5{,}1$ m
   $\beta = 78°$

3. $a = 5{,}8$ cm
   $b = 4{,}8$ cm
   $c = 4$ cm

4. $c = 5{,}4$ cm
   $r = 3{,}1$ cm
   $\alpha = 52°$

5. $h_c = 4{,}2$ cm
   $r = 3{,}5$ cm
   $\beta = 38°$

6. $a = 4$ cm
   $b = 4{,}6$ cm
   $r = 3{,}5$ cm

7. Von einem Parallelelogramm sind gegeben $a = 48{,}5$ cm, $b = 22{,}5$ cm und $\beta = 72°15'$.

   a) Berechnen Sie die übrigen Winkel, sowie die Längen der Diagonalen.

   b) Berechnen Sie den Flächeninhalt des Parallelelogramms.

8. In einem Parallelogramm schneiden sich die Diagonalen $e = 35$ mm und $f = 28$ mm unter einem Winkel von $125°$.

   a) Berechnen Sie die Seiten des Parallelogramms.

   b) Bestimmen Sie die Winkel des Parallelogramms.

   c) Welchen Flächeninhalt A hat das Parallelogramm?

9. Eine Kraft F = 1,2 kN ist so in zwei Komponenten zu zerlegen, daß ihre Wirkungs-
    linien mit F die Winkel α = 25° und β = 35° bilden. Wie groß sind damit die Kom-
    ponenten F_1 und F_2?

10. Zwei in einem Punkt angreifende Kräfte F_1 und F_2 bilden einen Winkel von 50°.
    a) Berechnen Sie die Resultierende für F_1 = 1,8 kN und F_2 = 0,7 kN.
    b) Welche Winkel bilden die Kräfte F_1 und F_2 mit der Resultierenden?

11. Auf dem Umfang sind fünf Lang-
    lochschlitze von 38 mm Länge vor-
    handen.

    Berechnen Sie den Winkel α.

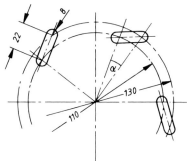

12. Welche Winkel schließen die Mittel-
    punktslinien ein?

    d_1 = 70 mm,
    d_2 = 50 mm,
    d_3 = 35 mm.

13. Berechnen Sie die Mittelpunktskoor-
    dinaten x und y

    a) allgemein,
    b) für
         a = 40 mm,
         b = 20 mm,
         r_1 = 30 mm,
         r_2 = 10 mm,
         r_3 = 25 mm.

14. Berechnen Sie für das Langloch

    a) den Radius r,

    b) die Bogenlänge b des Führungs-
       schlitzes.

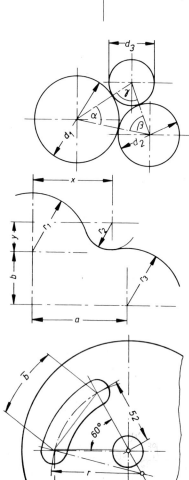

15. Berechnen Sie den Schnittwinkel der Tangenten in den Schnittpunkten zweier Kreise, deren Mittelpunkte den Abstand a haben.

$d_1 = 70$ mm, $d_2 = 50$ mm, $a = 55$ mm.

Wie groß ist die gemeinsame Sehne?

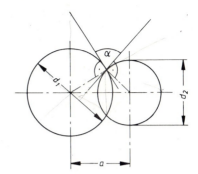

16. Das Getriebegehäuse eines Zahntriebes soll auf dem Lehrenbohrwerk gebohrt werden. Dazu sind die Koordinaten x und y erforderlich.

Zähnezahlen: $z_1 = 32$, $z_2 = 28$, $z_3 = 20$, $z_4 = 18$, Modul $m = 3$ mm.

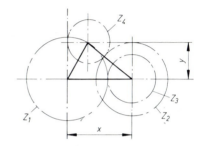

17. Berechnen Sie die Entfernung von A nach B, die wegen eines unzugänglichen Geländes nicht unmittelbar gemessen werden kann.

$\overline{AC} = 75$ m, $\overline{BC} = 168$ m, $\gamma = 108°46'$.

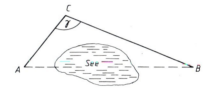

18. Berechnen Sie die Entfernung $\overline{DC}$ für $\overline{AB} = 128$ m,

$\alpha = 24°10'$, $\beta = 32°15'$, $\delta = 26°40'$, $\gamma = 76°50'$.

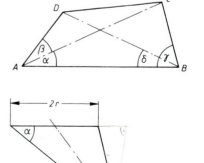

19. Ein Behälter hat die Form eines schiefen Kegels mit den Abmessungen $a = 70$ cm, $b = 50$ cm und $r = 30$ cm.

Berechnen Sie den Spitzenwinkel γ, den Neigungswinkel α und das Fassungsvermögen.

20. Bestimmen Sie für den Dachbinder die Stablängen c.

$a = 2,20$ m, $b = 3,00$ m, $\alpha = 15°$.

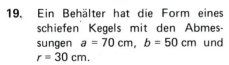

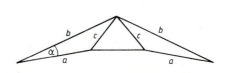

10.3 Flächenberechnung des schiefwinkligen Dreiecks

Flächenberechnungen des schiefwinkligen
Dreiecks können sehr aufwendig sein. Wir
wollen deshalb im folgenden einige Möglichkeiten aufzeigen, wie wir die Fläche
eines beliebigen Dreiecks verhältnismäßig
schnell berechnen können.

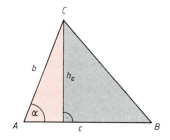

Die Fläche des Dreiecks ABC ist

Da $\sin\alpha = \dfrac{h_c}{b}$ oder $h_c = b \cdot \sin\alpha$ ist, ergibt sich für den Flächeninhalt

$$A = \frac{1}{2}c \cdot h_c$$

$$A = \frac{1}{2}bc \cdot \sin\alpha$$

Entsprechend lassen sich für die übrigen
Winkel und Seiten entsprechende Formeln
ableiten; die wir hier zusammenfassend
darstellen wollen.

> Der Flächeninhalt eines beliebigen
> Dreiecks ergibt sich als halbes Produkt
> aus zwei Seiten und dem Sinus des
> eingeschlossenen Winkels.

$$A = \frac{1}{2}ab \cdot \sin\gamma$$
$$A = \frac{1}{2}bc \cdot \sin\alpha$$
$$A = \frac{1}{2}ca \cdot \sin\beta$$

Da wir im Zusammenhang mit dem Sinussatz wissen, daß

$$\frac{a}{\sin\alpha} = \frac{b}{\sin\beta} = \frac{c}{\sin\gamma} = d = 2r$$

ist, wobei r der Umkreisradius des Dreiecks ist, kann der Flächeninhalt auch auf
diese Weise berechnet werden

$$A = \frac{abc}{4r} = \frac{abc}{2d}$$

○ **Beispiel**

Von einem Dreieck sind bekannt, $b = 5\,\text{cm}$, $c = 11\,\text{cm}$, $\alpha = 32°40'$. Berechnen Sie den
Flächeninhalt.

Lösung

Der Flächeninhalt ergibt sich aus der Formel

$$A = \frac{1}{2}b \cdot c \cdot \sin\alpha$$

Mit den angegebenen Werten erhält man

$$A = \frac{1}{2} \cdot 5\,\text{cm} \cdot 11\,\text{cm} \cdot \sin 32°40'$$

$$\underline{A = 14{,}84\,\text{cm}^2} \qquad\qquad ○$$

○ **Beispiel**

Eine schiefwinklige Pyramide hat die Kantenlängen $a = 40$ mm, $b = 30$ mm und $c = 25$ mm.

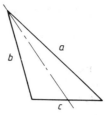

Berechnen Sie die Größe der dargestellten Seitenfläche.

Lösung

Damit wir die Fläche berechnen können, müssen wir erst mit Hilfe des Kosinussatzes

$$c^2 = a^2 + b^2 - 2ab \cos \gamma$$

den Winkel γ bestimmen.

$$A = \frac{1}{2} \cdot a \cdot b \cdot \sin \gamma$$

$$\cos \gamma = \frac{a^2 + b^2 - c^2}{2ab}$$

$$\cos \gamma = \frac{(40\,\text{mm})^2 + (30\,\text{mm}^2 - (25\,\text{mm})^2}{2 \cdot 40\,\text{mm} \cdot 30\,\text{mm}}$$

$$\cos \gamma = 0,7813$$

$$\gamma = 38,6248°$$

Damit ergibt sich als Flächeninhalt

$$A = 374,531 \text{ mm}^2 \qquad ○$$

○ **Anwendungsbeispiel**

An ein Rundmaterial soll ein Zapfen von dreieckigem Querschnitt angefräst werden. Welchen Durchmesser d muß das Rundmaterial haben, wenn die Querschnittsfläche bei

$a = 33$ mm, $b = 28$ mm, $c = 25$ mm

288 mm² betragen soll?

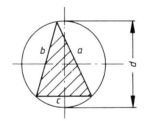

Lösung

Aus $A = \dfrac{abc}{2d}$ folgt $d = \dfrac{abc}{2A}$

$$A = \frac{abc}{2d}; \quad d = \frac{abc}{2A}$$

$$d = 40,1 \text{ mm} \qquad ○$$

11 Summen- und Differenzgleichungen von Winkelfunktionen (Additionstheoreme)

In manchen Fällen sind Termumformungen von Funktionen mit Winkelsummen erforderlich.

Wir wollen dazu im folgenden die entsprechenden Formeln ableiten.

In dem dargestellten Ausschnitt des Einheitskreises ist

$$\overline{AF} = 1$$

$$\overline{AC} = \cos \beta$$

$$\overline{CF} = \sin \beta$$

$$\sin (\alpha + \beta) = \frac{\overline{DF}}{\overline{AF}} = y_1 + y_2$$

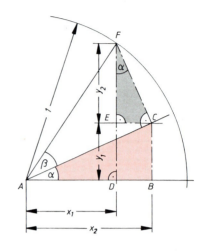

Im $\triangle ADF$ gilt:

$$\sin (\alpha + \beta) = y_1 + y_2 \qquad (1)$$

Im $\triangle ABC$ gilt:

$$\sin \alpha = \frac{y_1}{\cos \beta} \qquad (2)$$

Im $\triangle ECF$ gilt:

$$\cos \alpha = \frac{y_2}{\sin \beta} \qquad (3)$$

Aus Gl. (1) ergibt sich mit den Gln. (2) und (3):

$$\boxed{\sin (\alpha + \beta) = \sin \alpha \cos \beta + \cos \alpha \sin \beta}$$

Entsprechend läßt sich ableiten

$$\boxed{\cos (\alpha + \beta) = \cos \alpha \cos \beta - \sin \alpha \sin \beta}$$

Ersetzt man β durch $(-\beta)$, so erhält man

mit $\sin (-\beta) = -\sin \beta$

$$\boxed{\sin (\alpha - \beta) = \sin \alpha \cos \beta - \cos \alpha \sin \beta}$$

und $\cos (-\beta) = \cos \beta$

$$\boxed{\cos (\alpha - \beta) = \cos \alpha \cos \beta + \sin \alpha \sin \beta}$$

$$\tan (\alpha + \beta) = \frac{\sin (\alpha + \beta)}{\cos (\alpha + \beta)}$$

$$= \frac{\sin \alpha \cos \beta + \cos \alpha \sin \beta}{\cos \alpha \cos \beta - \sin \alpha \sin \beta}$$

Dividiert man Zähler und Nenner durch $\cos \alpha \cos \beta$, so erhält man

$$\frac{\dfrac{\sin \alpha \cos \beta}{\cos \alpha \cos \beta} + \dfrac{\cos \alpha \sin \beta}{\cos \alpha \cos \beta}}{\dfrac{\cos \alpha \cos \beta}{\cos \alpha \cos \beta} - \dfrac{\sin \alpha \sin \beta}{\cos \alpha \cos \beta}}$$

$$\boxed{\tan (\alpha + \beta) = \frac{\tan \alpha + \tan \beta}{1 - \tan \alpha \cdot \tan \beta}}$$

entsprechend erhält man

$$\boxed{\tan (\alpha - \beta) = \frac{\tan \alpha - \tan \beta}{1 + \tan \alpha \cdot \tan \beta}}$$

○ **Anwendungsbeispiel**

Wie groß muß die Haltekraft F sein, damit die Maschine mit der Gewichtskraft G bei einem Reibungskoeffizient μ_0 auf der schiefen Ebene nicht abrutscht?

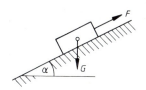

Lösung

In der Krafteckskizze wollen wir die Haftreibkraft F_{Ro} und die Normalkraft F_N zur Ersatzkraft F_e zusammenfassen.

Dadurch entsteht das schiefwinklige Dreieck, auf das wir den Sinussatz anwenden wollen.

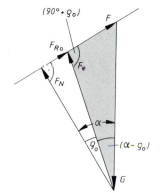

Nach dem Sinussatz gilt:

$$\frac{F}{\sin (\alpha - \rho_0)} = \frac{G}{\sin (90° + \rho_0)}$$

$$F = G \cdot \frac{\sin (\alpha - \rho_0)}{\sin (90° + \rho_0)}$$

Durch Anwendung der Additionstheoreme erhält man mit

$\sin (90° + \rho_0) = \sin 90° \cos \rho_0 + \cos 90° \sin \rho_0$

$\qquad = \underline{\cos \rho_0}$

$$\boxed{F = G \cdot \frac{\sin (\alpha - \rho_0)}{\cos \rho_0}}$$

Mit Hilfe des Additionstheorems
$\sin (\alpha - \rho_0) = \sin \alpha \cos \rho_0 - \cos \alpha \sin \rho_0$
erhält man

$$F = G \cdot \frac{\sin \alpha \cos \rho_0 - \cos \alpha \sin \rho_0}{\cos \rho_0}$$

Zwischen μ_0 und dem Reibungswinkel ρ_0 besteht bekanntlich der Zusammenhang

$$F = G \left(\sin \alpha - \left(\frac{\sin \rho_0}{\cos \rho_0} \right) \cdot \cos \alpha \right)$$

$$\mu_0 = \tan \rho_0 = \frac{\sin \rho_0}{\cos \rho_0} .$$

$$\boxed{F = G (\sin \alpha - \mu_0 \cos \alpha)}$$

Ist der Haftreibwinkel ρ_0 gleich dem Neigungswinkel α, so wird die Haltekraft F gleich Null.

$$\rho_0 = \alpha$$

$$F = G \cdot \frac{\sin 0}{\cos \rho_0} = 0$$

Bei reibungsfreier Unterlage ($\rho_0 = 0$) entspricht die Haltekraft F der Hangabtriebskraft $G \cdot \sin \alpha$.

$$\rho_0 = 0 \ldots \; F = G\,\frac{\sin \alpha}{\cos 0} = G \cdot \sin \alpha$$

○ **Anwendungsbeispiel**

Das Gewindereibungsmoment $M_{RG} = F_v r_2 \cdot \tan(\varphi + \rho')$ ist vom Reibungswinkel ρ' abhängig.

Welcher mathematische Zusammenhang besteht zwischen M_{RG} und der Gewindereibungszahl μ' ?

Lösung

Durch Anwendung des Additionstheorems erhält man

$$\tan(\varphi + \rho') = \frac{\tan\varphi + \tan\rho'}{1 - \tan\varphi \cdot \tan\rho'}$$

Die Gewindereibungszahl μ' ist durch $\mu' = \tan\rho'$ gegeben

$$\tan(\varphi + \rho') = \frac{\tan\varphi + \mu'}{1 - \mu' \cdot \tan\varphi}$$

Damit ergibt sich

$$\boxed{M_{RG} = F_v r_2 \,\frac{\tan\varphi + \mu'}{1 - \mu' \tan\varphi}}$$

○ **Beispiel**

Bestimmen Sie α aus $\sin(30° + \alpha) + \sin(30° - \alpha) = 0{,}966$.

Lösung

Durch Anwendung des Additionstheorems erhält man

$$\sin 30° \cos\alpha + \cos 30° \sin\alpha + \sin 30° \cos\alpha$$
$$- \cos 30° \sin\alpha = 0{,}966$$

$$2 \cdot \underline{\sin 30°} \cdot \cos\alpha = 0{,}966$$
$$\tfrac{1}{2} \qquad \cos\alpha = 0{,}966$$
$$\underline{\underline{\alpha = 15°}}$$

11.1 Funktionen von Winkelvielfachen und Winkelteilen

A. Funktionen des doppelten Winkels

Setzt man in der Gleichung

$$\sin(\alpha + \beta) = \sin\alpha \cos\beta + \cos\alpha \sin\beta$$

$\beta = \alpha$ ein, so erhält man eine Formel zur Berechnung von $\sin 2\alpha$.

$$\boxed{\beta = \alpha}$$

$$\boxed{\sin 2\alpha = 2 \sin\alpha \cos\alpha}$$

Eine entsprechende Gleichung erhält man
aus $\cos(\alpha+\beta) = \cos\alpha\cos\beta - \sin\alpha\sin\beta$

$$\boxed{\cos 2\alpha = \cos^2\alpha - \sin^2\alpha}$$

Mit $\sin^2\alpha + \cos^2\alpha = 1$ gilt auch

$$\cos 2\alpha = 2\cos^2\alpha - 1 \quad \text{oder}$$
$$\cos 2\alpha = 1 - 2\sin^2\alpha$$

Entsprechend ergibt sich für $\tan 2\alpha$

$$\boxed{\tan 2\alpha = \frac{2\tan\alpha}{1-\tan^2\alpha}}$$

B. Funktionen des halben Winkels

Ersetzt man in den obigen Gleichungen α
durch $\frac{\alpha}{2}$ so erhält man

$$\boxed{\alpha \Rightarrow \frac{\alpha}{2}}$$

$$\cos\alpha = 2\cos^2\frac{\alpha}{2} - 1$$

$$\boxed{\cos\frac{\alpha}{2} = \sqrt{\frac{\cos\alpha+1}{2}}}$$

$$\cos\alpha = 1 - 2\sin^2\frac{\alpha}{2}$$

$$\boxed{\sin\frac{\alpha}{2} = \sqrt{\frac{1-\cos\alpha}{2}}}$$

$$\tan\frac{\alpha}{2} = \frac{\sin\frac{\alpha}{2}}{\cos\frac{\alpha}{2}}$$

$$\boxed{\tan\frac{\alpha}{2} = \sqrt{\frac{1-\cos\alpha}{1+\cos\alpha}} = \frac{1-\cos\alpha}{\sin\alpha}}$$

C. Funktionen des mehrfachen Winkels

Funktionen mehrfacher Winkel lassen sich
ableiten, indem man den Winkel β durch
das Mehrfache des Winkels α ersetzt.

$$\boxed{\beta = 2\alpha}$$

$$\sin 3\alpha = \sin\alpha\cos 2\alpha + \cos\alpha\sin 2\alpha$$
$$\sin 3\alpha = \sin\alpha(1-2\sin^2\alpha)$$
$$\qquad\qquad + \cos\alpha\,(2\sin\alpha\cos\alpha)$$
$$\sin 3\alpha = \sin\alpha(1-2\sin^2\alpha+2-2\sin^2\alpha)$$

$$\boxed{\sin 3\alpha = 3\sin\alpha - 4\sin^3\alpha}$$

11.2 Gleichungen mit Winkelfunktionen (Goniometrische Gleichungen)

○ **Anwendungsbeispiel**

Bestimmen Sie den Winkel α für
-a = 110 mm   und
d =   50 mm.

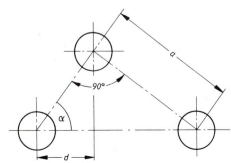

Lösung

Im Dreieck ADC gilt:

$$\cos \alpha = \frac{d}{b} \qquad (1)$$

Im Dreieck ABC gilt:

$$\cot \alpha = \frac{b}{a} \qquad (2)$$

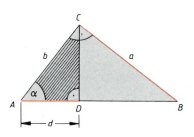

Multipliziert man Gl. (1) mit Gl. (2), so ergibt sich

$$\cos \alpha \cdot \cot \alpha = \frac{d}{a}$$

$$\cos \alpha \cdot \frac{\cos \alpha}{\sin \alpha} = \frac{d}{a}$$

Ersetzt man $\cos^2 \alpha$ durch $1 - \sin^2 \alpha$, so erhält man

$$\frac{1 - \sin^2 \alpha}{\sin \alpha} = \frac{d}{a} \qquad \Big| \cdot \sin \alpha$$

Multipliziert man die Gleichung mit $\sin \alpha$ durch, so ergibt sich eine quadratische Gleichung in $\sin \alpha$

$$1 - \sin^2 \alpha = \frac{d}{a} \cdot \sin \alpha$$

$$\sin^2 \alpha + \frac{d}{a} \cdot \sin \alpha - 1 = 0$$

Da $\sin \alpha \leqslant |1|$ sein muß, scheidet der negative Wurzelterm aus

$$\sin \alpha = -\frac{d}{a} \overset{+}{_{(-)}} \sqrt{\frac{d^2}{a^2} + 1}$$

Mit $a = 110$ mm und $d = 50$ mm ergibt sich

$$\sin \alpha = \ 0{,}6439$$
$$\underline{\underline{\alpha = 40{,}0842^\circ}}$$ ○

○ **Beispiel**

Aus einer trigonometrischen Berechnung ergab sich die Gleichung

$$\cos \alpha - \frac{1}{4} \sin \alpha = 0.$$

Bestimmen Sie den Winkel α für das Intervall $0^\circ \leqslant \alpha \leqslant 360^\circ$

Lösung

Um eine Gleichung mit nur einer Winkelfunktion zu haben, dividieren wir die Gleichung durch $\cos \alpha$ und erhalten eine Gleichung mit $\tan \alpha$, aus der sich die Winkel α_1 und α_2 bestimmen lassen.

$$\cos \alpha - \frac{1}{4} \sin \alpha = 0 \quad | : \cos \alpha$$

$$1 - \frac{1}{4} \frac{\sin \alpha}{\cos \alpha} = 0$$

$$1 - \frac{1}{4} \tan \alpha = 0$$

$$\tan \alpha = 4$$

$$\underline{\alpha_1 = 75{,}96^\circ}$$

$$\underline{\underline{\alpha_2 = 255{,}96^\circ}}$$ ○

○ **Beispiel**

Bestimmen Sie den Winkel α im Intervall $0° \leqslant \alpha \leqslant 360°$ aus der Gleichung

$$\cos 2\alpha + \frac{1}{2} \sin^2 \alpha = 0.$$

Lösung

Durch Anwendung der Beziehung
$\cos 2\alpha = 1 - 2 \sin^2 \alpha$ erhält man eine
quadratische Gleichung.

$$\cos 2\alpha + \frac{1}{2} \sin^2\alpha = 0$$

$$1 - 2 \sin^2\alpha + \frac{1}{2} \sin^2\alpha = 0$$

$$1 - \frac{3}{2} \sin^2\alpha = 0$$

$$\sin^2\alpha = \frac{2}{3}$$

Die Lösung der quadratischen Gleichung
führt zu den Werten $\sin \alpha = 0{,}8165$ und
$\sin \alpha = -0{,}8165$.

$$\Rightarrow \sin \alpha = 0{,}8165$$

$$\underline{\alpha_1 = 54{,}74°}$$

$$\Rightarrow \sin \alpha = -0{,}8165$$

Daraus erhält man die Winkel α_1, α_2, α_3
und α_4.

$$\underline{\alpha_2 = 305{,}26°}$$

$$\underline{\alpha_3 - 125{,}26°}$$

$$\underline{\alpha_4 = 234{,}74°} \qquad ○$$

Zusammenfassung

$\sin (\alpha + \beta)$	$=$	$\sin \alpha \cos \beta + \cos \alpha \sin \beta$
$\cos (\alpha + \beta)$	$=$	$\cos \alpha \cos \beta - \sin \alpha \sin \beta$
$\tan (\alpha + \beta)$	$=$	$\dfrac{\tan \alpha + \tan \beta}{1 - \tan \alpha \tan \beta}$
$\cot (\alpha + \beta)$	$=$	$\dfrac{\cot \alpha \cot \beta - 1}{\cot \beta + \cot \alpha}$
$\sin (\alpha - \beta)$	$=$	$\sin \alpha \cos \beta - \cos \alpha \sin \beta$
$\cos (\alpha - \beta)$	$=$	$\cos \alpha \cos \beta + \sin \alpha \sin \beta$
$\tan (\alpha - \beta)$	$=$	$\dfrac{\tan \alpha - \tan \beta}{1 + \tan \alpha \tan \beta}$
$\cot (\alpha - \beta)$	$=$	$\dfrac{\cot \alpha \cot \beta + 1}{\cot \beta - \cot \alpha}$

Funktionen der doppelten und halben Winkel

$\sin 2\alpha = 2 \sin \alpha \cos \alpha$	$\sin \alpha = 2 \sin \dfrac{\alpha}{2} \cos \dfrac{\alpha}{2}$
$\begin{aligned} \cos 2\alpha &= \cos^2\alpha - \sin^2\alpha \\ &= 1 - 2\sin^2\alpha \\ &= 2\cos^2\alpha - 1 \end{aligned}$	$\cos \alpha = 1 - 2\sin^2\dfrac{\alpha}{2}$ $\cos \alpha = 2\cos^2\dfrac{\alpha}{2} - 1$
$\tan 2\alpha = \dfrac{2\tan\alpha}{1 - \tan^2\alpha}$	$\tan \alpha = \dfrac{2\tan\dfrac{\alpha}{2}}{1 - \tan^2\dfrac{\alpha}{2}}$
$\sin 2\alpha = \dfrac{2\tan\alpha}{1 + \tan^2\alpha}$	$\tan \dfrac{\alpha}{2} = \dfrac{1 - \cos\alpha}{\sin\alpha} = \dfrac{\sin\alpha}{1 + \cos\alpha}$

Funktionen des mehrfachen Winkels

$\sin 3\alpha = 3\sin\alpha - 4\sin^3\alpha$	$\cos 3\alpha = 4\cos^2\alpha - 3\cos\alpha$
$\sin 4\alpha = 4\sin\alpha\cos\alpha - 8\sin^3\alpha\cos\alpha$	$\cos 4\alpha = 8\cos^4\alpha - 8\cos^2\alpha + 1$

Summen und Differenzen trigonometrischer Funktionen

Aus $\sin(\alpha+\beta) + \sin(\alpha-\beta) = 2\sin\alpha\cos\beta$ erhält man mit $\alpha+\beta = x$ und $\alpha-\beta = y$

$\sin x + \sin y = 2\sin\dfrac{x+y}{2} \cdot \cos\dfrac{x-y}{2}$	$\cos x + \cos y = 2\cos\dfrac{x+y}{2} \cdot \cos\dfrac{x-y}{2}$
$\sin x - \sin y = 2\cos\dfrac{x+y}{2} \cdot \sin\dfrac{x-y}{2}$	$\cos x - \cos y = -2\sin\dfrac{x+y}{2} \cdot \sin\dfrac{x-y}{2}$

Aufgaben

zu 11 Summen- und Differenzgleichungen von Winkelfunktionen (Additionstheoreme)

1. Bestimmen Sie α aus
   $\sin(15° + \alpha) + \sin(15° - \alpha) = 0{,}5$.

Vereinfachen Sie folgende Ausdrücke:

2. $\sin(\alpha - 30°) + \sin(\alpha + 30°)$

3. $\cos(20° + \alpha) + \cos(\alpha - 20°)$

4. $\dfrac{\sin(\alpha + 22°) - \cos(\alpha + 22°)}{\sin(\alpha + 22°) + \cos(\alpha + 22°)}$

5. $\dfrac{\cos 2\alpha - 1}{2 \sin(-\alpha)}$

6. Bestimmen Sie den Bohrungsabstand x.

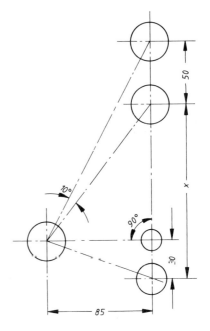

7. Schreiben Sie die Summe
   $\sin x + \sin 3x$ als Produkt.

8. Schreiben Sie das Produkt $\sin x \cdot \cos 3x$ als Summe.

9. Vereinfachen Sie den Term $\dfrac{\sin(x - y) - \sin(x + y)}{-(\sin(x - y) + \sin(x + y))}$.

10. Zeigen Sie mit Hilfe einer Summenformel, daß $\sin 75° = \cos 15°$ ist.

Zu 11.2 Goniometrische Gleichungen

Bestimmen Sie im Intervall $0 \leqslant x \leqslant 2\pi$ die Lösungen der Gleichungen:

11. $\sin^2 x + 2 \sin x = -1$

12. $6 \sin x - \dfrac{3}{\tan x} = 0$

13. $\sin 2x - \sqrt{2} \sin x = 0$

14. $\cos 2x + \cos^2 x = \sin^2 x - \dfrac{1}{2}$

15. $\cos x = \dfrac{\sqrt{3}}{3} \sin x$

16. $\sin x - \dfrac{1}{2} \cos x = \dfrac{1}{2}$

Bestimmen Sie im Intervall $0° \leqslant \alpha \leqslant 180°$ die Lösungen der Gleichungen:

17. $\tan(\alpha - 20°) = \sqrt{3}$

18. $\sin 2\alpha + \sqrt{2} \cos \alpha = 0$

19. $\tan(\alpha - 10°) + \tan \alpha = 0$

20. $\tan \dfrac{\alpha}{2} - 2 \sin \alpha = 0$

12 Flächenberechnung

12.1 Geradlinig begrenzte Flächen

Parallelogramm und Rechteck

Durch Wegnehmen und Anfügen kongru-
enter Dreiecke läßt sich das Parallelogramm in ein flächengleiches Rechteck
verwandeln.

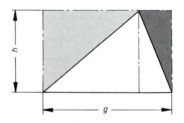

> Die Fläche ergibt sich als Produkt von
> Grundseite und Höhe.

Parallelogramm
und Rechteck: $A = gh$

Dreieck

Ergänzt man eine Dreiecksfläche zu
einem Rechteck, so zeigt sich, daß die
Dreiecksfläche die halbe Rechtecksfläche
darstellt. (Die beiden Dreiecksseiten sind
jeweils Diagonalen von Teil-Rechtecken.)

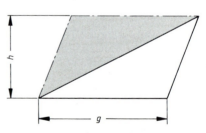

Die Diagonale eines Parallelogramms zerlegt das Parallelogramm in zwei flächengleiche Dreiecke.

> Die Fläche eines Dreiecks ist damit
> das halbe Produkt aus Grundseite und
> Höhe.

Dreieck: $A = \dfrac{gh}{2}$

Trapez

Durch Wegnehmen und Anfügen kongru-
enter Dreiecke entsteht aus einem Trapez
ein Rechteck der Breite m.

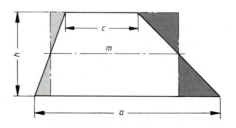

> Die Fläche eines Trapezes ist das
> Produkt aus Mittelparallele und Höhe.

Trapez: $A = mh$ oder $A = \dfrac{a+c}{2} \cdot h$

Durch Verschieben des Dreieckspunktes *C* auf einer Parallelen zur Grundseite *g* im Abstand *h* entstehen flächengleiche Dreiecke. Man nennt dieses Verfahren *Scherung.*

Flächen, die durch Scherung aus anderen Flächen entstehen, sind *flächengleich,* aber nicht deckungsgleich (kongruent).

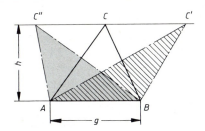

Trapeze, Parallelogramme, Dreiecke, Quadrate und Rechtecke lassen sich durch Scherung ineinander umwandeln.

Zieht man durch einen beliebigen Punkt der Diagonalen eines Parallelogramms die Parallelen zu den Seiten, so ergeben sich Ergänzungsparallelogramme, die flächengleich sind.

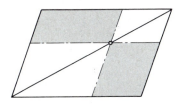

Ergänzungsparallelogramme sind flächengleich.

○ **Beispiel**

Berechnen Sie die Fläche des dargestellten Parallelogramms.

$a = 70$ mm, $b = 50$ mm.

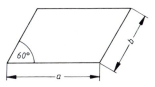

Lösung

Da die Höhe des Parallelogramms nicht gegeben ist, muß sie über Winkelfunktionen berechnet werden.

$$A = a \cdot h$$
$$h = b \cdot \sin 60^\circ$$
$$h = b \cdot \frac{\sqrt{3}}{2}$$
$$\underline{\underline{A = \frac{ab\sqrt{3}}{2}}}$$

Mit $a = 70$ mm und $b = 50$ mm wird

$$\underline{\underline{A = 3031{,}09 \text{ mm}^2}}$$ ○

○ **Beispiel**

Berechnen Sie den Blechbedarf für das dargestellte Knotenblech

a) allgemein,

b) für

    $a = \ \ 80$ mm,

    $b = 300$ mm,

    $h = 180$ mm.

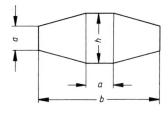

Lösung

Die Fläche setzt sich aus einem Rechteck und zwei gleich großen Trapezen zusammen.

a)   Rechteckfläche

$A_1 = a \cdot h$

Trapezfläche

$$A_2 = \frac{a+h}{2} \cdot \frac{b-a}{2}$$

Die Grundseiten des Trapezes sind a und h, die Höhe ist $\frac{b-a}{2}$.

Gesamtfläche

$A = A_1 + 2 A_2$

$$A = a \cdot h + \frac{1}{2}(a+h)(b-a)$$

Mit den angegebenen Werten

b) $A = (80 \cdot 180 + \frac{1}{2}(80 + 180)$
            $(300 - 80))$ mm

$A = 43\,000$ mm^2

$\underline{\underline{A = 430\ \text{cm}^2}}$ ○

○ **Beispiel**

Eine Trapezfläche soll so in zwei Flächen aufgeteilt werden, daß die Flächen gleich sind.
Berechnen Sie den Abstand x und die Breite y.

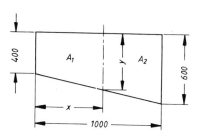

Lösung

Da die Flächen gleich sein sollen, ist $A_1 = A_2 = 25$ dm^2.

Um kleinere Zahlen zu erhalten, wollen wir bei der Berechnung der Einzelflächen die Länge in dm angeben.

Gesamtfläche $A = \dfrac{600+400}{2}$ mm $\cdot$ 1000 mm

$A = 500\,000$ mm^2

$\underline{A = 50\ \text{dm}^2}$

$$A_1 = \frac{y+4}{2} \cdot x \quad = 25 \qquad (1)$$

$$A_2 = \frac{y+6}{2}(10-x) = 25 \qquad (2)$$

Es ergeben sich zwei Gleichungen mit den Variablen x und y.

Aus Gl. (1) erhält man

$$x = \frac{50}{y+4} \qquad (3)$$

Mit Hilfe des Einsetzungsverfahrens erhält man eine quadratische Gleichung.

Gl. (3) in Gl. (2) eingesetzt:

$$\frac{y+6}{2}\left(10 - \frac{50}{y+4}\right) = 25$$

$$5y + 30 - \frac{25(y+6)}{y+4} = 25 \quad |\colon 5$$

$(y+6)(y+4) - 5(y+6) = 5(y+4)$

$y^2 + 10y + 24 - 5y - 30 = 5y + 20$

$y^2 = 26$

Da y eine Länge darstellt, scheidet der negative Wurzelterm aus.

$$y = (\overset{+}{-})\sqrt{26} = 5{,}099$$

$$y = 5{,}099 \text{ dm}$$

$$x = \frac{50}{\sqrt{26} + 4} = 5{,}495 \text{ dm} \qquad \bigcirc$$

Aufgaben

zu 12.1 Geradlinig begrenzte Flächen

1. Berechnen Sie die Fläche A in cm^2.

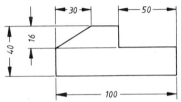

2. Berechnen Sie die Querschnittsfläche der dargestellten Schwalbenschwanzführung.

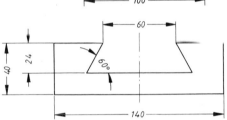

3. Ein Vierkantstahl nach DIN 1014 mit 30 mm Seitenlänge soll auf 25 mm heruntergewalzt werden. Wie breit wird damit das Rechteckprofil. Auf welche Dicke müßte der Stahl heruntergewalzt werden, wenn sich die Rechteckseiten wie 2:3 verhalten sollen?

4. Ein Schnittabfall hat die Form eines Parallelogramms.

   Berechnen Sie die Fläche A für

   $a = 19$ mm, $b = 9$ mm und $c = 25$ mm.

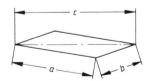

5. Ein Luftschacht von quadratischem Querschnitt soll außen von einem zweiten Schacht umgeben werden.

   Welches Abstandsmaß x ergibt sich, wenn eine Querschnittsfläche von 1056 cm^2 für den Zwischenraum gefordert ist?

   (Die Blechwandstärke soll jeweils vernachlässigt werden.)

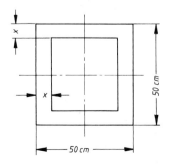

6. Berechnen Sie das Maß x und damit die Fläche A des schaffierten Dreiecks in Abhängigkeit von a, b und c

   a) allgemein,

   b) für

      $a = 35\,\text{mm}$,

      $b = 40\,\text{mm}$,

      $c = 65\,\text{mm}$.

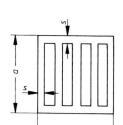

7. Berechnen Sie die Fläche

   a) allgemein in Abhängigkeit von a und s,

   b) für $a = 100$ mm und $s = 12$ mm.

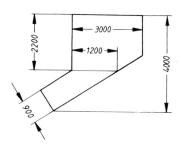

8. Berechnen Sie die Fläche in m^2.

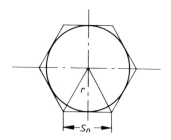

12.2 Kreisförmig begrenzte Flächen

A. Kreis und Kreisring

Wird einem Kreis ein regelmäßiges Sechseck umschrieben, so erhält man als Fläche

$$A_6 = 6 \cdot \frac{s_n \cdot r}{2}$$

Da der Umfang $U_n = 6 \cdot s_n$ beträgt, läßt sich auch schreiben

$$A_6 = U_n \cdot \frac{r}{2}$$

Bei einem n-Eck mit sehr großer Eckenzahl strebt die Fläche des n-Ecks gegen die Fläche eines Kreises.[1]

$$\boxed{A_n = U_n \frac{r}{2}}$$

Fläche eines n-Ecks

---

[1] Die „Quadratur des Kreises", d.h. die elementargeometrische Konstruktion eines dem Kreise flächengleichen Quadrates, wie auch die „Rektifikation des Kreises", d.h. die genaue Übertragung des Kreisumfanges auf eine gerade Linie (Streckung), ist wegen der Irrationalität von π nicht möglich. Von den zahlreichen Versuchen der letzten Jahrhunderte ist die Näherung von *Kochansky* (1685) erwähnenswert, nach der sich $\dfrac{U}{2} \approx r \cdot 3{,}14153\ldots$ ergibt, was mit guter Annäherung dem Wert πr entspricht.

Mit dem Umfang $U = 2\pi r$ ergibt sich als *Kreisfläche*

$$A = 2\pi r \cdot \frac{r}{2} = \pi r^2 \quad \text{oder}$$

Mit $r = \frac{d}{2}$ ergibt sich

$$\boxed{A = \frac{\pi d^2}{4}}$$

Kreisfläche

Die *Kreisringfläche* ergibt sich aus der Differenz zwischen äußerer und innerer Kreisfläche:

$$A = \pi \frac{D^2}{4} - \pi \frac{d^2}{4} \quad \text{oder}$$

$$A = \pi R^2 - \pi r^2 = \pi (R^2 - r^2).$$

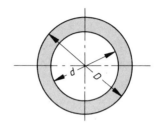

$$\boxed{A = \frac{\pi}{4}(D^2 - d^2)}$$

Kreisringfläche

In der Technik wird oft auch die Gleichung $A = \pi \cdot d_m \cdot s$ benutzt, denn

$$A = \pi \frac{D+d}{2} \cdot \frac{D-d}{2} = \frac{\pi}{4}(D^2 - d^2).$$

$$\boxed{A = \pi d_m s}$$

$$d_m = \frac{D+d}{2} = \text{mittlerer Durchmesser}$$

$$s = \frac{D-d}{2} = \text{Wandstärke}$$

○ **Anwendungsbeispiel**

Welchen Durchmesser muß ein Kupferdraht von 1 mm² Querschnitt haben?

Lösung

$$A = \pi \frac{d^2}{4}$$

$$d = \sqrt{\frac{4A}{\pi}}$$

$$d = \sqrt{\frac{4 \cdot 1 \text{ mm}^2}{\pi}}$$

$$\underline{d \approx 1,13 \text{ mm}}$$ ○

○ **Anwendungsbeispiel**

Ein Wärmeaustauscher mit konzentrischen Rohren soll innen und außen das gleiche Volumen fassen. Wie groß muß der Wandabstand s in Abhängigkeit der beiden Rohrdurchmesser gewählt werden, wenn die Rohrwandstärke unberücksichtigt bleiben soll?

Lösung

Das Strömungsvolumen ist vom Rohrquerschnitt abhängig.

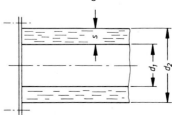

Der innere Rohrquerschnitt ist eine Kreisfläche.

Kreisfläche $A_1 = \pi \dfrac{d_1^2}{4}$ (1)

Der äußere Strömungsquerschnitt ist eine
Kreisringfläche mit dem mittleren Durchmesser $d_m = d_1 + s$.

Kreisringfläche $A_2 = \pi d_m \cdot s$

$$A_2 = \pi \cdot (d_1 + s)s \qquad (2)$$

Aus $A_1 = A_2$ folgt:

$$\pi \frac{d_1^2}{4} = \pi(d_1 + s)s \quad | : \pi$$

$$s^2 + d_1 s - \frac{d_1^2}{4} = 0$$

$$s = -\frac{d_1}{2} \pm \sqrt{\frac{d_1^2}{4} + \frac{d_1^2}{4}}$$

Da s eine Strecke darstellt, kommt nur
der positive Wert in Frage

$$s = -\frac{d_1}{2} \underset{(-)}{+} \frac{d_1}{2} \sqrt{2}$$

$$\boxed{s = \frac{d_1}{2}(\sqrt{2} - 1)}$$

Mit $s = \dfrac{d_2 - d_1}{2}$ wird $d_1 = d_2 - 2s$.

$$\underline{s \approx 0{,}21\, d_1}$$

Daraus ergibt sich

$$\boxed{s = \frac{d_2}{4}(2 - \sqrt{2})}$$

$$\underline{s \approx 0{,}15\, d_2} \qquad \bigcirc$$

○ **Anwendungsbeispiel**

Wie dick ist die Isolationsschicht eines Rohres, bei dem sich der Umfang durch die Isolie-
rung um 75 mm vergrößert hat?

Lösung

Ursprünglicher Umfang

$$U_1 = \pi d_1$$

Umfang mit Isolationsschicht

$$U_2 = \pi(d_1 + 2s)$$

Der Durchmesser d_1 vergrößert sich um
die doppelte Isolationsschicht-Dicke s.

Der Unterschied des Umfangs beträgt
75 mm

$$U_2 - U_1 = 75\ \text{mm}$$

$$\pi d_1 + 2\pi s - \pi d_1 = 75\ \text{mm}$$

$$s = \frac{75\ \text{mm}}{2\pi}$$

$$\underline{\underline{s = 11{,}94\ \text{mm} \approx 12\ \text{mm}}}$$

$$\bigcirc$$

○ **Beispiel**

Eine Welle aus St 50 mit 50 mm Durchmesser soll eine axiale Bohrung erhalten. Mit welchem Bohrerdurchmesser darf höchstens gebohrt werden, wenn die Querschnittsschwächung 4 % nicht überschreiten soll?

Lösung

Querschnitt der Vollwelle

$$A_1 = \pi \, \frac{(50 \text{ mm})^2}{4}$$

Querschnittsfläche der Bohrung

$$A_2 = \pi \cdot \frac{d_1^2}{4}$$

$$A_2 = 0{,}04 \cdot A_1$$

Die Querschnittsfläche der Bohrung soll 4 % von A_1 betragen

$$\pi \cdot \frac{d_1^2}{4} = 0{,}04 \cdot \pi \cdot \frac{2500 \text{ mm}^2}{4}$$

$$d_1 = \sqrt{0{,}04 \cdot 2500 \text{ mm}^2}$$

Die Welle darf höchstens eine axiale Bohrung von 10 mm Durchmesser erhalten.

$$\underline{\underline{d_1 = 10 \text{ mm}}} \qquad ○$$

B. Kreisausschnitt (Kreissektor)

Die Fläche eines Kreissektors verhält sich zur Fläche eines Vollkreises wie der Zentriwinkel α zu $360°$:

$$A : A_{\text{Kreis}} = \alpha : 360°.$$

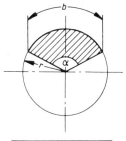

Daraus ergibt sich

$$\boxed{A = \frac{\alpha \cdot \pi r^2}{360°}}$$

Kreissektor

Andererseits verhält sich die Bogenlänge des Kreisausschnitts zum Mittelpunktswinkel α wie der Kreisumfang zum Vollwinkel des Kreises:

Bogenlänge

$$\frac{b}{\alpha} = \frac{2 \pi r}{360°}$$

$$\boxed{b = \frac{\alpha}{360°} \cdot 2 \pi r}$$

Daraus ergibt sich

$$\boxed{A = \frac{b \cdot r}{2}}$$

Kreissektor

C. Kreisabschnitt (Kreissegment)

Die Fläche eines Kreisabschnitts ergibt sich aus der Differenz des Kreisausschnitts und des durch die Sehne und die Radien gebildeten Restdreiecks:

$$A = A_{Sektor} - A_{Dreieck}$$

$$A = \frac{\alpha}{360°} \cdot \pi r^2 - \frac{s(r-h)}{2}$$

oder

$$A = \frac{br}{2} - \frac{s(r-h)}{2}$$

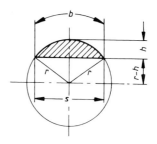

$$A = \frac{\alpha \pi r^2}{360°} - \frac{s(r-h)}{2}$$

$$A = \frac{1}{2}(br - s(r-h))$$

Kreisabschnitt
(Kreissegment)

Für manche technischen Berechnungen genügt die Näherungsformel

$$A \approx \frac{2}{3} \cdot s \cdot h$$

D. Berechnung von Sehne und Bogenhöhe

Wendet man den Satz des Pythagoras auf das Restdreieck an, so ergibt sich

$$r^2 = \left(\frac{s}{2}\right)^2 + (r-h)^2$$

Daraus erhält man

Sehne

$$s = 2\sqrt{h(2r-h)}$$

Bogenhöhe

$$h = r \pm \frac{1}{2}\sqrt{4r^2 - s^2}$$

Pluszeichen für $h > r$
Minuszeichen für $h < r$

Radius

$$r = \frac{s^2 + 4h^2}{8h}$$

○ **Beispiel**

Berechnen Sie die Fläche des Kreisring-ausschnitts.

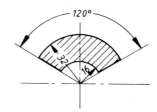

Lösung

Die Fläche läßt sich aus der Differenz zweier Kreissektoren berechnen:

$$A = \frac{\alpha}{360°} \pi r_1^2 - \frac{\alpha}{360°} \pi r_2^2$$

$$A = \frac{120°}{360°} \pi (32^2 - 16^2) \text{ mm}^2$$

$$\underline{A = 804,25 \text{ mm}^2}$$ ○

○ **Anwendungsbeispiel**

Wie groß ist der Blechbedarf für die Seitenfläche der Abdeckhaube?

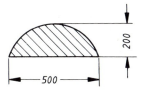

Lösung

In diesem Falle wollen wir die Näherungsformel anwenden.

Die exakte Berechnung erfordert die Berechnung von r und α.

$$A \approx \frac{2}{3} \cdot s \cdot h$$

$$A \approx \frac{2}{3} \cdot 50 \text{ cm} \cdot 20 \text{ cm}$$

$$\underline{A \approx 666,67 \text{ cm}^2}$$

Berechnung von r:

$$r = \frac{s^2 + 4h^2}{8h} = \frac{(50 \text{ cm})^2 + 4(20 \text{ cm})^2}{8 \cdot 20 \text{ cm}}$$

$$\underline{r = 25,625 \text{ cm}}$$

Berechnung von α:

$$\sin\frac{\alpha}{2} = \frac{\frac{s}{2}}{r} = \frac{50 \text{ cm}}{2 \cdot 25,625 \text{ cm}} = 0,9756$$

$$\frac{\alpha}{2} = 77,3196°; \quad \alpha = \underline{154,6392°}$$

Genauere Berechnung nach der exakten Formel:

$$A = \frac{\alpha \pi r^2}{360°} - \frac{s(r-h)}{2}$$

$$A = \frac{154,54° \cdot \pi \cdot (25,63 \text{ cm})^2}{360°}$$

$$- \frac{50 \text{ cm} (25,63 \text{ cm} - 20 \text{ cm})}{2}$$

$$\underline{A = 745,5 \text{ cm}^2}$$ ○

Aufgaben

zu 12.2 Kreisförmig begrenzte Flächen

1. Bei aufgeschichteten Kugeln entstehen Zwischenräume.
   Berechnen Sie die schraffierte Fläche.

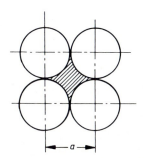

2. Berechnen Sie den Querschnitt des
    Polygonprofils.

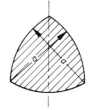

3. Einem Kreis vom Radius *r* soll ein
    Viereck von der dargestellten Form
    einbeschrieben werden.

    Entwickeln Sie eine Gleichung zur
    Berechnung der Flächen der Kreis-
    segmente.

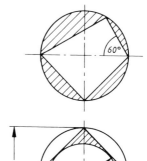

4. Eine Exzenterwelle wird in der dar-
    gestellten Form abgefräst.

    a) Bestimmen Sie den Durchmesser
        d_2 für d_1 = 40 mm.

    b) Ermitteln Sie die Exzentrizität *e*.

    c) Berechnen Sie die schraffierte
        Auflagefläche.

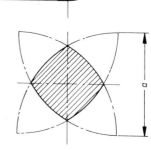

5. Bestimmen Sie die Querschnittsflä-
    che.

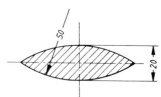

6. Bestimmen Sie die Querschnittsflä-
    che.

7. a) Bestimmen Sie den Flächeninhalt
        des schraffierten Kreisausschnit-
        tes.

    b) Bestimmen Sie die Fläche für
        r = 80 mm.

    c) Bestimmen Sie die Länge der
        gemeinsamen Sehne   allgemein
        und für *r* = 80 mm.

    d) Welches   Flächenverhältnis be-
        steht   zwischen Kreisausschnitt
        und Vollkreis?

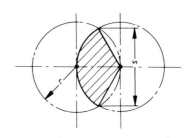

8. Aus einem Blechstreifen sollen Ronden vom Durchmesser d ausgeschnitten werden.

   Berechnen Sie für die dargestellte Anordnung die Größe der schraffierten Restfläche.

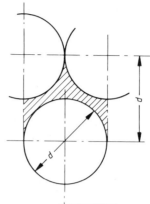

9. Ein Werkstück von der Form eines Hohlzylinders erhält eine Querbohrung vom Durchmesser d_3.

   Bestimmen Sie die verbleibende Querschnittsfläche

   a) allgemein,
   b) für
   $d_1 = 35$ mm, $d_2 = 21$ mm und $d_3 = 10$ mm.

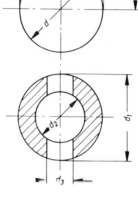

10. Ein Rohr vom Außendurchmesser d_1 wird auf die Tiefe a beidseitig abgefräst.

    Bestimmen Sie die verbleibende Querschnittsfläche

    a) allgemein,
    b) für $d_2 = 34$ mm, $a = 8$ mm und Wandstärke $s = 4$ mm.

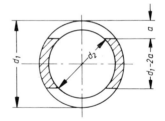

11. Berechnen Sie die Querschnittsfläche des dargestellten Brückenpfeilers.

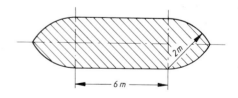

12. Bestimmen Sie die Fläche des dargestellten Bleches.

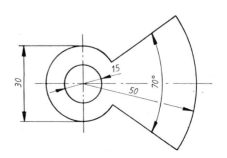

13. Bestimmen Sie die Dichtungsfläche des Flansches.

a) Fläche ohne Bohrungen,

b) Fläche mit Bohrungen für folgende Maße
$d_1 = 80$ mm, $d_2 = 25$ mm,
$d_3 = 8$ mm, $r = 16$ mm.

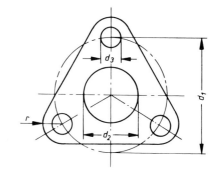

14. Eine Leitschaufel hat die dargestellte Form.

Bestimmen Sie die Querschnittsfläche

a) allgemein,

b) für $a = 100$ mm.

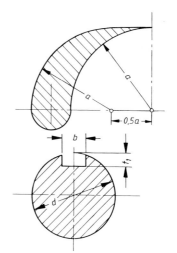

15. Eine Welle mit 60 mm Durchmesser erhält eine Paßfedernut mit 18 mm Breite und einer Tiefe t_1 von 7 mm.

a) Um wieviel mm² wird der Querschnitt dadurch geschwächt?

b) Wieviel Prozent beträgt die Querschnittsschwächung?

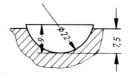

16. Eine Scheibenfeder 6 x 9 DIN 6888 soll in eine Welle für eine Werkzeugmaschine eingepaßt werden.

Wie groß wird bei normgerechter Ausführung der Wellennut die Anpreßfläche der Scheibenfeder in der Welle?

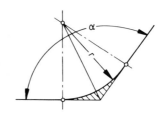

17. Berechnen Sie den durch die Abrundung wegfallenden schraffierten Flächenanteil in Abhängigkeit von α und r.

18. Eine Leitschaufel hat den dargestellten Querschnitt.
Berechnen Sie die Querschnittsfläche.

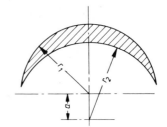

19. Berechnen Sie die Fläche A.

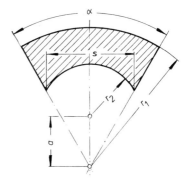

20. Berechnen Sie die Fläche A.

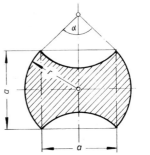

13 Körperberechnung

13.1 Prismatische Körper

Prismatische Körper sind Körper mit gleichbleibendem Querschnitt.

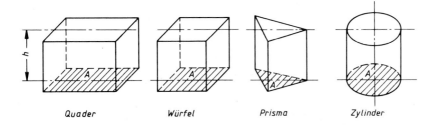

Quader   Würfel   Prisma   Zylinder

Volumen und Oberfläche lassen sich nach
folgenden Formeln berechnen:

Volumen = Grundfläche x Höhe

$$V = A \cdot h$$

Oberfläche = Grundfläche + Deck-fläche + Mantelfläche

$$A_O = 2A + A_M$$

Stehen die parallel verlaufenden Körperkanten senkrecht auf der Grundfläche, so spricht
man von einem *geraden* Prisma.

Prismen, deren Grundflächen ein Rechteck bilden, nennt man *Quader*. Ein besonderer
Quader mit gleichlangen Kantenlängen wird als *Würfel* bezeichnet. Ein prismatischer
Körper mit einem Kreis als Grundfläche (= regelmäßiges „Unendlicheck") wird *Zylinder*
genannt.

○ **Beispiel**

Ein Quader hat die Kantenlängen a, b
und c.

Berechnen Sie für das Längenverhältnis
$a : b : c = 1 : 2 : 3$

a) das Volumen,
b) die Oberfläche,
c) die Flächendiagonale d_1 und die Raumdiagonale d_2,
d) den Winkel α zwischen d_1 und d_2

in Abhängigkeit von der Kantenlänge a.

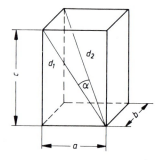

Lösung

Aus dem Verhältnis der Kantenlängen erhält man die Kantenlängen

$$b = 2a$$
$$c = 3a$$

a) Volumen:
$$V = a \cdot b \cdot c$$
$$V = a \cdot 2a \cdot 3a = \underline{\underline{6a^3}}$$

Da jede Außenfläche als parallele Fläche
doppelt vorkommt, erhält man als Oberfläche:

$$A_O = 2ab + 2ac + 2bc.$$

b) Oberfläche:

$A_O = 2(ab + ac + bc)$

$$A_O = 2(a \cdot 2a + a \cdot 3a + 2a \cdot 3a)$$
$$A_O = \underline{\underline{22a^2}}$$

Die Flächendiagonale ergibt sich nach
dem Satz des Pythagoras.

c) Flächendiagonale:
$$d_1^2 = a^2 + c^2$$

$d_1 = \sqrt{a^2 + c^2}$

Für $c = 3a$ wird

$$d_1 = a\sqrt{10} \approx \underline{\underline{3,16a}}$$

Die Raumdiagonale errechnet sich ebenfalls nach Pythagoras

Raumdiagonale:

$$d_2^2 = d_1^2 + b^2$$

$$d_2^2 = a^2 + c^2 + b^2$$

$$\boxed{d_2 = \sqrt{a^2 + b^2 + c^2}}$$

$$\underline{d_2 = a \cdot \sqrt{14} \approx 3{,}74a}$$

Da die Seiten b, d_1 und d_2 ein rechtwinkliges Dreieck bilden, läßt sich α mit Hilfe einer der Winkelfunktionen berechnen

$$\sin \alpha = \frac{b}{d_2}$$

$$\sin \alpha = \frac{b}{\sqrt{a^2 + b^2 + c^2}}$$

Mit $b = 2a$ und $d_2 = a\sqrt{14}$ wird

$$\sin \alpha = \frac{2a}{a\sqrt{14}} = 0{,}5345$$

Daraus erhält man

$$\underline{\alpha = 32{,}3115^\circ}$$

○

○ **Beispiel**

Ein Würfel hat die eine Raumdiagonale von 8 cm Länge.

a) Bestimmen Sie die Oberfläche und das Volumen des Würfels.

b) Bestimmen Sie den Neigungswinkel der Raumdiagonalen zur Grundfläche.

Lösung

Raumdiagonale des Quaders:

$$d = \sqrt{a^2 + b^2 + c^2}$$

Raumdiagonale des Würfels:

$$d = \sqrt{a^2 + a^2 + a^2} = \sqrt{3a^2}$$

$$\underline{d = a\sqrt{3}}$$

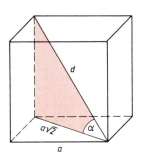

a) Kantenlänge des Würfels:

$$\boxed{a = \frac{d}{\sqrt{3}} = d \cdot \frac{\sqrt{3}}{3}}$$

Oberfläche:

$$A_O = 6a^2 = \frac{6d^2}{3}$$

$$\boxed{A_O = 2d^2}$$

$$A_O = 2 \cdot (8\,\text{cm})^2 = \underline{128\,\text{cm}^2}$$

Volumen:

$$V = a^3 = \left(d \cdot \frac{\sqrt{3}}{3}\right)^3$$

$$\boxed{V = \frac{\sqrt{3}}{9} d^3}$$

Mit $d = 8$ cm erhält man

$$\underline{V = 98{,}53 \text{ cm}^3}$$

b) Neigungswinkel:

$$\sin \alpha = \frac{a}{d}$$

$$\sin \alpha = \frac{a}{a\sqrt{3}} = \frac{1}{\sqrt{3}}$$

$$\underline{\underline{\alpha = 35{,}2644°}}$$

○ **Anwendungsbeispiel**

Ein Flüssigkeitstank soll eine halbkreisförmige Ausrundung erhalten.

a) Welche Breite b muß der dargestellte
   Tank mindestens haben, wenn er
   $1800\,l$ fassen soll?

b) Wieviel Quadratmeter Blech werden für
   den tatsächlich ausgeführten Tank benötigt (ohne Berücksichtigung des Ver-
   schnitts)?

c) Wieviel Liter sind im Tank noch enthalten, wenn er zu $\frac{3}{4}$ der Höhe gefüllt
   ist?

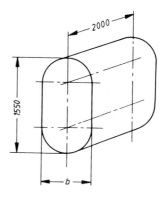

Lösung

Das Tankvolumen setzt sich aus einem
Rechteck-Quader und zwei halben Zylin-
dern zusammen.

Zweckmäßigerweise setzen wir für die
Rechnung die Längen in dm ein.

a) $$V = \left(\pi \cdot \frac{b^2}{4} + (15{,}5 - b)b\right) 20$$

$$1800 = \left(\pi \cdot \frac{b^2}{4} + 15{,}5b - b^2\right) 20$$

$$b^2 \left(\frac{\pi}{4} - 1\right) + 15{,}5b - 90 = 0$$

$$b^2 - 72{,}2268b + 419{,}3813 = 0$$

$$b_{1/2} = 36{,}1134 \;(\underset{-}{+})\; 29{,}7455$$

$$\underline{b = 6{,}3679}$$

Der positive Wert ist unbrauchbar, da das
Volumen größer als vorausgesetzt werden
würde.

gewählt: $\underline{b = 6{,}5 \text{ dm}} = \underline{650 \text{ mm}}$

Die Oberfläche setzt sich aus elementaren
Einzelflächen zusammen.

b) $$A_0 = 2\left(0{,}9\,\text{m} \cdot 0{,}65\,\text{m} + \frac{\pi \cdot (0{,}65\,\text{m})^2}{4}\right)$$

$$+ 2(2\,\text{m} \cdot 0{,}9\,\text{m}) + \pi \cdot 0{,}65\,\text{m} \cdot 2\,\text{m}$$

$$\underline{\underline{A_0 = 9{,}52 \text{ m}^2}}$$

Die Höhe des Flüssigkeitsstandes beträgt in diesem Fall $h = \frac{3}{4} \cdot 1550\,\text{mm} = 11,625\,\text{dm}$.

c) $V = \left[\left(\dfrac{\pi\,(6,5\,\text{dm})^2}{2 \cdot 4}\right.\right. +$

$\left.\left. + \left(11,625\,\text{dm} - \dfrac{6,5\,\text{dm}}{2}\right)6,5\,\text{dm}\right)\right]20\,\text{dm}$

Dies entspricht einer Flüssigkeitsmenge von 1420,58 l.

$V = 1420,58\,\text{dm}^3$ ○

○ **Anwendungsbeispiel**

Eine Blechdose mit 2 l Fassungsvermögen soll

a) eine zylindrische Form mit 100 mm Durchmesser,
b) eine Quaderform mit der Grundfläche 100 mm × 100 mm,
c) eine Würfelform

erhalten. Berechnen Sie jeweils die Höhen sowie den theoretischen Blechbedarf.

Lösung

Anmerkung:

Aus den Berechnungen erkennen wir, daß bei gleichem Volumen die Höhe des Zylinders am größten, die Höhe des Würfels am kleinsten wird.

Sind bei einem Zylinder Durchmesser und Höhe gleich, so errechnet sich $d = h$ aus

$$d = \sqrt[3]{\frac{4\,V}{\pi}}$$

zu $d = 1,3656\,\text{dm}$.

Die Oberfläche errechnet sich aus

$$A_0 = \pi d \cdot d + 2 \cdot \frac{\pi d^2}{4} = \frac{3}{2}\pi d^2$$

zu $A_0 = 8,7876\,\text{dm}^2$.

Die Oberfläche eines Zylinders ist bei vorgegebenem Volumen am kleinsten, wenn Durchmesser und Höhe gleich sind.

Die Oberfläche eines Quaders wird bei vorgegebenem Volumen am kleinsten, wenn Länge, Breite und Höhe gleich sind, d.h. wenn der Quader zum Würfel wird.

a) $V = \dfrac{\pi \cdot d^2}{4} \cdot h$

$h = \dfrac{V \cdot 4}{\pi \cdot d^2} = \dfrac{2\,\text{dm}^3 \cdot 4}{\pi \cdot (1\,\text{dm})^2}$

$h = 2,55\,\text{dm}$

$A_0 = 2 \cdot \dfrac{\pi \cdot d^2}{4} + \pi \cdot d \cdot h$

$A_0 = 9,58\,\text{dm}^2$

b) $V = a \cdot b \cdot h$

$h = \dfrac{V}{a \cdot b} = \dfrac{2\,\text{dm}^3}{1\,\text{dm} \cdot 1\,\text{dm}}$

$h = 2\,\text{dm}$

$A_0 = 2ab + 2ah + 2bh$
$A_0 = 2\,\text{dm}^2 + 4\,\text{dm}^2 + 4\,\text{dm}^2$
$A_0 = 10\,\text{dm}^2$

c) $V = a^3$

$a = \sqrt[3]{V} = \sqrt[3]{2\,\text{dm}^3}$

$h = a = 1,26\,\text{dm}$

$A_0 = 6 \cdot a^2$
$A_0 = 9,53\,\text{dm}^2$ ○

Aufgaben

zu 13.1 Prismatische Körper

1. Welche Höhe h muß ein regelmäßiges dreiseitiges Prisma mit der Grundkantenlänge $a = 3$ cm erhalten, damit seine Oberfläche 100 cm^2 beträgt?

2. Warmgewalzter Sechskantstahl nach DIN 1015 ist mit den Schlüsselweiten 52 mm und 57 mm lieferbar. Wieviel wiegt jeweils das laufende Meter?

3. Berechnen Sie für ein Flachhalbrund 25 × 8 DIN 1018 – USt 37-2 von 200 mm Länge Volumen und Oberfläche.

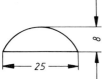

4. Ein gerades Prisma von 100 mm Höhe hat als Grundfläche ein regelmäßiges Achteck mit der Kantenlänge $a = 15$ mm. Berechnen Sie die Mantelfläche A_M, die Oberfläche A_O und das Volumen V.

5. Eine Platte soll eine diagonal verlaufende Führungsnut erhalten.

Berechnen Sie das Zerspanungsvolumen (abzutragendes Werkstoffvolumen).

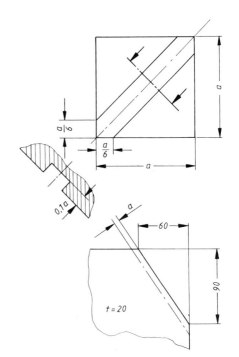

6. Eine Platte soll auf einer Universalfräsmaschine schräg abgefräst werden.

Berechnen Sie das abzutragende Werkstoffvolumen in Abhängigkeit von der Zustellung a.

7. Ein Würfel von der Kantenlänge a
wird an allen Ecken so abgeflacht,
daß sich in allen drei Ansichten das
dargestellte gleiche Bild ergibt.

a) Berechnen Sie das Volumen.
b) Berechnen Sie die Oberfläche.

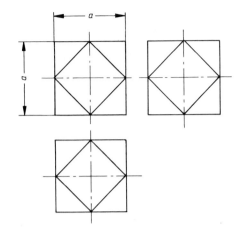

8. Eine 50 mm dicke quadratische
Platte hat einen quadratischen
Durchbruch 20 x 20.

Berechnen Sie das Volumen der
Platte.

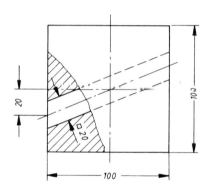

9. In einen Würfel der Kantenlänge a
ist der dargestellte Körper einzube-
schreiben.

Bestimmen Sie:

a) Das Volumen des Körpers,
b) die Oberfläche des Körpers,
c) welche Besonderheit haben die
   drei Ansichten des Körpers?

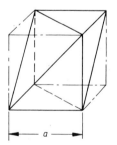

10. Welche Höhe muß ein zylindrischer 1 l-Meßbecher haben, wenn der Durchmesser
wie vorgeschrieben 86 mm beträgt?

11. Ein zylindrisches Teil von 12,5 mm Durchmesser und 80 mm Länge soll mit einer
Schichtdicke von 50 μm allseitig versilbert werden.

a) Wieviel Gramm Silber ($\rho_{Ag} = 10{,}49 \frac{g}{cm^3}$) sind erforderlich?

b) Wieviel Gramm Silber sind erforderlich, wenn der Durchmesser bei gleicher Länge
   doppelt so groß wird?

12. Eine Rolle Kupferdraht mit 2 mm Durchmesser wiegt 15 kg. Wievel Meter Draht sind noch auf der Rolle, wenn die längenbezogene Masse $m_L = 28 \frac{kg}{1000\,m}$ (E − Cu) beträgt?

13. Wie viele Stahlrohre ($\rho = 7,85 \frac{kg}{dm^3}$) von 3 m Länge, mit einem Außendurchmesser von 30 mm und 2,5 mm Wandstärke, können auf einem LKW mit 3 t Ladekapazität befördert werden? Wieviel Kilogramm wiegt das laufende Meter?

14. Ein halber Quader von quadratischem Querschnitt erhält eine Bohrung vom Durchmesser d.

Berechnen Sie das Restvolumen

a) allgemein,

b) für $h = a$,

c) für $h = a$ und $d = \frac{3}{4} \cdot a$

d) für $a = 40$ mm, $h = 30$ mm und $d = 20$ mm.

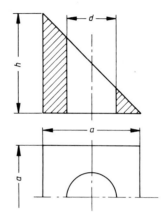

15. Entwickeln Sie für den aus zwei Halbzylindern zusammengesetzten Körper eine Gleichung zur Berechnung

a) des Volumens,

b) der Oberfläche.

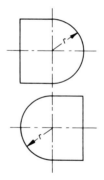

13.2 Pyramidenförmige und kegelförmige Körper

13.2.1 Pyramide und Pyramidenstumpf

Pyramiden sind Körper, die als Grundfläche ein beliebiges n-Eck und als Seitenflächen n Dreiecke besitzen, die alle eine gemeinsame Spitze haben.

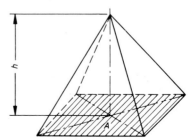

Alle spitzen Körper lassen sich nach folgenden Formeln berechnen:

Volumen = $\frac{1}{3}$ · Grundfläche × Höhe
Oberfläche = Grundfläche + Mantelflächen

$$V = \frac{1}{3} \cdot A \cdot h$$

Wird bei einer Pyramide, durch einen parallelen Schnitt zur Grundfläche, die Spitze abgeschnitten, so entsteht ein *Pyramidenstumpf*.

Das Volumen berechnet sich aus der Differenz

$$V = \frac{1}{3} A_g \cdot H - \frac{1}{3} A_d \cdot h'$$

$$V = \frac{1}{3} A_g (h + h') - \frac{1}{3} A_d \cdot h'$$

$$V = \frac{1}{3} (A_g h + (A_g - A_d) h') \qquad (1)$$

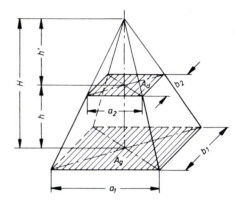

Aus den Ähnlichkeitsverhältnissen ergibt sich:

$$\frac{(h + h')^2}{h'^2} = \frac{A_g}{A_d} \quad \text{oder} \quad \frac{h + h'}{h'} = \frac{\sqrt{A_g}}{\sqrt{A_d}}$$

$$h' = \frac{h \sqrt{A_d}}{\sqrt{A_g} - \sqrt{A_d}} = \frac{h \cdot \sqrt{A_d}(\sqrt{A_g} + \sqrt{A_d})}{A_g - A_d}$$
$$(2)$$

$$V = \frac{1}{3} h (A_g + \sqrt{A_g \cdot A_d} + A_d)$$

Gl. (2) in Gl. (1):

$$V = \frac{1}{3}\left(A_g h - \frac{(A_g - A_d)\sqrt{A_d}(\sqrt{A_g} + \sqrt{A_d})}{A_g - A_d} h\right)$$

$$V = \frac{1}{3} h (A_g + \sqrt{A_g \cdot A_d} + A_d)$$

13.2.2 Kegel und Kegelstumpf

Ein spitzer Körper mit einem Kreis als Grundfläche wird *Kegel* genannt.

Ein senkrechter Kegel läßt sich durch Drehung eines rechtwinkligen Dreiecks erzeugen.

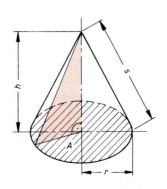

Volumen $= \dfrac{1}{3}$ Grundfläche × Höhe
Oberfläche $=$ Grundfläche + Mantelfläche

$$V = \frac{1}{3} A \cdot h$$

Mantelfläche:

$$A_M = r \pi s$$

Wird bei einem Kegel, durch einen parallelen Schnitt zur Grundfläche, die Spitze abgeschnitten, so entsteht ein *Kegelstumpf.*

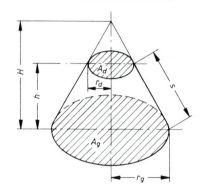

Das Volumen ergibt sich hier wie beim Pyramidenstumpf aus

$$V = \frac{1}{3} h (A_g + \sqrt{A_g \cdot A_d} + A_d) .$$

Mit $A_g = \pi \cdot r_g^2$ und $A_d = \pi \cdot r_d^2$

erhält man

$$V = \frac{1}{3} \pi h (r_g^2 + r_g r_d + r_d^2)$$

Mantelfläche:

$$A_M = \pi \cdot s \cdot (r_g + r_d)$$

Anmerkung

Mit $r_g = \dfrac{D}{2}$ und $r_d = \dfrac{d}{2}$ erhält man $V = \dfrac{\pi}{12} \cdot h (D^2 + Dd + d^2)$ und $A_M = \dfrac{\pi \cdot s}{2} (D + d)$.

Aufgaben

zu 13.2 Pyramidenförmige und kegelförmige Körper

1. Berechnen Sie das Volumen der dargestellten Scheibe.

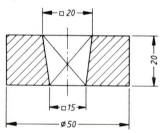

2. Ein pyramidenstumpfförmiger Hohlraum soll eine Kugel vom Durchmesser d in der dargestellten Form fassen.

    Bestimmen Sie das Volumen des vierseitigen Pyramidenstumpfes

    a) allgemein,

    b) für $d = 20$ mm.

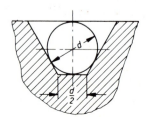

3. Ein Würfel mit der Kantenlänge $a = 6$ cm soll in eine regelmäßige vierseitige Pyramide von 10 cm Höhe umgegossen werden. Wie groß ist die Grundkante?

4. Entwickeln Sie für den dargestellten Quader mit Ausschnitt eine Gleichung zur Berechnung des Winkels β.

Bestimmen Sie

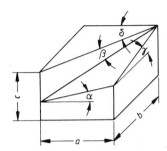

a) β in Abhängigkeit von α, γ und δ.

b) β für $\alpha = 17°$, $\gamma = 15°$, $\delta = 60°$,

c) das Volumen des Körpers.

5. Bestimmen Sie das Volumen des dargestellten Werkstücks.

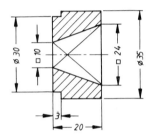

6. Eine Pyramide der Höhe h soll durch eine zur Grundfläche parallele Ebene zerlegt werden. In welchem Abstand x von der Spitze ist die Ebene zu legen, wenn das Volumen des Restpyramidenstumpfes zur ursprünglichen Pyramide

a) im Verhältnis $m : n$,

b) im Verhältnis $1 : 2$ stehen soll?

7. Bestimmen Sie das Volumen des mit Hilfe eines Förderbandes aufgeschütteten kegelförmigen Sandhaufens

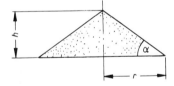

a) allgemein in Abhängigkeit von h und α.

b) Wie hoch wird ein Sandhaufen von $10\,\text{m}^3$ Sand bei einem Schüttwinkel $\alpha = 33°$ und wie groß wird dabei der Radius des Grundkreises?

8. Bestimmen Sie das Volumen des dargestellten Senknietes nach DIN 661.

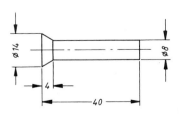

9. Bestimmen Sie für den Trichter:

   a) Den Radius s des Abwicklungs-
      sektors,

   b) den Winkel α des Abwicklungs-
      sektors,

   c) den Blechbedarf (ohne Berück-
      sichtigung der Materialzugabe für
      die Nahtstelle).

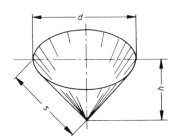

10. Ein konischer Behälter soll mit
einem Volumen V gefüllt werden.

   a) Geben Sie eine Gleichung an zur
      Berechnung des Durchmessers d_3
      in Abhängigkeit von d_1, h_1
      und V.

   b) Bestimmen Sie d_2 in Abhängig-
      keit von d_1, d_3, h und h_1.

   c) Welcher Durchmesser d_3 ergibt
      sich für $d_1 = 60$ cm, wenn bei
      $V = 400\ l$ die Füllhöhe $h_1 = 80$ cm beträgt?

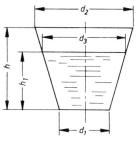

   d) Wie groß wird d_2, wenn die Behälterhöhe $h = 1$ m beträgt?

11. Berechnen Sie für den konischen Behälter nach Aufgabe 10 den Blechbedarf für die
Mantelfläche

   a) allgemein,

   b) für die angegebenen Maße.

   c) Welches Fassungsvermögen hat der Behälter, wenn er bis zum Rand gefüllt wer-
      den würde?

12. Ein aus Polyäthylen hergestellter Gebrauchseimer hat die Innenmaße $d_1 = 150$ mm,
$d_2 = 210$ mm und $h = 195$ mm.

   a) Welches Fassungsvermögen in Litern hat der Eimer?

   b) Wieviel Kunststoff ist bei einer Wandstärke von 2 mm zur Herstellung eines
      Eimers erforderlich (ohne Berücksichtigung der Materialzugabe für Versteifungs-
      ränder)?

13. Für eine Abdichtung werden kegelförmige Kunststoffkappen in der
dargestellten Form benötigt.

   Wieviel Kunststoff ist zur Herstellung einer einzelnen Kappe erforderlich?

14. Ein Behälter hat die Form eines
Kegelstumpfes.

   Berechnen Sie das Fassungsvermögen

   a) allgemein in Abhängigkeit von d,
      h und α.

   b) Welchen *Durchmesser* d hat der
      Behälter, wenn er 50 l fassen soll
      und $h = 20$ cm und $\alpha = 45°$
      betragen?

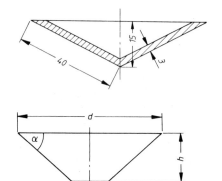

15. Ein Bunkertrichter hat die Form eines Pyramidenstumpfes mit quadratischen Grundflächen. Welches Fassungsvermögen hat er, wenn die größere Grundkante 2,50 m, die Höhe 1,50 m und $\alpha = 60°$ betragen? Wie groß ist der Blechbedarf?

16. Ein Behälter hat die Form eines Kegelstumpfes von 30 cm Höhe. Der große Durchmesser beträgt 80 cm, der kleine 30 cm. Berechnen Sie die Radien und den Zentriwinkel des Kreisringsektors, aus dem der Behältermantel hergestellt werden soll.

17. Ein Kreisringsektor mit den Radien $r_1 = 300$ mm und $r_2 = 160$ mm und einem Zentriwinkel von $140°$ soll als Mantelfläche für einen kegelstumpfförmigen Behälter dienen. Berechnen Sie:
a) Die Mantelfläche,
b) die Höhe und die Durchmesser des Behälters,
c) das Fassungsvermögen des Behälters.

18. Bestimmen sie das Füllvolumen der Wanne für
$d_1 = 20$ cm,
$d_2 = 40$ cm,
$a = 45$ cm,
$h = 22$ cm

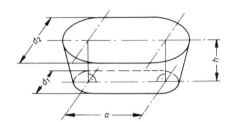

19. Ein Betonmast für Straßenbeleuchtungsanlagen hat die Form eines sich nach oben verjüngenden Sechseck-Pyramidenstumpfes mit einem konischen Innenhohlraum.
Bestimmen Sie für einen Mast mit einer Gesamtlänge von 8,30 m (Lichtpunkthöhe 7,50 m) das Volumen.

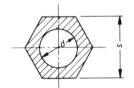

$s_1 = 240$ mm
$d_1 = 150$ mm
$s_2 = 115$ mm
$d_2 = 50$ mm

20. Bestimmen Sie für einen runden hohlen Aufsetzmasten aus Beton von 4,30 m Länge (L.P.H. 3,50 m) das Volumen.
$d_1 = 190$ mm (Außendurchmesser), $d_2 = 100$ mm (Außendurchmesser),
$d_3 = 100$ mm (Innendurchmesser), $d_4 = 42$ mm (Innendurchmesser).

21. Ein Stahlmast für eine Straßenbeleuchtungsanlage besteht aus einem konischen Rohr mit 5 mm Wandstärke. Die Außendurchmesser eines 12,80 m langen Stahlmastes (Lichtpunkthöhe 10 m) sind $d_1 = 210$ mm und $d_2 = 90$ mm.
a) Bestimmen Sie das Volumen.
b) Bestimmen Sie das Gewicht.
c) Wieviel Beleuchtungsmasten lassen sich auf einem 3 t-LKW transportieren?

22. Entwickeln Sie eine Formel zur Volumenberechnung eines Betonmasten von der Form nach Aufgabe 19.
Bestimmen Sie mit dieser Formel das Volumen für folgende Abmessungen:
$s_1 = 350$ mm, $d_1 = 220$ mm; $s_2 = 190$ mm, $d_2 = 100$ mm
Gesamtlänge = 12,30 m (L.P.H. 11 m)

13.3 Kugelförmige Körper

13.3.1 Vollkugel

Eine Kugel entsteht durch Rotation eines Halbkreises um seinen Durchmesser.

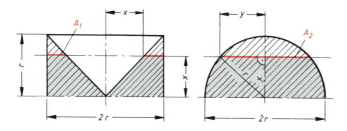

Das Volumen einer Halbkugel ist gleich dem Volumen eines kegelförmig ausgebohrten Zylinders:

Querschnittsflächen im Abstand x

$$A_1 = \pi(r^2 - x^2)$$
$$A_2 = \pi y^2 = \pi(r^2 - x^2)$$

Da beide Flächen gleich sind und die Grundflächen ebenfalls gleich sind, haben die Körper gleiches Volumen. (Satz von Cavalieri[1]).)

$$V_{Halbkugel} = V_{Zyl.} - V_{Kegel}$$

$$V_{Halbkugel} = \pi r^3 - \frac{\pi}{3} \cdot r^3 = \frac{2}{3}\pi r^3$$

Volumen der Vollkugel:

$$V = \frac{4}{3}\pi r^3 = \frac{\pi}{6}d^3$$

Oberfläche:

$$A_O = 4\pi r^2 = \pi d^2$$

○ **Beispiel**

Wie verhalten sich die Rauminhalte und Oberflächen von Zylinder, Kugel und Kegel bei gleicher Höhe und gleichem Durchmesser?

Lösung

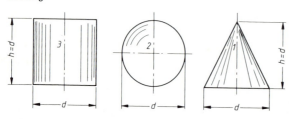

---

[1]) Cavalierisches Prinzip: Körper, die in gleichen Höhen gleiche Querschnittsflächen haben, haben gleiche Volumen (nach Bonaventura Cavalieri, um 1598—1647).

a) Volumenberechnung

Mit $h = d$ erhält man folgende Volumina:

$$V_1 = \frac{\pi d^3}{4} \qquad V_2 = \frac{\pi d^3}{6} \qquad V_3 = \frac{\pi d^3}{12}$$

(Zylinder)   (Kugel)   (Kegel)

Für die Volumina ergibt sich damit folgende Proportion:

$$V_1 : V_2 : V_3 = \frac{1}{4} : \frac{1}{6} : \frac{1}{12}$$

Die Volumina von Zylinder, Kugel und
Kegel verhalten sich wie $3 : 2 : 1$

$$\boxed{V_1 : V_2 : V_3 = 3 : 2 : 1}$$

(nach Archimedes[2]))

b) Oberflächenberechnung

Mit $h = d$ ergeben sich folgende Oberflächen:

$$A_1 = 2 \cdot \frac{\pi d^2}{4} + \pi d \cdot d \qquad A_2 = \pi d^2 \qquad A_3 = \frac{\pi d^2}{4} + \frac{\pi d}{2} \sqrt{\frac{d^2}{4} + d^2}$$

$$A_1 = 1{,}5\, \pi d^2 \qquad A_2 = \pi d^2 \qquad A_3 = \frac{1 + \sqrt{5}}{4}\, \pi d^2$$

(Zylinder)   (Kugel)   (Kegel)

Für die Oberflächen ergibt sich damit folgende Proportion.

$$A_1 : A_2 : A_3 = 1{,}5 : 1 : 0{,}809$$

Die Oberflächen von Zylinder, Kugel und
Kegel verhalten sich wie $1{,}854 : 1{,}236 : 1$

$$\boxed{A_1 : A_2 : A_3 = 1{,}854 : 1{,}236 : 1} \quad \bigcirc$$

$\bigcirc$ **Anwendungsbeispiel**

Wieviel Schrotkugeln von 2 mm Durchmesser muß man zusammenschmelzen, um eine Kugel mit 10 mm Durchmesser zu erhalten?

Lösung

Ohne Berücksichtigung von Schmelzver-
lusten ist das Volumen vor dem Schmelzen und nach dem Schmelzen gleich.

$$V_1 = V_2$$

Schmilzt man n Kugeln zusammen, so
ergibt sich

$$n \cdot \frac{\pi d_1^3}{6} = \frac{\pi d_2^3}{6}$$

$$n = \frac{d_2^3}{d_1^3} = \left(\frac{d_2}{d_1}\right)^3$$

$$n = \left(\frac{10}{2}\right)^3 = 5^3$$

Mit $d_1 = 2$ mm und $d_2 = 10$ mm wird

$$\underline{\underline{n = 125}}$$

Es müssen 125 Schrotkugeln zusammen-
geschmolzen werden. Die Anzahl der
Kugeln hängt jeweils vom Durchmesser-
verhältnis ab.

$\bigcirc$

---

[2]) Archimedes (287–212 v. Chr.)

○ **Anwendungsbeispiel**

Eine Glaskugel von 18 mm Durchmesser wird zu einer Hohlkugel von 100 mm Außendurchmesser aufgeblasen. Welche Wandstärke hat die Hohlkugel?

Lösung

Da das Volumen der Vollkugel gleich dem Volumen der Hohlkugel ist, erhalten wir folgende Gleichung, aus der sich der Innendurchmesser d_i der Hohlkugel berechnen läßt.

$$V_1 \quad = \quad V_2$$
$$\text{(Vollkugel)} \qquad \text{(Hohlkugel)}$$

$$\frac{\pi d^3}{6} = \frac{\pi d_a^3}{6} - \frac{\pi d_i^3}{6}$$

$$d_i^3 = d_a^3 - d^3$$

$$\boxed{d_i = \sqrt[3]{d_a^3 - d^3}}$$

$$d_i = \sqrt[3]{100^3 - 18^3} \text{ mm}$$

$$d_i = 99,8052 \text{ mm}$$

Aus der halben Durchmesserdifferenz erhalten wir die Wandstärke $s = 0,0978$ mm

$$s = \frac{d_a - d_i}{2}$$

$$s = \frac{100 \text{ mm} - 99,8052 \text{ mm}}{2}$$

$$\underline{\underline{s = 0,1 \text{ mm}}}$$

○ **Beispiel**   ○

Aus einer Messing-Vollkugel ($\rho_2 = 8,4 \frac{g}{cm^3}$) von 60 mm Durchmesser soll eine Schwimmerkugel (Hohlkugel) hergestellt werden, die in Dieselkraftstoff ($\rho_1 = 0,86 \frac{g}{cm^3}$) zur Hälfte eintaucht. Welchen Außendurchmesser und welche Wandstärke erhält die Hohlkugel?

Lösung

Durch die Hohlkugel mit dem Außendurchmesser d_a wird beim halben Eintauchen das Volumen

$$V_1 = \frac{1}{2} \cdot \frac{\pi d_a^3}{6}$$

verdrängt.

Das Gewicht der verdrängten Flüssigkeit ist gleich dem Gewicht der Hohlkugel, das dem Gewicht der Vollkugel entspricht.

Durch Auflösen der Gleichung nach d_a^3 bzw. d_a ergibt sich

$$G_1 \quad = \quad G_2$$
$$\begin{array}{cc} \text{(Gewicht der} & \text{(Gewicht der} \\ \text{verdr. Flüssigk.)} & \text{Hohlkugel)} \end{array}$$

$$V_1 \cdot \rho_1 = V_2 \cdot \rho_2$$

$$\frac{1}{2} \cdot \frac{\pi d_a^3}{6} \cdot \rho_1 = \frac{\pi \cdot (6 \text{ cm})^3}{6} \cdot \rho_2$$

$$d_a^3 = 2 \cdot (6 \text{ cm})^3 \cdot \frac{\rho_2}{\rho_1}$$

$$d_a = \sqrt[3]{2 \cdot (6 \text{ cm})^3 \cdot \frac{\rho_2}{\rho_1}}$$

$$d_a = \sqrt[3]{2 \cdot (6 \text{ cm})^3 \cdot \frac{8,4 \frac{g}{cm^3}}{0,86 \frac{g}{cm^3}}}$$

$$d_a = 16,1593 \text{ cm}$$

$$\underline{\underline{d_a \approx 161,6 \text{ mm}}}$$

Da hiermit der erforderliche Außendurchmesser der Hohlkugel errechnet ist, läßt sich der Innendurchmesser in bekannter Weise (vgl. vorhergehendes Beispiel) bestimmen.

$$d_i = \sqrt[3]{d_a^3 - d^3}$$

$$d_i = \sqrt[3]{(161{,}6\,\text{mm})^3 - (60\,\text{mm})^3}$$

$$d_i = 158{,}79\,\text{mm}$$

Aus der halben Durchmesserdifferenz ergibt sich wiederum die Wandstärke s der Hohlkugel.

$$s = \frac{d_a - d_i}{2}$$

$$s = \frac{161{,}6\,\text{mm} - 158{,}79\,\text{mm}}{2}$$

$$\underline{\underline{s = 1{,}4\,\text{mm}}} \qquad \bigcirc$$

13.3.2 Kugelteile

13.3.2.1 Kugelabschnitt (Kugelsegment)

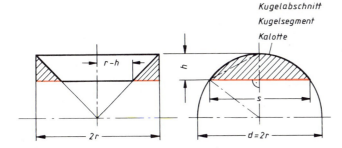

Nach dem Satz des Cavalieri ist wiederum das Volumen des Kugelabschnitts gleich dem Restvolumen eines kegelförmig ausgebohrten Zylinders:

$$V = \pi r^2 h - \frac{1}{3}\pi h \,[\, r^2 + r(r-h) + (r-h)^2 \,]$$
$$V = \pi r^2 h - \frac{1}{3}\pi h \,(3r^2 - 3rh + h^2)$$
$$V = \frac{1}{3}\pi h \,(3r^2 - 3r^2 + 3rh - h^2)$$
$$V = \frac{1}{3}\pi h^2 \,(3r - h)$$

Volumen des Kugelabschnitts:

$$\boxed{V = \frac{1}{3}\pi h^2 \,(3r - h) = \pi h^2 \left(\frac{d}{2} - \frac{h}{3}\right)}$$

Setzt man für $r = \frac{d}{2}$ ein, so erhält man:

$$V = \frac{\pi h^2}{6}\,(3d - 2h)\,.$$

Nach dem Höhensatz gilt

$$\left(\frac{s}{2}\right)^2 = h(d - h)\,.$$

Setzt man für $d = \frac{s^2}{4h} + h$ ein, so erhält man

$$\boxed{V = \pi h \left(\frac{s^2}{8} + \frac{h^2}{6}\right)}$$

Die Mantelfläche des Kugelabschnitts (= gekrümmte Oberfläche, Kugelhaube oder *Kugelkappe* genannt), ergibt sich aus

Mantelfläche des Kugelabschnitts (= Fläche der Kugelkappe):

$$A_M = \pi d h$$

$$= \frac{\pi}{4}(s^2 + 4h^2)$$

○ **Beispiel**

Eine Kugel mit dem Durchmesser d soll so in eine Flüssigkeit getaucht werden, daß zwei Drittel der Oberfläche benetzt werden.

a) Berechnen Sie das Maß x zur Bestimmung der Eintauchtiefe.

b) Welches Flüssigkeitsvolumen wird dabei verdrängt?

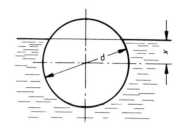

Lösung

Einerseits ist die benetzte Oberfläche gleich $\frac{2}{3}$ der gesamten Kugelfläche πd^2

a) $A_M = \frac{2}{3}\pi d^2$ (1)

Andererseits läßt sich die benetzte Oberfläche auch als Fläche einer Kugelkappe $A_M = \pi d h$ mit $h = \frac{d}{2} + x$ berechnen.

$$A_M = \pi d \left(\frac{d}{2} + x\right)$$ (2)

(1) = (2)

Da beides dieselbe Fläche darstellt, erhält man durch Gleichsetzen der Flächen das Abstandsmaß x und damit die Eintauchtiefe h.

$$\frac{2}{3}\pi d^2 = \pi d \left(\frac{d}{2} + x\right)$$

$$\underline{x = \frac{1}{6}d}$$

Eintauchtiefe

$$h = \frac{d}{2} + \frac{d}{6}$$

$$\underline{h = \frac{2}{3}d}$$

Das Volumen der verdrängten Flüssigkeit ist das Volumen eines Kugelabschnitts mit $h = \frac{2}{3}d$.

b) $V = \pi h^2 \left(\frac{d}{2} - \frac{h}{3}\right)$

$$V = \pi \left(\frac{2}{3}d\right)^2 \left(\frac{d}{2} - \frac{2d}{3\cdot3}\right)$$

$$V = \pi \frac{10}{81}d^3$$

$$\underline{V \approx 0,3879\, d^3}$$ ○

13.3.2.2 Kugelschicht

Durch zwei parallele Ebenen wird aus einer Kugel ein Körper herausgeschnitten, der als *Kugelschicht* bezeichnet wird.

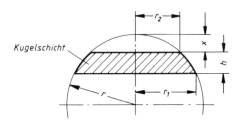

Das Volumen der Kugelschicht läßt sich als Differenz zweier Kugelabschnitte berechnen:

$$V_1 = \frac{\pi}{3} (h + x)^2 (3r - h - x)$$

$$V_2 = \frac{\pi}{3} x^2 (3r - x)$$

Volumen der Kugelschicht:

$$V = V_1 - V_2$$

Nach dem Satz des Pythagoras gilt:

$$r_1^2 = r^2 - (r - (h + x))^2$$

$$r_1^2 = r^2 - (r^2 - 2rh - 2rx + h^2 + 2hx + x^2)$$

$$r_1^2 = 2hr + 2rx - h^2 - 2hx - x^2$$

und

$$r_2^2 = r^2 - (r - x)^2$$

$$r_2^2 = 2rx - x^2$$

$$V = \frac{\pi}{3} (h^2 + 2hx + x^2)(3r - h - x)$$

$$- \frac{\pi}{3} (3rx^2 - x^3)$$

$$V = \frac{\pi}{3} (6hrx + 3h^2r - 3hx^2 - 3h^2x - h^3)$$

$$V - \frac{\pi h}{3} (6rx - 3x^2 + 3hr - 3hx - h^2)$$

$$V = \frac{\pi h}{6} (12rx - 6x^2 + 6hr - 6hx - 2h^2)$$

$$V = \frac{\pi h}{6} \underbrace{(6hr + 6rx - 3h^2 - 6hx - 3x^2}_{3r_1^2} + \underbrace{+ 6rx - 3x^2 + h^2)}_{3r_2^2}$$

Nach einigen Umformungen ergibt sich damit als *Volumen der Kugelschicht*

$$\boxed{V = \frac{\pi h}{6} (3r_1^2 + 3r_2^2 + h^2)}$$

(Kugelschicht)

Die zwischen den beiden parallelen Ebenen liegende Kugeloberfläche wird als *Kugelzone* bezeichnet. Sie läßt sich als Differenz zweier Kugelkappen berechnen:

$$A_M = \pi d (h + x) - \pi dx = \pi dh$$

Mantelfläche der Kugelschicht (= Fläche der Kugelzone):

$$\boxed{A_M = \pi dh}$$

○ **Anwendungsbeispiel**

Eine kugelförmige Rolle hat eine zylindrische Innenbohrung mit dem Durchmesser d_1.

Bestimmen Sie das Volumen

a) allgemein,

b) für
$d = 60$ mm,
$h = 40$ mm
$d_1 = 20$ mm.

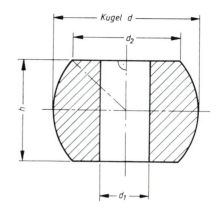

Lösung

Da die Kugelschicht symmetrisch ist, vereinfacht sich die Volumenberechnung:

a) V = Kugelschicht − Zylinder

$$V = \frac{\pi h}{24}(3d_2^2 + 3d_2^2 + 4h^2) - \frac{\pi d_1^2}{4}h$$

$$V = \frac{\pi h}{24}(6d_2^2 + 4h^2 - 6d_1^2)$$

$$V = \frac{\pi h}{12}(3d_2^2 + 2h^2 - 3d_1^2) \qquad (1)$$

Der Durchmesser d_2 ist nach der Aufgabe nicht bekannt. Er muß deshalb nach Pythagoras berechnet werden.

Nach Pythagoras ist:

$$\left(\frac{d_2}{2}\right)^2 + \left(\frac{h}{2}\right)^2 = \left(\frac{d}{2}\right)^2$$

$$d_2^2 = d^2 - h^2 \qquad (2)$$

Setzt man Gl. (2) in Gl. (1) ein, so erhält man

$$V = \frac{\pi h}{12}(3d^2 - h^2 - 3d_1^2)$$

Mit den angegebenen Werten erhält man den Zahlenwert für V

b) $V = \frac{\pi \cdot 4\,\text{cm}}{12}(3 \cdot (6\,\text{cm})^2 - (4\,\text{cm})^2 -$
$\qquad\qquad - 3 \cdot (2\,\text{cm})^2)$

$V = 83,78\ \text{cm}^3$ ○

○ **Anwendungsbeispiel**

Eine Kugel von 35 mm Durchmesser wird beidseitig auf eine Höhe von $h = 25$ mm abgefräst.

Bestimmen Sie allgemein und mit den angegebenen Zahlenwerten

a) den Durchmesser d_1, wenn $d_2 = 20$ mm beträgt,

b) das Volumen des Restkörpers (= Volumen der Kugelschicht).

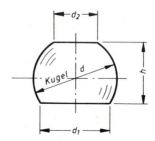

Lösung

Zwischen den Mittenabständen h_1 und h_2 und den Durchmessern d_1 und d_2 besteht ein unmittelbarer Zusammenhang, der aus den eingezeichneten rechtwinkligen Dreiecken gegeben ist.

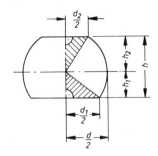

Um d_1 berechnen zu können, müssen wir erst h_1 mit Hilfe des Pythagoras bestimmen. Dabei ist zu berücksichtigen, daß $h = h_1 + h_2$, oder $h_2 = h - h_1$ ist.

a) Nach Pythagoras gilt:

$$\left(\frac{d_1}{2}\right)^2 = \left(\frac{d}{2}\right)^2 - h_1^2$$

$$d_1 = \sqrt{d^2 - 4h_1^2} \qquad (1)$$

$$\left(\frac{d_2}{2}\right)^2 = \left(\frac{d}{2}\right)^2 - (h - h_1)^2$$

$$h_1^2 - 2hh_1 + \frac{d_2^2}{4} - \frac{d^2}{4} + h^2 = 0$$

$$h_1 = h \; \overset{(+)}{-} \; \sqrt{\frac{d^2}{4} - \frac{d_2^2}{4}} \qquad (2)$$

Durch Einsetzen von Gl. (2) in Gl. (1) erhält man d_1

$$d_1 = \sqrt{d^2 - 4\left(h - \frac{1}{2}\sqrt{d^2 - d_2^2}\right)^2}$$

Mit den angegebenen Zahlenwerten wird $d_1 = 27{,}79$ mm.

$$d_1 = 27{,}79 \text{ mm}$$

Setzt man $r_1 = \frac{d_1}{2}$ und $r_2 = \frac{d_2}{2}$ so erhält man

b) Volumen der Kugelschicht

$$V = \frac{\pi h}{6}\left(\frac{3}{4}d_1^2 + \frac{3}{4}d_2^2 + h^2\right)$$

Mit den Zahlenwerten ergibt sich

$$V = 19{,}69 \text{ cm}^3 \qquad \bigcirc$$

13.3.2.3 Kugelausschnitt (Kugelsektor)

Verbindet man den Begrenzungskreis des Kugelabschnitts mit dem Mittelpunkt der Kugel, so entsteht ein *Kugelausschnitt* oder *Kugelsektor.*

Das Volumen des Kugelsektors läßt sich aus der Summe von Kugelabschnitt und Kegel berechnen.

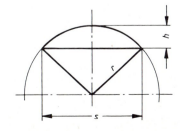

$$V = \underbrace{\frac{1}{3}\pi h^2 (3r - h)}_{\text{Kugelabschnitt}} + \underbrace{\frac{1}{3}\left(\frac{s}{2}\right)^2 \pi (r - h)}_{\text{Kegel}} \quad (1)$$

Volumen des Kugelsektors

$$\boxed{V = \frac{2}{3}\pi r^2 h}$$

Nach Pythagoras gilt:

$$\left(\frac{s}{2}\right)^2 = r^2 - (r - h)^2 \qquad (2)$$

Gl. (2) in Gl. (1):

$$V = \frac{1}{3}\pi h^2 (3r - h) + \frac{1}{3}\pi (r - h)\left[r^2 - (r - h)^2\right]$$

$$V = \frac{1}{3}\pi\left[3rh^2 - h^3 + (r - h)(r^2 - r^2 + 2rh - h^2)\right]$$

$$V = \frac{1}{3}\pi\left[3rh^2 - h^3 + 2r^2h - rh^2 - 2rh^2 + h^3\right]$$

$$V = \frac{2}{3}\pi r^2 h$$

Oberfläche des Kugelsektors
(= Mantelfläche des Kugelabschnitts
    + Kegelmantelfläche)

$$\boxed{\begin{aligned} A_O &= 2\pi rh + \frac{\pi r s}{2} \\ &= \frac{\pi d}{4}(4h + s) \end{aligned}}$$

○ **Anwendungsbeispiel**

Ein Kreiselkörper mit dem Durchmesser $d = 50$ mm hat die Form eines Kugelausschnitts.

Berechnen Sie das Volumen.

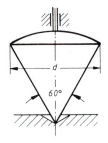

Lösung

Zur Volumenberechnung ist zunächst die Berechnung der Höhe h erforderlich.

Der positive Wert kann hier nicht in Frage kommen, da sonst h größer wäre als r.

Nach Pythagoras gilt:

$$\frac{d^2}{4} = r^2 - (r - h)^2$$

$$h^2 - 2hr + \frac{d^2}{4} = 0$$

$$h = r \underset{-}{(+)} \sqrt{r^2 - \frac{d^2}{4}} \qquad (1)$$

Auch der Kugelradius ist in der Aufgabe nicht gegeben.

Er läßt sich mit Hilfe einer Winkelfunktion berechnen.

Für $\alpha = 30°$ ist $\sin \alpha = \frac{1}{2}$, so daß $r = d$ wird, was sich aus dem gleichseitigen Dreieck auch unmittelbar ergeben hätte.

Berechnung des Kugelradius:

$$\sin\frac{\alpha}{2} = \frac{\frac{d}{2}}{r}$$

$$r = \frac{d}{2\sin\frac{\alpha}{2}} \qquad (2)$$

$$\underline{r = d} \qquad (3)$$

Unter Berücksichtigung der Gln. (1) und (3) ergibt sich als Volumen:

Volumen:

$$V = \frac{2}{3}\pi d^2 \left(d - \sqrt{\left(d^2 - \frac{d^2}{4} \right)} \right)$$

$$V = \frac{2}{3}\pi d^2 \left(d - \frac{1}{2} d \sqrt{3} \right)$$

$$V = d^3 \left(\frac{2}{3}\pi - \frac{\sqrt{3}}{3} \pi \right)$$

$$V \approx 0,28\, d^3$$

Mit $d = 50$ mm erhält man

$$V = 35,0745\ \text{cm}^3 \qquad \bigcirc$$

Aufgaben

zu 13.3 Kugelförmige Körper

1. Wieviel wiegt eine Kugel von 1 m Durchmesser
   a) aus Kork ($\rho = 0,23\ \frac{\text{kg}}{\text{dm}^3}$),   b) aus Stahl ($\rho = 7,85\ \frac{\text{kg}}{\text{dm}^3}$)?

   c) Wie groß ist die Oberfläche?

2. Wie viele Schrotkugeln ($d = 2$ mm) lassen sich aus 5 kg Blei ($\rho = 11,34\ \frac{\text{g}}{\text{cm}^3}$) herstellen? (Ohne Berücksichtigung der Schmelzverluste.)

3. Wie groß ist der Auftrieb eines Kugelballons mit 12 m Innendurchmesser, der mit Wasserstoff (Dichte im Normalzustand $\rho_n = 0,090\ \frac{\text{kg}}{\text{m}^3}$) gefüllt ist?

   (Dichte von Luft im Normalzustand $\rho_n = 1,293\ \frac{\text{kg}}{\text{m}^3}$)

4. Stahlkugeln von 20 mm Durchmesser sollen einen Cr-Ni-Überzug von 150 μm Dicke erhalten. Wieviel Gramm Chromnickel ($\rho = 7,4\ \frac{\text{g}}{\text{cm}^3}$) werden für 1000 Kugeln benötigt?

5. Ein kugelförmiger Gasbehälter soll ein Fassungsvermögen von 14 000 m³ haben.
   a) Wie groß ist der Innendurchmesser des Behälters?
   b) Wieviel m² Stahlblech von 18 mm Dicke sind für die Schweißkonstruktion erforderlich?
   c) Wieviel Tonnen Stahl sind dies?

6. Eine Messingkugel ($\rho = 8,4\ \frac{\text{g}}{\text{cm}^3}$) von 40 mm Durchmesser soll in eine Hohlkugel umgegossen werden, die
   a) in Heizöl ($\rho = 0,92\ \frac{\text{g}}{\text{cm}^3}$) zu $\frac{3}{4}$ des Durchmessers eintaucht,
   b) in Wasser zur Hälfte eintaucht.
   Bestimmen Sie jeweils den Außendurchmesser und die Wandstärke.

7. Welche Masse hat eine Schwimmerkugel (Hohlkugel) aus Messingblech von 1 mm Dicke bei einem Kugel-Außendurchmesser von 120 mm?

8. Welche Masse hat ein Senklot aus Stahl, das aus einem senkrechten Kreiskegel mit der Spitze nach unten und einer aufgesetzten Halbkugel von 35 mm Durchmesser besteht? Die Gesamtlänge des Lotes beträgt 85 mm.

9. Berechnen Sie das Volumen des dargestellten Halbrundnietes 30×70 DIN 124 aus St 34 für den Stahlbau.

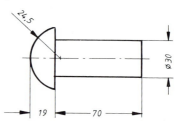

10. Berechnen Sie das Volumen einer zylindrisch durchbohrten Kugel

    a) allgemein,

    b) für
        $d_1 = 35$ mm,
        $d_2 = 15$ mm,
        $h = 17{,}5$ mm.

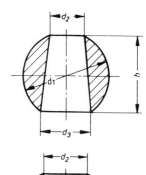

11. Berechnen Sie das Volumen einer kegelig durchbohrten Kugel

    a) allgemein,

    b) für
        $d_1 = 35$ mm,
        $d_2 = 15$ mm,
        $d_3 = 20$ mm.

    c) Wie groß wird h?

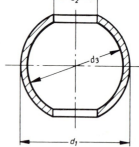

12. Eine Hohlkugel erhält zwei gleich große Ausbohrungen vom Durchmesser d_2.

    a) Welches Volumen wird durch eine Bohrung ausgebohrt?

    b) Wie groß ist das Restvolumen?

13. Berechnen Sie das Volumen der dargestellten Kugelscheibe nach DIN 6319 (in abgeänderter Form).

    a) allgemein,

    b) für
        $d_1 = 25$ mm,
        $d_2 = 44$ mm, $r = 32$ mm,
        $f = 0{,}8$ mm, $h = 8{,}2$ mm.

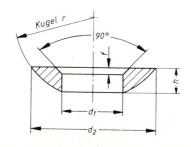

14. Berechnen Sie für die dargestellte
Kugelpfanne mit

r = 32 mm,   h = 10 mm
f = 7,3 mm,
d_1 = 28 mm,
d_2 = 62 mm

a) das Volumen,
b) die Auflagefläche der Kugelscheibe.

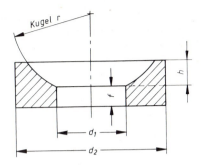

15. Berechnen Sie für eine beidseitig
abgefräste Hohlkugel das Volumen

a) allgemein,

b) für
d_1 = 500 mm,
d_2 = 540 mm,
b = 400 mm.

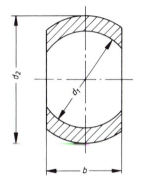

16. Ein Windkessel hat die Form eines
Zylinders mit aufgesetzten Kugel-
segmenten.

Bestimmen Sie:

a) das Volumen,
b) die Oberfläche (Blechbedarf).

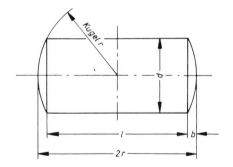

17. Eine Kugel vom Durchmesser d wird
bis zur Mitte eingefräst.
Berechnen Sie das Restvolumen.

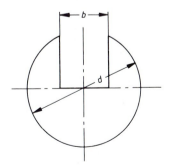

18. Für ein optisches Gerät soll eine Bikonvexlinse von der dargestellten Form hergestellt werden.

a) Wieviel Glas ist erforderlich für eine Linse mit
$d = 100$ mm,
$h_1 = 16$ mm,
$h_2 = 8$ mm?

b) Wie groß ist die Masse dieser Linse ($\rho = 3{,}2\ \frac{g}{cm^3}$)?

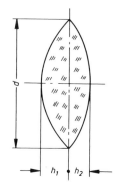

19. Berechnen Sie das Volumen des dargestellten Kugelkopfes aus Kunststoff, der auf einen Schalthebel mit rundem Querschnitt aufgeklebt wird für einen Spitzenwinkel von 140° und 80°.

(Die hier nicht dargestellte Entlüftungsnut zum Entweichen der Luft beim Aufkleben soll unberücksichtigt bleiben.)

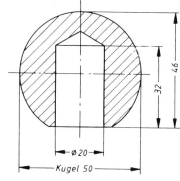

20. Berechnen Sie das Volumen des dargestellten Hohlkugelsektors.

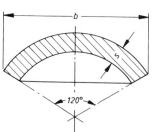

13.4 Schiefe Körper

13.4.1 Satz des Cavalieri[3]

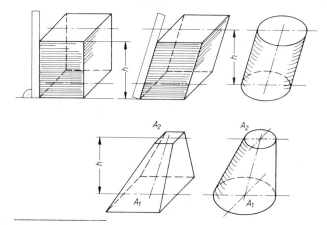

---

[3] Bonaventura Cavalieri (um 1598–1647), ital. Mathematiker, Schüler von Galilei.

Prismen und Zylinder, deren Seiten- oder Mantelflächen nicht mehr senkrecht auf der Grundfläche stehen, sowie Pyramiden, Pyramidenstümpfe, Kegel und Kegelstümpfe, deren Symmetrie- oder Rotationsachsen nicht mehr senkrecht auf der Grundfläche stehen, nennt man *schiefe Körper*.

Schiefe Körper lassen sich durch Scherung, d.h. durch seitliches Verschieben paralleler Körperebenen von geraden Körpern erzeugen. Anschaulich läßt sich dies mit Hilfe eines Lineals an einem Papierstapel oder an einem Stapel kreisrunder Bierdeckel demonstrieren. Daraus ist ersichtlich, daß sich dabei das Volumen nicht ändert, Grundfläche und Deckfläche sind parallel und gleich groß, die Höhe h bleibt gleich. Entsprechendes gilt für die schiefwinkligen pyramidenförmigen und kegligen Körper.

Für die Volumenberechnung gilt der

Satz des Cavalieri

> Körper, die in gleicher Höhe gleiche Querschnittsflächen haben, haben gleiches Volumen.

Daraus ergeben sich folgende Grundformeln:

1. Schiefe prismatische Körper

2. Schiefe Pyramiden und Kegel

3. Schiefe Pyramiden- und Kegelstümpfe

$$V = A \cdot h$$
$$V = \frac{1}{3} \cdot A \cdot h$$
$$V = \frac{1}{3} \cdot h \cdot (A_1 + \sqrt{A_1 A_2} + A_2)$$

4. Gewundene Körper entsprechend der gleichbleibenden oder sich ändernden Querschnittsform nach einer der drei Formeln.

○ **Anwendungsbeispiel**

Ein Behälter hat die Form eines schiefen Kegelstumpfes.

Berechnen Sie das Fassungsvermögen.

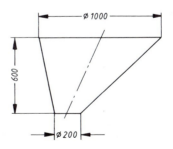

Lösung

Die Querschnittsflächen sind:

$$A_1 = \frac{\pi (100 \text{ cm})^2}{4} = 7853,98 \text{ cm}^2$$

$$A_2 = \frac{\pi (20 \text{ cm})^2}{4} = 314,16 \text{ cm}^2$$

$$V = \frac{1}{3} \cdot h (A_1 + \sqrt{A_1 A_2} + A_2)$$

$$V = \frac{1}{3} \cdot 60 \text{ cm} (7853,98 \text{ cm}^2 +$$
$$+ 1570,80 \text{ cm}^2 + 314,16 \text{ cm}^2)$$

$$V = 194\,778,8 \text{ cm}^3$$

$$\underline{V \approx 195\, l}$$

○

13.4.2 Simpsonsche Regel

Unregelmäßig gestaltete Körper lassen sich nach der Simpsonschen Regel[4] berechnen.

Mit dieser Formel lassen sich auch die bisher behandelten einfachen Körper berechnen, so daß das Volumen von Pyramiden- und Kegelstumpf auch hiermit berechnet werden könnte.

Die manchmal angewandte Faustformel

$$V = h \cdot A_m$$

führt in vielen Fällen zu ungenauen Werten.

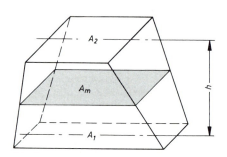

Simpsonsche Regel:

$$V = h \left(\frac{2}{3} A_m + \frac{1}{6} A_1 + \frac{1}{6} A_2 \right)$$

$$V = \frac{h}{6} (A_1 + 4 A_m + A_2)$$

○ **Beispiel**

Berechnen Sie das Volumen eines schiefen Kegelstumpfes mit Hilfe der Simpsonschen Regel.

             a) allgemein,

             b) für $d_1 = 80$ mm, $d_2 = 30$ mm und $h = 60$ mm.

Lösung

Mit der Grundfläche A_1,

    der Deckfläche A_2

und der Mittelfäche A_m

ergibt sich

a) $A_1 = \pi r_1^2$

$A_2 = \pi r_2^2$

$A_m = \pi \left(\frac{r_1 + r_2}{2} \right)^2$

$$V = \frac{h}{6} \left(\pi r_1^2 + \frac{\pi 4 (r_1 + r_2)^2}{4} + \pi r_2^2 \right)$$

$$V = \frac{h}{6} (\pi r_1^2 + \pi r_1^2 + 2 \pi r_1 r_2 + \pi r_2^2 + \pi r_2^2)$$

$$V = \frac{h}{3} (\pi r_1^2 + \pi r_1 r_2 + \pi r_2^2)$$

$$V = \frac{\pi h}{12} (d_1^2 + d_1 d_2 + d_2^2)$$

Da $\sqrt{A_1 A_2} = \sqrt{\pi r_1^2 \cdot \pi r_2^2} = \pi r_1 r_2$, ergibt sich als Volumen

$$V = \frac{h}{3} (A_1 + \sqrt{A_1 A_2} + A_2)$$

Für die angegebenen Zahlenwerte erhält man

b) $V = 152\,367{,}24$ mm^3
$V = 152{,}37$ cm^3 ○

---

[4] Thomas Simpson (1710–1761), engl. Mathematiker.

○ **Anwendungsbeispiel**

Bestimmen Sie das Volumen des dargestellten Keiles

a) allgemein,

b) für $a = c$.

Lösung

Der Keil ist ein Sonderfall eines Pris-
moids, bei dem die Deckfläche $A_2 = 0$
wird.

a) $V = \dfrac{h}{6}(A_1 + 4A_m + A_2)$

$A_1 = ab$

$A_m = \dfrac{a+c}{2} \cdot \dfrac{b+0}{2} = \dfrac{ab+bc}{4}$

$A_2 = 0$

$V = \dfrac{h}{6}\left(ab + 4\,\dfrac{ab+bc}{4}\right)$

$V = \dfrac{bh}{6}(2a + c)$

Für $a = c$ ergibt sich

b) $V = \dfrac{1}{2}abh$ ○

○ **Anwendungsbeispiel**

Ein Müllcontainer hat die Form eines Pris-
moids (Pontons).

Berechnen Sie das Fassungsvermögen.

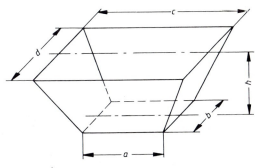

Lösung

Der Ponton ist ebenfalls ein Prismoid,
d.h. ein Polyeder, der von zwei parallelen
Flächen begrenzt wird.

$V = \dfrac{h}{6}(A_1 + 4A_m + A_2)$

$A_1 = ab$

$A_m = \dfrac{a+c}{2} \cdot \dfrac{b+d}{2}$

$A_2 = cd$

$V = \dfrac{h}{6}\left(ab + 4\,\dfrac{(a+c)(b+d)}{4} + cd\right)$

$V = \dfrac{h}{6}(2ab + 2cd + bc + ad)$

$V = \dfrac{h}{6}(a(2b + d) + c(2d + b))$ ○

13.5 Oberflächen und Volumina von Rotationskörpern (Guldinsche Regel)[5]

Drehkörper oder *Rotationskörper* entstehen durch Drehung einer beliebigen Fläche A um eine Drehachse.

S = Flächenscherpunkt

S_1 = Linienschwerpunkt

r_s = Abstand des Flächenschwerpunktes von der Drehachse

r_{s_1} = Abstand des Linienschwerpunktes von der Drehachse

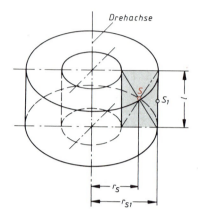

Oberfläche

A_M = Mantellinie l mal Weg des Mantellinienschwerpunktes S_1

$$A_M = 2\pi r_{s_1} l$$

$$\boxed{A_M = \pi d_{s_1} l}$$

Volumen

V = Querschnittsfläche A mal Weg des Flächenschwerpunktes S

$$V = 2\pi r_s A$$

$$\boxed{V = \pi d_s A}$$

○ **Anwendungsbeispiel**

Bestimmen Sie das Volumen und die Oberfläche des dargestellten Ringes (Torus)

a) allgemein,

b) für $d_1 = 10$ mm und $d_2 = 50$ mm.

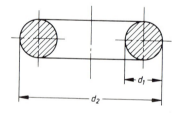

Lösung

Da es sich um einen Rotationskörper handelt, kann die Berechnung nach der Guldinschen Regel erfolgen.

Der Flächenschwerpunkt liegt in der Kreismitte. Damit ist

$$d_s = d_2 - d_1 .$$

a) $V = \pi d_s A$

$$V = \pi (d_2 - d_1) \frac{\pi d_1^2}{4}$$

---

[5] *Paul Guldin* (1577–1643)

Die rotierende Mantellinie ist der Kreisumfang $l = \pi d_1$.

Der Linienschwerpunkt liegt ebenfalls im
Kreismittelpunkt.

$$A_M = \pi d_{s_1} l$$

$$A_M = \pi (d_2 - d_1)\, \pi d_1$$

$$A_M = \pi^2 d_1 (d_2 - d_1)$$

Mit d_1 = 10 mm und d_2 = 50 mm ergibt
sich

b)

$$V = \pi (50 - 10)\, \text{mm} \cdot \frac{\pi (10\,\text{mm})^2}{4}$$

$$V = 9869{,}6\ \text{mm}^3$$

$$V = 9{,}87\ \text{cm}^3$$

$$A_M = \pi^2 \cdot 10\,\text{mm}\,(50\,\text{mm} - 10\,\text{mm})$$

$$A_M = 3947{,}84\ \text{mm}^2$$

$$A_M = 39{,}48\ \text{cm}^2 \qquad \bigcirc$$

○ **Anwendungsbeispiel**

Ein Werkstück erhält eine halbkreisförmige
Ringnut.

Berechnen Sie das Hohlvolumen der
Ringnut.

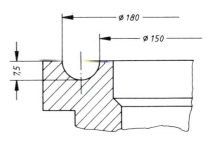

Lösung

Der Flächenschwerpunkt liegt auf der
Symmetrielinie des Halbkreises. Damit ist

$$d_s = \frac{d_2 + d_1}{2} = 165\ \text{mm}\,.$$

$$V = \pi d_s A$$

$$V = \pi \cdot 165\,\text{mm}\, \frac{\pi (15\,\text{mm})^2}{2 \cdot 4}$$

$$V = 45\,801{,}13\ \text{mm}^3$$

$$V = 45{,}8\ \text{cm}^3 \qquad \bigcirc$$

○ **Anwendungsbeispiel**

Ein Ring mit dem Außendurchmesser d_2
und dem Innendurchmesser d_1 hat als
Querschnittsfläche einen Kreisabschnitt.

Berechnen Sie das Volumen.

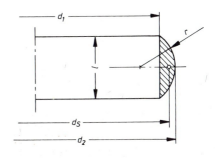

Lösung

Die Querschnittsfläche (Kreisabschnitt) berechnet sich aus

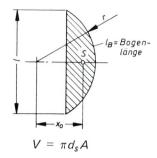

$$A = \frac{r(l_B - l) + l\left(\frac{d_2 - d_1}{2}\right)}{2}$$

Der Schwerpunktsabstand ist

$$x_0 = \frac{l^3}{12A}$$

$$V = \pi d_s A$$

Damit ist

$$d_s = d_2 - 2r + 2x_0 = d_2 - 2r + \frac{l^3}{6A}$$

$$V = \pi\left(d_2 - 2r + \frac{l^3}{6A}\right) \cdot A \qquad \bigcirc$$

○ **Anwendungsbeispiel**

Bestimmen Sie das Volumen des dargestellten Ringes

a) allgemein,

b) für

$d_2 = 50$ mm, $d_1 = 20$ mm,

$b = 18$ mm, $r = 7,5$ mm.

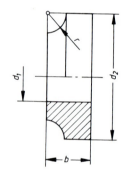

Lösung

Das von dem hohlzylindrischen Körper abgedrehte Volumen entspricht einem Rotationsvolumen eines Viertelkreises, das wir als erstes berechnen wollen.

a)

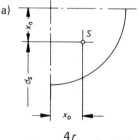

Der Schwerpunktsabstand x_0 beträgt

Damit ist

$$x_0 = \frac{4r}{3\pi} = 0,4244 \cdot r$$

$$d_s = d_2 - 2x_0 = d_2 - \frac{8r}{3\pi}$$

$$V_1 = \pi d_s A$$

Das Rotationsvolumen des Viertelkreises ist somit

$$V_1 = \pi\left(d_2 - \frac{8r}{3\pi}\right) \cdot \frac{\pi r^2}{4}$$

Das Volumen des Hohlzylinders ist

$$V_2 = \frac{\pi(d_2^2 - d_1^2)}{4} \cdot b$$

Das Gesamtvolumen des Werkstückes ist

$$V = V_2 - V_1$$

$$V = \frac{\pi}{4} \left((d_2^2 - d_1^2) \, b - \pi d_2 \, r^2 + \frac{8r^3}{3} \right)$$

Mit den angegebenen Zahlenwerten ergibt sich

b) $V = 23\,632{,}06 \text{ mm}^3$

$V = 23{,}63 \text{ cm}^3$ ○

Lösungen

Teil I: Algebra

1.2 Mengen

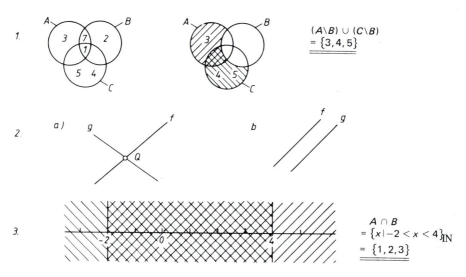

1.

$(A \backslash B) \cup (C \backslash B)$
$= \{3, 4, 5\}$

2. a)

b)

3.

$A \cap B$
$= \{x \mid -2 < x < 4\}_{IN}$
$= \{1, 2, 3\}$

2.3 Rechnen mit Klammerausdrücken

a) Reine Zahlenausdrücke

1. 188	**5.** 248	**9.** -7	**13.** 746	**17.** 634
2. 244	**6.** 274	**10.** 508	**14.** 784	**18.** 366
3. 244	**7.** 1	**11.** 2	**15.** 784	**19.** 594
4. 278	**8.** -468	**12.** 50	**16.** 813	**20.** 618

b) Gemischte Ausdrücke

21. $29{,}1x + 26{,}2y = -23{,}3$

22. $10a + 17b - 202 = -269$

23. $11{,}3xy - 21x - 12y = -20{,}3$

24. $-\frac{1}{4}m + 9\frac{5}{6}n = -\frac{829}{24}$

25. $7a - 2b - 4x = -1{,}5$

26. $30\frac{5}{6}a + 29\frac{1}{3}x$

27. $12{,}4y - 46{,}86x$

28. $28{,}3ab + 18ax + 14{,}6a$

29. $22\frac{1}{7}r - 19\frac{5}{6}s$

30. $17\frac{9}{14}y - 3\frac{1}{3}x$

c) Anwendungsaufgaben

31. $x = l - b - a = 24{,}7$ mm

32. a) $c = \frac{L - a - b}{n - 1}$ b) $c = 10$ cm

33. a) $x = \frac{d_1 - d_2}{2} + e$ b) $x = 12{,}5$ mm

34. a) $n = \frac{L}{l + s} = 27$

 b) $a = 73$ mm

 c) $L_v = 140{,}5$ mm $\hat{=} 2{,}89\%$

2.4 Multiplikation

1. $30abc$
2. $231abc$
3. $20abmn$
4. $5abc$

5. $15a$
6. $-2,04ax$
7. $31,35ax$
8. $-5,4abx$

9. $-6ax$
10. $5,44ab$
11. $994abc$
12. $140axyz$

13. $-5,076ab$
14. $15,34pq$
15. $-4,88x$
16. $11,194mnx$
17. $217,75abc$

18. $104,9847xy$
19. $0,5157ac$
20. $18,7xy$
21. $-101,4219ab$
22. $19,8347px$

2.4.4 Multiplikation mit Summentermen (Distributivgesetz)

23. $5a - 5b$
24. $7x - 14$
25. $10x - 15y$

26. $2,5xy - 0,5ay$
27. $7,5x - 15ax$
28. $-3a - 3b$

29. $20a - 8b - 4c$
30. $3,5anx - 2,5bnx$
31. $3ay - 3ax - 3az$

32. $42ac - 18ab - 30a$
33. $8\frac{2}{3}b - 4\frac{1}{3}a$
34. $10abx - 14aby$

35. $17,5ax - 24,5ay + 10,5az$
36. $ax - 4xy - 3x$
37. $19,24ab - 12,95a + 6,66ac - 19,24x$
38. $4,3b - 0,9a + 0,8c$
39. $5yz - 6,8xz - 8,6z$
40. $8,03a - 11,9b - 10,06c$
41. $ac - 2a + bc - 2b$
42. $xy - 2x - 4y + 8$

43. $2a - 2ac - 4b + 4bc$
44. $18a - 6ax - 18b + 6bx$
45. $6ax - 3ay - 2bx + by$
46. $2ax - 3ay - 2bx + 3by$
47. $am - bm + 2cm + an - bn + 2cn$
48. $2mx + 2nx - 2cx - 4m + 4c - 4n$
49. $ax + ay - a - bx - by + b + cx + cy - c$
50. $12ax - 12acx - 9adx + 9acdx$

2.4.5 Multiplikation mit gleichen Summentermen (Binomische Formeln)

51. $x^2 + 2xy + y^2$
52. $x^2 - 2x + 1$
53. $a^2 + 8x + 16$
54. $r^2 + 2r + 1$
55. $a^2 - 2ac + c^2$
56. $1 - 8x + 16x^2$
57. $16s^2 - 24rs + 9r^2$
58. $25x^2 - 10x + 1$
59. $9x^2 + 3xy + \frac{1}{4}y^2$
60. $\frac{1}{16}u^2 - uv + 4v^2$

61. $a^2 + b^2 + c^2 - 2ab + 2ac - 2bc$
62. $a^2 + b^2 + c^2 + 2ab + 2ac + 2bc$
63. $a^2 + b^2 + c^2 - 2ab - 2ac + 2bc$
64. $a^2 + b^2 - 2ab - 2a + 2b + 1$
65. $p^2 + q^2 + 4p - 2pq - 4q + 4$
66. $6,25x^2 - 3,5xy + 0,49y^2$
67. $1,69a^2 + 6,76ab + 6,76b^2$
68. $0,04a^2 - 0,04ab + 0,01b^2$
69. $a^2 - 9$
70. $y^2 - 1$

71. $9x^2 - 4y^2$
72. $16m^2 - 25$
73. $4a^2 - 4b^2$
74. $x^2 - 4$
75. $25x^2 - 4y^2$
76. $1,69 - x^2$
77. $x^2 + 4x + 4$
78. $a^2 - 4b^2$
79. $9x^2 - 12xy + 4y^2$
80. $b^2 - a^2 + 2b + 1$

81. $-6ab - 3b^2$
82. $-2x - 2$
83. $3a^2x^2 + 4$
84. $b^2 + 3c^2 + 4ab + 2ac$
85. $2,5x - 6$
86. $0,000005 - 0,0002x$
87. $3,75x + 4$
88. $2,75a^2 - 3,5a + 3$

89. $1,08x$
90. $3x - 6y + 4$
91. $0,5 - 2m$
92. $14x + 3$
93. $2x^3 - 3x^2 + 2x - 2$
94. $a^4 - 0,001a^2 + 0,999a$
95. $2p^2 - 10pq + 50q^2$
96. $100 + \frac{y}{50} + \frac{xy}{50} - 100x^2$

2.5.1 Rationale Zahlen

1. $\frac{11}{3}$
2. $\frac{1}{3}$
3. $\frac{54}{5}$
4. $\frac{1}{3}$
5. $\frac{2997}{1210}$
6. 53
7. $\frac{23}{10}$
8. $\frac{5}{98}$

2.5.2 Erweitern von Bruchtermen

9. $\frac{-5a}{3}$
10. $\frac{3-x}{5-x}$
11. $\frac{-5x}{10-5x}$
12. $\frac{-91x-7ax}{a^2-169}$
13. $\frac{2x^2+x-1}{1-4x+4x^2}$
14. $\frac{4x^2-2x-12}{2x^2-8x+8}$
15. $\frac{2x^2-2x}{x-ax-1+a}$
16. $\frac{1+a-x-ax}{2+x+2a+ax}$
17. $\frac{x^2-2x+1}{4ax-x^2-4a+x}$

2.5.3 Addieren und Subtrahieren von Bruchtermen

18. $\frac{2x}{a}$

19. $\frac{-x-4}{2x}$

20. $\frac{a+3}{a+1}$

21. $\frac{2a}{x-4a}$

22. $\frac{1-a}{1-x}$

23. $\frac{-2x-1}{(x+1)(2x+3)}$

24. $\frac{4a}{a^2-x^2}$

25. $\frac{9x-y}{x-y}$

26. $\frac{-5x^2}{x^2-1}$

27. $\frac{4x^2-4x-6a^2}{2ax-2a}$

28. $\frac{1}{x+1}$

29. $\frac{10}{a+b}$

30. $\frac{2x^2-7x}{(x-2)^2}$

31. $\frac{-x^2-3x}{2x^2-2} = \frac{x^2+3x}{2-2x^2}$

32. $\frac{4a}{x-5}$

33. $\frac{2a^2-2x-2}{a^2-1}$

34. $\frac{2x}{5a-3}$

35. $\frac{4}{a-1}$

2.5.4 Kürzen von Bruchtermen

36. $\frac{2x}{y}$

37. $-4a$

38. $\frac{3}{a}$

39. $-\frac{1}{2ax}$

40. $\frac{a+b}{2}$

41. $x-y$

42. $\frac{2}{3}$

43. $\frac{b-x}{2}$

44. $\frac{1}{2}$

45. 1

46. $\frac{-1}{2-n} \equiv \frac{1}{n-2}$

47. $a-6b+4$

48. $\frac{1}{a}$

49. $x+1$

50. $\frac{1}{8}$

51. $\frac{1}{5x+7y}$

52. $\frac{2a-b}{2b-a}$

53. 1

54. $1-\sin\alpha$

55. -1 56. $2\sin\alpha-2$

2.5.5 Multiplizieren und Dividieren von Bruchtermen

57. $-4m$

58. $\frac{3}{2}$

59. $6x+6$

60. $\frac{1}{4}$

61. $\frac{x}{(n-m)^2}$

62. $\frac{x+1}{x-1}$

63. $2a$

64. $\frac{y-x}{y+x}$

65. $\frac{1}{x}-\frac{1}{y}$

66. $\frac{x+y}{xy}$

67. $\frac{1}{2}\tan x$

68. $\frac{1}{2}\sin x$

69. $\frac{b-a}{b+a}$

70. $\frac{x+y}{xy}$

71. $\frac{x+1}{a}$

72. $\frac{1+\sin\alpha}{\sin\alpha+\cos\alpha}$

73. $\frac{2}{3}$

74. $2xy-2$

75. $\frac{y-x}{y+x}$

76. $\frac{1}{x+1}$ 77. $\frac{a-2x}{a+2y}$

3.2.1 Einfache lineare Gleichungen

1. $\{2\}$

2. $\{-1\}$

3. $\{-4\}$

4. $\{\frac{17}{3}\}$

5. $\{-10\}$

6. $\{2\}$

7. $\{\frac{8}{9}\}$

8. $\{2\}$

9. $\{14\}$

10. $\{5\}$

11. $\{\frac{5}{4}\}$

12. $\{-\frac{1}{14}\}$

13. $\{-2\}$

14. $\{-\frac{6}{7}\}$

15. $\{6\}$

16. $\{-\frac{4}{3}\}$

17. $\{\frac{22}{7}\}$

18. $\{\frac{6}{5}\}$

19. $\{3\}$

20. $\{2\}$

21. $\{19\}$

22. $\{-\frac{15}{8}\}$

23. $\{-4\}$

24. $\{0,25\}$

25. $\{-0,02\}$

26. $\{-20\}$

27. $\{3\}$

28. $\{\frac{10}{9}\}$

29. $\{\frac{2}{9}\}$

30. $\{\frac{3}{2}\}$

31. $\{-\frac{3}{4}\}$

32. $\{2a-3c\}$

33. $\{7\}$

34. $\{-2\}$

35. $\{-\frac{7}{9}\}$

36. $\{\frac{1}{2}\}$

3.3 Bruchgleichungen

1. $\{\frac{1}{3}\}$ 8. $\{\ \}$ 14. $\{\frac{2}{3}\}$ 20. $\{4\}$ 26. $\{-1\}$

2. $\{-\frac{7}{2}\}$ 9. $\{3\}$ 15. $\{\frac{11}{3}\}$ 21. $\{25\}$ 27. $\{10\}$

3. $\{\frac{2a+c}{a-c}\}$ 10. $\{6\}$ 16. $\{2\}$ 22. $\{\ \}$ 28. $\{-\frac{1}{3}\}$

4. $\{-2\}$ 11. $\{-\frac{20}{7}\}$ 17. $\{8\}$ 23. $\{\ \}$ 29. $\{\frac{4}{7}\}$

5. $\{4\}$ 12. $\{\frac{1}{3}\}$ 18. $\{5\}$ 24. $\{2\}$ 30. $\{4\}$

6. $\{2\}$ 13. $\{-\frac{8}{3}\}$ 19. $\{5\}$ 25. $\{3\}$ 31. $\{3\}$

7. $\{\frac{1}{3}\}$

3.4 Gleichungen mit Formvariablen (Formeln)

1. $x = \dfrac{a}{b-a}$

2. $x = ac + bc$

3. $x = \dfrac{a(a-1)}{a+1}$

4. $x = \dfrac{ab}{c+2}$

5. $x = ab$

6. $d_1 = d_2\dfrac{n_2}{n_1}$

7. $\vartheta_2 = \dfrac{Q}{cm} + \vartheta_1$

8. $\Delta\vartheta = \dfrac{l-l_0}{\alpha l_0}$

9. $d = D - C\cdot l$

10. $s = \dfrac{L\cdot i}{n\,t_n}$

11. $R = \dfrac{R_1 R_2}{R_1 + R_2}$

12. $m = \dfrac{d_k - d}{2}$

13. $l_2 = \dfrac{2a}{h} - l_1$

14. $D = \sqrt{\dfrac{4A}{\pi} + d^2}$

15. $D = \dfrac{2V_R l}{L} + d;\ d = D - \dfrac{2V_R l}{L}$

16. $a = \sqrt{4x(D-d) + d^2 - D^2}$

17. $m = \dfrac{D\cdot \sin\beta - y}{\sin\beta + 1}$

18. $m = \dfrac{y - d\sin\beta}{1 + \sin\beta}$

19. $a = \dfrac{L - l(1-n)}{2}$

20. $t_1 = \dfrac{t\,t_2}{2t_2 - t}$

21. $\sin\dfrac{\alpha}{2} = \dfrac{U}{2P - 2a - d}$

22. $\sin\dfrac{\alpha}{2} = \dfrac{D}{2y - D}$

23. $n_1 = n_s + \dfrac{P_w}{T}$

24. $a = -b - c$

25. $n_s = \dfrac{n_1 - i n_4}{1 - i}$

26. $i_{AB} = \dfrac{n_c}{n_c + n_A n_B}$

27. $l = \dfrac{2v}{2bh_1 - gh_2}$

28. $t = \sqrt{\dfrac{2s}{a}}$

29. $\sin\gamma = \dfrac{2a}{1 + a^2}$

30. $a = 6D\tan\alpha + b - \dfrac{M_A}{0,3\,s_n D k_s}$

31. $a = b - \dfrac{M_{A_1}}{0,3\,s_n D k_s}$

32. $D = \dfrac{M_A\,x_R}{3M_{A_1}\tan\alpha + 0,25\,M_A}$

33. $n_s = \dfrac{n_{1s}(\eta_u - \eta_o)}{1 - \eta_u}$

34. $i_o = \dfrac{i_n - 1}{i_n}$

35. $f = \dfrac{bg}{b+g}$

36. $i_u = \dfrac{1 - \eta_u\eta_o}{\eta_u - \eta_u\eta_o}$

37. $V = \sqrt{rg\tan\alpha}$

38. $r = \dfrac{g}{(2\pi n)^2}$

39. $\sin^2\alpha - \cos 2\alpha = \dfrac{1}{2}$

$\sin^2\alpha - (1 - 2\sin^2\alpha) = \dfrac{1}{2}$

$3\sin^2\alpha = \dfrac{3}{2}$

$\sin^2\alpha = \dfrac{1}{2}$

$\sin\alpha = \pm\dfrac{\sqrt{2}}{2}$

$\alpha_1 = 45°;\ \alpha_2 = 315°$

40. $\sin \alpha = \dfrac{s}{R} \cos \beta \pm \sqrt{\left[\left(\dfrac{s}{R}\right)^2 - 1\right]\left[\cos^2\beta - 1\right]}$

41. $\alpha = \arcsin \sqrt{\dfrac{1 - \mu_0^2}{1 + 2\mu_0 - \mu_0^2}}$

42. $\tan \kappa = \dfrac{4y_M}{u - 2T} \pm \sqrt{\dfrac{16y_M^2 + 4T^2 - u^2}{(u - 2T)^2}}$

43. $d_{wk} = d_{wg} - \sqrt{4e\left[L_w - 2e - 1{,}57\left(d_{wg} + d_{wv}\right)\right]}$

44. $C = \dfrac{C_1 C_2 C_3}{C_2 C_3 + C_1 C_3 + C_1 C_2}$

45. $R_1 = \dfrac{U_1 R_2}{U - U_1 - I R_2}$

46. $d = D - \dfrac{l}{x}$

47. $z_2 = \dfrac{2a}{m} - z_1$

48. $r = \dfrac{2A - lb}{l_B - l}$

49. $R = \dfrac{rG}{G - 2F}$

50. $r = \dfrac{R(s - 2h)}{s}$

51. $t_1 = \dfrac{t_m(m_1 + m_2) - m_2 t_2}{m_1}$

$ = t_m + \dfrac{m_2}{m_1}(t_m - t_2)$

52. $V_c = \dfrac{V_h}{\epsilon - 1}$

53. $z_1 = z_3\left(\dfrac{1}{i} - 1\right)$

54. $F_m = \dfrac{Gl_1 - F_B(l_1 + l_2)}{l_3}$

55. $A = \dfrac{b \tan \alpha \tan \beta}{\tan \alpha - \tan \beta}$

56. $r_1 = \dfrac{nfr_2}{r_2 - nf}$

57. $R = \dfrac{nU}{i(n + 1)}$

58. $s = \dfrac{2A - rb}{h - r}$

59. $x = r - 1$

60. $x = u^2 - v^2$

61. $x = \dfrac{b - a^2}{a^2}$

62. $x = \dfrac{w + u}{w^2 + uw + u^2}$

3.5 Lineare Ungleichungen

1. $\{x \mid x > -19\}$

2. $\{x \mid x < -\frac{17}{3}\}$

3. $\{x \mid x < 5{,}5\}$

4. $\{x \mid x > -\frac{1}{9}\}$

5. $\{x \mid x > 12{,}5\}$

6. $\{x \mid x < 1{,}5\}$

7. $\{x \mid x < -1{,}25\}$

8. $\{x \mid x > -2\}$

9. $\{x \mid x < 6\}_{\mathbb{N}}$

$= \{1; 2; 3; 4; 5\}$

10. $\{x \mid -\frac{1}{2} < x \leqslant 6\}_{\mathbb{Z}}$

$= \{0; 1; 2; 3; 4; 5; 6\}$

11. $\{x \mid x < -\frac{60}{11}\}_{\mathbb{Q}}$

12. $\{x \mid x > -\frac{7}{3}\}_{\mathbb{Q}}$

13. $\{x \mid x < \frac{7}{4}\}$

14. $\{x \mid x < \frac{19}{7}\}$

15. $\{x \mid x < 9\}$

16. $\{x \mid x < -\frac{1}{4}\}$

3.5.4 Bruchungleichungen

17. $D = \mathbb{Q} \setminus \{-1\};$ $L = \{x \mid x > -1\}$

18. $D = \mathbb{Q} \setminus \{2\};$ $L = \{x \mid 2 < x < 2{,}5\}$

19. $D = \mathbb{Q} \setminus \{-4\};$ $L = \{x \mid x > -4\}$

20. $D = \mathbb{Q} \setminus \{1\};$ $L = \{x \mid -1 < x < 1\}$

21. $D = \mathbb{Q} \setminus \{3\};$ $L = \{x \mid x < 3 \vee x > 4{,}5\}$

22. $D = \mathbb{Q} \setminus \{1\};$ $L = \{x \mid 1 < x \leqslant 2\}$

23. $D = \mathbb{Q} \setminus \{-7\};$ $L = \{x \mid -7 < x < 7\}$

24. $D = \mathbb{Q} \setminus \{0; 5\};$ $L = \{x \mid 0 < x < 5\}$

25. $D = \mathbb{Q} \setminus \{2; -5\};$ $L = \{x \mid x < -5 \vee 2 < x < \frac{10}{3}\}$

26. $D = \mathbb{Q} \setminus \{1\};$ $L = \{x \mid 1 < x < \frac{5}{3}\}$

27. $D = \mathbb{Q} \setminus \{-1; 0\};$ $L = \{x \mid x < -2{,}5 \vee -2{,}5 < x < -1 \vee x > 0\}$

28. $D = \mathbb{Q} \setminus \{-3; 2\};$ $L = \{x \mid -3 < x < 2 \vee x > 4{,}5\}$

3.6 Textliche Gleichungen

1. $d_1 = 15\,mm$; $d_2 = 20\,mm$
2. $a = 13\,cm$; $b = 18\,cm$
3. Die Zahl heißt 753 .
4. 45 Stimmen wurden abgegeben,
    30 Stimmen dafür, 15 dagegen.
5. Die Zahl heißt 98 .
6. 437,5 kg CuZn42;
    312,5 kg CuZn30
7. 100 l Wasser
8. 70 %ige H_2SO_4
9. 72 t Stahlschrott
10.   75 kg Magnalium;
    1125 kg Magnesium

11. 2,67 g Kupfer
12. 16,67 g Gold (12 karätig)
13. $\overline{AB} = 12,2\,m$;
     $t = 21,5\,s$ (Bewegungszeit)
14. $v = 64\,km/h$
15. $t = 2\,s$
16. 87,776 km von F entfernt
17. Pumpzeiten: Pumpe 1: 7,13 h
                 Pumpe 2: 8,56 h
18. 5,625 h
19. a) 5,56 h; b) 6 h
20. 4,78 Tage
21. a) 2,35 Tage   b) 1,76 Tage   c) 4,06 Tage

4 Funktionen 1. Grades

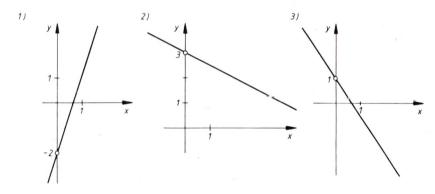

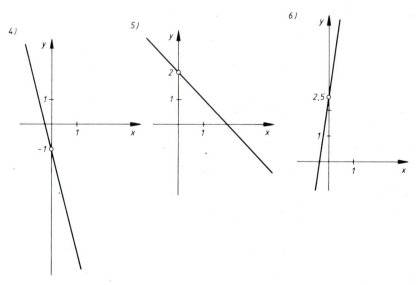

7. $m = -4$; $(0|-3)$; $(-\frac{3}{4}|0)$ **10.** $m = 5$; $(0|-1)$; $(\frac{1}{5}|0)$ **13.** $m = -\frac{1}{2}$; $(0|-2)$; $(-4|0)$

8. $m = \frac{1}{2}$; $(0|-1)$; $(2|0)$ **11.** $m = \frac{2}{3}$; $(0|-\frac{1}{4})$; $(\frac{3}{8}|0)$ **14.** $m = -\frac{1}{3}$; $(0|2)$; $(6|0)$

9. $m = -2$; $(0|-\frac{3}{2})$; $(-\frac{3}{4}|0)$ **12.** $m = -\frac{1}{2}$; $(0|2)$; $(4|0)$ **15.** $m = -5$; $(0|\frac{5}{2})$; $(\frac{1}{2}|0)$

16. $y = \frac{2}{3}x + \frac{7}{3}$ **18.** $y = -\frac{145}{44}x - \frac{59}{22}$ **20.** $y = x - 1{,}5$

17. $y = -4x + 2$ **19.** $y = -\frac{11}{12}x + 1{,}5$ **21.** $y = \frac{6}{5}x - 28$

22. $y = \frac{1}{2}x + 5$ **24.** $y = -\frac{2}{3}x + 21$ Druckfehler   **26.** $y = -4x + 16$

23. $y = -\frac{1}{3}x + \frac{5}{12}$ **25.** $y = -\frac{1}{4}x - 4$ **27.** $y = -\frac{2}{7}x$

28. $m = -\frac{4}{5}$; $\overline{P_1 P_2} = 6{,}4$ **30.** $m = 10$; $\overline{P_1 P_2} = 5{,}02$

29. $m = 4$; $\overline{P_1 P_2} = 4{,}12$ **31.** $m = -1$; $\overline{P_1 P_2} = 9{,}9$

32. $y = -6x + 3$ **33.** $y = -3x - 12$ **34.** $y = 7x - 2$ **35.** $y = \frac{3}{5}x - \frac{2}{5}$

36. $\alpha = 26{,}57°$ **37.** $\alpha = 303{,}69°$ **38.** $\alpha = 338{,}20°$ **39.** $\alpha = 271{,}15°$

40. $\alpha = 341{,}57°$ **41.** $\alpha = 77{,}47°$

42. $S(1{,}2|-2{,}4)$; $\delta = 315°$ **43.** $S\left(-\frac{5}{12}|2\frac{1}{6}\right)$; $\delta = 274{,}76°$

44. $S\left(\frac{20}{41}|\frac{43}{41}\right)$; $\delta = 278{,}33°$ **45.** $S\left(2\frac{4}{7}|5\frac{1}{7}\right)$; $\delta = 81{,}87°$

46. $y = \frac{3}{2}x$ **47.** $y = -3x + 11$

48. $p = \sqrt{5}$ **49.** $p = 5{,}37$ **50.** $p = 3{,}92$

51. $d = 1{,}79$ **52.** $d = 2{,}85$ **53.** $d = 0{,}45$

5 Lineare Gleichungssysteme mit mehreren Variablen

1. $\{(4\,;3)\}$ **2.** $\{(\frac{61}{76};\frac{7}{76})\}$ **3.** $\{(3\,;4)\}$ **4.** $\{(5\,;4)\}$

5. $\{(3{,}5\,;4{,}5)\}$ **6.** $\{(3\,;1)\}$ **7.** $\{(\frac{a+b}{a}\,;\frac{a-b}{b})\}$ **8.** $\{(3\,;-1{,}2)\}$

9. $\{(b\,;0)\}$ **10.** $\{(1\,;3)\}$ **11.** $\{(3\,;40)\}$ **12.** $\{(20\,;15)\}$

13. $\{(-\frac{3}{8}a\,;3b)\}$ **14.** $\{(3\,;2)\}$ **15.** $\{(-7\,;-3)\}$ **16.** $\{(2\,;4)\}$

17. $\{(25\,;16)\}$ **18.** $\{(3\,;\frac{1}{2})\}$ **19.** $\{(-7\,;2)\}$ **20.** $\{(6\,;4)\}$

21. $\{(\frac{8}{3}\,;\frac{7}{2})\}$ **22.** $\{(3\,;6)\}$ **23.** $\{(\frac{1}{2}\,;1)\}$ **24.** $\{(2\,;2{,}5)\}$

25. $\{(12\,;15)\}$ **26.** $\{(0\,;-\frac{4}{3})\}$ **27.** $\{(3\,;2)\}$ **28.** $\{(5\,;7)\}$

29. $\{(2\,;1)\}$ **30.** $\{(3\,;4)\}$ **31.** $\{(\frac{1}{2}\,;2)\}$ **32.** $\{(400\,\frac{l}{min}\,;500\,\frac{l}{min})\}$

33. $\{(3\,;-2\,;4)\}$ **34.** $\{(7\,;0\,;2)\}$ **35.** $\{(4\,;-3\,;-5)\}$ **36.** $\{(2\,;3\,;6)\}$

37. $\{(\frac{2a+b-c}{14}\,;\frac{2b+c-a}{14}\,;\frac{2c+a-b}{14})\}$

6 Lineare Ungleichungssysteme

1. a)

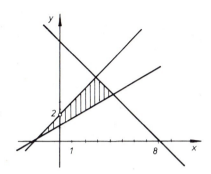

b)

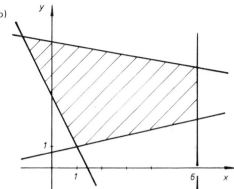

c)

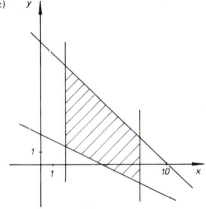

d)

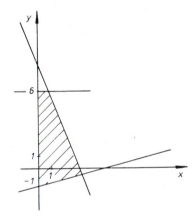

2. a)

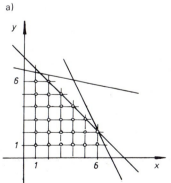

$L = \{(1\;;1)\;;(1\;;2)\;;\ldots;(6\;;1)\;;(6\;;2)\}$

b)

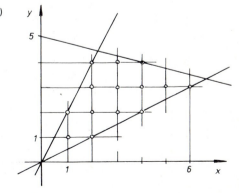

$L = \{(1\;;1)\;;(1\;;2)\;;(2\;;1)\;;(2\;;2)\;;(2\;;3)\;;$
$(2\;;4)\;;(3\;;2)\;;(3\;;3)\;;(3\;;4)\;;(4\;;2)\;;$
$(4\;;3)\;;(4\;;4)\;;(5\;;3)\;;(6\;;3)\}$

2. c)

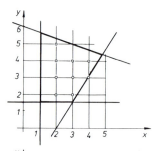

$L = \{(2 ; 2) ; (2 ; 3) ; (2 ; 4) ; (2 ; 5) ;$
$\qquad (3 ; 2) ; (3 ; 3) ; (3 ; 4) ; (4 ; 3) ;$
$\qquad (4 ; 4)\}$

2. d)

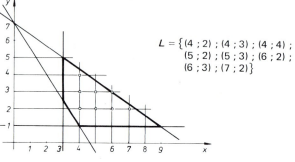

$L = \{(4 ; 2) ; (4 ; 3) ; (4 ; 4) ;$
$\qquad (5 ; 2) ; (5 ; 3) ; (6 ; 2) ;$
$\qquad (6 ; 3) ; (7 ; 2)\}$

3.

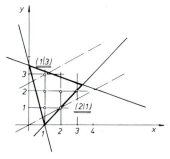

a) $S_1 (1 | 0)$
     $S_2 (3,38 | 2,38)$
     $S_3 (0 | 3,5)$
b) $\{(2 ; 1)\}$
c) $\{(1 ; 3)\}$

7 Lineares Optimieren

1.

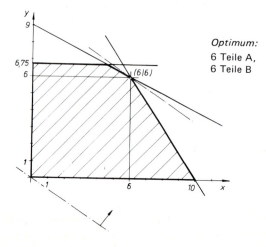

Optimum:
6 Teile A,
6 Teile B

2. a)

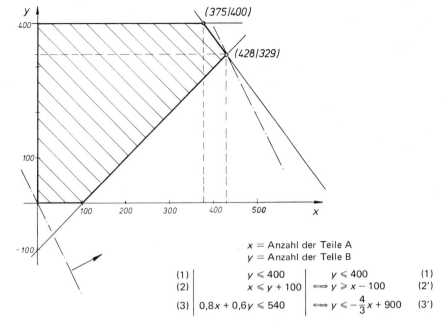

x = Anzahl der Teile A
y = Anzahl der Teile B

(1)	$y \leqslant 400$	$y \leqslant 400$	(1)
(2)	$x \leqslant y + 100$	$\Longleftrightarrow y \geqslant x - 100$	(2')
(3)	$0{,}8x + 0{,}6y \leqslant 540$	$\Longleftrightarrow y \leqslant -\dfrac{4}{3}x + 900$	(3')

b) Zielgerade: $z = -\dfrac{4}{3}x + 900$ ... $\{(375\,;\,400)\}$,   d.h. Optimum bei 375 Teilen A
und 400 Teilen B

c) Zielgerade: $z = 0{,}8x + 0{,}4y$ ... $\{(428\,;\,329)\}$,   d.h. Optimum bei 428 Teilen A
und 329 Teilen B

3.

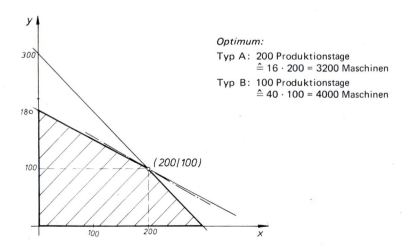

Optimum:

Typ A: 200 Produktionstage
$\hat{=} 16 \cdot 200 = 3200$ Maschinen

Typ B: 100 Produktionstage
$\hat{=} 40 \cdot 100 = 4000$ Maschinen

4. a) | 0,75x + 0,5y ≤ 7,5 |
              | 0,5y ≤ 3,5 |
         | 0,25x + 0,75y ≤ 6 |

b)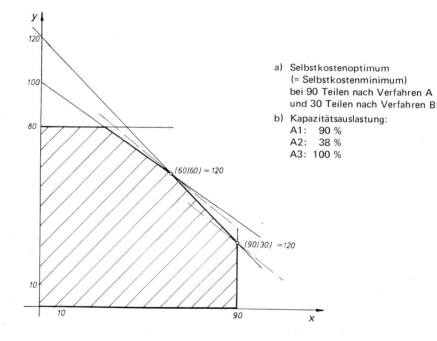

c) Gewinn: 300 DM   d) Kapazitätsauslastung:
                              M1: 100 %
                              M2:   85,71 %
                              M3: 100 %

5.

a) Selbstkostenoptimum
   (= Selbstkostenminimum)
   bei 90 Teilen nach Verfahren A
   und 30 Teilen nach Verfahren B

b) Kapazitätsauslastung:
   A1:   90 %
   A2:   38 %
   A3: 100 %

6.

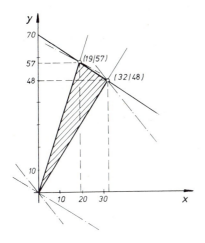

a) 32 Geräte G1
48 Geräte G2

b) 19 Geräte G1
57 Geräte G2

c) Gewinn: 704 DM
und 617,50 DM

7.

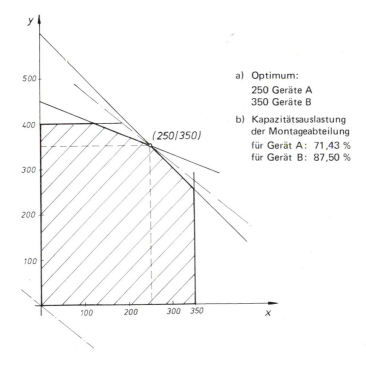

a) Optimum:

250 Geräte A
350 Geräte B

b) Kapazitätsauslastung
der Montageabteilung
für Gerät A: 71,43 %
für Gerät B: 87,50 %

8.

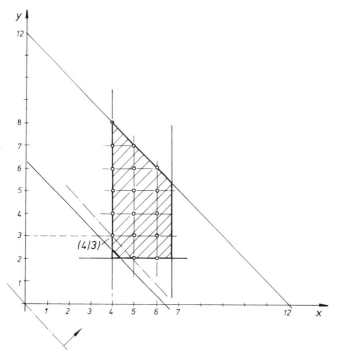

Anzahl der Fahrten:

x ... von W1 nach A u ... von W2 nach A
y ... von W1 nach B w ... von W2 nach B

$$3x + 2u = 24 \quad (1) \qquad u = -\frac{3}{2}x + 12 \quad (1')$$

$$3y + 2v = 19 \quad (2) \qquad v = -\frac{3}{2}x + 9{,}5 \quad (2')$$

$x + y \leqslant 12$	(3)	$\boxed{y \leqslant -x + 12}$ (3')
$u + v \leqslant 12$	(4)	$\boxed{y \geqslant -x + 6\frac{1}{3}}$ ((1') u. (2') in (4))
$u \geqslant 2$	(5)	$\boxed{x \leqslant 6\frac{2}{3}}$ ((1') in (5))
$x + u \leqslant 10$	(6)	$\boxed{x \geqslant 4}$ ((1') in (6))
		$\boxed{y \geqslant 2}$ (7)

Zielgerade: $z = 30x + 22y + 42u + 36v$

$$y = -\frac{33}{32}x + \frac{z - 846}{32}$$

Einsatzplan:

x	y	u	v	
4	3	6	5	= Anzahl der Fahrten

8.2 Potenzrechnung

1. 32 **2.** -243 **3.** 1 **4.** $0{,}0625 = \frac{1}{16}$ **5.** $-0{,}000\,001$

6. $-\frac{32}{3125} = -0{,}0102$ **7.** -1 **8.** $1{,}0201$ **9.** $(-2)^8 = 2^8 = 256$

10. $10^{5-3} = 10^2$ **11.** $1 \cdot 3^3 = 3^3 = 27$ **12.** $\left(\frac{2}{10}\right)^3 \cdot \frac{1}{10} = \frac{8}{10^4} = 0{,}0008$

13. $2^{8-6} = 2^2$ **14.** $(-2)^{-4+2} = (-2)^{-2} = \frac{1}{4}$ **15.** $[(-4)(+25)]^{-2} = [100]^{-2}$

16. $\left(\frac{1}{2} \cdot \frac{1}{2}\right)^n = \left(\frac{1}{4}\right)^n = \frac{1}{4^n}$ **17.** a^{2n+2} **18.** x^n **19.** 1

20. $x^{n-2} = \frac{x^n}{x^2}$ **21.** x^{2m} **22.** $(a+x)^3$ **23.** $\frac{1}{2}$ **24.** $(2x^2)^2$

25. $\frac{1}{(3x)^3} = \frac{1}{27} x^{-3}$ **26.** x^2 **27.** $\frac{b^2}{2}$ **28.** 1

29. $3\left(\frac{a}{b}\right)^3 = \frac{3a^3}{b^3}$ **30.** a^2 **31.** $\frac{1}{a^3 x}$ **32.** $\frac{1}{x}$ **33.** x^{12}

34. $-\frac{1}{x^4}$ **35.** 1   **36.** $\left(\frac{a-x}{a+x}\right)^2$ **37.** $\frac{1}{x^3 y^n} = x^{-3} \cdot y^{-n}$

38. x^2 **39.** $x^{13} \cdot y^9$ **40.** a^4 **41.** $ax^2 y$ **42.** $\frac{x^n}{y^n} = \left(\frac{x}{y}\right)^n$

8.4 Potenzen von Binomen

1. $x^3 + 3x^2 + 3x + 1$ **2.** $x^4 - 8x^3 + 24x^2 - 32x + 16$

3. $a^3 - 3a^2 + 3a - 1$ **4.** $\frac{x^4}{16} - \frac{x^3}{2} + \frac{3x^2}{2} - 2x + 1$

5. $\frac{a^3}{b^0} + \frac{3a}{b^2} + \frac{3}{ab} + \frac{1}{a^3}$ **6.** $8x^3 y + 8xy^3$

7. $x^5 - 0{,}5x^4 - 0{,}1x^3 - 0{,}01x^2 + 0{,}0005x - 0{,}00001$

8. $a^3 + 0{,}03a^2 + 0{,}0003a + 0{,}000001$

9. $x^3 + 3x + 3\frac{1}{x} + \frac{1}{x^3} = x^3 + 3x + 3 \cdot x^{-1} + x^{-3}$ **10.** 1,3 ; 2,329 %   **11.** 0,95 ; 0,104 %

12. 0,92 ; 0,2974 %   **13.** 244,215 ; 0,001 %   **14.** 121,25 ; 0,03 %
15. 0,9039 ; 0,43 %   **16.** 1,1 ; 0,418 %   **17.** 8024 ; 0,00025 %
18. 1,25 ; 2,059 %   **19.** 1,09 ; 0,25 %   **20.** 1,1 ; 0,345 %   **21.** 1,02 ; 0,019 %

10 Wurzeln

1. $\sqrt{4} = 2$ **2.** $\sqrt{0{,}25} = 0{,}5$ **3.** $\frac{1}{\sqrt[4]{16}} = \frac{1}{2}$ **4.** $\sqrt[5]{32} = 2$

5. $\sqrt[5]{24300000} = 30$ **6.** $\sqrt[3]{\frac{8}{125}} = \frac{2}{5}$ **7.** $\left(\frac{9}{4}\right)^{3/2} = \left(\frac{3}{2}\right)^3 = \frac{27}{8}$ **8.** $\frac{100}{4} = 25$

9. x^2 **10.** 2   **11.** ab **12.** x^2

13. $\left(\frac{x}{z}\right)^6 \cdot y^2 = \left(\frac{x^3 y}{z^3}\right)^2$ **14.** x^2 **15.** x^6 **16.** $3\sqrt[a]{3b}$

17. $\sqrt[3]{8} = 2$ **18.** $\sqrt[5]{a^5 b^5} = ab$ **19.** $\sqrt[3]{6}$ **20.** $\sqrt[4]{\frac{6}{3}} = \sqrt[4]{2}$

21. $x^{3/2} \cdot x^{2/4} = x^2$ **22.** $\sqrt[3]{x}$ **23.** $\frac{1}{6}\sqrt{3}$ **24.** $\sqrt{a-b}$

25. $\sqrt[3]{x^a}$ **26.** $\sqrt[m+1]{x^m}$ **27.** $\sqrt{2}$ **28.** $\sqrt[8]{27} = \sqrt{2} \cdot \sqrt[8]{8}$

29. $4\sqrt{5}$ **30.** $6\sqrt[3]{a}$ **31.** $6\sqrt[n]{a}$ **32.** $3\sqrt{x}$

33. $3\sqrt{5}$ **34.** $2ab\sqrt{a}$ **35.** $2\sqrt[n]{x+y}$ **36.** $4 \cdot a^{-\frac{1}{3}} = \frac{4}{\sqrt[3]{a}}$

37. $\sqrt{2a}$ **38.** $\frac{1}{4}\sqrt{a+b}$ **39.** $\frac{2}{5}\sqrt{a}$ **40.** $\sqrt{2-x}$

41. $\frac{\sqrt{x}+1}{x-1}$ **42.** $\frac{\sqrt{x}}{x}$ **43.** $4\sqrt{x+y}$ **44.** $5 + \sqrt{24}$

45. $4a - \sqrt{3b}$ **46.** $3 + 2\sqrt{2}$ **47.** $\sqrt[3]{x-1}$ **48.** $\sqrt{a^2+2}+a$

11 Quadratische Gleichungen

1. $\{2{,}83;\ -2{,}83\}$
2. $\left\{\frac{2}{9};\ -\frac{2}{9}\right\}$
3. $\left\{\frac{\sqrt{2}}{3};\ -\frac{\sqrt{2}}{3}\right\}$
4. $\left\{\frac{3}{5};\ -\frac{3}{5}\right\}$
5. $\{21;\ -21\}$
6. $\{\sqrt{21};\ -\sqrt{21}\}$
7. $\{\sqrt{83};\ -\sqrt{83}\}$
8. $\{19;\ -19\}$
9. $\left\{\frac{8}{3};\ -\frac{8}{3}\right\}$
10. $\left\{\frac{1}{7};\ -\frac{1}{7}\right\}$
11. $\{1;\ -1\}$
12. $\{12;\ -2\}$
13. $\{5\}$
14. $\{11;\ -15\}$
15. $\{2;\ -4\}$
16. $\{\sqrt{3};\ -\sqrt{5}\}$
17. $\{\sqrt{2};\ -2\}$
18. $\{1;\ -3\}$
19. $\{0;\ -2\}$
20. $\{2;\ -4\}$
21. $\{1;\ -4\}$
22. $\{-2;\ -8\}$
23. $\{14;\ 4\}$
24. $\{4{,}13;\ 0{,}13\}$
25. $\{2;\ -1\}$
26. $\{5;\ -2\}$
27. $\{50;\ 28\}$
28. $\{(1+a);\ (49-a)\}$
29. $\{6{,}05a;\ -1{,}65a\}$
30. $\{2a;\ 2b\}$
31. $\{1;\ -1;\ \sqrt{7};\ -\sqrt{7}\}$
32. $\{1;\ -1;\ \sqrt{5};\ -\sqrt{5}\}$
33. $\{\sqrt{15};\ -\sqrt{15};\ 1;\ -1\}$
34. $\{\sqrt{2};\ -\sqrt{2};\ \sqrt{6};\ -\sqrt{6}\}$

11.3 Textaussagen, die auf quadratische Gleichungen führen

1. $h = 1{,}43$ mm
2. $F = 4293{,}6$ N
3. $s = 1{,}89$ mm
4. $a = \dfrac{d}{2} \pm \sqrt{\left(\dfrac{d}{2}\right)^2 - b^2}$
5. $\alpha = 51{,}3317°$
6. $a = 152{,}17$ mm
7. $R_1 = 18{,}74\ \Omega;\ R_2 = 21{,}4\ \Omega$
8. $x = 7{,}831\ \Omega$
9. $f = 255{,}88$ Hz

12 Quadratische Funktionen

1. a) $S\,(0\,|\,2)$ b) $S\,(0\,|\,3)$ c) $S\,(0\,|\,1{,}5)$
2. a) $S\,(3\,|\,0)$ b) $S\,(2{,}5\,|\,0)$ c) $S\,(-1{,}5\,|\,0)$
   d) $S\,(2\,|\,0)$ e) $S\,(-2\,|\,0)$ f) $S\,(1{,}5\,|\,0)$
3. a) $S\,(-2\,|\,1)$ b) $S\,(1\,|\,3)$ c) $S\,(1{,}5\,|\,-1)$
   d) $S\,(3\,|\,1)$ e) $S\,(4\,|\,1/2)$ f) $S\,(-3\,|\,1{,}5)$
4. $y_0 = 8{,}46$ mm
5. Graph mit Hilfe der Wertetabelle

12.2 Die Scheitelform der quadratischen Funktionsgleichung

1. a) $y - 1 = (x + 2)^2$
   $S\,(-2\,|\,1)$

   b) $y + \dfrac{7}{4} = -\left(x - \dfrac{3}{2}\right)^2$
   $S\,(+1{,}5\,|\,-1{,}75)$

   c) $y - \dfrac{31}{32} = 2\left(x - \dfrac{1}{8}\right)^2$
   $S\left(\dfrac{1}{8}\,\middle|\,\dfrac{31}{32}\right)$

   d) $y - 42{,}25 = -\dfrac{1}{7}\,(x - 17{,}5)^2$
   $S\,(17{,}5\,|\,42{,}25)$

   e) $y - 22{,}75 = -3\,(x + 4{,}5)^2$
   $S\,(-4{,}5\,|\,22{,}75)$

   f) $y + 11 = \dfrac{1}{6}\,(x - 6)^2$
   $S\,(6\,|\,-11)$

   g) $y + \dfrac{9}{16} = 4\left(x - \dfrac{5}{8}\right)^2$
   $S\left(\dfrac{5}{8}\,\middle|\,-\dfrac{9}{16}\right)$

   h) $y - 1 = -\dfrac{1}{3}\,(x + 1)^2$
   $S\,(-1\,|\,1)$

   i) $y - 2 = -\dfrac{1}{2}\,(x - 2)^2$
   $S\,(2\,|\,2)$

2. $y = -\dfrac{5}{32}\,x^2 - \dfrac{15}{16}\,x + \dfrac{35}{32} = \dfrac{1}{32}\,(-5x^2 - 30x + 35)$

3. $y + 3 = \dfrac{1}{5}\,(x - 2)^2;\quad N_1\,(5{,}87\,|\,0);\quad N_2\,(-1{,}87\,|\,0)$
   $y = \dfrac{1}{5}\,(x - 2)^2 - 3$

4. $y = \frac{1}{9}(8x^2 - 56x + 26)$ **5.** $y = -\frac{2}{9}(x + 1{,}5)^2 + 4$

6. a) $y = (\tan\alpha) \cdot x - \dfrac{g}{2v_0^2 \cos^2\alpha} \cdot x^2$ b) $S\left(\dfrac{v_0^2}{9} \cdot \sin\alpha \cos\alpha \,\middle|\, \dfrac{v_0^2}{2g} \cdot \sin^2\alpha\right)$;

                                mit $v_0 = 30$ m/s ergibt sich $S\,(43{,}11 \mid 15{,}09)$

     c) Wurfweite = 86,21 m

7. $x = 96$ cm

13.1 Quadratwurzelfunktionen

1. bis **9.** und **11.** Darstellung der Funktionsgraphen mit Hilfe von Wertetabellen oder durch Zeichnen der Umkehrfunktionen und anschließender Spiegelung an der 1. Winkelhalbierenden

10. $D = \{x \mid x \leqslant -1 \wedge 1 \leqslant x \leqslant 4\}$; $W_1 = \{y \mid -\sqrt{5} \leqslant y < \infty\}$; $W_2 = \{y \mid -\sqrt{3} \leqslant y \leqslant \sqrt{15}\}$

14 Wurzelgleichungen

1. $D = \{x \mid x \geqslant -5\}$; $L = \{20\}$
2. $D = \{x \mid x \geqslant 6\}$; $L = \{10\}$

3. $D = \{x \mid x \geqslant \frac{2}{3}\}$; $L = \{\ \}$

4. $D = \{x \mid x \geqslant \frac{2}{3}\}$; $L = \{6\}$

5. $D = \{x \mid x \geqslant 1\}$; $L = \{3\}$

6. $D = \{x \mid x \geqslant \frac{1}{2}\}$; $L = \{3\}$

7. $L = \{b\}$ **8.** $L = \{3\}$ **9.** $L = \{19\}$
10. $L = \{6;\ 14\}$ **11.** $L = \{21\}$ **12.** $L = \{9\}$
13. $L = \{8\}$ **14.** $L = \{3\}$ **15.** $L = \{7;\ \frac{19}{5}\}$

16. $L = \{5\}$ **17.** $L = \{6\}$ **18.** $L = \{2;\ \frac{11}{9}\}$
19. $L = \{4\}$ **20.** $L = \{7\}$ **21.** $L = \{5\}$
22. $L = \{6\}$ **23.** $L = \{4;\ \frac{19}{6}\}$ **24.** $L = \{3\}$
25. Substitution: $u = \sqrt{3y + 3}$, $v = \sqrt{4x - 3}$; $L = \{(1;\ 2)\}$
26. $L = \{(6;2)\}$ **27.** $L = \{(4;1)\}$ **28.** $L = \{(3;\ 5)\}$

15 Exponentialfunktionen

1. a), b), c) Zeichnen der Funktionsgraphen mit Hilfe einer Wertetabelle

2. Aus $y_1 = 0{,}4^x$ ergibt sich $y_2 = \left(\dfrac{2}{\sqrt{10}}\right)^x$ durch folgende Umformung:

$$y_1 = \left(\frac{4}{10}\right)^x \Rightarrow y_2 = \left(\frac{\sqrt{4}}{\sqrt{10}}\right)^x = \left(\left(\frac{4}{10}\right)^{1/2}\right)^x = \left(\frac{2}{\sqrt{10}}\right)^x = \sqrt{0{,}4^x},$$

     d.h. durch Wurzelziehen

3. a), b), c) und **4.** a), b), c) d) Funktionsgraph aus Wertetabelle

5. a) $K_n = 10000 \cdot 1{,}05^n$;   Zinsfaktor $q = \left(1 + \dfrac{5}{100}\right) = 1{,}05$
     b) Graph
     c) nach 8,31 Jahren; aus $15\,000 = 10\,000 \cdot 1{,}05^n$ ergibt sich $n = 8{,}31$

6. a) $K_x = a \cdot q^x = 180\,000 \cdot (0{,}8)^x$; $q = \left(1 - \dfrac{20}{100}\right) = 0{,}8$
     b) $K_6 = 47\,185{,}92$ DM
     c) nach 11 Jahren ist die degressive Abschreibung geringer als die lineare

7. a) $y = 50\,000 \cdot e^{0{,}028 \cdot t}$ b) 153 242,71 fm   c) nach 24,76 Jahren

8. a) $a = 1200$ Bakterien

Aus dem Verhältnis $\dfrac{2700}{1800} = \dfrac{a \cdot e^{2 \cdot k}}{a \cdot e^{1 \cdot k}}$ erhält man $k = \ln 1{,}5 = 0{,}40547$ und daraus $\quad a = 1200$.

b) $y = a \cdot e^{k \cdot t} = 1200 \cdot e^{0{,}40547 \cdot t}$

c) $t = 1{,}7095$ h

9. a) $Q = 12 \cdot 0{,}000\,008 \left(1 - e^{-t/0{,}008}\right)$; Zeitkonstante $\tau = C \cdot R = 0{,}008$ s

$\quad Q = 0{,}000\,096 \left(1 - e^{-125 \cdot t}\right)$

$\quad I = 0{,}012 \cdot e^{-125 \cdot t}$

b) $t = 0{,}0129$ s

c) $I_0 = 0{,}012$ A $= 12$ mA

$\quad$ auf $13{,}5\,\%$; aus $I = I_0 \cdot e^{-2\tau/\tau}$ ergibt sich $I/I_0 = e^{-2} = 0{,}1353$

10. a) $N = N_0 \cdot e^{-1{,}25d}$ (d in mm)

b) $d_{1/2} = 0{,}55$ mm

16 Logarithmen

1. a) $\log_2 1 = 0$, denn $2^0 = 1$ b) $\log_2 0{,}25 = -2$, denn $2^{-2} = \dfrac{1}{4}$

c) -4 d) 1 e) -4 f) -5

2. a) 2 b) -5 c) -2 d) $-\dfrac{3}{4}$

e) $-\dfrac{2}{3}$ f) $\dfrac{3}{2}$

3. a) lb $512 = \log_2 512 = 9$; aus $2^x = 512$ folgt lg $2^x = $ lg 512 oder x lg $2 = $ lg 512; $x = \dfrac{\text{lg } 512}{\text{lg } 2} = 9$

b) $5{,}9162$

c) $2{,}5462$ d) $1{,}9005$

e) $4{,}3013$ f) $0{,}8257$

4. a) $4{,}6052$ b) $-12{,}9826$

c) $2{,}0586$ d) $-0{,}1233$

5. a) $\ln e^2 = 2 \cdot \ln e = 2$ b) $\ln \dfrac{1}{e} = \ln 1 - \ln e = 0 - 1 = -1$

c) $\dfrac{1}{3}$ d) a

e) 4 f) $-1{,}5$

g) $-\dfrac{5}{3}$ h) 21

i) $0{,}9619$

17 Logarithmusfunktionen

1. a) b) c) d) Zeichnen der Funktionsgraphen durch Spiegelung der Umkehrfunktionen an der
1. Winkelhalbierenden, d.h. durch Vertauschen der Variablen.

18 Exponentialgleichungen

1. a) $\{0\}$ b) $\{1{,}2619\}$ c) $\{-3\}$

d) $\left\{\dfrac{1}{3}\right\}$ e) $\left\{\dfrac{1}{2}\right\}$ f) $\{-4\}$

2. unlösbar für $a \leqslant 1$ und $b < 0$

3. nach 11,6 Jahren

4. Jährliche Zuwachsrate 3,18 %

5. a) $h = 1785{,}15$ m   b) $p = 0{,}53526$ bar $= 535{,}26$ mbar

6. a) $\mu \cdot \alpha = 4{,}19971$ b) $\alpha° = 687{,}5°$, d.h. $1{,}9097 \approx 2$ mal

7. a) $\{-0{,}65629\}$ b) $\{3{,}11296\}$ c) $\{-0{,}06482\}$

d) $\{6\}$

8. a) $\{1{,}83453\}$ b) $\{-4{,}5\}$ c) $\{6\}$

d) $\{43{,}1884\}$ e) $\{0{,}4\}$ f) $\{-2{,}37373\}$

9. $\{0{,}5769\}$

10. a) $\{0{,}74752\}$ b) $\{3; -2\}$ c) $\{0{,}21233\}$

d) $\{1{,}1693\}$ e) $\{-0{,}0673; 3{,}0673\}$

11. a) $\{131{,}9944\}$ b) $\{4{,}49515\}$

19 Kreisgleichungen

1. $(x + 2)^2 + (y + 7,5)^2 = 49$ 2. $(x - 8)^2 + (y + 2)^2 = 64$
3. $(x - 21,9443)^2 + (y - 21,9443)^2 = 481,5523$
    $(x - 4,0557)^2 + (y - 4,0557)^2 = 16,4487$
4. $(x + 3,8544)^2 + (y + 3,2468)^2 = 88,9421$
5. a) $M(0\,|-2)$; $r = 2$ b) $M(1,5\,|\,1)$; $r = 2,4324$
6. $M(3\,|\,0)$; $r = 5$

19.3 Kreis und Gerade

7. $S_1(8,87\,|\,6,43)$; $S_2(-10,47\,|-3,23)$
8. $(x + 4)^2 + (y - 3)^2 = 39,2$
9. $(x - 0,3284)^2 + (y + 2,3284)^2 = 16$
    $(x + 5,3284)^2 + (y + 7,3284)^2 = 16$
10. $y_1 = -x + \sqrt{14}$; $y_2 = -x - \sqrt{14}$
11. $y = -2x + 22$

Teil II: Geometrie

3 Winkel

1. $\alpha = 180° - \beta = 51,727°$
2. $\beta = 90° + \text{Steigungswinkel} = 90,5729°$
    $\alpha = 90° - \text{Steigungswinkel} = 89,4271°$
3. $\beta = 180° - [180° - (\alpha + \gamma + \delta)] = \alpha + \gamma + \delta = 115°$
4. a) $9°45'20,14''$ b) $10\,839,5$ mgon
5. $\alpha = 90° - (62° - 7,5°) = 35,5°$
6. $\varphi = 180° - \alpha = 131,85°$;   arc $\varphi = 2,3012$ rad
7. $\alpha = \beta = 68°$ (= Stufenwinkel)
8. $\alpha = 90° - 68° = 22°$; $\beta = 180° - \gamma - 38° = 74°$; $\gamma = 90° - \alpha = 68°$
9. a) $\alpha = 90° - 20° = 70°$ b) $\alpha = 90° - 19° = 71°$
      $\beta = 90° - 10°20' = 79°40'$ $\beta = 90° + 7°12' = 97°12'$
10. $\gamma = 45°$
     $\alpha = 20°$ $(65° - \alpha = 90° - \gamma)$
     $\beta = 25°$ $(\alpha + \beta + 135° = 180°)$

4.1 Geometrische Ortslinien

1. 1. $\odot$ $(A;\ r = 4,5$ cm$)$
    2. $\parallel$ zu g im Abstand $e = 1$ cm
2. 1. Thales $\odot$ über $\overline{AB}$
    2. $\parallel$ zu $\overline{AB}$ im Abstand 3 cm
3. 1. Winkelhalbierende von g_1 und g_2
    2. $\parallel$ zu g_2 im Abstand 2,5 cm
4. 1. Mittelsenkrechte von $\overline{AB}$
    2. $\parallel$ zu $\overline{CD}$ im Abstand 10 mm
5. 1. freier Schenkel des Winkels $\alpha = 36°$
    2. $\odot$ $(B;\ r = 3,5$ cm$)$
6. $x = 165,5$ mm (zeichnerische Bestimmung)
    M_2: 1. $\parallel$ zur Schablonenkante im Abstand $r = 40$ mm
         2. $\odot$ $(M_1;\ (R + r))$
7. 1. Winkelhalbierende
    2. $\parallel$ im Abstand 25 mm zu einem Schenkel des Winkels

4.4 Grundkonstruktionen von Dreiecken

1. Zeichnen Sie $\overline{AB} = c$
 G.O. für C: 1. $\odot$ $(A; b)$
                  2. $\odot$ $(B; a)$

2. Zeichnen Sie $\overline{AC} = c$
 G.O. für C: 1. $\odot$ $(A; b)$
                  2. $\odot$ $(B; a)$

3. Zeichnen Sie $\overline{AB} = c$
 G.O. für C: 1. freier Schenkel des $\angle \beta$
                  2. $\odot$ $(B; a)$

4. Zeichnen Sie $\overline{AC} = b$
 G.O. für B: 1. freier Schenkel des $\angle \gamma$
                  2. $\odot$ $(C; a)$

5. Zeichnen Sie $\overline{AB} = c$
 G.O. für C: 1. freier Schenkel des $\angle \alpha$
                  2. $\odot$ $(A; b)$

6. Zeichnen Sie $\overline{AB} = c$
 G.O. für C: 1. freier Schenkel des $\angle \alpha$
                  2. freier Schenkel des $\angle \beta$

7. Zeichnen Sie $\overline{BC} = a$
 G.O. für A: 1. freier Schenkel des $\angle \beta$
                  2. freier Schenkel des $\angle \gamma$

8. Zeichnen Sie $\overline{AC} = b$
 G.O. für B: 1. freier Schenkel des $\angle \alpha$
                  2. freier Schenkel des $\angle \gamma$

9. Zeichnen Sie $\overline{BC} = a$
 G.O. für A: 1. freier Schenkel des $\angle \alpha$
                  2. freier Schenkel des $\angle \gamma$

10. Zeichnen Sie $\overline{AC} = b$
 G.O. für B: 1. freier Schenkel des $\angle \alpha$
                   2. freier Schenkel des $\angle \beta$
                   (durch C verschoben)

11. Zeichnen Sie $\overline{AB} = c$
 G.O. für C: 1. freier Schenkel des $\angle \beta$
                   2. $\odot$ $(A; b)$

12. Zeichnen Sie $\overline{AC} = b$
 G.O. für B: 1. freier Schenkel des $\angle \alpha$
                   2. $\odot$ $(C; a)$

13. Zeichnen Sie $\overline{BC} = a$
 G.O. für A: 1. freier Schenkel des $\angle \beta$
                   2. $\odot$ $(B; c)$

14. Zeichnen Sie $\overline{AB}$
 G.O. für C: 1. freier Schenkel des $\angle BAC$
                   2. $\odot$ $(A; r = AC)$

15. Zeichnen Sie $\overline{BC}$ = 6 cm ($\hat{=}$ 15 km)
 G.O. für A: 1. freier Schenkel des $\angle \beta = 71°$
                   2. freier Schenkel des $\angle \alpha = 104°$
                   durch C verschoben

16. Zeichnen Sie $\overline{CD}$ = 4,3 cm ($\hat{=}$ 43 m)
 G.O. für A: 1. freier Schenkel des $\angle ACD = 102°$
                   2. freier Schenkel des $\angle ADC = \;\;40°$
 G.O. für B: 1. freier Schenkel des $\angle BCD = \;\;38°$
                   2. freier Schenkel des $\angle BDC = 100°$

17. Zeichnen Sie $\overline{AB}$ = 6 cm ($\hat{=}$ 12 m)
 G.O. für C: 1. freier Schenkel des $\angle \alpha = 90°$
                   2. $\odot$ $(A; r = 7,5$ cm$)$

18. Zeichnen Sie $\overline{AB}$ = 6 cm ($\hat{=}$ 36 m)
 G.O. für C: 1. freier Schenkel des $\angle \beta = 48°$
                   2. freier Schenkel des $\angle \alpha = 90°$

19. Zeichnen Sie $\overline{AB}$ = 6 cm ($\hat{=}$ 60 m)
 G.O. für C: 1. freier Schenkel des Stufenwinkels $\alpha_2' = 52°$ in $B \perp$ zu $\overline{AB}$
                   2. freier Schenkel des Stufenwinkels $\alpha_1' = 27°$ in A an die Senkrechte zu $\overline{AB}$

5 Dreieckskonstruktionen

1. Zeichnen Sie $\overline{AB} = c$
 G.O. für C: 1. $\odot$ $(A; b)$
                  2. $\odot$ $(B; a)$

2. Zeichnen Sie $\overline{AB} = c$
 G.O. für C: 1. $\odot$ $(A; b)$
                  2. $\odot$ $(B; a)$

3. Zeichnen Sie $\overline{BC} = a$
 G.O. für A: 1. $\odot$ $(C; b)$
                  2. freier Schenkel des $\angle \gamma$
                  an $\overline{AC}$ in C

4. Zeichnen Sie $\overline{AB} = c$
 G.O. für B: 1. freier Schenkel des $\angle \alpha$ an $\overline{AB}$ in A
                  2. $\odot$ $(A; b)$

5. Zeichnen Sie $\overline{AB} = c$
 G.O. für C: 1. freier Schenkel des $\angle \beta$
                  an $\overline{AB}$ in B
                  2. $\odot$ $(B; a)$

6. Zeichnen Sie $\overline{AB} = c$
 G.O. für C: 1. freier Schenkel des $\angle \alpha$
                  an $\overline{AB}$ in A
                  2. $\odot$ $(B; a)$

7. Zeichnen Sie $\overline{BC} = a$
 G.O. für A: 1. freier Schenkel des $\angle \beta$
                  an $\overline{BC}$ in B
                  2. $\odot$ $(C; b)$

8. Zeichnen Sie $\overline{AC} = b$
 G.O. für B: 1. freier Schenkel des $\angle \gamma$
                  an $\overline{AC}$ in C
                  2. $\odot$ $(A; c)$

9. Zeichnen Sie $\overline{BC} = a$
 G.O. für A: 1. freier Schenkel des
                  $\angle \beta$ an $\overline{BC}$ in B
                  2. Parallele zum freien Schenkel
                  des beliebig in A' angelegten
                  $\angle \alpha$ durch C

10. Zeichnen Sie $\overline{AC} = b$
 G.O. für B: 1. freier Schenkel des
                   $\angle \gamma$ an $\overline{AC}$ in C
                   2. Parallele zum freien Schenkel
                   des beliebig in B' angelegten
                   $\angle \beta$ durch C

11. Zeichnen Sie $\overline{AB} = c$
G.O. für C: 1. freier Schenkel des
           $\not\subset \alpha$ an $\overline{AB}$ in A
      2. Parallele zum freien Schenkel
          des beliebig in C' angelegten
          $\not\subset \gamma$ durch B

12. Zeichnen Sie $\overline{AB} = c$
G.O. für C: 1. freier Schenkel des
           $\not\subset \alpha$ an $\overline{AB}$ in A
      2. freier Schenkel des
          $\not\subset \beta$ an $\overline{AB}$ in B

13. Zeichnen Sie $\overline{BC} = a$
G.O. für A: 1. freier Schenkel des
           $\not\subset \gamma$ an $\overline{BC}$ in C
      2. freier Schenkel des
          $\not\subset \beta$ an $\overline{BC}$ in B

14. Zeichnen Sie $\overline{AC} = b$
G.O. für B: 1. freier Schenkel des
           $\not\subset \alpha$ in A
      2. freier Schenkel des
          $\not\subset \gamma$ in C

15. Teildreieck MBC aus r, r, a (SSS)
G.O. für A: 1. freier Schenkel des $\not\subset \beta$ an $\overline{BC}$ in B
      2. $\odot$ $(M; r)$

16. Teildreieck AMC aus r, r, b (SSS)
G.O. für B: 1. freier Schenkel des $\not\subset \alpha$ an $\overline{AC}$ in A
      2. $\odot$ $(M; r)$

17. Teildreieck AMB aus r, r, c (SSS)
G.O. für C: 1. $\odot$ $(M; r)$
      2. $\odot$ $(B; a)$

18. Teildreieck ADC aus h_c, α, R
G.O. für M: 1. $\odot$ $(A; r)$
      2. $\odot$ $(C; r)$
G.O. für B: 1. $\odot$ $(M; r)$
      2. $\overrightarrow{AD}$ (Verlängerung von $\overline{AD}$
         über D hinaus)

19. Teildreieck MBC aus r, r, a
G.O. für A: 1. $\odot$ $(M; r)$
      2. $\parallel$ zu $\overline{BC}$ im Abstand h_a

20. Teildreieck AMB aus r, r, c
G.O. für C: 1. $\odot$ $(M; r)$
      2. $\parallel$ zu $\overline{AB}$ im Abstand h_c

21. Teildreieck ADC aus $b, S_a, \frac{a}{2}$
G.O. für B: 1. $\overrightarrow{CD}$
      2. $\odot$ $(C; a)$

22. Teildreieck ABS aus $\frac{2}{3} S_a, \frac{2}{3} S_b, c$
G.O. für D: 1. $\overrightarrow{BS}$
      2. $\odot$ $(B; s_b)$

23. Teildreieck BCS aus $a; \frac{2}{3} S_b, \frac{2}{3} S_c$
G.O. für D: 1. $\overrightarrow{BD}$
      2. $\odot$ $(B; s_b)$
G.O. für A: 1. $\overrightarrow{CD}$
      2. $\odot$ $(D; \overline{CD})$

24. Teildreieck BDE aus s_b, h_b, R
G.O. für C: 1. $\overrightarrow{ED}$
      2. $\odot$ $(B; a)$
G.O. für A: 1. $\overrightarrow{CE}$
      2. $\odot$ $(D; \overline{CD})$

25. Teildreieck ADE aus h_a, s_a, R
G.O. für C: 1. $\overrightarrow{ED}$
      2. $\odot$ $(E; \frac{a}{2})$
G.O. für B: 1. $\overrightarrow{DE}$
      2. $\odot$ $(E; \frac{a}{2})$

26. Teildreieck ABD aus $s_a, \frac{a}{2}, \beta$
G.O. für C: 1. $\overrightarrow{BD}$
      2. $\odot$ $(B; a)$

27. Teildreieck BCD aus $s_b, \frac{b}{2}, \gamma$
G.O. für A: 1. $\overrightarrow{CD}$
      2. $\odot$ $(C; b)$

28. Teildreieck ADC aus h_c, α, R
G.O. für E: 1. $\overrightarrow{AD}$
      2. $\odot$ $(C; s_c)$
G.O. für B: 1. $\overrightarrow{AE}$
      2. $\odot$ $(E; \overline{AE})$

29. Teildreieck BCD aus h_b, γ, R
G.O. für E: 1. $\overrightarrow{CD}$
      2. $\odot$ $(B; s_b)$

30. Teildreieck ABE aus c, h_b, R
G.O. für D: 1. $\overrightarrow{AE}$
      2. $\odot$ $(B; w_\beta)$
G.O. für C: 1. freier Schenkel des $\not\subset ABD$ an $\overline{BD}$ in D
      2. $\overrightarrow{AD}$

31. Teildreieck ADC aus b, h_c, R
G.O. für E: 1. $\overrightarrow{AD}$
      2. $\odot$ $(C; w_\gamma)$
G.O. für B: 1. $\overrightarrow{AE}$
      2. freier Schenkel des $\not\subset ACE$ an $\overline{CE}$ in C

32. Teildreieck ABD aus c, $\frac{\alpha}{2}$, w_α
   G.O. für C: 1. $\overrightarrow{BD}$
         2. freier Schenkel des $\angle\, BAD$ an $\overline{AD}$ in A

33. Teildreieck ADC aus b, α, w_γ
   G.O. für B: 1. $\overrightarrow{AD}$
         2. freier Schenkel des $\angle\, ACD$ an $\overline{CD}$ in C

34. Teildreieck ABD aus h_a, β, R
   G.O. für E: 1. $\overrightarrow{BD}$
         2. $\odot\,(A;\,h_a)$
   G.O. für C: 1. $\overrightarrow{BE}$
         2. freier Schenkel des $\angle\, BAE$ an $\overline{AE}$ in A

35. Teildreieck ACD aus b, h_a, R
   G.O. für B: 1. $\overrightarrow{CD}$
         2. $\odot\,(C;\,a)$

36. Teildreieck BCD aus a, h_b, R
   G.O. für A: 1. $\overrightarrow{CD}$
         2. $\odot\,(B;\,c)$

37. Teildreieck BCD aus h_c, β, R
   G.O. für A: 1. $\overrightarrow{BD}$
         2. $\odot\,(C;\,b)$

38. Teildreieck ABC aus h_a, β, R
   G.O. für C: 1. $\overrightarrow{BD}$
         2. $\odot\,(B;\,a)$

39. Teildreieck ABD aus c, h_a, R
   G.O. für E: 1. Thaleskreis über $\overline{AB}$
         2. $\odot\,(B;\,h_b)$
   G.O. für C: 1. $\overrightarrow{BD}$
         2. $\overrightarrow{AE}$

40. Teildreieck BCE aus h_c, a, R
   G.O. für D: 1. Thaleskreis über $\overline{BC}$
         2. $\odot\,(B;\,h_b)$
   G.O. für A: 1. $\overrightarrow{BE}$
         2. $\overrightarrow{CD}$

41. Teildreieck ABE aus h_a, β, R
   G.O. für D: 1. Thaleskreis über $\overline{AB}$
         2. $\odot\,(B;\,h_b)$
   G.O. für C: 1. $\overrightarrow{BE}$
         2. $\overrightarrow{AD}$

42. Teildreieck BCD aus h_b, γ, R
   G.O. für E: 1. Thaleskreis über $\overline{BC}$
         2. $\odot\,(C;\,h_c)$
   G.O. für A: 1. $\overrightarrow{BE}$
         2. $\overrightarrow{CD}$

43. Teildreieck ADC aus h_c, α, R
   G.O. für B: 1. $\overrightarrow{AD}$
         2. Parallele zum freien Schenkel des im beliebigen Punkt B' angelegten $\angle\,\beta$ durch C

44. Dreieck $A'BC$ aus a, $(b+c)$, $\frac{\alpha}{2}$
   G.O. für A: 1. Mittelsenkrechte $\overline{A'C}$
         2. $\overrightarrow{A'B}$

45. Dreieck $AB'C$ aus b, $(a+c)$, α
   G.O. für B: 1. $\overrightarrow{AB'}$
         2. Mittelsenkrechte über $\overline{B'C}$

46. Dreieck $A'B'C$ aus $(a+b+c)$, $\frac{\alpha}{2}$, ϵ
   G.O. für A: 1. $\overrightarrow{A'B'}$
         2. Mittelsenkrechte über $\overline{A'C}$
   G.O. für B: 1. $\overrightarrow{A'B'}$
         2. Mittelsenkrechte über $\overline{B'C}$

47. Dreieck $AB'C$ aus $(a+c)=\overline{AB'}$, α, $\angle\, AB'C = 90° - \frac{1}{2}\,(\alpha+\gamma)$
   G.O. für B: 1. $\overrightarrow{AB'}$
         2. Mittelsenkrechte über $\overline{B'C}$

48. Dreieck $A'BC$ aus $(b+c)=\overline{A'B}$, β, $\angle\, CA'B = 90° - \frac{1}{2}\,(\beta+\gamma)$
   G.O. für A: 1. $\overrightarrow{A'B}$
         2. Mittelsenkrechte über $\overline{A'C}$

49. Teildreieck BCD aus a, $(b-c)=\overline{DC}$, γ
   G.O. für A: 1. $\overrightarrow{CD}$
         2. Mittelsenkrechte über $\overline{BD}$

50. Teildreieck ADC aus $(c-a)=\overline{AD}$, α, $\angle\, ADC = 90° + \frac{\beta}{2}$
   G.O. für B: 1. $\overrightarrow{AD}$
         2. Mittelsenkrechte über $\overline{CD}$

51. Teildreieck $AC'C$ aus $(a-c)=\overline{C'C}$, b, γ
   G.O. für B: 1. $\overrightarrow{CC'}$
         2. Mittelsenkrechte über $\overline{AC'}$

52. Teildreieck BCD aus $(c - b) = \overrightarrow{DB}$, a, $\sphericalangle BDC = 90° + \dfrac{\alpha}{2}$

G.O. für A: 1. $\overrightarrow{BD}$

                2. Mittelsenkrechte über $\overline{CD}$

53. Teildreieck ADC aus b, h_a, R

G.O. für B: 1. $\overrightarrow{CD}$

                2. Parallele zum freien Schenkel des im beliebigen Punkt B' angelegten

                   $\sphericalangle \beta = \sphericalangle ACD + 5°$ durch A

54. Teildreieck ABD aus c, h_b, R

G.O. für C: 1. $\overrightarrow{AD}$

                2. freier Schenkel des $\sphericalangle \beta = \sphericalangle BAD - 22°$ an $\overline{AB}$ in B

6.1 Satz des Pythagoras

1. a) $D = a\sqrt{2} - (1 + \sqrt{2})(d + 2x) = \sqrt{2}[a - (d + 2x)] - (d + 2x)$

    b) $D = 109{,}35$ mm;   c) $x = 4{,}87$ mm

2. a) $x = \sqrt{2}(a - c) - \dfrac{(a - b)}{\sqrt{2}}$ oder $x = \dfrac{\sqrt{2}}{2}(a + b - 2c)$

    b) $x = 188{,}8$ mm

3. $x = \dfrac{d - d_1}{4} + \dfrac{b^2}{4(d - d_1)}$ oder $x = \dfrac{(d - d_1)^2 + b^2}{4(d - d_1)}$

4. $d = 2(y - x - r) + \sqrt{8(r^2 + rx - ry - xy)}$ oder $d = 2[(y - (x + r)) + \sqrt{2(r + x)(r - y)}]$

5. $x = 53{,}596$ mm $\sim 53{,}6$ mm

6. a) $x = D(\sqrt{2} - 1)$;   b) $x = d(1 + \sqrt{2})$

7. $d = a(2 - \sqrt{2}) \approx 0{,}5858a$

8. $a = \sqrt{R^2 + 2r\,\Delta d - (R - \Delta d)^2} = \sqrt{\Delta d\,(2R + 2r - \Delta d)}$

9. $r_1 = \left(t + \dfrac{b}{2}\right) - \sqrt{bt + 2r_2 t}$

10. $b = 15\sqrt{3} = 25{,}98$ mm

11. $x = \dfrac{ab}{\sqrt{4b^2 - a^2}}$; $y = \dfrac{2b^2}{\sqrt{4b^2 - a^2}}$

12. $d = 19{,}63$ mm ≈ 20 mm

13. $x = 2 \cdot 80$ mm $\cdot (\sqrt{2} - 1) = 66{,}27$ mm

14. $l_a = \sqrt{d \cdot a - a^2} = \sqrt{a(d - a)}$

15. $x = 13{,}96$ mm

16. a) $s = \dfrac{d}{2}\sqrt{2}$ b) $s = \dfrac{d}{2}\sqrt{3}$ c) $s = \dfrac{d}{2}\sqrt{2 - \sqrt{2}}$

17. $d_1 = 2a + 2b - d_2 - \sqrt{8ab}$

18. $x = \sqrt{y^2 + 4(a + d)\sqrt{(2r + a + d)^2 - y^2} - 4(a + d)(2r + a + d)}$

19. $R = \dfrac{a}{4}\sqrt{2}$

20. $t = \sqrt{a^2 - (R - r)^2}$

21. $t = \sqrt{a^2 - (R + r)^2}$

22. $A = \dfrac{1}{2} \cdot 1700$ mm $\cdot 1723{,}37$ mm $= 1\,464\,865$ mm^2

    $2A = 2\,929\,727$ mm$^2 = 2{,}9297$ m^2 (beidseitig)

23. $F_N \approx 1{,}68 \cdot F$

6.2 Kathetensatz

1. $a = 7{,}14$ cm; $b = 4{,}61$ cm; $A = 16{,}46$ cm^2

2. $a = 8{,}37$ m; $b = 5{,}48$ m $A = 22{,}93$ cm^2

6.3 Höhensatz

1. a) $c = \dfrac{h_2^2}{d}$; $h_1 = \sqrt{d^2 + h_2^2 - a^2}$; $b = \dfrac{h_1^2}{d}$

    b) $c = 18,22\,\text{mm}$; $h_1 = 10,95\,\text{mm}$; $b = 2,55\,\text{mm}$

2. $l = 2\sqrt{h\,(d - h)} = 18,57\,\text{mm}$

3. $b = 44,72\,\text{mm}$

4. $h = 10,74\,\text{mm}$

5. a) $h = 0,8d - \sqrt{(0,8d)^2 - \dfrac{d^2}{4}} = 0,18d$

    b) $h_1 = 140,40\,\text{mm}$; $h_2 = 175,50\,\text{mm}$

6. a) $c = 13\,\text{cm}$ b) $A = 39\,\text{cm}^2$

        $a = 10,82\,\text{cm}$

        $b = 7,21\,\text{cm}$

7. Höhensatz $h_c^2 = p \cdot q$ (1)

    Kathetensatz $a^2 = c \cdot p$ (2); $p = \dfrac{a^2}{c}$ (2')

    $b^2 = c \cdot q$ (3); $q = \dfrac{b^2}{c}$ (3')

    (2') und (3') in (1):

    $h_c^2 = \dfrac{a^2 \cdot b^2}{c \cdot c}$

    $\underline{h_c = \dfrac{ab}{c}}$

8. $x = 28,62\,\text{mm}$

9. a) $a = \sqrt{b^2 - c^2 + 2pc}$ b) $h = 3,46\,\text{mm}$

10. a) $h = \dfrac{2a}{5} = 0,4\,a$ b) $l = \dfrac{3\sqrt{5}}{5}\,a \approx 1,34\,a$

7 Gleichschenklige und gleichseitige Dreiecke

1. a) $c = 7,94\,\text{cm}$ b) $F = 17,86\,\text{cm}^2$

2. $h_c = 7\,\text{cm}$; $c = 2,86\,\text{cm}$; $a = 7,15\,\text{cm}$

3. $A_1 : A_2 = 9 : 25$

4. a) $l_1 = \sqrt{h_1^2 + \dfrac{b^2}{4}}$; $l_2 = \sqrt{(h_1 + h_2)^2 + \dfrac{b^2}{4}}$

    b) $l_1 = 7,62\,\text{m}$; $l_2 = 9,22\,\text{m}$

5. a) $b = 24,25\,\text{mm}$ c) $D = 97\,\text{mm}$

    b) $x = 28\,\text{mm}$ d) $d = 57,74\,\text{mm}$

6. a) $b = 8s + d + \dfrac{\sqrt{3}}{2}\,(d + 3s)$ (zweireihige Anordnung)

       $b = 8s + d + \dfrac{\sqrt{3}}{2}\,(d + 3s) \cdot 3$ (vierreihige Anordnung)

       $b = 8s + d + \dfrac{\sqrt{3}}{2}\,(d + 3s)\,(n - 1)$ (n-reihige Anordnung)

    b) bei vierreihiger Anordnung: $b = 187,8\,\text{mm} \approx 188\,\text{mm}$
        bei achtreihiger Anordnung: $b = 366,2\,\text{mm}$ (bei Wendstreifen größere Steg- und Randbreiten berücksichtigen)

    c) $n = 6,16$, d. h. es sind 6 Reihen möglich

    d) Aus a) erhält man $n = \dfrac{2\,(b - 8\,s - d)}{\sqrt{3}\,(d + 3\,s)} + 1$;   e) $b = 389,9\,\text{mm}$

7. $x = 38,453\,\text{mm}$

8. $a = 4,5\,\text{cm}$; $l = 3a = 13,5\,\text{cm}$; $h = \dfrac{a}{2}\sqrt{3} = 3,9\,\text{cm}$

9. $x_1 = 9,24\,\text{mm}$; $x_2 = 12,24\,\text{mm}$; $y_1 = 8,00\,\text{mm}$; $y_2 = 10,60\,\text{mm}$

10. $d = d_3 + \dfrac{17\sqrt{3}}{24}\,P = 56\,\text{mm}$; $d_2 = d_3 + \dfrac{\sqrt{3}}{3} \cdot P = 52,428\,\text{mm}$; $h_3 = \dfrac{17\sqrt{3}}{48} \cdot P = 3,374\,\text{mm}$

11. $x = \dfrac{19}{2}\sqrt{3} = 16,45\,\text{mm}$; $y = 37,60\,\text{mm}$

12. $\alpha = 30°$: $x = a + r\sqrt{3} - 2r - \Delta d$

    $\alpha = 45°$: $x = a - r\sqrt{2} + r - \Delta d$

8.1 Strahlensätze

1. $b = 3,2$ m; $c = 2$ m; $d = 2,69$ m; $e = 1$ m; $f = d = 2,69$ m; $g = 8,08$ m
2. $h = 8,10$ m
3. $l_1 = 882,20$ mm; $l_2 = 847,38$ mm; $l_3 = 759$ mm
4. a) $s = \left(h - \dfrac{D}{2}\right)\sqrt{3} - \sqrt{h\,(D - h)}$

   b) $s = D \cdot 0,27\sqrt{3} - D\sqrt{0,1771} = (0,27\sqrt{3} - \sqrt{0,1771})\,D \approx 0,0468 \cdot D$

   c) $t \approx 0,23 \cdot D$
5. $x = 35,84$ mm
6. $\overline{AC} = 240$ m
7. $\overline{DE} = 265$ m
8. $F_H = \dfrac{h}{l} \cdot F_G$
9. $l_1 = 1,25$ m; $l_2 = 2$ m
10. $\overline{CE} = 61,03$ mm; $\overline{BE} = r = 35$ mm; $\overline{DG} = \overline{GE} = 25$ mm; $\overline{EF} = 20,34$ mm;

    $\overline{CF} = 40,69$ mm; $\overline{AB} = 86,02$ mm; $\overline{AF} = 56,96$ mm; $\overline{BF} = \overline{AB} - \overline{AF} = 29,06$ mm
11. a) $a = \dfrac{c\sqrt{b^2 - c^2/4}}{c + \sqrt{b^2 - c^2/4}}$;   b) $a = 47,29$ mm
12. Aus der Ähnlichkeit der Dreiecke folgt $\dfrac{b}{x} = \dfrac{a + b}{x + y}$ und daraus $\dfrac{b}{a} = \dfrac{x}{y}$

8.2 Streckenteilung und Mittelwerte

1. a) $\overline{AT} = 6,28$ cm; $\overline{BT} = 8,72$ cm   b) $\overline{AT} = 45$ cm, $\overline{DT} = 30$ cm
2. Die Teilstrecken sind 1,8 cm, 2,7 cm und 4,5 cm lang
3. a) $\sqrt{15} = \sqrt{3 \cdot 5}$ b) $\dfrac{3 \cdot 2}{\sqrt{6}} = \dfrac{6\sqrt{6}}{\sqrt{6}\sqrt{6}} = \sqrt{6} = \sqrt{2 \cdot 3}$

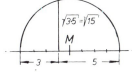

4. vgl. Beispiel S. 319 ; $m = 4$ cm; $g = 3,87$ cm; $h = 3,75$ cm
5. Die „Linsenformel" $\dfrac{1}{f} = \dfrac{1}{g} + \dfrac{1}{b}$ gilt auch für den Hohlspiegel. Daraus erhält man durch die Multi-

   plikation mit dem Faktor $\dfrac{1}{2}$: $\dfrac{1}{2f} = \dfrac{1}{2}\left(\dfrac{1}{g} + \dfrac{1}{b}\right)$ oder $2f = \dfrac{2bg}{b + g}$

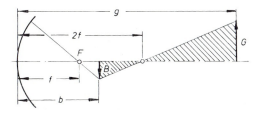

   Aus der Ähnlichkeit der Dreiecke folgt

   $\dfrac{g - 2f}{2f - b} = \dfrac{f}{b - f}$ und daraus $f = \dfrac{bg}{b + g}$ oder $2f = \dfrac{2bg}{b + g}$,

   was dem harmonischen Mittel entspricht. Die Strecke $2f$ wird somit innen und außen, d.h. har-monisch geteilt.
6. $v_m = 29,51$ m/min
7. $v_m = 74,42$ km/h
8. Die Schwingungszahlen verhalten sich wie $4 : 5 : 6 = \dfrac{1}{15} : \dfrac{1}{12} : \dfrac{1}{10}$; d.h. die Längen der Orgelpfeifen

   verhalten sich wie 15 : 12 : 10. Die Schwingungszahl von g ist damit beispielsweise $\dfrac{6}{4} \cdot 264 = 396$.

8.3 Stetige Teilung

1. Verhältnis der Seitenlängen bei DIN-Formaten $y : x = x\sqrt{2} : x$
   (d.h. kein Teilverhältnis der steigen Teilung).
2. a) Konstruktion nach Seite 324   b) $a = 30{,}902$ mm
3. $a = 58{,}779$ mm; $e = 95{,}106$ mm
4. a) $a : d = d : b$ oder $a = \dfrac{d^2}{b}$ b) $b = \dfrac{d}{2} + \dfrac{d}{2}\sqrt{5}$

   c) $a : d = d : b$ oder $d = \sqrt{ab}$
5. s. Seite 324
6. a) $d = 55{,}1$ mm   b) $d = 47{,}1$ mm
7. $s = 13$ cm
8. Nachweis mit Hilfe entsprechender Dreiecke (s. Seite 323)

9.3 Längen- und Winkelberechnungen am rechtwinkligen Dreieck

1. $a = 5{,}2$ cm; $b = 6{,}08$ cm; $\alpha = 40{,}5416°$; $\beta = 49{,}4584°$
2. $A = 617{,}08$ m²; $\overline{CD} = 23{,}42$ m
3. $a = 30{,}75$ cm
4. $t = 10{,}04$ m; $h = 87{,}5$ cm
5. a) $\sin\dfrac{\alpha}{2} = \dfrac{R - r}{a/2} = \dfrac{2(R - r)}{a}$ b) $\alpha = 23{,}07°$
6. a) $x = \dfrac{a}{\sin\alpha}$; $d_2 = d_1 - \dfrac{2a}{\cos\alpha}$ b) $x = 0{,}4732$ mm; $d_2 = 29{,}5586$ mm
7. a) $x = D \cdot \sin\left(36° - \dfrac{\beta}{2}\right)$; $\sin\dfrac{\beta}{2} = \dfrac{a}{D}$ b) $x = 23{,}67$ mm
8. $h = r\left(1 - \cos\dfrac{\alpha}{2}\right)$; $H = R\left(1 - \cos\dfrac{\alpha}{2}\right)$
9. $x = \dfrac{d}{2 \cdot \sin\dfrac{\alpha}{2}}$; $y = \dfrac{d}{2\sin\dfrac{\alpha}{2}} + \dfrac{d}{2} = \dfrac{d}{2}\left(1 + \dfrac{1}{\sin\dfrac{\alpha}{2}}\right)$
10. $x = a \cdot \tan\dfrac{90° - \alpha}{2}$ $y = R \cdot \tan\dfrac{\beta}{2} = R \cdot \tan\dfrac{90° - \alpha}{2} = R \cdot \tan\left(45° - \dfrac{\alpha}{2}\right)$
11. $\beta = 34{,}1554°$
12. $x = a + d + \dfrac{d}{\tan\dfrac{\alpha}{2}}$ 13. $x = a - d - \dfrac{d}{\tan\dfrac{\alpha}{2}}$
14. $x = 56{,}5526$ mm; $y = 20{,}0514$ mm
15. $A\,(21{,}64\,|\,21{,}64)$; $B\,(23{,}38\,|-6{,}26)$; $C\,(-29{,}56\,|\,7{,}92)$
16. $x = 11{,}143$ mm
17. $x = 28{,}06$ mm
18. $x = 6{,}14$ mm
19. $\alpha = 42{,}84°$
20. a) $\alpha = 90° - (\beta + \gamma)$; β aus $\tan\beta = \dfrac{2y - d_1}{2(b - a)}$; γ aus $\sin\gamma = \dfrac{r_2}{\sqrt{(b - a)^2 + \left(y - \dfrac{d_1}{2}\right)^2}}$

    b) $x = d_2 - \sqrt{(r_2 + r_1)^2 - \left(\dfrac{d_2}{2} + r_1 - y\right)^2}$

9.5 Winkelfunktionen beliebiger Winkel

1. $0{,}999\,280$ 2. $-0{,}358\,156$ 3. $1{,}474\,721$
4. $3{,}220\,526$ 5. $0{,}087\,156$ 6. $-\cos\alpha$
7. $-\tan\varphi$ 8. $-1{,}234\,897$ 9. $-0{,}906\,308$
10. $0{,}984\,808$ 11. $0{,}466\,308$ 12. $0{,}466\,308$
13. $\alpha = 146{,}69°$ 14. $\alpha = -21{,}08° = 338{,}92°$ 15. $\alpha = 272{,}10°$
16. $\beta = 10{,}80°$ 17. $\beta = 10{,}61°$ 18. $\delta = 64{,}16°$
19. $\varphi = 122{,}43°$ 20. $\alpha = 89{,}43°$ 21. $\alpha = 357{,}21°$
22. $\alpha = 270°$ 23. $+\sin\alpha$ 24. $-\cos\alpha$
25. $-\tan\alpha$ 26. $\tan\alpha$ 27. $\cos\alpha$
28. $-\sin x$ 29. $-\sin x$ 30. $-\cos x$
31. $-\cos x$ 32. $\tan x$ 33. $-\tan x$

9.6 Die Graphen der Winkelfunktionen

1., 2. Funktionswerte für charakteristische Winkel im Bogenmaß

3. a) $360° \mathrel{\hat{=}} 2\pi$;   b) $270° \mathrel{\hat{=}} \dfrac{3\pi}{2}$;   c) $180° \mathrel{\hat{=}} \pi$

4. Verdopplung der Amplitude und Halbierung der Periode von $y = \sin x$

5. Überlagerung zweier Sinusfunktionen

6. Überlagerung zweier Sinusfunktionen

7. Verschiebung des Funktionsgraphen

8. a) Amplitude: $\dfrac{3}{2}$ b) Amplitudenverringerung: $0{,}2$

     Periodenverlängerung: $0{,}3$ Periodenverkürzung: 2

     Phasenverschiebung: 2π Phasenverschiebung: $\dfrac{\pi}{4}$

9. Die Funktionswerte streben für $x \to 0$ gegen den Wert 1

10.1 Sinussatz

1. $a = c = 6{,}5$ m; $b = 4{,}446$ m; $\gamma = 70°$

2. $\alpha = 51{,}15°$; $\beta = 66{,}68°$; $a = 4{,}579$ cm

3. $\beta = 40{,}3667°$; $b = 4{,}1396$ m; $c = 5{,}4976$ m

4. $\alpha = 61{,}546°$; $\beta = 43{,}813°$; $\gamma = 74{,}642°$; $a = 7{,}112$ m

5. $\beta = 49{,}550°$; $\gamma = 71{,}6498°$; $b = 5{,}249$ m; $c = 6{,}547$ m

6. $\alpha = 36{,}855°$; $\gamma = 74{,}978°$; $a = 3{,}479$ cm; $b = 5{,}384$ cm;
     $c = 5{,}602$ cm

7. $\gamma = 75{,}7°$; $a = 5{,}602$ m; $b = 4{,}882$ m; $c = 6{,}458$ m

8. $\alpha = 57{,}521°$; $\gamma = 47{,}479°$; $b = 6{,}038$ cm; $c = 3{,}844$ cm

9. $\alpha = 72{,}027°$; $\gamma = 61{,}306°$; $a = 5{,}499$ m; $b = 4{,}205$ m;
     $c = 5{,}071$ m

10. $\gamma = 80°$; $a = 51{,}21$ mm; $b = 48{,}29$ mm; $r = 32{,}49$ mm

11. $x = 89{,}344$ mm; $d = 92{,}38$ mm

12. $F_1 = 698{,}14$ N; $F_2 = 170{,}53$ N

13. $l_1 = 2{,}23$ m; $l_2 = 2{,}87$ m; $F_1 = 12{,}26$ kN $F_2 = 15{,}76$ kN

14. $\overline{AC} = 1432{,}99$ m

15. $h = \dfrac{\sin(\beta - \alpha) \cdot \sin \delta \cdot a}{\sin(\delta - \beta) \cdot \sin \alpha} - b = 70{,}49$ m

16. a) $x = r\left[1 - \dfrac{\sin\left(\alpha - \dfrac{360°}{z}\right)}{\sin(180° - \alpha)}\right]$ b) bei 32 Zähnen: $x = 1{,}98$ mm

17. $v_r = 340$ m/min; $v_2 = 169{,}2$ m/min

18.

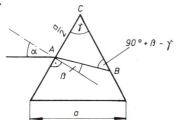

a) Weg des Lichtstrahls im Prisma:

$$\overline{AB} = \frac{\sin \gamma \cdot \dfrac{a}{2}}{\sin(90° + \beta - \gamma)} = \frac{a \cdot \sqrt{3}}{4 \cdot \sin(\beta + 30°)}$$

$$\overline{AB} = \frac{\dfrac{\sqrt{3}}{2} \cdot a}{\sqrt{3} \cdot \sin\beta + \cos\beta}$$

$$\epsilon = \alpha - \beta + \alpha_1 - \beta_1 \text{ oder mit } \beta_1 = 60° - \beta$$

$$\epsilon = \alpha - \alpha_1 - 60°$$

b) $\alpha = 30° \ldots \sin\beta = \dfrac{2}{3} \cdot \sin 30° = \dfrac{1}{3}$; $\beta = 19{,}4712°$; $\sin\alpha_1 = 1{,}5 \sin\beta_1 = 1{,}5 \sin(60° - \beta)$

     $\alpha_1 = 77{,}0958°$; $\epsilon = 47{,}0958°$; $\overline{AB} = 0{,}5697\,a$

     $\alpha = 45° \ldots \sin\beta = \dfrac{2}{3}\sin 45° = \dfrac{\sqrt{2}}{3}$; $\beta = 28{,}1255°$;

     $\epsilon = 37{,}3813°$; $\overline{AB} = 0{,}5099\,a$

10.2 Kosinussatz

1. $\alpha = 71{,}094°$; $\beta = 47{,}823°$; $c = 5{,}551$ cm
2. $\alpha = 52{,}36°$; $\gamma = 49{,}64°$; $b = 6{,}547$ m
3. $\alpha = 81{,}916°$; $\beta = 55{,}021°$; $\gamma = 43{,}063°$
4. $\beta = 67{,}429°$; $\gamma = 60{,}571°$; $a = 4{,}886$ cm; $b = 5{,}725$ cm
5. $\alpha = 77{,}049°$; $\gamma = 64{,}951°$; $a = 6{,}822$ cm; $b = 4{,}310$ cm; $c = 6{,}342$ cm
6. $\alpha = 34{,}85°$; $\beta = 41{,}082°$; $\gamma = 104{,}068°$; $c = 6{,}79$ cm
7. a) $\alpha = \gamma = 107{,}75°$; $e = 46{,}83$ cm; $f = 59{,}36$ cm
  b) $A = 1039{,}30$ cm^2
8. a) $a = c = 27{,}99$ mm; $b = d = 14{,}87$ cm
  b) $\alpha = \gamma = 74{,}64°$; $\beta = \delta = 105{,}36°$
  c) $A = 401{,}4$ mm^2
9. $F_1 = 794{,}8$ N; $F_2 = 585{,}6$ N
10. a) $F = 2313$ N;   b) $\beta = 36{,}6°$; $\alpha = 13{,}4°$
11. $\alpha = 18{,}8631°$
12. $\alpha = 43{,}7617°$; $\beta = 58{,}6941°$; $\gamma = 77{,}5442°$
13. a) $x = (r_1 + r_2) \sin \gamma_1$; $\gamma_1 = 180° - \alpha - \beta$; $\cos \beta = \dfrac{a^2 + b^2 + (r_1 + r_2)^2 - (r_2 + r_3)^2}{2\,(r_1 + r_2)\,\sqrt{a^2 + b^2}}$;
    $y = (r_1 + r_2) \cos \gamma_1$; $\tan \alpha = \dfrac{a}{b}$
  b) $x = 37{,}13$ mm; $y = 14{,}88$ mm
14. a) $r = 72{,}36$ mm;   b) $\overset{\frown}{b} = 57{,}96$ mm
15. $s = 23{,}5795$ mm; $\alpha = 47{,}82°$
16. $x = 78$ mm; $y = 46{,}48$ mm
17. $\overline{AB} = 204{,}83$ m
18. $\overline{CD} = 83{,}92$ m
19. $\alpha = 44{,}415°$; $\gamma = 57{,}122°$; $V = 46{,}17$ dm^3
20. $c = 1{,}04$ m

11 Summen- und Differenzgleichungen von Winkelfunktionen (Additionstheoreme)

1. $\alpha = 15°$ **2.** $\sqrt{3} \cdot \sin \alpha$ **3.** $1{,}8794 \cdot \cos \alpha$
4. $\dfrac{2{,}3558 \sin \alpha - \cos \alpha}{\sin \alpha + 2{,}3558 \cos \alpha}$ **5.** $\sin \alpha$
6.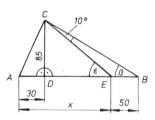

$\epsilon = \beta + 10°$
$\tan \epsilon = \tan (\beta + 10°) = \dfrac{\tan \beta + \tan 10°}{1 - \tan 10° \cdot \tan \beta}$ (1)
$\tan \beta = \dfrac{85 \text{ mm}}{(x + 50 - 30) \text{ mm}}$ (2)
Aus (1) und (2): $x = 137{,}3$ mm

7. $4 \sin x (1 - \sin^2 x) = 4 \sin x \cdot \cos^2 x$ **8.** $4 \sin x \cdot \cos^2 x - 3 \sin x \cos x$
9. -1 **10.** $\cos 15°$
11. $\dfrac{3}{2} \pi$ **12.** $x_1 = 0$; $x_2 = \dfrac{\pi}{3}$ $(\hat= 60°)$
13. $x_1 = 0$; $x_2 = \dfrac{\pi}{4}$ $(\hat= 45°)$ **14.** $x = 0{,}2902 \cdot \pi = 0{,}9117$
15. $x = 60°$ $(\hat= \dfrac{\pi}{3})$ **16.** $x_1 = 0°$; $x_2 = 53{,}13°$ $(\hat= 0{,}3\pi)$
17. $\alpha = 79{,}99987° \approx 80°$ **18.** $\alpha_1 = 90°$; $\alpha_2 = 45°$
19. $\alpha_1 = 5°$; $\alpha_2 = 275°$ **20.** $\alpha_1 = 0°$; $\alpha_2 = 120°$

12.1 Geradlinig begrenzte Flächen

1. $A = 29,6$ cm^2
2. $A = 3827,45$ mm$^2 \approx 38,28$ cm^2
3. $a = 24,49$ mm; $b = 36,74$ mm

4. $A = 144,46$ mm^2
5. $x = 6$ cm

6. a) $x = \dfrac{ab}{c-b}$; $A = \dfrac{1}{2}\dfrac{ab^2}{(c-b)}$ b) $x = 56$ mm; $A = 1120$ mm^2
7. a) $A = s\,(7a - 10\,s)$ b) $A = 6960$ mm^2
8. $A = 6,57$ m^2

12.2 Kreisförmig begrenzte Flächen

1. $A = a^2\left(1 - \dfrac{\pi}{4}\right) \approx 0,215\,a^2$

2. $A = \dfrac{\pi a^2}{2} - \dfrac{\sqrt{3}}{2}\,a^2 = \dfrac{a^2}{2}\,(\pi - \sqrt{3}) \approx 0,7048\,a^2$

3. $A = \pi r^2 - \left(r^2 + \dfrac{r^2}{2}\sqrt{3}\right) = r^2\left(\pi - 1 - \dfrac{\sqrt{3}}{2}\right) \approx 1,2756\,r^2$

4. a) $d_2 = \dfrac{2\,d_1}{\sqrt{2}+1} = 2\,(\sqrt{2}-1)\cdot d_1 = 33,14$ mm

   b) $e = r_1 - r_2 = 3,43$ mm

   c) $A = \dfrac{\pi d_1^2}{8} + \dfrac{d_1^2}{4} - \dfrac{\pi d_2^2}{4} = 165,9$ mm^2

5. $A = a^2\left[1 + \dfrac{\pi}{3} - \sqrt{3}\right] = 0,315\,a^2$
6. $A = 817,5$ mm^2;   Sehne $s = 60$ mm, $\alpha = 73,7398°$

7. a) $A_1 = \dfrac{\pi}{3}\,r^2$ b) $A_1 = 6702,06$ mm^2 c) $s = r\sqrt{3} = 138,56$ mm

   d) $A_1 : A = 1 : 3$

8. $A = d^2\left(1 - \dfrac{\pi}{4}\right) \approx 0,2146\,d^2$

9. a) $A = \dfrac{d_1^2}{4}\left(\dfrac{\pi\alpha}{180°} - \sin\alpha\right) - \dfrac{d_2^2}{4}\left(\dfrac{\pi\beta}{180°} - \sin\beta\right)$

     mit $\sin\dfrac{\alpha}{2} = \dfrac{d_3}{d_2}$ und $\sin\dfrac{\beta}{2} = \dfrac{d_3}{d_1}$

   b) $A = 472,34$ mm^2

10. a) $A = \pi r_1^2 + 2\,(r_1 - a)\left[\sqrt{2a r_1 - a^2} - \sqrt{r_2^2 - (r_1 - a)^2}\right] - \dfrac{\pi}{180°}\left[\alpha_1 r_1^2 + \alpha_2 r_2^2\right]$

     mit $\cos\dfrac{\alpha_1}{2} = \dfrac{r_1 - a}{r_1}$ und $\sin\dfrac{\alpha_2}{2} = \dfrac{r_1 - a}{r_2}$

   b) $A = 229,55$ mm^2

11. $A = 16,9135$ m^2
12. $A = 1919,86$ mm^2

13. a) $A = \dfrac{d_1\sqrt{3}}{16}\,(3\,d_1 + 24\,r) + \pi r^2 = 6208,25$ mm^2 b) $A = 5566,58$ mm^2

14. a) $A = \dfrac{a^2}{2} + \dfrac{\pi a^2}{32}$ b) $A = 5981,75$ mm^2

15. a) $A = 117,787$ mm^2
16. $A = 114,385$ mm^2

17. $A = r^2\left[\cot\dfrac{\alpha}{2} + \dfrac{\alpha\cdot\pi}{360°} - \dfrac{\pi}{2}\right]$

18. $A = \dfrac{\pi}{360°}\left[\beta r_1^2 - \alpha r_2^2\right] + a\cdot\sqrt{r_1^2 - \left[\dfrac{r_2^2 - r_1^2 - a^2}{2a}\right]^2}$

     mit $\cos\dfrac{\alpha}{2} = \dfrac{r_2^2 - r_1^2 + a^2}{2\,a r_2}$ und $\cos\dfrac{\beta}{2} = \dfrac{r_2^2 - r_1^2 - a^2}{2\,a r_1}$

19. $A = \dfrac{\pi}{360°}\left[\alpha r_1^2 - \beta r_2^2\right] - \dfrac{a\cdot s}{2}$ mit $\sin\dfrac{\beta}{2} = \dfrac{s}{2\,r_2}$ und $\sin\dfrac{\alpha}{2} = \dfrac{s}{2\,r_1}$

Je nach Ansatz sind bei den Aufgaben 18 und 19 auch andere Lösungen möglich.

20. $A = \dfrac{a^2}{2} + \dfrac{\pi a^2}{4} - \left[\dfrac{\alpha \cdot \pi \cdot a^2}{360° \cdot 2 \sin^2 \dfrac{\alpha}{2}} - \dfrac{a^2}{2 \cdot \tan \dfrac{\alpha}{2}} \right]; \quad \alpha = 90° \dots A = a^2$

13.1 Prismatische Körper

1. $h = 10{,}25$ cm

2. $m_1 = 18{,}38$ kg; $m_2 = 22{,}09$ kg

3. $V = 28{,}74$ cm^2; $A = 115{,}57$ cm^2

4. $A_M = 120$ cm^2; $A_0 = 141{,}73$ cm^2; $V = 108{,}64$ cm^3

5. $V = \dfrac{a^3}{30}$

6. $V = 2163{,}33\, a + \dfrac{130}{6}\, a^2$; a in mm

7. a) $V = \dfrac{5\, a^3}{6} \approx 0{,}8333\, a^3$
     b) $A_0 = a^3 \,(3 + \sqrt{3}) \approx 4{,}7321\, a^3$

8. Länge des Durchbruchs $l = 2\sqrt{20^2 + 50^2}$ mm $= 107.7033$ mm
     $V = 56{,}92$ cm^3

9. a) $V = \dfrac{2}{3}\, a^3$
     b) $A_0 = a^2 \,(3 - 2\sqrt{3})$
     c) Alle Ansichten sind gleich (Quadrat mit Diagonale von unten links nach oben rechts)

10. $h = 17{,}22$ cm

11. a) $m = 1{,}65$ g
      b) $m = 3{,}30$ g

12. $l = 535{,}714$ m

13. ≈ 590 Rohre; $16{,}955 \dfrac{\text{kg}}{lfm}$

14. a) $V = \dfrac{a^2}{2}\, h - \dfrac{\pi}{8}\, d^2 h$
      b) $V = \dfrac{a^3}{2} - \dfrac{\pi}{8}\, d^2 a$
      c) $V = a^3 \left(\dfrac{1}{2} - \dfrac{9\pi}{128} \right) \approx 0{,}28\, a^3$
      d) $V = 19{,}2876$ cm^3

15. a) $V = 2\pi r^3 \approx 6{,}28\, r^3$
      b) $A_0 = 6\pi r^2 \approx 18{,}85\, r^2$

13.2 Pyramidenförmige und kegelförmige Körper

1. $V = 33{,}1$ cm^3

2. a) $V = \dfrac{7}{4}\, d^3$
     b) $V = 14$ cm^3

3. $a = 8{,}0498$ cm

4. a) $\tan\beta = \cos\delta \,(\tan\alpha + \tan\gamma \cdot \tan\delta)$
     b) $\beta = 21{,}0525°$
     c) $V = abc - \dfrac{a^2 b}{3} \cdot \left(\dfrac{\tan\beta}{\cos\delta} - \dfrac{\tan\alpha}{2} \right)$

5. $V = 12{,}3698$ cm^3

6. a) $x = h - \dfrac{n}{m} \cdot \dfrac{A_g h}{A_g + \sqrt{A_g A_d} + A_d}$
     b) $x = h - \dfrac{A_g h}{2\,[A_g + \sqrt{A_g A_d} + A_d]}$

7. a) $V = \dfrac{\pi h^3}{3 \cdot \tan^2\alpha}$
     b) $h = 1{,}59$ m; $r = 2{,}45$ m

8. $V = 2{,}2$ cm^3

9. a) $s = \sqrt{h^2 + \dfrac{d^2}{4}}$
     b) $\alpha = \dfrac{d}{s} \cdot 180°$
     c) $A = \dfrac{\pi d s}{2}$

10. a) $d_3 = \sqrt{\dfrac{12\,V}{\pi h_1} - \dfrac{3 d_1^2}{4}} - \dfrac{d_1}{2}$
      b) $d_2 = \dfrac{h}{h_1}\,(d_3 - d_1) + d_1$
      c) $d_3 = 980{,}6$ mm
      d) $d_2 = 1075{,}7$ mm

11. a) $A_M = \dfrac{\pi}{2}\,(d_1 + d_2)\,\sqrt{h^2 + \left(\dfrac{d_2 - d_1}{2} \right)^2}$
      b) $A_M = 2{,}7$ m^2
      c) $V = 566{,}15\, l$

12. a) $V = 5{,}01\, l$
      b) $V = 163{,}4$ cm^3

13. $V = 11{,}18$ cm^3

14. a) $V = \dfrac{\pi}{12} \cdot h \left[3\,d^2 - \dfrac{6\,dh}{\tan \alpha} + \dfrac{4\,h^2}{\tan^2 \alpha} \right]$ b) $d = 75{,}225$ cm

15. $V = 4{,}38$ m^3; $A = 10{,}4$ m^2

16. $r_1 = 23{,}43$ cm; $r_2 = 62{,}48$ cm; $\alpha = 230{,}47°$

17. a) $A_M = 786{,}79$ cm^2 b) $h = 129$ mm; $D = 233{,}3$ mm; $d = 124{,}4$ mm
     c) $V = 3341{,}82$ cm$^3 \approx 3{,}34\ l$

18. $V = 45826{,}84$ cm$^3 \approx 45{,}83\ l$

19. $V = 165{,}2$ dm^3

20. $V = 55{,}3$ dm^3

21. a) $V = 29{,}154$ dm^3 b) $m = 228{,}8589$ kg   c) 13 Masten

22. $V = \dfrac{1}{3} h \left[\dfrac{\sqrt{3}}{2}\, (s_1^2 + s_2^2 + s_1 s_2) - \dfrac{\pi}{4}\, (d_1^2 + d_2^2 + d_1 d_2) \right]$ $V = 540{,}4$ dm^3

13.3 Kugelförmige Körper

1. a) $m = 120{,}43$ kg   b) $m = 4110{,}25$ kg   c) $A_0 = 3{,}14$ m^2

2. 105261 Kugeln

3. $F = 10677{,}68$ N

4. $m = 702{,}7$ g

5. a) $d = 29{,}90$ m   b) $A_0 = 2812{,}51$ m^2 c) $m = 397{,}4$ t

6. a) $d = 88{,}5$ mm; $s = 1{,}4$ mm   b) $d = 102{,}45$ mm; $s = 1{,}04$ mm

7. $m = 373{,}7$ g

8. $m = 258$ g

9. $V = 70{,}08$ cm^3

10. a) $V = \dfrac{\pi h}{12}\, [3\,d_3^2 + 2\,h^2 - 3\,d_2^2]$; mit $d_3^2 = d_1^2 - h^2$ wird $V = \dfrac{\pi h}{12}\, [3\,d_1^2 - h^2 \quad 3\,d_2^2]$

     b) $V = 12341{,}39$ mm$^3 = 12{,}341$ cm^3; mit $d_3 = d_2$ erhält man $V = \dfrac{\pi h^3}{6}$

11. a) $V = \dfrac{\pi h}{6} \left[\left(\dfrac{d_3}{2} - \dfrac{d_2}{2} \right)^2 + h^2 \right]$ mit $h = \sqrt{\dfrac{d_1^2}{4} - \dfrac{d_3^2}{4}} + \sqrt{\dfrac{d_1^2}{4} - \dfrac{d_2^2}{4}}$

     b) $V = 14\,481{,}89$ mm$^3 = 14{,}482$ cm^3 c) $h = 30{,}173$ mm

12. a) $V_1 = \dfrac{2\pi}{3} \left[\left(\dfrac{d_1}{2} \right)^3 - \left(\dfrac{d_3}{2} \right)^3 - \sqrt{\left(\left(\dfrac{d_1}{2} \right)^2 - \left(\dfrac{d_2}{2} \right)^2 \right)^3} + \sqrt{\left(\left(\dfrac{d_3}{2} \right)^2 - \left(\dfrac{d_2}{2} \right)^2 \right)^3} \right]$

     b) $V_1 = \dfrac{4\pi}{3} \left[\sqrt{\left(\left(\dfrac{d_1}{2} \right)^2 - \left(\dfrac{d_2}{2} \right)^2 \right)^3} - \sqrt{\left(\left(\dfrac{d_3}{2} \right)^2 - \left(\dfrac{d_2}{2} \right)^2 \right)^3} \right]$

13. a) $V = \dfrac{\pi}{24}\, [3\,h\,(d_2^2 - d_1^2) + 4\,h^3 - f\,(12\,d_1 f + 8\,f^2)]$ b) $V = 4485{,}69$ mm^3

14. a) $V = 33{,}58$ cm^3 b) $A = 20{,}106$ cm^2

15. a) $V = \dfrac{\pi}{4}\, b\, (d_2^2 - d_1^2)$ b) $V = 13\,069{,}03$ cm^3

16. a) $V = \dfrac{\pi}{8}\, d^2 l + \dfrac{\pi}{4}\, d^2 r + \dfrac{\pi}{3} \left(r - \dfrac{l}{2} \right)^3$ b) $A_0 = \pi d l + 4\pi r^2 - 2\pi r l$

17. $V = \dfrac{\pi}{24}\, (4\,d^3 - 3\,b\,d^2 + b^3)$

18. a) $V = 96{,}66$ cm^3 b) $m = 309{,}31$ g

19. $V_1 = 53{,}826$ cm^3 ($\sigma = 140°$); $V_2 = 52{,}959$ cm^3 ($\sigma = 80°$)

20. $V = \dfrac{\pi}{3}\, (b^2 s + s^3 - b s^2 \sqrt{3})$

Sachwortverzeichnis